中石化油气勘探开发工程监督现场监督手册系列丛书

井下作业工程监督手册

石兴春 主编

中国石化出版社
HTTP://WWW.SINOPEC-PRESS.COM

内容提要

《井下作业工程监督手册》共分三篇，第一篇内容主要包括：井下作业工程监督的目的、性质、作用、机构、岗位职责、工作制度及监督依据和井下作业工程目标控制。第二篇内容主要包括：开工验收、油气层保护、管杆泵及井下工具、常规作业工序、油水井、气井、高含 H_2S 井、复杂结构井、海上油井、大修井、措施井、工程测井等作业现场施工监督要点和监督方法。第三篇主要收集了井下作业相关的标准目录、常用数据、常用名词解释和相关规章制度以及小修转大修技术条件。为广大井下作业监督人员提供了一本具有科学性、完整性、针对性和可操作性的实用手册，也可作为井下作业技术人员和现场操作人员的参考用书。

图书在版编目(CIP)数据

井下作业工程监督手册/石兴春主编.
—北京：中国石化出版社，2008(2024.8 重印)
(中石化油气勘探开发工程监督现场监督手册系列丛书)
ISBN 978-7-80229-574-2

Ⅰ. 井… Ⅱ. 石… Ⅲ. 井下作业(油气田)—监督管理—技术手册 Ⅳ. TE358-62

中国版本图书馆 CIP 数据核字(2008)第 049384 号

中国石化出版社出版发行
地址：北京市东城区安定门外大街 58 号
邮编：100011 电话：(010)57512500
发行部电话：(010)57512575
http://www.sinopec-press.com
E-mail:press@sinopec.com
北京科信印刷有限公司印刷
全国各地新华书店经销

*

787×1092 毫米 16 开本 36.75 印张 919 千字
2008 年 7 月第 1 版 2024 年 8 月第 4 次印刷
定价：108.00 元

中石化油气勘探开发工程监督现场监督手册
编写指导委员会

中石化油气勘探开发工程监督现场监督手册
（井下作业工程监督手册）编写委员会

序

油气勘探开发工程监督机制是伴随着世界石油工业的发展而形成的一套管理规范、高效科学的生产运作模式。随着我国石油行业“油公司”体制改革的不断深化,勘探开发工程市场的不断培育和完善,勘探开发工程监督工作对于进一步规范市场、控制质量、降低投资和成本、提高效益、减少风险,发挥着不可替代的作用。

目前,我国的油气勘探开发工程监督工作正处于重要的发展时期,不断完善油气勘探开发工程监督机制,提高工程监督人员的业务能力和工作水平,是一项长期而艰巨的任务。

为使监督人员在监督工作中有据可依、有章可循、中石化股份公司油田事业部组织了勘探开发工程监督工作方面的专家,编写完成了这套《中石化油气勘探开发工程监督现场监督手册》。内容以勘探开发工程工艺为主线,系统介绍了监督工作的管理方法、工作依据和工作细则,突出了关键工序和监督工作要点。这套丛书结合目前油气

勘探开发的先进技术及管理方法，汇集了多年来勘探开发工程监督的工作成果和众多专家的集体智慧，是一套系统、科学、实用的现场监督工作工具书。它们的陆续出版，必将推动油气勘探开发工程监督工作的更加深入发展。中石化作为上中下游一体化的国际化公司，必须进一步加大科技创新和管理创新力度，培养一支适应中石化发展战略要求的人才队伍。工程监督队伍的建设是中石化人才战略的重要组成部分，也是中石化国际化的需要。希望各油田企业按照现代企业管理制度，不断探索完善监督机制，加强监督人才队伍建设，不断推动勘探开发工程监督事业的健康发展。

王志刚

前言

勘探开发工程监督是油田公司对工程项目实施监督与管理的全权代表，是熟练掌握质量、工艺技术和相关专业知识的综合型生产管理人员。井下作业工程监督是油田企业管理体系中的一个重要工作岗位。为推动井下作业工程监督工作的进一步开展，中国石化股份公司油田事业部组织，胜利油田分公司牵头，中原、西北、西南、华北、河南等油田分公司参与，编写了《井下作业工程监督手册》，为广大井下作业监督人员提供了一本具有科学性、完整性、针对性和可操作性的实用手册。手册也可作为井下作业技术人员和现场操作人员的参考用书。

手册共分三篇，第一篇由管付华、姜涛、逄铭玉、冯存章、师忠卿、赵增勇、刘延文、韩春文、任勇、姜国忠、刘从林编写。第二篇由王蔚、季川疆、连军、战京玉、胡一华、刘光明、刘国忠、卜凡俭、孙守军、王军、蒋劲松、张旭、周静、何进、蒲阳、吕芳蕾、林正东、齐凯歌、周海波、李秀竹、林觉振、王丰君、李凤霞、林慧星、乔卫平、黄煦、常方瑞、刘焕伟编写。第三篇由靳辛、董九礼、于克锋、刘春艳、徐百刚、贾万春、赵庆坡、韩保霞编写。

在编写过程中得到了胜利、中原、西北、西南、华北、河南、江苏等油田分公司的大力支持和帮助，在此一并表示感谢。

由于编写人员水平有限，缺点和错误在所难免，恳请读者批评指正。

目录

第一篇　井下作业监督管理

第五章　井下作业工程监督工作制度

第三篇 附 录

第一篇

井下作业监督管理

JINGXIAZUOYEGONGCHENGJIANDUSHOUCE

第一章 井下作业工程监督的目的、性质和作用

随着中国石油工业管理逐渐与国际先进管理理念接轨,工程监督作为工程项目管理的重要组成部分,在中国石油工业得到了迅速发展和完善。石油行业工程监督,正凭借先进的管理理念和管理方式,发挥着越来越重要的作用。井下作业工程监督是一个重要的岗位类型。

第一节 井下作业工程监督的目的

在当今社会,随着经济的高速发展,大大小小的工程如雨后春笋般地迅速涌现,正在或即将破土动工,随之出现了越来越多的大大小小的职业化的国际监理公司,代表甲方,对施工方进行施工质量、进度协调和成本核算方面的全面管理。油田企业为了自身的发展需要,谋求建立现代化的企业管理制度,也为了进一步和国际接轨,增加企业的凝聚力、竞争力,建立一支规范化、高层次、专业化的工程施工监督队伍就显得日益紧迫。在这种情况下,建立对油田上产、稳产起着重要作用的修井施工队伍的监督与管理体制,提高工程施工质量,加快施工进度,保证施工按照施工方案顺利进行,不仅是强化作业现场管理,督促工程质量、工期、安全、环保、成本的需要,也是保证油田企业稳健运行、保证集团公司和谐发展的重要手段之一,起着和钻井、录井、试油等工程监督同样重要的作用。

第二节 井下作业工程监督的性质和作用

一、井下作业工程监督的性质

监督,就是指有关执行者根据一定的行为准则,对某些行为进行监督管理,使这些行为符合准则要求,并协助行为主体实现其行为目的。它包括咨询、顾问、监督、管理、协调、服务等含义。监督活动的实现,需要具备基本的条件如下:应当有明确的监督"执行者",也就是必须有监督的组织部门;应当有明确的行为"准则",它是监督的工作依据;应当有明确的监督"行为"和被监督的"行为主体",它是监督的对象;应当有明确的监督目的和行之有效的思想、理论、方法和手段。

工程监督是依据有关行政法规和技术标准,综合运用法律、经济、行政和有关政策,约束施工单位行为的随意性和盲目性,确保其行为的合法性、规范性、有效性、科学性。在石油勘探开发活动中,监督是对勘探开发工程的投资、质量、进度、安全环保等方面进行有效控制,实现合同的要求,实现投资项目最佳综合效益的目的。

井下作业工程监督是由建设方(甲方)聘用的派驻施工现场的全权代表,对施工方(乙方)施工的项目进行监督。井下作业工程监督是一种岗位职务。

井下作业工程监督主要进行的是施工质量控制、成本控制和组织协调等工作,是受建设方授权,由专门的勘探开发监督部门派驻到井下作业施工现场的监督人员,主要依据石油勘探开发法规,严格按设计、合同、标准等对施工方的施工进度等进行全面有效的监督,

从而达到设计、合同、施工质量、成本控制的要求。

井下作业工程监督作为工程监督的一种,其性质不外乎:

(1) 科学性。井下作业工程是一门技术含量高、综合性强的工种,要求工程监督不仅要经过专门的培训,具有相应的技术职称资质,丰富的现场施工经验,还要有一套健全的管理制度、运行办法和规范了现场安全、技术操作规程的标准化操作手册,要有现代化的监督管理手段,掌握先进的管理理论和方法。此外,井下作业工程监督人员还必须有踏踏实实的工作作风,严谨务实的工作精神,严肃认真的工作态度,能够根据现场的实际情况灵活地、创造性地开展工作。

(2) 服务性。井下作业工程监督人员必须要有强烈的服务意识。首先要有为甲方原油上产全局服务的意识,要有高度的责任心和事业心,必须清醒的认识到,监督的基本目的是通过对工程质量的全面监督,保证各项施工、各道工序科学进行,从而保证施工井的优质、高效,使施工队伍交出合格井、有效井;其次,监督人员必须要有为施工队伍服务的意识,要具有较高的组织能力和协调能力,在施工前和施工中,牵涉到甲、乙方和第三方的、有可能影响到施工的主、客观条件都必须了解清楚,主动交底,认真解决,以保证施工的顺利进行。工程完工后,要进行质量跟踪和回访,及时出具证明,为双方结算提供依据。

(3) 公正性。当甲、乙双方发生利益冲突或矛盾时,作业监督必须要以事实为依据,以设计或合同为标准,以施工操作规程和当时出具的通知或证明为准绳,实事求是,合理的发表自己的意见,既要维护甲方的利益,也要维护乙方的权益,调动乙方的积极性,从而规范工程技术市场,维护市场的良好运作。

二、井下作业工程监督的作用

井下作业工程监督是完善监督制约机制的一个重要组成部分,发挥着不可取代的作用,为此,必须充分认识监督工作的重要性。

井下作业工程监督是市场经济发展的需要。在市场经济条件下,建设方与施工方是对立统一的组合体。建设方希望少投入多产出,施工方是以获取利润最大化为目的,这一矛盾的固有性质决定了在利益驱动下发生经营活动投机性的可能。监督这个环节就必不可少。

井下作业工程监督是保证井下作业施工质量的需要。目前石油工业对工程技术、质量要求越来越高。而在高新技术的应用中,是以质量作保证的,没有质量的保证再好的技术也无法获得理想的效果,而工程监督是这个保证体系的重要组成部分。

井下作业工程监督是严格控制成本,提高经济效益的需求。井下作业施工的一个显著特点是不确定因素多,方案设计在实施过程中,由于人为的因素、地面因素、地下因素在不断变化。如何准确把握这些变化的过程,这就需要一个全过程的监督来完成,井下作业工程监督恰恰起到了这个作用。

井下作业工程监督是提高作业时效,实现安全生产、环境保护、按期完工的需要。井下作业施工大多在野外进行,受人为破坏、地理、环境、气候的影响因素制约较多;同时,施工工序复杂,易存在事故隐患。通过加大监督力度,削减制约因素,消除事故隐患,在确保工程质量、成本控制和安全环保的前提下,提高作业时效。

在石油工程项目管理中,要充分发挥监督的作用,就要进一步强化监督部门的职能,对生产运行、作业施工、工程质量、材料质量、工程预(决)算等方面进行全方位监督。要树立监督部门的权威性,对工程项目的考核,要以监督部门出示的报告为依据。通过加大监督力度,增强监督意识,最终达到以质量增效益的目的。

第二章　井下作业工程监督机构

井下作业工程监督是由建设方(甲方)聘用派驻施工作业现场的全权代表,具有生产管理监督职能,对施工方(乙方)施工的项目进行监督,其主要依据是中石化颁发的技术标准、规范和国家的有关法律法规。

井下作业工程监督是一种岗位职务,根据《中国石油化工股份有限公司井下作业管理规定》,井下作业工程监督实行执业资格制,监督设置从高到低分为一级、二级、三级。

第一节　机构设置及职责

井下作业工程监督管理由中石化股份公司油田勘探开发事业部全面负责,各油田分公司有相应的部门负责本单位的监督管理。

各油田分公司根据实际情况可设立分公司监督机构,具体人员组成根据实际监督工作量配置。

一、分公司监督机构主要职责

(1) 贯彻执行中石化股份有限公司的有关规定,制定和发布本公司的监督规章制度,并监督执行。

(2) 负责分公司监督管理网络的建立,检查指导下属单位的监督业务工作,组织交流和推广先进监督管理经验,定期向股份公司勘探开发事业部进行汇报。

(3) 负责分公司监督后备人员的选拔、培训、初审、上报、取证工作;负责监督人员的注册、业绩考核与动态管理,并建立相应监督档案。

(4) 负责对下级监督管理机构的业务工作进行检查指导。

(5) 负责分公司井下作业用料的管理与监督。

(6) 负责分公司重大作业项目的监督工作。

二、采油厂监督机构主要职责

(1) 认真贯彻执行国家工程监督的法律、法规、政策及上级有关规定、管理办法及井下作业有关质量标准、技术标准、技术规定等,全面负责本单位井下作业、作业用料监督管理工作。

(2) 负责建立本单位监督管理网络,检查指导下属单位的监督业务工作,组织交流和推广先进监督管理经验;负责本单位监督的推选、登记、业绩考核及动态管理,定期向上级主管部门进行业务汇报。

(3) 协助本单位生产管理部门做好井下作业生产运行管理工作。

(4) 负责本单位油水井作业施工的监督管理及技术指导,对重点油水井的施工进行监控,督促施工单位执行 HSE 体系管理标准。

(5) 负责新井、措施井、大修井施工方案的审核,协助有关单位签订作业工程项目合同,组织好招议标工作。

(6) 负责作业施工井质量验收、费用控制和质量把关工作,组织召开质量验收会,编写质量公报。

(7) 负责本单位井下作业施工井工作量、井下作业用料质量及用量的签认把关。

(8) 负责作业施工队伍的绩效评价工作。

三、采油矿(区)监督机构主要职责

(1) 认真贯彻执行上级有关法律、法规、质量标准、技术规程及有关管理规定,根据本单位情况制定相应的监督管理考核细则。

(2) 负责本单位作业监督人员的管理、培训及考评工作。

(3) 对本单位所有新井、措施井、维护井作业施工全过程进行现场监督,发现问题及时制止,必要时有权责令停工整改,解决不了的及时向上级部门汇报。

(4) 对保修期内的质量问题井,及时查找原因,积极分析处理。若不能解决,应上报上级部门,由上级部门组织有关部门进行质量会审。

(5) 负责本单位作业井施工质量的验收管理,负责作业工作量签认把关。

四、现场井下作业工程监督岗位职责

(1) 认真贯彻执行上级有关法律、法规、质量标准、技术规程及有关管理规定。

(2) 按照施工设计要求对本单位辖区内作业井的施工质量、工作进度、安全及环保措施进行现场监督,协调各施工环节,督促施工单位执行 HSE 体系管理标准,发现问题及时制止,必要时有权责令停工整改,解决不了的及时向上级部门汇报。

(3) 负责现场井下作业用料回收、发放的交接和签认。

(4) 负责现场作业工序的签认和质量评价。

(5) 组织有关人员搞好油水井交接,对所监督施工井进行完井效果跟踪,发现问题及时汇报。

(6) 按照上级部门要求上报有关资料、报表及监督记录。

第二节　井下作业工程监督方式及内容

一、监督的方式

根据作业类别及井下作业工程监督人员配备情况,可采取驻井全过程监督、巡回检查监督等方式,重点井、多轮次作业井、重点工序监督可根据井下作业监督管理部门要求进行监督。

二、监督的内容

(一) 施工前的监督

(1) 检查施工队伍是否获得股份公司颁发的市场准入证以及现场施工人员的数量、资质。

(2) 检查施工队伍主要设备的能力。

(3) 检查施工队伍的 HSE 管理体系的健全情况。
(4) 检查施工队伍井控措施。

(二) 施工过程的监督

(1) 监督管理部门根据工程设计制定监督要点。
(2) 监督乙方严格执行设计和有关技术标准。
(3) 检查各种下井工具、材料的质量合格证、产品质量监督检验报告。
(4) 检查施工工序的质量。
(5) 监督乙方按有关标准录取资料。
(6) 施工过程中需变更设计和增加作业内容的,及时向主管部门上报。
(7) 出现重大紧急情况时,立即启动应急预案,并及时向主管部门上报。
(8) 作业井完工后,提交作业监督总结等相关资料。

第三章 井下作业工程监督岗位职责

对于井下作业工程监督人员，首先要明确井下作业工程监督的职责、权利和义务。只有明确并严格履行井下作业工程监督的职责，将其与权利、义务有机的结合起来，方能科学有效地开展井下作业工程监督工作。

第一节 监督资质

一、取得监督资格的条件

（一）基本条件

（1）具有丰富的井下作业现场施工经验，遵纪守法、公道正派、协调能力强。

（2）具有较强的事业心和责任感。忠于职守，钻研业务，勇于负责和开拓创新，具有科学的工作态度和艰苦奋斗的精神。

（3）身体健康，能适应野外现场工作。

（4）经过中石化股份公司认可的培训机构业务培训，并取得相应的资质证书。

（二）业务条件

1. 三级监督的业务条件

（1）具有本专业员级以上专业技术职称或本专业高级工以上（含高级工）职业技能。

（2）掌握本专业基础理论和技术知识，了解有关新工艺、新技术知识。

（3）熟练掌握本专业的技术标准、规范和操作规程。

（4）熟练掌握检泵、防砂、增产措施、油水井大修等各类井下作业工序及工艺流程。

（5）掌握井下作业设备、工具、器材的使用和性能。

（6）基本了解开发地质、生产测井、完井、射孔、油层保护、环保、油田化学、消防、合同法等方面的相关知识。

（7）有分析判断和处理一般井下事故和情况的能力。

2. 二级监督的业务条件

除具有三级监督的条件外，还应具备以下条件。

（1）具有本专业中级专业技术职称、5 年以上井下作业现场生产、技术实践经验。

（2）系统掌握本专业基础理论和技术知识，了解本专业国内技术现状和发展趋势，综合知识较为广博。

（3）具有组织、协调现场作业施工的能力，有独立组织大规模生产施工和管理的工作经历，具备解决大型施工作业中发生的各种技术问题和组织管理问题的能力。

（4）有分析判断和处理井下复杂事故和情况的能力。

3. 一级监督的业务条件

除具有二级监督的条件外，还应具有以下条件：

（1）具有本专业高级专业技术职称、8 年以上井下作业现场生产、技术实践经验。

（2）全面掌握本专业理论和技术知识，熟悉本专业国内外技术现状和发展趋势，综合知识广博。

（3）具有组织协调重大作业施工，处理解决复杂技术问题的能力。

二、监督的培训和取证

（一）监督培训的主要内容

（1）监督岗位的职责、任务与生产组织管理。

（2）监督业务知识，包括生产技术标准、规范、法规、合同管理、定额管理等。

（3）本专业新工艺、新技术及相关专业技术知识、井控管理、HSE 管理知识及外语等。

（4）监督培训结业时要进行监督技能操作考核或模拟演练，其成绩作为监督考核的主要依据。

（二）监督培训和取证管理

（1）监督的培训采取个人申报、基层单位推荐、油田分公司审核、油田分公司和股份公司培训的程序。

（2）监督的取证采取个人申报、油田分公司审核报股份公司油田勘探开发事业部审批发证。

（3）监督资质管理实行登记注册制度，定期组织复审。凡是连续脱离监督岗位 2 年以上（含 2 年者），原取得的监督资质失效。

三、监督聘任单位和监督人员的基本权利和责任

（一）监督聘任单位的基本权利和责任

（1）对受聘监督人员进行领导和管理，对其执行聘任合同的情况进行检查和评价。

（2）支持受聘的监督人员履行合同规定的工作任务，并提供必要的工作条件和进行业务指导。

（3）在履行聘任合同过程中，聘任单位要对监督人员的工作业绩、专业技术水平、业务能力做出考核和奖惩。

（二）监督人员的基本权利和责任

（1）监督人员必须接受聘任单位的领导和监督，并对其负责。

（2）监督人员必须对所承担的工程项目实施及时有效、公正的监督，按期完成聘任合同规定的工作任务。

（3）对工程施工过程具有监督权、建议权、签字认可权。

（4）遵守国家法令及聘任单位的规章制度，遵守职业道德，维护甲乙双方的技术和商业机密。

（5）在工作中发生的过失和失职，要承担相应的责任。

（6）因健康等原因难以履行合同规定的工作任务时，可向聘任单位提出解除聘任合同申请。

四、监督的考核管理

(1) 对于出现重大问题的监督人员,由分公司按规定进行处理,并上报股份公司油田勘探开发事业部取消其监督资格。

(2) 上级监督机构负责对下级监督机构进行检查考核工作,每年组织一次全面考核,对不达标者给予相应处罚。

第二节　井下作业工程监督的职责、权利与义务

一、井下作业工程监督工作职责

(1) 井下作业工程监督是受建设方委托或代表建设方,由监督管理部门派驻到井下作业施工现场的全权代表,对井下作业的施工质量、安全、环保、进度、成本等负责监督。

(2) 井下作业工程监督依据《中国石油化工股份有限公司井下作业工程监督管理实施办法》(试行)。严格按设计、合同、标准等对施工方施工质量进行监督,确保作业成本、作业工期均达到设计要求,并对施工队伍进行绩效评价。

(3) 井下作业监督参与井下作业工程设计的讨论和制定。

(4) 在开工前参与设计交底工作,并负责开工验收。

(5) 在井下作业施工期间,负责施工全过程的监督。

(6) 在监督工作中应详细填写监督工作日志,记录工程进度、质量、资料录取、材料、器材、工具的使用情况及施工方和配合施工方的动力设备工作情况,以便对其进行考核评价。

(7) 每天应按时向监督管理部门和建设方生产管理部门汇报现场生产运行情况,并及时掌握分析动态,制定相应防范措施。发生特殊情况时,若属于紧急情况则应采取应急措施,并尽快向监督管理部门和建设方生产管理部门汇报;若属于时间允许的特殊情况,则应及时汇报请示并提出自己的建议,供决策部门参考决策,待建议批准后,方可下达生产指令,投入实施。

(8) 施工结束后,应及时组织相关人员进行验收,并在规定时间内向监督管理部门提交监督报告,经监督部门审核验收后正式提交建设方。

二、井下作业工程监督的权利

(1) 井下作业工程监督有监察督导的权力,即监督权,对工程施工、使用材料、器材、设备、资料录取等一切与作业工程有关的活动,皆有权实施监督,任何单位、个人不得以任何理由拒绝井下作业工程监督的现场监督。

(2) 对施工方有依据设计、建设方指令下达监督指令的权利。

(3) 对施工方的施工过程、施工措施、施工进度和施工质量有检查考核的权力。

(4) 根据现场具体情况有权对施工方案设计提出修改建议。

(5) 对施工方出现的违章操作,不履行合同、不执行设计标准,使用不合格材料、工具器材等影响施工质量的行为有权做出现场处罚决定,停产整改决定,更换施工队伍建议。

(6) 现场发生紧急情况时,有权在现场做出决策,进行处理。

(7) 井下作业工程监督现场签字认可的工序,施工过程包含的用料等成本内容,特别

是在设计外追加或减少的内容,在监督内容中体现后,必须得到建设方认可,未经监督签字不能完成验收和结算。

三、井下作业工程监督的义务

(1) 有学习技术,提高业务水平,掌握新技术、新理论,履行好监督职责的义务。

(2) 尽职尽责地为建设方和施工方的利益负责,确保施工质量,努力降低成本。

(3) 真实客观地反映施工方及其配合施工队伍的施工投入情况,为合理公平的结算提供真实的依据。

(4) 有为建设方和施工方等保守经营、技术、设备、管理等方面秘密的义务。

(5) 有自觉执行设计、合同的义务。

(6) 有及时向建设方提出优化施工方案、设计、措施的义务。

(7) 发生紧急情况时有尽最大努力把损失降低到最小程度的义务。

(8) 有向建设方全面、真实、客观反映井下作业施工情况的义务。

第三节　监督的职业道德与工作纪律

一、职业道德

(1) 热爱祖国,热爱石油勘探开发事业,热爱井下作业监督工作。

(2) 按照“公平、公正、合理、合法、独立、客观、科学、诚实、信用”的原则执行。

(3) 认真贯彻执行国家和中国石油化工股份有限公司有关石油勘探开发的法律、法规、标准和制度,履行监督合同规定的职责和义务。

(4) 努力学习专业知识及相关专业知识,不断提高业务水平和监督工作水平。

(5) 坚持原则、秉公办事,对各施工方一视同仁,保持监督的独立公正形象。

(6) 不与被监督单位发生任何影响公正执行公务的利益关系。

(7) 遵守有关保密法规,对在工作中获得资料信息严格保密。

二、工作纪律

(1) 在国家法律、法规、政策、规定和行业、企业的规程、标准、规定的范围内开展井下作业监督工作。

(2) 自觉履行监督职责和监督合同中所承诺的义务。

(3) 不得接受与监督工作有关的,来自任何方面、任何形式的馈赠。

(4) 不弄虚作假。

(5) 坚守岗位,不得擅自脱离岗位。

(6) 自觉遵守汇报、请示制度,现场监督权限之外的决策必须请示汇报。

(7) 自觉遵守保密制度。

三、管理考核

(1) 选拔井下作业工程监督按照井下作业监督资质条件进行。根据井下作业施工的难易程度选用不同级别监督,对难度大的井下作业施工必须委派经验丰富、责任心强的监督担任。

（2）聘任井下作业工程监督根据可供选拔的人员情况，在具备井下作业工程监督资质的人员中聘任，并签订聘任合同书。

（3）井下作业工程监督的使用，在根据井下作业情况确定监督人员后，监督部门应与井下作业工程监督人员签订井下作业项目的监督合同。

（4）井下作业工程监督的培训，监督部门应针对快速发展的井下作业工艺技术及时对井下作业工程监督人员进行培训，以保持监督人员的素质不断提高。

（5）井下作业工程监督的考核，应定期或根据监督任务完成情况对监督人员的政治思想、业务技术、工作业绩等做出客观、全面、准确的评价。监督管理部门要注重建设方和施工方的意见反馈，进行细致科学的调查研究，建立、健全信息资料管理办法，建立量化考核指标，把考核结果作为监督聘用、晋升、奖惩的依据。

第四章 监督依据

井下作业施工监督的依据主要包括五个方面的内容,一是相关的法律法规和企业制定的相关规定;二是由国家、行业或企业颁布的技术标准;三是双方订立的合同;四是由具有设计资质的部门编制的并被相关部门审批实施的地质设计、工艺设计和施工设计;五是建设方的要求及指令。一般情况下建设方的要求基本体现在施工合同和方案设计中,但井下作业施工的显著特点是不确定因素多,方案设计在实施过程中,由于人为的因素、地面因素、地下因素等在不断变化,因此,建设方需根据施工现场具体情况相应的下达指令和要求。本章主要介绍施工合同和方案设计。

第一节 施工合同

一、合同法的基本原则

合同法的基本原则是对合同法律关系的本质和规律进行集中反映,适用于合同法全部领域的准则,是制定、解释、执行和研究合同法的基础。合同法的基本原则是贯穿于合同法规范的指导思想和根本准则,它具有如下功能:

(1) 合同法的基本原则是合同立法的准则,合同法的具体制度和规范应当以合同法的基本原则为依据,而不能出现与基本原则的精神相左的规定。例如,合同自由是合同法最基本的原则,这就意味着合同法的具体规定应当允许当事人在法律规定的范围内,自主自愿地从事各种交易活动,独立决定交易的内容,而不能过多地依赖强制性或者禁止性规范限制当事人订约的自由。

(2) 合同法的基本原则提供了基本的行为模式,确立了当事人的行为准则。合同法的基本原则可以指导合同当事人正确行使权利,适当履行义务,兼顾个人利益与社会利益,不能为了维护自身利益而损害他人的合法权益。例如,根据我国《合同法》的规定,合同当事人在确定各方的权利义务关系时应当遵循公平原则,这就意味着任何一方当事人,无论其经济实力多么强大,都无权在合同中设立不公平的合同条款。这是合同当事人的根本行为准则,在违反这一准则时将会承担相应的法律责任。

(3) 合同法的基本原则是适用法律的根本依据。合同法的基本原则为法院或者仲裁机构处理合同纠纷确定了指针,纠纷的处理方法和结果应当符合基本原则的要求。另外在某一案件缺乏具体的法律规则时,法官可以依据基本原则的精神行使自由裁量权,公平、合理地处理合同纠纷,以补充合同法具体规范的不足。合同法的基本原则具有强制性,当事人负有必须遵守的义务,不得以约定排除其适用。即使当事人做出此类的约定也不发生法律效力。我国《合同法》利用六个条文,即第三~八条规定了合同法的基本原则,包括第三条规定的平等原则,第四条规定的合同自由原则,第五条规定的公平原则,第六条规定的诚实信用原则,第七条规定的合法原则,第八条规定的法律约束力原则。另外还有一个基本原则尽管没有做出规定,但却在整个合同法中体现出来,那就是鼓励交易原则。

合同的基本原则是指在合同活动中应当遵守的基本准则。根据我国《合同法》的规定,合同法的基本原则有以下五条:

(一) 平等原则

《合同法》第三条规定:“合同当事人的法律地位平等,一方不得将自己的意志强加给另一方。”平等原则体现在以下方面。

(1) 合同当事人的人格平等。人人都有平等的权利,人人都有保护个人人格的权利,人人都有捍卫个人独立性的权利。只有当事人的人格平等,才能实现合同当事人的地位平等。

(2) 合同当事人的地位平等。不论是自然人还是法人、其他组织,不论其所有制性质和经济实力,不论其有无上下级隶属关系,他们在合同关系中的法律地位是平等的。

(3) 一方不得将自己的意志强加给另一方。不得利用自己的经济实力强迫他人接受不平等条款;不得利用公共权力搞非法垄断,签订“霸王合同”。

(4) 平等原则不是指当事人享受的权利和承担的义务均等。法律地位上的平等,并不意味着当事人享有的具体民事权利和承担的具体民事义务都是一样的,在具体的合同关系中,因合同的性质、法律的规定、当事人的意志的不同,当事人实际享有的权利和承担的义务可以有所不同。

(二) 自愿原则

《合同法》第四条规定:“当事人依法享有自愿订立合同的权利,任何单位和个人不得非法干预。”自愿原则体现了民事活动的基本特征,是合同关系不同于行政法律关系、刑事法律关系的重要标志。自愿原则体现在以下方面。

(1) 自愿决定是否签订合同,不受任何单位和个人的非法干预。

(2) 自愿决定与谁签订合同、签订什么样的合同,不受任何单位和个人的非法干预。

(3) 自愿协商确定合同的内容,协商补充合同内容,协商变更合同内容。这是合同自愿原则的核心,是指当事人对于合同的具体内容,在法律允许的范围内均可自愿协商订立、补充和变更,只要不违背法律规定和社会公共利益,法律就承认其有效。当然,如果合同内容违背法律、行政法规的强制性规定和社会公共利益,则该合同无效。

(4) 自愿协商解除合同。

(5) 自愿协商确定违约责任,选择争议解决方式。

(三) 公平原则

《合同法》第五条规定:“当事人应当遵守公平原则确定各方的权利和义务。”公平原则是道德规范的法律化,它反映了合同当事人之间的利益关系,符合当事人的要求。公平原则体现在以下方面。

(1) 无论签订合同还是变更合同,都要公平合理地确定各方的权利义务,公平合理地确定违约责任,不能显失公平。

(2) 除少数合同(如赠与合同)外,当事人一方不能只享有权利不承担义务。

(3) 在双方合同中,一方取得的财产与其履行的义务应大致相等,一方不得无偿占有他人的财产,侵犯他人的利益。

(4) 当合同没有约定或约定不明确时,可以根据公平原则进行解释,确定双方的权利义务。

（四）诚实信用原则

《合同法》第六条规定："当事人行使权利、履行义务应当遵守诚实信用原则。"诚实信用原则是合同法的最基本原则，是协调各方当事人利益，减少合同纠纷和合同欺诈，促进市场有序运行的重要原则，被称为合同法的最高原则和"帝王原则"。根据这一原则，合同当事人应该讲诚实、守信用。主要体现在以下方面。

（1）不得隐瞒真实情况，用欺诈手段签订合同。

（2）不得滥用权利，加害他人。

（3）不得掺杂使假，以次充好，要正确履行合同。

（4）不得擅自撕毁合同，要忠实地履行合同约定的义务。

（5）不得在签订和履行合同的过程中骗取对方的财物，搞合同诈骗。

（6）当事人在履行合同时，要根据合同的性质、目的和交易习惯履行及时通知、协助、提供必要的条件、防止损失扩大和保密等义务。

（7）在合同终止后，应根据交易习惯履行通知、协助、保密等义务。

（五）合法原则

《合同法》第六条规定："当事人订立、履行合同，应当遵守法律、行政法规，尊重社会公德，不得扰乱社会经济秩序，损害社会公共利益。"合同当事人在订立、履行合同时，其行为应当符合法律和行政法规的规定，应当符合社会公德的要求，有利于维护社会经济秩序，有利于维护社会的公共利益。否则，合同就失去了法律效力，失去了存在的意义，就得不到法律的保护。主要体现在以下方面。

（1）合同是一种民事法律行为，根据《民法通则》的规定，民事法律行为必须合法。因此，遵守法律是对合同行为的最基本要求。遵守法律，既包括遵守国家立法机关统一制定的有关法律，也包括国家行政机关制定的行政法规和规章，以及地方权利机关和行政机关制定的地方性法规和行政规章。在我国，国家政策一直在社会经济生活中起着十分重要的作用。根据《民法通则》第六条的规定，在法律没有规定的情况下，当事人订立、履行合同还必须遵守国家政策。

（2）社会公德即社会的公共道德，是人们共同进行社会生活及其行为应有的准则和规范。遵守社会公德，是我国社会主义社会一切活动都必须遵循的共同准则。在合同签订、履行的过程中，任何当事人都不得采取不正当的手段损人利己，更不得为谋求个人利益或局部利益而损害整个社会的公共利益。

（3）不得扰乱社会经济秩序，损害社会公共利益，是《合同法》对合同当事人提出的最低要求。在订立、履行合同中，如因当事人的不正当行为扰乱了社会经济秩序，必须承担相应的法律后果。同时，合同当事人的行为不得损害公共利益，包括不得违反国家的政治和经济利益、有损国家主权、危及国家安全、违反社会秩序、有碍社会风化以及严重污染环境、损害珍稀资源、破坏生态平衡等，否则要承担法律上的责任。《合同法》规定，损害社会利益的合同，是无效合同。对利用合同危害社会公共利益的违法行为，县级以上的工商行政管理部门和其他有关管理部门可以依照法律、行政法规规定的职责负责处理，构成犯罪的，依法追究刑事责任。

二、签订合同的一般程序

签订一份内容完整、形式合法、责任明确的有效合同，一般要经过市场调查和可行性研究、资信审查、协商谈判、签订合同四个阶段。

（一）市场调查和可行性研究

市场调查是合同签约准备阶段的必经步骤。调查的内容主要是了解收集与合同项目有关的信息并对这些信息进行整理，作为签订合同时的参考和依据。广泛地、多角度地、多层次地捕捉信息，并从技术上保证对合同谈判有关的信息收集准确、及时、完整全面。

可行性研究是指在合同谈判前，对可能影响谈判的主客观因素进行调查研究，预测成败得失，以确定项目的可行性。可行性研究一般包括五个方面的内容。一是有关谈判信息与资料的研究。谈判前情况掌握的愈全面，资料占有的愈充分，可行性研究工作就会做得愈彻底。二是谈判方案的比较与选择。要拟定出解决各方分歧的各种谈判方案进行比较、选择，看哪一种方案对己方更为有利，又能为对方所接受。同时，还要分析研究对方可能提出的方案和这些方案对己方利益有何影响以及如何对付的办法。三是各种主客观情况的预测。预测的情况愈是正确，选择方案就愈科学。情况的预测工作往往决定谈判的方案比较与选择工作的成败。四是综合评估、做出结论，明确谈判是否可行和具体的谈判方案。

（二）资信审查

资信审查是合同订立阶段的一项重要工作。选择资信良好的合同对象，有履约能力并且讲信用，就能达到签订合同的预期目的。反之，对合同对方当事人的资信情况不明而草率签约，所签订的合同不是上当受骗，就是发生合同纠纷，给企业造成经济损失。资信审查主要包括资格审查和信用审查两个方面。

(1) 资格审查。包括对当事人的主体资格审查和签约人的资格审查。

① 对当事人主体资格的审查。根据《合同法》的规定，签订合同的合法主体有自然人、法人和其他组织。企业签订合同的当事人一般是法人和其他组织。对当事人主体资格的审查的主要内容一般有以下四项：

a.企业法人营业执照或营业执照、税务登记证、市场准入证。以了解对方是否具有法人资格，是否依法成立，其经营范围是否超越企业章程和营业执照规定范围，签订合同标的是否符合市场准入范围，能否提供合格的税务发票等。

b.特种行业生产许可证。

c.工程建设企业的施工资质证书、单项工程施工许可证。

d.依据合同性质、类别所预期的其他资质证明材料。

② 对签约人的资格审查。签约人既可以是企业法人的法定代表人(进行工商登记的其他组织为负责人本人，也可以是企业法人的委托代理人。企业法定代表人或进行工商登记的其他组织为负责人在签订合同时，应出示本人的身份证明，并应与营业执照上登记的姓名相一致。委托代理人签订合同应出示企业法定代表人签署的、加盖企业行政公章的“授权委托书”或“委托代理证书”和本人的身份证明。要特别注意授权委托的范围和期限，以保证合同签约人的合法性。

(2) 信用审查。信用审查主要是对当事人履约能力及履约信用的审查。

① 履约能力审查，包括支付能力和生产能力两个方面的内容。

a.支付能力包括企业注册资金、银行存款数量等。可通过查阅对方企业工商登记材料、资产负债表和损益表财务资料等方式进行审查。

b.生产能力包括了解企业的基本情况，如生产规模、设备装备、技术水平、产品质量、施工或供货能力等。可通过实地现场考察、查阅质量体系认证资料、调查了解近三年主要经营业绩等方式进行审查。

② 履约信用的审查,可通过调查了解对方是否为“守合同重信用”企业,与其他企业签订合同的履行情况,对方合同纠纷诉讼、仲裁情况等方式进行审查。

(三) 协商谈判

协商谈判,是签订合同的重要阶段,是双方当事人进行要约和承诺的过程,应认真做好组织工作。

(1) 做好准备。组织协商谈判,要事先做好准备。根据对方当事人的情况,选择最佳合同谈判方案,确定参加谈判人选。对合同的主要条款要事先进行商定,如价格、数量、交提货时间、质量标准等,使参加谈判人员在谈判中心中有数,避免出现差错。如事先发出或者收到要约的,可针对要约,研究谈判内容、谈判的对策,可对原要约进行补充、修改或全部重来,预定谈判的最佳目标和起码标准。

(2) 商定条款。这是订立合同十分重要的一环。当事人双方商定合同条款时必须贯彻订立合同的基本原则,在友好的气氛中进行谈判。一般的合同主要讨论标的质量、数量、价格或酬金、履行期限、违约责任及争议解决的方式等基本项目。如果是合作经营或经济技术合作合同,应主要就合同的形式的选择,生产经营目的、范围和规模;双方当事人投资的方式和数额;利润分配和风险承担;经营管理机构的设立,财务、纳税、保险;原材料和能源的供应、产品销售、产品质量要求、工艺流程;合营期限和期满财产的处理;违约责任、纠纷的处理、适用法律等项目和条款进行协商,最后达成协议。

(3) 形式平等。形式平等主要体现在两个方面:一是谈判中当事人双方所处的地位平等。无论是大企业还是小企业,法人企业、自然人,还是其他组织,在谈判中所处的地位是完全平等的,不能谁凌驾于谁之上,或谁为主谁为副。二是协议内容要平等,权利和义务相对应,不能出现不平等条款,或乘人之危强加于人的内容。

(四) 签订合同

在双方当事人协商一致的基础上,按照法律规定和双方约定,拟定书面合同文书。国家已颁布统一合同文本的,应使用统一文本。拟定合同文书要做到:内容完整合法,文字工整通顺,语言表述准确,责任明确清楚,避免出现歧义和误解。合同文书拟定以后,还应该进行必要的审查把关,看是否与本企业的财产、生产能力相适应,是否具有可行性和科学性。如经审查,认为切实可行,最后双方签名盖章,同时要加盖单位公章或合同专用章,合同才能成立。有些合同,根据国家规定须经上级或有关部门批准的,在有关部门审批后,才能正式生效。如果国家规定或当事人自愿约定,某些合同必须经过鉴证或公证的,要到工商行政管理机关和有关部门进行鉴证或公证后,该合同才生效。

三、合同的内容与主要条款

合同的内容,也称合同的条款,是确定合同双方当事人权利义务关系的根本依据,也是判断合同是否有效的客观依据。订立一个内容完备的合同,对于实现当事人订立合同的目的,防止和减少以及迅速解决合同纠纷具有重要意义。

根据我国合同法第十二条的规定:“合同的内容由当事人约定,一般包括以下条款:(一)当事人的名称或者姓名和住所;(二)标的;(三)数量;(四)质量;(五)价款或者报酬;

(六)履行期限、地点和方式;(七)违约责任;(八)解决争议的办法。当事人可以参照各类合同的示范文本订立合同。”

四、合同的履行与履行原则

(一) 合同的履行

合同的履行是合同法中一个极为重要和十分关键的问题。当事人通过订立合同,实现设立、变更、终止民事权利义务关系的目的,必须通过合同的履行来实现。合同的订立是前提,合同的履行是关键。如果订立了合同,而得不到执行,那么,订立合同的目的就无法实现,合同目的就会落空。因此,合同订立后,能否得到真正的履行,直接关系到合同双方当事人的权利能否实现,关系到社会正常的经济流转秩序能否得到保障,关系到市场经济的健康发展。所以,必须高度重视合同的履行问题。合同的履行,就是合同双方当事人为了实现订立合同的目的而做出合同约定的行为。即按照合同约定的主要内容,如标的、数量、质量、价款和报酬、履行期限、履行地点、履行方式等全面地完成各自所承担的义务。总之,合同双方当事人要按照依法订立的合同全面地完成各自所承担的义务,保证对方当事人合法权益的实现。

(二) 合同履行原则

合同履行原则,是双方当事人在履行合同过程中应当遵守的基本的原则或者规则,对当事人履行合同具有重大指导意义,是履行合同的基本准则。我国合同法第六十条对合同履行的原则做出了概括性规定。其主要内容为:“当事人应当按照约定全面履行自己的义务。当事人应当遵循诚实信用原则,根据合同的性质、目的和交易习惯履行通知、协助、保密等义务。”根据本条的规定,合同履行应当遵循的原则主要有:

1. 全面履行原则

全面履行原则要求合同当事人按照合同的约定全面地履行自己的义务。当事人按照约定履行自己的义务,包括履行义务的主体、标的、数量、质量、价款或者报酬、履行的期限、履行地点、履行方式等等,都要严格按照合同的约定全面地履行。具体来讲,全面履行主要包括以下几个方面:

(1) 履行主体要正确。履行主体是指履行合同义务或者接受义务履行的人。在通常情况下,合同履行主体就是订立合同的当事人。但在某些情况下,根据合同的性质和特点,由当事人通过合同约定,合同的履行主体可以是第三人,即由第三人代为履行合同义务或者由第三人代为接受合同履行。比如购销合同中的需方,在支付货款后,可以请求供方将所购商品送交第三人,或者供方接受货款后,可请求需方向第三人提货。

(2) 履行的标的要正确。根据有关规定,合同的标的可以是物、劳务或者工作成果等。合同标的的履行必须按照合同约定的品种、数量、质量等要求进行。

(3) 履行期限要正确。履行期限是合同义务人向权利人履行义务和权利人接受义务人履行的时间。合同当事人必须依照法律规定或者合同约定的时间履行和接受履行。在一般情况下,在合同规定的有效期限内,负有义务的一方当事人既不得延迟履行,也不得提前履行;享有权利的一方当事人,同样不得要求对方当事人提前履行或者延迟履行。如有特殊情况,也必须经双方当事人协商达成提前或者延迟履行的协议,才能提前或者延迟履行,否则应视为违约。

(4) 履行地点要正确。履行地点是合同义务人向权利人履行义务和权利人接受履行的地方。由于履行地点与履行费用和期限直接有关,在发生纠纷时,也是承担责任的依据。因此,合同的当事人应当按照法律规定、合同约定或者依据合同性质确定的地点不履行和接受履行。

(5) 履行方式要正确。履行方式是合同当事人履行义务享受权利的方式。履行方式由合同的内容和性质决定。具体履行方式由双方当事人依照法律规定或者双方约定在合同中确定。履行方式一旦确定,双方都应按照合同规定的履行方式来履行和接受履行。

此外,合同规定的其他条款,也均应依照合同的规定全面地履行。

全面履行作为合同履行的原则之一,不允许任何一方当事人不按照合同的约定履行义务,擅自对合同的内容进行变更。这一原则的意义在于约束和督促当事人及时、恰当、保质保量地完成合同约定的义务,加强当事人信守合同的观念,防止违约现象的发生。在微观上,有利于保护合同双方当事人的合法权益;在宏观上,有利于维护正常的社会经济秩序,保持社会经济生活的稳定和发展。

2. 诚实信用原则

合同履行要遵循诚实信用原则,是指当事人在履行合同时,要心怀善意,要诚实,讲信用,相互协作,不得滥用权利。当事人应当按照合同的性质、目的和交易习惯履行合同义务。例如,有的需要用时通知对方,以便作好准备;有的需要提供必要的条件和说明;有的需要协作;有的需要保密等等。

将诚实信用作为合同履行的原则之一,可以防止当事人滥用权利,有利于保护当事人的合法权益,维护和平衡当事人之间的利益,有利于更好地履行合同义务,实现合同目的。合同没有约定或者约定不明确的,可以根据诚实信用的原则进行补充、解释。

3. 公平合理原则

在订立合同时,由于当事人的疏忽,有的问题没有约定或者约定不明确的,应以公平合理的原则,采取补救措施。由双方当事人协商一致,签订补充条款加以解决;若当事人协商不成,就应按照有关条款或者交易习惯确定。如果不能确定,就按合同法的有关规定来确定。

4. 协作履行原则

协作履行原则要求合同当事人在合同履行过程中相互帮助,给对方提供便于履行的条件。实际上,这项原则只是诚实信用原则的一部分,即诚实信用原则所要求的协助义务。因此,从逻辑的角度讲,协作履行原则并不是一个独立的履行原则,而是诚实信用原则的内容之一。

5. 效益履行原则

效益履行原则又被称为经济合理原则,指履行合同应讲求经济效益,尽量争取以最小的成本,获取最大的效益。如履行中应采取最经济合理的运输方式、最便捷的路线等,为对方考虑,精打细算,节约履行费用。应该说,效益履行原则的这层意思也是诚实信用原则的应有之义。如在乘坐出租车时,如果乘客不太清楚前往目的地的路线,出租车司机应选择最短的路线;如果乘客要求以最快的时间到达目的地,则应选择最不堵车而又相对较短的路线。如果没有尽到上述义务,则既不符合效益履行原则,同时也违反了诚实信用原则。

6. 情势变更原则

情势变更原则是指在合同订立后,如果发生订立合同时当事人不能预见并且不能克服的情况,改变了订立合同时的基础,使合同的履行失去意义或者履行合同将使当事人之间的利益重大失衡,应当允许当事人变更合同或者解除合同。其实质是诚实信用原则的具体运用，目的在于消除合同因其基础发生变化而产生的不公平后果。

五、经济合同管理

（一）经济合同管理的概念和作用

经济合同管理是指对经济合同的订立、履行、变更和解除实施监督、检查等活动的总称。经济合同管理有利于维护正常的社会经济秩序，促进我国市场经济的发展；有利于提高当事人法律意识，帮助企业依法经营，提高经济效益；加强经济合同管理，对保护当事人的合法利益，保护国家利益和社会公共利益起着重要作用。

（二）经济合同管理的层次

（1）国家有关行政部门的管理。根据《中华人民共和国合同法》第一百二十七条规定："工商行政管理部门和其他有关行政主管部门在各自的职权范围内，依照法律、行政法规的规定，对利用合同危害国家利益、社会公共利益的违法行为，负责监督处理；构成犯罪的，依法追究刑事责任。"由此可见，国家工商行政部门（工商局、工商所等）对经济合同的管理主要体现在打击利用经济合同危害国家利益、社会公共利益的违法行为方面。从我国的历史经验看，工商行政部门的监督管理，对加强合同管理确实能起到一定的作用。

（2）企业的管理。包括企业自己的管理和企业上级业务部门的管理。

（三）企业经济合同管理的主要内容

企业应当依法治企、诚实守信，根据本企业的实际情况开展经济合同管理，一个完善的经济合同管理体系，主要包括以下主要内容：

1. 完善的合同管理机构

企业应设立三个层次的管理机构：一是成立由公司主要负责人为主任，合同、经营、财务、销售、审计、生产、设备管理、科技、后勤供应等有关部门负责人为成员的"合同管理委员会"，作为企业合同管理的最高机构，研究解决企业合同管理的重大问题，研究制定合同管理制度，审批重大合同，研究解决合同签订履行中出现的重要问题，研究决定对合同管理人员的奖惩等。二是建立专门的合同管理部门（合同科），配备合同管理专职工作人员（需具备企业法律顾问执业资格），负责企业的日常合同管理。三是在企业下属各级部门单位确定合同分管领导，设立专（兼）职合同员，负责承办管理本部门单位的合同，并向合同科及时反馈合同管理的有关信息。这样，就可以形成三个层次各司其职，上下协调一致的合同管理工作网络。

2. 企业法律顾问制度

企业法律顾问，是指具有企业法律顾问执业资格，由企业聘任，经注册机关注册后从事企业法律事务工作的本企业内部专业人员。企业法律顾问制度是我国依法治国进程中的一个新生事物，1997 年以来，国家有关部委先后颁布了《企业法律顾问执业资格制度暂行规定》、《企业法律顾问执业资格考试实施办法》、《企业法律顾问管理办法》、《关于在国家重点企业开展企业总法律顾问制度试点工作的指导意见》等有关规章，在国家重点企业全面推行企业总法律顾问制度。目前，已有 70 家国家重点企业实施了企业总法律顾问制度。

3. 合同的全方位、全过程管理

合同全方位管理，是指对企业所有的经济往来，不论金额大小，一律签订合同，并纳入合同管理的范围。当然，从现实情况，要求企业的每一笔经济往来都签订合同几乎是不可能的，通常的做法是：由企业结合自己的实际，确定签订合同的经济业务限额（如1万元），凡是超过此限额的，必须签订经济合同。

合同全过程管理，是指对某一份合同，从考察调研、招议标、谈判签约、履行验收、结算付款等方面入手，进行规范的一体化管理，确保合同按约定正常履行。实现合同全过程管理的关键是合同管理部门（合同科）的全过程参与。

（1）考察调研。考察调研能够了解对方当事人的资质信誉等，有效的防止合同诈骗，从源头上降低合同纠纷发生的机率。

（2）招议标。招议标是合同谈判的一种重要形式，能够有效的节约采购成本，防止腐败发生。企业应成立本企业的招议标小组，具体负责本企业的招议标采购，小组成员必须包括合同管理部门、财务部门和纪检监察部门。

（3）谈判签约。企业应积极开展合同谈判，对比较重要复杂的合同，应组成专门的谈判小组。合同谈判有很多技巧可循，企业法律顾问具有较强法律专业知识和谈判技能，应充分发挥其在谈判中的作用。合同签约前，合同经办单位应填写《签订经济合同申请单》，经有关部门、领导审批后，由企业的合同管理部门与对方签订正式的经济合同，并加盖经济合同专用章。

（4）履行验收。合同履行验收过程中，企业应派专人负责监督对方的履行，还要全面履行本企业的义务，确保不违约。

（5）结算付款。结算时，企业合同管理部门负责填写《经济合同履行结算报告单》，在所有部门单位签署完意见后，传递到财务结算部门，由财务部门负责付款。

4. 重大合同履行报告制度和签约人负责制度

（1）重大合同履行报告制度。

重大合同履行报告制度，是指企业签订的重大合同，由具体经办部门，根据合同履行不同阶段，定期或不定期向企业合同管理部门报告合同的履行情况，以利于对企业重大合同进行跟踪、检查的一项管理制度。重大合同的分类一般根据企业自身情况决定。

重大合同履行报告的主要内容包括：报告合同履行过程中拨付款、履行进度、工程及产品质量等正常履行情况；及时报告影响合同正常履行的问题及采取的措施；随时报告合同履行中出现的争议及变更、解除等重大事项；对外投资、联营、租赁等合同，要定期报告履行过程中我方利润、租金回收及亏损承担等情况。同时，要及时报告双方主要签约人（或承办人）的调整、变动情况；报告合同履行中验收、结算等重点环节情况；需要报告的其他情况。

重大合同履行报告的程序是：由企业合同管理部门确定向企业报告的重大合同，并会同各级单位按照上条的要求，确定具体的报告时间；重大合同确定后，由各级部门人员填写《企业重大合同登记表》，分别由企业合同管理部门、各级单位合同管理员及合同经办单位保存一份；各单位合同管理员按照重大合同报告的内容、报告的时间，及时、认真、准确地填写《企业重大合同履行报告书》（附后），向企业合同管理部门报告；企业合同管理部门根据重大合同的履行情况，及时地向企业主要领导报告。同时，针对重大合同履行过程中出现的问题，组织人员及时进行调查研究，制订解决的办法和措施，保证重大合同顺利履行。

（2）合同签约人负责制。

合同签约人负责制，是指合同签约人（或承办人）对合同前期调查、谈判、签约、履行、验收、结算等全过程负责的一项管理制度。在合同没有履行完毕前，合同签约人原则上不能调离或更换工作岗位，必须调离的，应确定新的合同承办人，全面承担履行合同的义务。

合同签约人,是指签订合同的法定代表人、委托代理人及复代理人。合同签约人应具有签订经济合同的资格,取得地市级工商行政管理局颁发的“签订管理经济合同资格证”,具有签订经济合同、负责合同全面履行的能力、知识和技能。

合同签约人(或承办人)的主要职责:全面负责合同的前期调查、谈判、签约、履行、验收、结算等全过程的工作;及时向企业合同管理部门报告合同履行过程中存在的问题,共同研究制订解决的措施和办法;同时,对重大合同要会同合同管理部门一起,按照有关规定,定期及时地向合同管理部门报告;接受合同管理部门的检查、监督和指导。

5. 授权委托制度和合同专用章管理

企业对外签订合同,应由其法定代表人或法定代表人授权的代理人进行,未经授权,任何人不得以企业名义对外签订合同。合同专用章是企业签订合同时专门使用的印章,合同专用章使用管理制度的主要内容包括:企业签订合同都必须使用合同专用章;合同专用章由专人使用、保管;合同专用章应由合同归口管理部门编号、备案;合同专用章刻制的申请、审批手续;对滥用合同专用章或合同专用章管理不善的责任者的处理等。

6. 经济合同纠纷解决处理制度

企业经济合同纠纷的解决途径通常包括协商、调解、仲裁和诉讼四种方式。

(1) 协商。协商是指合同当事人之间直接进行交涉以解决争议的一种方式。协商的特点是合同当事人之间可以不拘形式和程序,也不必求助于第三者,只要当事人有解决争议的诚意,在互谅互让的基础上达成谅解或和解是完全可能的。协商有很大的随意性,即使在调解、仲裁或诉讼程序中,当事人如果有协商的愿望,也可以进行协商。

(2) 调解。调解是指合同当事人自愿将争议提交给第三者,在查清事实的基础上分清是非和责任,以促进当事人和解的一种解决争议的方式,调解的优越性在于:①调解可以使当事人不必在程序上耗费过多的时间,有利于争议的迅速解决。②第三者一般都是经合同当事人认可的,其具有一定的权威性,能够消除当事人之间的抵触情绪,从而增加和解的可能性。③当事人之间的和解协议就是他们之间新的合同关系。一方当事人在签署和解协议之后拒不履行的,应承担违约责任。

(3) 仲裁。仲裁也称公断,是指合同当事人在纠纷发生前或纠纷发生后达成仲裁协议,自愿将纠纷交给指定的仲裁委员会进行审理,从而解决合同纠纷的一种方法。

(4) 诉讼。诉讼是指由人民法院处理合同当事人的纠纷的方式,以这种方式解决纠纷,应遵循我国《民事诉讼法》的有关规定。

企业应确定专门负责处理合同纠纷的部门(一般是企业的合同管理部门)。不管是以何种方式解决合同纠纷,都必须由合同管理部门组织处理。

第二节　方案设计

一、井下作业设计内容

井下作业设计包括地质设计、工艺设计、施工设计,是作业承包合同、作业施工、作业质量监控与考核、作业工程预算与结算的依据。

(一) 地质设计

地质设计是编制施工设计的基础文件,应尽可能详尽地提供各类满足施工目的的数据资料，并根据施工目的提出相应的要求。

1. 设计内容

(1) 设计依据。地质设计要有书面形式的设计依据，一般有任务书、委托书，措施讨论会纪要等。

(2) 基本数据。

① 地理位置，构造位置，完井日期，完钻层位，完钻井深，目前人工井底；完井液：类型，密度，黏度，浸泡时间；井斜数据（井深，井斜角，方位角）；如表 1-4-1。

表 1-4-1　基本数据

地理位置			构造位置		
开钻日期		完钻日期		完井日期	
完钻层位		完钻井深/m		人工井底/m	
井底位移/m		井底垂深/m		水平段长度/m	
造斜点数据	深度/m		最大井斜数据	深度/m	
	方位/(°)			方位/(°)	
	造斜率/(°/10m)			斜度/(°)	
最大曲率数据	深度/m		完井液性质	类型	
	方位/(°)			密度/(g/cm³)	
	曲率/(°/10m)			漏斗黏度/s	

② 井身结构：钻头尺寸，套管程序（表层套管，技术套管，油层套管），套管外径，钢级，壁厚，下入深度，水泥返高，固井质量，联入，短套管深度，见表 1-4-2。

表 1-4-2　井身结构

	钻头尺寸/mm	套管程序	外径/mm	钢级	壁厚/mm	下入深度/m	水泥返深/m	固井质量	联入/m	磁定位深度/m
井身结构		表层套管								
		技术套管								
		油层套管								

③ 油层数据：测井解释序号、层位、井段、厚度，实际射孔层位、井段、厚度，渗透率，孔隙度，泥质含量，含水饱和度，测井解释成果，见表 1-4-3、表 1-4-4。

表 1-4-3　油层数据 1

序号	层位	层号	井段/m	厚度/m	测井解释					钻开油层钻井液性质				钻井液浸泡时间/h	漏失量/m³
					解释结果	孔隙度/%	渗透率/$10^{-3}\mu m^2$	含油饱和度/%	泥质含量/%	油层固井质量	类型	密度/(g/cm³)	黏度/s		

表 1-4-4　油层数据 2

序号	层位	实射井段/m	厚度/m	射孔方式	枪型	弹型	孔密/(孔/m)	负压值/MPa	压井液性质

④ 其他:目的层上下水层井段,地层敏感性类型,地层漏失情况,高含硫油气,高油气比,高压异常状况等特殊内容。

(3) 生产数据:包括生产日期,生产方式,日产液,日产油,含水,含砂,矿化度,原油密度,原油黏度。

新投产井填写邻井生产数据。

注水井填写目前注水数据,包括注水方式(水嘴、日配注量、实注水量等),泵压,套压,油压;注水受效油井状况,包括受效井号、层位、工作制度、日产液、日产油、含水、动液面等。

(4) 井史简况。描述本井(老井)最近 2 次以上的作业情况井史简况,目前井筒内的情况,过去生产和作业资料数据;其他层的重要工序简况。新井作业地质设计描述类似区块、地层及邻井的施工情况及取得的成果。

(5) 目前存在的问题及分析。

(6) 井筒情况,如套管损坏、落物深度及出砂情况等。

(7) 施工要求,包括工程设计要求、油层保护要求、环保要求和安全要求。

(8) 目前井内管柱示意图。以图示的方式描述施工井段、层位、厚度,井内管柱和工具的规范、名称、深度,人工井底。

2. 作业地质设计管理

(1) 作业地质设计一般由地质部门编制,要注明设计单位、设计日期、设计人,设计人要手写签名。

(2) 作业地质设计要有审核人、审批人签字和审核、审批意见。

(3) 作业地质设计发放时要填写发放记录,以便掌握地质设计的流向。

(二) 工艺设计

工艺设计是针对一般作业措施的简单的施工设计,主要内容包括有:

1. 基本数据

同本节《地质设计》部分的“基础数据”、“井身结构”、“油层数据”及“生产数据”。

2. 目前工艺数据

一般指目前生产数据,包括机、电、管、杆、泵、管柱组合以及工具深度。

3. 井史简况

描述本井(老井)最近 2 次以上的作业情况井史简况。

4. 目前存在的问题

包括杆、管、泵、封、磨损、腐蚀、砂柱、冲出量、冲砂漏失、结蜡深度、凝固点及其他。

5. 本次作业对策措施

6. 施工工序及技术要求

施工工序、技术要点和关键数据清晰明了,其中涉及到重大工艺措施可另开发编制详尽的工艺设计,比如《防砂工艺设计》、《压裂、酸化工艺设计》、《注汽工艺设计》等。

7. 设计完井管柱示意图

以图示的方式描述施工井段、层位、厚度，井内管柱和工具的规范、名称、深度，人工井底。

8. 油层保护措施

包括入井液的选择和要求，挤入地层的流体类型及与地层的配伍性，漏失层措施，污染层解堵措施，下井工具清洁等。

9. 安全环保事项

安全措施包括井控措施，防火措施，人身安全等。

环保措施包括井内采出流体的处理、回收、防止地面污染等。

10. 其他注意事项

11. 参考技术标准

12. 工程费用预算（可另外单独编制预算单）

包括直接工程劳务费用、间接工程劳务费用、材料费用等明细。

（三）施工设计

施工设计是具体指导现场施工的作业文件，是进行现场作业施工的主要依据，所以施工设计必须充分体现施工的目的和要求，满足取资料要求。

1. 施工设计内容

（1）设计依据。施工设计要有书面形式的设计依据，一般有地质设计，工艺方案，建设方委托书，措施讨论会纪要等。

（2）施工目的。

（3）地质方案要求。

（4）基本数据。同本节《地质设计》部分的“基础数据”、“井身结构”、“油层数据”及“生产数据”。

（5）区域地质及井史简况。区域地质简况；邻井作业情况简况；本井（老井）井史简况：包括井筒内的情况，过去生产和作业资料数据；其他层的重要工序简况。

（6）施工主要设备和辅助设备。内容包括设备名称、型号、数量、厂家或来源地，见表1-4-5。

表1-4-5　施工主要设备和辅助设备

序　号	名　称	型　号	规　格	数　量	厂家或来源地	备　注

（7）备用管材、工具和化工料。内容包括管材、工具名称、型号、规格、数量、厂家或来源地，见表1-4-6。

表1-4-6　备用管材、工具和化工料

序　号	名　称	型　号	规　格	数　量	厂家或来源地	备　注

(8)施工工序及技术要求。施工工序内容要叙述清楚下入井内的管柱、工具的名称型号规范和各部分的深度,所用化工料的名称、型号、浓度和用量,工序取资料要求以及施工后的要求,参照执行的有关行业标准或企业标准等。

(9) 安全环保事项。安全措施包括井控、地面流程、地面施工等安全措施,防火措施,人身安全等。

① 地面安全措施:

a.采油井口:根据井深及压力系数选用对应等级的采油(气)树,套管短节缠丝扣胶带,各联接部位要上全上紧。

b.作业井控:根据井深及压力系数选用对应等级的半全封封井器,保证钻台下方便安装、操作封井器,悬挂器提升短节长度要适合于钻台操作。

c.井口出来的天然气、油、水等流体,通过高压分离器分离,分离出的油、污水进大罐,罐车回收,天然气点火把烧掉(火把高度 20m 以上)。

d.地面流程管线要求耐高压,气密性,耐腐,含硫井必须防硫,同时井场安装硫化氢探测器,随时探测 H_2S 含量,并做好记录;当硫化氢含量大于 10ppm($1ppm=1\times10^{-6}$)时,进入井场的所有人员必须带好防毒面具。

e.高压分离器的压力、日处理量要适合油井情况,压力、日处理天然气量、日处理液量;具备气密性,耐腐,含硫井必须防硫。

f.放喷管线必须用硬管线,出口不准上死弯头,并固定牢固;出口在井口、职工住房和工作房的下风口,并距离 50m 以外。

② 防火措施:根据设计要求及相应标准配备消防器材。

③ 其他安全措施:

a.起下钻注意预防井喷,一般情况下保持满井筒的压井液。

b.简易自封:防掉落物、砸坏井口。

c.下井管柱必须上紧扣。起下钻必须打好背钳,平稳操作,防止顿钻、溜钻、单吊环,遇卡阻现象应判明原因后处理。

d.施工现场的一切人员均应穿戴劳保用品、安全帽、行业专用手套及清洗液等。

e.井场配备现场急救药品。

④ 环保措施包括井内采出流体的处理、回收、防止地面污染等。

(10) 油层保护措施。包括入井液的选择和要求,挤入地层的流体与地层的配伍性及质量性能,漏失层措施,污染层解堵措施,下井工具清洁等。基本要求如下:

a.盛放压井液的池子干净无泥砂、杂草,压井液干净无杂物,采用含设计规定的防膨剂的压井液压井,防止污染油层。

b.根据压力资料选择合适密度的压井液压井至进出口液量、性能一致;原则是保护油层,做到压而不死,活而不喷。起管柱时边起边灌。

c.若油层漏失严重,则采用暂堵剂暂堵,然后压井的方式。

(11) 参考标准。包括国际、国家、行业、企业的标准和操作规程以及国际、国家法规等。

(12) 施工管柱结构及示意图。注明主要管柱结构,其管柱结构应注明工具名称、型号、规格(外径、内径、长度)、下入深度,并画管柱示意图;复杂设计还要设计地面流程平面布置并画出地面流程示意图。

(13) 工程费用预算(可另外单独编制预算单)。

包括直接工程劳务费用、间接工程劳务费用、材料费用等明细。

2. 施工设计要求

(1) 设计格式符合有关标准。

(2) 语言通顺,计算准确,施工准备、注意事项书写全面,工程、安全、防喷、环保、油层保护措施具体。

(3) 设计对原井状况分析透彻,采取措施得当,内容步骤与实际情况相符,能正确指导现场施工,可操作性强。

(4) 一般设计内容直观,施工步骤清晰。

(5) 复杂设计采取综合型的技术措施,内容详尽,技术要点清晰。

(6) 有创新措施,保证施工后效果良好。

(7) 采取的新工艺、新技术、新工具,能有针对性地解决现场存在的技术难题。

二、井下作业工程设计管理

(一) 工程设计的基本原则

1. 资质管理

根据中石化股份有限公司井下作业管理规定,工程设计实行资质管理制度,只有获得股份公司颁发的相应等级工程设计许可证的单位,才有资格从事股份公司范围内相应的工程设计工作。

设计资质按由高到低的顺序分为一、二、三级,高等级资质的设计单位可承担本等级以及以下级别的设计,低等级资质的设计单位不得承担本等级以上级别的设计。

工程设计由各油田的设计单位编制,也可以委托具有相应设计资质的第三方编制,委托设计必须经上级主管部门批准。

2. 设计要求

工程设计应根据国家的法律、法规及有关行业标准、企业规范进行编写,设计前必须进行资料分析、现场调研和前期研究,重点工程设计必须进行可行性论证,同时,设计时尽量采用新工艺新技术,以保证设计具有科学性、先进行、经济性,并符合 HSE 规范,满足油田开发的总体部署和技术政策。

工程设计必须紧密结合油层的实际,进行必要的室内和现场工艺试验,并充分借鉴同类区块的经验,坚持“少投入,多成效”的原则。

工程设计中的工期和成本预算,要体现成本与施工难度、施工质量相适应的原则。

(二) 设计编审程序

(1) 严格设计编审人资质。设计编写人,应具有(助理)工程师以上职称,具有丰富的现场工作经验。针对不同工艺措施,设计出标准《 * * 施工设计》样本格式及现场注意事项,并由在这种工艺施工中经验丰富的人员编写工程设计。

(2) 严格执行设计分级审核把关制度。

(三) 设计变更程序

施工设计执行前或者执行中,由于客观条件的变化,可以进行设计更改。原则上由原设计单位的原设计人进行设计更改,或追加(补充)更改内容。施工设计进行重大更改后还需进行设计的审批流程，必要时，重新接受任务（书）进行设计开发，执行以上步骤。

由于现场施工的特殊性，如施工现场或井下情况的突变，设计更改可以在现场与设计单位或个人进行沟通（包括当面交流和电话沟通等），并在原设计上标识更改内容或发放文件更改通知单，并详细注明更改时间，沟通方式，双方联系人及更改内容，这样特殊的情况下可省略审批流程。

（四）工程设计效果评价

作业施工后，对油（气、水）井增产增注效果、井下工具和设备匹配、油水井测试数据、生产周期等指标进行跟踪，对施工设计效果进行总体评价。

评价的内容和标准：

（1）设计中各项资料数据齐全、准确。

（2）设计中有油气水井生产历史及目前现状描述。

（3）管柱图清楚明了，管柱图符号及标注符合行业标准。

（4）对油气水井存在的问题及原因分析准确、合理。

（5）设计工艺参数和采用的技术措施恰当。

（6）施工目的、施工步骤、技术要求明确、具体、完整。

（7）设计中的工期和成本预算科学、合理。

（8）HSE 注意事项、油层保护措施及套管保护措施完善。

（9）设计优化程度高、作业效果、产量预测符合率高。

第五章 井下作业工程监督工作制度

第一节 参与方案设计讨论制度

油气生产单位井下作业工程监督人员依据《中国石油化工股份有限公司井下作业工程设计管理规定》,参与本单位作业井设计方案讨论。对设计资质、编写审批程序、格式、内容、效果及预算情况进行监督并提出建设性意见,使设计方案具有科学性、先进性、经济性、符合HSE规范,满足油田开发的总体要求。

(1) 采油矿(区)作业监督参与本单位维护作业井设计方案的讨论。

(2) 采油厂作业监督参与采油厂常规措施作业井设计方案的讨论。

(3) 分公司作业监督参与分公司重大措施作业井设计方案的讨论。

第二节 监督计划书制度

(1) 井下作业工程监督人员根据《井下作业监督任务委托书》、作业设计、合同和标准,编制井下作业监督计划书。

(2) 井下作业监督计划书具有科学性、公正性、合理性和经济性。

(3) 井下作业监督计划书应包括:

① 作业施工井的基本数据和施工依据。

② 施工工序、安全、环保及井控的监督标准、要点和方式。

③ 作业用料监督的标准和方式。

④ 作业工期监督。

⑤ 作业预、结算标准和方式。

⑥ 作业资料录取标准。

⑦ 作业工程质量评价标准。

第三节 开工验收制度

开工验收制度是指油气生产单位监督人员在作业井开工前,按设计或合同,对施工队伍的资质、设备能力、HSE管理进行检查验收。

(1) 核查施工队伍获得股份公司颁发的市场准入证以及现场施工人员的数量和资质。检查施工队伍主要设备的能力及HSE管理情况。

(2) 依据设计、合同向施工方和工程服务单位提出对整体工程施工的工作要求。

(3) 督促施工方做好开工前自查工作。

(4) 对施工方开工准备情况进行现场验收,对不合格的项目,提出整改意见,验收合格后方可开工,并填写《作业井开工验收单》,如下:

__________井作业井开工验收单

施工方：　　　　　　　　　　　　　　　　　　　　　　验收日期：

检查内容												存在问题及整改情况
井架安装	绷绳	直径		底座	类别		至井口中心距离	前道		天车		
		好坏			牢固度							
	绳卡	个数			中心距			后头道				
		间距			左右轴偏差							
	地锚	插销								游动滑车		
		深度						后二道				
		牢固度			水平误差							
施工现场	油管桥	道数		电线			闸刀	探照灯	安全防护	劳保穿戴		
		油管座个数		线型	架空	先头包扎				安全带		
	抽油杆桥	道数								HSE管理		
		油管座个数										
值班房	岗位责任制			施工准备	指重表		资料	作业班报表				
	安全生产制				吊卡保险销							
	交接班制				工具支架			交接班记录				
	巡回检查制				封井器							
	HSE管理体系				密封脂			设备运转记录				
	电路	照明			小滑车							
		电热器			灭火机			作业施工设计				
		触电保安器			大绳							
		接地线			液压钳			油管记录				
	卫生				驴头罩地垫							
					吊卡			抽油杆记录				

施工方安全员签字：　　　　　　　　　　　　　　　　　　检查验收人签字：

第四节　作业施工指令制度

(1) 井下作业工程监督通过作业施工指令书，向施工方下达工作内容及要求。

(2) 作业施工指令，包括作业施工目的、实施步骤、具体要求、注意事项和有关图示。指令内容力求实用，可操作性强，语言简洁、严谨、符合作业惯例。

(3) 一般采取单项作业指令，即每一项作业施工工序下达一则作业指令。作业指令书如下：

作业指令书

年　月　日

指令内容：	附图：

接受人（签字）：　　　　　　　　　　作业监督（签字）：

第五节　巡回检查制度

（1）施工现场检查：按照 HSE 管理要求对施工现场进行检查。

（2）工序质量检查：按照井下作业工程设计、井下监督计划书对工序质量进行检查。

（3）井下工具检查：

① 按照设计对下井工具的规格、型号、数量及生产厂家进行检查、验收。

② 按照设计对原井内管柱、工具的使用情况及数量进行检查。对预回收井下工具的规格、型号、数量进行检查、签认，并办理交接手续。

（4）入井液（化工料）检查：按设计要求对入井液（化工料）的规格、型号、数量、温度、浓度和生产厂家等进行检验。

（5）作业资料的检查：按行业标准对施工方资料录取情况进行检查。

（6）巡回检查时，发现问题应立即通知施工方整改，并做好记录，如不能及时整改应向上级主管部门汇报。

第六节　交接班制度

一、交接班原则

（1）作业监督倒班，必须服从上一级作业监督管理部门的安排。

（2）作业监督必须在岗交接班。接班的作业监督不到岗，交班的作业监督不得离岗。

二、交接内容(八交清)

(1) 交清井下情况。
(2) 交清设备状况。
(3) 交清作业队伍状况。
(4) 交清各种资料、报表、文件、通知等。
(5) 交清生产计划及甲方材料库存情况。
(6) 交清下步重点工作。
(7) 交清各种问题及解决办法。
(8) 交清作业监督组、井场监督房配备的物品。

三、交接班的有关规定

(1) 因工作交不清楚,接班监督有权拒绝接班,交班监督不得离井。
(2) 因工作交(接)不清,生产中出现问题,由交方(接方)作业监督负责。
(3) 监督用品(工具、资料、劳保、工具书等)交(接)不清而丢损,由交方(接方)负责赔偿。
(4) 作业监督交接班时,必须填好《作业监督交接书》,并妥善保管。

第七节　工序验收与签认制度

(1) 监督对作业工序按照质量标准、操作规程、设计要求进行检查验收。
(2) 对达到质量标准、满足设计要求的工序进行签认。
(3) 对达不到质量标准的工序,提出整改意见,监督施工方整改。对存在严重质量缺陷的工序,勒令施工方返工。
(4) 对工序质量不合格的,施工方不得进行下一道施工工序。

第八节　工作报告制度

(1) 对上级领导到现场做的指示、通知,及时向主管部门汇报。
(2) 对作业井的进度、事故及突发事件按程序向上级主管部门进行汇报。
(3) 对监督中发现的问题及时向施工方负责人进行反映,并监督整改。
(4) 作业井完工后,编写单井作业监督总结报告,提交上级主管部门存档。
(5) 每月对作业井的监督情况进行总结分析,对施工方的质量、服务情况进行评价,形成书面材料,提交上级主管部门。

第九节　现场例会制度

(1) 由监督主管部门每月组织召开作业监督例会,对月度监督工作进行总结、讲评。
(2) 根据管理考核制度,对监督人员进行考核。
(3) 安排下一步监督的重点工作。

第十节　资料信息管理与保密制度

(1) 现场监督人员每天按要求填写《作业监督日志》,并按时将作业井的施工进度资料,向上级主管部门进行汇报。

(2) 作业井完工后,三天内将作业监督资料整理并上交到主管部门,经负责人审查后存档。

(3) 作业监督资料保存期为两年,严禁外单位人员随意查阅。确因工作需要,必须请示上级主管部门,办理查阅手续后,方可将监督资料借于查阅。

第十一节　完工验收制度

(1) 作业井完工后,现场监督人员参与对井口安装、生产情况、环保等进行现场检查验收。由施工方负责填写《作业井施工交接书》在现场进行交接,双方填写交接意见后,由交接人签字,各自保存一份。

(2) 现场监督人员参与作业井的资料检查,并按行业标准进行检查验收;参与作业井的生产效果进行分析评价,出具验收证明。

(3) 由现场监督人员对作业井用料进行检查验收,出具验收证明。

(4) 作业井的预算经监督人员审查后,按程序办理结算手续。

第十二节　现场事故调查制度

(1) 监督人员必须在第一时间内,将现场事故的发生地点、时间、受损情况向上级主管部门进行汇报。

(2) 监督人员参与现场事故的调查、分析、取证工作。

(3) 监督人员必须将现场事故的原因、性质、地点、造成的损失及处理情况,形成书面材料,向上级主管部门汇报。

第十三节　工作日志及监督总结制度

一、监督日志填写内容

(1) 作业现场施工监督情况。

(2) 上级领导、技术人员对生产技术、安全、环保、生产进度、岗位制度等方面的要求。

(3) 监督上、下井倒班中存在的问题。

(4) 作业施工中特殊情况及处理经过。

(5) 现场事故发生时的情况。

(6) 驻井人员遵守规章制度和劳动纪律情况。

(7) 作业队设备、井下工具存在问题及解决方法。

(8) 填写日期和监督签名。

二、监督总结内容

(1) 对作业井的工序质量进行整体评价、分析。
(2) 对施工方的服务质量进行评价、分析。
(3) 对作业井的效果进行对比分析。
(4) 对作业成本进行分析。
(5) 对作业井成功、失败的原因进行总结分析。

第十四节 队伍业绩考评制度

监督管理部门负责对所辖油区内施工的井下作业队伍建立业绩考核档案。主要包括:井下作业工作量、井下作业质量、服务质量、安全生产情况、违纪和违规记录及资质符合情况。做为选择井下作业施工队伍的依据。

一、井下作业工作量

监督管理部门对所辖油区内的井下作业工作量进行统计分析,并按施工方建立井下作业工作量档案,做为井下作业队伍施工能力评价的依据。

二、井下作业质量

监督管理部门建立质量指标档案,包括:施工工序一次合格率、资料全准率、作业合格率、作业有效率、作业全优率。做为对井下作业施工方质量分析、评价的依据。

三、服务质量

监督管理部门负责建立井下作业施工方的服务态度、服务质量及信誉档案。

四、安全生产

监督管理部门负责建立井下作业施工方安全生产档案,对施工方 HSE 制度的落实、执行情况进行评价。

五、违纪和违规档案

监督管理部门负责对井下作业施工方的违纪和违规情况进行记录,做为评价施工队伍业绩的重要依据。

六、作业资质符合情况

监督管理部门负责建立井下作业施工方的作业资质档案,在资质范围内安排作业工作量。

第六章　井下作业工程目标控制

第一节　合同管理

井下作业工程项目合同的签订、审批、履行要在各地区公司关联交易协定和《中石化股份公司油田勘探开发工程技术服务市场招投标管理办法》的总体框架下进行。各地区公司负责井下作业项目施工合同的签订,不得与未取得股份公司市场准入证的单位签订作业合同。各地区公司签订的常规井下作业合同应采用股份公司统一制订的合同范本。各类风险承包作业项目应针对不同的情况签订相应的承包合同。与井下作业工程密切相关的是承揽合同及技术服务合同。

一、承揽合同

"承揽合同是承揽人按照定做人的要求完成工作,交付工作成果,定做人给付报酬的合同"。承揽合同是在井下作业施工过程中应用范围最广的一类合同,签订时要注意以下问题:

(1) 承揽方式。承揽方式是指承揽人完成工作的方式,这包括是否要求承揽人亲自完成承揽工作的主要部分,承揽人应以何种工作步骤、技术手段、设备完成承揽工作等限制性规定,以及定做人要对承揽人的哪些工作环节进行必要的监督检验等。对承揽方式的规定,可确保定做人获得符合其要求的工作成果。

(2) 材料提供。即规定原材料应由何方提供,如果是由定做方提供原材料,应明确提供原材料的具体日期,同时还应规定在原材料合格的前提下承揽方使用原材料的消耗定额,以防止承揽方在工作中浪费原材料;如由承揽方提供原材料,双方应约定原材料的单价或总金额,避免交货付款时发生纠纷。

(3) 工作成果的质量保证期限。承揽合同一般要经过验收,以决定工作成果的质量是否合格。但是,一些工作成果由其性质决定,在验收时难以发现缺陷,只有在使用一段时间后,才能发现质量问题。因此,对某些特定的工作成果,不能仅以交付时的检验结果为最终的质量合格证明,而应由双方在合同中约定一个合理的质量保证期。在保证期内如发现质量问题,承揽人应承担维修、重做等相应的责任。

(4) 保密。定做方根据承揽合同常需要向承揽方提供一定的技术资料或图纸,以利于承揽方按照其要求的技术标准完成工作,所以在承揽合同的履行过程中,承揽人必然会接触到定做人的一些秘密。在订立合同时,定做方可以根据实际情况,要求承揽方承担保密义务,并在合同中订立保密条款详加规定。

(5) 预付款。对承揽人而言,给付预付款是有利的,因为承揽人不仅在交付工作成果之前可以获得一部分报酬,缓解资金周转的压力,也能为定做人全面履行合同提供一定的约束,而且在定做人违约,且无赔偿能力时,承揽人的请求权也不至于完全落空。

二、技术服务合同

“技术服务合同是指当事人一方以技术知识为另一方解决特定技术问题所订立的技术合同,不包括建设工程合同和承揽合同。”委托他人提供技术服务的一方是委托人,提供技术服务的是受托人。

技术服务合同履行的过程中伴随着专业技术知识的传递,即受托人在完成一个技术工作的同时,要向委托人传授知识、经验和手段。这样,双方都有可能在履行合同过程中完成某些新的技术成果。委托人应当约定提供工作条件,完成配合事项,接收工作成果并支付报酬。委托人不履行合同义务或者履行合同义务不符合约定,影响工作进度和质量,不接受或者逾期接收工作成果的,支付的报酬不得追回,未支付的报酬应当支付。

受托人以解决具体技术问题为工作内容,受托人应当按照约定完成服务项目,解决技术问题,保证工作质量,并传授解决技术问题的知识。受托人未按照合同约定完成服务工作的,应当承担免收报酬等违约责任。

第二节　质 量 管 理

质量管理是指在质量方面指挥和控制组织的协调的活动。在质量方面的指挥和控制活动,通常包括制定质量方针和质量目标及质量策划、质量控制、质量保证和质量改进。

为加强井下作业工程质量管理,提高井下作业工程质量与效益,从井下作业监督角度出发,关键是要做好井下作业工程的质量监督和质量验收,质量验收结果是井下作业结算的主要依据。

一、工程质量标准

(一) 施工现场

油(气、水)井作业施工现场达到“三标”要求(标准化岗位、标准化班组、标准化操作),严格按设计要求组织施工,原始资料录取及时、齐全、准确,自觉接受建设方监督,安全、环保设施齐全、措施到位。

(二) 工序质量

施工工序质量达到有关标准、规定和设计要求。

(三) 资料

按照有关资料录取标准及时取全取准原始资料,按照开发数据库录入标准及时将运行进度、作业班报、作业日报、管柱记录、施工总结等数据资料录入、共享。手工资料送交油田分公司,上网资料实时提交。

二、工程质量验收

(1) 有下列情况之一的为作业工程质量不合格,由作业施工方整改,整改后达不到要求的承担相应的经济损失。

① 无设计施工或不按设计施工。

② 施工现场未达到“三标”要求。

③ 不执行工序质量标准,不按操作规程组织施工。

④ 安装井口装置、管柱和井下工具存在质量问题。

⑤ 施工责任造成井下落物。

⑥ 资料录取不全不准,交接不及时。

⑦ 出现重大安全、环保、健康事故。

(2) 达到下列标准的井为工程质量合格井。

① 维护作业后能正常生产达到合同规定要求。

② 措施作业按设计施工、工序合格率 100%,作业后能正常生产 30 天以上。

③ 工艺措施完成后,在 30 天内又实施其他工艺措施的,前次措施视为有效。

④ 不进行生产效果对比的,作业后达到设计要求。

(3) 对质保期内返修作业的油(气、水)井,实行现场鉴定会签制。由地区公司管理人员、作业监督人员会同施工方的技术人员到现场进行分析鉴定,并对结果进行会签。

(4) 在合同规定时间内因作业施工质量问题造成的无效井,由施工方无偿返修,在质保期内因作业施工质量问题造成的无效井,由施工方承担相应责任。

三、验收程序

(1) 井下作业工程质量验收按月度进行,对上月的作业井进行质量验收。质量验收会由地区公司组织作业监督部门、经营管理部门、施工方主管部门的有关人员参加。

(2) 质量验收会根据油气水井作业地质设计、工艺设计、施工设计、施工原始记录、作业监督记录、生产效果记录,做出质量评定和责任界定。

(3) 建设方与施工方协商解决不了的问题,由上级有关部门协调处理。井下作业结算依据作业质量验收及调解结果办理。

第三节 定额管理

井下作业定额是指在一定的生产技术条件下和一定的时间周期内,为各项井下作业施工所规定的和应该达到的有关时间、人工、机械设备、材料、工具、劳务、费用等各种消耗数量的标准。

井下作业定额是各油田(油区)建设方进行勘探、开发投资以及成本概预算的依据,也是建设方与承担井下作业施工(服务)方进行结算的依据。同时,对井下作业施工方来说,定额也是企业进行生产经营组织,合理安排生产经营活动,加强成本核算和经营分析,进一步提高经济效益的重要依据。

一、井下作业定额的分类

井下作业施工内容繁多,并且根据作业目的的不同,施工区域和油井井深等的不同,可形成数十种乃至上百种的井下作业定额。按照井下作业施工的项目和不同的施工内容进行分类,井下作业定额可分为:

(1) 试油(气)、测试定额。在该类定额中,根据产液的性质,分为油层、油水同层、含油水层、水层、气层等试油定额;根据油井产液的能力,分为自喷、非自喷、干层等试油定额。

(2) 油水井大修定额。在该类定额中,根据不同的井下事故情况,分为打捞油管、打捞落物、打捞电潜泵、处理井筒、更换套管、套管修理及补贴、油层封堵等不同施工内容的定额。

(3) 侧钻定额。包括普通侧钻、定向侧钻等。

(4) 油水井小修作业定额。包括检泵、检泵换封滤、水井作业、注水泥塞以及配合酸化、压裂、防砂、堵水作业定额等。

(5) 施工定额。包括酸化、压裂、防砂、堵水等施工劳务定额等。

二、井下作业定额的构成

(1) 井下作业定额按照不同的生产要素和内容,主要包括以下 6 个方面的内容:

① 资源配备定额。主要包括作业队伍的主要设备、施工器材配套和定员定额等。

② 时间定额。主要包括设备工作天数、工时定额,单井周期和工序时间定额等。

③ 消耗定额。主要包括材料消耗定额、工具消耗定额、燃料及动力消耗定额、递延资产及一般消耗材料摊销定额等。

④ 费用定额。主要包括人工费用、资产折旧及维修费用、劳动保护费、培训费、施工补偿费、制造费以及风险费等。

⑤ 生产力定额。包括设备完好率及利用率、工时利用率和生产时效定额等。

⑥ 劳务定额。包括机械台班定额、车辆劳务定额以及其他的辅助生产劳务定额,如:安装井架、安装流程等。

(2) 井下作业定额按照包含的成本要素,主要由直接费、其他直接费、间接费、风险费、计划利润、定额编制测定费和税金所构成。其中:

① 直接费是指施工方在作业井作业施工中直接发生的各种成本,由材料费(包括主要施工材料费、摊销材料、其他材料)、燃料及动力费、人工费(包括直接生产人员的工资和工资附加费)和折旧费等构成。

② 其他直接费是指作业井施工所消耗的成本,不是针对该井作业施工直接发生,或是由外单位提供劳务等形式发生的费用,采用间接或摊销的方式产生的成本。主要由修理费、运输及特种车辆费、设备保险费、房屋摊销费、施工补偿费(工农关系及青苗补偿)、工程劳务费、劳动保护费、特殊工种培训费、健康安全环保费、科技进步发展费等构成。

③ 间接费。主要由企业管理费和一定的财务费用所构成。

④ 风险费。按照各类井作业施工的风险程度的不同设定。

(3) 井下作业定额按成本的构成,由以下几个方面的费用所构成:

① 人工费用定额。是指某一类型的井下作业工程施工中,应消耗的人工费用的标准。由人员的基本工资费用、进成本核算的效益工资以及按规定提取的各种附加费组成。

② 折旧费定额。是将施工方的固定资产,按照国家和企业规定的有关标准提取,按队年工作天数和各类施工井的不同施工周期计算。

③ 修理费定额。是指施工方为保持正常生产作业,在设备、器材以及房屋等方面所发生的各种修理费用。采用统计的方法,合理确定一个作业队(大修队、试油队)的内修理费定额。并按照队年工作天数和各类施工井的不同施工周期分摊计算单井修理费定额。

④ 摊销材料定额。摊销材料是指作业施工中使用的不能一次性用于某作业井生产的工程材料,如冲砂加深的油管、专门用于压裂、防砂施工的油管、采油树等;或不能一次性消耗完的器材、工具、如大修钻杆、各种液体容器、封井器等。该部分材料或器材费用大多按

照数理统计的方法，测定某一类器材或材料的使用寿命（周期），计算出摊销次数或摊销比例，分别计入作业定额。

⑤ 设备保险费定额。是按照国家和保险公司的有关规定，依据施工方资产计算出年所发生的保险费用，并按照队年工作天数和施工井定额工期，确定出保险费定额标准。

⑥ 施工补偿费定额。是指在作业井施工中，不可避免地发生的占地、损害青苗等给予作业井所在地村民的补偿费用。一般是按照统计的方法，测定一个平均的补偿额，作为井下作业定额的组成部分。

⑦ 房屋摊销费用定额。主要包括井下作业施工现场所必须的井口值班房、工具房、化验房以及作业队野外流动作业所需配备的活动住宿等的摊销定额。

⑧ 劳动保护费定额。由施工方必须发放给职工的劳动保护用品费用所组成，包括工衣工鞋、雨衣雨鞋、安全帽、手套以及防暑降温用品的费用等组成。

⑨ 其他材料费定额。主要是指施工方在日常生产、生活中发生的各种一般性消耗材料的费用定额。如，施工作业过程中使用的价值较小、用量较多的各种作业工具，钢丝绳、棉纱以及日常生活中使用的照明灯具、线路的消耗等。

⑩ 其他费用定额。包括施工方使用的值班车费用、运输及特种车费用，按照现行的价格、施工作业中所需的用量以及施工距离（台时）等测定后组成。

以上定额项目组成了施工方的直接作业定额成本，在此之外还有定额间接费，才构成一个完整的井下作业定额。

井下作业定额间接费项目，包括健康安全环保费、科技进步发展费、企业管理费、财务费、风险费、利润、定额编制测定费以及税金等项目。这些间接费用或是按照国家和油田的有关规定确定，或是以直接费定额的相应比例通过测定后分别设立。

第四节　HSE 管 理

HSE 管理体系是将组织实施健康、安全与环境管理的组织机构、职责、做法、程序、过程和资源等要素有机组成的整体。这些要素通过先进、科学、系统的运行模式有机地融合，纳入一体化管理，强调事前预防和风险分析，体现以人为本的原则，遵循 PDCA（计划、实施、检查、改进）管理循环模式，将社会可持续发展纳入企业管理行为的一种系统管理方法。与作业监督相关的是井下作业 HSE 管理体系知识。

一、井下作业的危害和风险识别

确定危险及其危害和影响是进行风险管理的第一步。危害和影响的确定应该系统进行，首先对井下作业施工在前期准备的各环节、自然和社会环境条件等对施工的影响，以及作业施工对环境的影响等进行登记，然后根据作业活动的自然状态和保证条件进行一一识别，从而确定是否存在危害。可以说 HSE 风险贯穿于井下作业施工的全过程，因此“危害及其影响”的确定，应考虑到：投资、规划、建设、扩大再生产和技术改造等各阶段；常规和非常规工作环境和操作条件；事故及潜在的紧急情况；人为因素，包括违反健康、安全、环境管理体系要求等；丢弃、废弃、拆除与处理；以往活动遗留下来的潜在危害和影响等。

从事井下作业生产的公司对现有设施进行评价和风险管理时，应考虑所评价项目的优先顺序，在确定对现有设施进行评价的优先顺序时，可考虑下列因素：

(1) 有常住人员的设施，比如在浅海设施上的简易住房、平台上的简易住房和更复杂的居住设施。

(2) 易燃、有毒或对环境有害和影响安全的材料的种类和数量。

(3) 需要协调作业的区域。

(4) 操作条件特殊，如高压、强腐蚀液体或其他由于出砂量大或高流速等条件引起严重腐蚀和侵蚀的设施。

(5) 靠近环境敏感区的设施。

二、井下作业风险判别准则的确定

判别准则是判断井下作业活动中各种危害和影响的依据，各准则主要来自于以下几个方面：

(1) 国家、地方或有关部门制定的法律、法规。

(2) 井下公司于承包方、反承包方等其他部门合同的约定。

(3) 井下公司及其主管公司的健康、安全与环境方针和战略目标。

(4) 国际或国内有关井下作业的各种行业标准。

判别准则应针对井下作业施工的有关目标确定危害和影响，并根据具体情况加以确定。在执行中，若行业标准与地方标准高低不同时，应执行标准要求更高的一级。

三、井下作业施工风险评估

井下作业施工要评价的风险是通过对已识别出来的危害和影响，对井下作业过程中人和设备两方面的活动所导致的人、公司财产、环境和公司的声誉等产生的影响以及公司能够忍受的风险程度。

四、井下作业 HSE“两书一表”的编制

井下作业 HSE“两书一表”，即井下作业 HSE(工作)指导书、“井下作业 HSE(工作)计划书”和“井下作业 HSE 管理检查表”，是实施 HSE 管理的重要作业文件，是井下作业队运行 HSE 管理的具体体现，是预防 HSE 风险的有效措施。

《HSE 作业指导书》是基层单位组织实施 HSE 风险管理的指南。它是根据设备、人员的各项作业活动情况(可按工艺单元或设备操作单元划分)，由 HSE 管理人员、相关技术专家或有经验的岗位操作人员编写，并经过主管部门组织评审后实施。主要包括：HSE 管理体系概述、组织结构、岗位 HSE 职责(条件、职责、岗位风险、规定和操作指南)、危害及控制(风险识别、削减与控制、应急措施)、记录与考核、“岗位 HSE 作业指导卡”等内容，是基层组织 HSE 管理体系的具体作业文件。

《HSE 作业计划书》是在《HSE 作业指导书》的基础上，根据施工作业变动和环境变化，为满足业主、承包商以及相关方和项目风险管理特殊要求，针对项目改变或新的条件，变更、细化和补充有关措施，在施工前所编制的 HSE 作业文件。主要包括：作业项目概述、政策和目标、人员组织结构与职责、能力评估和培训、主要 HSE 设施设备及用品、危害识别、评价与控制、应急组织、预案及演练计划、管理制度和文件控制、信息交流、监测和整改、审核和总结回顾等，是基层组织 HSE 管理体系的补充作业文件。

《HSE 作业指导书》和《HSE 作业计划书》属于企业 HSE 管理体系中同层次的作业文

件。《HSE 作业指导书》可指导整体项目，主要解决人、机在 HSE 作业中常见的风险管理，覆盖整个运行过程，包括了常规削减措施和各种应急方案；而《HSE 作业计划书》可计划特殊项目，主要解决作业和环境变化的 HSE 特殊的风险管理，在项目《HSE 作业指导书》的基础上补充或“变更”风险管理的作业文件。对应项目变化，应重新识别风险，制、修订削减风险措施和应急方案。只有生产场所相对固定，作业过程中初始状态风险分析变化不大的基层组织才可以将两书合并，形成一套作业指导文件。

《HSE 检查表》是用在现场施工过程中，实施检查所精心设计的一套表格。涵盖的主要内容包括设备、现场、关键工序、岗位操作、各类隐患整改等。

“两书一表”通常由负责 HSE 管理的有关人员、相关的技术专家或有经验的技术人员进行编制，初稿完成后交项目负责人审查修改，然后再交指定专家审核。根据专家审核意见修改定稿，由公司 HSE 管理小组进行讨论认可后，由主管健康、安全与环境的领导签发批准实施。

井下作业 HSE“两书一表”的编制应严格按照中石油集团公司发布的 Q/SHS0001.2—2000《油田企业安全、环境与健康管理规范》进行。

（一）井下作业 HSE 指导书的编制原则和要求

井下作业 HSE 指导书是 HSE 管理体系文件的重要组成部分，是对井下作业岗位 HSE 工作的基本要求，是支持而不是取代现有的岗位操作规程和 HSE 作业文件，是井下作业队运行 HSE 管理体系的具体体现，是预防事故的有效措施，对现场作业的 HSE 管理和实施起着指导作用。

在编写井下作业 HSE 指导书时，要在总结作业规程和 HSE 管理经验的基础上，组织有关的管理人员、专家和有经验的岗位操作人员进行编写。二级单位（井下公司）可集中人力和精力，共同开发一套井下作业队不同类型作业 HSE 指导书来指导本公司井下作业现场的 HSE 工作。

1. 井下作业 HSE 指导书的编制原则

井下作业 HSE 指导书主要体现 HSE 管理中“共同性”、“普通性”、“通用性”和“指导性”原则。贯穿 HSE 管理体系及相关法律、法规要求，落实岗位 HSE 职责，削减和控制岗位 HSE 风险。一般来说，井下作业地域性强，因此 HSE 指导书内容相对固定或“静态”不变。

2. 井下作业 HSE 指导书编制的基本要求

HSE 指导书是指导实施 HSE 管理的正式书面文件，应体现严肃性和严谨性，内容和格式应严格按照 Q/SHS0001.2—2000《油田企业安全、环境与健康管理规范》的要求进行编制，术语和定义应符合 SY/T6276—1997《石油天然气工业健康、安全与环境管理体系》和《中国石油化工集团公司 HSE 管理体系管理手册》。内容的描述应符合 HSE 和 OSH 标准、HSE 相关的法律法规、公司管理体系文件的要求。

3. 井下作业 HSE 指导书的内容层析结构分六个层次：

（1）概述部分；

（2）HSE 管理描述；

（3）作业情况和岗位分布；

（4）岗位职责的操作指南；

（5）危险及控制；

(6) 记录与考核。

其中概述部分包括:目的和范围、作业概述和组织基本情况,以及对指导书中所涉及到的特殊或特定的术语给出定义。

(二) 井下作业 HSE 计划书的编制原则和要求

井下作业 HSE 计划书是针对作业环境和工艺设计变化,通过对健康、安全与环境风险识别和评价,制定出的削减及控制风险的工作计划,是井下作业项目实施过程中的 HSE 管理作业文件,是《HSE 作业指导书》的支持文件,而不是取代现有的 HSE 管理体系文件。根据《HSE 作业指导书》有关风险管理、应急预案等内容,结合具体施工项目做出细化和补充,在项目实施前编写完成。在编制过程中,应严格按照中国石油化工集团公司《HSE 作业计划书编写指南》(试行)的要求进行编写。

1. 井下作业 HSE 计划书的编制原则

编制井下作业 HSE 计划书应遵循"针对性"、"实用性"、"可操作性"和"计划性"的原则。在编制 HSE 计划书时,尽可能做到简单、实用、全面。使计划书的内容容易理解、易管理、易操作,达到职责清、程序清和目标清的要求。在制定某一井下项目 HSE 管理措施、预案和计划时,都应根据该项目的实际地理环境、工艺设计以及 HSE 管理方针、目标和要求来制定,从经济效益、社会效益和环境效益三个方面来考虑,且制定出的方案和措施能有效地实施。

2. 井下作业 HSE 计划书编制的基本要求

HSE 作业计划书的编写,应针对具体实施的井下作业项目,充分考虑业主、承包商,以及其他相关方的要求,在开工前编写完毕后经项目方评审后实施。内容和格式原则上按照中国石油化工集团公司《HSE 作业计划书编写指南》(试行)和编写规范的要求进行编制,术语和定义应符合 SY/T6276《石油天然气工业健康、安全与环境管理体系》和《中国石油化工集团公司 HSE 管理体系管理手册》。由于井下作业场所、地域环境和工艺的特殊性、复杂性,其 HSE 危害程度不同,在编写计划书时,可在不影响健康、安全与环境保护表现水平的前提下,对部分内容进行调整。对同一区域内的井下作业,原则上 HSE 计划书可以从简,只需增加和完善 HSE 作业指导书有关内容。

(三) 井下作业 HSE 检查表的编制

HSE 检查表,又称 HSE 管理监测检查表,它是监测现场 HSE 管理实施效果,评价 HSE 管理体系运行有效性的重要工具,通过检查表对监测检查结果的记录,有利于发现事故隐患,降低作业 HSE 风险,促进 HSE 管理体系的顺利运行。

1. 井下作业 HSE 检查表的编制原则和要求

HSE 检查表是执行 HSE 管理监测检查制度的必要工具,针对不同的检查项目和要求,编制成不同的表格形式,使文字形式的检查制度、检查内容与要求,以及检查结果或结论内容形式表格化,防止漏检,方便检查操作。在编制 HSE 检查表时,应遵循"针对性"、"实用性"和"简明性"的原则,编制规范表格。检查表应根据所检查的目的不同、内容不同、检查的对象不同和使用人的不同,设计不同的检查表格。HSE 检查表通常要求采用封闭表格形式,而不宜采用三线表格形式。

2. 井下作业 HSE 检查表的格式

井下作业 HSE 检查项目较多,检查项目的类型也各不相同。因此,不同检查表的栏目设置就存在差异,但通常应包括表头和表格内容两部分。

(1) 表头。井下作业 HSE 检查表表头的内容通常包括:

a.井号;

b.队号;

c.检查人、监督人、记录人;

d.检查日期;

e.编码和顺序号等。

(2) 表格内容。井下作业 HSE 检查表表格内容的设置,应根据不同的检查项目设置不同的栏目,通常包括但不限于以下内容:

a.检查项目(包括被检查部位、岗位、设备名称等);

b.检查标准或要求;

c.检查结果;

d.存在的问题整改意见、措施或方案;

e.责任人;

f.整改日期等。

3. 井下作业 HSE 检查表及检查内容

根据建立的健康、安全与环境管理的监测检查制度和有关 HSE 管理检查项目的要求,制定井下作业 HSE 检查表,以方便检查操作。井下 HSE 检查表通常包括设备检查表和现场检查表两种,但不限于这两种表。

以上就是对现场有可操作性的井下作业 HSE"两书一表"知识的简单介绍,要真正做好井下作业监督管理工作,还需要深入学习和研究相关的井下作业 HSE 管理知识,并根据本区域井下作业实际,在实际工作中加以应用,以提高作业监督水平。

第二篇

井下作业工程现场监督要点及方法

JINGXIAZUOYEGONGCHENGJIANDUSHOUCE

第七章　开工验收

井下作业施工项目的开工验收，是监督井下作业施工项目非常重要的一个环节，是保障施工项目能够按照国家和地方法规及建设方要求，对施工队伍和设备进行施工前的检查；也是施工方能否满足施工过程中安全环保和质量及施工进度的检查和验收。

第一节　方案设计

一、方案设计的目的和要求

由建设方根据油藏经营管理需要和油藏地质方案及生产需求提出井下作业的目的。设计要求包括以下内容：

（1）设计的封面标准格式，应注明油田名称、井号、井别、编写人、审核人、编写单位和日期。

（2）应写明任务来源和明确的施工目的。

（3）基础数据应包括：开钻和完钻时间、套管下深、完钻深度、人工井底、水泥返高、试压情况、套补距、四通高度、采油（采气）树型号、井下管（杆）柱结构、下井工具规范及深度、射孔日期、射孔井段、射孔层位、射孔枪型、射孔密度、发射率、压井液名称、压井液密度、压井液入井时间、原始地层压力及其他施工数据。

（4）生产数据应包括：生产方式、油嘴数据、油压、套压、日产液量、油气比、含水率、静压、流压。

（5）施工步骤应包括：施工工序和质量要求。施工的各项参数值。需现场计算的数据，要给出计算公式，需现场配制的下井材料，要给出配置方法和质量要求。对于下井管柱要附管柱图，要注明下井工具型号、尺寸、深度和下井措施，特殊的下井工具要注明事项和使用方法。

（6）HSE 应包括：针对该项目编写 HSE 策划书和实施细则，对容易发生事故的施工工序，要提出具体的施工措施，提出需要准备的安全设施和用具，对于易燃、易爆、有毒和对环境有污染的施工材料和井流物，要提出具体防范和处理措施，保证按 HSE 的要求施工。

（7）整个施工项目应做预算和工期所需时间。

二、方案设计的编写

按中国石油化工股份有限公司（简称股份公司）井下作业管理规定，满足相关国家和地方法规（包括安全生产、环境保护、劳动法、资源法等），由获得设计资格相关技术院所按建设方的井下作业的目的和要求完成方案设计。其中方案设计包括地质方案设计、工艺设计和施工设计。

井下作业地质方案设计是根据油田开发需要，结合油田综合调整方案要求，针对油水井油藏地质因素而编制的，主要包括以下内容：

(1) 油田名称、井号、井别。

(2) 原因分析、施工项目、施工目的、效果预测。

(3) 基础数据。

(4) 生产数据。

(5) 地质要求。

工艺设计是根据井下作业施工目的和工艺技术条件,优化施工参数,合理选择施工材料,结合油田开发方案要求及后期采油作业要求及成本要求等因素而编制，主要包括以下内容：

(1) 油田名称、井号、井别。

(2) 施工项目、施工目的、施工层段。

(3) 基础数据。

(4) 生产数据。

(5) 施工工艺和施工技术参数。

(6) 井下管柱结构和地面设备。

(7) 施工要求和安全及 HSE 措施。

(8) 成本预算和施工时间。

施工设计是根据地质设计和工艺设计的要求而编制，主要内容是合理制定施工步骤，保证达到施工目的。它是由施工方负责编写。主要包括以下内容：

(1) 油田名称、井号、井别。

(2) 施工项目、施工目的、施工层段。

(3) 基础数据。

(4) 生产数据。

(5) 施工准备。

(6) 施工步骤和措施。

(7) 施工安全和环保及 HSE。

(8) 施工工期。

(9) 成本预算。

三、方案设计的评审

由建设方按相关程序要求组织评审,在方案设计确定过程中，建设方工程监督部门应参加方案设计的评审过程,对方案设计的工艺、工序、安全、环保问题是否满足国家地方法规、行业技术规范、企业标准要求、设计施工目的等,提出相关意见。确保井下施工方案设计可行性和施工的安全性及环境保护的达标。

四、方案设计的实施

方案设计的实施分为两个部分,由施工方承担方案设计的井下作业施工,按照设计要求组织合格的设备、工具、物资,组织满足上岗要求的工作人员。由建设方监督部门承担的井下作业施工的质量、安全、进度的监督,按照设计要求和项目监督管理要求,确定监督方式、确定监督人员,制定监督计划,进行现场监督。

五、方案设计实施中的变更

方案设计在实施过程中遇到复杂情况和改变施工目的时,需要对方案设计进行变更,在遇到复杂情况,无法达到设计要求和施工目的时,需对设计进行变更,这类的设计变更由项目施工方提交有现场监督签字的详细的设计变更的报告,由建设方下发方案设计变更通知单。改变施工目的和调整设计的设计变更直接由建设方下发方案设计变更通知单。

第二节 队伍资质

一、相关施工作业的市场准入证和安全生产许可证

按中石化集团公司管理规定和各油田(分公司)要求,施工队伍进入作业市场必须有市场准入证和安全生产许可证,井下作业市场准入证包括修井作业准入证和完井作业准入证两大类。井下作业项目队伍必须提供验收人员有效的市场准入证,才能进行施工作业。还应当有井下作业队伍应持有省级以上安全监督管理部门发放的公司级安全生产许可证、特种设备、计量器具、气防设备和井架应具有的有效证件。

二、队伍等级检查验收

按国内几大油公司都对井下作业队伍进行的评比分级看,大致可分为甲级类队伍和乙级类队伍。甲乙类施工队伍对应的作业设备和人员资质有所差别,在项目招投标中,一般井下作业单位都存在不同等级的施工队伍,验收人员必须按照施工队伍的投标书的队伍等级检查验收。

三、施工队伍人员资质

按照施工队伍等级检查人员资质,根据中石化集团公司和所在油田(分公司)要求的井下作业类施工队伍人员资质要求进行人员资质检查验收。包括:

(1) 施工队伍队长、副队长、配备齐全。

(2) 施工队伍井下作业技术员配备齐全。

(3) 施工队伍配备专职安全员和兼职 HSE 检查员。

(4) 施工队伍配备齐全的生产班组和正副班组长。

(5) 施工队伍中队长、副队长应具有大专(含大专)以上学历,具有从事井下作业 5 年以上工作经验。

(6) 施工队伍中技术员应具有大专(含大专)以上学历,具有从事井下作业 3 年以上工作经验。

(7) 施工队伍中队长、安全副队长及安全员应持有安全生产管理资格证。

(8) 全体员工应持有上岗证。

(9) 在硫化氢井施工,全体员工应持有防硫化氢技术培训证。

(10) 现场管理、HSE 管理员、正副司钻和井架工应持有有效的井控操作合格证。

(11) 特种作业人员应持有特种作业操作资格证,正副司钻和大班人员应持有司钻安全操作证。

（12）全体人员应持有健康证。

四、施工队伍组织结构和责任制及安全管理

施工队伍能否按质按期完成作业项目，与其内部组织结构和责任等管理是否完善有直接联系。在开工验收中应重点检查以下几点：

（1）井下作业施工队伍应按股份公司井下施工队伍标准和要求，建立健全的组织机构，包括施工队伍管理队级网络图，班组管理网络图。

（2）健全安全生产管理队级网络图，井下作业施工队伍主要负责人为安全生产第一负责人；班组安全生产管理网络图，班长为班组第一负责人。

（3）施工队伍应健全 HSE 管理网络图，施工队伍主要负责人为 HSE 第一负责人，班长为班组 HSE 管理第一负责人。

（4）建立健全井下作业施工队伍各岗的安全生产责任制和岗位职责。要求安全责任和岗位职责分工明确和清晰。

（5）井下作业施工队伍主要负责人是安全生产第一责任人，对安全生产工作全面负责，负责建立并落实全员安全责任制。对所管理队伍的安全生产薄弱点，设备存在的弱点，人员安全意识的强弱，做到心中有数，认真抓好治理；抓好设备技术改造，抓好员工安全培训。

（6）井下作业施工队伍应有明确的安全生产目标，规范的安全生产计划，健全的安全规章制度和安全技术规定，规范的施工作业操作手册和作业指导书。

（7）井下作业施工队伍应配备专职安全技术管理人员，制定明确的安全管理人员的岗位职责和工作目标；施工作业时，施工队伍管理、安全、技术和现场作业等人员必须达到满员状况，不允许在缺员情况下开工作业。

（8）井下作业施工队伍应具有完善的事故和突发事件处理制度，作业现场应标示风向标、报警器、警戒线、集合点、安全逃生图。

（9）施工现场应对各类阀门、管线、罐、防喷器阀组和防喷器控制间操作开关进行挂牌；消防器材和使用方法必须进行挂牌明示。

（10）井下作业施工队伍应定期进行全员井控、消防、硫化氢防护培训，保证所持证件的有效性，新的施工项目开工前，施工队伍应对员工进行技术交底和安全学习，举行相应的演习。

（11）井下作业施工队伍应按 HSE 管理要求，具有健全的防井喷、防火、防硫化氢、防爆、防毒、防工伤、防冻、防中暑事故等安全预案和措施，应有演习和记录。

（12）井下作业施工队伍应按照当地各油田消防要求，建立完善的消防器材的配备和消防演练，配备消防器材进行挂牌和定期检查换药制度。建立健全的消防制度，内容应包括：消防安全教育、培训；防火巡查、检查；安全疏散、消防设备维护管理；安全隐患整改；义务消防队的组织管理；消防应急预案演练，燃气和电器设备的检查和管理等。

（13）井下作业施工队伍特殊工种如：电工，电焊工，高空作业的架子工等必须进行专门培训和持证管理制度，严禁无证操作，确保人员人身安全。

（14）井下作业施工队伍在井场进行电焊等动火作业时，必须按照中石化集团公司要求进行作业，填写动火许可证和报主管部门签字审批。

（15）井下作业施工队伍在井场进行高空作业时，作业人员必须按照高空作业制度要

求,配备相应的安全保护措施和逃生手段。

(16) 井下作业施工队伍在井场进行清罐等受限空间作业和检测时,严格按照中石化集团公司受限空间作业管理制度进行,办理相应的作业许可证。

(17) 井下作业施工队伍在井场使用工业或照明用电,严格按照中石化集团公司临时用电安全管理规定进行操作。布线应设置走向标志和安全标志。

(18) 井下作业施工队伍在施工现场划出安全隔离作业区,根据井内流体性质、作业内容和作业场所环境情况定出安全有效作业区隔离措施方案。

(19) 井下作业施工队伍对高含硫化氢井作业时,必须严格按照国家安全生产法,相关行业标准,进行施工准备和施工。

(20) 井下作业施工队伍在严寒和高温条件下作业施工时,必须按照劳动法要求对作业人员进行上岗前的职业健康检查,配备相应的劳保和药品,建立合理的劳动休息制度。

(21) 井下作业施工队伍对配备的辅助车辆和设备应建立相应安全使用和安全管理制度。

(22) 井下作业施工队伍对配备的辅助人员如:厨师、服务员、食物采购人员应有定期进行传染病的检查制度,防止疾病传播。

(23) 井下作业施工队伍建立完善的工业废弃物和生活废弃物回收管理制度,严禁乱排乱放现象,严格执行国家环境保护法规。杜绝给周围环境造成破坏。

第三节 装 备

井下作业装备配备的是否完善和装备的维护好坏关系到施工作业的质量和安全,在开工验收时需认真检查验收。一般来说,井下作业装备是指进行井下作业施工的一整套机组,主要包括动力装备、提升装备、循环设备、井控设备、旋转设备、消防设备、钻具和工具等特种装备。

一、井场布置

(1) 修井机应摆放在井口季风的上风方向,司钻视线不直视太阳。

(2) 井架立放在距井口不小于 1.8m 的季风上风方向,同修井机摆放一致,井架基础的地基垫平夯实。

(3) 立、放井架及吊装作业应与高压电线等架空线路保持 3m 以上的安全距离,并采取措施防止损害架空线路和伤害施工人员。

(4) 在高压线下吊装高压管汇时,吊臂最高点距高压线应大于 3m。

(5) 防喷器液压控制源要摆放在距井口 25m 以上,方便操作,液压控制管线通过过道时要有过桥保护管或挖沟下埋。

(6) 压井管汇、节流管汇分别安装在井口的两侧,距钻台 3~5m 之间,泥浆泵、泥浆循环罐距井口大于 20m,柴油机距井口大于 30m。

(7) 作业值班房、工具房、发电房、消防房、锅炉房、测气节流管汇、分离器、油水计量罐距井口大于 30m,并摆在上风向。

(8) 分离器、锅炉、油水计量罐三者之间相距 30m 以上。

(9) 放喷管线应用硬管线,放喷管线出口 50m 处无任何设施、易燃物;放喷管线每10~

15m 用地锚桩和"U"形卡加固；火炬管距井口不小于 75m，火炬在井口下风口；测气口距分离器不小于 20m。

(10) 油管架和抽油杆架、钻杆架距地面大于 30cm，管架上的管杆摆放整齐，每 10 根一出头，管、杆有损伤的要单独摆放并做好记号。

(11) 发电房、值班房与储油罐的距离应大于 30m，锅炉房处于盛行风向的上风侧。

(12) 排污罐和计量罐应设在下风向，距井口 20m 以外。

(13) 井场设施摆放应留出通往紧急集合点的安全通道。

(14) 营地距井口不小于 100m，防漏电和防雷电设备齐全。

(15) 井下施工场地应用警戒线包围，防火警示牌、防硫化氢警示牌、逃生路线图、集合点、风向标、报警器都要摆放到明显位置。

二、动力装备

动力装备主要指进行井下作业施工的动力，一般指能够完成各类井下作业的各型修井机。国内各油田普遍使用国产修井机，主要以南阳石油机械厂和江汉石油机械厂生产的各类修井机为主。南阳石油机械厂生产的陆地修井机型号和配置的动力型号如表 2-7-1，表 2-7-2 所示。

表 2-7-1　50t 以下陆地修井机的主要技术参数

产品型号	XJ20	XJ30	XJ40	XJ50
大修井深/m(ϕ73mm 钻杆)	1000	1500	2000	2500
最大钩载/kN	360	585	675	800
发动机型号	X6130	F8L413F	T-3A929，WD615，68MWM	TDB234V6MWM
发动机功率	174	188	210 或 226	250
传动形式	液力机械			

表 2-7-2　60t 以上陆地修井机主要技术参数

产品型号	XJ60	XJ80	XJ100
结构型式	自走式		
名义大修井深/m(ϕ73mm 钻杆)	3200	4500	5800
钻井深度/m(ϕ127mm 钻杆)	1000	1500	2000
最大钩载/kN	900	1125	1350
发动机型号	CAT3406B	CAT3408DITA	CAT3408EDITA
发动机功率/kW	269	354	396
液力传动箱型号	CLBT5961DB	CLBT5961DB	CLBT5961DB
传动型式	液力机械		液力+机械
井架高度/m	29	32	33
游动系统	4×3	5×4	5×4

续表

产品型号	XJ60	XJ80	XJ100
主大绳直径/mm	26	26	26
大钩速度/(m/s)	0.2~1.75	0.2~1.2	0.2~1.4
底盘型号/驱动型式	XD40/8×6	XD50/10×8B	XD50/10×8
接近角/离去角/(°)	23/16	26/17	26/17
最小离地间距/mm	290	311	311
最大爬坡度/%	30	26	26
最小转弯直径/m	28	33	33
转盘型号	ZP135	ZP135	ZP135
游车大钩型号	YG900	YG110	YG135
水龙头型号	SL110	SL110	SL135
移运时外形尺寸/m	16.7×2.8×4.1	18.5×2.8×4.2	18.8×2.85×4.3
主机质量/kg	42000	52000	58000
附件质量/kg(约)	15000	20000	20000

在开工验收检查中应重点检查：

(1) 检查修井机出厂铭牌和标注的型号、日期 、提升吨位、作业深度，是否和设计要求修井机型号相符。

(2) 检查修井机出厂说明书和修井机动力系统，检查是否与配置的动力型号相符。

(3) 检查动力系统的柴油机维护保养手册中机油、空气滤芯更换时间和型号要求。是否和实际使用状况相符。

(4) 检查动力系统的柴油机维护保养记录是否按说明书要求进行，记录是否完整全面。

(5) 检查柴油机供油系统是否存在跑、冒、滴、漏现象，油罐和油路管线是否按照消防安全标准放置和布线。

(6) 检查柴油机各类仪表是否防震，是否灵敏和准确。

(7) 检查动力系统的水刹车、辅助刹车、天车防碰机构是否灵活，制动是否可靠，维护保养记录是否完善。

(8) 检查柴油机防火罩是否齐全，紧急灭火装置是否完善。

(9) 柴油机、变速箱、刹车系统等润滑点定期注油记录是否齐全。

(10) 启动柴油机进行提放观察，检查柴油机是否正常运行，刹车是否灵敏可靠，油路是否存在滴漏现象，仪表显示是否准确，存在问题必须进行修理整改。

三、提升装备

井下作业提升装备包括井架、天车、游车大钩、水龙头、吊环、吊卡和钢丝绳等。

(一) 井架

井架是修井机提升系统的主要设备，用于安放天车，悬挂游车大钩等起升装备和工具，井下作业使用的井架一般分固定式和伸缩式。目前各油田使用的井下作业修井机都是伸缩式井架，常用的伸缩式井架数据以南阳石油机械厂生产的陆地修井机主要型号为依据。

在开工验收中对井架检查：

(1) 生产厂家对井架的静载荷和动载荷的检测数据和使用保养说明。

(2) 井下作业队伍对井架的维护保养记录。

(3) 井下作业队使用期间发生的伤及井架的记录和维修记录。

(4) 检查井下作业队使用修复的井架的静载荷和动载荷的检测数据和检测单位出具规定使用静载荷和动载荷数据单。

(5) 检查井架定期进行的检测记录及井架静载最大吨位、动载吨位和起下速度，严禁超载作业施工。

指重表主要技术参数见表 2-7-3。

表 2-7-3　指重表主要技术参数

型　　号	JZ100B	JZ80	JZ60
死绳负荷/t	15	13.3	10
仪器最大指重	8 股绳 18t 6 股绳 60t	8 股绳 100t 6 股绳 80t	6 股绳 60t
指重表最大误差	满量程的±1.5%	±1.5%	±1.5%
灵敏度/t	≤0.5	≤0.12	≤0.12
使用环境温度/℃	-30～+50	-30～+50	-30～+50

(二) 天车

天车是固定在井架顶部的定滑轮组，一般分为单轴和多轴天车，是承担起下作业载荷的支点。

在开工验收中对天车检查：

(1) 生产厂家对天车的静载荷和动载荷的检测数据和使用保养说明。

(2) 井下作业队伍对天车的维护保养记录。

(3) 检查天车磨损状况和润滑情况，要求滑轮能用手转动，相互间不得干涉，对每个滑轮的轴承进行单独润滑。滑轮磨损深度不应超过淬硬深度。

(4) 天车各滑轮应有防止钢丝绳跳槽装置。

(5) 滑轮轴承使用寿命严格按照说明书要求和规范进行，一般不超过 3000h 的负荷时间。

(三) 游车大钩

游车大钩是将游动滑车和大钩连接一体，现场也称组合式游车大钩，游车大钩基本参数如表 2-7-4。

表 2-7-4 游车大钩基本参数

项目	最大负荷额定值/kN	钢丝绳直径 d/mm	滑轮			接触表明半径/mm			
			最多个数	槽底圆弧半径 R/mm	绳槽深度 h/mm	$C_{最大}$	$D_{最小}$	$E_{最小}$	$F_{最大}$
YG10	135	19	2	$10.19^{+0.38}_{0}$	25.27~33.25	38	32	50	76
YG20	225		3						
YG35	360	22	4	$11.89^{+0.38}_{0}$	29.26~38.5				89
YG60	585								
YG70	675								
YG80	800								
YG90	900	26		$13.79^{+0.38}_{0}$	34.58~45.5	64	38	57	102
YG110	1125								
YG135	1350							64	114
YG160	1575	29	5	$15.37^{+0.38}_{0}$	38.57~50.54	102	57	95	114
YG180	1800								
YG225	2250	32		$16.99^{+0.38}_{0}$	45	102	60	95	114

在开工验收中对游车大钩检查项包括：

（1）生产厂家对游车大钩的静载荷和动载荷的检测数据和使用保养说明。

（2）井下作业队伍对游车大钩的维护保养记录。

（3）检查游车大钩磨损状况和润滑情况，要求滑轮能用手转动，相互间不得干涉，对每个滑轮的轴承进行单独润滑。滑轮磨损深度不应超过淬硬深度。

（4）游车大钩弹簧初应力应能弹起一根立柱、吊环、吊卡及钩体的总质量，其工作行程应能将立根外接头从内接头提出。

（5）检查钩体的定位锁紧机构，应灵活可靠，定位锁紧后钩体的方向保持不变。

（6）检查大钩的主、副钩钩口，应有保险装置，且安全好用，启闭灵活。

（四）水龙头

水龙头可分为带旋转扣和不带旋转扣型式，也可分为动力水龙头和无动力水龙头，在井下作业中普遍使用无动力水龙头。水龙头的基本型号和参数见表 2-7-5。

表 2-7-5 水龙头基本参数

项目	SL35	SL60	SL70	SL80	SL90	SL110	SL135	SL160	SL180	SL225
最大负荷额定值/kN	360	586	675	800	900	1125	1350	1575	1800	2250
主推力轴承额定负荷(100r/min)/kN	200	300	400	500	600	800	1000	1200	-	1500
中心管内径/mm	50			63.5			76			
鹅颈管入口中心线与垂线夹角/(°)	15									

续表

项　目	SL35	SL60	SL70	SL80	SL90	SL110	SL135	SL160	SL180	SL225
鹅颈管推荐连接螺纹（内螺纹）	2½LP			3LP			4LP 或 4½TBG			
保护接头下端连接螺纹（左旋外螺纹）	3½REG		4½REG				6½REG			
提环弯曲处半径 $R_{1最小}$/mm	76	89	102			115				
提环弯曲处半径 $R_{2最大}$/mm	38	44.5	51			57		60		
工作压力/MPa	14			21			35			

在开工验收中对水龙头检查项包括：

（1）井下作业队伍对水龙头的维护保养记录和使用说明。

（2）水龙头最大静水压试验单据。

（3）旋转中心管，应能平稳转动，无异常响声。

（4）主轴承应转动平稳，无异常响声。

（5）鹅头管及保护接头螺纹应有保护装置。

（五）吊环

吊环分为单臂吊环和双臂吊环，双臂吊环安全性大于单臂吊环，一般不建议使用单臂吊环。双臂吊环型号与大钩、吊卡的连接尺寸参数如表 2-7-6。

表 2-7-6　双臂吊环与大钩、吊卡的连接尺寸　　单位：mm

型　号	吊环上耳与大钩连接耳				吊环下耳与大钩连接耳				吊环长度 L
	$E\leqslant$	$C_2\geqslant$	$D_2\leqslant$	$C\geqslant$	$G_1\leqslant$	$H_1\geqslant$	$J\geqslant$	$b\geqslant$	
SH225	35	38.10	22.23	90	15.00	29.00	20	58	600
SH360	45			100	20.00	50.80		100	1100
SH585	65	63.50		120	22.50				
SH675	75	63.50	28.58	160	22.50	50.80	20	100	1500
SH900	80	63.50	28.58	160	22.50	50.80	25	100	1500
SH1350	100				23.82		35		1700

注：①SH675 仅用于产品过渡，新产品设计不推荐使用；

②长度 L 为推荐尺寸。

在开工验收中对吊环检查项包括：

（1）检查双臂吊环焊缝的超声波探伤单，允许存在的欠缺当量尺寸，其直径不大于 2mm。

（2）检查双臂吊环表面磁粉探伤单，不得有裂纹存在。

（3）检查双臂吊环表面缺陷打磨处，不应多于 3 处，且 3 处不能位于同一截面。

（4）配对的双臂吊环长度差不应大于 3mm。

（5）合格的双臂吊环应涂防锈油漆。

（六）吊卡

吊卡是一种起吊卡住油管和钻具的专用工具。通过提升系统完成井内管柱起下作业。常用的吊卡分活门式和月牙式。

在开工验收中对吊环检查项包括：

(1) 使用前要检查活门、月牙及销子是否灵活好用。

(2) 操作时应先将活门或月牙拉到位，闭合时也必须合到位，提升前再检查闭合状况。

(3) 检查吊卡是否牢固，不好用时要及时调整。

（七）钢丝绳

钢丝绳作为提升系统负重绳，通过滑轮组完成提升系统起下作业，按捻制可分为左捻(Z)和右捻(S)。

在开工验收中对钢丝绳检查项包括：

(1) 钢丝绳与绳卡配合要匹配。

(2) 钢丝绳要均匀涂敷专用油脂，纤维绳芯渗透专用麻芯脂。

(3) 钢丝绳在绳辊上排列要整齐有序。

(4) 钢丝绳发现一整股折断必须更换新绳。

(5) 外层钢丝磨损或锈蚀超过原直径40%时必须更换新绳。

(6) 每节距断丝超过标准要求时必须更换新绳，标准如表2-7-7。

表2-7-7　钢丝绳的换新标准

强度安全系数	钢丝绳规格			
	6×19	6×37	6×61	18×19
	在一节距上断丝数量如下所示则绳报废			
6以下	12	22	36	36
6~7	14	26	38	38
7以上	16	30	40	40

注：①顺捻钢丝绳允许断丝数为表中数据的50%；②表中数字仅为参考；③滑轮直径不小于绳径的18倍。

四、循环设备

指为完成冲砂、压井、洗井、封串、钻磨、堵水等井下作业而配备的专用设备，主要由循环泵、水龙带、除砂器和地面管线及其他配件（循环罐、计量罐）组成。

（一）循环泵

作为循环系统主要设备，在井下作业的修井机一般配备钻井用泵组，泵型和参数如表2-7-8，柱塞泵技术参数见表2-7-9。

表2-7-8　机组泵的技术参数表

机泵组型号		JBZ25A	JBZ5B	JBZ8A	JBZ8B
柴油机	型号	CAT3408	CAT3408	CAT3412	CAT3412
	功率/kW	390	390	526	559
	额定转速/(r/min)	1500	2100	1800	2100

续表

机泵组型号		JBZ25A	JBZ5B	JBZ8A	JBZ8B
钻井泵	型号	F500	F500	F800	F800
	功率/kW	368	368	588	588
	额定冲次	165	165	150	150
	传动比	4.286	4.286	4.185	4.185
离合器型号		218PTO		318PTO	
皮带（链条）型号		2×4ZV25J7100(25mm-6)		2×3ZV25J7620, 1×4ZV25J7620(32mm-6)	
传动比		2.39	2.3	2.85	2.68
灌注泵型号		SB200	SB200	GZB1300	SB200
传动箱		S5961		S6600	
总重/t		22	26	28	31

注：F500(F800)钻井泵为三缸单作用泵。

表 2-7-9 柱塞泵技术参数

发动机转速/(r/min)	变速箱档次	排出压力/MPa	排量/(m^3/min)
2100	Ⅰ	35	0.37
2100	Ⅱ	18	0.77
2100	Ⅲ	8.5	1.47

在开工验收中对循环泵检查项包括：

(1) 井下作业队伍配备的循环泵是否满足设计要求。

(2) 循环泵维护保养是否到位，能否正常工作。

(3) 循环泵泵压是否能达到铭牌数值。

(4) 循环泵安全阀是否灵活可靠，密封部位是否有滴漏现象。

(二) 水龙带

水龙带是连接泵组和钻具的纽带，既能承受一定压力，又能随钻具上下运动和输送液体，在井下作业中使用 φ76mm 以下的水龙带，水龙带技术参数如表 2-7-10。

表 2-7-10 水龙带技术规范

公称直径/mm(in)		胶管长度		外径/mm	耐压情况/MPa				允许弯曲最小半径/mm	质量/kg
尺寸	公差	尺寸/m	公差/mm		工作压力	允许最高瞬时冲击压力	试验压力	爆破压力		
51(2)	±1.2	18	±180	80	10.0	12.5	15.0	25.0	500	99
64(2½)	±1.5	18	±180	92	10.0	12.5	15.0	25.0	700	126
76(3)	±1.5	18	±180	126	15.0	18.8	22.5	37.5	800	252
76(3)	±1.5	18	±180	138	30.0	37.5	45.0	75.0	900	387

续表

公称直径/mm(in)		胶管长度		外径/mm	耐压情况/MPa				允许弯曲最小半径/mm	质量/kg
尺寸	公差	尺寸/m	公差/mm		工作压力	允许最高瞬时冲击压力	试验压力	爆破压力		
102(4)	±2.0	18	±180	156	15.0	18.8	22.5	37.5	1000	396
102(4)	±2.0	18	±180	165	30.0	37.5	45.0	75.0	1000	540

在开工验收中对循环泵检查项包括：

(1) 水龙带压力等级要与泵组压力等级匹配。

(2) 水龙带接口处完好,未出现滴漏现象。

(3) 水龙带外部胶皮完好,未出现老化现象。

(4) 水龙带未变形和碾压现象。

(三) 除砂器

除砂器是井下作业时,净化修井液的专业设备,CS6x8inB 型除砂器技术参数如表 2-7-11。

表 2-7-11 除砂器技术参数

旋流器规格	8in	配套设备： 150 离心机 电机功率：75kW 排量：200~238 m^3/h 扬程：40m
数量	6 个	
工作压力	0.25~0.35MPa	
处理量	200~238m^3/h	
可处理泥浆密度	1.1~1.4g/cm^3	
可分离颗粒直径	28~37μm 以上	

在开工验收中对除砂器检查项包括：

(1) 除砂器运行能够正常运行。

(2) 除砂器电机防暴装置良好。

(3) 分离效果达到要求。

(4) 分离物堆放场地符合环保和 HSE 要求。

(四) 地面管线

地面管线包括连接泵组、罐组和水龙带的管线和阀组。

在开工验收中对地面管线检查项包括：

(1) 地面管线在井场布线要符合设计要求。

(2) 地面管线固定要有符合标准的固定锚。

(3) 地面管线的压力等级与泵组压力等级匹配。

(4) 地面管线的阀线不存在滴漏现象。

(五) 其他配件

其他配件主要包括循环罐、计量罐。

在开工验收中对其他配件检查项包括：

(1) 井下作业队伍配备循环罐、计量罐的数量和容积符合设计要求。
(2) 循环罐、计量罐摆放位置符合 HSE 要求。
(3) 循环罐、计量罐内外干净无杂物。
(4) 计量装置完好。

五、井控设备

井控设备是井下作业必需配备的设备,是井下作业安全的保障。井下作业的井控装备是指各类井口防喷器,可分为环形防喷器和闸板防喷器。常用的防喷器为闸板防喷器,闸板防喷器主要技术参数如表 2-7-12。

表 2-7-12 闸板防喷器主要技术参数

序号	名　称	型　号	通径/mm	工作压力/MPa	上端连接	下端连接
1	手动半全封两用防喷器	S2FZ18-21	180	21	栽丝	栽丝
2	手动双闸板防喷器	2SFZ18-21	180	21	法兰	法兰
3	手动单闸板防喷器	SFZ18-35	180	35	法兰	法兰
4	手动半全封两用防喷器	S2FZ18-35	180	35	法兰	法兰
5	手动双闸板防喷器	2SFZ18-21	180	35	法兰	法兰
6	液压双闸板防喷器	2YFZ18-35	180	35	法兰	法兰
7	液压双闸板防喷器	2YFZ18-70	180	70	法兰	法兰

在开工验收中对闸板防喷器检查项包括:
(1) 检查配备闸板防喷器是否符合设计压力要求。
(2) 检查配备闸板防喷器是否符合设计板芯要求。
(3) 检查配备闸板防喷器维护保养记录,是否按使用说明书要求进行维护保养。
(4) 检查闸板防喷器试压记录,是否按要求进行试压。
(5) 检查闸板防喷器开启,要求开启灵活自如,关闭快捷。
(6) 开出试压监督通知书,等闸板防喷器安装完毕进行试压。

六、旋转设备

旋转设备包括钻盘和传动机构,转盘是一个伞形齿轮减速器,将发动机的水平转动通过传动机构及减速机构变为转台的垂直旋转运动。修井机常用转盘参数如表 2-7-13。

表 2-7-13 转盘基本参数

序　号	基本参数	型　号			
		ZP40	ZP60	ZP90	ZP135
1	最大载荷/kN	360	585	900	1350
2	开口直径 A/mm	150	180	260	305
3	最大扭矩/kN · m	8	12	24	

续表

序号	基本参数		型号			
			ZP40	ZP60	ZP90	ZP135
4	传动比	机械驱动	2.5		3~4	
		液压驱动	无			
5	最高转速/(r/min)		300			
6	钻台方孔 *B*/mm		190	203	344.5	
7	方孔深度 *C*/mm		60	76	102	

在开工验收中对钻盘和传动机构检查项包括：

(1) 钻盘锁紧装置工作状态良好，操作自如。

(2) 钻盘运转时，齿轮传动平稳，灵活，无卡阻现象。

(3) 钻盘和传动机润滑油加注符合标准要求。

(4) 各密封部位无滴漏现象。

(5) 转台静平衡试验达到标准要求。

七、检测设备和消防设备

井下作业队伍在施工现场应配备检测设备和消防设备。

(一) 检测设备

包括可燃气体检测仪和硫化氢气体检测仪。配备要求：可燃气体监测，施工队伍配备一台便携式可燃气体检测仪由专人监测和报警；硫化氢气体监测，施工人员每人配备便携式检测仪，连续施工时间超过8h，在施工现场安装固定式硫化氢检测仪。

在开工验收中对检测设备检查项包括：

(1) 检测设备配备数量能否达到安全要求。

(2) 检测设备校验证书。

(3) 作业人员持证情况，未有有效证件人员不能参与作业。

(4) 现场抽查作业人员对检测设备的使用，不能正确操作检测设备的不能参与作业。

(二) 消防设备

(1) 配备的灭火器、消防钩、消防铣、消防桶、消防砂等消防器材符合井场消防要求，在高油气比井进行特殊作业，现场配备消防车值班。

(2) 消防器材的配备应符合消防需求：现场至少配备35kg干粉灭火器4具，8kg干粉灭火器8具，消防锹4把，消防桶8只，消防砂$2m^3$，分类摆放，实行专人挂牌管理，每月检查1次并做好记录。

(3) 井场四周安装风向标和警戒线。

(4) 含硫化氢井和气井应安装大型鼓风机，摆放在井口上风口，在作业时保持开机状态，能够为作业人员提供安全气体。

(5) 在含硫化氢井施工现场应配备足够数量的正压式呼吸器、呼吸器充装器和专用空气压缩机，并保持设备良好状态。

(6) 井下作业现场配备废气燃烧装置处理地层溢出的天然气，严禁直接向大气中排放天然气和含硫气体。

(7) 现场应根据施工情况设置“必须戴安全帽”、“禁止烟火”、“必须系安全带”、“当心触电”、“当心机械伤人”、“严禁非工作人员入内”和环境保护等标志。

(8) 施工现场配置气动和手动报警器,设置报警专用电话。

(三) 消防设备检查

(1) 配备的灭火器、消防钩、消防铣、消防桶、消防砂等消防器材数目和合格证书。

(2) 配备的灭火器、消防钩、消防铣、消防桶、消防砂等消防器材摆放位置,要求明显和易取。

(3) 手提式灭火器应安放在挂钩、托架或专用箱内,露天设置时应有防雨、防尘、防潮措施。

(4) 灭火器不得设置在温度超出其存放温度范围的地点。

(5) 防毒面具、防护服、冲眼器和清洗液等保管良好,能随时使用。

(6) 固定式检测仪、便携式检测仪数目达到要求,校验证书完好,设备使用正常。

(7) 井下作业现场安装大型鼓风机,摆放在井口上风口,在作业时保持开机状态,能够为作业人员提供安全气体。

(8) 井下作业现场配备废气燃烧装置良好,随时可以使用。

(9) 井场四周安装风向标和警戒线布置到位。

(10) 设置“必须戴安全帽”、“禁止烟火”、钻具“必须系安全带”、“当心触电”、“当心机械伤人”、“严禁非工作人员入内”和环境保护等标志齐全。

(11) 设置危险区域图、逃生路线图、紧急集合点以及两个以上的逃生出口标识明显。

八、钻具和工具等特种装备

(一) 钻具

钻具的验收按施工设计要求进行,需配备钻具可按各油田钻具和工具的管理办法进行,要求使用的钻具必须由油田(分公司)指定的有检测资质的单位按规定时间进行检测和分级。

在开工验收中对钻具检查项包括:

(1) 检查钻具检测报告和分级报告是否出自指定检测单位。

(2) 检查钻具上单位、等级、数码编号是否和检测报告一致。

(3) 抽查测量钻具外扣和内扣是否达到检测报告和分级报告的等级结论。

(4) 检查钻具使用记录,钻具使用时间,送检时间,确定钻具是否满足施工需要。

(二) 工具

井下作业常用的工具有:

(1) 打捞类工具:公锥、母锥、打捞矛、打捞筒、提放式可退捞矛、提放式分瓣捞矛、提放式倒扣捞矛、提放式可退捞筒、提放式倒扣捞筒、复合式鱼顶修整打捞器、强磁打捞器、反循环打捞篮(杯)和测井仪器打捞器。

(2) 切割类工具:机械式内割刀、机械式外割刀、水力式外割刀。

(3) 倒扣类工具:倒扣器、倒扣捞筒、倒扣捞矛、倒扣安全接头、倒扣下击器、爆炸松扣工具。

(4) 套管刮削工具:套管刮削器、防脱式套管刮削器。

(5) 检测类工具:通径规、铅模。

(6) 钻、磨、铣工具:尖钻头、偏心钻头、刮刀钻头、三牙轮钻头、平底磨鞋、凹面磨鞋、领眼磨鞋、柱型磨鞋、梨形铣鞋、锥形铣鞋、内齿铣鞋、外齿铣鞋、群边铣鞋、套铣鞋。

(7) 整形类工具:梨形膨胀器、长锥膨胀管器、偏心辊子整形器、三锥整形器、鱼顶整形器。

(8) 震击类工具:随钻震击器、打捞震击器。

(9) 辅助类工具:锯齿形安全接头、方扣形安全接头、活动弯头、沉沙筒。

在开工验收中对工具检查项包括:

(1) 严格按设计工艺要求选择工具。

(2) 工具的生产商必须是专业厂商,严禁自己加工和小作坊生产工具入井。

(3) 工具必须有出厂合格证和检测书。

(4) 非一次性工具,入井前必须有指定检测单位的检测合格报告。

第四节 井 控

井控是井下作业安全的重要环节,井控包括井控装置、井控管理两个方面。

一、井控装置

随着经济的发展,安全的重视和以人为本的管理理念的深入,井下作业使用的闸板防喷器由手动型转向液控型,主要型号:2YFZ18-35 型和 2YFZ18-70 型。液控防喷器的使用要求如下:

(1) 防喷器的控制能力应满足控制对象的数量及开关要求,并且备用一个控制对象。

(2) 远程控制台一般安装在井场左前方距井口不小于 25m 处专用活动房内,距防喷管线或压井管线应有 1m 以上距离,周围 10m 内不得堆放易燃、易爆、腐蚀物品。

(3) 远程控制台使用防爆电器,电源应从发电房处专线连接,有独立的开关控制和气源专线供气。

(4) 远程控制台待命状态时,充氮气压力 7MPa,气源压力 0.65~0.85MPa.储能器压力为 17.5~21MPa。

(5) 远程控制台气源应与司钻控制台气源分开连接,严禁强行弯曲和压折气管线。储能器、管汇、环形压力值正确,储能器始终处于工作状态。

(6) 控制管汇整齐安放并固定在管排架内,管排架与防喷管线的距离不小于 1m,不允许在管排架堆放杂物和做为电焊接地线,车辆跨越处装过桥盖板。

(7) 节流管汇和压井管汇压力级别不低于全井最高压力。

(8) 节流管汇和压井管汇以内的防喷管线采用标准法兰连接,安装平直。

(9) 防喷管线长度超过 7m 时应打基墩固定,防喷管线采用探伤合格的管线。

(10) 防喷管线应不少于两条,一条接节流管汇,一条接压井管汇。

(11) 井控状态下保证有两种有效点火方式,含硫化氢井安装自动点火装置。

(12) 井控管汇所配置的阀门应为平板阀。

(13) 节流管汇和压井管汇闸阀进行标号,标明开、关状态。

(14) 钻具用防喷工具如:上下旋塞阀、钻具回压阀等配置齐全。

(15) 钻具用防喷工具压力等级应与防喷器匹配。

(16)修井液循环罐配备监测报警仪器。

二、井控管理

(1) 承包井下作业项目的单位承担井控现场管理和实施的重大责任,同时应具备相应的等级资质,具有两年以上良好的安全业绩,安全管理资料中应有两年以上的重大安全事故、事故发生率、三违事故发生率的原始记录及事故档案。

(2) 井下作业项目承包单位都应实施 HSE 管理,并具有有效的审核和评审报告及年审报告。

(3) 井下作业人员必须持有井控操作证,管理人员必须有安全管理人员资质证。

(4) 井下作业施工方 HSE 管理全面到位,应包括:HSE 承诺,井控危险识别,井控风险评价和井控风险采取的措施,进行的井控培训计划。

(5) 井下作业施工方必须有井控应急预案,应包括:组织结构、采取的步骤、抢险物资准备、汇报制度、撤离方案等。

(6) 井下作业队伍应有完善岗位操作人员作业指导书和井控应急操作指南。

(7) 井下作业队伍应有完善岗位安全责任制度,应分工清楚,责任明确。

(8) 现场井下作业队伍的队长应是井控安全第一责任人,班组长为班组安全第一责任人。全队应有负责安全的副队长和安全员。

(9) 现场井下作业队伍应有完善的交接班制度和记录,及时汇报当班的安全问题和隐患。

(10) 安全问题和隐患整改必须负责到人,由负责安全的副队长检查签字认可才能通过。

(11) 现场井下作业队伍必须有完善的安全责任奖罚制度,查出安全问题和隐患应按照制度进行奖罚,整改不及时和不到位也必须按制度进行奖罚。

(12) 全队人员应按井控预案要求进行井控演习。

(13) 班组交接班时必须严格检查井控设备和操作试验,井控设备合格才能进行交接签字。

(14) 现场井控设备必须有完善的井控设备合格的试压记录和验收人签字。

(15) 作业班按钻进,起下钻杆,起下工具和空井发生溢流的四种工况定期按井控“四·七”动作要求进行防喷演习。

在开工验收中对井控检查,也必须按照上述内容,对井控设备和井控管理两大项进行检查验收,发现问题必须整改,整改验收后才能开工。

第五节 现场标准化

一、井下作业井场标准化

各油田规定的标准化井场的主要内容有:井场大小、作业设备水泥台面积、水泥台高度、循环设备摆放位置、储罐摆放位置、计量罐摆放位置、钻具摆放位置、宿营房摆放位置、消防设备摆放位置、井场地面铺设、风向标位置、提示牌位置及警戒线和报警器摆放等。如图 2-7-1 所示。

井场标准化检查按各油田规定的标准化井场要求进行检查,特殊地区按特殊要求进行检查。井场标准化必须达到国家和地方的环境法律法规和安全生产法规的要求。

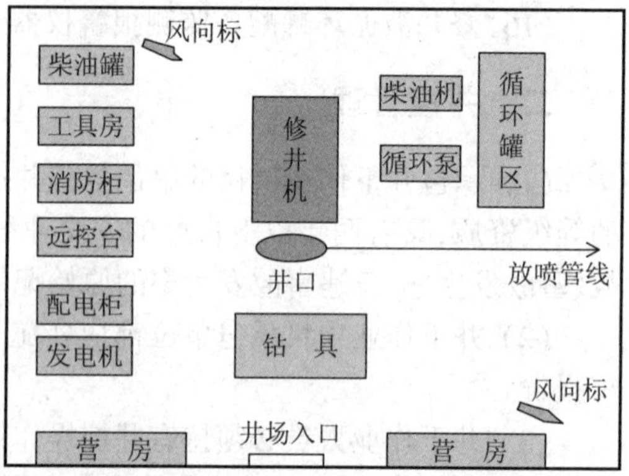

图 2-7-1　修井井场摆放示意图

二、设备标准化

各油田根据井下作业项目类型,规定井下作业项目设备标准化的主要内容有:动力装备、提升装备、循环设备、井控设备、旋转设备、消防设备、钻具和工具等特种装备的型号和压力等级及检测维护等要求。

根据井下作业项目类型,按井场标准化和各油田规定的标准化设备要求进行检查,不符合要求的设备,要及时更换。

三、人员资质标准化

根据中石化集团井下作业队伍甲乙队伍管理人员任职标准要求,对井下作业队队长、副队长、作业工程师、安全员的学历、工作资历要求,对井下作业队伍管理人员进行检查,不符合要求的人员由承包商单位进行调换。

四、班组标准化

根据中石化集团三基管理要求,对井下作业队班组人员配备、班组制度建设、班组班前班后会议记录、班组交接班记录按各油田规定的标准化班组进行检查。

五、井下作业队标准化管理

(一) HSE 管理

井下作业队伍严格按 HSE 管理要求进行,应包括:

(1) 方案设计和各种文件,通知单齐全。

(2) 各岗位的岗位责任制、安全生产责任制和安全技术操作规程等制度应健全。

(3) 应有防喷、防火、防爆、防毒、防工伤、防冻、防中暑事故等安全预案和措施。

(4) 应有项目 HSE 计划书,建立完善的健康和安全培训管理档案。

(5) 完善的程序文件,质量手册,施工作业的指导书。

(6) 完善的质量,安全管理制度和检查考核制度。

(7) 完善的体系外审和内审记录和不合格项整改记录。

(8) 完善的自用车管理制度和交通管理措施。

(二) 井控标准化

1. 井控设备标准化

按各油田对井下作业队伍井控设备标准,检查井下作业队伍井控设备,设备维护保养和试压按行业规范和企业标准进行检查。一般包括：

(1) 配备井控设备压力等级和操控方式。

(2) 井控设备试压方式和试压等级及时间。

(3) 井控设备维护保养及更换的统一标准。

2. 井控设备操作标准化

按各分公司(油田)对井控实施细则要求进行检查和演习。一般包括：

(1) 标准的关防喷器的溢流条件。

(2) 标准的关防喷器操作动作。

(3) 标准的演练标准。

(三) 作业标准化

(1) 在同一油田应有统一的井下作业指导书。

(2) 同类地质和工程条件下的统一作业参数要求。

(3) 统一的设备物质要求。

(四) 井下作业工具标准化

(1) 在同一的油田内部,应建立统一的工具供应商。

(2) 在同一的油田内部,应建立统一的工具技术指标。

(3) 在同一的油田内部,应建立统一的工具检测单位。

(4) 在同一的油田内部,应建立统一的工具管理标准。

开工验收书如下：

________________项目

开 工 验 收 书

施工单位：____________________

年 月 日

一、队伍资质检查

项目	内容		标准	检查结果	备注
队伍资质	市场准入证		符合西北分公司要求，在有效期内		
	队伍资质与投标书相符	A 类修井队伍	达标		
		B 类修井队伍	达标		
		C 类修井队伍	达标		
人员	1. 定员		符合标书要求		
	2. 岗位设置		符合标书要求		
	3. 人员		符合标书要求		
			主要岗位人员发生变动时，应出具主管部门的批准报告		
	4. 持证情况		所有人员必须有上岗证、井控证、防硫化氢证、HSE 培训合格证，特殊岗位必须持有特殊岗位上岗证		
	5. 健康管理		职工按期进行体检，并建立职工健康档案		
			职工生活环境卫生，食堂卫生满足健康档案		
管理体系	1. HSE 计划书		齐全		
	2. HSE 文件		齐全		
	3. HSE 管理流程图		齐全		
	4. ISO9001 管理文件		齐全		
	5. ISO9001 质量控制流程图		齐全		
	6. 岗位职责		齐全		
	7. 质量控制标准		齐全		
	8. 项目施工计划书		齐全		
	9. 奖罚制度		齐全		
	10. 设备维护、保养制度、保养记录		齐全		
	11. 方案、设计及建议内部审核制度		齐全		
	12. 事故调查、分析制度、建立档案		齐全		
	13. 行业技术标准		齐全		

二、消防、安全检查

项目	内　容	标　准	检查结果	备　注
消防器材	1. 灭火器:30kg 干粉 4~6 个、8kg 干粉 4~10 个、消防斧 2 个、消防钩 2 个、消防锨 6 把、消防砂 2 m^3、消防桶 6 个、设施齐全完好同时应符合设计要求	合格		
	2. 消防器材管理,设消防房(架),避雨淋日晒,顺手易取	合格		
电路系统	1. 井场区内全部电器应防爆	合格		
	2. 开关固定合理、可靠	合格		
	3. 井场电器实现集中控制	合格		
	4. 井场照明灯距井口	≥20m		
安全预案	井控预案	开工前应组织过井控演习,并有每周一次井控预案		
防硫化氢预案	1. 防硫化氢应急预案、防护演习,并有演习记录	合格		
	2. 硫化氢报警装置齐全,并处于正常的工作状态	合格		
	3. 每人配备防毒面具一套、并储备 20~30 套公用防毒面具和一定的滤毒罐	合格		
	4. 便携式硫化氢检测仪 2~4 台(高含硫地区可配置 10~20 台)	合格		
	5. 空气(氧气)呼吸器 5~8 台(高含硫地区可配置 10~20 台)	合格		

三、井场情况检查

项目	内　容	标　准	检查结果	备　注
井场摆放	1. 基础	合格		
	2. 发电房、仓库、计量罐	≥30m		
	3. 排污坑或回收罐	合格		
井架及钻台安装	1. 天车、钻盘、井口三点一线,偏差	前后≤30mm 左右≤20mm		
	2. 井架底座与基础接触	合格		
	3. 各类仪表	合格		

续表

项目	内容	标准	检查结果	备注
设备状况	1. 各类设备安放平、稳、正、安装坚固、附件齐全	合格		
	2. 各液、气管线畅通，不刺、不漏	合格		
	3. 各仪表必须灵活好用	合格		
	4. 各种防护罩必须齐全	合格		
	5. 全部润滑点须加上符合规定的润滑油(脂)	合格		
	6. 各设备试运转无异声，不烧不松、不旷、各指标达规定要求	合格		
	7. 差速器状况良好	合格		
循环系统(除检泵转抽外)	1. 循环罐	满足设计要求		
	2. 泥浆泵	800 型以上		
	3. 水龙带	合格		
	4. 储液罐	$2\times40m^3$ 以上		
设备及工具	1. 常用公锥、母锥、打捞矛、捞筒、铣鞋、磨鞋等修井工具配备	合格		
	2. 常用比重仪、黏度仪等测量工具配备	合格		
	3. 钻具及探伤与分析检测报告	合格		
	4. 油管探伤检测报告	合格		
	5. 液压钳等井口工具性能	合格		
	6. 冬季施工防冻保温设施	合格		
	7. 设施及措施齐全有效	合格		
井控设备	1. 封井器、防喷器试压、保养记录	合格		
	2. 两组以上防喷器各自挂牌	合格		
	3. 远程控制台各仪(容)器额定压力、挂牌、控制管线摆放及固定	合格		
	4. 放喷管线必须是硬管线刚性固定及试压	合格		

四、检查结果

项　　目	问题内容
存在问题	

续表

项　　目	问题内容
整改要求	
验收结论	
签字	施工单位： 负责人：　　　　年　　月　　日
	现场监督： 年　　月　　日
存在问题复检	
整改结果	
验收结论	
签字	施工单位： 负责人：　　　　年　　月　　日
	现场监督： 年　　月　　日

第八章　油气层保护

第一节　入　井　液

入井液是油井作业时任何接触生产层的液体。主要包括射孔液、压井液、洗井液、冲砂液、修井液，以及各种增产措施工作液等。

一、入井液的质量要求

(1) 入井液的选择必须考虑施工矿区具体的地质特征，施工矿区有入井液质量要求时，执行该矿区的入井液质量要求，施工矿区无入井液质量要求时，执行入井液质量基本要求。

(2) 入井液质量基本要求：

① 基液采用经过沉降和防膨处理的清洁淡水、地层水、海水或盐水。

② 悬浮物固体颗粒含量及直径符合表 2-8-1 的要求。

③ pH 值 6~8。

④ 滤失量少。

⑤ 有一定携带固体颗粒能力。

⑥ 安全无毒，对环境无污染。

表 2-8-1　悬浮物固体颗粒含量及直径

渗透率/$10^{-3}\mu m^2$	固体颗粒含量/(mg/L)	固体颗粒直径/μm
0~200	≤3.0	≤3.0
200~300	≤5.0	≤5.0
>1000	≤10	≤7.0

二、入井液选择依据

(1) 根据目前地层压力的高低，确定入井液的密度。入井液密度按下式计算。

$$r=\frac{P/Z\times 10^2}{H}(1+K)$$

式中　r ——入井液密度，g/cm^3；

P/Z ——油水井近 3 个月内所测静压值，MPa；

H ——油层中部深度，m；

K ——附加量，0~30%。

(2) 根据地层渗透性的大小，决定入井液的造壁性、滤失量、固相颗粒含量和固体颗粒直径。

(3) 针对油田中各种黏土矿物含量的多少,以及地层敏感性评价结果,采用各种处理剂,使入井液与地层岩性配伍,且不产生其他敏感性效应。见表 2-8-2。

(4) 入井液必须与地层流体配伍,在地层条件下不乳化,不生成沉淀。

表 2-8-2 敏感性矿物损害机理及应采取的措施

项目 矿物	油层损害机理	应避免使用的条件	采取措施	解决问题应加化学药品
高岭石	黏土运移	高流速	低流速	使用黏土稳定剂
伊利石	黏土运移	高流速	低流速	用 HCl/HF 酸化、酸处理后冲洗
蒙脱石	黏土膨胀	清水系统	水中加 KCl	使用黏土膨胀抑制剂
绿泥石	$Fe(OH)_3$ 沉淀	富氧系统、高 pH 值	酸系统、铁净化剂	用 HCl/HF 酸化
方解石	CaF_2 沉淀	氢氟酸	盐酸或醋酸	用 HCl 处理
黄铁矿	$Fe(OH)_3$ 沉淀、产生硫酸盐	富氧系统流体中含 Ca^{2+}、Sr^{2+}、Ba^{2+}	酸系统、氧净化剂	用 HCl/HF 酸化

三、常用入井液技术要求和监督要点

1. 洗井液技术要求和监督要点

(1) 洗井液与油水层产液应有良好的配伍性,不能使地层黏土矿物发生膨胀。

(2) 低压漏失井地层应加入增黏剂和暂堵剂,并采取混气等手段降低洗井液密度。

(3) 稠油井洗井液中加入活性剂或高效洗油剂并提高温度,必要时用热油洗井。

(4) 结蜡或卡泵的抽油井,洗井液温度不得低于 70℃。

(5) 注水井洗井液:

① 固体悬浮物含量小于 2mg/L;

② 总含铁量小于 0.5mg/L;

③ 含油量小于 30mg/L;

④ pH 值为 6.5~8.5

(6) 洗井液的相对密度、黏度、pH 值和添加剂性能应符合施工设计要求。

2. 压井液技术要求和监督要点

(1) 不同种类压井液使用监督要点:

① 相对密度为 1 时用清水。

② 相对密度为 1~1.18 时用盐水。

③ 相对密度为 1.18~1.26 时用盐水加氯化钙水溶液。

④ 相对密度为 1.26 以上时用泥浆,黏度控制在 30~45s;相对密度大于 1.45 的钻井液,黏度控制在 50~70s。

(2) 卤水压井液技术要求和监督要点见表 2-8-3。

表 2-8-3 卤水压井液技术要求

序　号	项　目	技 术 要 求
1	密度/(g/cm^3)	≥1.10(可根据压井要求)
2	悬浮固体含量/(mg/L)	≤30
3	总铁含量/(mg/L)	≤0.5
4	腐生菌含量/(个/mL)	$\leqslant 10^4$
5	硫酸盐还原菌含量/(个/mL)	≤25

监督要点：

① 按 GB/T4472—1984 中的 2.3.3 规定测量其密度。

② 滤膜法测量计算其悬浮物含量。

③ 按 SY/T5329—1994 中的 5.11 规定测量总含铁量。

④ 按 SY/T5329—1994 中的 5.6 的二次重复法测量腐生菌和硫酸盐还原菌含量。

⑤ 测量结果与设计配方数据相符合。

(3) P—5(聚合物—5%水解度)无固相压井液技术要求和监督要点：

技术要求：

① 外观：无色或淡黄色液体。

② 相对密度：1.01~1.70。

③ 黏度：2~3mPa·s。

④ 滤失量：2~3mL/30min。

⑤ pH 值：3.5~4.2。

⑥ 热稳定性：≤90℃。

监督要点：

① 使用 INB 泥浆密度计测量其密度。

② 使用 INN-D6 型六转速旋转黏度计，采用 ϕ 600r/min 和 ϕ 300r/min 测量并取其差值，确定其黏度。

③ 使用 EZS-2 型泥浆失水仪测量其滤失量。

④ 采用广泛 pH 试纸测量其 pH 值。

⑤ 使用①②③④仪器、试纸及高温滚动炉加热至 90℃以下滚动 48h，冷却至室温。测量其加热前后数据相差不超过 5%。

⑥ 测量结果与设计配方数据相符合。

3. 携砂液质量技术要求和监督要点

普遍采用以 2%KCl 溶液为基液，以高分子聚合物为稠化剂的盐水凝胶液。主要包括低、中、高黏携砂液三大类。技术要求见表 2-8-4

表 2-8-4 携砂液技术要求

类　别	表观黏度	携砂比(砂/液体积比)	备　注
低黏液	<30	0.05~0.1	用于常规充填，配上部信号筛管
中黏液	300~400	0.2~0.3	用于高密度充填
高黏液	500~700	0.7~1.0	用于高密度充填，配底部信号筛管

监督要点：
按标准 SY/T5185-87 第 7 章规定测量其各项数据并与设计配方相符合。

4. 低伤害酸技术要求和监督要点(见表 2-8-5)

表 2-8-5　低伤害酸技术要求

序　号	项　　目	技术要求
1	外观	均匀、无沉淀液体
2	水溶性	能与水以任意比例互溶
3	密度(20℃)/(g/cm^3)	≥1.16
4	表面张力(30℃)/(mN/m)	≤35
5	界面张力(30℃)/(mN/m)	≤3.0
6	腐蚀速度(99℃)/[g/(m^3·h]	≤5
7	脱水率(90℃、4h)/%	≥90
8	防淤渣能力	无酸渣
9	防残酸中 $Fe(OH)^3$ 沉淀能力/(mg/L)	≥500
10	CaF_2 沉淀质量/g	≤0.5
11	溶蚀率(90℃、4h)	
	对玻片/%	≥5
	对大理石块/%	5~10

监督要点：

① 以任意比例加自来水，搅拌均匀后，观察其无浑浊沉淀。

② 物理法称量测算其密度。

③ 样品 1：6 稀释，恒温水溶 30℃±0.5℃，用界面张力仪测其表面张力(油、酸等)，平行测量结果之差：表面张力不大于 1mN/m，界面张力不大于 0.4 mN/m。

④ 样品 1：6 稀释后，按 SY/T5405 测其腐蚀速率。

⑤ 常温下，无水原油与煤油按 1：1 质量比稀释，样品按 1：6 体积比稀释，各取 200mL 加入混调器，以转速 14000~18000r/min 搅拌 30s，制得乳状液，并取其 100mL 倒入玻璃塞量筒中，于 90℃下放置 4h，记录出水体积，按其体积百分比计算脱水率。

⑥ 取⑤制得的乳状液 100mL 倒入塑料烧杯中，杯上加盖置于 90℃下放置 4h，将试液通过 0.15mm 标准筛，用汽油和热水交替清洗筛网，观察筛网上有无沉淀来测定其防淤渣能力。

⑦ 取 10mL 样品加到塑料容器中并加入 60mL 自来水，加入 0.3022g 硫酸铵(相当 Fe^{3+} 含量 500mg/L)，待其全部溶解后，再加入过量大理石碎块及碎片，常温下静置 24h，观察有无 $Fe(OH)_3$沉淀生成，测定其防残酸中 $Fe(OH)_3$沉淀能力。

⑧ 取大小相近大理石和玻璃片各两块，洗净、烘干、称量。取两个 250mL 或 300mL 塑料杯各放一块处理过的大理石(竖放)和玻璃片(斜放)盖好杯盖于 90℃下反应 4h，取出试片，酸液过滤，将过滤固体洗净、烘干、称量，差减法求取 CaF_2沉淀质量；用质量百分比法求取酸液对大理石和玻璃片的溶蚀速率。

⑨ 所测其各项数据与设计相符合。

5. 磷酸酸化液技术要求和监督要点(见表 2-8-6)

表 2-8-6 磷酸酸化液技术要求

项　　目	技术要求
外观	无色至淡黄色透明液体
[质量]密度(30℃)/(g/cm^3)	1.0~1.3
凝点/℃	≤-15.0
表面张力(30℃)/(mN/m)	≤35.0
pH 值	≤2.0
磷酸(H_3PO_4)有效成分/%	≥35.0
腐蚀速度(90℃)/[g/(m^2·h)]	≤20.0(对 N80 钢)
溶蚀速度/[g/(mL·h)]	≤1.6×10^{-6}

监督要点:

按标准 SY/T6305-1997 测量其各项数据并与设计配方相符合。

6. 氟硼酸深部酸化酸液技术要求和监督要点(见表 2-8-7,表 2-8-8,表 2-8-9)

表 2-8-7 预处理液(7%~12%盐酸)配方,1m^{3}用量

成　分	工业盐酸(30%)	黏土稳定剂 A—25	缓蚀剂 LG—1	铁离子稳定剂 WF—100	互溶剂 SCH-1 或 SLP-2	清　水
含量/%	7.0~12.0	0.5~4.0	1.0~2.0	1.0~3.0	2.0~5.0	88.5~74.0
用量/kg	233.3~400.0	5.0~40.0	10.0~20.0	10.0~30.0	20.0~50.0	721.7~460.0

表 2-8-8 8.0%~12.0%氟硼酸酸液配方,1m^{3}用量

成　分	工业氟硼酸(50%)	缓蚀剂 LG—1	铁离子稳定剂 WF—100	互溶剂 SCH-1 或 SLP—2	清　水
含量/%	8.0~12.0	1.0~2.0	1.0~3.0	2.0~5.0	88.5~78.0
用量/kg	160~240.0	10.0~20.0	10.0~30.0	20.0~50.0	800.0~660.0

表 2-8-9 后处理液(12%盐酸+3%氢氟酸)配方,1m^{3}用量

成　分	工业盐酸(30%)	氢氟酸(40%)	缓蚀剂 LG—1	黏土稳定剂 A—25	铁离子稳定剂 WF—100	互溶剂 SCH—1 或 SLP—2	清　水
含量/%	12.0	3.0	1.0~2.0	0.5~4.0	1.0~3.0	2.0~5.0	80.5~71.0
用量/kg	400.0	75.0	10.0~20.0	5.0~40.0	10.0~30.0	20.0~50.0	480.0~385.0

监督要点:

各种处理液浓度均用密度计测定,并与设计配方相符合。

7. 水基冻胶压裂液技术要求和监督要点(见表 2-8-10)

表 2-8-10　水基冻胶压裂液技术要求

序　号	项　　目		技术要求		
			低温 ≥20~60℃	中温 ≥60~120℃	高温 ≥120~180℃
1	基液密度/g·cm^{-3}		1.000~1.050		
2	基液表观黏度/mPa·s		20~40	30~60	40~90
3	交联时间/s		15~60	30~120	60~300
4	剪切稳定性	剪切时间/min	60	90	120
		表观黏度/mPa·s	≥50		
5	稠度系数/Pa·s^{n}		0.8~2.5		
6	流动行为指数		0.3~0.7		
7	静滤失系数/m·min$^{-1/2}$		≤6.0×10^{-4}		
8	初滤失量/m^{3}·m^{-2}		≤1.0×10^{-3}		
9	滤失速率/m·min^{-1}		≤1.0×10^{-4}		
10	破胶时间/h		≤12		
11	破胶液黏度/mPa·s		≤5.0		
12	破胶液表面张力/mN·m^{-1}		≤28.0		
13	破胶液与煤油界面张力/mN·m^{-1}		≤2.0		
14	破乳率/×10^{2}		≥95		
15	降阻率/×10^{2}		≥35		
16	残渣含量/mg·L^{-1}		≤550		
17	岩心渗透率损害率/×10^{2}		≤30		
18	压裂液滤液与地层水配伍性		无沉淀、无絮凝		

监督要点:

按标准 SY/T6376—1998 测量其各项数据并与设计配方相符合。

第二节　不压井作业

不压井作业是依靠井内管柱上的密封工具与专用井控装置相配合,在加压工具的控制下而进行的不压井、不放喷起下管柱的过程。不压井作业的选井原则主要是井内有油管工作筒或其他油管密封装置;井内技术状况清楚,无落物,套管无变形,不需进行其他作业;公称直径 146mm 及以下且套管压力不超过 4MPa,公称直径 168mm 及以上且套管压力不超过 3MPa;井口能安装井控装置。

一、井口控制程序

(1) 施工准备。　　(2) 起抽油杆。

(3) 投堵。　　(4) 安装井控装置。
(5) 试提。　　(6) 倒出油管挂。
(7) 起管柱。　　(8) 下管柱。
(9) 倒下油管挂。　　(10) 装采油井口。
(11) 捞堵塞器。

二、井下控制

(一) 工艺方法

采用丢手接头将井下管柱分成两部分,把抽油泵起出进行地面维修,泵以下管柱留在井内不动,当泵以上管柱上提时,通过井内全部密封来实现不压井。

(二) 井下控制工具

(1) 丢手接头:丢手接头是采用现有的锁球丢手,管柱下井时,用来连接上部、下部油管。当封隔器坐封后,从油管中投以加重杆,使锁钉剪断,实现脱手。

(2) 井下开关:当打开短节插入时,活门被翻到一边,上下连通;当打开短节拔出时,活门便在装在活门轴上的扭簧的作用下恢复到关闭状态,并由压紧装在活门座内的密封圈实现密封。井下开关耐压15MPa。

(3) 封隔器:油层上部的封隔器可将油、套环形空间密封,因此,要实现不压井作业只要造成井下开关关闭的条件就可以了。

(4) 防喷抽油泵:防喷泵是将原有抽油泵加以改造而成的,在活塞底部的进油孔与固定凡尔之间加一个密封圈,只要下放光杆碰泵,活塞的进油孔便被密封,油管放空后,既可拆井口实现不压井作业。

三、井口控制技术要求和监督要点

(1) 作业机提升能力满足施工井要求,泵车压力不低于40MPa,排量不低于$0.5m^3/min$,锅炉蒸汽量不低于1t/h。

(2) 工作液一般用清水,pH值6~8,水质清洁。

(3) 不压井专用工具质量性能满足施工井要求,安全系数一般不低于2倍,特殊情况不低于1.5倍。

(4) 起抽油杆。洗井温度不低于70℃,洗井不少于2周,其自封满足施工要求。

(5) 投堵前泵注热水温度不低于70℃,用量不超过油管容积2倍,泵送排量不高于$0.25m^3/h$,憋压8~10MPa,稳30min,放空,无溢流或有溢流不超过15L/min。

(6) 安装井控装置时,钢圈槽清洁,钢圈无损坏,连接螺栓上满上紧,对角方向上下法兰间隙不大于1mm,整体试压合格。

(7) 试提时负荷不超过井内管柱悬重200kN,行程不超过50cm,否则停止试提,查明原因处理后再试提。

(8) 关闭半封旋动两端的圈数一致,倒出油管挂后上紧自封。

(9) 起油管时,随时观察拉力计悬重变化,油管上顶时进行加压起油管。提升大绳在滚筒内的余绳不少于13圈,控制速度在1m/s以内,确认工作筒起至全封以上,关闭全封。井控装置内余压为零,起出尾管。

(10) 加压下油管时半封至自封距离大于最长下井工具的20~40cm。加压有困难时,可用水泥车挤水平衡,并改用分段加压压入;正常下油管控制速度在 2m/s 以内,悬重异常,停止下入,查明原因并处理正常。

(11) 倒下油管挂时,密封圈完好并涂油,防止划伤密封圈,对角旋紧顶丝,井控装置无余压,无溢流合格。

(12) 装采油井口时,钢圈槽清洁涂油,钢圈无损伤,各连接螺栓依次对角旋紧,上下法兰间隙在对角方向不超过 1 ㎜,采油井口安装位置方向与施工前一致,井口及井口周围清洁。

(13) 捞堵塞器时,防喷管长度满足被捞堵塞器及打捞工具长度要求。钢丝绳深度记号明显,数量符合要求。井内压力较高时,用泵车挤水平衡压力,下入或起出井内压力速度 1~1.5m/s 以内。起打捞器前旋紧防喷盒。放净余压后方可卸防喷管。

四、井下控制技术要求和监督要点

(1) 丢手接头剪断锁钉强度符合产品质量要求。

(2) 井下开关活门扭簧强度符合质量要求,开关灵活,密封圈完好无损。

(3) 封隔器胶筒无损伤,坐封可靠。

(4) 防喷抽油泵活塞底部与固定凡尔之间密封圈完好无损。

第三节 保护油气层技术

井下作业施工是涉及面广泛的工艺过程。其施工工艺的选择,施工参数的控制,入井液的选择与使用等均可能造成油气层的损害。因此,在井下作业施工过程中优化作业设计,优选施工工艺,合理选择与控制施工参数,严格控制入井液性能等,最大限度地保护油气层免受损害是十分必要的,同时也是非常重要的,是延长油水井寿命,提高油田综合开发效益的重要措施。

一、射孔作业中油气层保护技术要求和监督要点

(一) 保护油气层的射孔液

射孔液应与油气层岩石和流体配伍,同时应具备以下性能要求:密度可调、腐蚀性小、高温下性能稳定、无固相及低滤失等。目前国内使用的射孔液有如下几种类型。

1. 选用的无固相清洁盐水液:对黏土稳定时间短,有无防腐、防结晶、精细过滤等措施。
2. 选用的无固相聚合物盐水液:是否可控制滤失量。
3. 选用的暂堵型聚合物射孔液:是否可减少滤液漏失和固相侵入油气层。
4. 选用的阳离子聚合物液:是否具有黏土稳定时间长,稳定效果好的特点。
5. 选用的低浓度酸液:有无防腐措施。

(二) 保护油气层的射孔工艺

1. 正压差射孔保护油气层技术

采用与油气层配伍的无固相射孔液,控制正压差值不超过 2MPa。

2. 负压差射孔保护油气层技术

采用与油气层配伍的无固相射孔液,合理确定射孔负压差。

美国确定负压差值统计准则见表 2-8-11。

表 2-8-11　负压差值统计准则

储层类型 / 渗透率范围	油　层	气　层
$K>0.09875\mu m^2$ ($K>100mD$)	1.378～3.447MPa (200～500psi)	6.89～13.78MPa (1000～2000psi)
$0.00987<K<0.0987\mu m^2$ ($10mD<K<100mD$)	6.89～13.78MPa (1000～2000psi)	13.78～34.47MPa (2000～5000psi)
$K<0.0987\mu m^2$ ($K<10mD$)	>13.78MPa (2000psi)	>34.47MPa (5000psi)

3. 射孔方式

① 电缆输送式套管射孔：井内液柱压力不小于预测地层压力，且射孔前井口必须装防喷器，防止发生无控井喷。

② 电缆输送式过油管射孔：地面是否有一套试压合格的防喷装置。

③ 油管输送式射孔：地面是否有完整的井口装置，一般用于有自喷能力和解释气层的油井中。

二、酸化作业中油气层保护技术要求和监督要点

(1) 选用与油气层配伍的酸液与添加剂(见表 2-8-12)。

表 2-8-12　酸液和添加剂的选择

油气层岩性特点	与之配伍的酸液或添加剂	保护技术要求
碳酸盐岩	不宜用土酸	避免生成氟化钙沉淀
伊-蒙间层矿物含量高	必须加防膨剂	抑制黏土膨胀、运移
绿泥石含量高	适当加入铁离子稳定剂	防止产生氢氧化铁沉淀
原油含胶质、沥青质较高	采用互溶土酸(砂岩)	消除或减少酸渣生成
砂岩地层	不宜用阳离子表面活性剂破乳	避免地层转为油润湿，降低油的相对渗透率
高温地层	耐高温缓蚀剂	避免缓蚀剂在高温下失效

(2) 酸化工艺选择是否合适。

(3) 酸浓度满足设计要求，不超过设计的 1%。

(4) 及时返排酸液防止酸化后二次沉淀的生成。

(5) 清洁管线、池罐，无铁锈、杂物。

(6) 控制施工参数在设计要求范围。

三、压裂作业中油气层保护技术要求和监督要点

(1) 选择适合油气层的压裂液。

① 水敏油气层：选用油基或泡沫压裂液，并加入防膨剂。

② 低孔隙度、低渗透率、返排力差的油气层：选用低残渣或无残渣、滤失量低、返排能

力强的压裂液。

③ 高温深层：选用高黏度、耐高温、抗剪切性好、密度大、摩阻低的压裂液。

（2）支撑剂的粒径均匀、强度高、杂质少及圆球度好，满足施工井油气层闭合压力要求

（3）压裂工艺的选择。

① 对于分层的油气井，其中某个或某些目的层进行压裂时采用分层压裂及选择性压裂。

② 对于水力压裂可能无效的特低渗透性、且油气层岩石相当硬的及不宜采用水力压裂的水敏性油气层等裸眼井的压裂，采用高能气体压裂。

③ 对于低压、低渗透水敏性油气层，采用泡沫压裂。

④ 对于高水敏性及特低压低渗透油气层，采用 CO_2 压裂。

⑤ 对于水敏性油气层，采用 N_2 压裂。

（4）对施工液质量、施工各工序、各阶段参数进行严格控制。

四、防砂作业中油气层保护技术要求和监督要点

（1）建立合理的生产压差或缓建压差。

（2）对于疏松砂岩油气层采取先防砂后生产的措施。

（3）对于稠油油气层热采或采取降黏措施。

（4）防砂作业采用与油气层配伍的防砂液。

（5）针对油气层特性与井况条件采用合理的防砂工艺技术。

五、常规作业中油气层保护技术要求和监督要点

（1）起下管柱时严格控制起下速度，使流体流速控制在临界速度以下，特别是井下管柱带有大直径工具的情况下。

（2）压井、替喷、排液等施工中，合理选择压井液密度，控制合理压差，防止压漏地层或造成井喷。

（3）施工用液体：选择与地层配伍的油田净化水或加入添加剂处理的液体，有条件的应采用无固相压井液。

（4）清洁池罐、管具，对施工用液严格处理，减少固相杂质。

（5）尽可能采用不压井作业工艺技术。

（6）提高作业效率，缩短作业时间，减少压井液对油气层的浸泡时间。

六、大修作业油气层保护技术要求和监督要点

（1）选择强度可靠、性能优良的打捞工具，确保打捞一次成功率，缩短施工周期，减少压井液对油气层的浸泡时间。

（2）对于胶结强度低的砂岩油气层，避免采用高压泵与大排量处理，避免使用强力震击等冲击压力较大的解卡方法。

（3）钻、磨、铣等施工作业，应提高入井液体黏度与液体上返速率，或采用相应辅助措施，防止钻屑沉积堵塞油气层孔隙及射孔孔眼。

总之，油气层保护技术是系统工程，井下作业施工中每一环节都必须有相应的落实措施，任何环节的疏漏，均会使此前的保护技术前功尽弃。因此应从设计、工艺、施工进行全程监督，切实做好油气层保护工作。

第九章 管杆泵及井下工具

第一节 油 管

一、新油管的质量及验收标准

（一）制造方法

1. 通则

（1）各种钢级和组别的管子应作晶粒细化处理。作晶粒细化处理的钢含有一种或更多的晶粒细化元素，如一定量的铝、铌、钒或钛，使奥氏体晶粒细化。

（2）新油管应按订单上的规定，采用无缝管（S）或电焊管（EW）制造。

（3）无缝管定义为一种无焊缝的锻轧钢管状产品，是用热加工钢制造的。

（4）电焊管是用电阻焊或电感应方法，无充填金属焊接而成的具有一条纵焊缝的管子。这种制造方法，焊接边是机械压力挤压在一起，焊接热量由电流电阻产生。电焊管的焊缝焊成后，应至少加热至538℃进行热处理，或采用某种方法使焊缝中不留未回火马氏体组织。

2. 热处理

对于指定的特殊钢级和类别的管子，应按照表2-9-1规定的程序文件进行热处理。对于加厚管子，应在加厚以后再进行全长热处理。接箍半成品可单个进行热处理。

表 2-9-1　制造方法及热处理

(1)	(2)	(3)	(4)	(5)		(6)
组别	钢级	类型	制造方法		最低回火温度	
				热处理		℃
1	H40	—	无缝或电焊	无规定		
1	J55	—	无缝或电焊	无规定（见注）		—
1	K55	—	无缝或电焊	无规定（见注）		—
1	N80	—	无缝或电焊	（见注）		—
2	L80	1	无缝或电焊	淬火+回火		566
2	L80	9Cr	无缝	淬火+回火[a]		593
2	L80	13Cr	无缝	淬火+回火[a]		593
2	C90	1	无缝	淬火+回火		621
2	C90	2	无缝	淬火+回火		621

续表

(1)	(2)	(3)	(4)	(5)		(6)
2	C95	—	无缝或电焊	淬火+回火		538
2	T95	1	无缝	淬火+回火		649
2	T95	2	无缝	淬火+回火		649
3	P110	—	无缝或电焊[b]	淬火+回火		—
4	Q125	1	无缝或电焊[b]	淬火+回火		—
4	Q125	2	无缝或电焊[b]	淬火+回火		—
4	Q125	3	无缝或电焊[b]	淬火+回火		—
4	Q125	4	无缝或电焊[b]	淬火+回火		—

注：由制造厂选择全长正火、正火+回火或淬火+回火，或者根据订单规定。

a. 类型为 9Cr 和 13Cr 钢级的管可采用空气淬火。

b. 仅对 P110 和 Q125 电焊管（EW）才有的特殊要求，见 SR11 规定。当订购 P110 或 Q125 电焊套管时，SR11 中规定的条款自动生效。

（二）材料要求

（1）化学成分要求：供应的各钢级和类型的管子和接箍，其化学成分应符合表 2-9-2 的规定。

表 2-9-2　化学成分要求（质量分数）

(1)	(2)	(3)	(4)	(5)	(6)	(7)	(8)	(9)	(10)	(11)	(12)	(13)	(14)	(15)	(16)
			碳		锰		钼		铬		镍	铜	磷	硫	硅
组别	钢级	类型	min	max	min	max	min	max	min	max	max	max	max	max	max
1	H40	—	—	—	—	—	—	—	—	—	—	—	0.030	0.030	—
1	J55	—	—	—	—	—	—	—	—	—	—	—	0.030	0.030	—
1	K55	—	—	—	—	—	—	—	—	—	—	—	0.030	0.030	—
1	N80	—	—	—	—	—	—	—	—	—	—	—	0.030	0.030	—
2	L80	1	—	0.43[a]	—	1.90	—	—	—	—	0.25	0.35	0.030	0.030	0.45
2	L80	9Cr	—	0.15	0.30	0.60	0.90	1.10	8.00	10.00	0.50	0.25	0.020	0.010	1.00
2	L80	13Cr	0.15	0.22	0.25	1.00	—	—	12.00	14.00	0.50	0.25	0.020	0.010	1.00
2	C90	1	—	0.35	—	1.00	0.25[b]	0.75	—	1.20	0.99	—	0.020	0.010	—
2	C90	2	—	0.50	—	1.90	—	NL	—	NL	0.99	—	0.030	0.010	—
2	C95	—	—	0.45[c]	—	1.90	—	—	—	—	—	—	0.030	0.030	0.45
2	T95	1	—	0.35	—	1.20	0.25[d]	0.85	0.40	1.50	0.99	—	0.020	0.010	—
2	T95	2	—	0.50	—	1.90	—	—	—	—	0.99	—	0.030	0.010	—
3	P110	—	—	—	—	—	—	—	—	—		—	0.030[e]	0.030[e]	—
4	Q125	1	—	0.35	—	1.00	—	0.75	—	1.20	0.99	—	0.020	0.010	—

续表

(1)	(2)	(3)	(4)	(5)	(6)	(7)	(8)	(9)	(10)	(11)	(12)	(13)	(14)	(15)	(16)
			碳		锰		钼		铬		镍	铜	磷	硫	硅
组别	钢级	类型	min	max	min	max	min	max	min	max	max	max	max	max	max
4	Q125	2	—	0.35	—	1.00	—	NL	—	NL	0.99	—	0.020	0.020	—
4	Q125	3	—	0.50	—	1.90	—	NL	—	NL	0.99	—	0.030	0.010	—
4	Q125	4	—	0.50	—	1.90	—	NL	—	NL	0.99	—	0.030	0.020	—

注：NL 等于不限制，但所指元素含量在产品分析时应报告。

a. 若产品采用油淬，则 L80 的碳含量上限可增加到 0.50%。

b. 若壁厚小于 17.78mm，则 C90 钢级 1 类的钼含量无下限规定。

c. 若产品采用油淬，则 C95 钢级的碳含量上限可增加到 0.55%。

d. 若壁厚小于 17.78mm，则 T95 钢级 1 类的钼含量下限可减少到 0.15%。

e. 对于 P110 钢级的电焊管，磷的含量最大值是 0.02%；硫的含量最大值是 0.01%。

（2）机械性能要求：供应的管子和接箍，应符合表 2-9-3 规定的拉伸性能要求。在记录或报告伸长率时，若用条形试样，则该记录或报告应写明试样的名义宽度；若用圆棒试样，应写明直径和标距长度；若用全截面试样，应写明试样的状态。端部加厚的油管，其加厚端的拉伸性能（伸长率除外）应与管体一致。如有争议，加厚处的性能（伸长率除外），应从加厚部位切取试样进行拉伸试验来确定。这些试验的记录，应向购方提供。

表 2-9-3　拉伸性能和硬度要求

(1)	(2)	(3)	(4)	(5)	(6)	(7)	(8)	(9)	(10)
组别	钢级	类型	屈服强度		抗拉强度	硬度[a]		规定壁厚/mm	允许硬度变化/HRC
			min/(N/mm²)	max/(N/mm²)	min/(N/mm²)	max			
						HRC	BHN		
1	H40		276	552	414	—	—		
1	J55		379	552	517	—	—		
1	K55		379	552	655	—	—		
1	N80		552	758	689	—	—		
2	L80	1	552	655	655	23.0	241		
2	L80	9Cr	552	655	655	23.0	241		
2	L80	13Cr	552	655	655	23.0	241		
2	C90	1,2	621	724	689	25.4	255	≤12.70	3.0
2	C90	1,2	621	724	689	25.4	255	12.71~19.04	4.0
2	C90	1,2	621	724	689	25.4	255	19.05~25.39	5.0
2	C90	1,2	621	724	689	25.4	255	≥25.40	6.0
2	C95	1,2	655	758	724	—			
2	T95	1,2	655	758	724	25.4	255	≤12.70	3.0

续表

(1)	(2)	(3)	(4)	(5)	(6)	(7)	(8)	(9)	(10)
组别	钢级	类型	屈服强度		抗拉强度	硬度[a]		规定壁厚/mm	允许硬度变化/HRC
			min/(N/mm²)	max/(N/mm²)	min/(N/mm²)	max			
						HRC	BHN		
2	T95	1,2	655	758	724	25.4	255	12.71~19.04	4.0
2	T95	1,2	655	758	724	25.4	255	19.05~25.39	5.0
3	P110		758	965	862	—	—		
4	Q125	1-4	862	1034	931	—	—	≤12.70	3.0
4	Q125	1-4	862	1034	931	—	—	12.71~19.04	4.0
4	Q125	1-4	862	1034	931	—	—	≥19.05	5.0

注:a 表示若有争议时,应采用实验室的洛氏硬度为仲裁方法。

(三)尺寸和质量

所有钢级的油管应按订单上规定的外径、壁厚和质量供货。所有未注明公差的尺寸均与设计依据有关,但不必经产品验收或拒收的测量检验。

(1) 直径:外径应在±0.79mm 的公差范围内(注:管子规格<4½)。

(2) 壁厚:每根管子都应测量壁厚是否符合要求。

(3) 质量:对订单上规定的管端加工形式,管子的质量应符合规定的计算质量(或修正计算质量)要求,其公差应在以下范围内;

单根公差为+6.5%,-3.5%;

车载批量公差为-1.75%。一个车载量最少为 18144kg。

(四)接箍

1. 材料

油管接箍应是无缝的,其钢级、类型和热处理应与管子相同。

2. 质量

(1) 接箍应在最终加工之后、内外表面电镀或喷涂之前进行肉眼检查,不应有肉眼可见的发裂、裂纹和气孔。

(2) 成品接箍内表面不应有破坏螺纹连续性的各种欠缺。

(3) 成品接箍若有夹痕、点坑、圆底或尖底凿槽及类似欠缺,只要欠缺不超过规定深度,就不能作为拒收依据。

3. 螺纹加工

接箍螺纹加工测量方法以及螺纹检查都应符合 API Std 5B 的要求。接箍不应用扩径的方法来满足螺纹锥度要求。

(五)标记

1. 新油管应由制造厂按规定作出打印或模印标记(或两者并用)。但下列两种情况除外:

(1) 经购方与制造厂协议,可不用打印标记,在这种情况下应使用模印标记。

(2) 由制造厂选择,在管子和接箍上,可用热滚印或热压印标记代替模印标记,并允许在整根管上每隔一段作出标记。

2. 产品应按照规定标记色标。

3. 若制造厂期望或购方要求,允许有其他标记。

(六) 涂层与保护

1. 涂层

除订单上另有规定外,管子和接箍应作外涂层,以防止运输过程中生锈。应采取措施使涂层光滑、致密,并尽可能不脱落。

2. 螺纹保护器

(1) 螺纹加工厂应拧上内外螺纹保护器。螺纹保护器的设计、材料和机械长度应能保护螺纹和管端,防止在正常装卸和运输中受损伤。外螺纹保护器应覆盖螺纹全长,内螺纹保护器应覆盖与内螺纹长度相等的管子螺纹。在正常的运输和库存期间,螺纹保护器的设计和材料应能使螺纹隔绝脏物和水。螺纹保护器的形状不应损伤产品的螺纹。对于短节和连接管,若其包装能保护螺纹,则不要求使用螺纹保护器。

(2) 螺纹保护器的材料不应含有能够引起螺纹腐蚀或促使螺纹保护器黏结螺纹的成分,并能适用于-46℃~+66℃的服役温度。

二、隔热油管

隔热管是注汽管柱的主要部分,起到减少井筒热损失、保持注入到油层的蒸汽干度、保护套管及套管外的水泥环的作用。我国油田由于大多数稠油井较深,注汽压力较高,都应用高质量的隔热油管。注蒸汽隔热管分普通隔热管和真空隔热管,它们的结构相似,由接箍、内管、扶正环、隔热层和外管等组成。真空隔热管的隔热效果要好于普通隔热管。由于隔热管的外管和内管都是由相同规格的油管制造的,它们的有些性能可参考相关油管的参数。

(一) 注蒸汽隔热管具体结构(如图 2-9-1 所示)

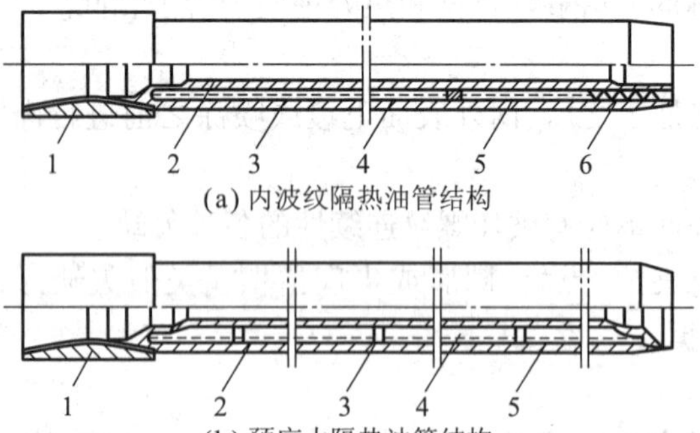

(a) 内波纹隔热油管结构

(b) 预应力隔热油管结构

图 2-9-1 注蒸汽隔热管结构示意图

1—接箍;2—内管;3—扶正器;4—隔热层;5—外管;6—内波纹管

（二）国产隔热油管结构尺寸（见表 2-9-4）

表 2-9-4　国产隔热油管结构尺寸

外管外径/mm	127	114	114	88.9
内管内径/mm	62.0	62.0	50.6	40.9
结构尺寸/mm×mm	127×62.0	114×62.0	114×50.6	88.9×50.6

（三）隔热油管机械性能（见表 2-9-5，表 2-9-6）

表 2-9-5　国产隔热油管机械性能

结构尺寸/mm×mm			127×62.0	114×62.0	114×50.6	88.9×50.6	88.9×40.9
预应力隔热管	抗拉载荷/kN	20℃	820	680	560	510	500
		350℃	610	470	420	380	370
	抗内压/MPa	20℃	58	55	55	49	48
		350℃	42.8	40	40	35	36
	抗外压/MPa	20℃	37.5	28	28	45	50
		350℃	25	20	20	38	38
内波纹隔热管	抗拉载荷/kN	20℃	—	650	650	—	—
		350℃	—	450	450	—	—
	抗内压/MPa	20℃	—	40	40	—	—
		350℃	—	30	30	—	—
	抗外压/MPa	20℃	—	28	28	—	—
		350℃	—	21	21	—	—

表 2-9-6　美国贝克公司隔热管的机械性能

项目		规格			
		35×16（88.9×40.9）	45×19（114.3×50.7）	50×24（127×62.0）	55×29（139.7×76.0）
抗拉载荷/kN	21℃	422.6	667.2	822.9	867.4
	354℃	316.9	500.4	618.3	649.4
压缩载荷/kN	21℃	361.4	444.8	645.0	564.9
	354℃	289.1	355.9	511.5	444.8
破裂压力/MPa	21℃	48.1	33.0	39.3	33.2
	354℃	36.1	24.8	29.4	24.8
挤毁压力/MPa	21℃	51.0	27.6	33.8	27.9
	354℃	37.9	20.7	25.3	20.7

注：表中所列数值为最小值。

三、各类旧油管的修复质量

以下规定了修复油管的质量指标、技术要求、评价准则及标志、运输、储存。适用于从施工现场回收的各种规格的油管出厂检验。

（一）质量指标

修复后的油管质量指标应符合表 2-9-7 中的规定。

表 2-9-7

序号	项 目	指 标	条 件	检验方法
1	外 观	内外壁无油泥斑迹、泥砂		目 测
2	净水压试验	不渗漏	净水压>20MPa，历时≥10s	目 测
3	螺 纹			参考 GB9253.3
4	直线度	畅 通		通井规检验
5	壁 厚			油管外径测量应使用精度为 0.02 的游标卡尺，内径测量应使用精度为 0.01 的内径百分表。油管可测部位的壁厚不应小于规定壁厚的 87.5%
6	无损探伤	腐蚀程度<12.5%壁厚		超声波探伤

（二）技术要求

(1) 油管端部不允许用榔头敲击。
(2) 管端的内外边缘不应有毛刺。
(3) 油管接箍采用机紧方式上紧，上紧力矩符合表 2-9-8 的规定。
(4) 螺纹啮合面需加满油管螺纹专用润滑脂，油管两端均需戴上护丝。
(5) 每根油管配接一只接箍。
(6) 油管接箍的钢级应与原接箍相同。
(7) 接箍任何部位无裂纹和伤痕，接箍内面不能有破坏螺纹连续性的瑕疵。
(8) 护丝上应加润滑脂，该润滑脂不能含有腐蚀螺纹的成分。
(9) 护丝的机械强度应能保护螺纹和管端在正常的装卸和运输中不受损害。

表 2-9-8 油管与接箍上紧力矩

不加厚油管		外加厚油管	
公称直径/mm	上紧力矩/N·m	公称直径/mm	上紧力矩/N·m
40	1300	—	—
50	1500	50	2300
62	1800	62	2900
76	2000	76	3500
88	2200	88	4000

（三）评价准则

（1）经质量检测，出现下列情况之一即为不合格产品。

① 壁厚达不到表 2-9-9 中的要求。

② 试压时管壁出现渗漏。

③ 无损探伤、腐蚀程度超过壁厚 35%。

表 2-9-9　油管壁厚

	不加厚油管				外加厚油管					
	公称直径/mm	外径/mm	内径/mm	壁厚/mm	外径/mm	内径/mm	壁厚/mm	加厚外径/mm	加厚长/mm	锥面长/mm
国产油管	35	—	—	—	42.2	35.2	3.5	46	51	25
	40	48.3	40.3	4	48.3	40.3	4	53.2	57	25
	50	60.3	50.3	5	60.3	50.3	5	65.9	89	25
	62	73	62	5.5	73	62	5.5	78.6	95	25
	76	88.9	75.9	6.5	88.9	75.9	6.5	95.25	102	25
	88	101.6	88.6	6.5	101.6	88.6	6.5	108	102	25
进口油管	35	42.16	35.1	3.57	42.16	35.1	3.57	46	66.7	25
	40	48.26	40.9	3.68	48.26	40.9	3.68	53.2	68.3	25
	50	60.32	51.8	4.24	60.32	50.7	4.83	65.9	101	25
	62	73.03	62	5.51	73.02	62	5.51	78.6	108	25
	76	88.9	77.9	5.49	88.9	76	6.45	95.3	114.3	25
	88	101.6	90.1	5.74	101.6	88.3	6.66	108	114.3	25

（2）试压时螺纹渗漏或通径不合格，应重新返修。

（四）标志、运输、储存

1. 标志

修复后的油管经专人检查验收合格后在装有接箍的一端 300mm 处，用黄色漆涂刷宽 20mm 的环形标志。

2. 装卸、运输

（1）运输应轻装轻卸，不得硬碰硬砸，防止管体凹痕或压痕。

（2）小心装卸，避免接头台阶相互磨损。

（3）所有管子的带接箍端装在卡车的同一端。

（4）卡车的装载量不能太大，以免发生危险。

（5）货物运走一小段距离后，要重新捆绑因货物下沉而松弛的链条。

（6）卸油管前，螺纹保护器在原位拧紧。

（7）卸油管时不允许抛扔，不允许油管集中冲下或撞击端部。因为即使有螺纹保护器保护，也可能造成油管丝扣损坏。

（8）每根油管在到达前一根管的位置以前要停下，然后用手推到恰当的位置。

3. 储存

(1) 不要将油管直接堆放在地面、铁轨、钢板或水泥地面上。为避免潮湿和污染，油管应整齐排放在成品架上，成品架高出地面500mm以上，油管接箍端面交错排列。

(2) 为避免接箍承受载荷，在油管的各层间放置木条作为隔离物，要求至少每层有3处放置隔离木条。

(3) 为防止油管弯曲，隔离木条垂直于油管排放，并上下对正。

(4) 在每层中，油管交错排列时，相邻油管的错开量要大于一个接箍的长度。

(5) 为了安全，并易于检验和装卸，油管的堆放高度不宜超过3m。在井场堆放的油管不宜超过5层。

(6) 储存的油管要定期检查，必须防腐时，涂上防护涂层。

(五) 油管修复的监督要点

(1)由施工现场回收的旧油管，要按照规格和损坏程度进行分类。

(2)在旧油管修复过程中，严格执行Q/SL0088—1998《修复油管质量标准》和Q/SL0380—95《油管修复生产线技术条件》，确保旧油管的修复质量。

(3)严格按照Q/SL0088—1998《修复油管质量标准》的要求，对修复油管进行标志、运输和储存。

表2-9-10 通井规规格

公称直径/mm	通井规直径/mm	通井规长度/mm
40	38	1000
50	48	1000
62	60	1000
76	74	1000
88	86	1000

四、油管修复生产线技术条件

(一) 生产准备

(1)由井场回收的旧油管按照规格和损坏程度分类堆放。

(2)径向变形、管身破裂和弯曲度大的油管报废。

(3)生产工序按旧油管的修复生产工艺流程设置。

(二) 清洗

(1)油管先用热柴油或热清洗剂浸泡，使用清洗剂时，浸泡温度和时间按照清洗剂使用要求控制。

(2)柴油浸泡后，用浓度为10%~30%的NaOH溶液对管内、外壁冲洗，溶液温度控制在10~30℃范围内。

(3)清洗剂浸泡后用温度为10~30℃的温水对管内、外壁清洗。

(4)油管清洗质量应满足其内、外壁无明显油泥斑迹和沉积泥砂的要求。

（三）通径

(1)按照表2-9-10(通井规规格)的规定选择通井规。

(2)通径检验时发现弯曲油管,按(四)的要求处理;发现径向变形的油管报废;发现管内堵塞,按(六)的要求进行处理。

（四）校直

(1)建议使用额定压力不小于500kN的油管校直机。

(2)油管校直后,经通井规检验畅通无阻即为合格。

（五）试压

(1) 推荐采用单管式标准螺纹静水压试压检验工艺。

(2) 净水压不小于20MPa,当试压达到20MPa时,停止加压并稳压10s,压力不降为合格。

(3) 管壁渗漏的油管报废。

(4) 螺纹渗漏的油管按GB9253.3执行螺纹修复处理。

（六）钻通

采用比管内径小1mm的钻头进行钻通。

（七）修螺纹

(1)推荐使用四爪管子车床。

(2)加工与检验按GB9253.3执行。

（八）成品检验与防腐

成品内外螺纹必须涂防腐油脂,并在油管架上整齐排放。

（九）注意事项

(1)试压检验用标准内外螺纹,每班生产前必须认真检查,并保证完好。

(2)油管浸泡、内外清洗等工序应在专用槽内进行,以防生产现场污染,废液排放应满足环保要求。

五、各类油管的报废标准

(1) 径向变形、管身破裂和弯曲度大的油管报废。

(2) 试压过程中,管壁有渗漏的油管报废。

(3) 按GB9253.3执行螺纹修复处理,无法修复的油管报废。

(4) 各类旧油管可测部位壁厚达不到标准壁厚的87.5%,油管报废。

(5) 超声波无损探伤,油管内壁腐蚀程度大于其标准壁厚的12.5%,油管报废。

六、油管全过程管理监督要点

(1) 根据建设方计划对新进油管进行验收检查,监督新进油管必须有生产日期、出厂合格证、质量检验报告等,产品规格型号、数量、生产厂家、质量标准等必须符合要求。

(2) 监督所有油管的发放、回收的验收签认。对发放油管的规格型号、数量、质量标准等必须符合方案或设计要求;对回收的油管必须作出质量跟踪描述并按实际数量进行签认。

(3) 监督油管的存放必须按标准进行分类存放管理。

(4) 对修复、清洗、报废的油管的质量进行监督管理。监督确认油管的清洗、修复、报废的数量及质量。

(5) 协调配合对有质量问题的油管的解剖、鉴定工作,并负责上报质量鉴定报告。

(6) 监督对油管盘库,统计上报各种报表,负责对油管盘库中出现的问题查找分析原因。

七、作业施工现场油管监督要点

(1) 油管入井使用前,供方应提供三证,即:合格证、质检证、入网证,并由现场监督人员对其进行现场确认后填写现场质量监督卡。

(2) 对现场需要使用的油管经监督人员目测或现场简易测试后,认为存在不合格品,应向上级有关部门尽快反映。

(3) 油管桥架横梁不少于三道,每道横梁支点不少于四个,油管离地高度不小于0.3m,分层摆放;油管用专用支架支撑,平整牢固,每十根一组,排放整齐;油管上不得堆放重物和人员行走;油管桥距井口 2 m,并留有安全通道。

(4) 油管的规格、数量、钢级符合设计要求,不同钢级、壁厚的油管不能混杂堆放。

(5) 在作业井施工过程中,作业监督员负责对下入油管的数量清点、规格型号落实,保证下井油管清洁完好,无弯曲变形、腐蚀、缩径、穿孔、丝扣损坏,对更换油管数量签字认可。

(6) 检查起油管过程中井架对中情况。左右偏差不超过 1cm,前后偏差不超过 10cm。

(7) 对见液面油管及其相邻油管进行详细检查,对泵上油管和封层用油管进行重点检查。

(8) 记录起出管柱的数量、类型,检查起出油管管身有无腐蚀、磨损、破裂、弯曲等问题及丝扣部位磨损情况,有问题的油管提出更换。

(9) 下井油管丈量准确,并做记录。油管必须用 15cm 以上的钢卷尺丈量三次,单根误差小于 0.005m,累计误差每 1000 m 应小于 0.2m,油管记录准确、清晰,符合资料录取标准。

(10) 下井油管螺纹进行清洁和检查,接箍端螺纹内要涂抹密封脂,并用内径规通过。

(11) 在隔热油管公母扣的轴向和纵向上均匀地涂上高温丝扣油并戴上护丝,护丝的丝扣应戴满,特别是公扣护丝。

(12) 作业现场施工过程中或完井后需要回收的油管,作业监督员清点后出具油管回收单,并经回收单位和施工队双方签认 。

(13) 含硫化氢、热采、压裂等对管材有特殊要求的井按相关要求特殊处理。

八、附表

油管规范及性能见表 2-9-11 ~ 表 2-9-13。

表 2-9-11　油管规范

制造国家	型号	油管/mm			每1h容积/(L/1m)	接箍/mm		理论质量/(kg/m)			丝　扣		
		外径	壁厚	加厚外径		外径	长度	管重	两端加厚重	接箍/个	扣数/in	长度/mm	锥度
中国	平式	60.3	5	—	1.986	73.0	110	6.84	—	1.3	10	42	1∶16
		73.0	5.5	—	3.013	89.5	132	9.16	—	2.4	10	53	
		88.9	6.5	—	4.523	107.0	146	13.22	—	3.6	10	60	
	加厚	60.3	5		1.986	78.0	126	6.84	0.7	1.5	8	50	
		73.0	5.5		3.018	93.0	134	9.16	0.9	2.8	8	54	
		88.9	6.5		4.523	114.5	146	13.22	1.3	4.2	8	60	
美日	平式	60.33	4.83	—	1.987	73.0	108	6.56	—	6.84	10	—	
		73.03	5.5	—	3.019	88.9	130	9.11	—	9.47	10	—	
	加厚	60.33	4.83		1.987	77.8	123.8	6.56	—	6.96	8	—	
		73.03	5.5		3.019	93.16	133.4	9.11	—	12.58	8	—	

注：(1) 油管公称直径指油管内径；

(2) 油管相对密度是按钢相对密度为 7.85 计算的；

(3) 美、日油管接箍的理论质量为带接箍油管每米的平均质量。

表 2-9-12　中国油管性能

外径/mm	抗滑扣/t			管身抗拉力/t			抗外挤/(kg/cm²)			抗内压/(kg/cm²)		
	DZ_2	DZ_3	DZ_4	DZ_2	DZ_3	DZ_4	DZ_2	DZ_3	DZ_4	DZ_2	DZ_3	DZ_4
60.3	20.8	27.4	30.15	33	43.5	47.75	432	530	604	631	—	913
73	29.4	38.7	42.6	44.3	58.3	64.1	395	478	547	572	753	829
88.9	44.6	58.5	64.5	63.9	84.0	92.5	394	473	541	555	730	803

注：抗拉强度平式油管算抗滑扣拉力，加厚油管算管身抗拉力。

表 2-9-13　美日油管性能

外径/mm	抗滑扣/t			管身抗拉力/t			抗外挤/(kg/cm²)			抗内压/(kg/cm²)		
	J-55	N-80	P-110	J-55	N-80	P-110	J-55	N-80	P-110	J-55	N-80	P-110
60.3	21.1	34	42.3	33.5	48.7	67.6	641	935	1280	399	582	802
73	29.4	43.7	59.8	45.2	66	90.7	581	845	1162	384	560	770

注：(1) 丝扣抗滑扣极限强度的安全系数均采用 1.5~1.6；

(2) 安全系数 = 理论极限强度/实际应用极限强度。

第二节　抽　油　杆

抽油杆(包括抽油杆短节)在我国油气开采中得到了广泛的应用,我国先后制定了相关的各种标准,有些标准已与国际接轨。

一、普通抽油杆

普通抽油杆分为 K,C,D 三个等级,等级的选择取决于多种因素,其主要因素包括抽油杆所受应力,介质以及其所用的金属材料(等级)。按抽油杆的规格尺寸分,目前在抽油井上常用的有 ϕ15.9mm、ϕ19.1mm、ϕ22.2mm、ϕ25.4mm、ϕ28.6mm 五种规格。

(一) 抽油杆的机械性能

抽油杆的机械性能见表 2-9-14。

表 2-9-14　抽油杆机械性能

名　称	等级	材　料	抗拉强度/MPa	屈服点/MPa	伸长率/%	收缩率/%	冲击韧性/J
抽油杆	K	镍钼合金钢	588~794	≥372	≥13	≥60	≥115.8
	C	碳钢或锰钢	620~794	≥412	≥13	≥50	≥81.3
	D	碳钢或合金钢	794~965	≥620	≥10	≥50	≥60.8

(二) 新抽油杆的质量标准及检验标准

新抽油杆在进货后必须进行检验,新抽油杆上的保护涂层在检验之前应该使用热溶剂去除。在检验之前,新抽油杆不能喷涂清洗。

新抽油杆杆体公差:杆体制造的最终尺寸必须符合表 2-9-15 中规定的公差范围。

表 2-9-15　新抽油杆杆体公差范围

抽油杆规格/mm	直径公差/mm	不圆度公差/mm	抽油杆规格/mm	直径公差/mm	不圆度公差/mm
16	+0.178 −0.356	0.254	19	+0.178 −0.356	0.254
22	+0.203 −0.406	0.305	25	+0.229 −0.457	0.330
29	+0.254 −0.508	0.381			

(1) 扭曲(是指短而急的弯曲)不能通过冷校直。

(2) 新抽油杆不能有表面缺陷,如:凸面、凹面、折叠(也称冷疤)、结疤、分层、结缝、毛边、夹渣等。

(3) 杆体表面精加工。

① 诸如结疤、孔眼、夹渣、机械损伤之类的瑕疵在消除时,都必须打磨成平滑过渡的形式,如消除瑕疵的结果导致杆体直径小于表 2-9-15 所规定的最小直径时,杆体不合格。

② 纵向凸面、凹面和结缝均为无应力集中之处。

③ 杆体任何部位深度超过 0.102mm 的横向瑕疵都是不合格的,都必须打磨成平滑过渡予以消除,且消除瑕疵后的杆体直径仍符合表 2-9-15 所规定的要求。

(4) 镦粗部位的表面精加工。

① 镦粗圆头到其直径等于扳手方宽的任何区域内出现的分层、折叠、锻造缺陷、凹面、麻点，都应当保持在全部公差范围内，并能打磨成平滑过渡的情况下，修理后许可的最大深度为 0.787mm。

② 连续围绕镦粗上部球体面上的横向分层、折叠等，其长度大于 1.60mm、深度超过扳手方宽的均为不合格。

③ 在扳手方处的边棱和圆角上出现的裂纹，均为拒收的理由。

④ 扳手方上打印的标记深度超过 0.787mm，均为拒收的理由。

(5) 公接头表面的螺纹。

① 公接头的卸荷槽及其相切的圆弧和台肩面(包括螺纹)，应无毛刺或过分粗糙的棱角。

② 端面剪切应变裂纹超过第一牙螺纹根部的，理应拒收。

③ 打印的记号或肇紧标记，其深度超过 1.6mm 或其底部尖锐不圆的，理应拒收。

(6) 接箍螺纹：抽油杆接箍应使用磁力或磁粉探伤仪检验。

(7) 尺寸检验：对于钢制抽油杆应进行尺寸检验，以保证抽油杆全长尺寸符合规定。

(8) 力学性能检验：钢制抽油杆在每批要经过最终热处理的抽油杆中，至少应取两根(一根取自每批炉料中的刚出炉者，另取自最后出炉者)进行不少于两次的力学性能试验。

(9) 硬度试验：抽油杆的硬度应达到 56~62HRA，可视为符合要求。

(三) 旧抽油杆的修复程序标准及修复质量标准

旧抽油杆的一般修复程序为：①从井上回收的旧抽油杆首先进行人工分检，把那些有死弯、磨损严重、断、腐蚀严重、永久性拉细、扭曲等用肉眼能发现的有明显缺陷的抽油杆分检出来(进行报废)。②人工分检后把那些无明显缺陷的抽油杆放入浸泡池中浸泡。③清洗抽油杆。④用漏磁探伤仪进行探伤与分选，将无伤的抽油杆按不同的直径自动分选，同时探伤后将有伤及达不到质量标准的抽油杆筛选出来。

(1) 修复后旧抽油杆的质量分级(见表 2-9-16)：旧抽油杆一般分为三级，一级旧抽油杆可当原级抽油杆使用；二级旧抽油杆降一级使用，即将 D 级旧抽油杆当 C 级抽油杆使用，或将尺寸较大的旧抽油杆当小一级尺寸的抽油杆使用；三级旧抽油杆应报废。

(2) 经检测的一级和二级旧抽油杆，推荐在重负荷下工作两年，在中负荷下工作两年半，在轻负荷下工作三年后再进行第二次检测。

(3) 旧抽油杆在检验之前不应校直或将刮蜡片取掉，严重弯曲或扭曲的旧抽油杆应报废，带有刮蜡片的旧抽油杆应仔细检查其受腐蚀的状况。

(4) 如有可能，旧抽油杆应浸泡于热溶剂中以除去结蜡和容易去除的锈皮。

(5) 本体缺陷采用涡流探伤方法或其他无损探伤方法检验。

(6) 抽油杆抗拉强度采用抽油杆抗拉强度无损分选仪或其他分选仪进行分选。

(7) 旧抽油杆直线度检查，在平行架子上滚动抽油杆，用肉眼检查其弯曲程度，外观上出现弯曲的抽油杆应单独进行检查。

(8) 螺纹的精度和接箍面垂直度。

(9) 检测接箍的表面裂纹和主要尺寸。

表 2-9-16　经修复的旧抽油杆质量分级条件表

序号	检验项目	一级旧抽油杆	二级旧抽油杆	三级旧抽油杆
1	机械性能	符合 SY/T5029 第 3.1.1 条的要求		不符合 SY/T5029 第 3.1.1 条的要求

续表

序号	检验项目	一级旧抽油杆	二级旧抽油杆	三级旧抽油杆
2	外螺纹检验	符合 SY/T5029 第 3.2.6 条的要求		不符合 SY/T5029 第 3.2.6 条的要求
3	推承面对螺纹的垂直度	≤0.04mm		>0.04mm
4	主要尺寸及其公差	符合 SY/T5029 表 1 的要求		不符合 SY/T5029 表 1 的要求
5	扳手方缺陷	边棱和圆度角上不得有裂纹，局部缺陷深度<0mm		边棱和圆度角上有裂纹，局部缺陷深度<0.8mm
6	镦锻圆头缺陷	连续围绕圆头的缺陷长度<1.6mm，深度不得超过扳手方		连续围绕圆头的缺陷长度≥1.6mm，深度超过扳手方
7	镦锻过渡区的缺陷	缺陷的最大打磨深度<0.8mm		缺陷的最大打磨深度≥0.8mm
8	杆体横向缺陷	缺陷深度应小于 0.1mm，否则必须清除，并满足公差要求		缺陷清除后，杆体直径公差不符合要求
9	杆体纵向缺陷	深度≤±0.51mm 要打磨，圆滑过渡	深度≤±1.02mm 要打磨，圆滑过渡	缺陷深度>1.02mm
10	杆头直线度	≤2.54mm		>2.54mm
11	杆体直线度	≤1.65mm	<3.3mm	≥3.3mm
12	外螺纹、应力槽及其圆角	不得有毛刺和粗糙边棱，表面粗糙度 R≤-6.3μm		有毛刺和粗糙边棱，表面粗糙度 R>6.3μm

(10) 抽油杆色标

C 级抽油杆：白色条带

D 级抽油杆：黄色条带

K 级抽油杆：蓝色条带

一级旧抽油杆：一道油漆色条

二级旧抽油杆：二道油漆色条

(四) 抽油杆的存放保管标准

(1) 抽油杆应按等级和规格分别进行存放。抽油杆存放的位置和方法应使其经受酸或其他腐蚀环境侵蚀的机会最少，应堆放在台架或垫木上，离开地面。台架和垫木的材料或其表面的材料不磨损抽油杆。

(2) 用于堆放包装好的抽油杆的各种台架或垫木应放在每个包装件的横支撑之下，一个包装件垛起时，应使其横支撑垂直成排。

(3) 对于散装的抽油杆最少要有 4 个支架或垫木的支撑，而两端的支撑应置于离抽油杆端头约 300mm 处，抽油杆各层应使用直接搁置在支架或垫木支撑上的间隔块隔开，间隔块应有足够的厚度以防止抽油杆上下层相碰，若间隔块上未制出凹槽，则每层最外边的抽油杆应该楔住，以防止抽油杆滚出间隔块。

(4) 存放的抽油杆应定期检查，如有任何铁锈，都应用钢丝刷清除，并涂上合适的防护涂料。

(5) 用过的完好的抽油杆返回库房时，螺纹应予以清洗、润滑，并装上清洁而未损坏的护丝，抽油杆表面应涂上防护涂料。

(6) 抽油杆在井场上卸车时，不应放在地上，应放置在移动的台架上，放置抽油杆的地方要保证不能让汽车在杆上面通过，也不要将设备放置或掉落到上面，特别注意的是人不能在上面行走。

(五) 抽油杆的报废标准

(1) 任何被锤击过或超扭矩的接箍应予以报废，因为锤击和超扭矩可损伤接箍端面或螺纹，也可能卸脱外螺纹。

(2) 接箍或抽油杆螺纹及端面损坏和过度磨损时，应予以废弃。

(3) 从井内起出的抽油杆，再次下井使用前，应仔细检查杆体有无损伤，扭曲、弯曲或刻伤的抽油杆属永久性损坏，应予以报废。

(4) 修复后的旧抽油杆的杆体要检查有无疲劳裂纹、腐蚀坑、表面分层、机械损伤及其他缺陷，如发现有则应进行打磨然后再探伤，如有损伤应予以报废。

(5) 用荧光磁粉检测接箍表面的裂纹。检测要求：接箍横向缺陷：深度应≤0. 1mm，长度≤5mm。接箍纵向缺陷：深度应≤0. 2mm，长度≤20mm。检测中发现缺陷大于以上所规定的应予以报废。

(6) 凡是旧抽油杆接箍不合格后应都要报废。

(7) 旧抽油杆在使用一定年限后再进行第二次检验，第二次检验后的二级及三级旧抽油杆应做报废处理。

(8) 永久性拉细、扭曲、死弯且不能做热校直的。

(六) 抽油杆修复的监督要点

(1) 由施工现场回收的旧抽油杆，要按照规格和损坏程度进行分类。

(2) 在旧抽油杆修复过程中，严格执行 SY/T5551—92《旧抽油杆检测与修复技术条件》，确保旧抽油杆的修复质量。

(3) 严格按照 SY/T5551-92《旧抽油杆检测与修复技术条件》，对修复抽油杆进行标志、运输和储存。

二、空心抽油杆

空心抽油杆按其性能分为 C 级、D 级两种。连接方式有接箍连接(J)，直接连接(Z)。按杆体外径分为 32mm，34mm，35mm，36mm，38mm，42mm 六种。

(1) 空心抽油杆型号表示方法如下：

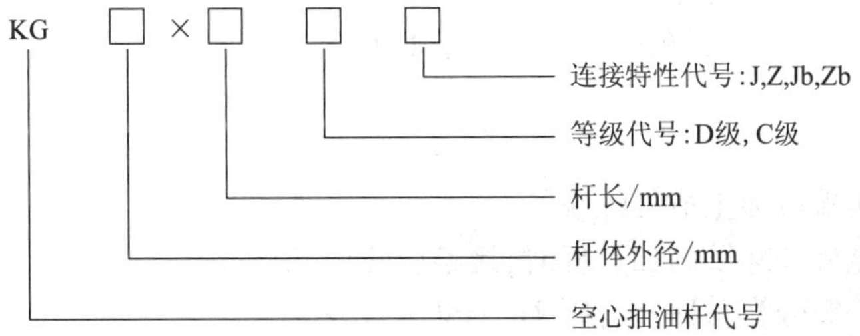

示例:杆体外径 32mm,长度 8000mm,D 级直接连接的空心抽油杆的型号为:KG32×8000DZ

(2) 空心抽油杆接箍型号表示方法如下:

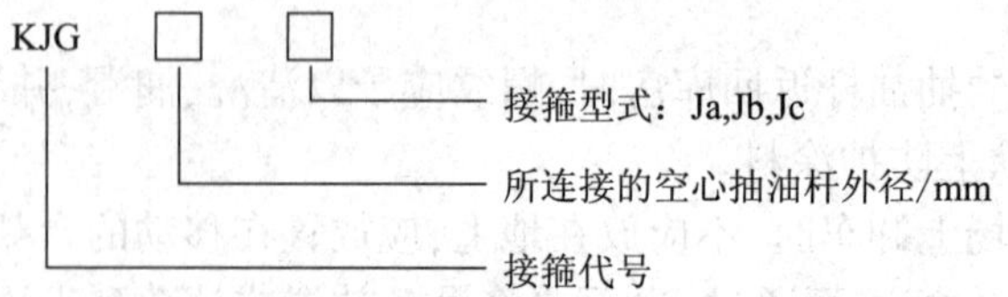

示例:所连接的空心抽油杆外径为 32mm 的 Ja 型空心抽油杆接箍型号为:KJG32Ja

(3)空心光杆型号编制方法如下:

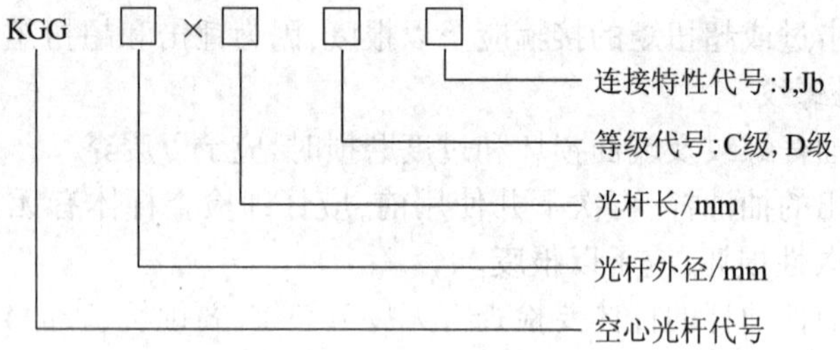

C 级和 D 级空心抽油杆、空心光杆的力学性能如表 2-9-17 所示。

表 2-9-17　C 级和 D 级空心抽油杆、空心光杆的力学性能

等级	屈服点/MPa	抗拉强度/MPa	伸长率/%	断面收缩率/%
C	≥412	620~793	≥13	≥50
D	≥620	793~965	≥10	≥48

(4) 空心抽油杆接箍硬度为 HRC16~23。

(5) 空心抽油杆(及空心光杆)杆体圆柱度不得大于 0.25mm,杆体全长任意 1000mm 内的直线度对于空心抽油杆不大于 2mm,对于空心光杆不大于 1.5mm。

(6) 空心抽油杆杆体任何纵向部位不得有大于 0.5mm 深、5mm 长的裂纹、折叠、沟槽、夹渣等。

(7) 空心抽油杆杆体任何横向部位不得有裂纹,不得有大于 0.3mm 深、直径为 5mm 的凹坑。

(8) 空心抽油杆端部镦粗接头的技术要求应符合 SY/T5029—1995 中的规定。

(9) 空心抽油杆杆体与接头如为焊接连接时,其焊口处的内、外飞边不得高出 0.3mm,并且应去毛刺,管内不许有残余物(如铁屑、铁环),焊接区的机械性能应符合对空心抽油杆杆体所规定的各项性能指标。

(10) 空心抽油杆宜进行表面喷丸处理。

(11) 空心抽油杆螺纹应进行滚、挤压加工。

(12) 空心光杆杆体表面粗糙度不得大于 Ra6.3。

三、加重杆

(1) 加重杆两端应加工成外螺纹。

(2) 使用带光杆外螺纹的加重杆时,接箍应使用光杆接箍。

(3) 加重杆等级分为:第一级:碳钢(AISI 10××)

第二级：合金钢（制造厂自行选择）

（4）加重杆的力学性能见表 2-9-18。

表 2-9-18　加重杆的力学性能

等　级	最小抗拉强度	
	MPa	psi
1	448	（65000）
2	620	（90000）

（5）标记：

制造厂应在加重杆的一端或两端或距端面 5m 的外径上或任选的缩径上永久的标记如下内容：

①生产厂家或商标。

②等级。

③标记代号：该代号应用于查询生产日期、钢的等级、炉号、冶金处理记录，这些记录从生产之日起保存 5 年以备需方查询，制造日期的标识代号如下：

a. 生产月份以阿拉伯数字 1～12 表示，1 月用 1 表示。

b. 生产年份由后两位数字表示。

四、连续抽油杆

与普通抽油杆相比，连续杆具有优越的使用性能：降低抽油杆失效频率，减少抽油杆与油管的磨损，降低抽油杆的工作应力，提高油井产量。

（一）碳纤维复合材料连续抽油杆

（1）碳纤维复合材料连续抽油杆型号编制方法如下：

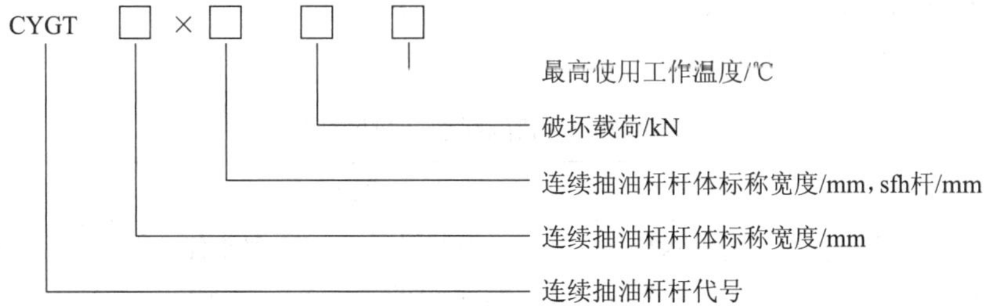

示例：尺寸宽 32mm、厚 4. 2mm、破坏载荷 240kN、最高使用温度 90℃ 的碳纤维复合材料连续抽油杆，规格表示为：GYGT32×4. 2-240-90。

（2）规格尺寸：

碳纤维复合材料连续抽油杆规格尺寸应符合表 2-9-19 的规定。

（3）碳纤维复合材料连续抽油杆杆体的密度为 1. 50～1. 65cm^3.

（4）碳纤维复合材料连续抽油杆杆体的最高使用工作温度分别为 90℃，120℃，150℃三个。

（5）碳纤维复合材料连续抽油杆杆体表面应无裂纹，不得出现大于长×宽×深为 100mm ×l0mm×0. 2mm 的凹陷、剥离。

（6）每根碳纤维复合材料连续抽油杆在杆体上和接头上应有明显标识。标识时应采用一种不破坏碳纤维复合材料连续抽油杆性能的标识方法。在正常装卸和安装中标识应

表 2-9-19　碳纤维复合材料连续抽油杆规格尺寸

规　格	杆　体			金属端接头		
	宽度 *b*/mm	厚度 *d*/mm	连续长度/m	D^a/mm	M^b/mm	其他尺寸
GYGT30×3-160-□	30±0. 5	30±0. 5	>600	46. 13	26. 9	符合 SY/T5029-1995
GYGT32×4. 2-240-□	30±0. 5[8]	30±0. 5	>800	46. 13	30. 2	
GYGT35×5-300-□	30±0. 5	30±0. 5	>1500	55. 73	34. 9	

a. 尺寸 *D* 为金属端接头最大外形尺寸,其具体结构由生产厂家自行确定; b. *M* 为螺纹公称直径。

保持清晰。标识应包括下列内容:

① 生产厂家名称和商标。

② 产品规格。

③ 产品标准号。

④ 生产日期。

(7) 每一根碳纤维复合材料连续抽油杆杆体为一件,以单列或多列盘卷方式盘绕在有内芯和两侧保护的圆盘上。圆盘上应有固定杆体两端的锁紧和保护装置,最小盘绕半径应大于杆体厚度的 150 倍。金属端接头螺纹应设计螺纹保护丝,所设计的螺纹护丝应能防止外螺纹及接触面的擦伤、碰伤、潮湿和污秽的沉积,并做到不需锤击便可拆下。外包装应有产品标志。包装内应附带产品使用说明书、产品合格证等技术文件。

(8) 运输时,碳纤维复合材料连续抽油杆杆体不得与其他物体碰撞,与其他物体接触时需用软物垫衬,装卸时不得碰撞杆体。金属端接头应用木箱装运,运输过程中不得日晒、雨淋。

(9) 应贮存于通风良好、干燥清洁、达到消防要求的库房内,不得靠近火源、暖气,并按规格分别存放。

(二) 钢质连续抽油杆

(1) 材料的材质及机械性能(表 2-9-20)。

表 2-9-20　材料的材质及机械性能

等　级	材　质	机 械 性 能			
		抗拉强度 σ_s/MPa	屈服强度 σ_s/MPa	最小伸长率 δ/%	硬度/HRC
D	铬钼合金钢	≥793	≥690	≥18	——
H	铬钼合金钢	≥910	≥793	≥15	——
HY	铬钼合金钢	≥980	——	——	表面 HRC≥42

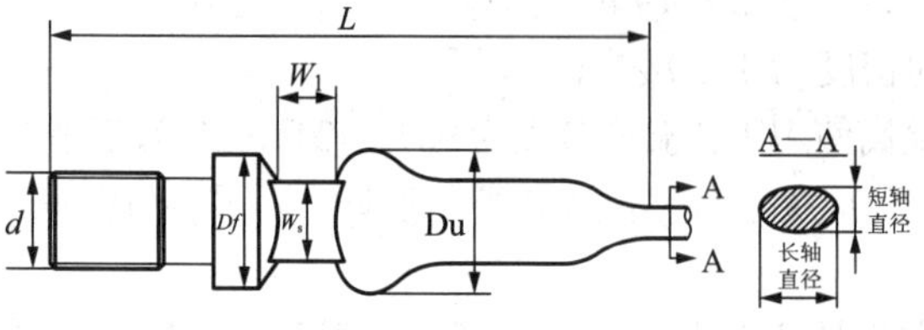

图 2-9-2　连续抽油杆及外螺纹杆端接头结构示意图

(2) 主要尺寸。

① 连续抽油杆及杆端外螺纹接头应按表 2-9-21 中列出的规格和长度(连续抽油杆的长度由井深和使用条件决定)供货。其结构如图 2-9-2 所示。

② 杆端外螺纹应符合 SY/T5029—1995 第 5 章的要求。

表 2-9-21　连续抽油杆及外螺纹杆端接头的主要尺寸和公差

杆体代号	杆体规格/mm	短轴直径±0.5/mm	长轴直径±0.5/mm	横截面积/mm^2	质量±0.25/(kg/m)	杆端外螺纹 d/mm	杆端接头长度 L±100/mm	螺纹台肩外径 $Df^{+0.13}_{-0.25}$/mm	扳手方颈长度 $W1$/mm	扳手方宽度 Ws ±0.8/mm	镦粗凸缘直径 $Du^{+0.13}_{-3.17}$/mm
LG2	19.1	15.2	22.1	≥285	2.24	30.2	≥500	41.3	31.8	25.4	35.7
LG3	20.6	16.5	23.9	≥33	2.63	30.2	≥500	41.3	31.8	25.4	35.7
LG4	22.2	17.8	25.5	≥388	3.05	30.2	≥500	41.3	31.8	25.4	35.7
LG5	23.8	18.5	28.3	≥445	3.50	30.2	≥500	41.3	31.8	25.4	35.7
LG6	25.4	18.8	32.0	≥507	3.98	34.9	≥500	50.8	38.1	33.3	$48.4^{+0.13}_{-4.76}$
LG7	27.0	18.9	36.3	≥572	4.49	34.9	≥500	50.8	38.1	33.3	$48.4^{+0.13}_{-4.76}$
LG8	28.6	18.9	39.9	≥642	5.02	34.9	≥500	50.8	38.1	33.3	$48.4^{+0.13}_{-4.76}$
LG19	19.1	19.1	19.1	≥285	2.24	30.2	≥500	41.3	31.8	25.4	35.7
LG20	20.6	20.6	20.6	≥334	2.63	30.2	≥500	41.3	31.8	25.4	35.7
LG22	22.2	22.2	22.2	≥388	3.05	30.2	≥500	41.3	31.8	25.4	35.7
LG23	23.0	23.0	23.0	≥415/	3.26	30.2	≥500	41.3	31.8	25.4	35.7
LG25	25.4	25.4	25.4	≥507	3.98	34.9	≥500	50.8	38.1	33.3	$48.4^{+0.13}_{-4.76}$
LG28	28.0	28.0	28.0	≥615	4.83	34.9	≥500	50.8	38.1	33.3	$48.4^{+0.13}_{-4.76}$
LG30	30.0	30.0	30.0	≥706	5.30	34.9	≥500	50.8	38.1	33.3	$48.4^{+0.13}_{-4.76}$
LG32	32.0	32.0	32.0	≥803	6.31	34.9	≥500	50.8	38.1	33.3	$48.4^{+0.13}_{-4.76}$

(3) 对生产的连续抽油杆及外螺纹杆端接头,制造厂家按下述规定打上标记。

① 连续抽油杆应在一端,打上制造厂家的企业代号、出厂编号、等级。

② 在连续抽油杆运输盘上,设置产品标牌。产品标牌应符合 GB/T13306 产品铭牌的规定。标牌内容包括:产品名称、规格、等级、长度、生产批号、净质量、制造厂名。

(4) 符合产品技术要求的合格产品,应缠绕在连续抽油杆专用运输盘上,并用专用铁丝将两端捆拴牢靠,涂防锈剂后,放置于料场上。

(5) 包装完好的产品,应使用专用的运输拖车或拖盘,做好超高、超宽标记,并在指挥车指挥下,运输到目的地。

五、抽油杆全过程管理监督要点

(1) 根据建设方计划对新进抽油杆进行验收检查,监督新进抽油杆必须有生产日期、出厂合格证、质量检验报告等,产品规格型号、数量、生产厂家、质量标准等必须符合要求。

(2) 监督所有抽油杆的发放、回收的验收签认。对发放抽油杆的规格型号、数量、质量标准等必须符合方案或设计要求;对回收的抽油杆必须作出质量跟踪描述并按实际数量进行签认。

(3) 监督抽油杆的存放必须按标准进行分类存放管理。

(4) 对修复、清洗、报废的抽油杆的质量进行监督管理。监督确认抽油杆的清洗、修复、报废的数量及质量。

(5) 协调配合对有质量问题的抽油杆的解剖、鉴定工作。根据上级有关部门的安排及时协调对抽油杆进行质量鉴定,并负责上报质量鉴定报告。

(6) 负责定期对抽油杆盘库,统计上报各种报表,负责对抽油杆盘库中出现的问题查找分析原因。

六、作业现场抽油杆监督要点

(1) 抽油杆入井使用前,供方应提供三证,即:合格证、质检证、入网证,并由现场监督人员对其进行现场确认后填写现场质量监督卡。

(2) 对现场需要使用的抽油杆经监督人员目测或现场简易测试后,认为存在不合格品,应向上级有关部门尽快反映。

(3) 在作业井施工过程中,作业监督员负责对下入抽油杆的数量清点、规格型号落实,保证下井抽油杆清洁完好,无弯曲变形、腐蚀、缩径、穿孔、丝扣损坏,结箍无严重偏磨,对更换抽油杆数量签字认可。

(4) 下井抽油杆的直径组合、钢级符合设计要求。

(5) 抽油杆架横梁不少于四道,抽油杆离地高度不少于 0.5m。抽油杆用专用支架支撑,平整牢固,每十根一组,排放整齐;抽油杆上不得堆放重物和人员行走。

(6) 记录起出抽油杆的数量、类型,检查起出抽油杆管身有无腐蚀、磨损、破裂、弯曲等问题,丝扣部位磨损情况,有问题的抽油杆提出更换。

(7) 抽油杆下井前,清洗干净,涂螺纹密封脂,抽油杆长度要丈量三次,累计误差每 1000m 应小于 0.2m,按设计核准后方可进行下杆作业;空心抽油杆安装密封圈,相关要求符合 SY/T5550-1998 的规定。

(8) 抽油杆记录准确、清晰,符合资料录取标准。

(9) 作业现场施工过程中或完井后需要回收的抽油杆,作业监督员清点后出具抽油杆回收单,并经回收单位和施工队双方签认 。

第三节 抽 油 泵

抽油泵是有杆泵抽油系统中的主要设备,作业时安装在下井油管柱的下部,沉没在井液中,通过抽油机、抽油杆传递的动力直接进行油井内液体的抽汲。

由于抽油泵抽汲的液体中含有砂、蜡、气、水及腐蚀性物质,又在数百米到上千米的井下工作,有的井泵内压力高达 20MPa 以上,所以它的工作环境复杂,条件恶劣,而泵工作的好坏又直接影响到油井产量,因此抽油泵一般应满足下列要求:

(1) 结构简单,强度高,质量好,连接部分密封可靠。

(2) 制造材料耐磨和抗腐蚀性好,使用寿命强。

(3) 规格类型能满足油井排液量的需要,适应性强。

(4) 便于起下。

(5) 在结构上应考虑防砂、防气,并带有必要的辅助设备。

按抽油泵在油管中的固定方式,抽油泵可分为管式泵和杆式泵两大类:

- 抽油泵
  - 管式泵
    - 组合式泵筒泵
    - 整体泵筒泵
      - 厚壁泵筒泵
      - 薄壁泵筒泵
  - 杆式泵
    - 定筒式泵
      - 厚壁筒泵
        - 顶部固定泵
        - 底部固定泵
      - 薄壁筒泵
        - 顶部固定泵
        - 底部固定泵
      - 组合筒泵
        - 顶部固定泵
        - 底部固定泵
    - 动筒式泵（底部固定式）
      - 厚壁筒泵
      - 薄壁筒泵
      - 组合筒泵

一、常规抽油泵

（一）结构

抽油泵主要由工作筒、柱塞、游动阀及固定阀组成（见图 2-9-3）。

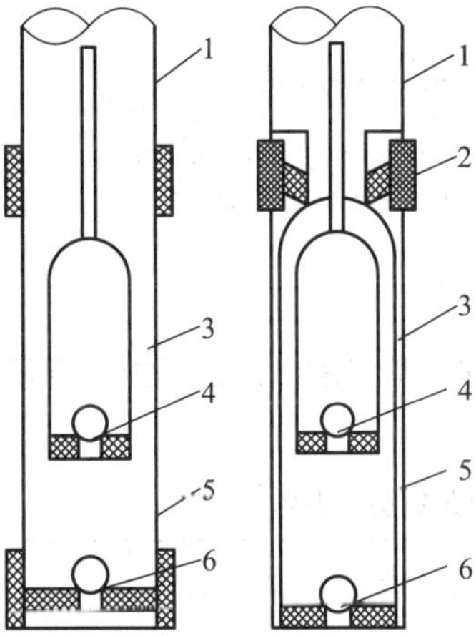

(a) 管式泵　(b) 杆式泵

图 2-9-3-A　抽油泵示意图

1—油管；2—锁紧卡；3—柱塞；4—游动阀；5—工作筒；6—固定阀

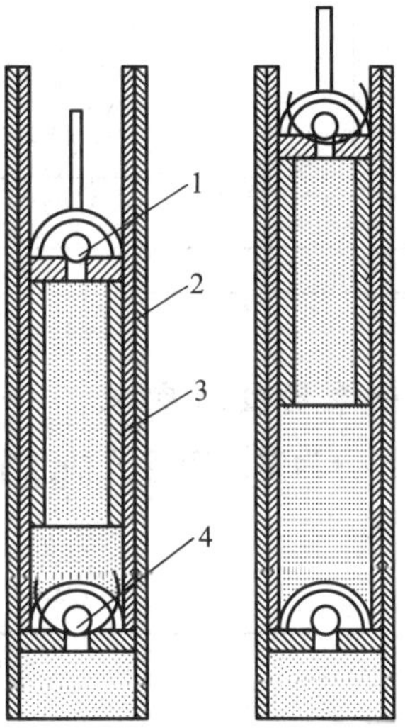

(a) 上冲程　(b) 下冲程

图 2-9-3-B　泵的工作原理图

1—排出阀；2—活塞；3—衬套；4—吸入阀

（二）工作原理

抽汲过程中，柱塞在泵筒内随抽油杆的运动做上、下往复运动。上冲程时，游动凡尔受油管内液柱压力作用而关闭，柱塞以下泵腔内压力降低，在沉没压力作用下，固定凡尔被打开，井液进入泵腔；下冲程时，固定凡尔关闭，游动凡尔打开，泵腔内液体排到柱塞以上。

（三）泵的理论排量

泵的工作过程是由三个基本环节组成，即柱塞在泵内让出容积，井内液体进泵和从泵内排出井内液体。在理想情况下，活塞上、下一次进入和排出的液体体积等于柱塞让出的体积 V：

$$V=f_{p}S$$

式中　f_p——柱塞截面积，m^2，$f_p=\pi d^2/4$；

　　　d——泵径，m；

　　　S——光杆冲程。

每日排量：

$$Q=1440f_pSN$$

式中　Q——泵的理论排量，m^3/d；

　　　N——冲次，1/min。

（四）抽油泵规格代号及其表示方法

抽油泵的型号表示方法如下：

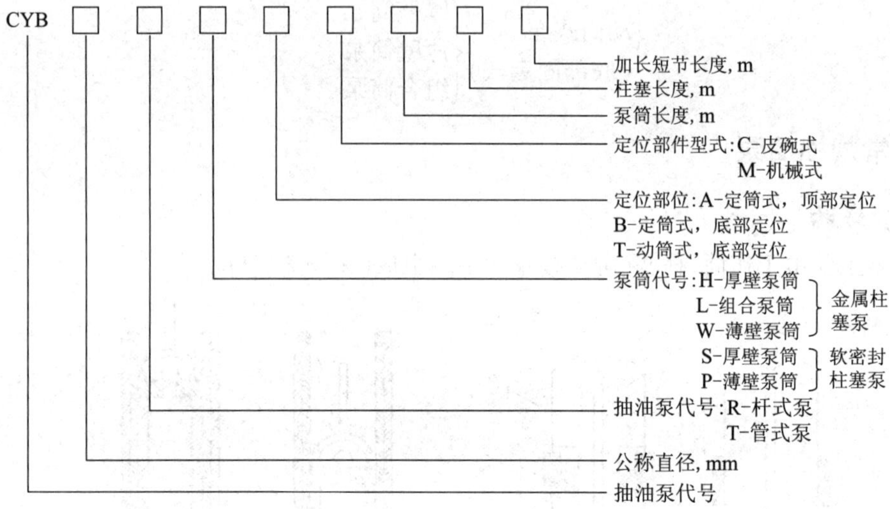

（五）抽油泵的技术要求

管式抽油泵分为整泵筒管式抽油泵和组合泵筒管式抽油泵，其型式与基本参数应符合表 2-9-22 的规定。

表 2-9-22　管式抽油泵的基本参数

基本型式	公称直径/mm		柱塞长度系列/m	加长短节长度/m	连接油管外径/mm	冲程长度范围/m	泵常数	连接抽油杆直径/mm
	Ⅰ系列	Ⅱ系列						
管式泵	32	31.8	0.6 0.9 1.2 1.5	0.3 0.6 0.9	60.3 73.0	0.6~6	1.140	16
	38	38.1			60.3 73.0	0.6~6	1.642	16
	44	44.5 45.2			60.3 73.0	0.6~6	2.235	16
管式泵	56	57.2			73.0	0.6~6	3.694	19
	70	69.9			88.9	0.6~6	5.518	22
	83	82.6			101.6	1.2~6	7.707	22
	95	95.3			114.3	1.2~6	10.261	25

注 1：Ⅰ系列为公制系列，Ⅱ系列为英制换算成公制系列。

注 2：泵常数供选泵时计算日产量用，方法为：泵常数乘以冲程和冲次。

1. 密封性能试验

抽油泵组装后，对泵筒、各接头、吸入阀组件各密封面和油管螺纹进行密封性能试验，密封性能分等指标见表 2-9-23。

表 2-9-23　抽油泵密封性能指标

泵标称直径/mm	试验压力/MPa	稳压 3min 后的压降/MPa		
		合格品	一等品	优等品
32	30	≤0.5	≤0.4	≤0.3
38	28			
44	23			
56	18			
70	16			
83	12			
95	12			

2. 间隙漏失量试验

经密封性能试验合格的抽油泵，泵筒内放入选配好的柱塞。一端接上试压接头，另一端接上带孔的定位接头，泵筒长度大于 3m 时，分上、下两部位分别进行测试；泵筒长度小于 3m 时，只测下部漏失量。各级间隙最大漏失量分等指标见表 2-9-24。

表 2-9-24　抽油泵间隙漏失量分等指标

公称直径/mm	试验压力/MPa	整筒泵间隙代号					组合泵间隙代号		
		1	2	3	4	5	1	2	3
		最大漏失量/(mL/min)							
32	10	200	420	760	1255	1920	100	500	1420
38		235	495	905	1490	2280	120	595	1690
44		270	575	1050	1725	2640	140	690	1955
56		350	730	1335	2200	3370	175	875	2490
70	10	550	1170	2140	3530	5420	280	1410	4010
83		650	1390	2540	4190	6420	330	1670	4750
95		750	1590	2910	4790	7350	380	1910	5440

3. 主要零件质量要求

(1) 整筒泵金属柱塞与泵筒的配合间隙分五种，见表 2-9-25。

表 2-9-25　整筒泵金属柱塞与泵筒的配合间隙　　单位:mm

间隙代号	泵筒内径及其极限偏差	金属柱塞			泵筒与金属柱塞配合间隙范围
		直 径	尺寸分档	极限偏差	
1	$D^{0}_{+0.013}$	d-0.025	1	+0.0500	0.025~0.088
2		d-0.050	2		0.050~0.113
3		d-0.075	3		0.075~0.138
4		d-0.100	4		0.100~0.163
5		d-0.125	5		0.125~0.188

(2) 组合泵金属柱塞与衬套间的配合间隙分为三种,见表 2-9-26。

表 2-9-26　组合泵金属柱塞与衬套间的配合间隙　　单位:mm

间隙代号	1	2	3
衬套与金属柱塞配合间隙范围	0.02~0.07	>0.07~0.12	>0.12~0.17

(3) 泵筒和衬套质量要求。

整筒泵的泵筒内孔表面和组合泵的衬套内孔表面渗(镀)层厚度、硬度及其基本心部硬度应符合表 2-9-27 的规定。其中镀铬泵筒、化学镀镍衬套,其镀层与基体金属结合牢固,不得有起泡、麻点、起皮或剥落等缺陷。

表 2-9-27

表面处理形式	检验项目		
	表面状态		心部硬度
	处理厚度/mm	硬　度	
渗碳和碳氧共渗	≥0.25	HRC58~66	HB207-240
镀　铬	≥0.08	HRC66~72	
	≥0.15 加厚		
氮　化	≥0.25	HV856~1037	
化学镀镍	≥0.03	HRC66~69	

(4) 柱塞的质量要求。

金属柱塞表面镀铬、化学镀镍、喷焊层厚度和硬度应符合表 2-9-28 的规定,柱塞镀层(喷焊)应与基体金属牢固结合,其表面不得有起泡、麻点、起皮或碰伤等缺陷。一般用肉眼观察(或用低倍放大镜观察)。

表 2-9-28　柱塞质量指标

表面处理形式	检验项目		
	表面状态		心部硬度
	处理厚度/mm	硬度	
镀　铬	≥0. 10	≥HRC62	HB207-240
喷　焊	≥0. 25	≥HRC56～62	
化学镀镍	≥0. 08	≥HRC62	

柱塞表面粗糙度 *Ra* 值、表面形状误差应符合表 2-9-29 的规定。

表 2-9-29　柱塞表面粗糙度 *Ra* 值、表面形状误差

检验项目	直径/mm		
	32-44	56-70	83-95
圆度误差	≤7	≤8	≤10
直线度误差/mm	1200：0. 025M		
表面粗糙度 *Ra* 值	≤0. 4		

(5) 阀球、阀座的质量要求。

阀球、阀座密封性能试验：真空度抽至 83kPa 保持 3s 不降。阀球、阀座硬度、表面粗糙度、圆度误差应符合表 2-9-30 的规定。

表 2-9-30

零件名称	检验项目		技术要求
阀　球	硬度	6Cr18Mo	HRC58-65
		9Cr18Mo	
	表面粗糙度 *Ra* 值/μm		≤0. 16
	圆度误差/mm	直径<50	≤0. 0015
		直径≥50	≤0. 0020
阀　座	硬度	3Cr13	≥HRC48
		6Cr18Mo	HRC52～56
	两端面表面粗糙度 *Ra* 值/μm		≤0. 8
	与阀球接触面的表面粗糙度 *Ra* 值/μm		≤0. 2

(六) 抽油泵的维修

从井下起出的抽油泵应清除外部油污、结蜡等污物，清除污物时只许用蒸汽或热水刺化，严禁火烤、敲打，然后置于专用支架上，不准随地乱放。将泵拆成泵筒、柱塞、固定阀等部件，拆卸解体时，应采用防止零部件损坏的专用工具进行拆卸。将拆下的零部件用煤油(或柴油)清洗，并用纱布擦干净，并目测检查柱塞、衬套或泵筒的拉伤、腐蚀、磨损等情况。整筒泵的泵筒若有明显拉伤、孔洞或铬层脱落则报废。组合泵的衬套有明显拉伤、孔洞时，应将衬套全部取出或更换,其极限偏差应符合表 2-9-31 的规定,当不符合时应进行修复,修复后衬套内孔表面硬度和粗糙度应符合表 2-9-32 规定。

表 2-9-31　组合泵的极限偏差　　单位:mm

长　度	内　径	内径圆度	端面圆跳动
±0.25	+0.030	0.005	0.01

表 2-9-32　衬套四孔表面硬度和粗糙度

表面处理方法	渗(镀)层厚度/mm	表面硬度/HRC	粗糙度(*Ra*)/μm
镀　铬	≥0.080 或≥0.150 加厚	66~72	≤0.4
渗碳和碳氧共渗	≥0.250	58~66	
氮　化	≥0.250	HV856~1037	

对柱塞的修复:柱塞镀铬层脱落、拉伤宽度不得大于 1mm,深度不得大于 0.3mm,应符合表 2-9-33 的规定。对阀球、阀座必须在 3~5mm 厚的胶皮上,用 380~500 号研磨砂采用"8"字型研磨法研磨。

修复后的整筒泵柱塞与泵筒配合间隙见表 2-9-25,组合泵衬套与柱塞配合间隙见表 2-9-26。泵的密封性能试验及漏失量测试参考表 2-9-23 及表 2-9-24。试验和检验合格后,应在泵筒内壁和柱塞外面及两端螺纹涂以防锈油,将柱塞放入泵筒,再旋上防护帽。

表 2-9-33　柱塞修复标准　　单位:mm

间隙代号		1	2	3
柱塞直径 极限偏差		-0.02 -0.04	-0.07 -0.09	-0.12 -0.14
柱塞形状公差	圆度⌒	0.005		
	直线度—	0.02(全长)		

每台维修好的泵必须有检验人员签发的合格证才能交用户使用。合格证内容包括:(1)产品名称及型号;(2)抽油泵公称直径;(3)间隙代号;(4)维修单位;(5)维修编号及年月;(6)检验人员签字。

(七) 抽油泵的标志、运输和贮存

1. 标志

在抽油泵上部接箍外表面上应打上下列内容的钢印标志:

(1) 制造厂厂标;(2) 抽油泵公称直径;(3) 生产日期;(4) 工艺特征代号。

在每台抽油泵外壳表面应有出厂标牌,标牌应标明下列内容:

(1) 制造厂商标或厂名;(2) 抽油泵代号及公称直径;(3) 制造年月。

2. 运输

(1) 起吊、装卸有包装的抽油泵时,要小心谨慎,慢起慢放,起吊平稳。泵筒长度大于 5m 者,严防碰撞、摔落。

(2) 禁止组合泵筒、薄壁整筒泵和厚壁整筒泵混装在同一箱内。

(3) 拉运抽油泵时,严防因碰撞、摔落所造成的泵体弯曲、凹痕或其他机械损伤。当泵与其他设备在一起运输时,应使用专用设施或板条装箱,以防受损。

(4) 油田现场拉运没有包装箱的抽油泵时,一定把泵牢牢固紧在专用支架上,并适当加垫支撑;泵筒长度大于5m者,其支撑点不应少于三处,并均布。拉运较长泵时,泵体长出车槽尾部不得大于1m。在场工作人员肩抬抽油泵时,必须小心谨慎,轻搬轻放。

3. 贮存

(1) 抽油泵一定要存放于干燥、洁净、通风的库房,严禁在室外长期放置。

(2) 抽油泵库内平放时,要设专用支架单层排放,并按规格、类型、长短划分。要求支垫不少于两处,泵筒长度大于5m者,支垫不少于3处,以免泵筒变形。

(3) 库存未用过的抽油泵必须保持原出厂时包封、防锈与外观。经修复过的旧泵,应有防锈措施,做好入库编号登记。

(八) 监督要点

1. 抽油泵全过程管理监督要点

(1) 根据建设方计划对新进抽油泵进行验收检查,监督新进抽油泵必须有生产日期、出厂合格证、质量检验报告等,产品规格型号、数量、生产厂家、质量标准等必须符合要求。

(2) 监督所有抽油泵的发放、回收的验收签认。对发放抽油泵的规格型号、数量、质量标准等必须符合方案或设计要求;对回收的抽油泵必须作出质量跟踪描述并按实际数量进行签认。

(3) 监督抽油泵的存放必须按标准进行分类存放管理。

(4) 对修复、报废的抽油泵的质量进行监督管理。监督确认抽油泵的修复、报废的数量及质量。

(5) 协调配合对有质量问题的抽油泵的解剖、鉴定工作。根据上级有关部门的安排及时协调对抽油泵进行质量鉴定,并负责上报质量鉴定报告。

(6) 监督抽油泵盘库,统计上报各种报表,负责对抽油泵盘库中出现的问题并查找分析原因。

2. 抽油泵下井前的监督要点

(1) 下井前必须检查泵上的出场标记、规格、冲程等,确定与应下井的抽油泵相符。

(2) 验证产品出场合格证或检验合格证。

(3) 按照上扣扭距要求,拧紧各螺纹连接处。

(4) 按照抽油泵的试验项目逐一进行试验,并做好记录。

(5) 按照运输要求将抽油泵运到现场。

3. 抽油泵施工现场监督要点

(1) 抽油泵内外及各部零件保持清洁。

(2) 泵筒无弯曲,螺纹无损伤,各部螺纹连接牢固。

(3) 与活塞出油阀连接的拉杆螺纹上紧并锁紧两端螺帽。

(4) 衬套与活塞在工作筒内拉动轻快均匀,转动灵活,无阻滞现象。

(5) 按照试压标准试压合格,有记录,有合格标志。

(6) 杆式泵的内工作筒顺利通过卡圈和扶正接箍;卡圈与止环配合严密不漏;卡簧变

形不大于1.0mm。

二、螺杆泵

螺杆泵作为一种机械采油设备，具有其他抽油设备所不能替代的优越性，它主要适用于稠油、含砂、高含气井的开采，具有体积小、安装方便、无污染、能耗低等易于推广的重要特征。近几年来随着高黏度原油的开采和三次采油的发展，螺杆泵采油得到了较大规模的应用。

（一）螺杆泵采油系统组成

螺杆泵采油系统按不同驱动方式可分为地面驱动和井下驱动两大类。地面驱动螺杆泵主要有皮带传动和直接传动两种型式。井下驱动螺杆泵可分为电驱动和液压驱动两种形式，目前油田常用的是地面驱动井下单螺杆泵采油系统。下面以地面驱动井下单螺杆泵采油系统为例介绍其组成。

地面驱动井下单螺杆泵主要由电控部分、地面驱动部分、井下螺杆泵、配套工具等四部分组成，如图2-9-4所示。

（二）螺杆泵各组成部分结构功能

1. 电控部分

电控箱是螺杆泵井的控制部分，控制电机的启、停。该装置能自动显示、记录螺杆泵井正常生产时的电流、累计运行时间等，有过载、欠载自动保护功能，确保生产井正常生产。

2. 地面驱动部分

地面驱动装置是螺杆泵采油系统的主要地面设备，是把动力传递给井下泵转子，使转子实现自转和公转，实现抽汲原油的机械装置。从变速形式上分，有无级调速和分级调速。机械传动的驱动装置主要由以下几部分组成。

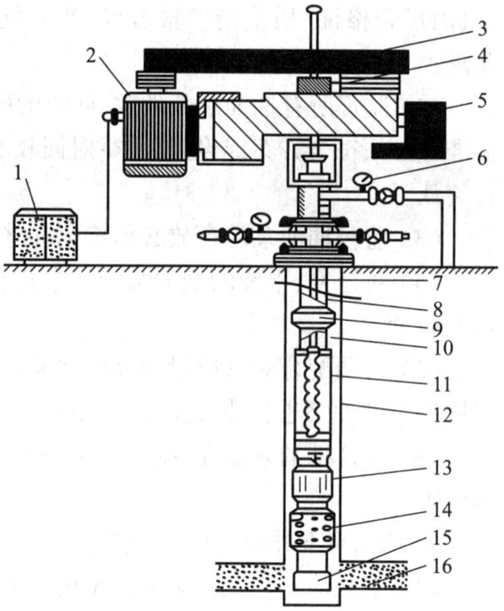

图2-9-4　地面驱动螺杆泵采油系统示意图

1—电控箱；2—电动机；3—皮带；4—方卡子；5—平衡块；6—压力表；7—抽油杆；8—油管；9—扶正器；10—动液面；11—螺杆泵；12—套管；13—防转锚；14—筛管；15—丝堵；16—油层

（1）减速箱。主要作用是传递动力并实现一级减速。它将电机的动力由输入轴通过齿轮传递到输出轴，输出轴连接光杆，由光杆通过抽油杆将动力传递到井下螺杆泵转子。减速箱除了具有传递动力的作用外，还将抽油杆的轴向负荷传递到采油树上。

（2）电动机。它是螺杆泵井的动力源，将电能转化为机械能，一般用防爆型三相异步电动机。

（3）密封盒。主要作用是防止井液流出，起密封井口的目的。

（4）方卡子。主要作用是将减速箱输出轴与光杆连接起来。

3. 井下螺杆泵

井下螺杆泵主要由定子和转子组成。转子是通过精加工,表面经过处理的高强度螺杆。定子就是泵筒,是由一种坚固、耐油、抗腐蚀的合成橡胶精磨成型。

其工作原理是:螺杆泵是靠空腔排油,即转子与定子间形成的一个个互不连通的封闭腔室,当转子转动时,封闭空腔轴线方向由吸入端向排出端方向运移。封闭腔在排出端消失,空腔内的原油也就随之由吸入端均匀地挤到排出端。同时,又在吸入端重新形成新的低压空腔将原油吸入。这样,封闭空腔不断地形成、运移和消失,原油不断地充满、挤出和排出,从而把井中的原油不断地吸入,通过油管举升到井口。

4. 配套工具部分

(1) 专用井口:简化了采油树,使用、维修、保养方便,同时增加了井口强度,减小了地面驱动装置的振动,起到保护光杆和换密封盒时密封井口的作用。

(2) 特殊光杆:强度大,防断裂,光洁度高,有利于井口密封。

(3) 抽油杆扶正器:避免或减缓抽油杆与油管的磨损。

(4) 油管扶正器减少油管柱振动和磨损。

(5) 抽油杆防倒转装置:防止抽油杆倒扣。

(6) 油管防脱装置:固定泵和油管,防止油管脱落。

(7) 防蜡器:延缓原油中石蜡和胶质在油管内壁的沉积速度。

(8) 防抽空装置:地层供液不足会造成螺杆泵损坏。安装井口流量式或压力式抽空保护装置可有效地避免此现象的发生。

(9) 筛管:过滤油层流体。

(三) 螺杆泵型号表示方法及基本参数

1. 型号表示方法

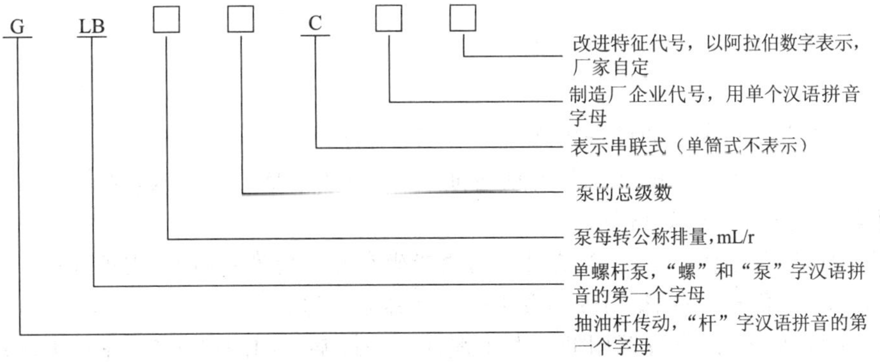

型号表示示例:每转公称排量为120mL/r,总级数为14级,抽油杆传动的单筒式单螺杆抽油泵型号表示为:GLB120-14

2. 基本参数

泵的基本参数应符合表2-9-34的规定。

表 2-9-34　单螺杆泵的基本参数

<table>
<tr><th rowspan="2">泵　号</th><th colspan="9">基 本 参 数</th></tr>
<tr><th>泵每转理论排量/(mL/r)</th><th>泵级数</th><th>泵转子联接抽油杆规格</th><th>泵外径/mm</th><th>泵定子连接螺纹用油管螺纹规格/in</th><th>适用套管直径/mm</th><th>推荐输入转速范围/(r/min)</th><th>泵日流量范围/(m^3/d)</th><th>泵额定工作压力/MPa</th></tr>
<tr><td>GLB28-14</td><td rowspan="3">28</td><td>14</td><td rowspan="6">CYG19</td><td rowspan="3">73</td><td rowspan="9">2⅞TBG
或
3½TBG</td><td rowspan="9">≥114</td><td rowspan="14">50～300</td><td rowspan="3">2～12</td><td>5</td></tr>
<tr><td>GLB28-27</td><td>27</td><td>10</td></tr>
<tr><td>GLB28-40</td><td>40</td><td>15</td></tr>
<tr><td>GLB75-14</td><td rowspan="3">75</td><td>14</td><td rowspan="6">90</td><td rowspan="3">5～32</td><td>5</td></tr>
<tr><td>GLB75-27</td><td>27</td><td>10</td></tr>
<tr><td>GLB75-40</td><td>40</td><td>15</td></tr>
<tr><td>GLB120-14</td><td rowspan="4">120</td><td>14</td><td rowspan="5">CYG22</td><td rowspan="4">8～50</td><td>5</td></tr>
<tr><td>GLB120-27</td><td>27</td><td>10</td></tr>
<tr><td>GLB120-40</td><td>40</td><td>15</td></tr>
<tr><td>GLB120-40C</td><td>40</td><td rowspan="5">102</td><td rowspan="5">3½TBG</td><td rowspan="5">≥140</td><td>15</td></tr>
<tr><td>GLB150-40</td><td>150</td><td>40</td><td>10～64</td><td>15</td></tr>
<tr><td>GLB200-14</td><td rowspan="3">200</td><td>14</td><td rowspan="3">CYG25</td><td rowspan="3">14～86</td><td>5</td></tr>
<tr><td>GLB200-27</td><td>27</td><td>10</td></tr>
<tr><td>GLB200-40</td><td>40</td><td>15</td></tr>
</table>

注:①表中性能参数均为输送 20±4℃,N32 机械油时的值;

②串联式泵的串联节数规定为两节。

(四) 螺杆泵采油系统的特点

1. 主要特点

螺杆泵与其他机械采油设备相比,主要有以下特点。

(1) 节省一次投资。螺杆泵与电动潜油泵、水力活塞泵和游梁式(链条式)抽油机相比,由于其结构简单,所以价格低。

(2) 地面装置结构简单,安装方便。可直接坐在井口套管四通上,占地面积小,除原井口外几乎不另占面积,可以很方便地罩上一个防盗井口房。

(3) 泵效高、节能、管理费用低。由于螺杆泵是螺旋抽油的容积泵,流量无脉动,轴向流动连续,流速稳定。因此,它与游梁式抽油机相比,没有液柱和机械传动的惯性损失。泵容积效率可达 90%,它是现有机械采油设备中能耗最小、效率较高的机种之一。

(4) 适应黏度范围广,可以举升稠油。一般来说,螺杆泵适合于黏度为 8000mPa · s(50℃)以下的各种含原油流体,因此多数稠油井都可应用。

(5) 适应高含砂井。理论上看,螺杆泵可输送含砂量达 80% 的砂浆。在原油含砂量高,最大含砂量达 40%(除砂埋之外)的情况下螺杆泵可正常生产。

(6) 适应高含气井。螺杆泵不会气锁,故较适合于油气混输,但井下泵入口的游离气会占据一定的泵容积。

(7) 适应于海上油田丛式井组和水平井,螺杆泵可下在斜直井段,而且设备占地面积小,因此适合海上油田丛式井组甚至水平井的采油井使用。

(8) 允许井口有较高回压。在保证正常抽油生产情况下,井口回压可控制在 1.5MPa 以内或更高,因此对边远井集输很有利。

(9) 当发动机或电动机停转时,在某些情况下,如砂沉积在泵的上部时,与有杆泵比较,螺杆泵更可能恢复工作。

2. 局限性

虽然螺杆泵采油具有很多优点,但在某些方面也存在一定的缺陷。

(1) 定子最容易损坏,若定子寿命短,则检泵次数多,每次检泵,必须起下管柱,增加了检泵费用。

(2) 泵需要流体润滑,如果泵只靠极低黏度的液体润滑而工作,则泵过热将会引起定子弹性体老化,甚至烧毁。

(3) 定子的橡胶不适合在注蒸汽井应用。

(4) 虽然它操作简单,若操作人员不经适当操作训练,操作不正确,也会造成泵损坏。

(5) 它与有杆泵比较,总压头较小。目前大多数现场应用是在井深 1000m 左右的井。批量生产的泵装置压头都比较低。对高压头泵正在试验,但是,当下泵深度大于 2000m 时,扭距大,杆断脱率较高,使井下作业工作量增大,技术还不过关。

(五) 螺杆泵监督要点

(1) 施工队伍应具有螺杆泵井作业施工资质,有主管部门颁发的市场准入证。

(2) 施工设备、施工人员应满足施工设计和施工项目的要求。

(3) 地面、地下设备及下井工具应有质量检测报告,其质量符合相关产品标准的要求。

(4) 下井管柱结构、螺杆泵型号及工作参数应符合设计要求。

(5) 地面驱动螺杆泵的使用与维护规定,符合 SY/T6084-94《地面驱动螺杆泵抽油泵使用与维护》的规定。

(6) 做好现场监督记录。

(7) 在下泵过程中,油管及所有螺纹经检查必须完好,同时涂螺纹油,上紧扭距符合规定值。

三、潜油电泵

潜油电泵全称为电动潜油离心泵,简称电泵,是将潜油电机和离心泵一起下入油井内液面以下进行抽油的井下举升设备。潜油电泵是井下工作的多级离心泵,同油管一起下入井内,地面电源通过变压器、控制柜和潜油电缆将电能输送给井下潜油电机,使电机带动多级离心泵旋转,将电能转换为机械能,把油井中的井液举升到地面。近些年来,国内外潜油电泵举升技术发展很快,在油田生产中,特别是在高含水期,大部分原油是靠潜油电泵生产出来的。电潜泵在非自喷高产井或高含水井的举升技术中将起重要的作用。

(一) 潜油电泵系统组成及设备装置

图 2-9-5 是一典型的潜油电泵井的系统组成示意图,它主要由三部分组成。

1. 地面部分

地面部分包括变压器、控制柜、接线盒、特殊井口装置等。

2. 中间部分

中间部分主要有油管和电缆。

3. 井下部分

井下部分主要有多级离心泵、油气分离器、潜油电机和保护器。

上述三部分的核心是离心泵、油气分离器、潜油电机、保护器、潜油电缆、变压器、控制柜七大部件。

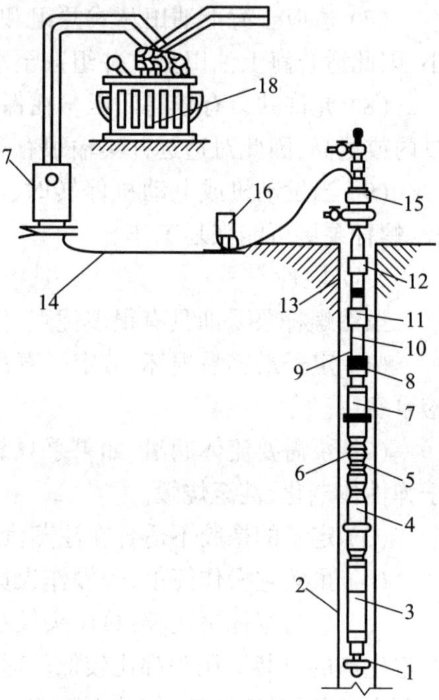

图 2-9-5 潜油电泵井的系统组成

1—扶正器;2—套管;3—电机;4—保护器;5—分离器;6—电缆护罩;7—泵;8—泵头;9—引接电缆;10—油管;11—单流阀;12—泄油阀;13—电力电缆;14—地面电缆;15—井口装置;16—接线盒;17—控制柜;18—变压器

(二)潜油电泵型号表示方法

1. 潜油电泵机组表示方法

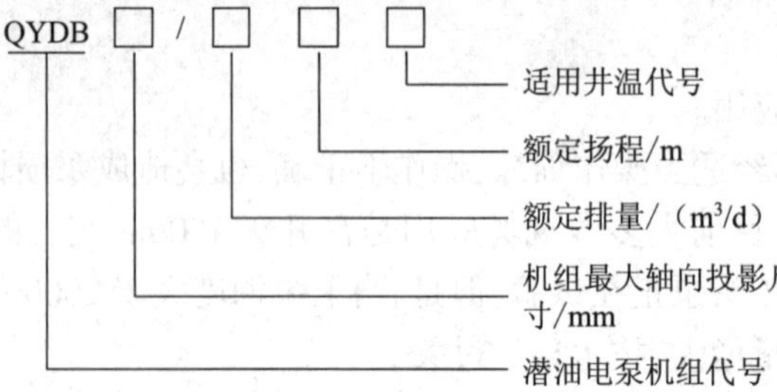

示例:额定扬程 1000mm,额定排量 $200m^3/d$,适用油井温度 120℃的 119mm 潜油电泵机组表示为:QYDB119-200/1000E。

2. 泵型号表示方法

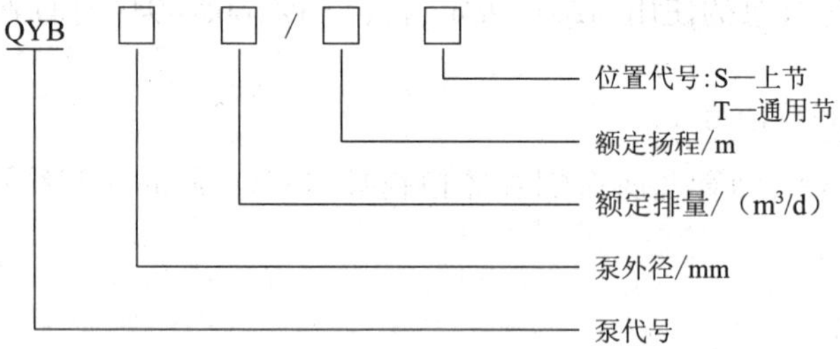

示例:额定排量 500 m^3/d,额定扬程 2000m 的 98mm 通用节泵表示为:QYDB98500/2000T。

(三)基本参数

基本参数符合表 2-9-35 的规定

(四)潜油电泵结构

潜油泵是由多级叶轮组成,为多级串联的离心泵。其转动部分主要有轴、键、叶轮、垫片、轴套和限位卡簧等;固定部分主要有壳体、泵头(即上部接头)、泵座(即下部接头)、导轮和扶正轴承等。相邻两节泵的泵壳用法兰连接,轴用花键套连接。潜油泵结构如图 2-9-6 所示。

表 2-9-35　泵的基本参数

泵系列/mm	额定排量/(m^3/d)	额定扬程/m	泵效/%	额定转速/(r/min)
88	30	根据用户要求	35	2850
	50		42	
	100		49	
	150		52	
	200		44	
95	30	根据用户要求	36	2850
	50		44	
	100		52	
	150		56	
	200		58	
	250		59	
	300		60	
	400		61	
	500		59	
98	30	根据用户要求	38	2850
	50		45	
	100		53	
	150		58	
	200		59	
	250		60	
	300		61	
	400		61	
	500		60	
	600		58	
	700		56	
130	200	根据用户要求	59	2850
	400		63	
	600		65	
	800		64	
	1000		62	
	1200		60	

（五）潜油电泵特点

电动潜油泵与普通离心泵相比，在结构上有以下特点。

（1）受套管内径限制，泵外形呈细长状，直径小，长度大，叶轮、导轮级数多。

（2）垂直悬挂运转，轴向卸载，径向扶正。

（3）泵吸入口装有特殊装置，如油气分离器等。

（4）泵出口上部装有单流阀和泄油阀。

另外，在叶轮上钻有平衡孔，用来减少叶轮的轴向力。导轮止推套外面与叶轮凹槽内面相接触，起到了径向扶正作用。在泵轴两端，装有扶正轴承，限制泵轴和叶轮的径向偏移。

（六）潜油电泵的工作原理

与普通离心泵相同，电机带动泵轴上的叶轮高速旋转时，叶轮内液体的每一质点受离心力作用，从叶轮中心沿叶片间的流道甩向叶轮四周，液体受叶片的作用，压力和速度同时增加，经过导轮流道被引向次一级叶轮，这样逐级流经所有的叶轮和导轮，使液体压能逐次增加，最后获得一定的扬程，从而将井液输送到地面。

（七）油气分离器

1. 型号表示方法

示例：潜油电泵机组用98r/min旋转式油气分离器表示为：QYE98X。

2. 结构及原理

油气分离器安装在泵的液体吸入口处，当混气流体进入多级离心泵之前，先通过分离器，把自由气体分离出来，以防止和减少气体进泵，保护潜油电泵具有良好的工作特性，使多级离心泵能够正常工作。常用的分离器有两种：沉降式分离器和旋转（离心）式分离器。

（1）沉降式油气分离器。它是依据重力原理来进行油气分离的。油气混合物从分离器外壳的进液孔进入分离器后，由于液体的相对密度比气体大得多，当液体流速低于气体向上浮动速度时，气体通过分离器的排气孔进入油套管的环形空间，而液体向下流动通过分离器底部的内腔进液孔进入分离器内腔，并经过底部轮增压产生一个稳定压头，把井液举升到泵的第一级叶轮，从而完成油气分离过程。

沉降式分离器结构比较简单、成本较低，但分离器主要依据流体重力来实现油气分离，分离效率低。根据国外有关资料，沉降式分离器只能分离占油、气、水三相总体积10%的游离气，并且分离效率最高只能达到37%。如果泵吸入口气液比超过10%，这样分离器的分离效果将会大大变差，而使泵的工作特性受到严重影响。从而影响其抽油效率。

（2）旋转式油气分离器。目前常用的有离心式和涡流式两种。其分离效果均比沉降式油气分离器好。离心式分离器结构示意图如图2-9-7所示。

利用离心力分离原理，使气体在近轴区，液体在边缘近壁区，达到气液分离的目的。涡流式分离器利用诱导涡轮原理来分离井液中的气体，如图2-9-8所示。

旋转式分离器的主要优点是依据液体相对密度与天然气相对密度的较大差异所造成离心力差异来达到油气分离的目的，分离效率比较高。根据国外有关资料介绍和现场试验，这种分离器可处理占油、气、水三相总体积30%的游离气，并且分离效率可高达90%以上。能够有效地分离高含气井的气体，提高多级离心泵的效率。

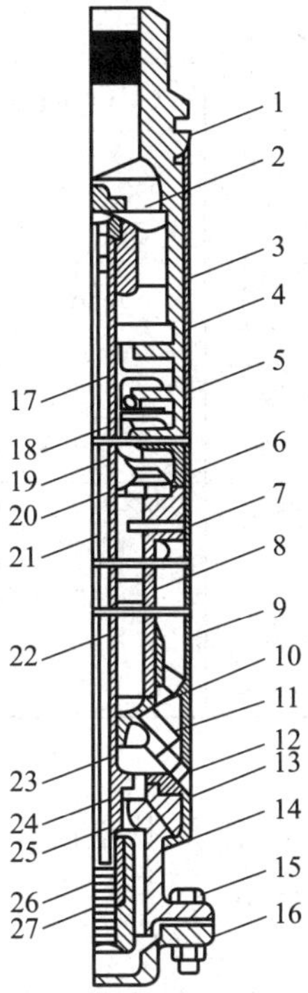

图 2-9-6　电动潜油泵结构示意图

1—泵出口接头;2—轴头压盖;3—上轴承外套;4—导轮;5—胶圈;6—泵壳;7—放气孔;8—交叉流道管;9—分离器壳体;10—诱导轮;11—分离壳;12—分离器叶轮座;13—半圆头丝堵;14-泵下接头;15—六角螺栓;16—泵护帽;17—上止推垫;18—中止推垫;19—叶轮;20—下止推垫;21—键;22—轴;23—分离器叶轮;24—轴承内套;25—卡簧;26—花键套;27—花键套弹簧

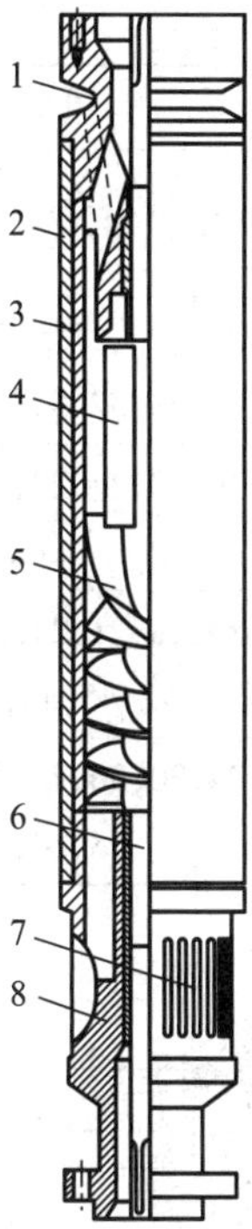

图 2-9-7　离心式分离器结构示意图

1—上接头;2—壳体;3—衬套;4—叶轮;5—诱导轮;6—轴;7—吸入口滤网;8—下接头

(八) 潜油电机

1. 型号表示方法

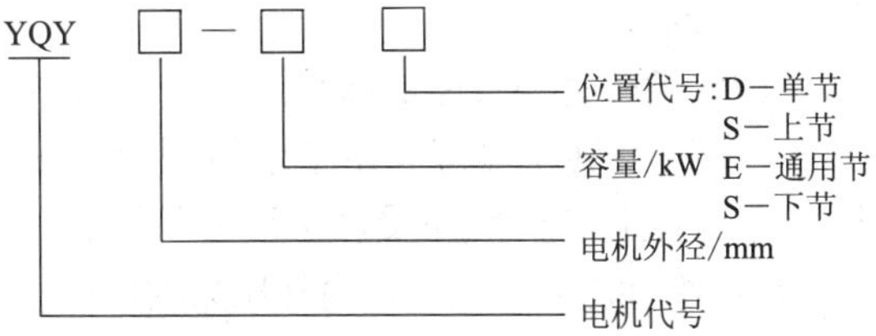

示例:容量 45kW 的 114mm 潜油电机机组用上节电机表示为:YQY1114-45S。

2. 电机基本参数

电机基本参数应符合表 2-9-36 的规定。

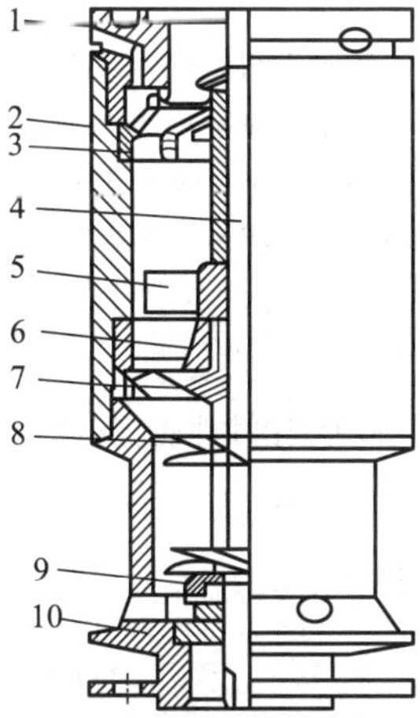

图 2-9-8　涡流式旋转分离器示意图

1—上接头;2—壳体;3—分离壳;4—轴;5—涡轮;6—导流壳;7—叶轮;8—诱导轮;9—防砂帽;10—下接头

表 2-9-36　电机基本参数

电机系列/mm	单节功率/kW	串接功率/kW	转速/(r/min)	效率/%	cosϕ
98	10,12,14,15,16,18,20,22,24,25	由单节电机任意组合,最大功率为 75	2850	66	0.78
107	12.5,15,17.5,20,22.5,25,27.5,30,32.5,35,37.5,50,55	由单节电机任意组合,最大功率为 160		75	0.79
114	16,20,24,28,32,36,40,44,48,52,56,60	由单节电机任意组合,最大功率为 185		77	0.82
(114)	15,18,21,24,27,30,33,36,39,42,45,48,51,54,57,60	由单节电机任意组合,最大功率为 185	2850	77	0.82
138	24,30,36,42,48,54,60,66,72,78,84,90,96,102	由单节电机任意组合,最大功率为 240		80	0.84

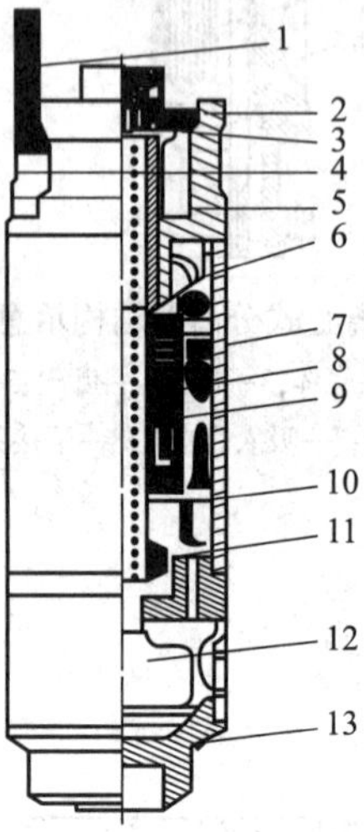

图 2-9-9　潜油电机结构示意图

1—扁电缆;2—止推轴承;3—电机轴;4—电缆头;5—注油阀;6—引线;7—定子;8—转子;9—扶正轴承;10—电机壳体;11—打油叶轮;12—滤网;13—注放油阀

3. 结构

潜油电机主要由定子、转子、扶正轴承、止推轴承及油循环系统组成,如图 2-9-9 所示。

4. 工作原理

潜油电机是三相鼠笼式异步感应电动机,它和其他异步电动机一样,当定子绕组的三相引出线接通三相电源时,在电机内将产生一个转速为 $n_{11}=60\text{r/s}$ 的旋转磁场。其转向取决于电源的相序。由于转子绕组与旋转磁场之间有相对运动,根据电磁感应原理,转子导体中将产生感应电动势。又由于转子绕组是闭合的,且认为是纯阻抗性的电路,则转子导体中将有感应电流通过。因为载流导体在磁场中受到电磁力的作用,由此产生电磁转矩,其方向与旋转磁场的方向一致。当电磁转矩大于轴上的阻力矩时,转子就会沿着旋转磁场的方向转动,此时电机从电源接受的电能转变为机械能输出。

5. 潜油电机的特点

潜油电机外形呈细长型;定子和转子亦分数节,每节定子都固定在电机壳上,转子靠键和定子卡簧固定在轴上;电机为悬挂式,上部有止推轴承,承受转子重力和其他轴向力;电机内充满专用润滑油,起润滑、冷却、增强电机绝缘性能和平衡电机内外压力的作用。

(九) 保护器

1. 型号表示方法

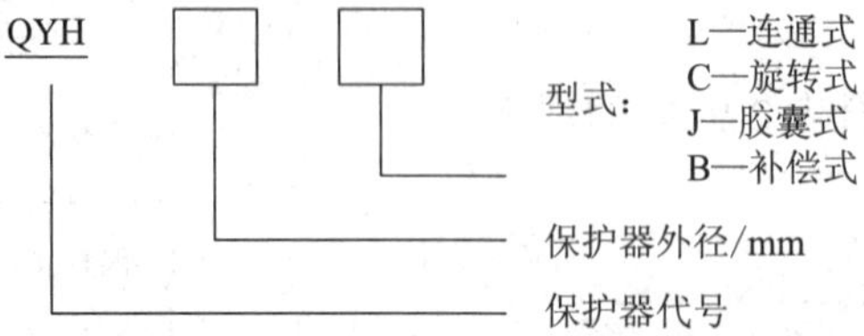

示例:潜油电机机组用 98mm 连通式保护器表示为:QYH98L。

2. 构成及工作原理

目前国内外使用的保护器主要有连通式、沉淀式、胶囊式、补偿式等。

(1) 连通式保护器结构主要由机械密封、内外整体和轴承等零部件组成,如图 2-9-10 所示。工作原理是给保护器内腔注润滑油,外腔注隔离液。隔离液为相对密度 1.8~2.2 的重油,将井液与润滑油隔离开来。保护器内的机械密封,使井液不能进入电机。电机中的润滑油通过保护器连通孔与井液连通,在重油作用下使电机内压力稍高于井筒与电机环形空间压力,并能及时调整平衡。电机下井运行时,温度不断升高,电机保护器内的润滑油和隔离液受热膨胀,一部分重油进入井筒,即保护器的呼出过程。电机停止运行后,温度降低,润滑油和隔离液收缩,井液由连通孔进入保护器,积存于隔离液上方,即保护器吸入过程。保护器内的机械密封,在内外压力基本平衡的状态下工作。

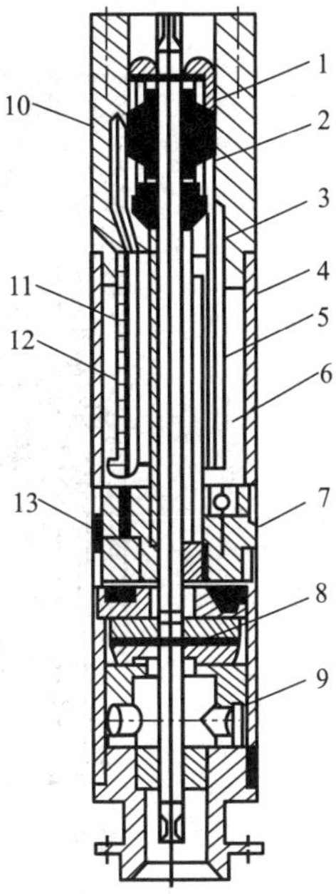

图 2-9-10 连通式保护器

1—单向机械密封;2—双向机械密封;3—放气阀;4—连通孔;5—回油管;6—连通室;7—注油阀;8—轴承;9—过滤器;10—放气阀;11—隔离套;12—供油管;13—放油阀

(2) 沉淀式保护器结构主要由机械密封、沉淀室、补偿管和止推轴承等零部件组成,如图 2-9-11 所示。工作原理是沉淀式保护器全部注电机润滑油,油的相对密度小于1。机组下入油井运行时,电机温度不断升高,电机、保护器中的润滑油受热膨胀,经补偿管上浮进入井筒。此即呼出过程。电机停止运行后,温度降低,润滑油收缩,井液通过补偿管进入沉淀室而沉入底部,此时保护器完成一个呼吸过程。电机继续运行,主要由与其相近的保护器机械密封相对漏失而导致润滑油不断减少,井液不断进入沉淀室,液面相对不断升高,直到没过连通管后进入下一级沉淀室。当所有沉淀室都允满井液时,井液沿连通管进入电机,此时保护器失效。在以上过程中,机械密封将护轴管与轴间缝隙封住,使井液不能由此下行。若第一级机械密封磨损失效,下一级机械密封还可以起作用;当各级机械密封都失效时,井液则通过护轴管与轴的间隙进入电机,此时保护器也失效。

(3) 胶囊式保护器。目前常用的有单胶囊、双胶囊两种,这种保护器下部为沉淀室结构,上部为胶囊,如图 2-9-12 所示。

3. 保护器的作用

保护器是利用井液与电机油密度间的差异,以防止井液进入电机造成短路而烧毁电机的装置。主要有以下作用:

(1) 保护器通过连接外壳和传动轴,把泵和电机连接起来。

(2) 保护器装有止推轴承,以吸收泵轴的轴向推力。

(3) 隔离井液与电机油,同时使井筒—电机的压力保持平衡。

(4) 允许电机运行时温度升高所造成的电机油热膨胀以及停机后电机油的收缩。

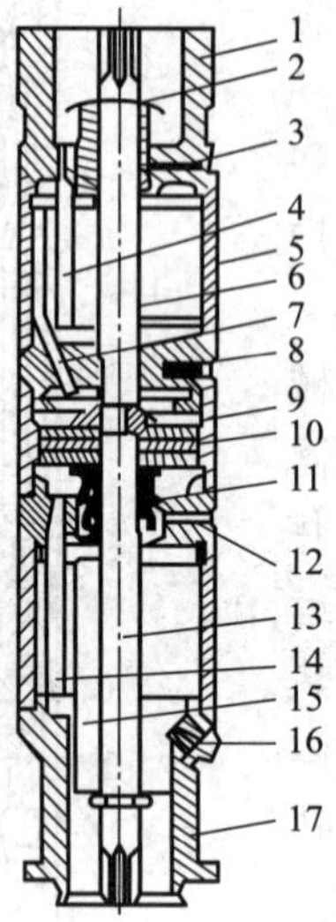

图 2-9-11　沉淀式保护器

1—上接头总成;2—卡簧;3—放气阀;4—上部补偿管;5—保护器壳体;6—护轴管;7—连通管;8—放油阀;9—止推轴承座;10—止推轴承;11—机械密封;12—放气阀;13—轴;14—下部补偿管;15—底部连通管;16—注油阀;17—下接头

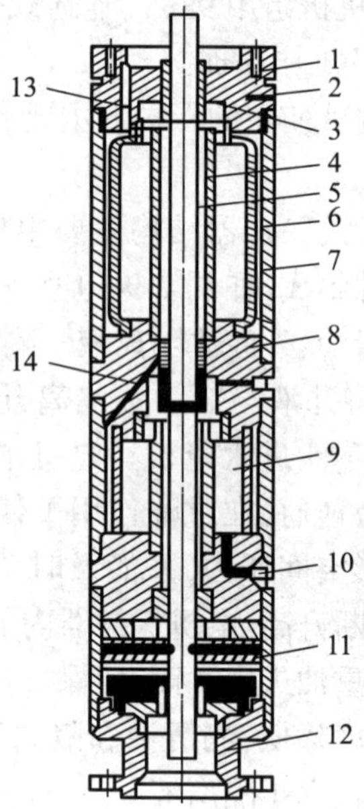

图 2-9-12　胶囊式保护器

1—上部接头;2—放气阀;3—机械密封;4—护轴管; 5—轴; 6—胶囊; 7—壳体; 8—隔离体;9—沉淀室;10—注油阀;11—止推轴承;12—下部接头;13—呼吸孔;14—连通孔

（十）电缆

1. 型号表示方法

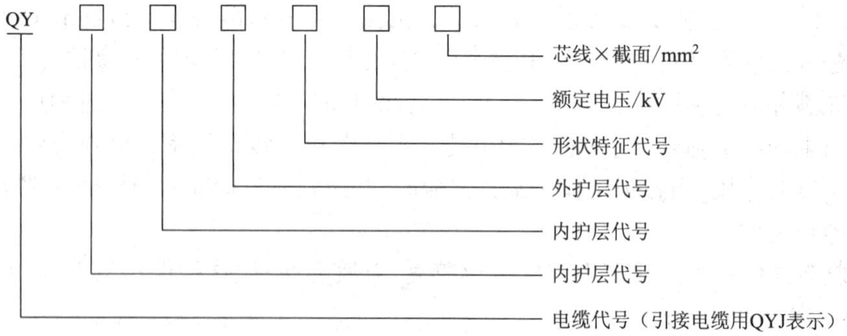

示例:额定电压 3kV,聚丙烯绝缘,丁腈橡胶内护套,蒙乃尔钢带铠装 3mm×16mm 扁形潜油电缆。表示为:QYPNM3-3×16。

2. 电缆规格及基本参数

电缆规格、基本参数应符合表 2-9-37 的规定,所适用的环境温度分为 90℃,120℃,150℃,当环境温度超过 150℃时,用户特殊定货。

3. 电缆结构及特点

潜油电缆作为从地面向井下机组传输电力的介质,从外形上看,可分为圆电缆和扁电缆两种,如图 2-9-13、图 2-9-14 所示。主要由导体(三芯独根铜线或三芯多股铜绞线)、绝缘层、护套层,并用钢带铠装而组成,其中扁电缆分大扁电缆和小扁电缆两种。

表 2-9-37 电缆规格基本参数

芯数	标准截面/mm²(AWG)	导体根数/单线标称直径/mm	外型尺寸不大于					
			圆电缆/mm²		扁电缆/mm×mm		引接电缆/mm×mm	
			3kV	6kV	3kV	6kV	3kV	6kV
3	10,(7)	1/3.67	–	–	–	–	12×30	–
3	13,(6)	1/4.12	–	–	16×38	–	12×31	–
3	16,(5)	1/4.62	31	32	17×40	18×42	13×36	13×37.4
3	20,(4)	1/5.19	32	34	18×42	19×44	15×39	–
3	33,(2)	1/6.54,7/2.74	38	40.4	20×48	21×50	–	–
3	42,(1)	1/7.35,19/1.69	40	42	21×52	22×54	–	–

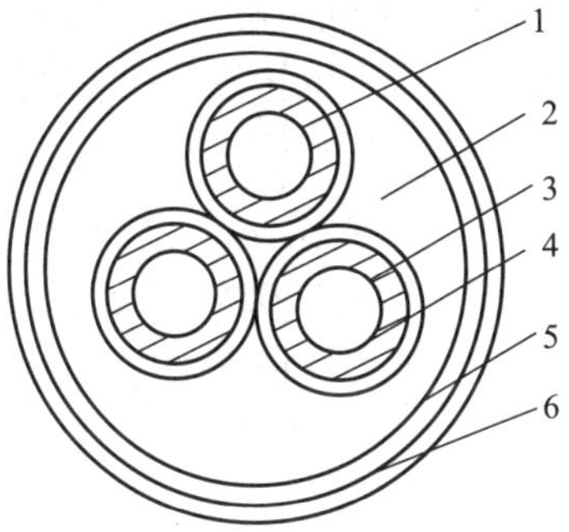

图 2-9-13 圆形潜油电缆示意图

1—导体;2—绝缘填充剂;3—防护层;4—绝缘层;5—外衬层;6—铠装钢带

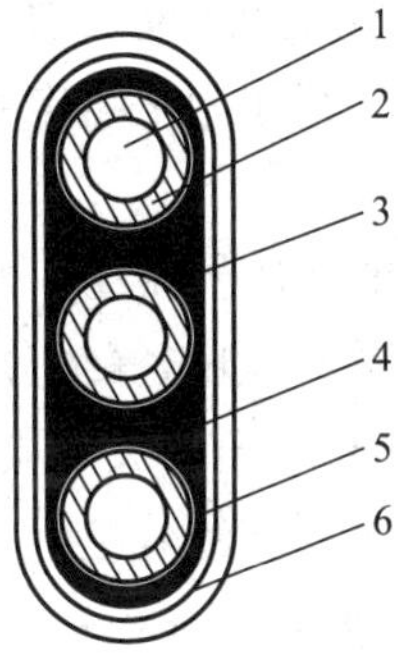

图 2-9-14 扁形潜油电缆示意图

1—导体;2—绝缘层;3—防护层;4—绝缘填充;5—外衬层;6—铠装钢带

由于潜油电缆工作环境比较恶劣,因此,它和普通电缆相比具有以下特点:

(1) 根据油井的需要,电缆长度可由几百米到几千米,在施工中要求起下方便,而且不易损坏。

(2) 要求耐油、气、水,耐高温、高压。

(3) 电缆终端有与电机插配的特殊密封接头——电缆头。

(4) 为满足油井对机组尺寸的要求,潜油电缆一般采用圆型和扁型、扁型和扁型连接在一起的复合结构。

(5) 要能适应施工和环境温度,进行起下作业时,电缆保护套层不破裂。

4. 潜油电缆的性能要求

潜油电缆是潜油电泵机组的一个重要组成部分。根据下泵深度,电缆的长度可由几百米到几千米。电缆的工作介质是油、气、水三相混合物,这就要求电缆的护套绝缘材料具有较好的耐油性和较高的气密性。电缆长期工作在温度为 50~120℃、压力为 7~20MPa 的井液中。冬季野外施工,气温最低达-30℃,电缆需要经过多次盘绕收放,这就要求电缆的结构紧凑,护套层有足够的横向密封性,在高温、高压下不易变形,在低温下不易破裂。材质应满足井下温度相应的热老化性能要求,保持柔软性和可弯曲性。电缆应有良好的绝缘性能,并能够可靠地传递电机所需要的电能。

(十一)变压器

1. 型号表示方法

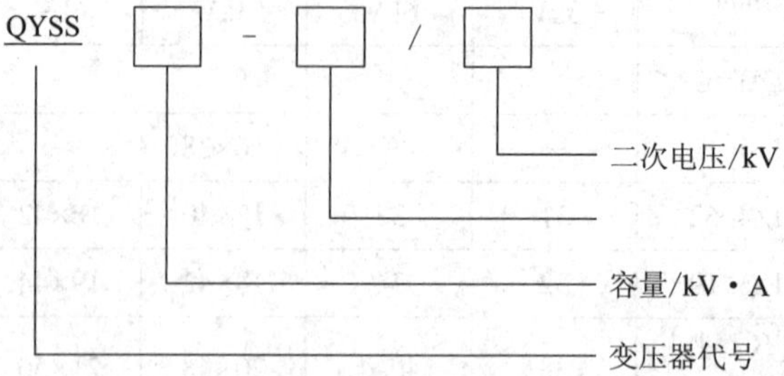

示例:容量100kV·A,一次电压6kV,二次电压1.5kV的潜油电泵机组用三相油浸三线圈变压器表示为:QYSS100—6/1.5。

2. 工作原理和作用

潜油电泵所用的变压器与普通变压器原理相同,常用的为空气自冷干式或自冷油浸式三相自耦变压器。其作用是将电网电压(6kV)转为潜油电机所需电压及照明、清蜡和控制系统的电压。

目前所使用的变压器绕组一般有三种连接型式,即Y,△/Y和Y/△。常用国产潜油电泵变压器已形成系列,电压等级分别为初级6000V,次级中压500~2500V之间,低压380V。由于使用机组不同,电压等级不同,可在中压部分调整确定。为了保证潜油电机稳定工作,可以通过调节变压器上的分接开关,来获得所需电压。

(十二)控制柜

1. 型号表示方法

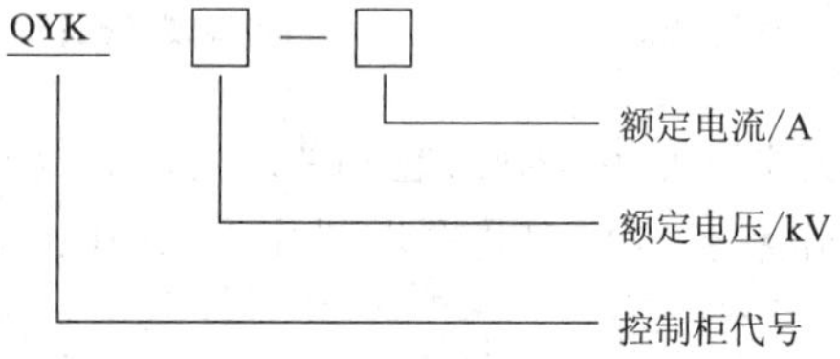

示例:额定电流60A、额定电压3kV的潜油电泵机组用控制柜表示为:QYK3-60。

2. 基本参数

(1) 额定工作电压3kV。

(2) 额定工作电流规定为40A,60A,100A,150A。

(注:户外使用或提高电压等级时可特殊设计。)

3. 作用

控制柜是对潜油电泵机组的启动、停机以及在运行中实行一系列控制的专用设备,可分为手动和自动两种类型。它可随时测量电机的运行电压、电流参数,并自动记录电机的运行电流,使电泵管理人员及时掌握和判断潜油电机的运行状况,控制柜通常具有如下功能:

(1) 为防止短路烧坏电机,提供短路速断保护。

(2) 欠载时实际排量将小于设计排量,电机将因工作时产生的热量不能全部散发而烧坏,控制柜为此提供欠载保护。

(3) 过载时电机超负荷运转容易烧坏,因此控制柜还提供过载保护。

(4) 潜油电泵不允许反转,因此三相电机的相序要正确,控制柜为此提供了相序保护。

(5) 控制柜还设有延时再启动装置,对于间歇生产的井实行自动延时再启动控制。

(十三) 潜油电泵施工监督要点

(1) 施工队伍应具有电泵作业施工资质,有专业部门颁发有效的市场准入证。

(2) 施工设备、施工人员应满足施工设计和施工项目的要求。

(3) 现场进行电泵安装作业时,井口不能有溢流现象。

(4) 现场机组安装和起出井时应当用隔板将井口盖住,防止落物。

(5) 连接电泵机组过程中对花键套时,不允许带手套操作。

(6) 夜间不宜下电泵机组作业。

(7) 下雨(下雪)或五级以上大风天气,不能进行下泵作业。

(8) 在潮湿地区下泵施工中连接电器设备时,应采取防潮措施。

(9) 在高寒地区下泵施工时,橡胶制品和油品应在 10～20℃ 环境下保温 24h 后再使用。

(10) 变压器安装位置距井口不得少于 30m,在变压器四周 5m 内不能有积水、油污和杂草,变压器地基应稳固,并设有围栏。

(11) 变压器至控制柜之间的连接电缆应穿入金属管内埋入地下 0.5m,对其走向应设有明显标记。

(12) 所有地面电器设备均应有可靠的接地装置。

四、水力活塞泵

水力活塞泵是一种液压传动的往复式抽油装置。高压动力液经动力油管驱动安装在井下的液马达往复运动,液马达活塞再通过活塞杆带动抽油泵活塞往复运动抽油。水力活塞泵抽油系统的特点:该套工艺技术具有泵挂深、扬程高、排量调节范围宽、效率高、适应性强、可液力起下沉没泵及减少作业工作量等优点。该系统已成为我国机械采油工艺技术主要组成部分。

(一) 水力活塞泵系统组成

水力活塞泵井的系统主要由两部分组成。

1. 地面部分

地面部分包括:井口捕捉器、井口四通阀、动力液管汇等。

2. 井下部分

井下部分主要有封隔器、底阀、水力活塞泵、沉没泵。

(二) 水力活塞泵型号表示方法

1. 水力活塞泵规格型号标记

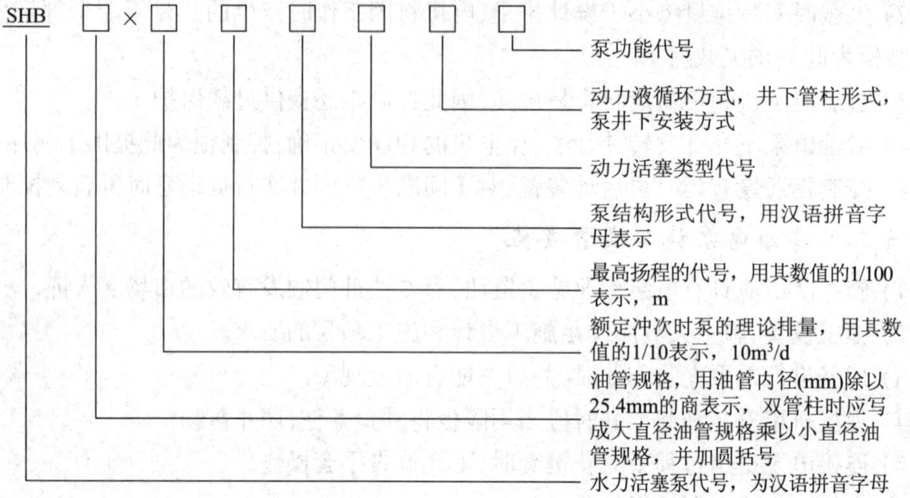

2. 型号表示方法举例

油管内径62mm，额定冲数时泵理论排量200 m^3/d，最高扬程2000m，双作用、单向动力活塞，开式单管柱，投入式普通功能泵，标记为：SHB2. 5×20/20。

（三）水力活塞泵的规格及基本参数

（1）额定冲数时理论排量与最高扬程数见表2-9-38。

表2-9-38 额定冲数时理论排量与最高扬程数系

额定冲数时泵理论排量/(m^3/d)	30,40,50,60,80,100,120,150,200,250,300,400,500,700,1000
最高扬程数系/m	1000,1500,2000,2500,3000,3500,4000

（2）整机最大外径基本尺寸应符合表2-9-39的规定。

表2-9-39 整机最大外径基本尺寸

套管外径规格/mm	5×25.4	5.5×25.4	≥7×25.4
整机最大外径基本尺寸/mm	≤102	≤114	≤145

（3）活塞直径和活塞杆直径的基本尺寸数系见表2-9-40。

表2-9-40 活塞直径和活塞杆直径的基本尺寸数系

活塞直径基本尺寸数系	25,30,32,35,(36),38,40,(44),45,50,55,(58),60,65,70,75,80
活塞杆直径基本尺寸数系	13,15,17,19,(20),21,23,25,(26),28,31

注：表中括号内数值为非推荐值。

（4）投入式泵的沉没泵最大外径和泵工作筒最小通径的基本尺寸应符合表2-9-41的规定。

表2-9-41 沉没泵最大外径和泵工作筒最小通径 单位：mm

参数	油管内径			
	50.3	62.0	75.9	100.3
沉没泵最大外径	48	59	72	95
泵工作筒最小通径	42	50	55(57)	65

注：表中括号内数值为非推荐值。

(5) 冲程长度与额定冲数的对应数值应符合表 2-9-42 的规定。

表 2-9-42　冲程长度与额定冲数的对应数值

冲程长度/m	0.30	0.45	0.60	0.75	(0.80)	0.90	1.05	1.20	1.35	1.50	1.65	1.80	2.00	2.20	2.40
额定冲数/min^{-1}	≤120	≤100	≤86	≤76	≤(74)	≤72	≤66	≤62	≤58	≤54	≤50	≤46	≤44	≤42	≤40

注:表中括号内数值为非推荐值。

(四) 水力活塞泵性能技术指标

(1) 整机和部件必须保证密封性和强度要求,在静油压试验中不允许有任何渗漏。试验后不允许有残余变形。

① 抗内压密封性试验项目包括固定式泵整机的有关部位、吸入及排出阀组件、泵工作筒和底阀。额定试验压力应符合表 2-9-43 的规定。

表 2-9-43　抗内压密封性额定试验压力

泵最高扬程/m	1000	1500	2000	2500	3000	3500	4000
额定试验压力/MPa	≥9.0	≥13.5	≥18.0	≥22.5	≥27.0	≥31.5	≥36.0

② 抗外压密封性试验项目包括固定式泵整机和其他安装型式泵的泵工作筒的有关部位。额定试验压力应符合表 2-9-44 的规定。

表 2-9-44　抗外压密封性额定试验压力

泵最高扬程/m		1000	1500	2000	2500	3000	3500	4000
额定试验压力/MPa	固定式泵和插入式筒工作筒	≥10	≥15	≥20	≥25	≥30	≥35	≥40
	投入式泵工作筒	≥20	≥25	≥30	≥35	≥40	≥45	≥50

(2) 整机或沉没泵必须进行运转性能试验,其启动压力应符合表 2-9-45 的规定。

表 2-9-45　整机或沉没泵启动压力

活塞直径/mm	≤35	36~45	46~58	60~80
启动压力/MPa	≤0.5	≤0.6	≤0.7	≤0.8

(3) 进行运转性能试验时,在额定冲数条件下的泵内摩擦阻尼、泵端容积效率和液马达容积效率应符合表 2-9-46 的规定。

表 2-9-46　在额定冲数条件下的泵内摩擦阻尼、泵端容积效率和液马达容积效率

项　目			性能指标
泵端容积效率/%			≥95
液马达容积效率/%			≥94
泵内摩擦/MPa	泵内动力液最高流速/(m/s)	≤16	≤3.8
		≤24	≤4.8
		≤32	≤5.3

(4) 泵的主要配合位置的最大实际控制间隙应符合表 2-9-47 的规定。

表 2-9-47　泵的主要配合间隙数据

项　　目	实际间隙与图样规定的最大间隙之比值
阀芯与活塞杆的配合	<0.8
阀体、阀芯与滑阀的配合	<0.7
活塞与缸套的配合	<0.7

(5) 水力活塞泵各连接器的拧紧力距应符合表 2-9-48 和表 2-9-49 的规定。

表 2-9-48　水力活塞泵各连接器的拧紧力距(一)

拧紧部位	拧紧力距/N·m		
	102	114	145
	整机或泵工作筒最大外径/mm		
一般连接件	900_{0}^{+300}	1200_{0}^{+100}	1500_{0}^{+100}
端面密封压紧件	1200_{0}^{+100}	1500_{0}^{+100}	2100_{0}^{+100}
油管螺纹	1370_{0}^{+100}	1470_{0}^{+200}	2500_{0}^{+200}
平行侧管连接件	—	400_{0}^{+50}	600_{0}^{+50}

表 2-9-49　水力活塞泵各连接器的拧紧力距(二)

拧紧部位	拧紧力距/N·m							
	46		59		72		95	
	沉没泵最大外径/mm							
	沉没泵	底阀	沉没泵	底阀	沉没泵	底阀	沉没泵	底阀
一般连接件	540_{0}^{+50}	450_{0}^{+50}	580_{0}^{+50}	480_{0}^{+50}	630_{0}^{+50}	530_{0}^{+50}	680_{0}^{+50}	580_{0}^{+50}
端面压紧件	580_{0}^{+50}	500_{0}^{+50}	690_{0}^{+50}	580_{0}^{+50}	740_{0}^{+50}	630_{0}^{+50}	790_{0}^{+50}	680_{0}^{+50}
活塞与活塞杆连接螺纹	100_{0}^{+50}	—	150_{0}^{+30}	—	160_{0}^{+40}	—	210_{0}^{+50}	—
泄油销	—	60_{0}^{+10}	—	80_{0}^{+20}	—	100_{0}^{+20}	—	120_{0}^{+20}

(6) 水力活塞泵所用动力液的种类及质量要求,应符合表 2-9-50 的规定。

表 2-9-50　动力液的种类和质量要求

项　　目	动力液种类			
	原油	水基动力液基液种类		
		淡水	地层水	海水
黏度(不大于)/mPa·s/50℃	推荐 100,最大 300	—	—	—
含水率(不大于)/%	10	—	—	—

续表

项　目	动力液种类			
	原油	水基动力液基液种类		
		淡水	地层水	海水
机械杂质含量(不大于)/(mg/L)		2		
含砂(不大于)/%	0.01	—	—	—
含氧量(不大于)/(mg/L)	—	1.0	0.5	0.5
腐蚀速度(不大于)/(mm/a)	—	0.02	0.05	0.05
结垢速度(不大于)/(mm/a)	—	0.02		
润滑性(不低于)	—	-10 号轻柴油		

(7) 水力活塞泵机组检测质量标准见表 2-9-51。

表 2-9-51　水力活塞泵机组检测质量标准

名　称		试泵要求	要　求	合格标准
沉没泵机组	SHB2.5 20/20	启动压力	≤0.05 MPa	≤0.05 MPa
	SHB2.5 6/25D	负载压力	11~12 MPa	—
	SHB2.5 10/20D	泵效	≥95%	≥90%
工作筒		密封性试压	18~20MPa	3min 不渗漏
吸排阀		密封性试压	15~18MPa	3min 不渗漏
固定阀		密封性试压	18~20 MPa	3min 不渗漏

(五) 水力活塞泵的结构及特点(长冲程双作用泵)

1. 应用范围

水力活塞泵适用于地层供液能力强、产液量较高的油井。对于 140mm(5½in)套管油井,泵理论排量为 100~500m^3/d;在井口动力液压力 16~17MPa 条件下,举升高度为 1200~1300m。

2. 结构特点

差动式换向滑阀机构设在上下活塞中间,活塞杆始终受拉伸载荷、冲程长,泵的压力比(也称面积比,即泵端活塞与液马达活塞作用面积之比值,其符号为 p/E)较大,达 1.150~1.308。

3. 工作原理

如图 2-9-15 所示,当换向滑阀 2 处于下极限位置时,高压动力液通过流道进入上液缸的下腔,推动上活塞组上行,上腔内的液体通过上排出阀 4 排到油套管环形空间。同时,油井液通过固定阀 7、吸入阀 3 进到下液缸的下腔,下液缸上腔的乏动力液通过流道排到油套管环形空间。当活塞组运动到接近上极限位置时,高压动力液通过拉杆 1 下部的换向槽 5 作用到换向滑阀 2 的下端。由于滑阀两端的面积差,产生向上推力,滑阀 2 换向。高压动力液通过换向滑阀孔及流道,进入下液缸的上腔,而上液缸下腔内的乏动力液通过流道排至油套管环形空间。当活塞组向下运动到接近极限位置时,拉杆 1 上部的换向槽 5 将孔与泄油孔连通，使换向滑阀2的下腔与低压连通。换向滑阀在高、低压压差作用下向下运动，活塞组又换向运行，如此反复循环，不断地将井底液体举升到地面。

（六）水力活塞泵施工监督要点

（1）施工队伍应具有水力活塞泵井作业施工资质，有主管部门颁发的市场准入证。

（2）施工设备，施工人员应满足施工设计和施工项目的要求。

（3）地面、地下设备及下井工具应有质量检测报告，其质量符合相关产品标准的要求。

（4）下井管柱结构、水力活塞泵型号及工作参数应符合设计要求。

（5）地面驱动水力活塞泵的使用与维护规定，符合 SY/T6084—94《地面驱动螺杆泵抽油泵使用与维护》。

（6）做好现场监督记录。

（7）在下泵过程中，油管及所有螺纹经验查必须完好，同时涂螺纹油，上紧扭距符合规定值。

五、水力喷射泵

水力喷射泵是依据射流原理工作的，即高压流体（动力液）通过一小尺寸缩径端面时，其速度能显著增加，导致压能显著降低，从而在端面周围形成相对“负压”区，产生抽吸作用，吸入流体与动力液经喉管混合，再经扩散管扩散，逐步恢复一定的压能，该压能完成混合液的输送或举升，其配套的井下管柱结构如图 2-9-16。

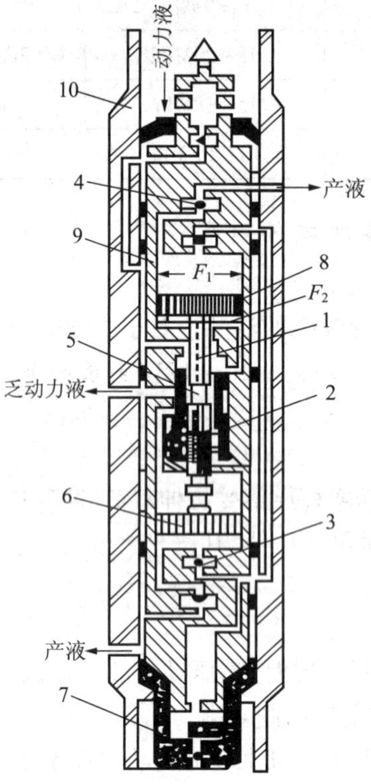

图 2-9-15　长冲程双作用泵原理图

1—拉杆；2—换向滑阀；3—吸入阀；4—排出阀；5—换向槽；6—下活塞；7—固定阀；8—上活塞；9—沉没泵；10—工作筒

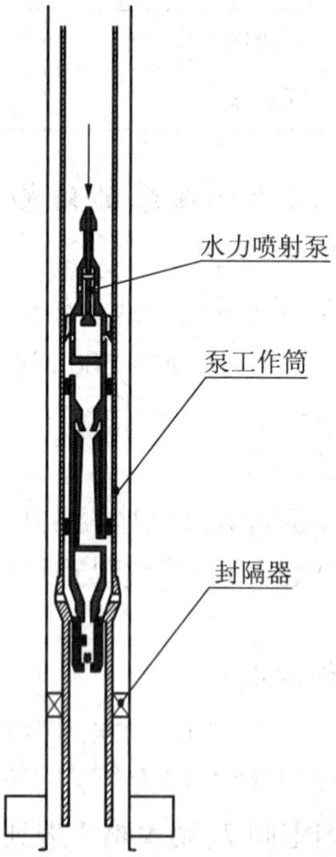

图 2-9-16　水力喷射泵井下管柱结构图

高压水动力液经过流量控制和计量后，从井口沿油管下行，到达井下水力泵机组，驱动喷射泵工作；地层液在沉没压力作用下进入喷射泵内“负压”区，在喉管、扩散管内，地层液从高压动力液中获得能量，将速度头转换为压力头，其压力值将混合液沿油套管环形空间举升至地面。

（一）水力喷射泵结构及特点（如图 2-9-17 所示）

（1）井下机组没有运动件，对动力液的质量要求不高；依靠液力传递能量，较易发挥动力液的载体潜能，对特殊油藏的开发具有较强的适应能力。

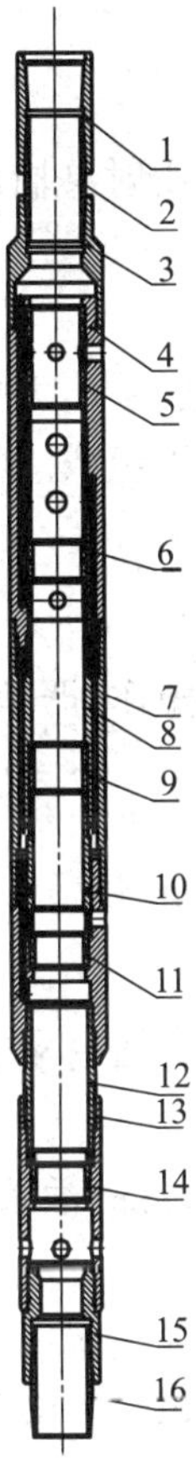

SPB2.5-1型水力喷射泵工作筒

1—油管接箍；2—短接；3—接头；4—分离接头；5—长衬套；6、9、11、14—短衬套；7—外筒；8—内筒；10—密封圈；12—下工作筒；13—出油接头；15—泵座；16—短接

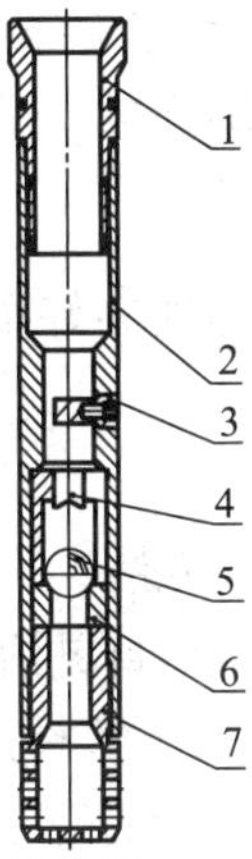

固定阀

1—泵座；2—阀体；3—泄油销；4 磁钢；5—阀球；6—球座；7—丝堵

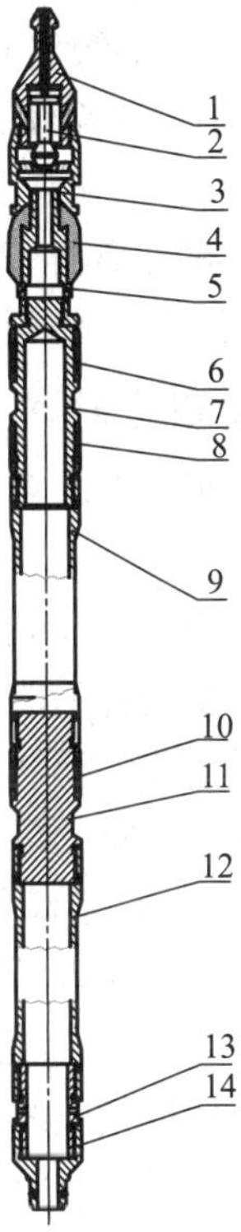

DSQ59-1型堵塞器

1—打捞头；2—提升阀芯；3—接头；4—提升皮碗；5—皮碗支撑接头；6—密封总成（Ⅰ）；7—密封接头（Ⅰ）；8—密封总成（Ⅱ）；9—上缸套；10—密封总成（Ⅲ）；11—密封接头（Ⅱ）；12—下缸套；15—接头；14—尾座

图 2-9-17 泵工作筒、固定阀、堵塞器结构简图

（2）投入式井下机组由泵工作筒、投入式沉没泵和可打捞式固定阀三部分组成；沉没泵经液力起下，换泵不需上作业；泵筒与国产 SHB 型水力活塞泵通用，增加了实施水力活塞泵采油工艺的机动性。

（3）泵的核心部件喷嘴、喉管均采用高强度合金材料，使用寿命长；通过更换不同规格喷嘴、喉管，可满足多种扬程和排量的油井要求，调参容易。

（4）测试工艺成熟，能方便、准确地进行井底测压、井下取样，录取油井的动态资料。

（二）配套地面设备

地面配套设备除了传统的大型集中泵站系统以外，主要还有以下四种类型：

1. 注水管网–喷射泵系统

注水管网–喷射泵系统是利用油田现有注水管网中的高压水作为动力液的喷射泵抽油系统，其特点是地面不需增加额外的动力泵以及动力液处理设施。注水管网提供的高压水动力液，经过流量控制、计量后，驱动水力喷射泵将地层液连续不断地举升到地面。该系统地面结构简单，投资少、见效快，对于解决注水管网地区油井的管柱偏磨、油稠、腐蚀等问题具有明显的优势。

2. 多级离心泵–喷射泵系统

多级离心泵–喷射泵系统，是以多级离心泵为地面动力泵的喷射泵抽油系统。多级离心泵主要由地面电机、多级离心泵等部件组成。

3. 单井装置–喷射泵系统

单井装置–喷射泵系统是以水力泵单井装置为动力泵，以喷射泵作为抽油泵构成的抽油系统。主要由三相分离器、地面泵机组、加热炉和井口采油树等组成。经过不断完善和改造，该系统运行平稳，工作可靠，方便现场管理。

（三）水力喷射泵施工监督要点

（1）为确保作业一次成功，起下管柱必须装好指重表，平稳操作，严禁猛刹猛放，防止井内落物；

（2）洗井液必须干净，不准落地；

（3）下井工具及油管不能落地，并保持清洁；

（4）封隔器下井前必须详细检查，确保坐封灵活、密封可靠；

（5）下井油管要逐根丈量，并做好记录，下管柱过程中，每个油管接头必须涂高压厌氧密封脂（或专用密封套），上满扣并按规定力矩拧紧；

（6）工作筒以上至井口所有油管及短接必须用 φ60mm×1200mm 油管规逐根通过，尾管须用 φ58mm×500mm 油管规逐根通过；

（7）封隔器坐封位置应避开套管接箍，并严格控制封隔器坐封载荷；

（8）连井口时要求井口流程高压部分 20MPa，低压部分 0.5MPa 不渗不漏，并将顶丝、卡箍、法兰螺栓上全上紧，井口必须装正；

（9）投泵运转 4h 正常后，作业队方可撤离井场。

第四节　其他常用井下工具

一、封隔器

所谓封隔器，即是为了满足油水井某种工艺技术目的或油层技术措施的需要，由钢体、胶皮封隔件部分与控制部分构成的井下分层封隔的专用工具。

试油、采油、注水和油层改造都需要相应类型的封隔器。有的封隔器可用于试油、采油、注水和油层改造；有的主要用于试油、采油、注水；有的仅用于采油、注水和堵水等；有的适用于常温，有的适用于高温。下面分别介绍。

(一) 封隔器型号编制

1. 编制方法。

按封隔器分类代号、固定方式代号、坐封方式代号、解封方式代号及封隔器钢体最大外径、工作温度、工作压差等参数依次排列,进行型号编制。其形式如图所示。

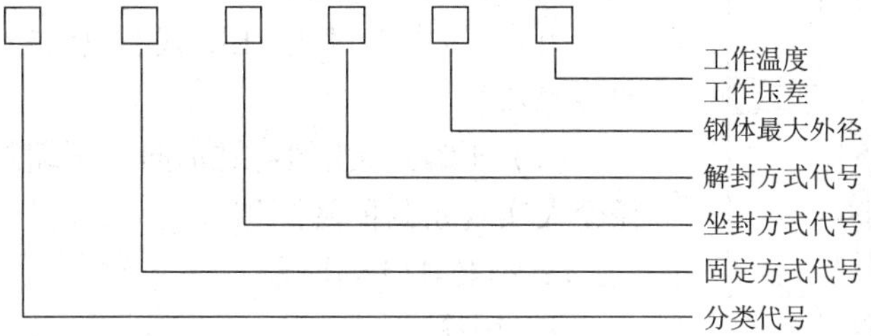

2. 代号说明

(1) 分类代号:用分类名称第一个汉字的汉语拼音大写字母表示,组合式用各式的分类代号组合表示,见表 2-9-52。

(2) 固定方式代号:用阿拉伯数字表示,见表 2-9-53。

(3) 坐封方式代号:用阿拉伯数字表示,见表 2-9-54。

(4) 解封方式代号:用阿拉伯数字表示,见表 2-9-55。

(5) 钢体最大外径:用阿拉伯数字表示,单位为毫米(mm)。

表 2-9-52 分类代号

分类名称	自封式	压缩式	扩张式	组合式
分类代号	Z	Y	K	用各式的分类代号组合表示

表 2-9-53 固定方式代号

固定方式名称	尾管支撑	单向卡瓦	悬 挂	双向卡瓦	锚 瓦
固定方式代号	1	2	3	4	5

表 2-9-54 坐封方式代号

坐封方式名称	提放管柱	转动管柱	自 封	液 压	下工具	热 力
坐封方式代号	1	2	3	4	5	6

表 2-9-55 解封方式代号

解封方式名称	提放管柱	转动管柱	自 封	液 压	下工具	热 力
解封方式代号	1	2	3	4	5	6

(6) 工作温度:用阿拉伯数字表示,单位为摄氏度(℃)。

(7) 工作压差:用阿拉伯数字表示,省略到个数位,单位为兆帕(MPa)。

(二) 封隔器分类

1. 分类方法

按封隔器封隔件实现密封的方式进行分类。

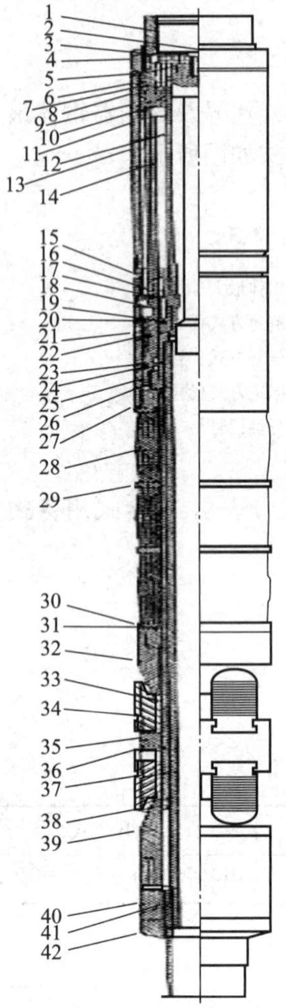

图 2-9-18　Y445-114 封隔器

1—上接头;2—丢手销钉;3—销钉挂;4—上备帽;5,6,8,9,31,38—“O”型圈;7—丢手活塞;10—坐封活塞;11—活塞套;12—上中心管;13—坐封套;14—解封头;15—坐封接头;16—丢手接头;17—坐封销钉;18—丢手键;19—防顶卡簧;20—销钉;21—解封套;22—连接螺母;23—解封销钉;24—推移环;25—锁紧环;26—锥片;27—承压头;28—胶筒;29—隔环;30—上锥体帽;32—上锥体;33—衬管;34—卡瓦;35—卡瓦挂;36—剪断销钉;37—中心管;39—下锥体;40—下锥体帽;41—下接头;42—下备帽

2. 分类

自封式:靠封隔件外径与套管内径的过盈和工作压差实现密封的封隔器。

扩张式:靠径向力作用于封隔件内腔,使封隔件外径扩大实现密封的封隔器。

组合式:由自封式、压缩式、扩张式任意组合实现密封的封隔器。

(1) 压缩式封隔器:靠轴向力压缩封隔件,使封隔件外径变大实现密封的封隔器。

a. Y445-114 封隔器

Ⅰ. 用途

主要用于分层开采、封堵底水,还可用于试油、代替水泥塞等。

Ⅱ. 结构

由投送、坐封、丢手和封隔件等组成,见图 2-9-18。

Ⅲ. 工作原理

坐封:下到预定的位置后,从油管内正憋压,当压差大于 2~4MPa 时,坐封活塞 10 推动坐封套 13 剪断坐封销钉 17,坐封套 13 向下移动 10mm,坐封接头 15 处于释放状态,于是衬管 33 以外部分与坐封机构脱开。在液压作用下,坐封活塞 10 推动解封头 14,锥片 26,推着衬套 33,衬套推着下卡瓦,沿下锥体 39 向下滑动,下卡瓦卡住套管。当液压大于6~8MPa 时,上锥体 32 上的销钉被剪断,衬管继续下移而压缩胶筒 28 紧贴套管壁,锁紧环 25 被推到中心管 37 的锁紧部位,在胶筒弹力的作用下,锥片 26 后退,并将锁紧环推入锁紧状态,使胶筒保持压紧状态,达到密封油套环形空间的目的;当液压大于 16~28MPa 时,丢手销钉 2 被拉断,丢手活塞 7 下移坐在上中心管 12 台阶处,丢手接头 16 处于释放状态。上提油管它就与连接螺母 22 脱开,如憋压不能实现丢手时,只需上提油管,使悬重接近于原管柱重量,正转油管(50~60 圈)。丢手键 18 带动连接螺母,与中心管的连接螺纹(左旋)倒开,这样就完成了定位密封丢手。

打捞:当要起出封隔器时,下打捞管柱,在管柱最下部接上该丢手封隔器打捞器,打捞器上部接扶正器,当打捞管柱下到预定位置时,下放管柱悬重⅓到½,再上提,此时打捞爪便捞住解封头 14 向上移动,而使解封销钉 23 被拉断,解封头再向上移动,锥片 26 因失去依托而散开,锁紧环 25 回到原位,卡瓦 34、胶筒 28 复原。解封头的下台被防顶卡簧 19 顶住,以防止管柱尾部重量低于井内上顶力时,再次坐封。解封头 14 通过销钉 20 带动解封套 21,承压头 27,衬套带动下中心管而起出。

Ⅳ. 主要技术参数

最大外径:114mm　　最小内径:50.3mm

长度:1380mm　　连接螺纹:27/8TBG

工作压力:18MPa　　质量:56kg

Ⅴ. 监督要点

① 检查封隔器是否有合格证书及检验报告;

② 检查封隔器上下接头及中心管水眼,应畅通无阻,无杂物;封隔器胶筒应完好无损,各配合件灵活好用方可下井;

③ 监督封隔器下井施工,下管柱要平稳操作,限制下放速度;

④ 封隔器坐封前与方案设计进行深度核对,符合设计要求,准确无误方可坐封;

⑤ 监督封隔器坐封全过程,坐封质量达到工艺设计要求。

b. Y211-114 封隔器

Ⅰ. 用途

分层采油、卡堵水、找水等。

Ⅱ. 结构

Y211-114 封隔器结构见图 2-9-19。

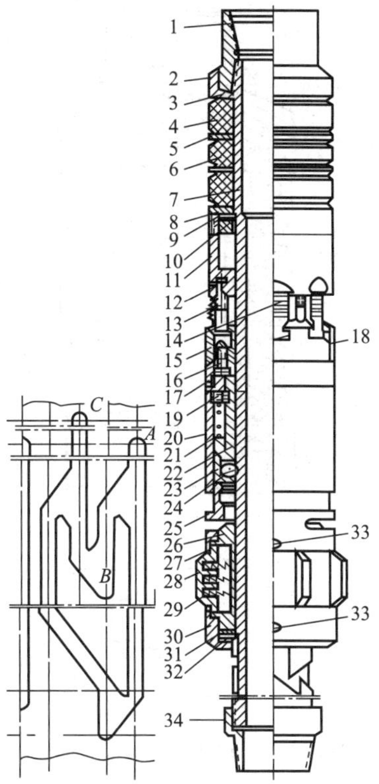

图 2-9-19　Y211-114 封隔器

1—上接头;2—调节环;3—"O"型圈;4—边胶筒;5—隔环;6—中胶筒;7—中心管;8—楔形体帽;9—挡环;10,12,19,33—防松螺钉;11—楔形体;13—限位螺钉;14—卡瓦;15—大卡瓦挡环;16—固定螺钉;17—连接环;18—小卡瓦挡块;20—护罩;21—弹簧;22—锁环套;23—挡球套;24—挡球;25—顶套;26—扶正体;27—压环;28—摩擦块;29—压簧;30—限钉压环;31—滑环;32—轨道销钉;34—下接头

Ⅲ. 工作原理

坐封:按所需坐封高度上提管柱后下放管柱,由件 26~30 组成的扶正器依靠弹簧 29 的弹力造成摩擦块 28 与套管壁的摩擦力,扶正器则沿中心管 7 轨迹槽运动,轨道销钉 32 从原来的短槽上死点 A 经过 B 到达长槽上死点 C 的坐封位置。由于顶套 25 的作用,挡球套 23 被顶开解锁,从而使卡瓦 14 被楔形体 11 撑开,并卡在套管内壁上。同时,在一定的管柱重量作用下,件 1、2 和 7 一起下行压缩胶筒,使胶筒直径变大,封隔油套环形空间。

解封:上提管柱,上接头 1、调节环 2 和中心管 7 一起上行,结果轨道销钉 32 又运动到下死点 B,楔形体 11 退出卡瓦 14。同时由于扶正器的摩擦力,产生一个向下的拉力,从而卡瓦准确回收及挡球 24 复位,挡球套 23 在弹簧 21 的作用下,自动复位,锁紧装置恢复。与此同时,胶筒收回解封。

Ⅳ. 主要技术参数

最大外径:114mm　　最小通径:50mm

长度:2123mm　　扶正块外径:张开 136mm

缩小:114mm　　工作温度:120℃

坐封载荷:80~100kN　　工作压差:上压 25MPa;下压 8MPa

连接螺纹:$2^7/_8$TBG　　防坐距:700mm

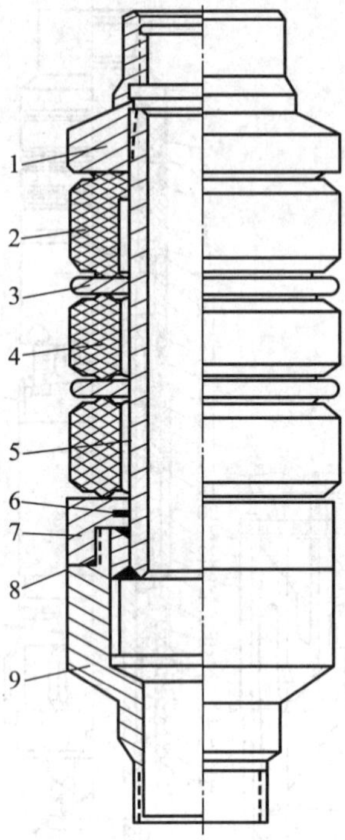

图 2-9-20　Y111-114 支撑式封隔器

1—上接头;2,4—胶筒;3—隔环;5—中心管;6,8—密封圈; 7—压帽;9—下接头

Ⅴ. 监督要点

① 检查封隔器是否有合格证书及检验报告;

② 检查封隔器上下接头及中心管水眼,应畅通无阻,无杂物;封隔器胶筒应完好无损,各配合件灵活好用方可下井;

③ 监督封隔器下井施工,下管柱要平稳操作,限制下放速度;

④ 封隔器坐封前与方案设计进行深度核对,符合设计要求,准确无误方可坐封;

⑤ 监督封隔器坐封全过程,坐封质量达到工艺设计要求,坐封载荷一般为80~100kN。

c. Y111-114 封隔器

Ⅰ. 用途

采油、找水、堵水和酸化不仅能单独使用,也可和卡瓦封隔器或支撑式卡瓦配套使用。

Ⅱ. 结构

Y111-114 封隔器结构见图 2-9-20。

Ⅲ. 工作原理

坐封:按所需坐封高度(油管挂距顶丝法兰的高度)下放管柱,因下接头 9 和尾管相接,以井底或以卡瓦封隔器为支点,则上接头 1 和中心管 5 一起下行压缩胶筒 2 和 4,使胶筒直径变大,封隔油套环形空间。

解封:上提管柱,胶筒就收回解封。

Ⅳ. 主要技术参数

长度:790mm	外径:114mm
通径:62mm	坐封载荷:60~80kN
工作压力:8MPa	工作温度:120℃

Ⅴ. 技术要求

① 所接尾管长度一般不大于 50m。

② 单独使用不能超过二级,和卡瓦式封隔器(或支撑式卡瓦)配备使用,一般为一级。

Ⅵ. 监督要点

① 检查封隔器是否有合格证书及检验报告;

② 检查封隔器上下接头及中心管水眼,应畅通无阻,无杂物;封隔器胶筒应完好无损,各配合件灵活好用方可下井;

③ 监督封隔器下井施工,下管柱要平稳操作,限制下放速度;

④ 封隔器坐封前与方案设计进行深度核对,符合设计要求,准确无误方可坐封;

⑤ 监督封隔器坐封全过程,坐封质量达到工艺设计要求,坐封载荷一般为 60~80kN。

d. Y341-114 注水封隔器

Ⅰ. 用途

主要用于分层注水,并可用于酸化和挤堵。

Ⅱ. 结构

由图 2-9-21 所示，Y341-114 注水封隔器主要由三部分组成：坐封部分、密封部分、洗井部分。

Ⅲ. 工作原理

坐封：从油管内加液压，通过连接头 16 的小孔作用在上、下活塞 15 上，使活塞推动锁套 13 和密封环 9 上行，压缩胶筒，使胶筒 7 直径变大，封隔油套环形空间，同时液压通过上接头 1 的小孔作用在洗井阀 3 上，使洗井阀 3 下行与外中心管 5 的内锥面密封，封闭内外中心管的环形空间。放掉油管压力，因卡瓦 12 和锁套 13 上的内外齿相互啮合在一起，使胶筒不能返回。

洗井：从套管内加液压，液流推动洗井阀 3 上行，使之离开与外中心管的密封位置，液流则通过顶套 4 上的侧孔进入内外中心管 6 和 5 的环形空间，经锁套 13 上的侧孔进入下层。

解封：上提管柱，上接头 1 带动内中心管 6、连接头 16 上行，而外中心管 5、锁套 13 和卡瓦座 11、卡瓦 12 等部件，由于胶筒与套管的摩擦作用保持不动，连接头上行使解封套 14 上升，件 14 的内锥面内抱卡瓦 12，使卡瓦和锁套 13 分离，则锁套 13 和密封环 9 等部件在胶筒 7 的弹力作用下下行，从而使胶筒恢复原位。

Ⅳ. 主要技术参数

长度：1235mm　　最大外径：114mm

最小通径：55mm　　工作压力：25MPa

工作温度：120℃　　两端连接螺纹：$2\frac{7}{8}$TBG

Ⅴ. 监督要点

① 检查封隔器上下接头及中心管水眼，应畅通无阻，无杂物；封隔器胶筒应完好无损，各配合件灵活好用方可下井；

② 监督封隔器下井施工，下管柱要平稳操作，限制下放速度；

③ 封隔器坐封前与方案设计进行深度核对，符合设计要求，准确无误方可坐封；

④ 监督封隔器坐封全过程，坐封质量达到工艺设计要求。

(2) 扩张式封隔器

a. K344-114 封隔器

Ⅰ. 用途

用于注水、酸化、挤堵、找窜和封窜。

Ⅱ. 结构

K344-114 封隔器结构见图 2-9-22。

Ⅲ. 工作原理

从油管内加液压，液压经滤网罩 8，下接头 9 的孔眼和中心管 6 的水槽作用在胶筒 5 的内腔，使胶筒 5 胀大，封隔油套环形空间。放掉油管压力，胶筒即收回解封。

Ⅳ. 主要技术参数

最大外径：114mm　　最小通径：62mm

总长：910MM　　坐封压力：0.5~0.7MPa

工作压力：25MPa　　工作温度：120℃

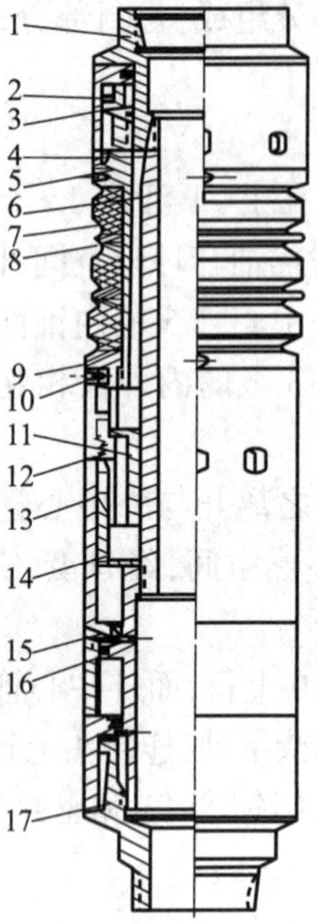

图 2-9-21　Y341-114 注水封隔器

1—上接头；2—“O”型圈；3—洗井阀；4—顶套；5—外中心管，b 篁；6—内中心管；7—胶筒；8—隔环；9—密封环；10—防座剪钉；11—卡瓦座；12—卡瓦；13—锁套；14—解封套；15—活塞；16—连接头；17—下接头

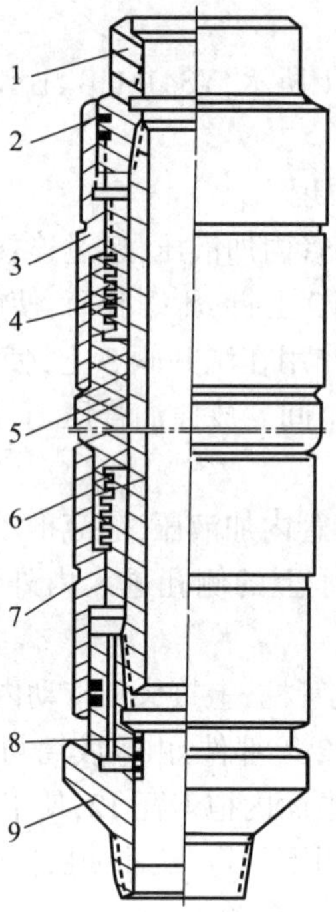

图 2-9-22　K344-114 封隔器

1—上接头；2—“O”型圈；3，7—胶筒座；4—硫化芯子；5—胶筒；6—中心管；8—滤网罩；9—下接头

Ⅴ. 监督要点

① 检查封隔器是否有合格证书及检验报告；

② 检查封隔器上下接头及中心管水眼，应畅通无阻，无杂物；封隔器胶筒应完好无损方可下井；

③ 监督封隔器下井施工，下管柱要平稳操作，限制下放速度；

④ 封隔器坐封前与方案设计进行深度核对，符合设计要求，准确无误方可坐封。

(3) 注蒸汽封隔器

注蒸汽封隔器是注汽管柱中的重要组成部分，对于减少井筒热损失、保持注汽干度、改善注汽效果非常重要。常用的注汽封隔器有机械坐封式和热膨胀式。机械坐封式和常规封隔器相似，但密封件为耐高温的，满足高温注汽的需要。热膨胀式封隔器的工作原理是依靠注汽的压力和温度使封隔器膨胀，密封油套环空，起到密封作用。以下是两种典型的封隔器。

辽河 R-7 型注蒸汽高温封隔器：

① 主要技术参数：

工作压力：20MPa；	工作温度：350℃；
最大外径：152mm；	最小内径：62mm；
适应套管：177.8mm；	坐封方式：水力坐封；
解封方式：上提或旋转；	适应井深：1700m。

② 结构如图 2-9-23 所示。

K331 热敏金属膨胀式封隔器：

所谓的热敏金属材料是由上下两种不同的组元层构成，即高膨胀层和低膨胀层。当温度升高时，由于两个组元层热膨胀系数不同迫使板材本身发生挠曲变化而产生变形应力。封隔器下入井内预定位置后，当注入蒸汽时，由于温度升高热敏金属开始动作，当温度达到 200℃时，热敏金属件即可推动密封胶筒起到补充作用。因此注汽压力越大，密封压力也越大，保证了密封的持久性与可靠性。

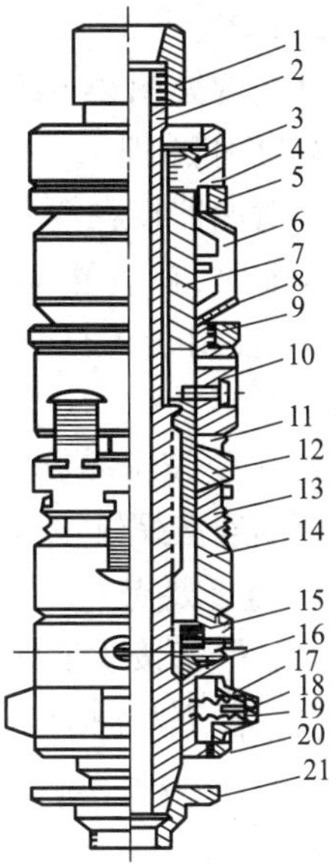

图 2-9-23　R-7 型注蒸汽高温封隔器结构图

1—上接头；2—中心管；3—碗状密封圈；4—密封盒；5—上标准环；6—密封筒；7—中心套；8—护罩；9—下标准环；10—上锥体；11—上卡瓦；12—卡瓦环；13—下卡瓦；14—下锥体；15—开合螺母；16—箍簧；17—扶正套；18—弹簧；19—摩擦块；20—挡环；21—下接头

① 主要技术参数：

工作压力	16MPa
工作温度	350℃
最大外径	152mm
最小内径	62mm
适应套管	各种规格
坐封方式	温度在 200℃以上自动坐封
解封方式	温度在 200℃以下自动解封
适应井深	1600m
使用井斜	小于 30°

② 结构示意图如图 2-9-24 所示。

③ 监督要点：

Ⅰ. 检查注蒸汽封隔器是否有合格证书及检验报告；

Ⅱ. 检查注蒸汽封隔器上下接头及中心管水眼，应畅通无阻，无杂物；封隔器胶筒应完好无损，各配合件灵活好用方可下井；

Ⅲ. 检查注蒸汽封隔器的装配尺寸、密封件、扶正器、轨道换向机构，确认完好后方可下井；

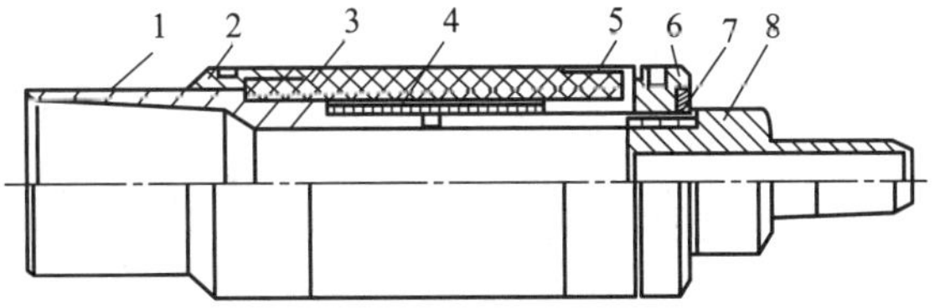

图 2-9-24　K331 热敏金属膨胀式封隔器结构示意图

1—中心管；2—固定压环；3—密封胶筒；4—热敏金属片；5—移动压环；6—弹性挡圈；7—锁紧螺母；8—下接头

Ⅳ. 监督注蒸汽封隔器下井施工，下管柱要平稳操作，限制下放速度；

Ⅴ. 注蒸汽封隔器坐封前与方案设计进行深度核对，符合设计要求，准确无误方可坐封；

Ⅵ. 注蒸汽监督封隔器坐封全过程，坐封质量达到工艺设计要求。

二、泄油器

（一）KZJ-90 泄油器

1. 用途

用于抽油管柱的泄油。

2. 结构

其结构见图 2-9-25。

3. 工作原理

该泄油器接在深井泵固定阀总成与抽油泵泵筒之间。检泵作业时，在活塞起出油管后，从井口向油管内投一撞击杆，将空心销子 3 打断，使油管中的原油泄入井内，达到泄油的目的。

4. 主要技术参数

两端连接螺纹：2⅞TBG；耐压：30MPa；外径：90mm。

5. 监督要点

（1）严格按质量标准要求监督检查；

（2）检查泄油器本体是否有漏失现象。

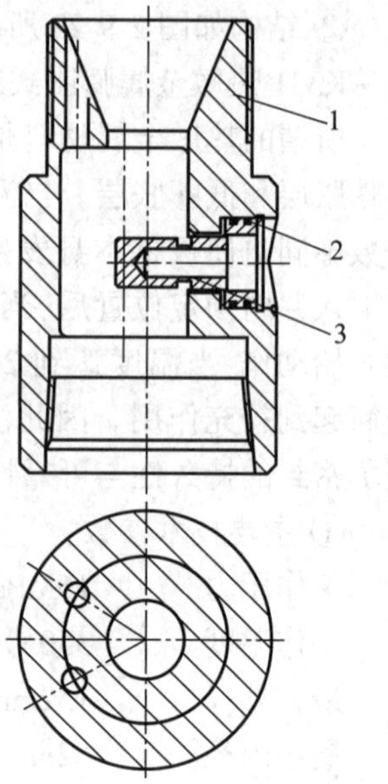

图 2-9-25　KZJ-90 泄油器

1—壳体；2—密封圈；3—空心销子

（二）KTG-90 泄油器

1. 用途

用于抽油管柱的泄油，检泵作业时连通油、套管通道。

2. 结构

其结构见图 2-9-26。

3. 工作原理

下井前，先将提挂工具拉出，用 $2^1/_2$油管将泄油器连接在抽油泵以上一定高度，管柱下井完毕后，用抽油杆连接提挂工具和活塞。并保证提挂工具下到泄油器以下，完井后即可正常生产。作业时，随着抽油杆的起出，提挂工具即可将封泄滑套 6 上移打开，实现泄油的目的。

4. 技术要求

（1）组装完毕后，用提挂工具来回拉动封泄滑套，开关灵活，无卡阻现象；

（2）关闭时，试压 20MPa，稳压 5min 不渗不漏为合格。

5. 主要技术参数

两端连接螺纹：2⅞TBG　　　外径：90mm

6. 监督要点

（1）严格按质量标准要求监督检查；

（2）监督检查封泄滑套开关是否灵活，确保无卡阻现象。

三、KFQ-110 井下开关

（一）用途

用在卡堵水丢手管柱上，实现不压井作业。

（二）结构

其结构见图 2-9-27。

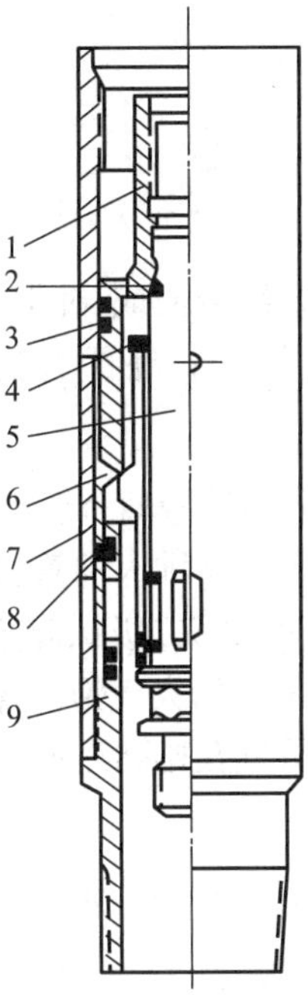

图 2-9-26　KTG-90 泄油器

1—抽油杆接箍；2，3—"O"型胶圈；4—锁扣指；5—锁扣指芯；6—封泄滑套；7—封泄接头；8—卡簧；9—下接头

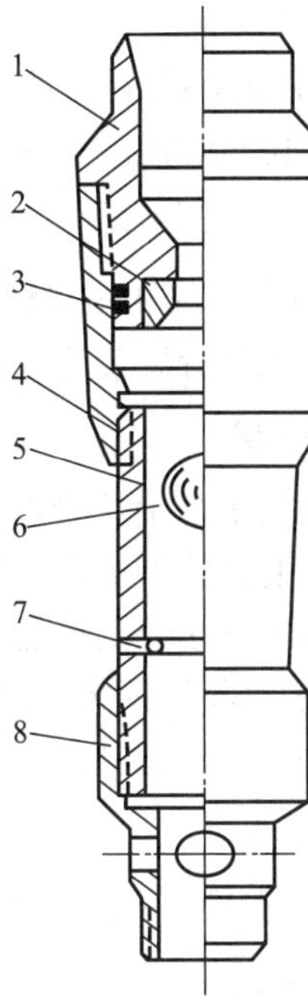

图 2-9-27　KFQ-110 井下开关

1—上接头；2—球座；3—"O"型脱圈；4—工作筒；5—加长短节；6—浮球；7—挡球钢筋；8—下接头

（三）工作原理

该浮球开关是在丢手封隔器下井时与封隔器下部接头相连接，浮球 6 因受井内向上的压力作用，紧贴球座 2 上，此时该开关处于关闭，密封油管通道，即可进行不压井起下作业。封隔器下井丢手后，下入电泵或抽油泵生产管柱，管柱下部接浮球活门捅杆，将浮救 6 向下顶开，使其离开球座 2，此时即可进行正常生产。起管柱时，将生产管柱上提，使浮球活门捅杆从球座中拔出，此时浮球在浮力作用下，坐回球座，密封油管通道。该开关也可以直接与抽油泵底部的可捞式固定下接头连接，进行不压井起下作业，需打开浮球开关生产时，投入可捞式固定阀即可将浮球向下顶开。起管柱时，捞出可捞式固定阀，浮球开关关闭，即可不压井起出抽油泵生产管柱。

（四）主要技术参数

两端连接螺纹：2⅞TBG；外径：110mm；长度：350mm。

（五）监督要点

（1）严格按质量标准要求监督检查；

（2）检查上下接头螺纹，应无磕碰、印痕和其他损伤；

（3）监督开关下井全过程，深度符合设计要求。

四、KZH-90 气锚

（一）用途

适用于高气液比、中低含水、中等以上产量的有杆泵采油井中。

适用范围：

气液比为 100~450m³/t；最佳工作区大于 20t/d；

含水量为中、低含水井。

（二）结构

如图 2-9-28 所示，气锚由多级杯形及螺旋形分离装置组合而成，杯形分离装置由分离杯 4、集油管 5 组成。螺旋分离装置由螺旋叶片 2、螺旋集气中心管、外管、中间放气接箍 3 组成。

（三）工作原理

来自油层的含气流体沿套管上升，当到达多级杯形分离装置时，流体流向折转 180°进入杯腔，由于重力作用，液体下沉进入集油管，气体形成气泡上浮排入油管、套管环形空间。经多级杯形分离器装置初步分离后的流体沿集油管 5 上升进入第二级螺旋分离装置，液体沿螺旋叶片 2 旋转流动，利用不同密度的流体离心不同，使被聚集的大气泡沿螺旋叶片内侧流动，液体沿螺旋叶片外侧流动，被聚集气体经气罩收集，通过放气孔排到油管、套管空间。

（四）主要参数

外径：ϕ90mm；质量：约 50kg；长度：约 4000mm；连接螺纹：2⅞TBG。

（五）监督要点

（1）严格按质量标准要求监督检查。

（2）检查上接头螺纹，应无磕碰、印痕和其他损伤。

五、KZL-114 油管锚

（一）用途

防止油管弯曲，减少抽油泵冲程损失。

（二）结构

如图 2-9-29 所示，由图中 10~14 组成扶正器。扶正器通过剪切销钉 9 与下锥体 7 相连，依靠弹簧片 13 的弹力与套管摩擦，通过螺纹与中心管 2 配合。

（三）工作原理

下管柱时，扶正器与中心管 2 没有相对运动，油管锚处于收拢状态。坐卡时，在保持管柱自身悬重的情况下，右旋油管 5~7 圈，扶正器推动下锥体 7 向上运动，迫使卡瓦锁入套管内壁。为进一步确定油管锚卡瓦是否已卡紧，可下放油管，当拉力计归零，油管下放遇阻，证明油管锚已卡住，如未卡住，可保持右

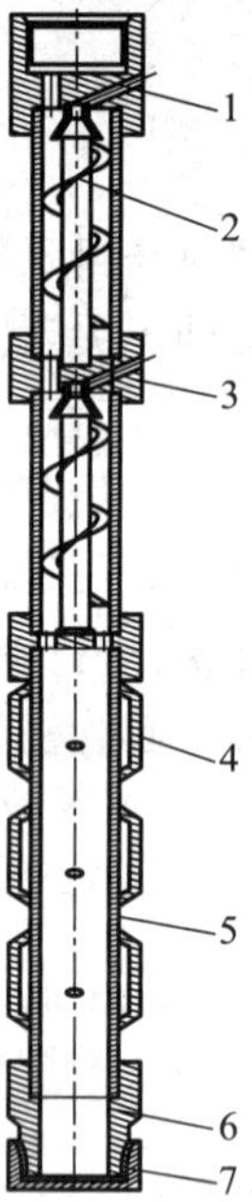

图 2-9-28 KZH-90 气锚
1—上接头；2—螺旋叶片；3—中间放气节箍；4—分离杯；5—集油管；6—下接头；7—堵头

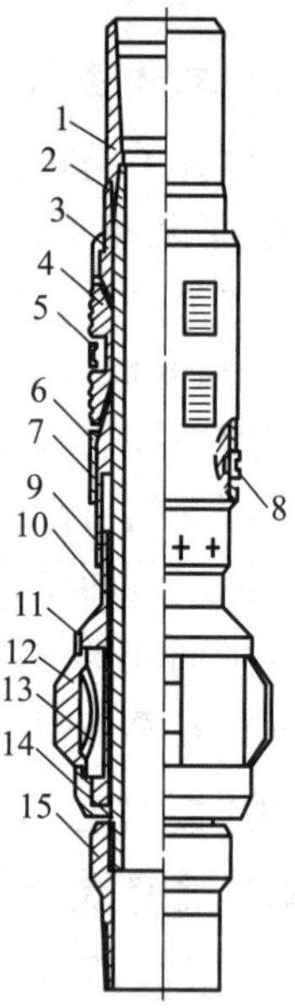

图 2-9-29 KZL—114 油管锚
1—上接头；2—中心管；3—上锥体；4—卡瓦；5—弹簧；6—外套；7—下锥体；8—滑动销钉；9—剪切销钉；10—扶正体；11—箍环；12—摩擦片；13—弹簧片；14—扶正环；17—下接头

旋扭矩，反复上提下放，直到油管锚卡住套管。上提一定张力（上提负荷为管柱悬重加30~50kN），并测量油管柱伸长量（为坐油管头做准备），去掉张力，左旋油管5~7圈，使油管锚解卡，下放管柱至已量好的位置，重复坐卡动作，在达到所需要的张力情况下，坐好油管头。

解卡时，上提管柱，卸开油管头，下放管柱，去掉张力，在保持管柱自身悬重的情况下，左旋油管5~7圈，扶正器带动下锥体7向下运动，卡瓦在弹簧的作用下收拢而解卡。若左旋油管不能解卡，则上提管柱，使油管锚剪切销钉9剪断解卡（上提解卡负荷为管柱自身悬重加80~100kN）。

（四）主要技术参数

摩擦块张开外径：134mm

摩擦块压缩最小外径：114mm

两端连接螺纹：2⅞TBG

外径：114mm

长度：650mm

（五）监督要点

（1）严格按质量标准要求监督检查；

（2）检查油管锚上下接头及中心管水眼，应畅通无阻，无杂物；

（3）监督油管锚坐封过程。

六、DGM系列多功能液压油管锚

液压油管锚是有杆泵深抽井和螺杆泵井的配套工具，适应于动液面大于600m的直井、斜井、定向井抽油泵和所有螺杆泵的锚定。其技术参数见表2-9-56。技术特点为：(1)锚定与泄油器合为一体，简化了管柱结构，减少了工具费用，提高了经济效益。(2)锚瓦靠液压造成的机械力推出，具有锁定机构，不动管柱锚定不会失效，锚定可靠；解除锚定时，卡瓦靠机械力强制收回，从而保证了锚的安全性和可靠性。(3)坐卡压力低(6MPa)，油管内液柱力由卡瓦作用于套管上，不仅保证了工具的工作性能，而且保护了油管。消除油管伸缩，提高泵效。(4)施工操作简单，普通抽油泵的锚定和解除锚定不需要任何附加工艺和设备。

表2-9-56 液压油管锚主要技术参数

	4½in	5in	5½in	7in
钢体最大外径/mm	93	105	114	150
坐卡压差/MPa	6~15	6~15	6~15	6~15
轴向承载能力/kN	200	200	200	200
径向承载能力/kN·m	7	12	12	15
长度/mm	600	600	600	600
连接螺纹/in	2⅞TBG	2⅞TBG	2⅞TBG	3½TBG

（5）监督要点：

① 严格按质量标准要求监督检查；

② 检查油管锚是否有合格证书及检验报告；

③ 检查油管锚上下接头及中心管水眼，应畅通无阻，无杂物；

④ 监督油管锚坐封过程。

七、KMZ-115 水力锚

（一）用途

利用水力锚爪的咬合力来克服分层作业中油管所受的拉力或压力。

（二）结构

其结构见图 2-9-30。

（三）工作原理

当油管压力大于套管压力时，油管、套管之间的压差作用在锚爪 5 上，就产生一个液压作用力，当这个作用力大于弹簧 4 的弹力时，锚爪 5 就压缩弹簧 4 向外凸出，并咬合在套管内壁上，以防止管柱上、下窜动。油管、套管压差愈大，锚爪的咬合力愈大。当油管压力小于套管压力时，锚爪 5 就在弹簧 4 的作用下恢复原位。

（四）技术要求

（1）应根据管柱的受力大小选用合适的水力锚，不渗不漏者才能用。

（2）水力锚下井位置应处于水泥环返高范围之内，这样可防止因压力过高而造成套管变形卡死水力锚。

（3）水力锚有防砂装置的可下入在管柱底部，如无防砂装置，下入位置应在最上一级封隔器的上部，以防砂卡。

（五）主要技术参数

钢体外径：115mm　　钢体内径：40mm

锚爪直径：50mm　　适用套管：140mm

两端连接螺纹：$2\frac{7}{8}$TBG　　总长：440mm

理论啮合力：57kN（5MPa 时）

118kN（10MPa 时）

187kN（15MPa 时）

230kN（20MPa 时）

289kN（25MPa 时）

（六）监督要点

（1）严格按质量标准要求监督检查；

（2）检查水力锚是否有合格证书及检验报告；

（3）检查水力锚上下螺纹和配合件有无磕碰、印痕及其他损伤。

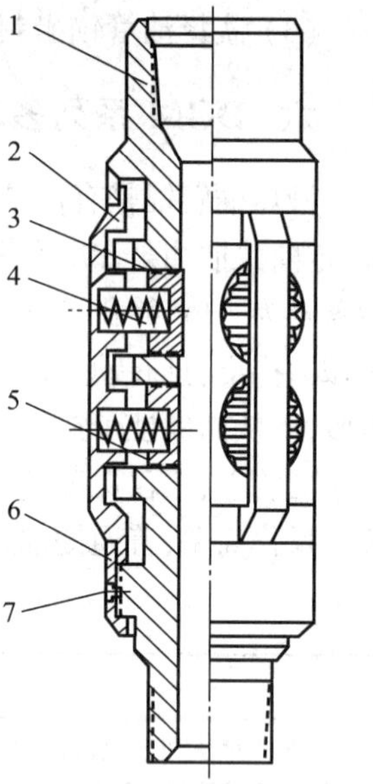

图 2-9-30　KMZ-115 水力锚

1—本体；2—扶正块；3—“O”型密封圈；4—弹簧；5—锚爪；6—扶正块套；7—固定螺钉

第十章 常规作业工序

第一节 起下管柱

一、提下抽油杆

（一）施工要求

（1）按操作标准启停抽油机，将负荷转移到井口方卡子。摘掉悬绳器，记录悬绳器距离防喷盒高度，便于完井时调整光杆外露量，提出光杆，单独摆放，不少于4个支点。

（2）提抽油杆并尽量摆放在与井架底座平行的方向上，避免起下时碰挂地面固定设施。

（3）抽油杆桥不少于四道，高0.3~0.4m，第一道桥离井口垂直距离2.0m，桥距均匀分布并在同一平面内，杆桥下及四周有防污染措施。抽油杆桥上不得摆放其他杂物。

（4）抽油杆摆放整齐，井口端从第一道桥外伸不超过0.4m，每10根一组，抽出一个接头为记号。

（5）多层摆放层间必须用4道横担相隔。严禁使用抽油杆或抽油杆短节、加重杆等下井管杆、工具当横担。

（6）活塞及附件单独摆放，保持清洁，不再下井抽油杆，摆放整齐，便于回收。

（7）起下抽油杆必须丈量，有丈量记录、累计长度和丈量人签字。

（8）详细检查并记录描述活塞、抽油杆及附件使用情况。

（9）下井杆柱必须有专人组配，符合设计要求。

（10）下抽油杆必须按标准要求检查抽油杆丝扣及磨损腐蚀情况，并记录更换抽油杆的类型、规范、数量、下井部位。

（11）下井抽油杆无弯曲、无变形、无腐蚀、杆体清洁，丝扣必须清洗干净并按规定扭矩紧扣。

（12）提下光杆严禁带井口，严禁用手抓光杆。

（13）有防掉、防污染措施。

（14）下杆完井平稳碰泵至少两次，深度相同。

（15）按设计要求上提防冲距，不挂不碰，一般要求光杆在悬绳器以上外露0.8~1.5m，顶部必须有防脱装置。

（二）录取资料数据

1. 提杆柱

（1）抽油杆名称、规范、根数、累计长度。

（2）活塞及杆柱携带附件、工具的名称、规范、数量、长度。

（3）提出杆柱与原杆柱记录是否相符合，描述磨损、腐蚀等使用情况。

2. 下杆柱

（1）抽油杆名称、规范、根数、累计长度。

(2) 杆柱携带工具及附件的名称、规范、数量、长度。

(3) 光杆规范、长度、外露,防冲距高度。

(4) 更换抽油杆及附件的名称、类型(新、修复、旧)规范和下井部位。

二、拆井口、提悬挂器

(一) 拆井口

(1) 检查关闭流程,油套管放空,确定油套管无压力。

(2) 拆卸采油树及地面生产流程,平稳起吊,放置在专用支架上,井口配件擦洗干净,摆放整齐。检查井口各部件完好程度,必要时做好更换计划。

(3) 检查悬挂器内丝扣,清理干净,并退出顶丝。

(4) 检查大四通、套管闸门符合要求,安装封井器并按规定试压。

(二) 提悬挂器

(1) 提升系统必须符合安全质量标准。

(2) 了解掌握该井基本数据、井内管柱结构情况以及设计要求。

(3) 工具、用具检查合格,准备排放妥当。

(4) 上紧提升短节,打开井口控制装置,试提负荷不超过井内管柱悬重 200kN,且在提升系统安全负荷内。井口严禁站人,专人观察地锚、绷绳受力情况。

(5) 试提检查提升系统和设备刹车,调整天车、大钩、井口在一条直线上。

(6) 用 1 挡车缓慢提起 0.5m 刹车,检查提升系统受力情况,记录悬重,确认正常后座吊卡卸掉悬挂器。

(7) 检查悬挂器使用情况,排放在井口专用支架上。

(8) 井口有防掉、防污染措施。

(三) 录取资料

(1) 井口配件使用情况。

(2) 提悬挂器悬重变化(检查坐封情况,判断有无卡、掉情况)。

(3) 悬挂器规范及使用情况描述。

三、起下油管

(一) 施工要求

(1) 液压钳安装限压阀,按规定调整压力。

(2) 油管摆放应尽量与井架底座方向平行,油管桥下及四周有防污染措施。管桥不少于 3 道,桥距均匀分布,且在同一平面内,每道不少于 4 个支点,高 0.3~0.4m,第一道桥离井口垂直距离 2.0m。

(3) 油管排放整齐,每 10 根一抽头,接箍端从第一道桥外伸 0.4m,油管严禁落地。抽油杆、油管排放在同一侧时,中间留不少于 1.5m 通道(井内如有大直径工具,事先应倒四通)。

(4) 提油管必须丈量,有丈量记录和累计长度,并由丈量人签字。

(5) 检查描述井下提出的油管、工具使用情况。对提出油管螺纹锥度使用标准接箍进行检查。对照设计,分析查找失效点。

(6) 根据现场油管使用情况和设计要求,确定是否更换及更换数量,详细记录更换油管类型、规范、数量、下井部位。

(7) 下井油管至少丈量两遍,累计长度误差小于0.2‰。

(8) 下井管柱专人组配数据,油管工具规范、数量、深度符合设计要求,并有详细记录和草图。

(9) 封隔器卡点位置准确,避开套管接箍和射孔井段。

(10) 对送到现场的泵、封、泄等工具对照料单进行检验,查看合格证及型号规范、长度是否与设计相符。活塞进行抽汲检验,泵筒灌水试漏,封隔器进行试坐封,油管变径接头必须带导角。

(11) 提出工具和现场新送工具、配件必须保持清洁、摆放合理。

(12) 下井油管必须质量合格,无弯曲、变形,管体无腐蚀、偏磨、内壁无污物,丝扣完好,下井油管必须把丝扣清洗干净,涂上密封脂。

(13) 下入新送油管、完井管和设计要求通管的,必须用标准通管规通管(油管规规范见表2-10-1)。

(14) 带封(大直径工具和不可刮、碰工具)管柱单根下放速度控制在30m/min以下,电缆管控制在10m/min以下,射孔井段和设计要求特殊部位下放速度不得超过5m/min。

(15) 起下管柱过程中保持天车、大钩、井口对正,偏差不大于0.1m。

(16) 提下油管必须装自封且自封芯子完好有效,提下电缆管必须装井口支座。

(17) 抬、排油管使用专用木棒或橡胶棒,不得使用扳手、管钳、撬杠等硬金属工具,以免损伤丝扣。

(18) 起下拉送油管使用小滑车或带护帽。

(19) 上扣扭矩符合规定(见表2-10-2油管推荐上紧扭矩),油管螺纹上满上紧,防止斜扣,并严防拧扣机打滑损伤油管。

(20) 起下油管要用油管枕头,且油管枕头要高于自封上平面或装井口护板。拉送油管人员要站在油管滑道外侧,用管钳平稳拉送,防止挂碰井口、井架。

(21) 按封隔器技术要求或设计要求坐封,精确计算坐封高度,实现一次坐封,并记录坐封方式、负荷等数据。

(22) 坐悬挂器前,要检查悬挂器完好,密封面清洁涂油,下部必须有短节或大小头,不准直接连接油管。坐悬挂器后,四通顶丝要对称顶紧。

(二) 录取资料

1. 提管柱

(1) 油管名称、规范、数量、累计长度。

(2) 工具名称、规范、数量、长度。

(3) 对照提出管柱与原井管柱记录是否相符。

(4) 描述油管以及携带工具砂堵、结蜡、磨损、腐蚀等使用情况。

2. 下管柱

(1) 油管名称、规范、数量、累计长度。

(2) 下井工具的名称、规范、数量、长度(封隔器分上下两段记录)。

(3) 坐封方式、负荷。

(4) 管柱组配草图和丈量人、组配人、审核人。

(5) 更换油管、附件的名称、类型(新、修复、旧)规范和下井部位。

四、监督要点

(1) 井口应安装防掉和防喷装置,防喷装置有检验报告和安装后的试压记录。

(2) 操作平稳,带封管柱、大直径工具以及有下放速度要求的管柱必须按规定不得超速下放。

(3) 遇阻卡时,应慢慢上下活动,分析原因,妥善处理,不得盲目大力上提或下顿。

(4) 提光杆和提悬挂器时应观察悬重是否正常并记录,判断掉、卡以及原井坐封负荷,以便分析其失效点。

(5) 使用液压钳应安装限压装置,上扣扭矩不得超过油管最大允许扭矩。

(6) 提出原井管杆、工具以及附件,认真检查使用情况,对照设计分析失效点和更换需求,并在监督报告中详细描述。

(7) 根据设计要求,检查管柱组配合理、数据无误,有下井管柱草图。

(8) 下井管杆、工具丈量准确,累计无误,排序清楚。

(9) 下井管杆、工具清洁,丝扣清洗干净并均匀涂抹密封脂。

(10) 完井管柱、杆柱、工具结构记录清楚(新旧、规范、数量、下井部位等)。

(11) 待回收和施工方自备管杆工具分别摆放,检查清点无误。

(12) 资料录取符合标准要求。

表 2-10-1 油管规规范

油管通称直径/mm	油管外径/mm	油管规直径/mm	油管规长度/mm
40	48.26	37	800~1200
50	60.32	47	800~1200
62	73.02	59	800~1200
76	88.90	73	800~1200
88	101.60	85	800~1200

表 2-10-2 油管推荐上紧扭矩

公称直径/mm	螺纹与接箍名义质量/(kg/m)		上紧力矩/N·m						
	非加厚	加厚	钢级	非加厚			加厚		
				最佳	最小	最大	最佳	最小	最大
73.02	9.52	9.67	H-40	1084.62	812.97	1356.26	1694.59	1273.88	2115.29
	9.52	9.67	J-55	1423.93	1070.87	1775.98	2236.90	1680.86	2792.93
	9.52	9.67	C-75	1870.11	1400.20	2345.75	2912.00	2210.42	3673.57
	12.80	12.95	C-75	2833.14	2129.02	3524.51	3863.82	2901.79	4824.87
	9.52	9.67	N-80	1992.71	1491.59	2494.81	3118.51	2345.75	3905.00
	12.80	12.95	N-80	2995.93	2250.62	3741.24	4094.28	3077.33	5124.96
	9.52	9.67	P-105	2507.56	1883.86	3131.26	3945.22	2955.72	4936.67
	12.80	12.95	P-105	3782.42	2833.14	4731.71	5167.12	3877.55	6453.76

续表

公称直径/mm	螺纹与接箍名义质量/(kg/m)		钢级	上紧力矩/N·m					
				非加厚			加　厚		
	非加厚	加厚		最佳	最小	最大	最佳	最小	最大
88.90	11.46	—	H—40	1247.41	935.55	1559.26	—	—	—
	13.69	13.84	H—40	1518.07	1138.55	1898.57	2345.75	1762.26	2928.27
	15.18	—	H—40	1775.98	1328.80	2223.17	—	—	—
	11.46	—	J—55	1640.65	1233.68	2047.63	—	—	—
	13.69	13.84	J—55	2006.44	1505.32	2508.54	3091.06	2318.29	3863.82
	15.18	—	J—55	2332.02	1748.53	2914.54	—	—	—
	11.46	—	C—75	2169.23	1626.92	2711.54	—	—	—
	13.69	13.84	C—75	2643.87	1978.98	3307.78	4080.55	3063.60	5097.50

第二节　压井、洗井

一、压井

(一) 压井准备

(1) 压井液及隔离液性能应满足本井和本区块地质要求,密度和液量符合设计要求。

压井液密度计算公式：　　$\rho=102P(1+k)/H$

式中　ρ——压井液密度,g/cm^3;

P——油水井近期静压,MPa;

H——油层中部深度,m;

k——附加量(作业施工取0~15%,大修施工取15%~30%)。

压井液用量计算公式：　　$V=\pi r^2 h(1+k)$

式中　V——压井液体积,m^3;

h——压井深度,m;

r——套管内半径,m;

k——附加量(一般应大于15%~30%)。

(2) 压井方式:具备循环条件的井,优选循环法压井。

(3) 地层压力较高和压井难度较大的井,应有备用泵注设备,所有流程、容器保持干净,确保不堵塞设备和污染地层。

(4) 压井前控制放压至稳定状态,井口应使用控制阀门、节流阀或油嘴控制出口排量。

(5) 连接压井管线并试压合格(试压值不低于最高设计施工压力的1.5倍,不得高于其某一管阀管件最低的额定工作压力),出口用硬管线并固定。

(6) 压井前控制放套管气。

(二) 压井施工

(1) 泵注隔离液达到设计要求。

(2) 循环法压井时最高泵压不超过油层吸水启动压力,泵注压井液应连续进行,排量符合设计要求,控制进出口排量平衡,至进出口密度差不大于 $0.02g/cm^3$ 可停泵。

(3) 挤注法压井时泵压不得超过地层破裂压力,挤压深度应在油层以上 50m,防止压井液进入地层,扩散压力,观察压井效果。重复挤压时,必须将前次压井液喷净后再进行。

(4) 严重漏失井应采取有效堵漏措施。

(5) 油气比较大或压力较高的井,先控制排套管气,再用清水循环除气,然后用压井液压井。

(6) 停泵后观察 5~15min,井口无溢流为合格。

(7) 若压井失败,必须查明原因,不可盲目加大压井液密度。

(8) 废液回收,防止井场污染。

(三) 录取资料

(1) 压井时间、方式、压井深度。

(2) 压井液名称、用量、密度及其他性能参数。

(3) 泵注压力、出口压力、进出口排量、密度变化、漏失或喷吐量。

二、洗井

(一) 洗井准备

(1) 洗井液与油水层产出液应具有良好的配伍性。

(2) 低压漏失地层应加入增黏剂、暂堵剂或采取混气等手段降低洗井液密度。

(3) 稠油井应加入活性剂或洗油剂并提高温度,必要时用热油洗井。

(4) 结蜡井洗井液温度不低于 70℃。

(5) 洗井液的相对密度、黏度、pH 值和添加剂性能符合设计要求。

(6) 洗井液储备量为井筒容积的两倍以上。

(7) 容器清洁,无渗漏,摆放合理。

(二) 洗井施工

(1) 井内管柱符合设计的洗井要求。

(2) 按设计要求选择洗井方式。

(3) 洗井管线连接后试压至设计施工泵压的 1.5 倍,5min 不刺不漏为合格。

(4) 洗井开泵时应注意观察泵压变化,控制排量有小至大,同时注意出口返液情况,排量一般控制在 $25\sim30m^3/h$,注水井洗井排量可增至 $35m^3/h$,高压油气井出口喷量控制在 $3m^3/h$ 以内。

(5) 洗井过程中,随时观察记录泵压、排量、出口等变化,洗井不通或漏失严重时,应停泵分析原因,采取相应措施,不得强行蹩泵。

(6) 出砂井优先采用反循环洗井,保持不喷不漏,平衡洗井,若正循环洗井,应经常活动管柱,防止砂卡。

(7) 洗井过程中需加深或上提管柱时,洗井液必须循环两周以上方可动管柱,并迅速连接管柱,尽快恢复洗井。

(8) 洗井至洗井液进出口密度一致,干净无杂质污物。

(9) 施工中设备、井口、管线无漏失,施工废液回收处理,防止和治理井场污染。

（三）录取资料

(1) 时间、方式。
(2) 洗井液名称、密度等主要参数。
(3) 洗井泵压、排量、注入量、喷漏量。
(4) 洗出物名称、形状、数量。

三、监督要点

(1) 工作液性质符合要求，容器清洁，设备、管线、井口无渗漏。
(2) 压井、洗井方式选择合理，参数在正常范围，出现异常，及时分析原因，采取相应措施。
(3) 注意泵压、排量及出口变化，判断压井、洗井合格。
(4) 压井、洗井深度符合设计要求。
(5) 有预防油层污染和环境污染措施，废液回收处理，不得随意外排。
(6) 资料录取符合标准要求。

第三节　探砂面、冲砂

一、探砂面

（一）硬探砂面

(1) 笔尖距油层 30m 时，控制下放速度为 1.2m/min。
(2) 接触砂面后，加压 10~20kN，两次误差不超过 0.5m。
(3) 记录砂面位置和计算砂柱高度。

（二）软探砂面

了解记录仪显示深度和调整系数，计算砂面深度和砂柱高度，上提 20m 复探，两次误差不超过 0.5m，记录砂面位置和砂柱高度。

（三）录取资料

时间、方式、悬重变化、砂面深度、砂柱高度。

二、冲砂

（一）冲砂准备

(1) 冲砂液与油水层产出液应具有良好的配伍性。
(2) 具有良好携砂能力（黏度），形成适当的液柱压力（密度），防止井喷和井漏。
(3) 冲砂液不得落地（同洗井）。
(4) 容器清洁，无渗漏，摆放合理。

（二）冲砂施工

(1) 下冲砂管柱前，检查油管及冲砂工具，保证密封可靠（按下油管要求）。管柱下放至砂面 3m 以上开泵循环，泵压、出口排量正常后下放管柱冲砂。

(2) 观察出口排量，发现漏失或喷吐，应停止冲砂并采取相应措施。

(3) 接换单根前循环 5min 以上，接换单根迅速，连续冲进 5 个单根，应洗井一周后继续下冲。

(4) 处理故障问题需停泵时,应上提管柱至原砂面 10m 以上,并反复活动管柱。

(5) 提升系统故障不能起下管柱时,必须保持正常循环至洗井合格。

(6) 施工压力不得超过循环系统安全压力,软管两端必须拴保险绳。

(7) 提出冲砂管柱,丈量核对冲砂深度,检查并描述冲砂工具使用情况。

(8) 冲砂深度应符合设计要求。

(9) 冲砂循环必须使用沉砂罐或专用罐,严禁冲砂返出液体直接进流程干线。

(10) 冲砂液及返出物应及时回收处理,防止井场污染。

(11) 冲出砂量应大于理论砂量的 50%。

(三) 录取资料

(1) 冲砂时间、方式。

(2) 冲砂液名称、密度、用量。

(3) 泵压、排量。

(4) 返出物描述(砂样、砂量)。

(5) 砂柱高度、冲砂井段。

(6) 漏失量、喷吐量。

三、捞砂

(1) 根据井况选择合理的捞砂方式。

(2) 注意观察悬重变化和捞砂进尺,核实深度,估算捞出砂量。

(3) 录取资料:砂面深度、砂柱高度,捞砂时间、方式、井段、捞出砂量及砂样描述。

四、回探砂面

(1) 冲砂至设计深度后,保持排量 24m ^{3}/h 以上洗井,至出口含砂小于 0.2%为合格,上提管柱 20m 沉降等回探。

(2) 捞砂后沉降 0.5h,冲砂后沉降 4h 回探砂面,回探深度与设计要求深度相差小于 0.5m 为合格,否则需重新冲捞。

(3) 操作要求同探砂面。

(4) 录取资料:时间、方式、悬重变化、回探深度。

五、监督要点

(1) 确认砂面深度和砂柱高度。

(2) 冲砂液符合设计要求,确保不污染地层,冲砂前冲砂罐要保持清洁。

(3) 冲砂方式选择合理,泵压、排量、进尺、出口液量等参数控制在合理范围内,发现异常,分析原因,采取相应措施。

(4) 根据砂柱高度和套管尺寸,计算应冲出砂量,实测冲出砂量达到要求。

(5) 达到规定沉降时间后,回探砂面符合要求。

(6) 起出冲砂管柱,核实数据无误。

(7) 有预防油层污染和环境污染措施,废液回收处理,不得随意外排。

(8) 资料录取符合标准要求。

第四节　通井、刮蜡、刮削

一、通井

（一）施工准备

（1）了解掌握基础数据、井内状况和设计要求。

（2）设备、工具符合要求，调整井架，保证天车、大钩和井口在同一条直线上。

（3）根据套管内径选择合适的通井规（见表2-10-3套管通井规规范），通井规外径应小于套管内径6~8mm，壁厚3.5~5mm，有效长度一般为1.20m，有特殊要求的通井，通井规应符合设计要求。

（4）下井油管组合、钢级、丝扣及本体符合质量要求。

表2-10-3　套管通井规规范

套管规格	mm	114.30	127.00	139.70	146.50	168.28	177.80
	in	4½	5	5½	5¾	6⅝	7
通井规规格	外径/mm	92~95	102~107	114~118	116~128	136~148	144~153
	长度/mm	500	500	500	500	500	500
接头连接螺纹	钻杆	NC26	NC26	NC31	NC31	NC31	NC38
	油管	2⅜TBG	2⅜TBG	2⅞TBG	2⅞TBG	2⅞TBG	3½TBG

（二）施工要求

（1）管柱结构合理。

（2）下管柱平稳操作，下钻速度控制在10~20m/min之间。下钻至设计位置或人工井底100m时下放速度不得超过10m/min。

（3）通井至人工井底（或灰面），悬重下降10~20kN，重复两次，深度误差小于0.5m。

（4）随时注意悬重变化，中途遇阻时，悬重下降控制不超过30kN，并平稳活动管柱、循环冲洗，严禁猛顿硬压。

（5）上提遇卡时，要有工程技术人员现场妥善处理，严禁盲目大力上提。

（6）提出通井规并检查描述，对遇阻井段分析并处理后再通井。

（三）录取资料

（1）通井规外径、长度。

（2）通井深度、遇阻位置、悬重变化。

（3）通井规外型、痕迹描述。

二、刮蜡

（一）工序准备

（1）了解掌握基础数据、井内状况、结蜡井段和设计要求。

（2）根据套管内径，选择套管刮蜡器，其直径比套管内径小6~8mm。

(3) 按设计组配管柱,应尽量选用大通径的油管。

(二) 施工要求

(1) 下入刮蜡管柱,保证丝扣上紧,防止下井过程中由刮蜡器与套管壁造成的扭矩力而使油管倒扣。

(2) 遇阻后上提油管3~5m,进行热水反循环,循环一周后停泵,再反复活动管柱,每下入10m左右上提2~3m热水反循环一次,直至下到设计深度或人工井底。如结蜡严重,蜡块坚实,刮蜡器难以通过,应适当缩小刮蜡器外径(每次小2~4mm),分次刮削,将蜡刮净(结蜡井段应上下反复刮削)。

(3) 刮蜡至设计深度后,用井筒容积1.5~2倍的热水或溶蜡剂洗井,将蜡清洗出井筒。

(4) 提出刮蜡管柱,检查刮蜡器使用情况。

(三) 录取资料

(1) 刮蜡器型号、外径。

(2) 刮蜡井段、进尺及悬重变化。

(3) 热洗要求同洗井。

(4) 提出刮蜡器描述。

三、刮削

(一) 工序准备

(1) 了解掌握基础数据、井内状况、刮削井段和设计要求。

(2) 根据套管内径,选择套管刮削器(见表2-10-4胶筒式和弹簧式套管刮削器)。

(3) 合理组配管柱。

表2-10-4 胶筒式和弹簧式套管刮削器

刮削器型号		外形尺寸/mm×mm	接头连接螺纹		适用套管规范	
胶筒式	弹簧式		钻杆	油管	mm	in
GX-J102	—	φ 92×1110	NC26	2⅜TBG	88~90	4
GX-J114	GX-T114	φ 112×1119	NC26	2⅜TBG	114.30	4½
GX-J127	GX-T127	φ 119×1340	NC26	2⅜TBG	127.00	5
GX-J140	GX-T140	φ 129×1443	NC31	2⅞TBG	139.70	5½
GX-J146	GX-T146	φ 133×1443	NC31	2⅞TBG	146.05	5¾
GX-J168	GX-T168	φ 156×1604	3½REG	3½TBG	168.28	6⅝
GX-J178	GX-T178	φ 166×1604	3½REG	3½TBG	177.80	7
GX-J219	GX-T219	φ 212×1800	4½REG	3½TBG	191~231	8⅝
—	GX-T245	φ 238×1500	4½REG	3½TBG	216~231	9⅝
GX-J273	GX-T273	φ 268×1800	6⅝REG	3½TBG	248~259	10¾

(二) 施工要求

(1) 下管柱平稳操作,控制下放速度在 30m/min 以内。

(2) 管柱下至设计要求刮削井段以上 50m 左右,下放速度在 10m/min 以下,接近刮削井段开泵循环正常,顺螺纹紧扣方向缓慢旋转并下放管柱,然后上提管柱反复多次刮削,直至上提下放悬重无明显变化。

(3) 若中途遇阻,悬重下降若达到 30kN,停止下放,开泵循环,边循环边刮削,待恢复正常再继续下放。若遇阻严重、循环困难、蹩钻严重,应停止刮削,查明原因,妥善处理后再刮削。

(4) 刮削作业完成后应充分洗井。

(三) 录取资料

(1) 刮削器型号、规范。

(2) 刮削井段、遇阻位置、悬重变化。

(3) 提出刮削器描述。

(4) 循环洗井返出物描述,其他同洗井要求。

四、监督要点

(1) 实测通井规、刮蜡器、刮削器外径、长度,观察描述外观变化。

(2) 下钻操作平稳,控制下放速度,注意悬重变化。

(3) 遇阻、卡时,分析原因,采取相应措施。

(4) 通井、刮蜡、刮管达到设计要求深度,套管内通径畅通无阻。

(5) 刮蜡、刮管后洗井达到标准要求。

(6) 资料录取符合标准要求。

第五节 注 灰

一、注水泥塞

(一) 施工准备

(1) 根据设计要求,了解施工井井别、套管规格、套损情况,封堵井段及其他有关井段情况,目前地层压力、温度、产液量、液体性质情况,井的漏失情况及历次作业情况,目前井下情况、井史等。

(2) 按设计要求,选择合适的油井水泥(水泥的选择参照表 2-10-5)及添加剂、堵漏剂,妥善保存,防止受潮。

(3) 注塞前取水样做水分析,取水泥样做水泥浆初凝、终凝、流动度试验和添加剂配方试验。

(4) 备足工作液(液量不小于实用量的 1.5 倍),满足油层保护要求,并备有废液回收容器,满足环保要求。

(5) 硫化氢含量超标井注塞,应备足碱性中和液和防护用具,现场有检测仪。

(6) 作业设备的提升、旋转和循环动力系统状况良好,运转正常;泵注设备符合设计要求,并有备用设备。

(7) 注塞前通井至设计深度,并根据井况采取相应措施。

(8) 确保液面在井口时地层不喷不漏。

(9) 检查核对注灰管柱(严禁使用通井管柱注塞),深度误差小于0.2‰,密封不漏,下井过程中用通管规逐根通过。

(10) 选用合适的洗井液洗井,达到施工要求。

表2-10-5 水泥选用表

API水泥级别	类型			适用井深/m	适应温度范围/℃	最小稠化时间/min	最大稠化时间/max	备注
	普通	抗硫酸盐 中	抗硫酸盐 高					
A	●	—	—	0~1830	<76.7	90	—	普通型水泥★
B	—	●	●		<76.7	90	—	中热水泥
C	●	●	●		<76.7	90	—	早强水泥
D	—	●	●	1830~3050	76.7~127	100	—	中温、中压条件★
E	—	●	●	3050~4270	76~143	154	—	超高温、高压条件
F	—	●	●	3530~4880	110~160	190	—	超高温、高压条件
G	—	●	●	0~2440	0~93	90	120	基本水泥★
H	—	●	●	0~2440	0~93	90	120	基本水泥
J	●	—	—	3660~4880	49~166	180	—	超高温、高压条件★

注:●表示有此种类型,★表示我国常用水泥。

(二) 施工要求

(1) 连接泵注设备、组装注塞管汇,试压合格。

(2) 按设计要求配制水泥浆,混合均匀,不得混入杂质。

(3) 正替入配制好的水泥浆,如果井内液体为非清水,在替入水泥浆前后依次替入前隔离液和后隔离液。

(4) 正替入顶替液,顶替液用量应准确无误。

(5) 上提管柱至设计塞面2~3m位置,反洗出井筒内多余的水泥浆。

(6) 从配浆开始到反洗井完,时间应小于水泥初凝时间的70%。

(7) 上提管柱至设计塞面100m以上。

(8) 用工作液灌满井筒,关井候凝(候凝时间见表2-10-6)。

表2-10-6 水泥候凝时间表

API水泥级别	候凝时间/h
A,B,C,D,G,H	24
E,F,J	48

(9) 候凝后加深管柱探水泥塞面,加压5~10kN探两次,深度符合设计要求,上提管柱20m,循环工作液,确认油套连通后,进行水泥塞试压(试压标准见表2-10-7)。

(10) 若水泥塞之上有射开层段时,应下封隔器管柱或地层测试器进行验塞。

(11) 施工过程中备用泵注设备应始终处于运转状态。

表 2-10-7 水泥塞试压数据表

套管规格/mm	试验压力/MPa	停泵观察时间/min	试压介质	允许压降/MPa
≤127.0	18.0	30	清水	≤0.5
139.7	15.0	30		
177.8	12.0	30		
244.5	10.0	30		
339.7	8.0	30		

(三) 资料录取

(1) 管柱结构(管柱示意图)、管柱长度、下入深度、井液密度。

(2) 井口管线试压及循环洗井时的泵压、排量及出口返出物描述。

(3) 配制水泥浆时间、清水用量、水泥标号和用量、添加剂型号和用量、水泥浆密度及配制量。

(4) 替入隔离液、水泥浆、顶替液、反洗井的时间、用量、泵压、排量及出口描述。

(5) 提出管柱根数、井内管柱深度。

(6) 候凝起止时间。

(7) 探水泥塞面次数、深度、悬重变化。

(8) 水泥塞试压时的泵压、压降以及稳压时间。

二、水泥封堵封串

水泥封堵分循环法封堵和平推法封堵,循环法封堵使用于普通堵炮眼和封堵出水井段,平推法封堵使用于长井段或多层系堵炮眼。

水泥封串分循环法封下串和挤入法封上串。

(一) 施工准备

(1) 了解封堵、封串井段小层数据及各层渗透率、孔隙度、含油饱和度、油气比等。

(2) 施工前试挤压力为预计施工压力的 1.2 倍以上。

(3) 井场应符合挤水泥条件,所有物资、车辆到位后方可开工。

(4) 同注水泥塞施工准备。

(二) 施工要求

1. 封堵

① 循环法封堵一般下管柱深度至封堵井段上界 20m;平推法封堵一般下管柱至封堵井段下界。

② 连接管线,对井口和高压管线进行水压密封试验。

③ 大排量洗井降温(达到 SY/T 5587.7 要求温度)。

④ 关出口,试挤求吸水指数,若试挤压力高于 20MPa 或吸水量小于 $24m^3/h$,用酸液预处理封堵井段。

⑤ 按设计要求配置水泥浆,混合均匀,不得混入杂质。

⑥ 循环法封堵：正替入设计规定量的水泥浆、顶替液，将水泥浆顶替至油管底部；关套管闸门，正挤顶替液，直至达到一定挤水泥压力或以泵入规定量流体为止，压力由试挤压力及套管承受强度决定；挤完后立即倒管线，控制出口压力为挤注压力的0.7~0.8倍，大排量反洗井，洗出油管内多余水泥浆；上提管柱至封堵井段200m以上，关井候凝。

⑦ 平推法封堵：正替入设计规定量的水泥浆、顶替液，将水泥浆顶替至油套平衡处；上提管柱至水泥浆面50m以上；控制出口压力为挤注压力的0.7~0.8倍，大排量反洗井，将油管洗净；关油管闸门，反挤顶替液，将水泥浆推至封堵井段上界；憋压关井候凝。

2. 封串

循环法封下串：

(1) 根据施工要求，在循环出液孔以下坐封一个挤水泥桥塞；下管柱将挤水泥插头下入井内，试探桥塞位置无误后，大排量正洗井降温(达到SY/T 5587.7要求温度)。

(2) 连接泵注设备、组装施工管汇，试压合格。

(3) 将插头插入桥塞内，正注洗井液，清洗串通井段中杂物，并观察串通量，若与找串结果相符则进行下步施工。

(4) 按设计要求配置水泥浆，混合均匀，不得混入杂质。

(5) 正替(挤)入设计规定量的水泥浆、顶替液，将水泥浆顶替至串槽部位。

(6) 上提管柱将插头提出桥塞，立即倒管线控制出口压力为挤注压力的0.7~0.8倍，大排量反洗井，洗出油管内多余水泥浆。

(7) 上提管柱至循环孔射孔顶界50m以上，井筒罐满工作液，关井候凝24~48h。

挤入法封上串：

(1) 施工前将串槽下部的射孔井段用砂填满，下封串管柱至设计位置。

(2) 连接泵注设备、组装施工管汇，试压合格。

(3) 大排量洗井降温(达到SY/T 5587.7要求温度)；关闭出口，试挤求吸水指数。

(4) 正替(挤)入设计规定量的水泥浆、顶替液，将水泥浆顶替至油管底部。

(5) 挤完后立即倒管线，控制出口压力为挤注压力的0.7~0.8倍，大排量反洗井，洗出井筒内多余水泥浆。

(6) 上提管柱至射孔顶界200m以上；井筒灌满工作液，关井候凝24~48h。

(三) 资料录取同注塞

三、监督要点

(1) 水泥质量和工作液性质符合标准要求。

(2) 水泥初凝实验报告。

(3) 各种计算、计量精确无误。

(4) 施工中统一指挥，周密协调，准确紧凑。

(5) 发现异常立即采取果断措施，避免发生工程事故。

(6) 注灰后反洗井彻底，上提管柱至设计要求深度，密封井口。

(7) 候凝时间达到要求，探灰面深度符合设计要求。

(8) 按要求进行水泥塞、套管试压合格。

(9) 核实注灰管柱数据及灰面深度。

(10) 资料录取符合标准要求。

第六节 钻 塞

钻塞施工主要包括钻水泥塞和钻铣可钻式桥塞两种情况。

一、钻水泥塞

（一）施工准备

（1）要求下通井管柱至水泥塞面进行通井、洗井，保证井眼畅通，水泥塞面准确并无落物。

（2）详细检查螺杆钻具规格型号是否与套管直径相匹配（见表 2-10-9 螺杆钻具），钻具质量完好。

（3）记录钻头的规格型号和螺纹型式等数据，并绘制草图，钻头直径应小于套管内径6～10mm。

（4）钻具组合自下而上为：

① 螺杆钻具钻水泥塞：钻头+螺杆钻具+加压钻杆+缓冲器+过滤器+提升短节+钻杆（油管）。

② 动力水龙头钻水泥塞：钻头+钻杆+动力水龙头。

③ 转盘钻水泥塞：钻头+钻杆+方钻杆。

（5）井口必须有符合标准要求的井控装置。

（6）工作液符合油层保护要求。

（二）施工要求

（1）钻头（磨鞋）下至距水泥塞面 5m 处开泵正循环，循环正常后，缓慢下放，加压 5～10kN 开始钻磨，工作液用清水时，环空上返速度不小于 0.8m/s。

（2）动力水龙头钻塞时，钻头（磨鞋）下至距水泥塞面 5m 处开泵正循环，循环正常后启动动力水龙头，其转速正常后缓慢下放钻具，加压 7～15kN，转速控制在 40～60r/min 之间，工作液用清水时，环空上返速度不小于 0.8m/s。

（3）转盘钻水泥塞时，钻头（磨鞋）下至距水泥塞面 5m 左右开泵正循环冲洗，循环正常后启动转盘，转盘旋转正常后缓慢下放钻具，加压 10～25kN，转速控制在 60～120r/min 之间，工作液用清水时，环空上返速度不小于 0.8m/s。

（4）每钻进 3～5m 划眼一次。

（5）接单根之前，循环不少于 15min。

（6）钻至设计深度，应充分循环替出井内钻屑。

（7）钻进无进尺时应停钻分析原因，采取合理措施。

（8）钻塞后应下入刮削、通井工具，通刮至设计深度并彻底洗井，确保井内无残留水泥环。

（9）钻塞井段为射开高压层时，应有防喷措施。

（10）对井筒试压（见表 2-10-8 套管试压要求）。

表 2-10-8　套管试压要求

套管外径/mm	试压压力/MPa				压　降 30min
	油　井	注水井	注蒸汽井	气　井	
127.00~193.67	15	20	20	20	≤0.5
219.07~244.47	10	12	12	15	≤0.5

(三) 录取资料

(1) 钻具名称、规范。

(2) 塞面深度。

(3) 泵压、排量、钻压、钻速。

(4) 钻磨时间、井段、进尺。

(5) 工作液名称、性质、用量、喷漏量。

(6) 洗出物描述(名称、颜色、粒度、数量)。

二、钻铣桥塞

(一) 施工准备

(1) 详细了解本井基本数据、目前生产状况、套管状况及历次作业情况。

(2) 按要求下通井管柱至塞面进行通井、洗井,保证井眼畅通,塞面深度准确并无落物。

(3) 详细检查螺杆钻具规格型号是否与套管直径相匹配(见表 2-10-9 螺杆钻具),钻具质量完好。

(4) 记录钻头的规格型号和螺纹型式等数据,并绘制草图,钻头直径应小于套管内径6~10mm。

(5) 下钻具时,井口必须有井控装置。

(6) 工作液性能符合油层保护和设计要求。

表 2-10-9　螺杆钻具

厂　家	外径/mm	接头螺纹		最高排量/(L/min)	最大压差/kPa	转速/(r/min)	近似扭矩/N·m	适应井筒尺寸/in	工具长度/m	重量/kg
		上	下							
克利斯坦森公司	69.85	BWROD	BWROD	340.7	4824.87	485~1200	135.33	3~3⅞	4.6	95.3
	95.25	2⅞REG	2⅞REG	681.3	4001.11	340~855	325.58	4½~5⅞	6.1	349.3
	120.25	3½REG	3⅓REG	851.6	4001.11	270~680	544.27	6~7⅞	6.1	449.1
	158.75	4½REG	4½REG	1608.6	4001.11	200~510	1274.86	7⅞~9 7/8	7.6	848.2
代纳公司	4.45	AWROD	AWROD	68.1	1725.97	760	14.71	1⅞~2 15/16	2.5	21.3
大港油田 YLⅡ~100	100	2½TBG	2½TBG	300	1961.33	80	225.55	5½~7	2.5	84
				370	2353.60	90	274.59	5½~7	2.5	84
				400	2451.66	100	274.59	5½~7	2.5	84

（二）施工要求

1. 螺杆钻具钻铣桥塞

（1）钻具组合自下而上为：钻铣工具+捞篮+螺杆钻具+提升短节+缓冲器+过滤器+提升短节+油管（钻杆）。

（2）管柱下放速度控制在30m/min以下，下至距塞面50m时，缓慢下放至悬重下降10~20kN探塞面，做标记，核实深度。

（3）上提管柱离塞面1~2m，开泵循环以液体上返速度不小于0.8m/s进行冲洗，缓慢下放管柱，控制钻压5~10kN，转速60~100r/min，按设计要求钻除桥塞并将其残余部分捞出或推至井底。

（4）起下钻具速度均匀平稳。

（5）确保管柱密封，上扣扭矩符合要求。

2. 动力水龙头钻铣桥塞

（1）钻具组合自下而上为：钻铣工具+捞篮+钻铤+钻杆+动力水龙头。

（2）管柱下至距塞面50m时，缓慢下放探塞面，悬重下降5kN。

（3）上提管柱离塞面1~2m，开泵循环正常后下放管柱，控制钻压7~40kN，转速80~100r/min，出口返液正常，直至钻铣达到设计要求。

（4）通井、洗井达到设计要求。

3. 转盘钻铣桥塞

（1）钻具组合自下而上为：钻铣工具+捞篮+钻铤+钻杆+方钻杆。

（2）管柱下至距桥塞面50m时，缓慢下放探塞面，悬重下降5kN。

（3）将管柱提离塞面1~2m，开泵循环正常后下放管柱，控制钻压7~40kN，转速80~100r/min，出口返液正常，直至钻铣达到设计要求。

（三）录取资料

（1）钻具名称、规范。

（2）塞面深度，钻塞进尺。

（3）时间、方式、泵压、排量、钻压、钻速。

（4）工作液名称、性质、用量、喷漏量。

（5）洗出物描述（名称、颜色、粒度、数量）。

三、监督要点

（1）工作液性质符合设计要求，容器清洁。

（2）指重表灵敏可靠，泵压、排量、钻压、转速等参数合理。

（3）有套管保护措施。

（4）无进尺时应分析原因，采取措施，不可在同一井段长时间钻磨。

（5）确认进尺及深度。

（6）有可靠的井控装置和防喷措施。

（7）钻塞后洗井、通井、套管试压等工序符合标准要求。

（8）资料录取符合标准要求。

第七节 诱 喷

常见的诱喷方式有替喷、气举、液氮排液、混排、抽汲等方式。

一、替喷

（一）替喷准备

（1）掌握了解井内管柱、井身结构、井内液体性质、设计替喷要求等情况。

（2）替喷液性能满足替喷施工质量要求。

（3）替喷液密度计算公式 $\rho \leqslant 102P/H$

式中 ρ——替喷液密度，g/cm^3；

P——地层压力，MPa；

H——油层中部深度，m。

（4）替喷液用量计算公式 $V=\pi d_d^2 h(1+k)/4$ 或 $V=\pi r^2 h(1+k)$

式中 V——替喷液体积，m^3；

d_d——套管内径，m；

h——替喷深度，m；

k——附加量（一般应大于50%）；

r——套管内半径，m。

（5）替喷方式的选择符合设计要求，一般正替喷适用于地层压力系数小于1或等于1的井，反替喷适用于地层压力系数大于1的井。根据完井方式，一次替喷能满足完井要求的井，选用一次替喷，一次替喷不能满足完井要求的井，可选用二次替喷。

（6）根据设计和地面流程，准备好储液容器、气液分离设备、量具、防喷管线、废液回收容器等替喷专用设备、工具，备足替喷液。

（二）替喷施工

（1）连接管线，固定出口，试压合格。

（2）泵注替喷液，观察出口返液情况，准确计量进出口液量，当有喷势时应控制出口排量。

（3）发现井口压力升高，出口排量加大，并伴有油花、气泡，或停泵后井口有溢流时，说明油气已诱流至井内，应注意防喷。

（4）采用一次替喷，管柱深度应在生产井段以上10~15m。采用二次替喷方式时，先将管柱下至生产井段以下（或人工井底以上1~2m），替入工作液，然后将管柱调整至生产井段以上10~15m，进行二次替喷。

（5）替喷液量一般不少于井筒容积的1.5倍，排量不低于$30m^3/h$。

（6）替喷后能自喷，则选择放喷制度，正常生产。若不能连续自喷，待出口与入口液密度差不大于$0.02g/cm^3$时停止替喷。

（7）替喷不通时，要上提管柱分段循环或提出管柱查明原因，严禁硬蹩，管柱带有封隔器时，要控制泵压和排量，防止将替喷液挤入地层。

（三）录取资料

（1）时间、方式。

（2）替喷液名称、性能、用量。

（3）泵压、排量。

（4）返出物性质、数量及变化情况。

（5）管柱结构及深度。

（6）放喷油嘴、油套管压力。

二、气举

（一）光管气举

（1）下入气举管柱。

（2）根据施工设计要求，准备好施工设备、工具及管线。

（3）压风机距井口应大于20m，连接气举管线，气举管线一律使用硬管线，且用地矛固定，出口不允许使用活动弯头和弯度小于120°的死弯头。

（4）管线清水试压，试压值为施工压力的1.5倍，但不得超过管线或闸门额定工作压力。

（5）先启动压风机，向管线中打入0.5～2MPa压力，再打开套管闸门和油管闸门，防止井液进入压风机。

（6）向井内打入压缩气体，直到举空或有喷势为止（控制防喷速度，预防发生井喷事故）。

（7）气举时，应注意防火、防爆（当井筒中天然气占混合气体总体积的5%～15%时，遇到明火就会发生爆炸）。

（8）气举过程中发生管线刺漏，应先放压再处理，不允许在高压下砸管线。

（9）气举时严禁跨越高压管线。

（二）气举阀气举

为加快排液，深井气举时可使用气举阀气举。

（1）气举阀气举采用反举方式。

（2）当压风机把高压气体由油套环空打入井筒，液面降到气举阀的位置时，气体顶开气举阀进入油管，举出油管中的液体，降低油管内压力。

（3）压力降到一定程度后，气举阀自动关闭，打入的高压气体继续下行，依次打开下面的各级气举阀。

（4）最后高压气体通过油管底部进入油管，举出井筒内液体。

（5）施工要求同光管气举。

（三）录取资料

（1）时间、举升方式。

（2）泵压、油套压变化、气举深度。

（3）排量、出口液量。

（4）出口液体描述。

三、液氮排液

液氮排液具有排液速度快、施工时间短、适用范围广，在高压井施工时安全可靠，低压井施工时可形成较大的负压，有利于自喷投产的诱喷施工等特点。

（一）液氮排液设备

液氮泵车（包括液氮罐、高压液氮泵、液氮蒸发器及控制装置和仪表等）、制氮车。

（二）液氮排液施工

（1）连接管线（在进口管线上安装单流阀，防止井筒流体进入泵车），试压合格。

（2）启动增压泵和高压液氮泵前，必须充分冷却泵腔，达到规定标准后，启动增压泵和高压液氮泵，注入氮气。

（3）液氮罐在行车中必须打开安全阀，使储罐压力保持在104kPa以下。

（4）液氮车的停放及工作场所必须通风良好。

（5）液氮温度低达-196℃时，操作中应注意防止冻伤。

（三）录取资料

（1）时间、液氮用量。

（2）泵压、油套压变化、排液深度。

（3）排量、出口液量。

（4）出口液体描述。

四、混排

按替喷、气举施工要求进行。

五、抽汲

（一）施工准备

（1）了解该井井身结构、管柱结构、生产情况、井史资料（历次作业、地层及邻近区块情况），掌握地质方案及完井要求。

（2）准备好抽汲设备和地滑车、抽子、加重杆、防喷盒等抽汲工具以及化验仪器、量具与足够的易损件。

（3）安装放喷管、放喷管线、储液罐及计量罐。

（4）按操作规程要求摆放好抽汲设备。

（5）选用满足本井要求的钢丝绳，丈量、检查并做明显记号。

（6）使用计数器时，将计数器安装在便于观察的位置。

（二）施工要求

（1）抽汲诱喷前，先用加重杆通井至抽汲深度。

（2）连接抽子，钢丝绳应做明显的防顶、沉没度控制标记。

（3）使用计数器时应认真检查核对，确保计数器准确。

（4）抽汲时钢丝绳排列整齐，抽子均匀下放，接近液面时应减速，下到最低抽汲深度时，滚筒上余留钢丝绳不少于一层。

(5) 抽子沉没度一般不大于300m。

(6) 定期检查抽子、放喷盒、连接部位及密封件性能,做到及时更换。

(7) 在抽汲过程中随时观察液面上升情况,出现井喷预兆时,应及时采取放喷措施。

(8) 严禁在高压油气井用抽汲方法诱喷作业。

(三) 录取资料

(1) 抽汲时间、深度、次数。

(2) 动液面、油气水产量及累计量。

六、监督要点

(1) 工作液性质符合设计要求,确保不污染地层。

(2) 各种压力、排量等参数控制在规定范围内,并随时注意观察掌握其变化。

(3) 有可靠的井控装置和防喷措施。

(4) 进出口液量、诱喷深度等数据精确计量,准确无误。

(5) 按标准录取资料。

第八节 射 孔

一、工序准备

(一) 射孔通知单检查

(1) 射孔井段的顶、底界深度之差与对应的射孔厚度一致。

(2) 上一射孔段的底界与下一射孔段的顶界深度之差与对应的夹层厚度一致。

(3) 射开总厚度与各射孔段的厚度之和一致。

(4) 射孔通知单上填写的数据清晰、齐全、准确,且与完井数据相符;特殊情况及要求要在备注栏内注明。

(二) 射孔枪检查

检查射孔枪、射孔弹型号、数量与设计相符;射孔枪密封性是否完好。常规射孔枪技术参数见表2-10-10。

表2-10-10 常规射孔枪技术参数

型 号	外径/mm	孔密/(孔/m)	相位角/(°)	工作压力/MPa	发射后最大外径/mm	装配弹弹型
Q51—12—180	51	12	180	≥50		YD51
Q60—13—180	60	13	180	50	61	YD60
Q73—16—90	73	16	90			YD73 YD89
Q89—16—90A,B,C	89	16	90	105,70,50	93	YD102 YD89—Ⅱ
Q89—20—90A,B,C	89	20	90	105,70,50	93	YD89—Ⅱ

续表

型　号	外径/mm	孔密/(孔/m)	相位角/(°)	工作压力/MPa	发射后最大外径/mm	装配弹弹型
Q89—20—60A,B,C	89	20	60	105,70,50	93	YD89—Ⅱ
Q102—16—90A,B,C	102	16	90	105,70,50	105	YD102
Q102—20—90A,B,C	102	20	90	105,70,50	105	YD102
Q102—20—60A,B,C	102	20	60	105,70,50	105	YD102
Q102—16—90A,B,C/127	102	16	90	105,70,50	106	YD127Ⅱ
Q127—16—90/Ⅰ	127	16	90	105,70,50	131	YD127Ⅱ
Q127—16—90A,B,C/Ⅱ	127	16	90	105,70,50	131	YD127Ⅱ
Q127—20—90A,B,C/Ⅱ	127	20	90	105,70,50	131	YD127Ⅱ
Q127—20—60A,B,C/Ⅱ	127	20	60	105,70,50	131	YD127Ⅱ
Q127—36—45A,B,C	127	36	45	105,70,50	131	YD127Ⅲ
Q127—12—90A,B	127	12	90	105,70	131	LY56YD—1S

二、射孔工艺分类

(一) 电缆输送套管枪射孔(WGG)

(1) 常规电缆套管枪正压射孔。

(2) 套管枪负压射孔。

(二) 油管输送射孔(TCP)

(三) 油管输送射孔联作工艺

(1) 油管输送射孔和地层测试联作。

(2) 油管输送射孔与压裂、酸化联作。

(四) 电缆输送过油管射孔(TTP)

(1) 常规过油管射孔。

(2) 过油管张开式射孔技术。

(五) 超高压正压射孔(正向冲击)

(六) 水平井射孔

(七) 高压喷射和喷砂射孔工艺

(1) 高压液体射流射孔。

(2) 水力喷砂射孔。

三、施工要求

(1) 射孔前检查套管短节、大四通、套管闸门、井控装置等井口部件安装合格、不刺不漏,安装射孔防喷管,填写射孔前验收单。

(2) 工作液与地层配伍性好,负压射孔时记录掏空深度,符合设计要求。

(3) 射孔前定位,确保数据准确。

(4) 射孔施工中打开套管闸门,观察有无油气显示,发现有井喷预兆,采取果断措施,预防井喷事故。射孔点火后,观察井口油气显示情况,确认无井喷危险时再进行下步施工。

(5) 电缆射孔过程中发生井喷时,若井液上顶速度大于电缆上提速度时(电缆产生堆积、打扭),则剪断电缆,关防喷装置。若井液上顶速度小于电缆上提速度时,则提出电缆,关防喷装置。

(6) 平稳操作,避免射孔器落井及中途自爆等事故发生。

(7) 作业施工队伍听从炮队指挥,密切配合,电缆射孔时提升系统固定高度,打好死刹车,司钻不得离开刹把,严禁跨越电缆。

(8) 检查射孔弹发射率,大于90%为合格。

四、录取资料

(1) 工作液名称、性质。

(2) 射孔时间、方式、枪型、弹型、射孔密度、孔数。

(3) 射孔层位、井段、厚度。

(4) 实射孔数、发射率。

(5) 油气显示。

(6) 负压:掏空方式、深度、压力、实测液面。

五、监督要点

(1) 防喷、井控设施完善可靠,井口装置符合要求。

(2) 严格审查射孔资料数据,确认符合设计要求。

(3) 井筒内射孔液性质、液面深度符合要求。

(4) 确认定位数据并监督调整。

(5) 点火后密切观察井口变化,待确认无井喷预兆时再进行下步施工。

(6) 检查清点实射孔数,计算发射率。

(7) 资料录取符合标准要求。

第九节　常规工序监督点

本节将常规工序现场施工监督重点,以表格形式列出,以便于监督员现场监督和监督报告填写,提供参考。

序号	工序名称		监督点	监督内容及要求
1	起下管柱	拆装井口	拆井口	1. 检查流程关闭、井口放压 2. 井口及配件清洁、摆放整齐 3. 检查四通、套管闸门、套管短节等符合标准,满足施工要求
			装、换井口	1. 按设计或标准要求安装 2. 油补距计算 3. 井口装置、封井器密封试验达到标准

续表

序号	工序名称		监督点	监督内容及要求
1	起下管柱	提抽油杆	提抽油杆	当上提遇卡,严禁大力上提解卡
			抽油杆排放	1. 光杆不少于四个支点单独架平 2. 抽油杆桥四道,支点分布合理、平整,离地面 0.3m 以上,抽油杆排放整齐,每 10 根一出头,不得用抽油杆搭桥或做横担,不得摆放其他杂物 3. 活塞及附件保持清洁、单独摆放
2			抽油杆丈量	1. 提抽油杆必须丈量,有丈量记录和累计长度 2. 描述活塞、抽油杆及附件使用情况
3		提油管	提悬挂器	1. 悬挂器单独摆放、不落地,检查密封部位和接头(短节)使用情况 2. 观察记录悬重,判断是否遇卡、断脱以及原井封隔器坐封情况
4			倒自封	1. 提油管必须装自封,且自封芯子完好有效 2. 提电泵管必须装井口支座
5			提油管	抬、排油管使用专用木棒或橡胶棒,不得使用扳手、管钳、撬杠等
6			油管丈量	提油管必须丈量,有丈量记录和累计长度
7			油管排放	油管桥三道,离地面 0.3m 以上,支点平整均布,排放整齐,每 10 根一出头,无泥土杂草
8			油管、工具检查	描述井下提出的油管、工具使用情况
9			失效点描述	对照设计,根据提管、杆、工具情况,分析查找失效点
10		下油管	油管清洁密封	1. 下油管前必须清洗丝扣,均匀涂抹密封脂 2. 油管无泥土、无杂草等污物
11			油管检查	根据现场油管使用情况和设计要求,确定是否更换及更换数量,详细记录更换油管的类型、规范、数量、下井部位
12			下油管丈量	下井油管至少丈量两遍,累计长度误差小于 0.2‰
13			管柱组配	1. 下井管柱设专人组配数据,油管工具规范、数量、深度符合设计要求,并有详细记录和草图 2. 封隔器卡点位置准确,避开套管接箍和射孔井段(应考虑到管柱伸长和余扣)
14			工具检查	1. 下井工具技术性能与设计相符,有检验合格证、料单,外观检查和现场试验无误 2. 现场新送工具、配件保存、摆放合理
15			通管	下入新送油管、完井管和设计要求通管的,必须用标准通管规通管
16			游动系统	天车、大钩、井筒中心对正,偏差不大于 0.1m

续表

序号	工序名称		监督点	监督内容及要求
17	起下管柱	下油管	下钻速度	操作平稳,严禁顿钻。带封(大直径工具和不可刮、碰工具)管柱下放速度控制在30m/min以下,电缆管控制在10m/min以下,射孔井段和设计要求特殊部位下放速度不得超过5m/min
18			倒自封	下油管必须倒自封
19			紧扣操作	1. 严防拧扣机打滑损伤油管 2. 拧扣机安装限压阀,油管紧扣限压6MPa 3. 油管螺纹上满上紧,防止斜扣,并严防拧扣机打滑损伤油管
20			坐封	按封隔器技术要求或设计要求坐封,记录坐封方式、负荷等数据
21			坐悬挂器	1. 悬挂器完好,清洁涂油,下部必须有短节或大小头,不准直接连接油管 2. 四通顶丝对称顶紧
22		下抽油杆	抽油杆丈量	下抽油杆丈量,有丈量记录、累计长度
23			杆柱组配	必须有专人组配,符合设计要求
24			杆柱清洁	抽油杆丝扣、接箍内及本体必须保持清洁,无泥砂、杂草、污物
25			杆柱检查	1. 按标准要求,检查抽油杆丝扣及磨损腐蚀情况 2. 更换抽油杆的类型、规范、数量、下井部位符合要求并记录
26		其他		1. 拉送油管使用小滑车或外扣端带护丝 2. 作业现场必须有防污染措施 3. 剩余油管、抽油杆,摆放整齐、清点清楚、便于回收
27	洗井、压井		工作液	1. 工作液名称、数量、性能符合设计要求 2. 工作液及容器干净,确保不污染地层 3. 施工中无渗漏和外排,存放、回收措施得当,不造成井场污染
28		压力、进出口变化		1. 施工开始至结束压力变化情况 2. 进出口排量、液量、性质变化
29		循环深度		循环深度及起止时间
30	探冲砂	返砂		返出地面砂样、砂量
31		探砂面		悬重下降10~20kN,连探2次
32		回探		冲砂后4h回探,捞砂后0.5h回探,回探两次,深度相同,与设计深度误差不超过0.5m
33		工作液		1. 冲砂罐在冲砂前后均应保持清洁 2. 工作液符合设计要求,不得掺有杂物
34	通井、刮管		工具	1. 通井规、刮削器符合标准 2. 提出工具检查描述
			施工	1. 通、刮深度符合设计要求 2. 遇阻时记录深度、负荷变化 3. 在刮管井段反复多次挂削,至悬重正常无变化

续表

序号	工序名称	监督点	监督内容及要求
35	注灰	施工准备	1. 检查水泥标号和初凝试验报告 2. 管柱结构合理,丈量无误,密封可靠 3. 工作液符合质量要求,拌水泥浆和隔离液所需清水保证水质
36		施工过程	1. 各种计算精确无误,水泥浆搅拌均匀,密度符合要求 2. 观察记录施工各阶段压力、排量、出口水质等参数、数据及变化情况 3. 施工中配合协调紧凑,保证施工连续、快速、准确 4. 井口密封候凝,时间达到要求
37		施工质量	1. 按要求进行密封性试验 2. 复查核实灰面,达到设计要求
38	钻塞	施工准备	1. 钻具选择和管柱结构合理,有套管保护措施 2. 工作液符合质量要求,容器、管线清洁无渗漏
		施工过程	1. 钻压、钻速、排量等参数选择合理 2. 管柱数据、钻塞井段准确 3. 钻塞后通井、刮管、洗井、试压等符合质量要求
39	诱喷	施工准备	1. 管线试压达到标准,举升深度达到设计要求,井场无污染 2. 井口装置、井控装置、放喷管线、容器、设备、防喷措施等符合规定要求
		施工过程	1. 诱喷方式及各项参数选择符合设计要求 2. 随时观察记录压力、出口情况变化
40	射孔	施工准备	1. 井口装置、井控防喷措施达到要求 2. 核对设计和射孔通知单数据无误
		施工过程	3. 定位校深、数据调整、射孔深度确认 4. 点火后观察井口变化 5. 提出枪身检查实射孔数、计算发射率,达到设计要求

第十一章 油水井作业

第一节 深井泵井作业

一、检管式泵

检泵作业施工工序主要包括上动力、提抽油杆、提原井管柱、下生产管柱、试压、下抽油杆、试抽、交井。

（一）上动力

为进行正常的作业施工而进行的前期施工准备，主要包括背机、立架、拖班房、交接井、开工前的现场三标、开工验收等。

1. 监督准备

（1）查井史、详细察看设计，充分掌握上修井施工目的、油井生产状况、本次上修原因。

（2）掌握找准质量监督关键点，针对性采取超前预防措施。

2. 现场检验

（1）抽油机在下死点时，丈量并记录防喷盒上平面至悬绳器上的平面距离。

（2）结合上述原因，抽油井采取碰泵、憋压等措施。结合验证结果对工序进行优化或提出预防措施。

（二）提抽油杆

将井内抽油杆连同抽油杆扶正器、助抽器、活塞等工具一同提至地面的操作（参见本书第十章第一节）。

（三）提原井管柱

将油井内的油管、抽油泵、封隔器等工具提至地面的施工操作（见液面后释放泄油器，其他参见本书第十章第一节）。

（四）下生产管柱

根据施工设计要求，计算出抽油管柱各工具间的长度、油管根数及下井深度，组配下井管柱并画出管柱结构示意图，再按下井先后顺序依次将下井工具与油管连接好下入井内的施工操作（参见本书第十章第一节）。

（五）试压或打压

为验证管柱（包括油管和工具）密封性、实现油管锚定或其他特殊目的而使用专用设备打压，对管柱进行水压密封试验的施工操作。其技术要求包括：

（1）试压或打压用工作液应与油层物性配伍。

（2）管柱试压控制在10~12MPa之间，10min压降不超过0.5MPa为合格。

（3）油管锚打压视静液面深度按照总体打压不超过油管锚额定工作压力，锚定压力

(MPa)= 额定压力-静液面深度(m)/100 进行计算;丢手或其他打压按照设计标准进行操作。

(六) 下抽油杆柱

(1) 抽油杆螺纹及接触端面必须清洗干净。

(2) 抽油杆旋紧扭矩应符合表 2-11-1 的规定。

表 2-11-1 抽油杆旋紧扭矩推荐值 单位:kN·m

抽油杆规格	应力小于 246MPa	应力大于 246MPa
CYG 16($^5/_8$in)	0.30	0.33
CYG 19($^3/_4$in)	0.48	0.53
CYG 22($^7/_8$in)	0.72	0.79
CYG 25(1in)	1.10	1.22
G28(1 $^1/_8$in)	1.50	1.67

(3) 防止上紧扭矩过大,损坏抽油杆螺纹。

(4) 平稳、缓慢下放,使活塞顺利进入泵筒。装有脱接器的井,对接好脱接器,对接后提抽油杆不能超高,防止脱接器脱开。装有井下开关的井,按照使用要求打开井下开关。

(5) 调整数据,下入光杆。

(七) 提下连续杆

(1) 按连续杆操作标准进行施工操作。

(2) 下连续杆过程中,施工作业队必须有专人到现场配合,并录取抽油杆、加重杆、活塞等有关数据,试抽正常。

(八) 完井

(1) 装好井口,各零部件齐全完好、规格标准。井口憋压 5MPa,稳压 10min 不渗漏。

(2) 调防冲距应按油管、抽油杆的实际伸长度计算。防冲距以不碰固定阀为原则上,越小越好,提防冲矩长度推荐值如表 2-11-2。

表 2-11-2 推荐地面提防冲距长度

泵挂深度/m	0~600	600~900	900~1200	1200~1500	1500~1800	1800~2100	2100~2400
防冲矩/m	0.5	0.6	0.8	1.0	1.2	1.5	1.7

(3) 调好防冲距,光杆深入顶丝法兰以下长度大于最大冲程长度,光杆在悬绳器以上露出 0.8~1.5m,上不挂下不碰。

(4) 取全取准以下各项资料数据:泵型、泵径、泵长、泵挂深度,封隔器及其他工具的型号、规范、下入深度;油管、抽油杆及附件的规范、数量、总长度,管、杆、工具更换情况,新、旧、修复情况,下井部位,防冲距、坐封负荷等。

(九) 验收交接

(1) 作业完井后对泵、封、泄等工具以及油管、抽油杆按型号规范分别清点应回收的数量,双方按规定履行交接手续,填写物资器材回收单。

(2) 作业完井后双方按规定履行交接手续、填写交接书、环保交接书。

(3) 采油队接井后三天内进行抽油机诊断,测示功图、动液面等有关资料数据。

（十）编写施工总结

完工后在规定时间内交接施工书面总结和网上传输电子版资料（施工总结的格式和内容应符合 SY/T 5873.1-93 的要求），由监督人员审核、签字认可。

二、其他抽油泵作业

（一）杆式抽油泵井作业

(1) 杆式抽油泵井作业各施工工序首先要符合管式泵施工工序的各项技术要求。

(2) 杆式抽油泵井作业的其他监督要求：

① 按作业设计要求下入尾管。

② 把泵的支承接头（注意方向）随油管下到设计深度。

③ 坐悬挂器。

④ 将抽油泵提起，使泵随抽油杆下到泵挂深度，接近支承接头时要放慢下行速度，当抽油杆不再下行时，在杆上做标记（这时抽油杆柱长度与泵挂深度相符），调整杆柱数据，连接光杆。

⑤ 上提杆柱 3m 左右，使其快速下落，碰泵，使锁紧装置坐于支承接头内。

⑥ 调整防冲距，装好防喷盒。

⑦ 起抽憋压，检查泵效。

(3) 使用杆式抽油泵注意事项：

① 油管清洁，并用相应规格的通管规进行内孔检查。

② 杆式抽油泵的柱塞不能脱出泵筒，只能在泵筒内上下移动，在选择泵筒长度时，应使之满足冲程及防冲距的要求。

③ 在杆式抽油泵的工作过程中，由于轻微砂卡等原因，杆式抽油泵有可能从密封锁紧装置处脱开，应活动抽油杆柱并重新坐泵。

④ 为了发挥杆式抽油泵的优势，应使用优质油管、抽油杆，进行管柱、杆柱优化组合。

（二）分采抽油泵井作业

(1)分采抽油泵井作业各施工工序要符合管式泵施工工序的各项技术要求。

(2)分采抽油泵井作业过程中的注意事项：

① 连接好脱接器下体和释放接头；

② 根据设计要求组配管柱，并下入井内；

③ 连续下入油管至泵挂深度，对封隔器进行坐封，坐悬挂器，安装井口；

④ 合理组配抽油杆柱，连续下入，使脱接器在井下对接并碰泵；

⑤ 调整防冲距，连接密封盒，试抽憋压。

(3) 分采抽油泵技术参数见表 2-11-3。

表 2-11-3　分采抽油泵技术参数

公称直径/mm	柱塞长度/m	冲程/m	连接油管/in	连接抽油杆/mm	泵常数/(m^3/d)	最大外径/mm
φ57/38	1.2	≤5.5	2.5	CYG19	3.69	φ114
φ70/44			2.5	CYG22	5.51	φ114

（三）电热杆井作业

(1) 电热杆井作业各施工工序要符合管式泵施工工序的各项技术要求。

（2）电热杆井作业的其他注意事项：

① 空心抽油杆现场摆放必须用四个支点以上的摆放架，支架应放平；

② 下井前，卸下两端丝堵和护帽，对每根空心杆进行丈量记录；

③ 检查空心杆配合面及螺纹是否有毛刺，磕碰现象，O 型密封圈有无损伤，如有则需更换；

④ 装好空心杆顶部电缆三通。

（3）空心抽油杆和加热电缆参数见表 2-11-4、表 2-11-5。

表 2-11-4　空心抽油杆参数表

杆体外径/mm	φ34	φ36	φ38	φ42
杆体壁厚/mm	5.0;5.5	5.5;6.0;6.5	6.0	6.0
接箍外径/mm	50	50	57	60
连接螺纹/mm	39.7	39.7	44.5	44.5
强度等级	D 级			

表 2-11-5　加热电缆参数表

导体截面积/mm^2	30	35
电缆最大外径/mm	17	
耐温等级/°C	120、150、205	
抗拉强度/kN	≥1.8	
额定电压/kV	1	

三、检泵作业监督要点

（1）油管、抽油杆及下井工具应有质量检测报告，其质量符合相关产品标准的要求。

（2）下井油管螺纹要涂抹密封脂，并用通管规通过。

（3）施工过程应严格执行有关规定和相关技术标准要求，对常规抽油、小泵抽油、斜井抽油、大泵抽油作业施工方法和质量应符合 SY/T 5873.1-93《有杆泵抽油作业工艺作法 常规抽油》、SY/T 5873.2-93《有杆泵抽油作业工艺作法 小泵深抽》、SY/T 5873.3-93《有杆泵抽油作业工艺作法 斜井抽油》、SY/T 5873.4-93《有杆泵抽油作业工艺作法 大泵抽油》的要求。

（4）取全取准各项资料。

（5）防冲距、光杆外露调整适当。

（6）油管密封性试压 10～12MPa，10min 压降不超过 0.5MPa 为合格；下入抽油杆后试抽憋压，一般为 3～5MPa，压降不超过 0.2MPa 为合格。

（7）检泵井洗井应把活塞提出泵筒。

（8）下放活塞进工作筒时，应减缓下入速度，严禁下冲固定阀。

（9）下井管柱结构、泵深、泵规格、泵杆直径及抽吸参数应符合设计要求。

（10）检泵作业施工过程中发现与作业设计不一致的问题，如结蜡、出砂、偏磨等，及时向有关部门反应，并提出建议。

第二节 螺杆泵井作业

一、施工工序

螺杆泵施工过程的主要工序包括上动力、热洗、压井、起原井管柱、通井、刮蜡、冲砂、下生产管柱、坐封、下杆柱、替喷、安装地面机组、试运转和交井等。

（一）压井

（1）压井液各项指标达到设计要求。

（2）压井前必须放套管气，出口见油后泵入60℃左右热水，出口见水后连续替入压井液，当进出口压井液密度基本相等时应停止替入压井液，停泵15min出口无溢流则压井成功。

（二）起管柱

起原井管柱应符合检深井泵作业工序中提管、提杆的各项要求。

（三）下生产管柱

（1）管柱结构一般自下而上为：丝堵、尾管、筛管、气锚、防蜡器、锚定工具、螺杆泵定子、油管扶正器、油管、悬挂器（锚定工具以下尾管不得少于3根油管）。

（2）将组配好的管柱自下而上依次下井。

（3）下管柱应符合检深井泵作业工序中下管的各项要求。

（4）按设计要求坐封锚定工具。

（四）下杆柱

（1）下杆应符合检深井泵作业工序中下杆的各项要求。

（2）按设计要求加抽油杆扶正器及附件。

（3）下放过程要求平稳缓慢。

（4）按要求上提防冲距（见表2-11-6），使转子和限位销有一定距离。

表2-11-6 提防冲距推荐表

泵深/m	700	800	900	1000	1600
防冲距/m	0.65	0.75	0.85	0.9	1.6

（5）吊起转子时因转子较长，起吊要慢并扶好转子中部，以防转子弯曲和损伤表面。

（6）严禁弯曲变形抽油杆下井，本体、螺纹清洁并上紧。

（五）安装地面机组

（1）按要求将专用井口从光杆上套入，坐在套管法兰上，紧固好螺栓。

（2）正确安装与调试地面机组。

（3）检查减速箱齿轮油和所加密封圈是否合格。

（六）试运转

（1）检查地面生产流程是否开关正常。

（2）观察、调整电机正转，安装方卡子。

（3）启动电机同时检测运转电流，井口见液后缓慢关闭生产闸门，观察油压表有无上升，如压力上升到额定值，地面机组无异常，打开闸门然后进行液量计量。如液量正常则投产成功。

（七）作业后的检验及交接

（1）作业完井后对螺杆泵、固定装置等工具以及油管、抽油杆，按型号规范分别清点、回收，双方按规定履行交接手续，填写物资器材回收单。

（2）作业完井后双方按规定履行交接手续。

（3）采油单位接井后三天内进行诊断、测动液面等取得有关资料数据。

二、作业施工监督要点

（1）下井管柱结构、螺杆泵型号及工作参数应符合设计要求。

（2）地面驱动螺杆泵的使用与维护规定，符合 SY/T 6084-94《地面驱动螺杆泵抽油泵使用与维护》的规定。

（3）抽油杆本体和螺纹经检查必须完好，同时涂螺纹油，上紧扭矩符合规定值。

第三节　潜油电泵井作业

一、施工准备

（一）资料

（1）井史资料：包括完钻日期、井深、人工井底，套管规格、壁厚、下入深度、套补距；射孔井段、层位及射孔枪型；砂岩厚度、有效厚度、饱和压力和原始压力等。

（2）油井生产参数：包括静压、流压；产液量、产油量、气油比、含水率；油嘴、油压及套压等。

（3）其他资料：包括套管情况、历次作业情况、附近井注水效果、电源和交通情况等。

（二）设备、配套附件和工具

（1）根据设计要求准备潜油电泵机组。

（2）施工设备包括：井架（或联合作业机）、电缆滚筒支架（或电动绞车）。

（3）施工用附件包括：单流阀、泄油阀（或测压阀）、电泵井采油树、电缆卡子、电缆保护装置、扶正器、井下工具等。

（4）专用工具包括：电机吊卡（带吊链）、泵吊卡（带吊链）、拉紧钳、锁紧钳、注油泵、小吊钩、导向滑轮、井口支座、电缆卡子、剪刀等。

二、施工要求

（一）下电泵前期施工

1. 提原井管柱

用不压井作业工艺将管柱和井下工具全部提出，作业时应符合 SY/T 5587.2 的要求。检泵时可利用井下活门或采取压井提出原井下管柱和电泵机组，操作时应符合 SY/T 5587.6的要求。

2. 套管刮蜡

将刮蜡器从井口下到油层顶部或泵挂深度以下50m。

3. 洗井冲砂、探人工井底

刮蜡后应进行洗井、冲砂、探人工井底等工序，作业时应符合SY/T 5587.5的要求。

4. 测井径

用井径仪测套管内径变化情况和射孔质量，套管最小内径应大于机组径向最大投影尺寸（检泵井可免此工序）。

5. 通井

根据方案需要通井时，应选用专用通井规通井，通至泵挂深度以下40m，应符合SY/T 5587.16的要求。

6. 下丢手管柱

根据地质方案需要下丢手工具或分采管柱时，应符合SY/T 5587.6的要求。

7. 换套管头

新下电泵机组的油井，应根据需要将原井套管头换成电泵采油树的套管头。

（二）下电泵施工

1. 电泵机组检查

（1）电机应进行盘轴检查，盘轴应转动灵活、无卡阻。

（2）电机绕组相间及对地绝缘电阻应符合规定要求（绝缘电阻应大于500M·Ω）。

（3）电机三相直流电阻不平衡度不得大于2%。

（4）泵、分离器、保护器等均应进行盘轴检查，盘轴应转动灵活、无卡阻。

（5）卸下电缆头护盖，测量电缆相间及对地绝缘电阻符合规定要求（电缆绝缘电阻应大于500M·Ω）。

（6）测量电缆直流电阻，三相直流电阻不平衡度不得大于2%。

（7）检查电缆无损伤。

2. 井下机组连接

（1）机组备件要逐节起吊下井，不能在地面上连接。

（2）机组各部件、油管和井下工具必须保持清洁。

（3）机组部件的上、下护盖在机组连接之前不要取下。但电机、保护器的上护盖在起吊之前应卸松，既保证注油又能起到防尘要求。

（4）拆卸机组部件护盖时，要保护法兰面，保持干净清洁不受损伤。

（5）安装机组时，所有连接部位上的O型密封圈、阀体及丝堵的铅垫都必须换成新的。

（6）所有注油阀、排气塞、放油塞，入井前必须拧紧。

（7）机组各连接法兰上的连接螺栓，必须用力矩扳手按规定的扭矩对角依次拧紧。

（8）传感器、电机、保护器之间的对接以及电缆头与电机的对接，必须保证对接法兰面清洁。

（9）随着机组逐节下井，对每一节电机、保护器、分离器、泵都要随时盘轴，确保轴转动灵活。切忌花键套用错规格和放错方向。

（10）每完成一节机组连接以及在电缆头与电机连接前后，都要测试电机和电缆的绝缘电阻、直流电阻，并和下井前的测量数值相比较，如数值变化异常，必须查清原因并予以整改。

（11）电机上下节对接时必须对称使用灵活可靠的两个千斤顶。对接操作必须十分准确平稳，千斤顶上升应缓慢，且两个千斤顶上升速度应一致。

3. 电机、保护器注油

（1）在注油接头接到注油阀前，必须清洗注油泵管路和注油阀。

（2）应按规定的注油程序给电机和保护器注油，注油速度要缓慢（8～12r/min）。

（3）当放油孔（排气孔、连通孔或上端运输护盖处）有电机油连续流出时，应停止注油10～15min再缓慢注油，反复多次，直到不足一转就有油溢出，且无气泡为止。

（4）注油过程中，不允许水分、污物进入电机或保护器。

（5）冬季施工，电机油之油温不宜低于10℃。

（6）所用电机油必须符合潜油电泵机油标准。

4. 下电缆管

（1）下电缆管过程中，操作必须平稳；必须有专人管理电缆滚筒。

（2）保护器和泵侧面的小扁电缆及电缆护罩必须与机组中心线平行并避开防倒块（小扁电缆不允许有弯曲或缠在机组上）。

（3）机组上的小扁电缆护罩应卡紧，表面应平整光滑，电缆护罩上不许有凹痕。

（4）如果机组与套管间的环形空间比较小，设计允许（或经批准）机组上可以不用电缆护罩时，电缆卡子应加密，电缆卡子间距以0.5m为宜。

（5）油管上的电缆必须与油管中心线平行（油管紧扣时要保证下部油管不发生转动），严禁电缆在油管上缠绕。

（6）每根油管应打两个电缆卡子，一个打在油管接箍上方0.5m处，另一个打在油管接箍下方0.5m处。

（7）在不伤害电缆的前提下，电缆卡子应尽量卡紧，保证卡子不窜动。

（8）严禁在电缆连接包上打电缆卡子，必须在电缆连接包上方0.3m和下方0.3m处各打一个电缆卡子。

（9）严禁电缆连接包和油管接箍重合。

（10）电缆管下放速度不得超过10m/min。

（11）电缆下井过程中，滚筒释放速度应与下放速度相适应，且保持一定的松紧性，避免伤害电缆，电缆必须在有防污保护措施的设施上拖动，拖动点到井口的距离不应大于8m。

（12）下电缆管时，每下10根油管必须测量一次电缆的直流电阻和绝缘电阻，并与上次测量结果进行比较。发现数值变化异常，必须查明原因并消除。

（13）下电缆管时，单流阀、泄油阀和全部油管螺纹必须涂密封脂或缠螺纹密封带并拧紧。

（14）油管连接时必须注意保护电缆。

（15）如需在现场连接电缆时，必须严格按电缆连接规程操作。

（16）下生产管柱时，根据负荷情况随时调整井架，确保游动滑车与井口对中，防止挤伤电缆。

5. 完井

（1）安装井口开剥电缆铠装时不得损伤电缆绝缘。通过电泵专用油管挂的三根电缆线芯要包两层绝缘带再涂上黄油后安装到四通内。

(2) 安装井口时必须有专人指挥,不得碰、挤电缆。四通锥面、法兰钢圈槽、电泵专用油管挂锥面必须擦净并涂黄油。坐好井口后,井口保证不刺不漏。

(3) 按电泵井口安装要求连接井口流程,设施附件齐全,符合设计要求。

(4) 完井后抽大绳时必须使用引绳。

(5) 测量对地电阻、直流电阻达到规定要求。

(6) 通电点车检查并调整电机转向。

(7) 泵机组运行电流、电压达到正常,启泵投产。

(三) 提电泵施工

1. 提机组前的准备

(1) 拆井口前必须切断电源,并将井下电缆从接线盒的接线端子上拆下来。

(2) 提油管前应检查一次井下电缆、机组绝缘电阻及直流电阻。

2. 提油管、电缆

(1) 提管柱时应随时注意指重表悬重,提升悬重不可超过正常悬重 12kN。观察记录原始负荷。

(2) 根据负荷情况随时调整井架,确保游动滑车与井口对中,防止挤伤电缆。

(3) 当油管内见液面时,打开泄油阀。

(4) 操作平稳,并随时观察电缆与油管同步,防止电缆堆积,如电缆与油管不同步,及时采取措施。

(5) 及时检查发现并记录电缆的损伤情况(打扭、变形、断、磨损、起泡腐蚀等)和位置,并做好标记。

(6) 用专用工具剪断电缆卡子,严禁损伤电缆。

(7) 将电缆从滚筒上方缠绕到滚筒上排列整齐(必须用橡皮锤排电缆),严禁电缆打扭、打卷。

(8) 必须检查记录整个管柱上电缆卡子缺少的数量,由现场技术人员确定缺少原因和决定处理措施。

3. 提机组

(1) 卸下泵头以后,应盘轴检查整套机组转动的灵活性。

(2) 拆卸过程中应分别对各节泵、分离器、保护器、电机进行盘轴检查和外观检查(如内部结垢、腐蚀情况、含砂情况、部件损坏情况等)。

(3) 保护器应进行放液测定。分别测定井液、电机油、隔离液的体积。

(4) 拆卸电缆头时应保证井液、水、杂质不进入电机引线口和电缆头内;在电缆和电机分开后,应分别测量电机和电缆的绝缘电阻、直流电阻;测量完毕应及时给电缆头和电机引线口带上护盖。

(5) 拆电机以前,应先从传感器或星点上的放油孔将电机内的液体放出。若有水、油污或不干净的电机油出现,则必须将其放干净。

(6) 对泵、保护器、分离器、电机、传感器上必须逐节拆卸,所有的连接法兰装上运输护盖,严禁两节以上连在一起下放装箱,避免损伤。

三、监督要点

(1) 井下机组下井前后、每下 10 根油管、坐井口前后和投产时必须检查记录对地、相间绝缘电阻值(见表2-11-7)及直流电阻(三相直流电阻不平衡度应小于2%),不符合要求应分析原因及时整改。

表2-11-7 潜油电泵的绝缘电阻值

绝缘类型	下井前			下井后
	电缆	电机	电缆+电机	电缆+电机
对地	500~1000M·Ω	500~1000M·Ω	500~1000M·Ω	>100M·Ω

注:井下带测温测压传感器时,对地绝缘根据实际情况定。

(2)"O"型圈和铅垫现场安装时必须全部更换新的合格品。

(3)机组注油必须达到规定要求。

(4)机组连接时,连接部位应清洗干净,盘轴灵活,连接螺栓按规定上紧。

(5)提下电缆管时应防止下部油管旋转。

(6)作业机和电缆绞车必须同步进行,不允许靠油管自重带着滚筒旋转。

(7)机组部位电缆必须加电缆护罩(特殊情况不加护罩必须由设计部门审批),护罩应比泵长0.3m以上。

(8)电缆卡子的数量、位置及拉紧程度应符合规定要求。

(9)井口各部位密封可靠、无渗漏现象。

(10)放套管气时压力下降要以0.5MPa/h的速度进行,放完后应停0.5h后才能动井口。

(11)压井作业时应选用优质压井液,投产前要将压井液替出。

(12)现场机组安装和起出井时应当用隔板将井口盖住,防止落物。

(13)连接电泵机组过程中对花键套时,不允许戴手套操作。

(14)夜间、雨雪或五级以上大风天气,不能进行提下机组作业。

(15)在潮湿地区下泵施工连接电器设备时,应采取防潮措施。

(16)在高寒地区下泵施工时,橡胶制品和油品应在10~20℃环境下保温24h后再使用。

(17)施工队伍必须具备电泵井作业施工资质。

(18)电泵机组的性能及质量应符合GB/T 16750.1—1997《潜油电泵机组型式、基本参数和连接尺寸》的要求。

(19)施工过程严格执行GB/T 17386—1998《潜油电泵装置的规格和选用》、GB/T 17387—1998《潜油电泵装置的操作、维护和故障检查》、GB/T 17389—1998《潜油电泵电缆系统的应用》、SY/T 5863—93《潜油电泵起下作业方法》。

第四节 水力活塞泵井作业

一、施工准备

(1)现场施工严格按照设计要求进行。

(2)水力活塞泵、油管及其他下井工具必须符合设计要求,应有检验部门签发的产品合格证。运送过程应轻拿轻放,螺纹要有保护装置;泵要加支承,防止压弯、变形;装卸时不允许摔、碰、敲、撞。

二、施工要求

（一）起泵

（1）按 SY5189 中的规定做好起泵准备。

（2）将捕捉器安装在防喷管上，反时针旋转捕捉器至死点，然后倒转 1/4 圈，调整捕捉器位置。

（3）在清蜡阀门上，安装好防喷管。

（4）将高压胶管连接在防喷管的胶管接头与阀门之间，并拧紧活接头，关闭放空阀。

（5）将井口装置倒成反循环。

（6）逐渐加大排量，观察井口动力液压力变化情况，如出现动力液压力迅速下降的现象，表明沉没泵机组已离开泵座。起泵时，动力液压力一般不超过 10MPa，超过 10MPa 则认为不正常。

（7）对起泵不正常的井可增大排量，提高井口动力液压力试起，但最高起泵压力不得超过 15MPa，如果还起不出沉没泵，则停止再起，可以用打捞器下井打捞或提出管柱。

（8）在起泵的整个过程中，要有专人控制调节流量，保持压力平稳，控制好泵上升的速度。在泵脱离泵座后，可以使泵上升速度加快，当泵接近井口时，一定要减慢上升速度，平稳操作，缓慢关小生产阀门，利用油管动力液将泵压入防喷管内。

（9）当听到沉没泵机组撞击捕捉器声响而被捕捉后，打开生产阀门，关闭清蜡阀门及起泵控制阀。然后打开放空阀，将防喷管内的液体排尽，吊下防喷管并取出泵。

（10）先将底阀打捞器连接在打捞车钢丝绳加重杆的下部下入井中。再根据底阀井下位置，掌握好底阀打捞器的下井深度。待底阀打捞器撞断底阀的泄油销，使底阀上、下部流道连通，打捞器卡簧卡住阀中的内台阶，然后上提打捞器，即可取出底阀（固定阀）。

（二）压井（同第十章第二节）

（三）提原井管柱

（1）根据井下所使用的封隔器的类型，确定解封方式，并按其要求进行解封。

（2）提带封隔器管柱时，上提速度不得超过 10m/min，以避免抽汲作用。

（3）（同第十章第一节）

（四）通井（同第十章第四节）

（五）探砂面、冲砂（同第十章第三节）

（六）下生产管柱（同第十章第一节）

（七）试压

（1）按标准要求安装井口。

（2）用外径为 60.3mm、长为 9m 的油管，在井口中自通三次达到无阻，以保证起下泵在井口顺利通过。

（3）用热水正循环洗井，待井口返出清水后，投固定阀，正压就位验封。

（4）对井口、井下管柱（包括油管柱、封隔器、固定阀等）进行整体验封。在井口压力为干线系统压力下，10min 压降小于 0.5MPa 为合格。

（5）投堵塞器，以 25MPa 压力进行油管验封，10min 压降小于 0.5MPa 为合格。

（八）投泵

（1）提供充足的动力液，单井水力活塞泵抽油系统应预备水泥车、罐车。

（2）新开井要预先进行地面管线的清洗和循环，油温要达到40℃。

（3）投泵前要对沉没泵机组进行详细检查，密封部位必须完好无损，吸入阀座孔眼、引进接头孔眼及下分离接头孔眼均应无脏物堵塞，各连接部位无松动。

（4）投泵前必须用动力液正循环洗井，将原井筒内的压井液或死油全部替出，洗井液液量应大于井筒容积3倍。

（5）将沉没泵机组装入防喷管内，安装捕捉器，反时针旋转捕捉器吊钩，锁住打捞头。

（6）在清蜡阀门上安装防喷管短节，吊装防喷管并上紧。

（7）将高压胶管连接在防喷管接头与阀门之间，检查放空阀是否关严。

（8）慢慢打开动力液阀门，使高压动力液进入防喷管顶部，顺时针旋转捕捉器吊钩，慢慢释放沉没泵机组。

（9）当听到泵落入井内的声音时，确认泵已下井，依次打开和关闭有关阀门使沉没泵不断下降。投泵流量控制在5m^3/h左右。

（10）当沉没泵机组进入工作筒坐定后，地面高压泵的压力很快上升，上升到一定值后，压力表指针开始有规律的摆动，证明水力活塞泵机组已开始工作。此时，要及时调整好流量控制阀，调整冲次。

（11）沉没泵机组运转正常后，放掉防喷管内高压液体，吊下防喷管。

（12）如果沉没泵不易进入泵筒中，可以按顺序采用以下方法使沉没泵进入泵筒中。

① 加大排量，使沉没泵在较大排量下坐入泵筒。

② 进行反循环，使沉没泵上起一段行程后再加大排量，使沉没泵具有一定的速度进入泵筒中。

③ 关闭套管出口，使油管压力逐渐升高。然后迅速打开套管阀门，依靠液流压差和惯性作用，使沉没泵下入泵筒，进行此项操作时要注意套管压力不得超过13MPa。

④ 若以上方法都不能使泵下入泵筒，就应反循环起泵进行检查，或者应提出井下管柱检查。

三、作业施工监督要点

（1）下井管柱结构、水力活塞泵型号及工作参数应符合设计要求。

（2）资料录取齐全、准确。

（3）在下泵过程中，油管及所有螺纹必须完好，同时涂密封脂，上紧扭矩符合规定值。

（4）进出口管线必须用高压硬管线连接，地面管线要平直、少弯。

（5）进口管线必须装放空闸门、单流阀、压力表，出口要装回压表。

（6）若管线有刺漏，不可带压操作。

第五节　水井作业

一、施工工序

（一）放溢流、压井

（1）关注水流程，控制放溢流。

（2）根据井口压力，选用合适的压井液压井。

（二）提原井管柱

（1）拆井口，选用符合要求的提升短节连接在悬挂器上，提悬挂器（注意观察负荷变化、遇卡时负荷控制在提升系统额定负荷之内）。

（2）根据不同类型的封隔器选择不同的方式解封。

（3）上提管柱，遇卡时负荷不得超出原井管柱负荷 150kN，活动解卡；若解卡无效，应分析原因，采取其他措施。

（4）带封管柱上提要平稳，速度不得超过 10m/min，以避免抽汲作用。

（5）对照设计检查描述油管、工具使用情况。

（三）按设计要求通井、刮削、探冲砂

（四）下生产管柱

（1）下井管柱必须保证清洁、无弯曲、无损坏、无腐蚀，并逐根用标准通管规通管。

（2）下井管柱螺纹应清洁、均匀涂抹密封脂，螺纹上紧力矩应符合标准的规定。

（3）对于有定位螺钉的下井工具，在上卸螺纹时，要注意搭放管钳的位置，防止扭断定位螺钉。

（4）下带封管柱时，要操作平稳，下放速度不得超过 30m/min，当封隔器通过射孔井段或 30°以上的斜井段时，要控制下放速度不得超过 10m/min。

（5）封隔器卡点深度位置要控制准确，必要时用磁性定位器进行深度检查。

（6）按设计规定要求进行封隔器坐封和验封。

（五）完井

（1）井口设备齐全完好、不渗不漏，达到洗井投注条件。

（2）洗井前冲洗来水管线，达到进出口水质一致，计量仪表校对合格；洗井排量一般控制在 25～30m^3/h，洗到水质合格为止。

（3）按规定要求试压。

（4）捞出死芯子，逐级将符合要求的注水芯子投入工作筒，并通过加压使其坐到预定位置。

（5）试注达到设计配注要求。

二、作业监督要点

（1）油管及下井工具应有质量检测报告，其质量符合相关产品标准的要求。

（2）注水管柱必须用标准通管规逐根通过，有弯曲、防腐层起泡、脱皮、螺纹损坏等不得下井。

（3）偏心配水器之间距离一般不应小于 8m。

（4）配水器下井前要检查死芯子的安装情况，既能保证密封又能顺利打捞。

（5）下水井管柱应按要求严格控制下放速度。

（6）管柱完井尾管深度应在射孔底界以下 5～15m。当井底口袋不足时可适当提高3～5m。

（7）坐封、验封、试压、投捞应达到规定要求。

（8）要求井口设备齐全完好、试压合格、不渗不漏，达到洗井投注条件。

第十二章　气井作业

第一节　气井作业监督概述

一、气井作业特点

由于气体可压缩性强、天然气易燃易爆、且部分天然气含有有毒有害气体,因此气井作业与油井作业具有显著不同的特点。

气井作业特点之一是,其地面流程的要求比油水井的要求都要高得多。一是压力级别要求更高;二是管汇台、放喷管线、测试管线的数量要求更多;三是在高压、中-高产气井的地面流程中还应安装保温设备。

气井作业特点之二是,气井井控和防火防爆防毒的三防工作。气井作业过程中常常伴随高压、高温,易出现井涌、井喷、井喷失控,易发生着火、爆炸伤人和烧毁设备,有的气井所产流体还含有有毒(甚至剧毒)有害气体,极易出现人员中毒或群死群伤的重大事故。做好井控工作和三防工作是气井井下作业顺利进行的前提条件和安全保障。

二、气井作业的内容

气井作业内容与油水井作业内容基本一致,如大修井、小修井、压井、钻塞、刮管、通井、探砂面、冲砂、洗井、射孔、酸化、压裂、气举或抽吸车抽吸排液等,只是在某些作业的方法、方式、程序上有些不同,如射孔采用油管传输射孔(不推荐电缆吊射或过油管射孔)等。具体内容本章后面有详细介绍,此处略省。

三、气井作业监督要点

气井井下作业阶段监督内容和监督要点除油井的监督要点外,还有以下一些特殊监督要求。

(一) 开工验收监督要点

(1) 施工队伍资质是否符合规定,施工人员资质是否达到规定要求。

(2) 气井井下作业施工方案、应急预案是否按要求编写、提交。

(3) 应急组织机构是否成立,应急措施是否落实。

(4) 井控装备的规格、型号是否符合设计和规范要求,安装、试压是否符合设计和规范要求;井控措施是否落实。

(5) 井口装置、地面流程是否是按照施工设计的要求安装、试压的,放喷口的位置选址是否符合规范要求。井场内污水罐摆放位置距井口距离是否符合规范要求。

(6) 井口采油树、井下工具、管材的规格、型号是否符合施工设计的要求,数量是否足够。

(7) 进场施工的人员是否持有井控培训合格证。在含硫化氢气井,进场施工人员是否经过硫化氢防护培训、是否取得了培训合格证。

(8) 防火防爆防毒器材、装备是否符合规范要求,数量是否足够,是否按照规范要求安装、摆放、储备和维护保养;防火防爆防毒措施是否落实。

(9) 警戒线的安装是否符合要求。

(10) 压井液的性能、数量是否符合设计要求,压井备用材料储备是否足够。

(11) 井场内电线是否符合规范要求、是否按规定要求架空,是否使用低压照明。

(12) 环保措施是否落实。

(二) 气井作业过程中的监督要点

(1) 压井液溢流监测是否落实,记录是否规范。

(2) 井控措施是否落实,井控设备是否正常,是否定期进行防喷演习、防喷演习是否合格、总结整改措施落实是否到位,记录是否齐全。

(3) 防火防爆防毒的三防措施是否落实。三防器材、装备是否完好,维护保养记录是否齐全。

(4) 压井作业是否准备充分、压井施工是否连续、是否压稳。

(5) 酸化、压裂的高压作业是否准备充分、作业施工是否规范,是否完成设计施工任务。

(6) 气举排液操作是否规范、安全。

(7) 作业过程中是否坚持用管汇台的闸阀(或油嘴)节流而不用井口采油树的闸阀节流,是否做到防止采油树上的闸阀被刺坏。

(8) 环保措施是否落实,是否出现环保事故,环保事故处理是否及时。

(三) 气井作业完成后交井的监督要点

(1) 资料是否齐全。

(2) 井口装置是否完好、闸阀是否有刺漏、配件是否齐备完好。

(3) 遗留问题是否及时解决。

(4) 交井手续是否完备。

第二节 地面作业装备与测试流程

一、地面作业装备

(一) 采气树的选择

1. 一般井配选原则

根据不同地区、不同井深和不同压力级别选择相适应型号的采气树,所选择的采气井口的额定工作压力应大于最高关井压力。井口装置的型号、压力级别、尺寸系列应符合SY5156 采油(气)井口装置和 SY 6147-1996 含硫气井安全生产技术规定的要求。对于高压高产井应配有相应压力级别的液压控制阀门。原则上按下述配备:

(1) 井口压力 14MPa 以内的井采用 KQ21MPa/65mm 采气树。

(2) 井口压力 14~30MPa 以内的井采用 KQ35MPa/65mm 采气树。

(3) 井口压力 30~50MPa 以内的井采用 KQ70MPa/65mm 或 KQ70MPa/78mm 采气树。

(4) 井口压力50MPa以上的井采用KQ105MPa/65mm或KQ105MPa/78mm采气树，并应配有液压控制阀门。

2. 特殊井配选要求

针对高温、含硫或有其他腐蚀性气体的特殊气井，井口装置应具有相应的耐高温、抗硫化氢、抗其他腐蚀性气体腐蚀的性能。

3. 验收要求及标准

(1) 使用说明书；

(2) 出厂合格证明；

(3) 试压合格证明；

(4) 满足设计要求的规格、型号；

(5) 部件及配件齐全完好，开关操作灵活。

4. 套管头、采气树、井筒试压

(1) 套管头：套管头安装完毕后，对其主副密封进行相应压力级别的逐级试压，达到额定压力后稳压30min，压降小于0.5MPa为合格。

(2) 采气树：清水试压：试压压力超过20MPa后应分级加压，每级不得大于5MPa；分级稳压时间不得少于3min，达到额定压力后稳压30min，压降小于0.5MPa为合格。

气压密封试压：对高产、高温、含硫化氢、二氧化碳的气井的采气树进行等压气密检验。其试压要求：试压压力超过20MPa后应分级加压，每级不得大于5MPa；分级稳压时间不得少于3min，达到额定压力后稳压30min，压降小于0.5MPa为合格。降压至零后，再次升至额定工作压力，再次稳压30min，压降小于0.5MPa为合格。

(3) 井筒试压：试压压力一般为套管、套管头、采气树三者最低的抗内压强度的80%，达到试压压力后稳压30min，压降小于0.5MPa为合格。

（二）井控装置

根据预计井口压力选择封井器(防喷器)压力等级：

(1) 井口压力在35MPa以内的井，采用承压35MPa的半全封或一半封一全封封井器；

(2) 井口压力在35~70MPa的井，采用承压70MPa的半全封或一半封一全封封井器；

(3) 井口压力在70~105MPa的井，采用承压105MPa的半全封或一半封一全封封井器；

(4) 封井器的通径大于试气作业中下入工具的最大外径。

（三）修井机选择

(1) 1200m以内的井，采用150kN及以上的修井机；

(2) 1200~3000m的井，采用400kN及以上的修井机；

(3) 3000~5000m的井，采用800kN及以上的修井机；

(4) 5000m以上的井，采用1000kN及以上的修井机。

（四）地面控制管汇选择

(1) 井口压力在20MPa以下的井，采用25MPa的控制管汇；

(2) 井口压力在20~45MPa的井，采用60MPa的控制管汇；

(3) 井口压力在45~60MPa的井，采用70MPa+35MPa二级控制管汇；

(4) 井口压力在60MPa以上的井，采用一个105MPa+两个70MPa(或一个70MPa+一个35MPa)组成三级控制管汇,在一级管汇上配备2~3个105MPa液控操作阀,在第三级管汇上安装相应级别的安全阀。

(5) 管汇必须严格按设计和试压规程进行试压合格并建档和标识。

(五) 安全阀

安全阀必须检验合格,按规定每年至少检验一次。使用的安全阀应有开启压力、回坐压力、阀芯提升高度的检验记录。安全阀的额定工作压力应为1.1倍工作压力。

(六) 保温设施

(1) 井口压力在45MPa以下的井采用电热带加热保温;

(2) 井口压力在45MPa以上的井采用水套炉或锅炉加热保温。

(七) 分离器

(1) 分离器必须定期按规定测厚、无损探伤和试压合格,并附有合格的记录卡片;

(2) 井口压力在45MPa以上的井采用两级分离,分离器距井口不少于30m,分离器采用水泥基墩地脚螺栓固定;

(3) 分离器必须安装相应级别的安全阀,安全阀应灵敏、可靠,开启压力为最高压力的90%~100%。

(4) 受压容器不允许带压检修。

(八) 天然气计量装置

1. 临界速度流量计

(1) 用于日产气量大于8000m^3。

(2) 通过孔板的气流必须达到临界流动(即流速等于声速)。

(3) 流量计短节内径必须与排气管线内径相同。

(4) 流量计短节上、下流管线直线段不得小于3m。

(5) 上流压力需用标准精密压力表。

(6) 测气孔板的喇叭口应对准下流方向,而且所选孔板必须符合$P_{下}<0.546P_{上}$。

(7) 临界速度流量计要求安装在平直的测试管线上。流量计下流不宜接较长的管线,一般2~3根油管即可。否则,流量计下流一定要增加一个下流压力表,以测定下流压力,确定气流是否达到临界速度。

2. 垫圈流量计

(1) 在敞井条件下,产气量小于8000m^3。

(2) 当U型管内为水时,只适用于3000m^3/d以下的气体流量;当U型管内为水银时,可测量3000~8000m^3/d之间的气体流量。

(九) 电器设施

1. 照明系统

(1) 井场内应采用36V的低压照明系统。

(2) 井场电线(含动力电线)必须架空,架空高度不低于2.5m。电线架设不得横穿井场,禁止拖地或系在绷绳、井架上。

(3) 所用的电器设备必须是具备防暴合格证的产品。

(4) 使用的电线必须是正规绝缘胶皮软线,禁止使用裸线。

(5) 电器总闸(配电箱)距井口不少于15m。

(6) 所有保险丝应规范使用,严禁用铜、铝等线材代替。

2. 发电机

(1) 发电机房与井口的距离应大于30m。

(2) 发电机的发动机排气管应装阻火器。

(3) 发电机应做接地保护。

二、测试流程

(一) 测试流程类型及连接方式

(1) 井口压力在20MPa以下的井,采用25MPa管汇一级控制,井口至管汇采用油、套单翼连接,管汇以下接一条放喷管线、一条测试管线,所有连接方式为73mm油管或短节丝扣连接。

(2) 井口压力在20~45MPa的井,采用60MPa管汇一级控制,井口至管汇采用双翼油压、单翼套压连接,管汇以下至少接两条放喷管线和一条测试管线,所有连接方式为73mm油管或短节丝扣连接。

(3) 井口压力在45~60MPa的井,采用70MPa+35MPa管汇二级控制,井口至管汇采用双翼油压、双翼套压连接。管汇以下至少接三条放喷管线和至少两条测试管线,所有连接方式为73mm油管或短节丝扣连接。

(4) 井口压力在60MPa以上的井,采用一个105MPa+两个70MPa(或一个70MPa+一个35MPa)组成三级控制管汇,在一级管汇上配备2~3个105MPa液控操作阀,在第三级管汇上安装相应级别的安全阀;井口至管汇采用双翼油压、双翼套压连接;一、二级管汇分别安装一条泄压管线,三级管汇以下至少接四条放喷管线和至少两条测试管线;表套环空单独连接至35MPa管汇上并引致放喷口处;井口至一、二、三级管汇采用厚壁无缝管焊接,放喷、测试及泄压管线采用89mm油管或短节丝扣连接。

(5) 针对硫化氢气井所有流程材料均采用防硫材料,其连接方式为:

① 井口至一级管汇台采用法兰连接;② 其余采用丝扣连接。

(二) 测试流程安装

1. 安装与固定

管汇台、水套炉、分离器采用水泥基墩地脚螺栓固定,基墩长宽与被固定设备附加0.5m,深度为1.5m。

放喷、测试管线安装平直,弯头角度不小于90°,并落地固定,每隔15m用水泥基墩地脚螺栓固定,喷口及转弯处用双卡卡牢。基墩坑长度大于0.8m、宽度大于0.6m,深度大于0.8m。放喷口基墩距喷口不大于0.5m。放喷口应装缓冲器。放喷口处应修建防火墙,其高度不低于2.5m。

2. 流程安全距离及位置

管汇台与井口:大于15m;分离器与井口:大于25m;水套炉与井口:大于25m。

放喷口与井口:大于50m,含硫化氢的大于100m。

放喷口与铁路:国家线40m,企业专线30m。

放喷口与架空通信线:国家Ⅰ、Ⅱ级40m,其他30m。

放喷口与架空电力线：大于 50m。

放喷口与建筑物：20MPa 以内的井 30m，其他 50m，如不能满足须加固、加高防火墙。

放喷口安装位置：位于常风向的下风向且垂直向上。

3. 测试流程试压

井口至管汇按额定工作压力的 80%进行试压，稳压 30min 无压降及渗漏为合格。

放喷管线采用清水试压：浅-中深井试压 10MPa，深-超深井试压 20MPa，稳压 30min 无压降及渗漏为合格。

测试管线采用清水试压：试压压力根据分离器上安全阀额定工作压力的 80%，稳压 30min 无压降及渗漏为合格。同时检验安全阀的开启压力。

三、地面作业装备与测试流程监督要点

（1）修井机型号是否满足作业设计要求，修井机性能是否正常。

（2）采油树的型号是否满足作业设计要求，出厂合格证、使用说明书、试压合格证是否齐全，配件是否符合要求、是否齐全。

（3）井控装置的型号、压力级别是否符合设计要求，性能是否正常，安装、试压是否符合规范要求。

（4）地面管汇台的型号、压力级别是否符合作业设计要求，配件是否齐全。

（5）放喷口选择是否符合安全距离要求，含硫化氢井的放喷口是否有 2 个、其所在的方位是否符合防硫化氢的要求。

（6）地面流程安装是否符合作业设计、规范要求，流程试压是否合格，易消耗备件（如油嘴套、油嘴、孔板等）是否充足。

（7）井场使用的电器设备摆放是否符合安全距离的要求、是否具备防爆功能，高低压电线是否符合防火防爆要求、是否按照规范要求架空。

（8）地面高压作业区是否拉好警戒线、高压警示标志是否明显。

第三节　气井井控

一、气井井控概论

气井井下作业过程中的井控工作的目的，是为了确保在井下作业的全过程中施工作业顺利进行和气井的安全，杜绝井喷事故和失控井喷事故的发生。因为失控井喷属重大恶性事故，一旦发生，必将造成严重后果，轻则伤害油气层，造成地面环境污染，重则造成价值几百万甚至几千万的油气井报废，或人身伤亡的重大事故，给社会和油气田的正常生产带来危害和重大经济损失。因此，采取有效的井控措施、井喷预防措施和快速有效的处理失控井喷方法有着十分重要的意义。

气井井下作业井控主要指在气井井下作业过程中，控制井内压力平衡防止地层流体进入井筒（一级井控）；或当地层流体进入井筒后控制井口（压力）防止地层流体继续流入井筒内并排出进入井筒内的地层流体，重新建立井内压力平衡（二级井控）；以及当二级井控失败，采取必要措施重新控制井口、重新建立新的井内压力平衡的过程（三级井控）。

气井由于气体的可压缩性大的特性导致气井井控与油井(原油的可压缩性很小)井控有显著的不同,必须了解并掌握这些特点,才能做好气井井控工作。

根据物理学原理,气体变化规律如下:

$$PVT=常数$$

亦即:

$$P_1Y_1T_1=P_2V_2T_2$$

式中 P ——气体的压力;

P_1 ——第一种状态下气体的压力;

P_2 ——第二种状态下气体的压力;

V ——气体的体积;

V_1 ——第一种状态下气体的体积;

V_2 ——第二种状态下气体的体积;

T ——气体的温度,单位 K;

T_1 ——第一种状态下气体的温度;

T_2 ——第二种状态下气体的温度;

根据气体的变化规律,如果体积为 $1cm^3$的气体从地层压力为 40MPa、温度为 60℃的地层中侵入(或流入)井内并运移到井口(气温 20℃、标准大气压 0.101MPa)的大气中,原来 $1cm^3$气体会变化为 V_2:

$$40\times1\times(273+60)=0.101\times V_2\times(273+20)$$

$$V_2=(40\times333)\div(0.101\times293)$$

$$=450.1064$$

$$\approx450cm^3$$

也就是说,气体体积膨胀为原来的 450 倍。

这就是气体的特点,也是气井的特点,也就是气井井控的最大特点。

正是由于气井的这一特点,导致气井的地层流体流入井内初期井口溢流反映并不明显,但随着侵入的气体在井内的向上运移,气体体积膨胀,井口的溢流会越来越大、越来越多、越来越猛,如果不及时控制井口,将出现井涌、井喷,甚至会很快将井内压井液全部喷出井外,导致井控失败,有的还会导致更大事故发生。

因此,气井井控在井下作业过程中特别重要。搞好气井井控是气井井下作业工作顺利进行的前提或必要条件。井下作业监督务必监督井下作业施工方从井控设备、装备的物质准备、安装试压、压井液储备到井控措施的编制、演练、落实的全过程全部按照设计、有关规范要求执行,确保井下作业安全顺利进行。

二、气井井控原理

气井井控原理与油水井井控原理基本一致,目的是通过控制井内的井底(或产层中部)压力大于或等于地层流体的压力,防止地层流体(主要为气体)侵入井内导致发生二、三级井控问题。

气井井底(或产层中部)的压力 P_{Wf}(单位 MPa)在静态条件下为压井液液柱压力与井口压力之和:

$$P_{Wf}=P_{液}+P_{井口}$$

$$P_{Wf}=0.00980665r_{液}gH_{液}+P_{井口}$$

式中 $P_{液}$——压井液液柱产生的压力,MPa;

$P_{井口}$——井口压力(正循环为油压,反循环为套压),MPa;

$r_{液}$——压井液密度,g/cm^3;

g——重力常数,取值0.98;

$H_{液}$——井口至井底(或产层中部)垂直距离或垂深,m。

气井井底(或产层中部)的压力 P_{Wf} 在正循环压井液的动态条件下为压井液液柱压力与井口套压($P_{套}$)、管柱与油层套管间环空循环摩阻($f_{环循}$,单位 MPa)之和:

$$P_{Wf}=P_{液}+P_{套}+f_{环循}$$

气井井底(或产层中部)的压力 P_{Wf} 在反循环动态条件下为压井液液柱压力与井口油压($P_{油}$)、管柱内循环摩阻($f_{管循}$,单位 MPa)之和:

$$P_{Wf}=P_{液}+P_{油}+f_{管循}$$

气井井底(或产层中部)的压力 P_{Wf} 在提钻的动态条件下为压井液液柱压力与井口套压之和减去抽吸压力($f_{抽吸}$,单位 MPa):

$$P_{Wf}=P_{液}+P_{套}-f_{抽吸}$$

气井井底(或产层中部)的压力 P_{Wf} 在下钻的动态条件下为压井液液柱压力与井口套压、激动压力($f_{激动}$,单位 MPa)之和:

$$P_{Wf}=P_{液}+P_{套}+f_{激动}$$

气井井下作业过程中只要保持 $P_{Wf}\geqslant P_{地层}$,产层中的流体就不会侵入井筒,但是为了气井井下作业过程中井的安全,一般要求控制 P_{Wf} 大于 $P_{地层}$ 的压力3.0~5.0MPa(即所谓的井底安全附加压力值)。为使用方便,将地层孔隙压力当量压井液密度值加一个安全附加值,其值为0.07~0.15g/cm^3(一般取高值)。具体选择安全附加值时,应根据地层孔隙压力预测准确度、硫化氢的含量、埋藏深浅等情况来决定。含硫天然气井应取安全附加值的上限。

气井井控还必须注意的问题是,当地层流体(气体)侵入井筒内,井口关井的条件下不能长期关井,否则有可能压破地层。将井内压井液压入地层中(导致对产层的污染)、又导致井底压力降低并产生新的气侵。其原理是由于井口关闭,井筒的容积恒定,侵入井内的气体(假如压力为40MPa)在向上运移(滑脱运移)的过程中体积只能保持不变,根据气体变化规律 PVT=常数,则气体向上运移的过程中压力基本保持不变(仍为40MPa)直至井口,在井口产生一个巨大的附加压力(即40MPa),会将地层压漏、压破,将压井液压入地层,气体体积再膨胀(泥浆压入地层后余下的空间会被气体膨胀占领),井口压力降低,之后又会导致 $P_{Wf}<P_{地层}$,产生新的气侵。循环往复,直至将全部井内压井液全部压入产层中。

当井控失败后需要采取必要措施重新控制井口,并根据重新控制井口后取得的地层压力资料重新确定新的压井液密度,重新压井建立新的井内压力平衡。

三、气井井控技术

气井井控技术主要包括压井液监测技术、井口控制技术、地层压力参数的获取、压井技术,由于本章的下一节要详细介绍气井压井,故该处不作介绍。

（一）压井液监测技术

压井液监测技术主要包括压井液监测，包括压井液量监测、性能监测、溢流监测，它是气井井下作业过程中为确保一级井控以及及早发现地层流体侵入井筒做好二级井控的关键技术。

1. 压井液量监测

在井下作用过程中对压井液量进行监测并做好记录，了解其变化情况，一是可以及时发现溢流；二是以便及时补充压井液，确保总有满足设计要求的足够量的压井液（压井液备量一般为井筒容积的1.5~2.5倍，高压气井还必须有足够的重浆储备）。

2. 压井液性能监测

在井下作业过程中，为做好一级井控工作，必须对压井液的性能进行监测，至少每天实测一次压井液密度、黏度，至少每3天实测一次压井液全性能。通过压井液性能监测了解其变化情况以便及时采取措施维护、调整压井液性能，确保井下作业过程中井内压力平衡，确保做好一级井控工作。

另外，在对气井实施压井施工开始前实测压井性能（液密度、黏度或全性能）能够了解压井液性能是否满足设计的要求，为顺利压井提供必要条件。

3. 溢流监测

气井井下作业过程中，溢流监测是及时发现地层流体侵入井内、便于及时采取必要的井控措施做好一级井控的关键技术。

对气井大修的井下作业要求安装压井液液面（量）监测报警仪，并安排专人值班监测溢流并做好记录。

对气井小修的井下作业必须安排专人值班监测溢流并做好记录。

监测报警仪报警设置在溢流量$1m^3$报警，报警后立即关井。监测溢流量超过$2m^3$必须关井。

（二）井口控制技术

气井井下作用过程中的井口控制是做好井控工作的关键，井口控制技术主要有敞井时间控制、开关井控制、失控井的控制。

1. 敞井时间控制

打开产层后，气井井口在没有安装防喷装置前敞井时间控制应尽可能短（不能超过可控的油气上窜时间），并在敞井前做好应急准备。一旦在敞井期间发现溢流应立即采取必要的控制井口措施，确保做好二级井控工作，防止出现失控的井喷事故。

当井口安装好防喷器后，如果较长时间不作业，应关闭井口防喷器，由管汇台的闸阀适当开启来观察或根据需要来关闭控制井口。

2. 开、关井控制

开关井控制主要包括气井井下作业过程中开关井操作和发生溢流、井喷后关、开井控制。控制好井口是井控工作的基础。

出现下列情况必须及时迅速关井：

（1）溢流超过$1m^3$；

（2）出现井涌；

（3）出现井喷；

(4) 上级指令。

开关井操作要严格按照井控设备的开关技术要求和操作步骤进行操作，并做到关井迅速及时。

关井后要做好下列工作：

(1) 定时(5~10min)记录井口压力，严格控制井口压力不高于井控设备的额定承压值，否则要及时开井控制放喷降压；

(2) 井口压力达到地层破裂最大许可井口压力前开井控制放喷以降低井口压力，防止压漏、压裂地层，防止将井内压井液压入地层导致对产层的污染和新的气侵。

(3) 做好压井准备。

3. 失控井控制

气井井喷失控后，及时(按时)逐级上报，启动相关应急措施。并按照中石化股份公司重特大事件总体应急预案的要求及本井应急预案要求启动应急措施。

(1) 井喷失控抢险方案实施的原则：

按照国家和行业标准、规范制定的井喷失控抢险方案，在实施过程中，坚持“以人为本”的指导思想，应符合以下要求：

① 井喷失控并伴有硫化氢、二氧化碳等有毒有害气体逸散时：

a. 应迅速封闭事故现场，抢救现场中毒人员，发出硫化氢、二氧化碳报警信号，进行交通管制，禁止外人进入现场，控制事态发展；

b. 监测硫化氢浓度，根据现场风向，疏散现场及周边无关人员；

c. 现场人员生命受到威胁、井口失控、撤离现场无望时，现场应急指挥应立即发出点火指令；

d. 条件允许时，迅速组织应急救援队伍抢装井口和实施压井工作，重新控制井口。

② 井喷失控引发火灾、爆炸时：

a. 现场发生火灾、爆炸，应立即阻断引火源，并组织灭火；

b. 条件允许时，迅速组织抢装井口和压井工作，重新控制井口；

c. 井场四周围堤，海上设置围油栏，防止喷出物污染环境；

d. 依据灾情程度确定警戒范围，撤离无关人员。

③ 井喷失控引发火灾、爆炸和有硫化氢、二氧化碳等有毒有害气体逸散时，应根据现场自然条件、地层压力、硫化氢和二氧化碳浓度及其他情况，按照先实施上述第(1) 条，后实施上述第(2) 条的行动方案来进行。

④ 海(水)上油气井井喷失控导致溢油时，同时启动《海(水)上溢油应急预案》。

⑤ 海(水)上油气井井喷失控后，经采取措施无效，危及人员生命安全，且符合本专项预案附则规定的条件时，现场应急指挥应立即组织人员撤离。

(2) 气井灭火：

天然气井井喷着火各有其特点和复杂性，以气为主的高压气井的处理更加困难。由于天然气具有密度小、扩散性大、膨胀性和压缩性大、易燃易爆、有毒、难以封闭等物理化学特性，因而稍有疏忽，比油井更易井喷和失控着火。这给井控工作带来一定的复杂性，充分认识天然气井井喷着火的特点，对于有效地控制井喷和恢复压井作业都具有重要的意义。

井喷失控着火的类型很多，其处理方法主要是围绕着怎样使井口装置、井控管汇重新控制油气流这一环节进行三次井控作业程序。井喷失控虽各有其特点和复杂性，但基本处理方法都是相同的。

① 气井井喷着火的主要方式：

a. 在关井或压井过程中，因井口压力高，将套管蹩破，井口周围地面大量窜气，一旦产生火星，即引起爆炸着火。

b. 在关井或压井过程中，井口及井口闸阀本体或连接处刺漏造成井口失控，井场及周围弥漫大量天然气，一旦产生火星便引起爆炸着火。

c. 在关井或压井过程中，钻具内防喷器及地面防喷系统失控，一旦产生火星即爆炸着火。

d. 修井作业中未安装井口防喷器，一旦发生溢流，无法控制井口导致井喷失控。

② 气井井喷着火的主要特点及危害：

a. 天然气井井喷失控着火一般具有突发性，猛烈性，很容易造成人员伤亡。

b. 柱高，一般为 50~100m。

c. 火焰温度高，热辐射强，火柱表面温度一般在 1500°C 左右，在无水或掩体掩护的情况下，人距井口 100m 左右难以停留。

d. 在井喷火焰连续高温作用下，井架很快烧塌，加上井架上的钻具、提升系统、钻台上各种工具互相挤压，交织在一起，压在井口上，迫使井口强烈喷出的油气大火四处喷射。

e. 油气喷出的压力高、量大，并夹带大量岩屑对套管、井口冲刺，破坏力极强。

f. 因喷出油气压力高，量大，再加之燃烧爆炸，声音频率高，因此响声高、噪声大、震耳欲聋，对环境造成极大破坏，给抢险人员造成很大威胁，给抢险指挥系统造成极大困难。

g. 井场设备多、高大笨重，不易拆除。石油钻井设备及管材多数都是采用高强度合金钢制成，连接牢固，井喷着火后，烧塌物纵横交织集中堆压在井口上，迫使火焰倒卷，四处乱窜喷射。

h. 抢险环境和条件恶劣，给抢险作业带来困难，西北沙漠缺水，西南虽有水源但也难满足抢险用水，并且抢险场地狭窄，抢险设备、抢险人员难以开展工作。

i. 抢险时间长，耗水量大，人力物力消耗大，钻井现场往往距后勤基地较远，后勤保障困难。

③ 灭火作业程序：

a. 成立现场抢险组，制定抢险方案。

井喷失控着火的处理是一项复杂而危险的工作，需要精心组织和施工。险情一旦发生，要迅速成立现场抢险组，统一指挥和协调抢险工作。抢险组应根据现场所了解的油气流喷势大小，井口装置和钻具的损坏程度，结合对钻井、地质资料的综合分析，弄清井喷层位、井喷过程和该井事故特点等。在掌握了大量第一手资料和险情的基础上制定有效的处理方案，调集抢险人员和设备，决不能有丝毫侥幸取胜的心理。

b. 划分安全区。

在井场周围设置必要的观察点，定时取样测定油气喷流的组分、硫化氢含量、空气中的天然气浓度、风向等有关数据，并划分安全区，疏散人员，严格警戒。做好人身安全的防护工作，避免烧伤、中毒、噪音等伤害。及时将储油罐、氧气瓶等隐患设备、物资脱离危险区，避免引起油罐、高压气瓶的爆炸。

c. 清除井口周围的障碍物，充分暴露井口。

一旦着火，必须充分暴露井口，保护井口，要清除井口周围和抢险通道上的障碍物。着火以后,被烧毁的井架、钻机提升系统和立在钻台上的钻具等物,像废料一样堆积在钻台上,把井口罩住,会使火焰乱窜。为了暴露和保护井口,导气上喷,给灭火和换装井口创造有利条件,因而在灭火以前,必须带火切割,尽量清除掉这些障碍物。

带火切割清除障碍物,应根据井场的地理条件、风向,用消防水龙喷射水雾将火压向某一方向,本着"先易后难,先近后远,先外后内,分段切割,逐步推进"的原则,用氧炔焰切割、纯氧切割、水利喷砂切割等手段,边割边拖,逐步清除。由于钻台上堆积的废物十分杂乱,给水雾压火造成很大困难。例如,很难将火压向钻机绞车方向。因此应根据具体情况确定哪些东西应在灭火前清理,哪些应在灭火后清理。

d. 灭火作业:

可采用下述方法扑灭不同程度的油气井火灾。

密集水流灭火法:

此法是用足够大的排量,从防喷器四通向井内注水和向井口喷水,同时用消防水枪向井口上面密集喷水,在较为集中燃烧的火焰最下部形成一完整的水层,并逐步向上移动水层,把火焰往上推,将井内喷出的气流与火焰切断,达到灭火的目的。当空气中水蒸气含量达到35%时,即可有效地阻止天然气的燃烧;而1kg水蒸发汽化时,能吸收539kJ热量,还能阻挡外部空气进入燃烧区和减少空气中氧的含量,大量注入和喷射水就可同时产生以上效果而把火灭掉。单靠此法灭火,其灭火能力较小,只使用于小产量、喷流较集中向上的井。密集水流灭火不但可独自作为一种灭火法,而且是其他灭火法的基础。在采用其他灭火法时,还必须同时辅之以密集水流才能将油气井火扑灭。

突然改变气流方向灭火法:

此法是在注入和喷射水流的同时,突然改变喷流的方向,使喷流与火焰瞬时中断而灭火。改变喷流方向可借助特制遮挡工具或被拆掉的设备(如转盘等)来实现。如威23井就是在坏井口被拉倒,气流突然改变90°方向(由垂直方向变为水平方向)而灭火的;沈15井是吊转盘时,转盘切割气流,使上冲的气流从转盘底面折回而熄灭的。此法的灭火能力也有限,只使用于中等以下产量,喷流集中于某一方向的失控井。

空中爆炸灭火法:

空中爆炸灭火法是将炸药放在红色火焰下面爆炸,利用爆炸时产生的冲击波,一方面把气流往下压,另一方面把火焰往上推,造成气流与火焰的瞬时切断,同时爆炸产生的二氧化碳等废气又起到隔绝空气的作用,造成瞬时真空而使火焰窒息,火焰在双重作用下熄灭。爆炸时,既要灭火又不能损坏井口。为此,空中爆炸法对炸药性能有专门的要求,如撞击时不易爆炸,遇水时不失效,高温下不易爆炸,引燃容易等。因而一般采用"TNT"炸药。

快速灭火剂综合灭火法:

快速灭火剂综合灭火法是将液体灭火剂经防喷器四通注入井口与油气喷流混合,同时向井口装置喷射干粉灭火剂保卫火焰,内外灭火剂结合使用达到灭火的目的。必须强调的是,密集水流法是上述几种灭火方法需同时采用的最基本方法,其喷水量应达到使井口装置和其他设备、构件充分冷却,全面降温至滴水程度。为了防止灭火后复燃,灭火后仍需继续向井内注水和向井口装置外部及周围设备、构件喷水。

钻救援井灭火法:

钻救援井灭火法是在失控着火井附近钻一口或多口定向井与失控着火井连通,然后泵入压井钻井液,压井灭火同时完成。理想的救援井应在井喷层段与喷井相交,这需要精确的定向控制技术。一般来说，救援井与喷井总是立体相交而隔有一段距离，但可借助救援井的水平射孔和压裂及其他方法使之连通。救援井压井的目的是制止与其连通的失控着火井油气流继续喷出，压井时，还需考虑救援井井口装置、套管和地面的承受能力。

(3) 撤换井口装置：

坏井口的拆除一般普遍采用绞车加压扶正，长臂大吊车整体调离。因拆除工作是在井内有高压的条件下进行的，这就要求各个环节的工作必须十分严格的配合协调。在拆卸井口连接螺栓时，井口必须加压拉牢，否则法兰面就会泄漏而影响继续拆除。新井口装置的安装是施工中重要的关键环节。为了安全地抢装成功，必须尽量减少气流对新井口的冲击；尽可能远距离操作或减少井口周围的作业人数，缩短作业时间；消除一切着火的可能性；一切措施都要经过试验。新井口的抢装主要采用整体吊装法或分件扣装法。

(4) 压井作业：

凡抢险中的压井都是潜在风险很大的作业，参与的人员多、设备多，很难一次成功，特别是高压、大产量天然气井，又喷又漏或套管已坏的井难度更大。考虑不周或施工失误很可能造成新的险情。抢险井压井的主要特点是：

① 管串基本上已从井口附近断开。

② 压井井口新装上的部分虽没问题，但保留的原井口部分强度已大大下降。

③ 井下套管强度也已大大下降或本身就是因套管破裂造成的井喷失控。

④ 不能采用正常循环压井，只能采用整体推入或置换法压井，风险很大，很难一次成功。

⑤ 压井中很可能出现又喷又漏的局面，因此一般要多次压井，人力、物力消耗大。

抢险压井一般遵循以下原则：

① 先放喷泄压，尽可能降低井口压力。

② 准备 3 倍以上井筒容积的、密度适当的压井液。

③ 压井施工排量尽可能大。

④ 尽可能采取整体推入的压井方法，争取一次压井成功。

(三) 地层压力参数的获取

地层压力或产气层的地层压力是气井压井的依据，只有获取了产层的地层压力，才能正确选取适当的压井液密度，达到压井成功而又不压漏地层。

获取地层压力的途径主要有：

(1) 对于已经完成了测试评价的产气层，直接利用测试成果所求得的地层压力。

(2) 对于已经打开产层但是还未评价完成、却又基本排尽井内液体，可选取最高关井井口压力，按照纯气柱公式计算求取产层中部压力，作为压井选取压井液密度的参考压力(偏低)。

(3) 对于已经打开产层但是还未评价完成、却又未排尽井内液体的气井，可先选取最高关井井口压力，按照纯气柱公式计算求取至(估算的)液面井深的压力(P_1)，再计算液面井深至产层中部液柱产生的压力(P_2)，P_1、P_2的和作为选取压井液密度(不应超过钻开该产层时的压井平衡泥浆密度)的参考压力。

(4) 井下作业中钻进、提下管柱或正循环过程中出现溢流、井涌、井喷时关井求取立压$P_{立}$(一般以关井初期井口立压快速上涨末端的压力作为求得的立压。关井后达到压力平衡的时间，对于渗透性良好的地层约 10~15min；致密地层的则较长，当立压上升缓慢时即可取值)，再按压井液密度计算至产层中部求取液柱压力 $P_{液}$，$P_{立}$、$P_{液}$之和作为近似的地层压力。

(5) 对于没有任何测试评价资料的产层，可选取钻开该产层时的压井平衡泥浆密度按照产层垂深计算的压力作为参考的地层压力(偏高)。

四、气井井控监督要点

根据气井井控的特点，气井井控监督的要点如下：

(一) 井下作业开工验收时井控监督要点

(1) 应急预案是否符合要求，是否切实可行，是否落实。

(2) 井控设备是否齐全完好、安装是否符合要求、试压是否合格，试压记录是否齐全。

(3) 压井液监测报警器是否安装、是否性能正常。

(4) 压井材料、压井液储备量是否达到要求，压井液性能是否符合要求。

(5) 流程安装是否符合要求，试压是否合格，试压记录是否齐全。

(6) 施工人员是否持有合格的井控培训合格证。

(7) 消防设备、器材是否满足设计要求。

(8) 气体监测报警装置是否按要求安装。

(9) 风向标志是否规范安装。

(10) 逃生通道设置是否符合要求。

(11) 是否定期进行井控装备检查和井控演习。

(二) 气井井下作业过程中井控监督要点

(1) 是否安装或换装好与作业施工要求相适应的井口装置。

(2) 压井液监测报警器性能是否正常，报警设置是否正确。

(3) 是否安排专人值班监测溢流、值班人员是否坚守岗位，观察记录是否齐全。

(4) 压井液储备量是否满足要求，压井液性能是否符合要求，是否定期实测压井液性能、记录是否齐全。

(5) 是否定期进行井控防喷演习，演习是否合格，存在问题是否及时整改，演习记录是否齐全。

(6) 井场禁火、动火制度执行情况。

第四节　气井“三防”

一、气井三防概述

由于气井所产流体以气体为主，气体成分多为易燃易爆、有毒有害气体，所以在气井井下作业过程中做好防火、防爆、防毒的三防工作，是做好气井井下作业顺利进行的前提和保障，也是保护现场施工作业人员和井场周围百姓的生命财产安全的重要工作，这项工作只能做好，不能出现任何问题，一旦出现失误，后果很严重。如 2003 年 11 月 23 日 21:55 重庆开县高桥镇小阳村的罗家 16H 井发生井涌，23 日 22:04 井喷完全失控后，由于对高含硫化氢的天然气的危害性认识不足，处置不当，直至 24 日 15:55 才在放喷口点火，致使大量高含硫化氢的天然气无控制地持续喷出了约18h，大量剧毒硫化氢气体逸散在空气中随风扩散，致使该井周围高桥镇、麻柳乡、正坝镇、天和乡四个乡镇的当地群众死亡241人(另有1名井队工人、1名钻井监督死亡)，因硫化氢中毒住院治疗2142人，门诊就医者26555人，更有65632人被迫星夜离开家园逃难；四川石油管理局6名事故责任人被以重大责任事故罪分别判刑3~6年。这场特大事故，是一场可怕的公共性灾难，是我国石油行业最为惨烈的灾难，系属世界石油天然气开采史上最惨重的事故，亦是人类工业史上最大的悲剧性事件之一。

气井的三防工作贯彻“安全第一、预防为主”的安全生产方针，必须建立、实施和保持安全生产管理体系，并持续改进。

气井的三防工作必须落实安全生产责任制。各级主要负责人对本单位安全生产全面负责；其他管理者按照“谁主管，谁负责”的原则，对其分管工作的安全生产负分管责任；各级职能管理机构对其各自的业务范围内的安全生产负责；员工对本岗位的安全生产负直接责任。

二、气井防火防爆防毒

气井防火防爆，是根据气井所产流体的可燃特性、爆炸特性，要求在气井井下作业过程中采取必要措施，防止出现着火、爆炸等事故，保证施工顺利、安全。

(一) 防火

气井防火是要求在施工场地一定范围内，采取必要的强制措施，防止出现着火伤人、烧坏设备或更大损失的事故。

防火措施主要有：

(1) 井口距高压输电线及其他永久性设施不小于75m；距民宅不小于100m；距铁路、高速公路不小于200m；距学校、医院和大型油库等人口密集性、高危性场所不小于500m。

(2) 天然气井的放喷管线应不少于两条，分离器距井口30m以上，放喷口距离井口、建筑物及森林50m以外。深井或含硫天然气井放喷口距离井口100m以外，且位于主导风向的下风侧，喷口向上，固定牢靠；放喷口处安装自动点火装置。

(3) 对高压含硫天然气井井口装置宜进行等压气密检验。

(4) 一般防火措施要求在井场内或距离井口50m范围内禁火、禁烟，“严禁烟火”的标志清楚、摆放合理。

(5) 采取措施避免、防止在井口施工中出现金属撞击产生火花。井口操作的修井机排气管道应安装火花捕捉器。对特殊井应安装地滑车，将通井机安放在距井口18m以外的位置。

井场内发电机排气管道应安装火花捕捉器。进入井场车辆的排气管应安装阻火器。

(6) 井场电器设备必须具备防火防爆功能且按规范要求安装，井场所有动力线和照明线应绝缘良好，不准使用裸线或用照明线代替动力线，所有电线应架空。井场安装的探照灯距离井口不小于50m。

(7) 井场安装合格的避雷装置。

(8) 井场施工场地内动火必须严格按照井场动火程序(或动火安全规程)执行，持有合格的动火手续，并在规定期限内动火。

(9) 消防灭火器材、装备按施工设计要求配置，并按规范要求摆放、专人负责。

(10) 施工场地内的易燃易爆油料严格按规定要求存放。

(11) 井场内必须设置明显的防火标志。

（二）防爆

由于天然气等可燃气体在空气中的含量在一定范围内时遇火会发生爆炸，所以在前述防火措施的基础之上还需采取下述措施：

(1) 放喷口放喷的可燃气体及时点火烧掉。

(2) 井口敞井前必须压井压稳。

(3) 放喷口距离井口的距离必须达到规范要求。

(4) 当井口井喷失控后，必要时及时点火将有毒有害气体烧掉，防止更大事故发生。

（三）气井防毒

气井产出的流体中，除了常见的含 $C_1 \sim C_4$烃成分的天然气外，还有硫化氢（H_2S）。一氧化碳（CO）、二氧化硫（SO_2）、二氧化碳（CO_2）等对人畜有毒的气体。当上述有毒气体的含量达到其安全临界浓度以上时，会对人畜的生命造成危害直至夺取性命。因此，在气井井下作业过程中对有毒气体采取必要的防护措施就显得非常重要。

1. 硫化氢防护

见本书第十三章。

2. 二氧化硫防护

(1) 二氧化硫的性质。

二氧化硫分子式为 SO_2，相对分子质量 64.07，又名亚硫酐，常温下为无色、有硫燃烧的强烈辛辣刺激性气味的不燃性有毒气体，对人畜具有窒息作用并在鼻和喉粘膜上形成亚硫酸。SO_2溶点-72.7℃，沸点-10℃（易液化），在室温及 392.266～490.3325kPa（4～5kg/cm^2）压力下为无色流动液体。易溶于水、甲醇、乙醇、硫酸、醋酸、氯仿和乙醚、油，在常温常压下，1 体积水大约能溶解 40 体积的二氧化硫（生成亚硫酸H_2SO_3，随后转化为硫酸 H_2SO_4）；SO_2的密度 2.3g/L，比空气的密度大，极容易聚集在低凹处。SO_2可被氧化成 SO_3。SO_2具有酸性氧化物的通性、具有漂白性。

(2) 二氧化硫对人的生理危害。

二氧化硫属中等毒类，对眼和呼吸道有强烈刺激作用，吸入高浓度二氧化硫可引起喉水肿、肺水肿、声带水肿及（或）痉挛导致窒息。

① 二氧化硫急性中毒。吸入二氧化硫后很快出现流泪、畏光、视物不清，鼻、咽、喉部烧灼感及疼痛，咳嗽等眼结膜和上呼吸道刺激症状。较重者可有声音嘶哑、胸闷、胸骨后疼痛、剧烈咳嗽、心悸、气短、头痛、头晕、乏力、恶心、呕吐及上腹部疼痛等。检查可见眼结膜充血水肿，鼻中隔软骨部粘膜有小块发白的灼伤，两肺可闻干湿啰音。严重者发生支气管炎、肺炎、肺水肿，甚至呼吸中枢麻痹。如当吸入浓度高达 5240mg/m^{3}时，会立即引起喉痉挛、喉水肿，迅速死亡。有报告急性中毒引起双基底节区变性坏死的病例。液态二氧化硫污染皮肤或溅入眼内，可造成皮肤灼伤和角膜上皮细胞坏死，形成白斑、疤痕。

② 二氧化硫慢性中毒。长期接触低浓度二氧化硫，会引起嗅觉、味觉减退、甚至消失，头痛、乏力，牙齿酸蚀，慢性鼻炎，咽炎，气管炎，支气管炎，肺气肿，肺纹理增多，弥漫性肺间质纤维化及免疫功能减退等。

二氧化硫对人的生理危害见表 2-12-1。

表 2-12-1　二氧化硫对人的生理危害

序号	SO_2在空气中的浓度		暴露于SO_2的典型生理影响及危害特性
	mg/m³	ppm	
1	2.71	1	具有刺激性燃烧硫磺的气味
2	13.5	5	灼伤眼睛，刺激呼吸，对嗓子有较小的刺激
3	32.49	12	刺激嗓子咳嗽，胸腔收缩，流眼泪和恶心
4	271.00	100	对生命和健康立即产生危险
5	406.35	150	产生强烈刺激，只能忍受几分钟
6	1354.50	500	即使吸入一口，就产生窒息感。应立即救治，提供人工呼吸或心肺复苏术
7	270.99	1000	如不立即救治会导致死亡，应马上进行人工呼吸或心肺复苏术

注：1. 二氧化硫的阈限值为2ppm（$5.4mg/m^3$）；2. 二氧化硫的安全临界浓度值为5ppm；3. 资料来源于API RP 55（第二版，1995）。

（3）二氧化硫对金属的腐蚀破坏。

二氧化硫遇水生成亚硫酸 H_2SO_3，随后转化为硫酸 H_2SO_4，亚硫酸和硫酸都属于强酸，对大多数常见金属（金属活性顺序为钾、钠、钙、镁、铝、锌、铁、锡、铅、铜、汞、银、铂、金、铅及其前面的金属）都有强烈的腐蚀作用，生成硫酸盐。

（4）二氧化硫对环境的影响。

由于二氧化硫遇水生成亚硫酸 H_2SO_3，随后转化为硫酸 H_2SO_4，所以二氧化硫逸散在大气中易形成酸雨，对环境、农作物和其他植物破坏、伤害非常大。

（5）二氧化硫的防护。

井下作业过程中二氧化硫气体的主要来源是硫化氢气体燃烧后的产物，从地层中直接产出的量一般较低，危害相对较小。所以二氧化硫的防护主要是先做好硫化氢防护，在做好硫化氢防护的基础上，才有条件做好二氧化硫的防护。

在做好硫化氢防护的基础上，针对二氧化硫的特性，还必须强调采取下列防护措施：

① 按照规范要求安装二氧化硫监测报警系统，并定期检查其性能是否正常、报警设置是否符合规范要求，确保该系统正常运行。

② 当空气中的二氧化硫超标后，及时按照防毒要求处置。首先保障人员安全，并可用喷水（雾状水）稀释、降低空气中二氧化硫的含量。暂时无防毒面具、正压式空气呼吸器的人员，可临时用湿毛巾、湿衣物捂住口鼻再撤离到安全区。

③ 减少或控制高含硫化氢的天然气井的放喷时间，以控制和减少二氧化硫的产生，减少对人和环境的伤害、污染。

④ 保证通风。在有可能形成硫化氢和二氧化硫聚集的地方应有良好的通风。在打开含硫油气层前，应将机泵房、循环系统及二层台等处设置的防风护套和其他类似围布拆除。寒冷地区在冬季施工时，对保温设施可采取相应的通风措施，保证工作场所空气流通。

3. 一氧化碳防护

（1）一氧化碳的性质。一氧化碳分子式为CO，相对分子质量38。在通常状况下，一氧化碳是无色、无臭、无味、有毒的气体，可燃烧，熔点-199℃，沸点-191.5℃。标准状况下气体密度为1.25g/L，和空气密度（标准状况下1.293g/L）相差很小，这也是容易发生煤气中毒的因素之一。它为中性气体，不溶于酸或碱溶液，难溶于水或微溶于水，通常情况下1体积水仅能溶解约0.023体积的一氧化碳，25℃时溶解度为0.0026g/100g水。溶于乙醇、苯等多种有机溶剂。

由于一氧化碳有易燃的特性，一氧化碳与空气混合能形成爆炸性混合物，遇明火、高热能引起燃烧爆炸。爆炸极限浓度为12.5%~74.5%。

(2) 一氧化碳对人的生理危害。一氧化碳是广为人知的易燃有毒气体，但由于其具有无色无臭的理化性质，使它的危害不易被觉察，所以它也是暗中的杀手，潜在隐患很大。

一氧化碳与血红蛋白的结合力比氧大200多倍，吸入后，在血液中与血红蛋白结合，干扰血液携氧能力，造成组织缺氧。开始皮肤灰白，继而皮肤和粘膜微红；严重损坏脑细胞，还会引起继发症，轻者损坏心肌，重者损害锥体或锥体外系统，包括基底神经节。

中毒症状：

轻度中毒者出现头痛、头晕、昏睡、耳鸣、心悸、恶心、呕吐、虚脱、腹痛、全身无力等症状；中度中毒者除上述症状外，还有面色潮红、嘴唇樱红、脉快、烦燥、步态不稳、意识模糊、昏迷；重度患者昏迷不醒、瞳孔缩小、肌张力增加、频繁抽搐、大小便失禁等，深度中毒者因呼吸麻痹而死亡。

慢性影响：

主要表现为长期反复吸入一定量的一氧化碳，有倦怠、易怒、消化不良等，可引起神经和心血管系统损害。

(3) 一氧化碳的防护。一氧化碳的防护与H_2S防护大致相同，并强调以下几点：

① 按照H_2S防护的监测措施安装和使用一氧化碳监测报警系统。

② 一旦发现一氧化碳含量超标，应及时佩戴正压自给式呼吸器，或将人员迅速撤离至上风处或其他安全区。紧急事态下抢救者和抢险者必须佩戴正压自给式呼吸器，迅速控制井口，将含一氧化碳的气体从放喷口点火烧掉，并采取措施压井。

③ 当高含一氧化碳的油气井井口失控后，必要时应及时点火将喷出的一氧化碳烧掉，防止群死群伤的重大事故发生。

④ 对从业人员进行就业前体检和定期体检。

⑤ 发现有人一氧化碳中毒，应将其迅速移至空气新鲜处。呼吸困难者要及时给氧。呼吸及心跳停止者，要立即进行人工呼吸和心脏按压术，并尽快送医院治疗。

⑥ 做好井控工作。含一氧化碳井作业时，应严格按照井控要求控制井喷。做好井控工作是一氧化碳防护中非常重要的一环，只有井控工作做好后，才能避免更大事故的发生。

4. 二氧化碳防护

(1) 二氧化碳的性质。二氧化碳的分子式CO_2，相对分子质量44。CO_2在常温常压下呈无色、无臭、略带酸味的气体。它不能燃烧，也不支持一般可燃物的燃烧，不能支持动物呼吸，有一定的毒性。在标准状况下，二氧化碳的密度为1.977g/L，相对空气密度1.5左右，熔点-56℃，沸点-78.5℃，临界温度31.06℃，临界压力72.88atm。在加压和降温冷却的条件下，二氧化碳会转变为液体。温度更低时，液态二氧化碳可以凝固为白色雪状固体，叫做“干冰”。干冰可升华，由固体直接转化为气体二氧化碳。二氧化碳与水化合生成碳酸，碳酸不稳定，加热时发生分解，从溶液里逸出二氧化碳。二氧化碳和石灰水反应生成碳酸钙。

(2) 二氧化碳对人的生理危害。二氧化碳不支持一般可燃物的燃烧,也不能支持动物呼吸,有一定的毒性。通常空气中含二氧化碳很少(0.03%),对人无碍。如果空气中其含量超过 1%即会使人不适;超过 10%会使人不醒人事,呼吸停止而死亡。

(3) 二氧化碳对金属材料的腐蚀。在没有水时,二氧化碳是不发生腐蚀的。当有水时,二氧化碳溶于水生成碳酸($CO_2+H_2O \rightarrow H_2CO_3$),碳酸使水的 pH 值降低,对钢材发生氢去极化腐蚀加速腐蚀($Fe+H_2CO_3 \rightarrow FeCO_2+H_2\uparrow$),而溶解出的铁离子则变成碳酸铁覆盖在钢材的表面上。因而,有时造成的不是整体腐蚀,而是局部的腐蚀。

影响二氧化碳腐蚀的因素主要有压力、温度及水的组成。对于较高温度下气体 - 凝析液(水)井来说,随着二氧化碳分压(或者在水中溶解 CO_2 的数量)的增加腐蚀增加。

根据二氧化碳分压的数值来确定是否有腐蚀,见表 2-12-2。

表 2-12-2　根据二氧化碳分压判断有无腐蚀

二氧化碳分压	对金属的腐蚀
低于 0.049MPa	无腐蚀
0.049MPa	可能有腐蚀
超过 0.196MPa	一般都表现出有腐蚀

易被二氧化碳腐蚀的敏感材质为碳素钢、低合金钢。

二氧化碳腐蚀随含铬量增加而减少,含铬量高于 13%时几乎不发生腐蚀。

(4) 二氧化碳的防护。二氧化碳在一般的气井中含量较少,其毒性也较低,所以一般来说作业人员不需要采取特殊的防护措施,只是对高温高压气井需要使用防二氧化碳腐蚀的特殊管材。目前使用 13%铬钼钢或两相不锈钢等高铬钢可以有效防止二氧化碳腐蚀。

但是在二氧化碳气田中,二氧化碳含量非常高,就必须要采取措施进行防护。其防护措施主要有:

① 建立完善的二氧化碳监测报警系统。

② 配备必要的防毒面具、正压空气呼吸器及配套的空气补充装置或供氧呼吸设备(并应配备备用的正压式空气呼吸器)。所有防护器具应放在使用方便、取用迅速、清洁卫生的地方并定期检查,以保证这些器具处于良好的备用状态,同时作好记录。

③ 对作业人员进行如何防护二氧化碳培训并取得培训合格证。

④ 做好应急预案,落实应急措施,进行应急演练。

⑤ 搞好井控工作。

高含二氧化碳井作业,应严格按照井控要求控制井喷。防喷器组及其管线闸门和附件应能适于二氧化碳条件下使用,并能满足预期的井口压力。

做好井控工作是二氧化碳防护中非常重要的一环,只有井控工作做好后,才能避免更大事故的发生。

⑥ 在有可能形成二氧化碳聚集的地方应有良好的通风。在打开二氧化碳气层前,应将机泵房、循环系统及二层台等处设置的防风护套和其他类似围布拆除。寒冷地区在冬季施工时,对保温设施可采取相应的通风措施,保证工作场所空气流通。

三、气井三防的监督要点

根据气井三防的特点，气井三防监督的要点如下：

（一）井下作业开工验收时三防监督要点

（1）应急预案是否符合要求，是否切实可行，应急组织机构是否建全，应急措施是否落实。

（2）在井场内油气易泄漏、聚集、扩散的场所，是否按规定装设可燃气体、有毒气体浓度检测报警装置（系统）。其性能是否正常。

（3）有毒气体的便携式检测报警仪及防毒面具是否配备足够，防硫化氢的正压空气呼吸器和配套的空气补充装置或供氧呼吸设备的配备是否达到规定的要求。

（4）消防器材、设备是否具有合格证，配备是否足量，性能是否完好，是否规范存放。

（5）风向标设置是否符合规范要求。

（6）防火、防爆、防毒的标志设置是否符合规范要求。

（7）进场作业人员是否持有有毒气体防护培训合格证。

（8）逃生通道设置是否符合要求。

（9）施工场地内的易燃易爆气体、油料是否严格按规定要求存放。

（10）放喷口选址是否符合规范要求，放喷口距离井口的距离是否符合规范要求。

（11）电器设备是否防爆，安装是否符合规范要求；电线是否符合规范要求，是否架空。

（12）进场的动力设备、车辆是否安装了防火装置。

（13）警戒线、警戒标志是否设置，设置是否符合要求。

（14）作业人员生活区选址是否正确，距井口的距离是否符合规范要求。

（15）施工设备、管材、器材是否符合抗硫化氢、二氧化碳的气体腐蚀的要求。

（二）气井井下作业过程中三防监督要点

（1）是否安装或换装好与作业施工要求相适应的井口装置，并检查是否有窜漏。

（2）易燃易爆、有毒气体监测报警系统性能是否正常，报警设置是否正确。

（3）员工上岗时是否按规定穿戴和使用劳动防护用品。

（4）风向标指示是否完好，逃生通道是否畅通。

（5）井场禁火、动火制度执行情况。

（6）是否定期进行三防演习，演习是否合格，存在问题是否及时整改，演习记录是否齐全。

（7）放喷口喷出的可燃气体是否点火烧掉。

（8）进场人员是否佩戴性能正常的便携式气体监测报警仪。是否执行 2 人一组的监护纪律。

（9）通风措施落实情况。

（10）进场动力设备、车辆是否加装了防火化装置。

（11）井控措施是否落实，井控演习是否定期进行，井控演习是否符合要求，存在问题是否进行整改。

第五节 气井压井

一、气井压井条件

出现下列情况之一,应采取压井措施。

(1)井口出现超压;

(2)油层套管不符合气质;

(3)井口部分漏气,不压井就无法整改;

(4)需及时封层或转层上试新层;

(5)需换管柱进行酸化、加砂压裂;

(6)含硫化氢、二氧化碳的井试气后长时间不能采输;

(7)弃井。

二、气井压井液

(一)压井液的密度确定

根据试气所取得的地层压力、产量资料,确定压井液的密度,并考虑0.07~0.15的附加值:

(1)对于高温、高压、含硫化氢的井附加值取高值,一般井取低值。

(2)对于地层漏失量大的疏松气层,应使用暂堵剂。

(3)对于低压、无自喷能力及高压、低渗、无工业产能的井采用密度1.0g/cm³的清水或盐水作为压井液。

(二)压井液液量的确定

压井液的量应大于井筒容积的1.5倍(性能稳定),准备井筒容积1.5倍以上的清水。

对于高温、高压、含硫化氢的井,压井液的量应大于井筒容积的2.0倍,并应同时准备井筒容积1.5倍以上的重浆。

三、气井压井作业

压井作业前制定好压井应急预案、压井技术措施,落实压井的物质准备、装备准备、人员到位情况以及防火防爆防毒措施。

(一)压井方式

根据需要压井的井的状况或条件选择压井方式。

如果井内是泥浆压井条件下钻进、起下钻过程中出现溢流需要压井,可选择司钻法压井、工程师法压井或整体推进法压井(在高硫化氢井首选)。

如果井内是清水压井条件下的压井则选择司钻法压井、工程师法压井。

如果井内是纯(天然)气,则选择工程师法压井或整体推进法压井。选择工程师法压井是一般先用清水压井一周(循环除气)后,再用泥浆或其他压井液压井。

(二)压井工艺及注意事项

(1)检查钻井泵或泵车,同时还要准备好备用泵,确保压井连续。

(2)压井管线连接紧密,与高压管汇或井口清蜡闸门相连,进口管线上安装单流阀。连接好后按预计工作压力的1.2倍试压合格。

(3) 产气量较高、压力系数大于 1.5 的井,采用前置清水大排量循环除气后再压井。循环除气和压井过程中适当控制回压,避免注入的清水全部喷出,增加压井难度。

(4) 低压、无自喷能力及高压、低渗、无工业产能的井采用密度 1.0g/cm^3 的清水或盐水直接注入压井。

(5) 对于地层漏失量大的疏松气层,在产层段以上 20~100m 正替入暂堵剂,然后进行压井。

(6) 压井要连续作业。但当发现进多出少(或不出)严重漏失时要停止压井,查明原因并采取措施后再施工。

(7) 当入井压井液量大于井筒容积、出口无气且平稳时,测量密度。若进出口密度差不大于 0.02g/cm^3时,停泵观察溢流情况,确认被压住后方可进行下道工序。

(8) 当压井方式为整体推进的挤压方式时,挤压前须将井内污物积液放喷干净,开始压井时,压井泵先打至井口压力,然后再打开进口阀门进行挤压,中途不得停泵。压井液挤至气层以上 50~100m 时,停泵稳压 15~30min,开出口闸门观察溢流变化,如果溢流不断增大或有喷势,关井 4~8h 后再开井观察,证实未压住后应重新压井。

(9) 压井后拆采气树,装试油放喷器。起管柱时,控制上提速度(尤其是带有大直径的管柱)。起管柱过程中应有专人观察井口,发现情况及时报告、及时处理。

四、气井压井的监督要点

(一) 压井准备阶段监督要点

(1) 压井方式选择是否正确。

(2) 压井液量、压井液性能是否满足压井设计要求。

(3) 泥浆泵或泵车(水泥车、压裂车)是否满足连续压井要求,泵车油料是否足够。

(4) 给泵车供液能力是否满足压井要求。

(5) 压井管线连接是否符合要求,试压是否合格。

(6) 管汇台、井口采油树的闸阀开关状态是否符合压井要求。

(7) 放喷管线、回浆管线安装固定是否符合压井设计要求。

(8) 防火防爆防毒措施是否落实,人员是否到位。

(二) 压井施工过程中的监督要点

(1) 压井操作是否规范。

(2) 压井施工是否连续。

(3) 压井过程中是否适当控制回压。

(4) 压井过程中是否监测出口液体密度。

(5) 是否做好压井液回收工作。

(6) 是否监测压井液进出的量。

(7) 压井液压井一周后是否继续循环脱气,循环脱气注入的压井液量是否符合要求,是否达到停止继续循环脱气的条件。

(三) 压井后的监督要点

压井结束后敞井观察期间是否安排专人值班观察。有溢流是否按要求再次进行循环脱气和脱气后敞井观察。

在压井之后的提下井内管串过程中,必须搞好井漏、溢流监测,确保及时发现井漏、溢流并及时采取措施。

第十三章 高含 H_2S 井作业

我国已经开发的油气田不同程度的含有硫化氢气体,有的含量极高。在四川、华北、大港、新疆等地的油气田,在钻采过程中均不同程度地发现有硫化氢气体存在。尤其是四川东部和重庆地区,含硫化氢气田约占开发气田的70%以上,硫化氢含量在180g/m³以上。

硫化氢对人体具有致命的毒害,对钢材设备亦有相当严重的腐蚀作用。因此,在含硫化氢井井下作业时,一旦出现硫化氢,就必须采取相应的安全及技术措施。

高含 H_2S 作业内容与常规油、气、水井作业内容基本一致,如:大修、小修、压井、钻塞、刮管、通井、探砂面、冲砂、洗井、射孔、酸化、压裂、气举或抽汲排液等。只是由于其高含 H_2S 的特性,在井下作业时的要求与常规油、气、水井作业有所不同,采取的作业对策不一样;由于 H_2S 的高危害性,也相应的要求施工组织、应急预案的完善;同时对高含 H_2S 井的井控与“三防”也有较高的要求。

第一节 高含硫化氢井作业特点

一、硫化氢的危害

(一) H_2S 对人体的危害

硫化氢是高毒性的无色气体。比空气重,具有臭鸡蛋的气味。如果用火点,它会燃烧并有蓝色火焰,同时生成二氧化硫,二氧化硫是一种具有强烈刺激性气味的气体。硫化氢在空气中的含量(以体积计)在4.3%~4.6%之间就具有爆炸性。空气中的浓度仅有 0.002×10^{-6} 时,靠嗅觉便可鉴别出来。浓度在0.1%以上,能在几分钟内麻痹神经,浓度达0.7%时,只要吸上一口就可致命。

低浓度的硫化氢可以引起头痛,高浓度0.1%将刺激眼、鼻、喉、肺,使眼睛红肿,在很多情况下伴随着剧烈疼痛。更高的浓度0.5%将使人眩晕,不省人事,甚至停止呼吸。(H_2S 对人体的危害见表2-13-1)

表2-13-1 H_2S 对人体的危害

人体持续暴露于 H_2S 环境下的反应							
H_2S/(mg/L)	0~2min	2~15min	15~30min	0.5~1h	1~4h	5~8h	>8h
50~100	—	—	—	轻微不适	—	—	—
100~150		咳嗽,眼部有刺激感,嗅觉失灵	呼吸急促,眼部疼痛,发困	喉部有刺激感	流口水,眼部刺痛,咳嗽	症状加重	大量出血,死亡
150~200		嗅觉失灵	喉部和眼部有刺激感	喉部和眼部有刺激感	呼吸困难,视觉模糊	症状加重	大量出血,死亡

续表

人体持续暴露于 H_2S 环境下的反应							
H_2S/(mg/L)	0~2min	2~15min	15~30min	0.5~1h	1~4h	5~8h	>8h
250~350		眼部有刺激感，嗅觉失灵	眼部有刺激感	视线模糊，虚弱	眼睛刺痛，呼吸困难	大量出血，死亡	
350~450		眼部有刺激感，嗅觉失灵	呼吸困难、咳嗽，眼部有刺激感	眼和鼻腔刺激加重，头痛	头晕，虚弱，刺激感加重，死亡	死亡	
500~600	咳嗽、虚脱，失去意识	眼睛有刺激感，虚脱	眼睛的刺激加重，心脏悸动，少数死亡病例	严重的眼部和头剧痛，颤抖，头晕目眩，虚弱，死亡			
600~1500	失去知觉，死亡	虚脱，失去知觉，死亡					

（二）H_2S 对材料、设备的腐蚀损害

H_2S 腐蚀包括电化学腐蚀、氢脆和硫化物应力腐蚀三种。不同机理的腐蚀对不同材质的腐蚀速度和腐蚀程度差别极大，为了延长器材和设备的使用寿命，保证作业安全和节约经费开支，合理选择材质是非常重要的。使用何种材质的器材和设备当然首先是根据其机械、物理和力学性能要求来确定，在满足这些要求的前提下，再进行材质选择。井下作业过程中针对腐蚀问题应特别重视的器材和设备主要是井下管柱和井下工具以及井口装置，如钻杆、套管、油管、各种井口装置等，因为它们是油井作业的关键装备，数量多，而且腐蚀环境既复杂又苛刻，一旦出现腐蚀或腐蚀破坏会损坏油气井生产和危及井的生产寿命。

二、硫化氢井分类

硫化氢含量在2%~10%的（油）气藏为高含硫（油）气藏，硫化氢含量在10%~50%的（油）气藏为特高含硫（油）气藏。

硫化氢分压大于0.00034MPa的（油）气井称为含硫（油）气井，硫化氢含量在5%以上的（油）气井称为高含硫（油）气井。

三、高含硫化氢井作业特殊要求

（一）作业场地的要求

1. 井场设施的安全间距

（1）以下设施与井口的距离规定如下：

① 职工生活区距离井口应不小于500m；

② 井场锅炉房、发电房、值班房、储油罐、测试分离器距离井口不小于30m；

③ 远程控制台应距井口不小于25m，并在周围保持2m以上的人行通道；

④ 放喷排污池、火炬或燃烧筒出口距离井口应大于100m;

⑤ 高压节流管汇、低压泥浆分离器距井口应大于10m。

(2) 值班房与锅炉房、储油罐、高压节流管汇、放喷排污池的距离应不小于30m。

(3) 储油罐与放喷排污池、锅炉房、发电房的距离应大于30m。

(4) 火炬或燃烧筒出口距森林应大于50m,上空20m半径范围内无高压电线或高空距离大于150m,且位于主导风向的下风侧。处在林区的井,井场周围应有防火隔离墙或隔离带,隔离带宽度不小于20m。

燃烧筒应用水泥基墩地脚螺栓和钢质压板固定在放喷排污池入口,排污池的长度大于25m、宽度大于15m,地面砖墙高度大于3m,防火墙高度大于5m;所有放喷管线出口应正对对面防火墙,禁止出口斜对侧面砖墙。

2. 双放喷口要求

要求安装方向不同的两个放喷口,井场设置风向标。放喷时,要随时注意风向变化,以便及时调整放喷口,转移到上风方向作业。

3. 井场通风要求

(1) 井场周围要空旷,尽量在各方面让盛行风畅通,并吹过采气设备。

(2) 所有设备的安装必须有空间,井口装置周围禁止堆放杂物,以便空气流通,避免硫化氢在井口及其周围聚集。

(3) 测井射孔等辅助设备和机动车辆,应尽量远离井口,至少保持在25m以外的距离。

(二) 地面作业流程的要求

1. 地面流程(含压井管汇、节流管汇、试油管汇)的材质要求

(1) 必须采用抗硫油管、抗硫管汇台和抗硫热交换器、抗硫泥气分离器。

(2) 井口与管汇台、管汇台之间、放喷管线均采用抗硫油管(短节),并采用丝扣或法兰连接。

(3) 关井压力大于45MPa的井口与管汇台必须采用法兰联接。

2. 流程安装要求

放喷、压井、回浆管线应用油管连接紧密,安装平直;转弯处宜采用大于120°的弯头。含硫气井地面流程应安装两套成90°~180°的放喷、测试管线,主出口位于下风方向。

3. 流程固定要求

管汇台、分离器、转弯的弯头两端、放喷口及平直段小于15m,用水泥基墩地脚螺栓和钢质压板固定,压板与管线之间用垫子垫好,上紧压板螺丝。管线应落地固定,悬空长度超过10m,必须采用刚性支撑并固定。

4. 流程固定基础要求

固定分离器、节流管汇、放喷及测试管线的水泥基墩坑长大于0.8m,宽大于0.6m,深度大于0.8m,深固定放喷口的水泥基墩坑长大于1.5m,宽大于1.0m,深度大于1.0m,距喷口应小于0.5m;水泥基墩应采用混凝土浇筑。

(三) 入井工具、作业管柱的要求

(1) 为延缓H_2S腐蚀,采用抗H_2S腐蚀的合金钢油管;合金钢油管表面有伤痕会加剧腐蚀,因此在起下合金钢油管时,必须使用合金钢油管专用作业设备。起下抗硫生产管柱时应使用微牙痕液压大钳、微牙痕吊卡等专用的作业设备,不允许使用普通的管钳、液压

钳等。

（2）井下作业时应尽量使用抗 H_2S 腐蚀钻具，若条件不允许，可采用低钢级钻具进行作业施工，但必须保证修井液 pH 值为 9.5~11。

（3）井下作业时应尽量使用抗 H_2S 腐蚀的材质的工具，若条件不允许，可采用低钢级工具进行作业施工，但必须保证修井液 pH 值为 9.5~11。

（4）电缆钢丝测试工艺只在斜度小于 30°以下的气井采用，电缆钢丝测试装备及仪器的材质必须符合耐腐蚀要求，井口防喷装置必须具有高指标的动静密封性能。

（5）限制在涂层管内进行钢丝、电缆作业或其他方法投送工具，如必须作业时，限制速度小于 30m/min。

（四）作业设备的要求

（1）作业机、特殊作业设备和油气井装置的制造材料宜选择抗 H_2S 腐蚀的材料，或采用敏感性材料与硫化氢环境互相隔离的设计。

（2）钻机、修井机、作业机的提升系统的额定载荷应大于本井作业的所有工况的载荷，包括解卡工况下的载荷（在原悬重基础上增加 400kN 以上）。钻台或修井操作台应满足井控装置安装及操作、起下钻作业要求。

川东北天然气井套管头上法兰面基本与地面一致，在套管头上至少要联接工作压力 70MPa/105MPa 的油管头、液压双闸板防喷器或采气树，两者的总高度应小于钻台或修井操作台下部的操作空间高度，否则很难吊装防喷器和采气树；操作台上面的空间应较大，满足起下钻人员和抢井喷人员的操作空间。

（3）由于山区重新上第 2 次大负荷的作业设备困难，施工用的提升系统应一次性地满足本井复杂工况的需要；在施工中有时会发生泥浆沉淀卡钻，下井封隔器不能正常解封，水力锚锚牙不能收回，泥浆压井拔活塞现象，以及多种情况的复合卡钻，在解卡时通常需要的解卡负荷在 400kN 以上。

（五）压井液的要求

（1）维持修井液 pH 值为 9.5~11，以避免发生能将硫化氢从修井液中释放出来的可逆反应应符合 SY/T 6610—2005 中 10.3、10.4 的规定。

（2）修井液中应添加适量的除硫剂、缓蚀剂，并密切监测修井液中除硫剂的残留量，控制硫化氢含量小于 $50mg/m^3$。

（3）应另外储备井筒容积 2 倍，密度大于在用修井液密度 $0.2g/cm^3$ 以上的压井液。

（4）应储备足量的泥浆加重材料及除硫剂，加重材料不少于 200t，能配制 1 倍以上井筒容积的压井液。

（5）对易漏失层，还应储备堵漏材料，应备有能配制堵漏液 $100m^3$ 以上的堵漏材料。

（六）队伍资质及人员要求

1. 施工队伍资质

（1）具有中石化乙级以上队伍资质，天然气施工资质和 HSE 体系认证资质。

（2）驻井试气队技术干部不少于 2 人，熟悉试气工艺全过程，能妥善处理突发事件；工人具有中级工以上（含中级工）资历，3 年以上试油（气）工作经验，吃苦耐劳。

2. 人员资质

（1）现场施工人员应持有经主管部门批准的培训部门培训考核颁发的“井控操作合格

证”。

(2) 现场施工人员及相关管理人员均应接受硫化氢、二氧化碳等有毒、有害气体的培训，并取得“H_2S 防护技术培训合格证”。

(3) 现场所有施工人员及相关管理人员应持有经主管部门授权批准的培训部门考核和颁发的“安全、环境与健康培训合格证(HSE 证)”。

(4) 锅炉工、司钻、电(气)焊工等特殊工种应持证。

(七) 其他要求

(1) 实施作业的主要人员数量应保持最低。

(2) 井场硫化氢容易积聚的地方应安装固定式硫化氢监测仪和可燃气体监测仪，确认工作性能正常，报警系统正常。

作业过程中，应至少配备便携式硫化氢监测仪 5 台，并使用硫化氢监测设备对大气情况进行监测。

(3) 井场值班室、工程室应设在井场风向的上行风向，并应设置防护，储备急救箱、担架、氧化袋等用具。

(4) 在作业前，应召开相关工作人员参加的特殊安全会议，并特别强调使用正压式空气呼吸器、施工组织方案及应急预案。

(5) 应在保证人员安全的条件下，排放并燃烧所有产生的气体。

(6) 放喷口保证有三种以上的点火方式(必须包括长明火)。

四、高含硫化氢井作业监督要点

监督在含硫井井下作业时除按常规油、气、水井作业的监督要点进行监督外，还必须按以下监督要点进行监督。

(一) 井下作业开工验收时监督要点

(1) 井场设施安全距离是否达到规范要求、放喷口是否按规范设置、井场空气流通是否达到要求；

(2) 流程及试气设备材料材质是否达到规范要求、流程安装及固定是否达到规范及设计要求；

(3) 入井作业管串及井下工具材质是否达到规范和设计要求，入井作业管串及井下工具的使用是否达到要求；

(4) 作业设备是否满足规定要求；

(5) 压井液的准备、压井备用加重材料的准备、压井备用堵漏材料的准备是否达到规范和设计的要求；

(6) 施工队伍资质是否达到规定的要求，现场施工人员资质是否达到规定的要求；

(7) 硫化氢检测设备及防护设备的配备是否达到规定的要求；

(8) 放喷口点火方式必须满足 2 种以上方式(其中必须包含长明火的点火方式)。

(二) 井下作业过程中的监督要点

(1) 作业施工前由建设方(或委托现场监督)主持在施工现场召开特殊安全会议，特别强调使用正压式空气呼吸器、施工组织方案及应急预案；

(2) 监督作业现场是否在保证人员安全的条件下，排放并燃烧所有产生的气体。

第二节 施工组织与应急预案

一、概述

在高含硫化氢地区进行井下作业前，对可能出现的风险进行分析评估与预控，以加强各业务口之间、当地政府部门、合作单位之间的配合，提高硫化氢泄漏及其他事件的应急反应能力，最大限度缩短事故处理时间，把损失降低至最小程度。所以在井下作业前必须制定相应的施工组织方案及应急预案。

二、施工组织

（一）概述

对施工进行全局组织策划，对实施过程可能出现的难点及风险进行分析与预控，以加强各业务口之间、当地政府部门、合作单位之间的配合。为此，特制定组织措施。

（二）建立施工组织机构

1. 指挥组织机构及职责

（1）成立总指挥部。基本职责：负责施工全面管理及指挥，并对施工中出现的重大、复杂情况作出最终决策。负责向上级领导机构机关及地方政府汇报相关事宜。负责对现场施工指挥组和外围安全指挥组发布各项指令。

（2）成立作业施工领导小组。基本职责：制定该井作业施工应遵循的基本原则，对该井设计进行审核及批复。负责对作业施工中出现的异常复杂情况时的现场进行决策。负责作业的具体指挥或者指定作业施工指挥人。

（3）成立现场协调组。基本职责：全面协调施工方与施工方之间、施工组织机构内部之间、施工组织与地方政府之间、现场施工。

2. 现场指挥组

在现场总指挥部领导下进行工作，按照作业设计进行组织施工。根据设计制定较详细的施工实施步骤及工作要点，便于各组操作和掌握。作业施工前对施工准备工作提出要求并组织验收。有权对所有参加作业施工单位和人员进行统一组织、指挥、协调。所有参加作业施工人员必须无条件服从指挥组的指令和安排。

3. 外围安全指挥机构

根据该井设计应遵循的原则和总体要求，为确保施工的顺利进行和应对可能出现的复杂情况，特成立外围安全组织机构并制定此外围安全应急方案。

（三）计划

（1）在开始作业前，建设方、施工方和其他与工作有关的代表应讨论有关油气井的数据和将要执行的作业的有关事项，并以合同形式明确各方的安全责任。

（2）在安装设备之前，施工方及代表应提供硫化氢应急预案，并与建设方代表一起审查该预案。

（3）还应审查各施工方的“应急预案”，以保证在硫化氢紧急情况下的响应协调。

（四）安全交底

根据现场具体状况召开硫化氢防护安全会议，任何不熟悉现场的人员进入现场之前，至少应了解紧急疏散程序。

（五）记录

所有培训课程的日期、指导人、参加人及主题都应形成文件并记录，其记录应至少保留二年。

三、应急预案

（一）概述

施工方应评估目前的或新的涉及硫化氢和二氧化硫的作业，以决定是否要求有应急预案、特殊的应急或者培训。这种评价应确定潜在的紧急情况和其对施工方及公众的危害。如果需要应急预案，应按政府的有关要求制定。

制定应急预案时，应当注意：(1) 重点突出，针对性强。应当结合本区域内生产安全方面的实际情况，确定容易发生特大生产安全事故的地区、行业和单位，分析可能导致发生事故的原因，有针对性地制定应急预案。(2) 应急预案确定的程序要简单，步骤要明确。要省去一切不必要的繁琐程序，保证在突发事故时，应急预案能及时启动并紧张有序地实施。(3) 统一指挥，责任明确。安全生产经营单位、政府部门之间以及同其他有关方面如何分工、配合、协调、应当在应急预案中加以明确。

（二）范围

应急预案应包括应急响应程序，该程序提供有组织的立即行动计划以警报和保护现场作业人员、承包商及公众。应急预案应考虑硫化氢和二氧化硫可能产生危害的严重程度和影响区域；还应考虑硫化氢和二氧化硫的扩散特性；包括本节所列的所有可适用条文的预防措施。另外，要求设施作业者指定一位应急协调人，以便在应急预案编制中与当地应急预案委员会协调。

（三）预案的可获得性

所有有责任执行应急预案的人员都应读到应急预案，不论平时他们的岗位在哪里。

（四）应急管理

1. 基本要求

在含硫化氢气井的施工作业前，与施工相关的各级单位应制定各级防硫化氢的应急预案。各方人员应掌握应急预案的相关内容；在应急预案中应考虑硫化氢和二氧化硫浓度可能产生危害的严重程度和影响区域；还应考虑硫化氢和二氧化硫的扩散性。

2. 应急程序

(1) 人员职责。应急预案应明确所有基本人员的职责。参观人员和其他非基本人员禁止滞留或进入已被硫化氢污染且大气中硫化氢浓度超过 $15mg/m^3$(10ppm)或二氧化硫浓度超过 $5.4mg/m^3$(2ppm)的区域。

(2) 立即行动计划。每一份应急预案包括一份精简的“立即行动计划”，一旦指定人员接到硫化氢或二氧化硫有潜在泄漏危险的通知，立即按照该计划行动。为保护人员(包括公众)和减少泄漏的危害，“立即行动计划”宜包括但不限于以下各项预防措施：

① 警示员工并清点人数:a.离开硫化氢或二氧化硫源,撤离受影响区域;b.戴上合适的个人呼吸保护设备;c.警示其他受影响的人员;d.帮助行动困难人员;e.撤离到指定的紧急集合地点;f.清点现场人数。

② 采取紧急措施控制已有或潜在的硫化氢或二氧化硫泄漏并消除可能的火源。必要时可启动紧急停工程序以扭转或控制非常事态。如果要求的行动不能及时完成以保护现场作业人员或公众免遭硫化氢或二氧化硫的危害,可根据现场具体情况,采取措施。

③ 直接或通过当地政府机构通知公众,该区域硫化氢可能会超过75mg/m^3(50ppm)或二氧化硫浓度超过27g/m^3(10ppm)的区域。

④ 进行紧急撤离。

⑤ 通知电话号码单上最易联系到的上级主管。告知其现场情况以及是否需要紧急援助。该主管应通知(直接或安排通知)电话号码单上其他主管和其他相关人员(包括当地官员)。

⑥ 向当地官员推荐有关封锁通向非安全地带的未指定路线和提供适当援助等做法。

⑦ 向当地官员推荐疏散公众并提供适当援助等做法。

⑧ 若需要,通告当地政府和国家有关部门。

⑨ 监测暴露区域大气情况(在实施清除泄漏措施后)以确定何时可以重新安全进入。

(3) 电话号码及联系方式。作为应急预案的一部分,宜准备一份应急电话号码单。以便出现硫化氢或二氧化硫紧急情况时应与以下单位联系:

① 应急服务:a. 救护机构;b. 医院;c. 医疗人员(如医生);d. 直升机服务;e. 兽医。

② 政府机构与联系方式:a. 当地应急预案委员会;b. 国家有关部门;c. 当地应急响应委员会;d. 当地执法机构;e. 民防系统;f. 消防部门;g. 其他相关政府机构。

③ 生产经营单位和承包商:a. 生产经营单位;b. 承包商;c. 相关服务公司;d. 公众。

(4) 附近居民点、商店、公园、学校、宗教场所、公路、医院、运动场及其他人口密度难测的设施等的具体位置。

(5) 疏散路线及路障位置。

(6) 可用的安全设备(如呼吸保护设备的数量和位置)。

3. 硫化氢和二氧化硫特性

(1) 硫化氢特性。

(2) 二氧化硫特性。

4. 设施描述、地图与图纸

(1) 注水站。

(2) 井、储罐组、天然气处理设施及管线。

(3) 压缩设施。

5. 培训与演练

(1) 基本人员的职责。

(2) 现场或室内演练。

(3) 告知附近居民在紧急情况下的适当保护措施。

(4) 培训与参加人员的文件记录。

(5) 告知当地官方有关疏散或就地庇护所等的要点。

（五）应急预案编制内容

1. 机构及职责

应急预案中应包括各相关方的组织机构和负责人，并应明确应急现场总负责人及各方人员在应急中的职责。

2. 应急响应

（1）当硫化氢浓度达到 15mg/m^3（10ppm）的阈限值时启动应急程序，现场应：

① 立即安排专人观察风向、风速，以便确定受侵害的危险区；

② 切断危险区的不防爆电器的电源；

③ 安排专人佩带正压式空气呼吸器到危险区检查泄露点；

④ 非作业人员撤入安全区。

（2）当硫化氢浓度达到 30mg/m^3（20ppm）的安全临界浓度时，按应急程序应：

① 戴上正压式空气呼吸器；

② 向上级（第一责任人及授权人）报告；

③ 指派专人至少在主要下风口距井口 100m、500m 和 1000m 处进行硫化氢监测，需要时监测点可适当加密；

④ 实施井控程序，控制硫化氢泄露源；

⑤ 撤离现场的非应急人员；

⑥ 清点现场人员；

⑦ 切断作业现场可能的着火源；

⑧ 通知救援机构。

（3）当井喷失控时，按下列应急程序立即执行：

① 由现场总负责人或其他指定人员向当地政府报告，协助当地政府做好井口 500m 范围内居民的疏散工作，根据监测情况决定是否扩大撤离范围；

② 关停生产设施；

③ 设立警戒区，任何人未经许可不得入内；

④ 请求援助。

（4）当井喷失控时，井场硫化氢浓度达到 150mg/m^3（100ppm）的危险临界浓度时，现场作业人员应按预案立即撤离井场。现场总负责人应按应急预案的通讯表通知（或安排通知）其他有关机构和相关人员（包括政府有关负责人）。由施工方和建设方按相关规定分别向上级主管部门报告。

（5）在采取控制和消除措施后，继续监测危险区大气中的硫化氢及二氧化硫浓度，以确定在什么时候方能重新安全进入。

3. 气井点火程序

（1）含硫气井井喷或井喷失控事故发生后，应防止着火和爆炸。

a. 井喷失控后，未着火的井应当严防着火，并将易燃易爆物品搬离危险区。b. 迅速成立有领导干部参加的抢险指挥部，下设技术组、抢险组、消防组、后勤生活组、安全保卫组等，按规定的职责投入抢险工作。c. 有专业抢险灭火公司根据失控井的具体情况制定抢险方案，经抢险指挥部审查后实施。d. 抢险作业应尽量不在夜间和雷雨天进行。

（2）发生井喷后应采用措施控制井喷，若井口压力有可能超过允许关井压力需放喷时，应在放喷口先点火后放喷，井场应配备自动点火装置，并备用手动点火器具。点火人员应配戴防毒器具,并在上风方向 30m 以外点火。

(3) 井喷失控后,在人员的生命受到巨大威胁、人员撤离无望、失控井无希望得到控制的情况下,作为最后手段应按抢险作业程序在爆炸危险区以外对气井井口实施点火。

(4) 油气井点火程序的相关内容应在应急预案中明确。油气井点火决策人宜由建设方代表或其他授权的现场总负责人担任,并列入应急预案中。

(5) 点火后应对下风方向尤其是井场生活区、周围居民区、医院、学校等人员聚集场所的二氧化硫的浓度进行监测。

(六) 应急联络

考虑到与相关方应急联系和报告的需要,应准备和保存一份应急通讯表。根据应急通讯表的内容制成联络框图,并作为应急预案的一部分:

(1) 应急救援服务机构;

(2) 政府机构和联系部门;

(3) 其他相关单位与承包商。

(七) 周边公众区域警示和保护计划

(1) 在井喷失控、硫化氢、二氧化硫释放应急预案中应包括周边公众警示、撤离和保护计划。应急预案中应有区域平面图及联络框图,在其上标明井场附近所有居民、学校、商业区的标识号码、所在位置及电话号码,以及道路、铁路、厂矿的位置,并注明撤离路线。

(2) 当井喷失控、硫化氢、二氧化硫释放发生时,油气生产经营单位代表或其他授权的现场总负责人应及时与当地政府联络沟通,启动油地联合应急预案。

(3) 井场附近地区的硫化氢浓度可能达到 75mg/m^3(50ppm)时,对邻近居民进行撤离。

(八) 应急预案的演练

试气、作业施工现场应急演练由试气作业队统一组织指挥,相关各方共同参加。

(九) 应急预案应定期检查,并在规定条款和范围变化时随时更新

应急预案的更新审查应注意:

(1) 应急计划所覆盖范围可能随着自然气候的变化而不同;

(2) 周围环境的变化,如新的居民、住宅区、商店、公园、学校或道路等;

(3) 生产的变化,如改变监测设备的安装位置和油田设备的位置,油气井操作、流程或操作参数、程序的更改、矿场装置的变化等;

(4) 应急预案中的联系人、电话、地址等的变化;

(5) 其他应予注意的变化。

在应急预案条款更新后,应该通知所有相关人员,并对纸面的预案手册进行及时更新。更新的预案应在页面上注明版次和更新时间。

四、施工组织与应急预案监督要点

(一) 施工组织的监督要点

作业开工验收时,现场监督应重点检查以下要点:

(1) 现场是否按要求编写统一的施工组织方案(含现场各作业单位);

(2) 施工组织方案是否经上级主管部门审批;

(3) 施工组织方案责任人员落实情况;

(4) 施工组织方案交底记录。

(二) 应急预案的监督要点

作业开工验收时,现场监督应重点检查以下要点:

(1) 现场是否按要求编写统一的硫化氢应急预案(含现场各作业单位);

(2) 现场应急预案是否经上级主管部门审批;

(3) 现场应急预案编制内容是否到达要求;

(4) 应急预案的交底记录;

(5) 应急预案的演练记录,演练是否达到要求;由甲方(或委托监督方)组织统一的应急预案演练,并讲评;

(6) 应急预案的落实、准备情况。

(三) 井口点火的监督要点

(1) 含硫气井井喷或井喷失控事故发生后,应防止着火和爆炸。

① 井喷失控后,未着火的井应当严防着火,并将易燃易爆物品搬离危险区。② 迅速成立有领导干部参加的抢险指挥部,下设技术组、抢险组、消防组、后勤生活组、安全保卫组等,按规定的职责投入抢险工作。③ 由专业抢险灭火公司根据失控井的具体情况制定抢险方案,经抢险指挥部审查后实施。④ 抢险作业应尽量不在夜间和雷雨天进行。

(2) 应急抢险井口点火的条件为:井喷失控、在人员的生命受到巨大威胁、人员撤离无望、失控井无希望得到控制。

(3) 油气井点火决策人宜由建设方代表或其他授权的现场总负责人担任。

第三节　井控与“三防”

一、井控工作

(一) 井控设备

井下作业的井控装置包括井口装置(油管头、采气树、变径法兰)、防喷装置(闸板防喷器、内防喷工具(球阀、旋塞阀、回压凡尔、止回阀)、高压防喷管、测试控制头)、地面流程,井控装置的安装、使用和管理应符合 SY/T 6120-1995 的规定。

1. 设备配置要求

(1) 含硫化氢、二氧化碳气井井控装置应具有抗硫、防腐能力。材质要求按规定执行硫化氢分压大于 0.0003MPa 的井应采用抗硫措施;二氧化碳分压大于 0.21MPa 的井应采用防腐措施;既含硫化氢又含二氧化碳的井应视各自含量情况选用既抗硫又防腐的措施。

(2) 预测井口关井压力≥70MPa 的气井,采气树 1 号总阀应采用液动平板阀。

在高压下平板阀很难开关,且开关时间较长,大于 5min;在高压气流作用下开关缓慢容易刺坏闸板,所以在高压下采气树 1 号总阀应采用液动平板阀,最大限度地缩短开关时间,一旦天然气泄漏,可立即关闭阀门,控制事故的扩大,终止产生的事故。

(3) 防喷器应安装剪切闸板防喷器,并配置高压节流管汇,安装闸板顺序自上而下应为剪切闸板、全封、半封。井控装置压力等级应高于最高地层压力，选择时还应考虑地层中硫化氢含量要求。高温高压含硫气井应使用双四通。

(4) 应配备管柱内防喷工具(包括单流阀、方钻杆旋塞阀、管柱旋塞阀)。钻台上应配备处于开启位置的球阀(包括旋塞阀)，底部连接丝扣与正在使用的井内管柱相适配，放在钻台上易于拿到的地方。当起下两种以上的管柱时，对正在操作的每种管柱，均应有一个可供使用的球阀；冲砂管柱顶部应联接球阀(旋塞阀)。

(5) 应配备适用于特殊作业和井喷失控后处理事故的专用设备和工具(包括自封头、不压井起下钻装置、灭火设备等)。

(6) 产出气的 H_2S 含量大于 $50g/m^3$ 时，应选择对应高抗硫级别的油管头、采气树。

(7) 变径法兰、油管头、防喷器通径应大于试气作业中下入工具的最大外径，锥管挂外径应小于防喷器通径。

禁止倒下防喷器起下大直径工具，所有起下钻作业必须在有井控设施的条件下进行，严防井喷事故的发生。

(8) 需进行放喷作业的气井，应安装放喷地面流程；需进行循环压井回收压井液的气井，应安装压井节流流程。

地面流程的节流管汇至少有 2 个节流阀、2 套油嘴节流控制，流程功能齐全，满足替喷、洗井、放喷、测试、压井的需要，并能实现分级节流和能满足风向改变后连续放喷、测试的需要。

压井节流流程至少有 2 个节流阀、1 个液动平板总阀，能满足替喷、洗井、回收压井液、压井的需要，实现有效地分离压井液，回收压井液到储液罐，燃烧掉天然气。

(9) 含硫气井放喷管线应采用抗硫材质，且用标准法兰连接，不准焊接，并按要求在放喷管线排放口处安装自动点火装置。放喷管线至少应装两条(高压井应至少装 4 条)，其夹角 90°，弯头不应小于 120°，并接出井场 100m 以外，保证改变风向时，至少有一条能安全使用。放喷管线经试压达到设计要求。

2. 井控设备安装、试压及使用

(1) 井口装置、防喷器在出厂前，应进行等压水密封试压检验，有合格的检验报告。高压、高产、高含 H_2S、CO_2 井，井口装置安装使用前应进行等压气密封检验，有合格的检验报告。

(2) 重复使用的井口装置、防喷装置、锅炉、热交换器、紧急关闭阀、液动平板阀、地面高压流程管线和阀门，应定期检验合格。

上述装置有检验周期的按标准检验，没有规定的装置推荐检验周期不大于一年；因高压刺漏，经过高含 H_2S、CO_2 的高腐蚀介质导致腐蚀严重等情况的，应重新检验合格后方可继续使用。

(3) 井控装置、井口装置安装好后清水试压应达到预测井口关井压力的 1.5 倍以上，不大于额定工作压力，不大于套管抗内压强度的 80%。

(4) 井控装置及其配件在安装、使用前应进行无损探伤，不允许有微裂纹存在。

(二) 高含硫化氢井井下作业过程中的井控作业

试气、作业前应明确井控岗位责任制，由专人负责井控管理，井控管理应符合 SY/T 6120-1995 的规定。

1. 射孔

(1) 气层应采用油管输送射孔，油管输送射孔应符合 SY/T 6412-1999 的规定；若气层要求下测试仪测试，可采用油管输送射孔与地层测试联作，应符合 SY/T 5486-1999 中 5.1~5.6、5.8~5.10 的规定。

(2) 射孔施工时，井场和射孔作业区禁止进行与射孔无关的其他作业。

(3) 高含硫化氢气井射孔施工应安排在白天进行，特殊情况下的夜间作业应保证有足够的照明设备和安全保证措施。

2. 试气及作业管柱

(1) 在施工作业中，井内管柱存在放喷生产工况，预测最大关井井口压力≥35MPa、地层温度≥120℃的气井，井下管柱应有压力控制式循环阀、井下关闭阀(如测试阀)和封隔器。

对于高温高压天然气井，管柱内为气体时存在较大压差，管柱存在泄漏的可能。井下管柱有压力控制式循环阀、井下关闭阀、封隔器，一旦管柱刺漏，可立即实现井下关井，立即打开循环阀压井，控制住事故的发生。

(2) 预测最大关井井口压力≥70MPa，地层温度≥150℃的气井，应增加高温高压伸缩补偿器，采用气密封特殊扣油管。

采用伸缩补偿器可弥补管柱在温度变化大的情况下的伸缩，降低管柱的轴向应力，防止提松封隔器、拉断管柱的事故发生；采用气密封特殊扣油管，确保在高压下套管不进入天然气，保护套管不承受高压。

3. 诱喷与测试

(1) 射孔、放喷前应检查采气树、地面流程各部分，阀门的开启或关闭有明显标识。

(2) 射孔或替喷后不能自喷，应用氮气、二氧化碳或天然气进行气举或混气水诱喷，严禁用空气。

(3) 放喷期间，燃烧筒处应有长明火。

(4) 放喷、测试等危险作业时间应安排在白天进行，试气期间井场除必要设备需供电外，其他设备一律断电。若遇 6 级以上大风或能见度小于 30m 的雾天、下雪天或暴雨天，应暂停放喷。

危险作业在人眼可视范围低的夜晚、雾天进行，其风险更大，容易出现事故，并且一旦出现事故，制服事故的指挥和操作也极为不便，所以在夜晚、雾天应禁止射孔、开井放喷测试。当然，在放喷测试正常后，为了连续作业，可在夜晚继续放喷，但应保证井场有足够的照明，确保安全。

(5) 特殊作业放空、绳索作业、酸化、压裂、连续油管作业、阀门钻孔和热分接等特殊作业，应符合 SY/T 6610-2005 中的 12.2、12.3、12.5、12.7、12.9 的规定。

4. 压井

(1) 根据钻开目的层压力监测、区块对应气层的压力系数和试气过程中的资料，确定气层压井液的相对密度，其附加值为 0.07~0.15；高温高压井、含 H_2S 井的附加值取高值。

采用泥浆压井，其附加值应适当取高值，降低天然气上窜速度，防止泥浆气浸。采用无固相压井液、卤水等压井，由于压井液不易气浸，其附加值可取低值，避免地层漏失。

(2) 由于高压高产井，在压井中有一部分压井液被气浸，含天然气量大，必须外排才能确保施工安全，所以要备足压井液，防止压井中途因压井液不够而导致压井半途而废，确保压井成功。

(3) 压井结束时，压井液进出口性能应达到一致，油套压为零；压井后应进行观察，高压、高产井的观察时间应大于起下一趟井内管柱所用的时间,即安全起下钻时间。

进出口压井液性能一致的主要指标是:盐水压井液的进出口相对密度差≤0.01,泥浆的进出口相对密度差≤0.02。

安全起下钻时间,也可通过循环压井液计算得出安全起下钻时间。

压井后观察,若外溢则要进行地面关井并测量井口压力,根据关井压力的大小适当增大压井液密度,然后进行循环压井;若井内液面下降,气层漏失,则及时向井筒内灌入压井液;若漏失仍严重,则对气层进行堵漏压井,堵漏成功后再进行循环压井。

5. 完井作业

(1) 对有工业气流又具备投产条件的井,应下生产管柱完井。

(2) 完井采气树按 SY/T 6610-2005 中 4.2.4、4.2.5、4.4.3~4.4.5 选择,按 4.4.8 试压合格。

(3) 暂时不生产的高压、高产、含 H_2S 井,应采取临时封井,井场 24h 值班。

(4) 对全井或分级箍以下固井质量不合格、且含 H_2S、CO_2 的井,应先采取补救固井合格后,才能下完井管柱。

补救固井的目的是防止产层的天然气从套管外上窜至水泥塞上面或上窜至地面,引发工程和安全事故,所以必须固井合格后,才能下完井管柱。

6. 弃井及封井

(1) 对无工业开采价值的地质报废井和工程报废井应作弃井处理,对暂时无条件投产的有工业油气流的井,应予封井,并报上级主管部门批准。

(2) 对无工业开采价值的井应采取永久性弃井方式,即试气结束后,先将井压稳,从气层底部至顶部(射孔井段)全段注水泥,水泥浆在套管内应返至气顶以上 200~300m,其中先期完井的井应返至套管鞋以上 200~300m。在井口 200~300m 处打第二个水泥塞进一步封井,井口焊井口帽,装放气阀,盖井口房。

(3) 对暂时无条件投产的有工业气流的井应采取暂时性弃井方式,即试气结束后,先将井压稳,在气层以上 50m 打易钻桥塞(先期完井气井应在套管鞋以上 50m 打易钻桥塞),然后打 100~200m 的水泥塞。井口应安装采气树,井口选择和试压应符合 SY/T 6610-2005 中 4.2.4、4.2.5、4.4.3~4.4.5、4.4.8 的规定。装压力表,盖井口房,并观察记录。临时弃井按其设计执行。对于高压高产层、漏失严重层,推荐打易钻桥塞,然后打水泥塞进一步封层。常压井水泥塞厚度应大于 100m,高压井、高含硫化氢井水泥塞厚度应大于 200m。若不打桥塞,则应堵漏后连续打 2 个水泥塞封层,确保水泥塞的密封性。水泥塞试压合格后,应下入光油管到水泥塞以上 100m 左右,用封闭层的压井液压井,安装好采气树、压力表,井场 24h 值班。

(4) 存在严重事故隐患不能正常生产的天然气井,应根据实际情况,采取不同的封堵措施,达到永久性弃井的要求。封堵施工作业时,应有施工作业设计,并严格审批程序。

(5) 水泥塞试压压力应不小于 30MPa,不大于套管抗内压强度的 80%,试压稳压 30min,压降小于 0.5MPa 为合格。

7. 复杂情况的预防与处理

(1) 严防空井井喷事故发生。起出井内管柱后,在等待时,应下入部分管柱,推荐下入管柱至气层以上 20m,关闭防喷器半封,联接旋塞阀,并装上压力表。

(2) 压井作业,当井下循环阀打不开时,可采用连续油管压井或采用向地层挤入法压井,然后采用过油管射孔,实现循环压井。

(3) 井口操作应避免金属撞击产生火花。

(4) 天然气井井喷着火抢险作法应符合 SY/T 6203-1996 的规定。

(5) 放喷或测试中,发生下列情况时,应暂停放喷测试,整改合格后才能继续放喷测试。

① 当井口压力达到测试控制头、采气树、地面高压流程等设施的额定工作压力的 80% 时,应用小油嘴控制开井泄压;

② 测试过程中若发现管柱自动上行,应及时关闭防喷器,环空加压平衡管柱上行力;

③ 发现地面油气泄漏,视泄漏位置应立即关闭相应上游的平板阀;

井口后面的地面流程泄漏,应关闭采气树放喷生产平板阀;若 1 号总闸门以后泄漏,应立即关闭 1 号闸门。

④ 测试阀打开后,观察环空液面,若发现环空液面下降,应立即向环空灌压井液。

(6) 放喷或测试中,若发生下列情况时应终止放喷测试,并立即压井。

① 发现封隔器失效,井内管柱、工具刺漏;

② 出现环空压力升高,泄压仍不能消除环空压力上升;

③ 地面装置失控时,若井口法兰泄漏,应井下关井,同时进行压井作业;

④ 油管、套管和井控装置的材质不适合产出的天然气性质。

二、防火、防爆、防硫化氢安全措施及要求

(一) 防火、防爆措施及要求

在高含 H_2S 施工过程中,井场设施的防火防爆除要遵守常规油、气、水井外的要求外还应符合 SY/T 5225-2005 中 4.1.6~4.1.9、4.3 的规定。

(1) 作业机排气管和进入井场车辆的排气管应安装防火罩。

(2) 试气、作业现场消防器材,应配备 35kg 干粉灭火器 4 个,8kg 干粉灭火器 4 个,5kg 二氧化碳灭火器 1 个,“1211”灭火机 1 只。消防斧 2 把,防火铲 3 把,消防钩 1 只,消防桶 3 只,防火砂 $2m^3$。侧钻井另配备消防水龙带 1 根、直流水枪 1 支。在野营房区也应配备一定数量的消防器材。

(3) 含 H_2S 井的防火应符合 SY/T 6610-2005 中 11.6 的规定。

SY/T 6610-2005 为含硫化氢油气井井下作业推荐作法,11.6 为硫化氢火源控制。

主要内容有车辆距离井眼宜至少 30m;距离井眼 30m 以内的所有内燃机排气装置上都宜安装火花捕捉器或其他相当的仪器,禁止使用明火炉灶、明火,严禁任何焊接作业,或其他可能的引火源(电子打火工具、无线电收发设备等);发动机切断装置位于控制台附近,以备应急之用;所有柴油机上都宜安装用于隔绝助燃空气的紧急切断装置。

(4) 井场电器设备、照明器具及输电线路的安装应符合相应的规定。

(5) 柴油机排气管应无破漏和积炭,并有冷却灭火装置。出口与井口应相距 15m 以上,不朝向油罐。在苇田、草原等特殊区域施工应加装防火帽。

(6) 作业机钻台上下、机泵房周围禁止堆放杂物及易燃、易爆物,钻台、机泵房下无积油。

(7) 井场内严禁烟火,若需动火,按正常程序申请办理动火手续后,方可动火。

（二）防硫化氢措施及要求

1. 人员培训

涉及潜在硫化氢的油气开采区域的生产经营单位应警示所有人员（包括顾主，服务公司和承包商）在作业过程中可能出现硫化氢的大气浓度超过 15mg/m^3（10ppm）或二氧化硫浓度超过 5.4mg/m^3（2ppm）的情况。在硫化氢和二氧化硫浓度可能会超过规定值区域工作的所有人员在开始工作前都要接受培训。所有顾主，不论是生产经营单位和承包商，都有责任对他们自己的雇员进行培训和指导。被指派在可能会接触硫化氢和二氧化硫区域工作的人员应该接受硫化氢防护安全指导人的培训。

（1）基本培训。培训和定期演练对油气井井下作业的价值怎么强调都不过分。具体作业项目的独特性或复杂性将指定人员应培训的内容。但是，以下是进行作业的指派人员接受培训的最基本内容：

① 硫化氢和二氧化硫的毒性、特点和性质；

② 硫化氢和二氧化硫的来源；

③ 在工作场所正确使用硫化氢和二氧化硫检测设备的方法；

④ 对现场硫化氢和二氧化硫检测系统发出的报警信号及时判明并作出正确响应；

⑤ 接触硫化氢的症状，接触二氧化硫的症状；

⑥ 救援技术以及对接触硫化氢和二氧化硫受害者的急救；

⑦ 正确使用和维护呼吸设备以便能在含硫化氢和二氧化硫的大气中工作（理论和熟练的实际操作）；

⑧防止硫化氢和二氧化硫危害的现场操作和相关维护过程；

⑨ 风向的辨别和疏散路线；

⑩ 受限空间和密闭设施进入程序；

⑪ 为该设施或作业制定的紧急响应程序；

⑫ 安全设备的位置和使用；

⑬ 指定紧急集合区域和其位置。

（2）现场监督人员的额外培训。

现场监督是在硫化氢环境下作业的现场监督管理的负责人，也是组织实施应急预案的现场指挥。因此，除了要接受硫化氢防护的基本培训外，还应该清楚自己在应急预案中的职责，以及掌握硫化氢对设备的影响等预防硫化氢的安全技术。只有这样才能在预防和应对硫化氢泄漏时，从技术和管理上真正起到现场监督的作用。故现场监督人员还应进行以下的额外培训：

① 应急预案中监督的责任；

② 硫化氢对作业系统部件的影响（如：腐蚀，脆化等）；

③ 硫化氢对设备的影响。

（3）来访者和其他临时指派人员的培训。

来访者和其他临时指派人员进入潜在危险区域之前，应向其简要介绍出口路线、紧急集合区域、所用报警信号以及紧急情况的响应措施，包括个人防护设备的使用等。这些人员只有在对应急措施和疏散程序有所了解后，有训练有素的人员在时，才能进入潜在的危险区域。如出现紧急情况，应立即疏散这些人员或及时向他们提供合适的个人防护设备。

(4) 安全交底。

根据现场具体状况召开硫化氢防护安全会议,任何不熟悉现场的人员进入现场之前,至少应了解紧急疏散程序。

(5) 记录。

有培训课程的日期、指导人、参加人及主题都应形成文件并记录,其记录至少应保留二年。

2. 呼吸保护设备

(1)基本要求:

① 当环境空气中硫化氢浓度超过 30mg/m^3(20ppm)时,应佩带正压式空气呼吸器,正压式空气呼吸器的有效供气时间应大于 30min。

② 含硫化氢作业应配备正压式空气呼吸器。正压式空气呼吸器应放在作业人员能迅速取用的方便位置。

③ 正压式空气呼吸器每次使用后都应进行清洁和消毒。需要修理的正压式空气呼吸器,应作好明显标记并将其从设备仓库中移出,直至磨损或损坏的部件已经被及时修理和替换为止。

④ 进行含硫化氢作业之前,应确认作业人员的身体状况良好并熟悉正压式空气呼吸器的使用方法。

⑤ 作业中应对硫化氢作业区的硫化氢浓度和作业人员状况进行持续监测。

(2) 存放,检查和维护:

① 正压式空气呼吸器应存放在人员能迅速取用的安全位置,并应根据应急预案的要求配备额外的正压式空气呼吸器。

② 应对正压式空气呼吸器加以维护并存放在清洁、卫生的地方,以避免损坏和污染。

③ 对所有的正压式空气呼吸器应每月至少检查一次,并且在每次使用后都应进行检查,以保证其处于正常状态。月度检查记录(包括检查日期和发现的问题)至少应保留 12 月。

(3) 面罩的限制:工作区域硫化氢、二氧化碳浓度超过安全临界浓度的地方,应使用满足 SY/T 6610-2005 中 4.1 要求的正压式空气呼吸器。在使用之前宜进行面罩与脸部的密接测试,并使用尺寸、类型、样式或构成适合该人员的正压式空气呼吸器来进行。

(4) 适应性要求:对执行含硫油气有关作业任务需使用正压式空气呼吸器的人员,应进行定期检查和演练,以使生理和心理适应这些设备的使用。

(5) 空气供应:正压式空气呼吸器空气的质量应满足下述要求:

① 氧气含量 19.5%~23.5%。

② 空气中凝析烃的含量等于或小于 5×10^{-6}(体系分数)。

③ 一氧化碳的含量小于或等于 12.5mg/m^3(10ppm)。

④ 二氧化碳的含量小于或等于 1960mg/m^3(1000ppm)。

⑤ 没有明显的异味。

(6) 呼吸空气压缩机:所有使用的呼吸空气压缩机应满足下述要求:

① 避免污染的空气进入空气供应系统。当毒性或易燃气体可能污染进气口的情况发生时,应对压缩机的进口空气进行监测。

② 减少水分含量,以使压缩空气在一个大气压下的露点低于周围温度 5~6℃。

③ 依照制造商的维护说明定期更新吸附层和过滤器。压缩机上应保留有资质人员签

字的检查标签。

④ 对于不是使用机油润滑的压缩机，应保证在呼吸空气中的一氧化碳不超过12. 5mg/m^3(10ppm)。

⑤ 对于机油润滑的压缩机，应使用一种高温或一氧化碳警报，或两者皆备，以监测一氧化碳浓度。如果只使用高温警报，则应加强入口空气的监测，以防止在呼吸空气中的一氧化碳超过12.5mg/m^3(10ppm)。

3. 作业机钻台上下、振动筛、循环罐等气体易聚积的场所，应安装防爆排风扇以驱散工作场所弥漫的有毒、可燃气体

4. 人员中毒处理原则

放喷时派出对抢救硫化氢中毒有丰富经验的医务人员，救护车辆在现场值班；人员中毒后，应立即脱离现场，疏散到空气新鲜的上风方向，立即给氧。对呼吸、心跳骤停者立即进行现场抢救(包括人工呼吸、心脏按压)。

(三) 井下作业过程中的硫化氢防护

1. 射孔、试气与测试

作业前，应由监督方组织作业队(修井队或配合的钻井队)、试油队、射孔队等参与作业的队伍召开施工准备会。会议主要强调对硫化氢防护措施、应急预案、组织方案及防护设备的检查。

排液期间，排出的气体应尽量点燃，并监测大气中的硫化氢含量。若硫化氢浓度达到警戒浓度，作业人员应佩戴空气呼吸器作业，保证人身安全。

排液期间，应定期倒换排液管线，及时检查更换油嘴及油嘴套，防止由于硫化氢腐蚀及高速流体的冲刷造成对流程的破坏，保证流程的使用安全、可靠。

2. 修井作业

修井液气侵，应立即开泵循环，并通过分离系统分离直到硫化氢浓度降至安全标准，排出气体必须点火燃烧；必要时，可对井液添加除硫剂以除去硫化氢；液体储存，受污染液体宜安全排放或适当处理，回收的压井液进入用于装或已装有储存液的密闭空间或限制通风区域时，宜采取适当的人身安全防护措施。

3. 应急压井

修井、测试过程中若发现修井管柱由于硫化氢腐蚀造成断裂，该井套管、井口、修井管串又不防硫化氢腐蚀，无法采用开泵循环除硫化氢，为避免造成更大的硫化氢腐蚀事故，则应立即采用平推法压井。即在满足井口和套管抗内压的条件下，使用压裂泵车对油、套管同时泵注当量密度的井浆，将气侵泥浆和硫化氢气体整体推回地层，直到井内泥浆与地层平衡。

完井试气过程中若发现套压出现突然上涨的情况，可能是由于井下封隔器失效或油管腐蚀穿孔、断裂，如果井口套压超过套管抗压能力或套管、井口抗硫化氢腐蚀能力不够，为避免造成井口失控的事故，则应立即采用平推法压井及打水泥固井、封井。即在满足井口和套管抗内压的条件下，使用压裂泵车对油、套同时泵注当量密度的井浆，将气侵泥浆和硫化氢气体整体推回地层，然后泵注水泥，并对产气层高压挤注水泥，达到对含硫产层永久性封堵的要求。

4. 其他特殊作业

试井、生产测井、绳索作业、连续油管作业等特殊作业在作业前，应由监督方组织作业

队(修井队或配合的钻井队)、试油队、试井队(测井队、连续油管作业作业队)等参与作业的队伍召开施工准备会。主要强调对硫化氢防护措施、应急预案、组织方案及防护设备的检查。

在作业过程中,严格监测大气中的硫化氢含量。若硫化氢浓度达到警戒浓度,作业人员应佩戴空呼作业,保证人身安全。

作业过程中若发现硫化氢含量上涨过快、泥浆气侵等情况,应及时停止作业,提出井内电缆(或连续油管),转入循环压井。

作业过程中若发现泥浆气侵严重或出现溢流,则及时停止作业。若现场条件不允许提出井内电缆(或连续油管)可直接截断电缆(或连续油管),立即转入循环压井或直接采用平推法压井方式进行压井。

三、井控与"三防"监督要点

监督在对含硫井井下作业的井控与"三防"监督时除按常规油、气、水井作业的监督要点外,还必须按以下监督要点进行监督。

(一) 井控工作监督要点

(1) 井控设备的材质是否达到规范要求;

(2) 井控设备的配置、安装及试压是否达到规范要求;

(3) 井下作业各种工况下(射孔、试气作业管柱、诱喷及测试、压井、完井、封井及弃井)的井控作业是否符合规定要求。

(二) "三防"监督要点

(1) 井场设备及设施的防火防爆是否达到要求;

(2) 消防器材准备情况是否达到规定的要求;

(3) 防硫化氢人员培训情况,是否达到规定要求;

(4) 硫化氢防护设备、设施的现场配备情况是否达到规定要求;

(5) 硫化氢防护的安全交底及相关记录;

(6) 硫化氢中毒救护人员、车辆到位情况。

(7) 井下作业各种工况下(射孔、试气及测试、修井、压井、特殊作业)的硫化氢防护是否达到规定要求。

第十四章　工程测井

工程测井是指在油水井生产过程中,对井下技术状况的检测。它是生产测井的重要组成部分,主要解决以下问题:

(1) 油水井在生产过程中套管的内径变化、腐蚀、破裂及变形情况;

(2) 可判断水泥与套管、地层与套管两个界面的胶结状态;

(3) 检查井下管柱位置、结构;

(4) 评价射孔质量等。

全国各油田在多年生产实践中,研究并应用了多种工程测井项目及配套的测井仪器,为井下作业及措施效果监测提供了大量的资料。

第一节　磁性定位测井

磁性定位测井是根据井壁磁通量变化,利用磁性定位器检查井下工具深度的一种简便有效的测井方法,广泛应用于对各种工艺管柱的作业质量检查。

一、磁性定位器的结构和工作原理

磁性定位器属于磁测井系列,主要用于深度控制确定井下工具的下入深度,在定位、射孔中应用广泛。图2-14-1是磁性定位器的基本结构及工作示意图,核心是一对磁极相对的磁钢和线圈。装在非磁极性的(如铜)外壳中并用橡胶或其他金属材料固定。

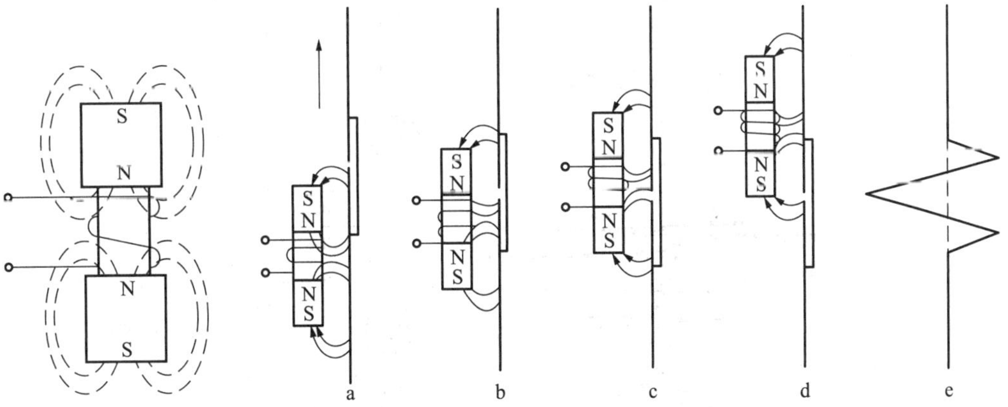

图 2-14-1　磁性定位器结构及工作示意图

测井时,仪器下入套管、油管或其他管柱内,此时磁力线分布稳定,当仪器沿管柱从 a 到 d 时,如遇接箍、封隔器或配水器等,磁力线的分布将发生变化,所以通过线圈的磁通量也会发生变化并在线圈中产生感生电动势。由电磁感应定律可知,电动势的大小由下式决定:

$$\varepsilon = -K\frac{\mathrm{d}\Phi}{\mathrm{d}t}$$

式中　ε ——线圈两端产生的感生电动势；

K ——比例系数；

Φ ——磁通量；

t ——时间。

磁性定位器测得的信号如图 2-14-1 中 e 所示(套管接箍)。磁性定位器通常分为两种:一种是过油管定位器,外径为 25mm;另一种外径为 64mm,主要用在套管中测量。图 2-14-2 为常用的小直径磁性定位器结构图。

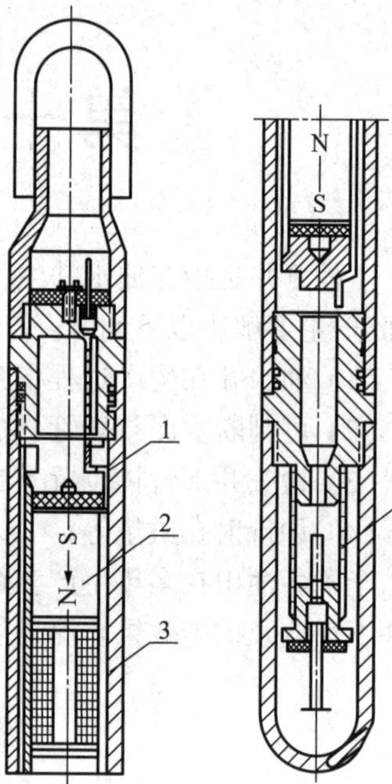

图 2-14-2　小直径磁性定位器结构图

1—仪器外壳;2—磁钢;3—线圈;4—平衡管

磁性定位测井资料解释应用比较简单,通常是根据油水井井下工具类型,先在地面进行模拟试验,测出井下工具各部件的磁性定位曲线和形态,将井下实测曲线与模拟曲线进行特征对比,即可确定井下工具的实际深度。据此可评价作业质量。井下工具实测曲线如图 2-14-3 所示。

二、磁性定位的现场施工

(一) 施工条件

(1) 井场条件足够好,可以正确摆放测井车、正确安装天、地滑轮。

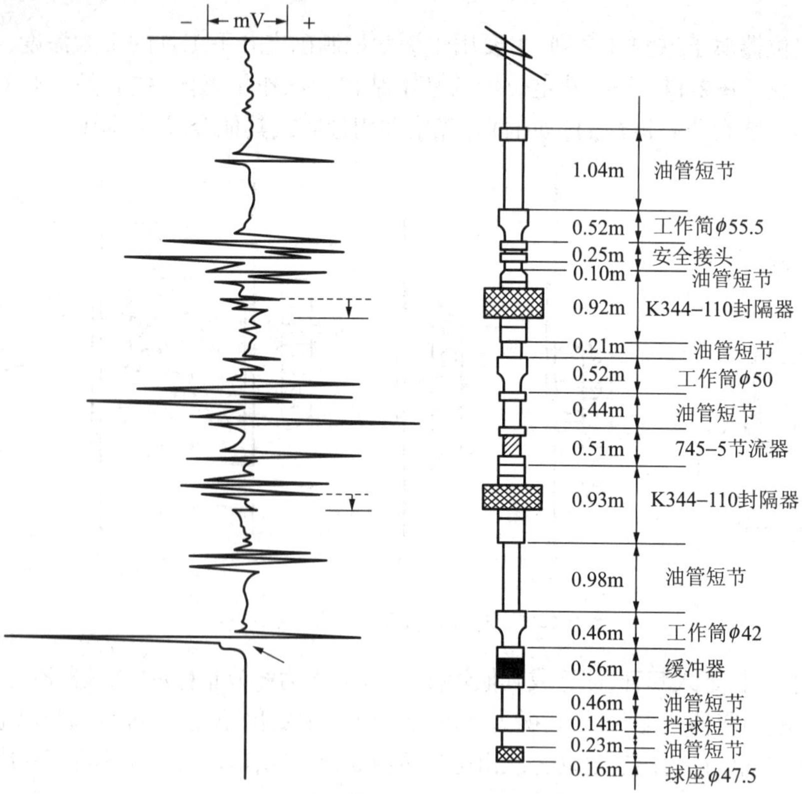

图 2-14-3　井下工具实测曲线实例

(2) 井口压力为零,或有轻微逆流。

(二) 测井准备

(1) 测井通知单上有射孔井段数据或标准短节数据、井下工具数据。

(2) 测井电缆在定期校验期内,电缆头完好无损。

(3) 测井仪器在校验期内,处于完好状态,且不少于两支。

(4) 调试好仪器仪表。

(5) 井上无通井机时,需配备好吊车。

(三) 现场测试

(1) 测井绞车停在离井口 50m 以内,车的前后轮、井口三点连一线,打好掩木,仪表车尽量靠近绞车。吊车对好井口,各支点平稳着地。

(2) 连接好各线路接口,固定好天地滑轮。

(3) 测试前,操作员根据所用井下仪器,加载服务表,检查服务表内容,对仪器零长、横向比例等进行相应调整。另外,对图头进行相应的修改。

(4) 连接下井仪器,下井前再调试。

(5) 仪器装入井口,装好防喷盒,深度记速器都对零。仪表车发信号,仪器开始下井。

(6) 起下速度均匀,最大速度不大于 5000m/h,测井段速度不大于 700m/h。仪器下至遇阻点,上提测试,至测试井段以上 100m,并参照组合图,如测试井段不好对图,可适当增加测试段。另外,可以选择有标准层的井段进行复加测试,分别进行对图,确保无误。

(7) 上提仪器。上提至井口 100m 卸掉防喷盒丝扣、离井口 20m 停止机动,手拉电缆将仪器提出。

(8) 测井资料按 SY/T 5132 的规定执行,现场解释资料,工具位置标注要按照封上配下的原则,短节要注明上、下接箍。如发现资料有问题,须重新进行测试。

三、监督要点

(1) 施工前必须落实防喷、防火、防爆等安全措施,安全及消防器材不落实不开工。

(2) 测试前确定好测井绞车、吊车、滑轮的位置,并将各仪器连接好。

(3) 井口应安装经质检合格的防掉、防喷器材。

(4) 仪器下井前,一定要对仪器进行检查调试,使深度计速器对零。

(5) 仪器起放速度符合操作规程要求,防止测试资料失真。

(6) 解释分析资料时,如发现资料有问题,须重新进行测试。

(7) 测试完成后按规定对仪器进行拆卸,并进行清洗保养。

第二节 井径仪测井

井径测井仪的用途是测量油、水井套管各部位平均内径,给出套管内径变化及接箍位置。可以检查套管变形情况、射孔深度。与磁测井等其他测井资料配合,可以判断套管腐蚀及损伤情况。

一、井径测井仪的结构和工作原理

井径测井仪按下入套管的方式分为两大类:过套管井径仪和过油管井径仪。从测量臂

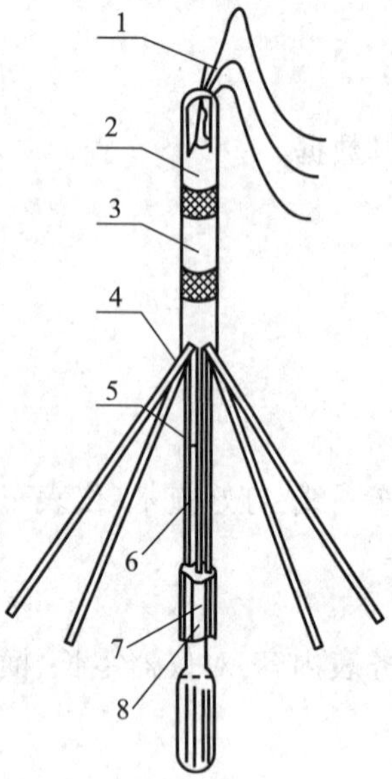

图 2-14-4 井经仪外形图

1—引线；2—仪器帽；3—测量部分 4—井径腿；5—压力平衡器；6—支柱；7—炸药孔；8—起爆引线孔

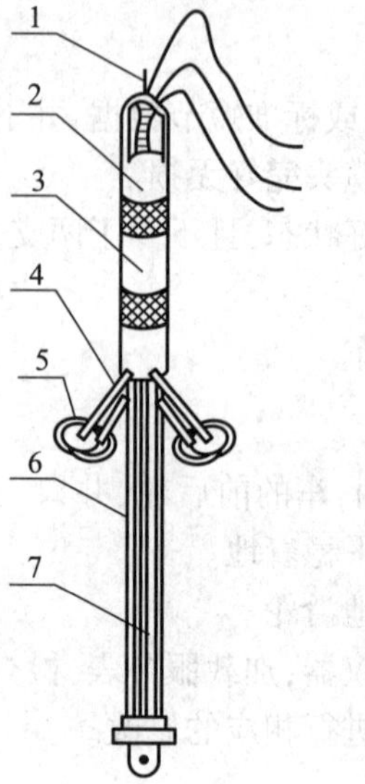

图 2-14-5 微井径仪外形图

1—引线；2—仪器帽；3—测量部分；4—井径腿；5—滚动小轮；6—压力平衡器；7—支柱

的个数可分为 X-Y 井径、8 臂、10 臂、30 臂、40 臂等多种类型，但测量原理基本相同，即把套管内径的变化通过机械传递转变为电位差（ΔU_{MN}）频率信号输出。

图 2-14-4 为井径仪外形图，图 2-14-5为微井径仪外形图。以 X-Y 井径为例说明常用井径仪的工作原理，该仪器的工作原理如图 2-14-6 所示。它有四根相同的测量腿，夹角为90°。测量臂由长臂、短臂和小轮组成。短臂的偏凸轮与连杆接触，连杆周围套有弹簧，弹簧压连杆，连杆使井径腿末端小轮紧贴井壁。套管内径增大时，测量臂依靠弹簧的力量撑开；套管内径缩小时，测量臂收缩，弹簧被压紧。两个测量臂之间对角线的平均值就是套管内径的平均值。井径变化时，与连杆相连的滑键在可变电阻上移动，因此电阻不断随着套管内径的变化而变化。

即
$$\Delta R = \beta \Delta d$$

式中 ΔR ——电阻变化率；

Δd ——井径变化；

β ——比例常数。

测量时通过如图 2-14-7 所示的桥式电路把电阻变化转换成电压信号输出。图中 Re 为固定电阻，Rx 为可变电阻。向电桥通一恒定电流 I，则 $I_1 = I_2 = 0.5I$。套管内径为 d_0 时，

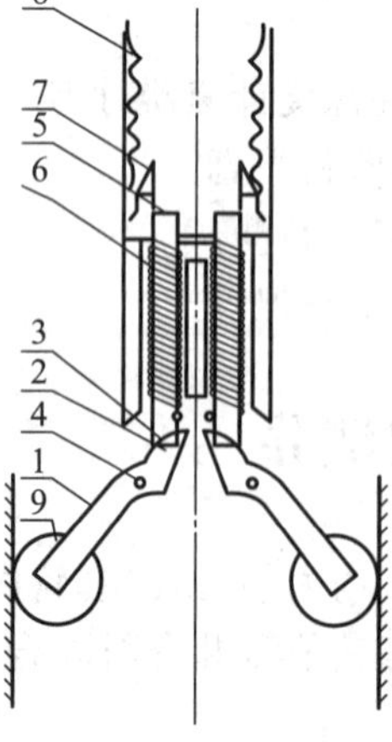

图 2-14-6 X-Y 井径仪工作原理图

1—长臂；2—短臂；3—偏凸；4—支点；5—连杆；6—弹簧；7—滑键；8—电阻；9—小轮

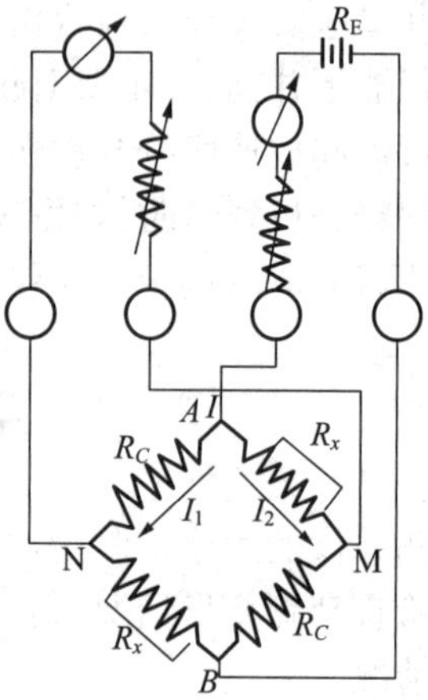

图 2-14-7 所示的桥式电路

$R_0=Rx, U_M=U_N$,MN 之间的电位差为零。

当套管内径由 d_0 变为 d 时,Rx 将随之变化,且两个 Rx 的变化相等。

因为

$$U_M = U_A - \frac{1}{2}R_x I$$

$$U_N = U_A - \frac{1}{2}R_c I$$

所以

$$\Delta U_{MN}=U_M-U_N=\frac{1}{2}(R_c-R_x)I=\frac{1}{2}\Delta RI$$

把 $\Delta R=\beta\cdot\Delta d$ 代入上式得:

$$d=d_0+\frac{2}{\beta}\frac{\Delta U_{MN}}{I}$$

令 $\beta=\frac{2}{K}$,则

$$d=d_0+K\frac{\Delta U_{MN}}{I}$$

式中 d ——套管内径,cm;

d_0 ——测量电压为零时,测量臂间的距离,cm;

I ——测量电路的电流,mA;

ΔU_{MN} ——测量电压,mV;

K ——仪器常数,cm/Ω。

K 值的意义是每改变 1Ω 电阻时内径的变化率,与仪器无关。

由于套管变形后界面成为不规则形状,测量给出的是平均直径或者是任一方向上的直径,表 2-14-1 是常用井径仪的技术指标。

表 2-14-1 井径系列仪器技术指标

仪器 \ 性能	测量范围/mm	分辨率/mm	耐温/℃	耐压/MPa	仪器外径/mm	仪器长度/mm
微井径仪	(100~180)±1	1	125	58.5	80	1300
X-Y 井径仪	(90~180)±2	<2	120	39.2	80	1300
八臂井径仪	(100~180)±2	<2	60	19.6	80	2140
小直径两臂井径仪	(7.60~178)±1	<1	80	19.6	44.0	3535
小直径 X-Y 井径仪	—	—	149	127.5	44.5	1372
10 臂最小井径仪	(7.60~178)±1	<1	70	19.6	50	3607
40 臂井径仪	—	0.13	149	66.7	92	1441
36、60 臂井径仪	114~178	0.254	-25~175	175	—	6380

多臂井径仪由 30、36、40 和 60 个测量臂组成,测量的基本原理与 X-Y 井径仪相似,主要差别是测量臂数不同。多臂井径仪的优点是可以探测到套管不同方位上的形变。如:40 臂井径仪下井一次,同时测量变形截面中最小和最大直径两条曲线,最大半径可以指出套管的剩余壁厚,最小半径则指出最小通径。36 臂和 60 臂井径仪下井一次,测量套管同一截面中的三部分,方位角相差 120°,记录每一部分的最小和最大井径值共计 6 条曲线。用记录到的 6 条曲线确定套管变形、剩余臂厚、弯曲、断裂、孔眼、内臂腐蚀及射孔深度。各种井径测量仪器的性能对比见表 2-14-2。

表 2-14-2　各种井径测量仪器性能对比表

性能 仪器	测量范围/mm	分辨率/mm	误差	测量结果	诊断能力	说明
微井径仪	100~180	1	±1	利用 4 支臂测量垂直方向 2 条直径的平均值	(1) 确定接箍深度 (2) 确定变形部位 (3) 检查射孔质量	无扶正器
X-Y 井径仪	100~170	<2	±2	利用 4 支臂测量互相垂直的 2 条井径曲线	(1) 同微井径仪 (2) 初步估计变形椭圆度	有过油管系列的仪器,无扶正器
8 臂井径仪	100~180	<2	±2	利用 8 支臂测量互成 45° 夹角的 4 条井径曲线	(1) 同微井径仪 (2) 利用 4 个值判断变形截面形状,可勾画出截面形状	无扶正器
40 臂井径仪	102~178	最大 0.2	±1	利用 40 个臂测量给出 1 条最大半径和 1 条最小半径曲线	(1) 同微井径仪 (2) 最大半径值可知最大变形点即剩余壁厚 (3) 最小半径值可知井内最小通径	有扶正器

二、井径测井仪现场施工

(一) 施工条件

(1) 井场条件足够好,可以正确摆放测井车、正确安装天、地滑轮。

(2) 井口压力为零,或有轻微逆流。

(3) 施工前洗井,并通井。

(二) 测井准备

(1) 测井通知单上有射孔井段数据或标准短节数据、井下工具数据。

(2) 测井电缆在定期校验期内,电缆头完好无损。

(3) 测井仪器在校验期内,处于完好状态。

(4) 调试好仪器仪表。

(5) 井上无通井机时,需配备好吊车。

(三) 现场施工

(1) 测井绞车停在距离井口大于 10m 处,对好绞车,打好掩木。

(2) 连接好各线路接口,固定好天地滑轮。

(3) 连接下井仪器,接口处要涂上硅脂,下井前要再度调试仪器。井径仪一定要轻抬轻放,选一个平坦地方进行测前刻度。

(4) 刻度时,要有两人配合,一人扶正,一人刻度,刻度符合要求后,将刻度值存入计算机。

(5) 在吊起井径仪的过程中要平稳,特别是仪器进入井口时,要防止发生碰撞。

(6) 电缆传输过程中,下放速度应控制在3000m/h之内,在井口或井底100m处,速度不超过1000m/h。

(7) 仪器每下放300~400m,应停止10s,让电缆充分拉直,以防电缆打扭。

(8) 下到测量井段稍下位置,开始缓慢上提井径仪,在上提过程中,打开井径仪的臂。

(9) 井径仪的臂完全打开后,仪器以400m/h的速度上提,进行测井。

(10) 提升测井工作直到被测井段的上端测完,然后继续上提仪器,在提升过程中收起井径仪的臂。

(11) 重复测量一段曲线变化明显的井段,以证实此测井记录的准确性。

(12) 上提仪器,速度要均匀,速度不大于3000m/h。距井口20m处缓慢上提电缆,密切注意井口,直至完全提出仪器。

(13) 按正确的顺序拆卸仪器,保持仪器、工具清洁。

三、监督要点

(1) 施工前必须落实防喷、防火、防爆等安全措施,安全及消防器材不落实不开工。

(2) 井口应安装经质检合格的防掉、防喷器材。

(3) 按照施工要求停放测井绞车,连接线路(接口处要涂上硅脂),固定滑轮。

(4) 仪器要轻拿轻放,按施工要求两人配合刻度。

(5) 仪器下井要平稳,起放速度符合操作规程要求,防止测试资料失真。

(6) 上提过程进行测试,在测试段打开井径仪的臂,测完提升仪器时收起井径仪的臂。

(7) 测试完成后按规定对仪器进行拆卸,并进行清洗保养。

第三节　声 波 测 井

声波在不同介质中传播时,其速度、幅度衰减及频率变化等声学特性是不同的。声波测井就是以岩石等介质的声学特性为基础来研究钻井地质剖面、判断固井质量等问题的一种测井方法。

声波测井主要分为两大类:声速测井和声幅测井。声速测井(也称声波时差测井)是测量地层声波速度的测井方法。声波在岩石中的传播速度与岩石的性质、孔隙度以及孔隙中所充填的流体性质等有关,因此研究声波在岩石中的传播速度和传播时间,就可以确定岩石的孔隙度,判断岩性和孔隙流体性质。声幅测井是研究声波在地层或套管内传播过程中幅度的变化,从而认识地层及固井水泥胶结情况的一种声波测井方法。

一、岩石的声学特性

声波是物质运动的一种形式,它是由物质的机械振动而产生的,通过质点间的相互作用将振动由近及远的传递而传播的。人耳听到的声波频率在20Hz至20kHz之间,频率大于20kHz的机械波称为超声波。各类声波测井用的机械波是声波或超声波。

对于声波测井发射的声波来说,可以认为井下岩石是弹性介质,在声振动作用下能产生切变弹性形变和压缩弹性形变。所以岩石既能传播横波又能传播纵波,岩石中横波与纵波速度和岩石的弹性有密切关系。

（一）岩石的弹性

物体受外力作用发生变形，取消外力后能恢复原来状态的物体叫弹性体。弹性体的形变叫弹性形变。而当外力取消后不能恢复到原来状态的物体称为塑性体。

一个物体是弹性体还是塑性体，除与物体本身的性质有关外，还与在外力上的大小、作用时间的长短以及作用方式等因素有关，一般地说外力小、作用时间短，物体表现为弹性体。

声波测井中声源发射的声波的能量较小，作用在岩石上的时间也很短，所以对声波速度测井来讲，岩石可以看作弹性体。因此，可以用弹性波在介质中的传播规律来研究声波在岩石中的传播特性。

（二）波在岩石中的传播特性

岩石可看作弹性体，故可用弹性波在介质中传播的规律来研究声波在岩石中的传播特性。

弹性波在介质中的传播实质上是质点振动的依次传递。当波的传播方向和质点振动方向一致时叫纵波。纵波在传播过程中，介质会发生压缩和扩张的体积形变，因而纵波也叫压缩波。当波的传播方向和质点振动方向相互垂直时叫横波。横波传播中介质产生剪切形变，所以横波也叫切变波。通常这两种波是同时在介质中传播的，但横波不能在液体和气体中传播。

（三）声波在介质界面上的传播特性

声波通过传播速度不同的两种介质的分界面时，会发生反射和折射，并遵循光的反射定律和折射定律。图 2-14-8(a)是声波的反射和折射的示意图。折射定律的数学表达式是

$$\frac{\sin\alpha}{\cos\beta}=\frac{v_1}{v_2}$$

式中 α ——入射角；

β ——折射角；

v_1、v_2 ——分别为介质Ⅰ、介质Ⅱ的声速。

因为 v_1、v_2对一定的介质是个固定值，所以随着入射角 α 的增大，折射角 β 也增大，如在 $v_1>v_2$ 的情况下，则 $\alpha>\beta$。当入射角增大到某一角度 I 时，折射角达到 90°，见图 2-14-8(b)。此时，折射波将在第Ⅱ介质中以 v_2的速度沿界面传播，这种折射波在声波测井中叫滑行波。入射角 I 叫临界角。

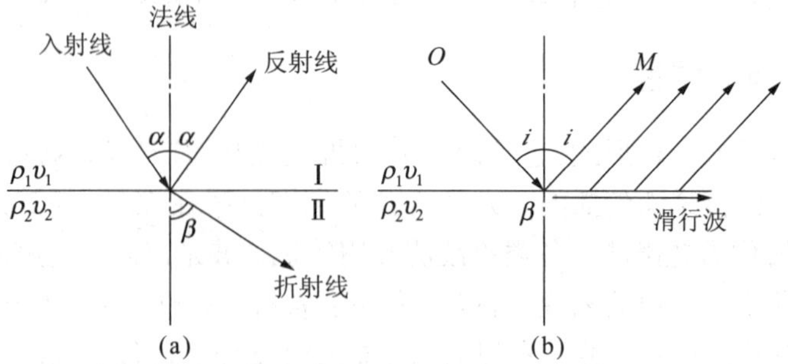

图 2-14-8 声波在介质分界面上的传播

二、声波测井原理

声波幅度测井测量的是声波信号的幅度，声波在介质中传播时，其能量被逐渐吸收，声波幅度逐渐衰减，在声波频率一定的情况下，声波幅度的衰减和介质的密度、弹性等因素有关。声波幅度测井就是通过测量声波幅度的衰减变化来认识地层性质和水泥胶结情况的一种声波测井方法。

（一）岩石的声波幅度

声波在岩石等介质传播的过程中，由于质点振动要克服相互间的摩擦力，即由于介质的黏滞使声波能量转化成热能而衰减，这种现象也就是所谓的介质吸收声波能量。因此，声波在传播过程中能量是在不断减小的，直到最后消失。声波能量被地层吸收的情况与声波频率和地层的密度等因素有关。对同一地层来说，声波频率越高，其能量越容易被吸收；对一定频率来说，地层越疏松（密度小、声速低），声波能量被吸收越严重，声波幅度衰减越大。所以测量声波幅度可以了解岩层的特点和固井质量。

在不同介质形成的界面上，声波将发生反射和折射（透射），如图 2-14-8 所示。入射波的能量一部分被界面反射，返回第一介质，另一部分能量透过界面传到第二介质，在第二介质中继续传播。声波在分界面上的反射波和透射波的幅度取决于两种介质的声阻抗 z，所谓的声阻抗指的是介质密度 ρ 与声波在这种介质中的传播速度 v 的乘积，即 $z=\rho v$。各种介质的声阻抗列于表 2-14-3 中。

两种介质声阻抗之比 z_1/z_2，叫声耦合率。介质 I 和介质 Ⅱ 的声阻抗值相差越大，则声耦合越差，声波量就不容易从介质 I 透射到介质 Ⅱ 中去，透过界面在介质 Ⅱ 中传播的声波能量就少，在介质 I 中传播的反射能量就多。如果介质 I 和介质 Ⅱ 的声阻抗相近时，声耦合好，能量很容易由介质 I 传播到介质 Ⅱ 中，这时透射波能量大，而介质 I 中的反射波能量小。当两种介质的声阻抗相同时，声耦合最好，这时声波能量全部由介质 I 传播到介质 Ⅱ 中。

表 2-14-3　各种介质的声阻抗

介　质	声阻抗/($10^4g/cm^2 \cdot s$)	介　质	声阻抗/($10^4g/cm^2 \cdot s$)
空气(0℃,1 大气压)	0.0043		
橡皮	0.29~0.66	钢	390
淡水	14.6	岩盐	100
海水	15.3	砂岩	63~95
水	5~40	石灰岩	99~108
石油	13.2	泥岩	25~50

综上所述，声波在地层中传播能量（或幅度）的变化有两种形式：一是因地层吸收声波能量而使幅度衰弱；另一种是存在声阻抗不同的两种介质的界面的反射、折射，使声波幅度发生变化。这两种变化往往同时存在，究竟哪种变化为主，要根据具体情况加以分析。例如：在裂缝发育及疏松岩石的井段，声波幅度的衰减主要是由于地层吸收声波能量所致；在下套管井中，各种波的幅度变化主要和套管与地层之间的界面所引起的声波能量分布有关。因此，在裸眼井中测量声波幅度就可能划分出裂缝带和疏松岩性的地层，在下套管井

中测量声波幅度变化,可以检查固井质量。

(二) 声波幅度测井

声波幅度测井是通过测量声波幅度随井深的变化曲线而检查固井质量及研究地层的裂缝带。

1. 水泥胶结测井(CBL)

(1) 水泥胶结测井的原理。

水泥胶结测井下井仪器如图 2-14-9 所示,由声系和电子线路组成,源距为 1m。发射换能器发出声波,其中以临界角入射的声波,在泥浆和套管的界面上折射产生沿这个界面在套管中传播的滑行波(又叫套管波),该波又以临界角的角度折射进入井内泥浆到达接收换能器被接收。仪器测量记录套管波的第一个负峰的幅度值(以 mV 为单位)即为水泥胶结测井曲线值。这个幅度值的大小除了决定套管与水泥胶结程度外,还受套管尺寸、水泥环强度和厚度以及仪器居中情况的影响。

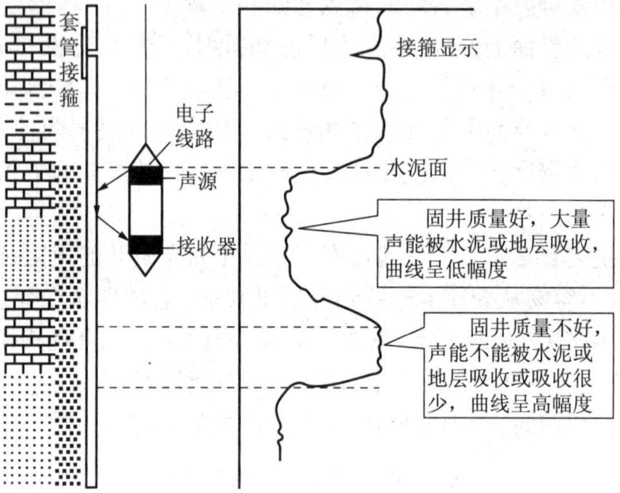

图 2-14-9　水泥胶结测井原理图

若套管与水泥胶结良好,这时套管与水泥环的声阻抗差较小,声耦合较好,套管波的能量容易通过水泥环向外传播,因此,套管波能量有较大的衰减,测量记录到的水泥胶结测井值就很小;若套管与水泥胶结不好,套管外有泥浆存在,套管与管外泥浆的声阻抗差很大,声耦合较差,套管波的能量不容易通过套管外泥浆传播到地层中去,因此套管波能量衰减较小,所以水泥胶结测井值很大。从而利用水泥胶结测井曲线值可以判断固井质量。

(2) 影响水泥胶结测井曲线的因素。

① 测井时间的影响。水泥灌注到管外环形空间后,有个凝固过程,这个过程是水泥强度不断增大的过程。套管波的衰减和水泥强度有关,强度小衰减小,所以在凝固过程中,套管波能量衰减不断地增大。在未凝固、封固好的井段测井都会出现高幅度值,因此,要待凝固后进行测井。测井过晚,会因为泥浆沉淀固结、井壁坍塌造成无水泥井段声幅低值的假现象。一般在固井后 24~48h 之间测井最好。

② 水泥环厚度的影响。实验证明,水泥环的厚度大于 2cm,水泥环厚度对水泥胶结测井曲线的影响是个固定值,小于 2cm 时,水泥环厚度越薄,水泥胶结测井曲线值越高,因此,

在应用水泥胶结测井曲线检查固井质量时，图 2-14-10 给出了水泥胶结测井曲线，从图中可以见到：

应参考井径曲线进行。

③ 井筒内泥浆气侵会使声波能量发生较大的衰减，造成水泥胶结测井曲线低值的现象，在这种情况下，容易把没有胶结好的井段误认为胶结良好。

（3）水泥胶结曲线的应用。

① 在水泥面以上曲线幅度最大，在套管接箍处出现幅度变小的尖峰，这是因为声波在套管接箍处能量损耗增大的缘故。

② 深度由浅到深，曲线首次由高幅度向低幅度变化处为水泥面上返高度位置。

③ 在套管外水泥胶结良好处，曲线幅度为低值。

水泥胶结测井已广泛应用于检查固井质量，并已总结出一套解释方法，利用相对幅度来检查固井质量。

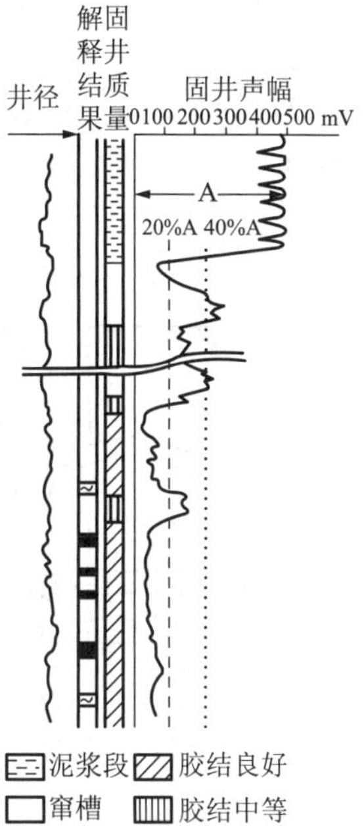

图 2-14-10　水泥胶结测井曲线实测

$$相对幅度=\frac{目的井段曲线幅度}{泥浆井段曲线幅度}\times 100\%$$

相对幅度越大，说明固井质量越差，一般规定有如下 3 个质量段：

相对幅度小于 20%为胶结良好；

相对幅度介于 20%~40%之间的为胶结中等；

相对幅度大于 40%的为胶结不好（窜槽）。

根据相对幅度定性判断固井质量好坏虽然是水泥胶结测井解释的依据，但不能机械地死搬硬套，还要参考井径等曲线，同时还要了解固井施工情况，如水灰比、水泥上返速度和使用的添加剂类型等，必须综合各方面的资料，才能得出准确可靠的判断。

目前，水泥胶结测井测量的是套管波的首波，而从地层来的信号是续至波，没有测量，因此，难以判断水泥与地层胶结情况。

水泥胶结测井不仅可以给出以电位差大小表示的声幅曲线，还可以给出水泥胶结指数（*BI*）曲线，用来指示水泥固井质量。

BI 是目的井段声幅衰减率 α_1 与完全胶结井段声幅衰减率 α_2 之比，即

$$BI(胶结指数)=\frac{目的井段声幅衰减率(dB/ft)}{完全胶结井段声幅衰减率(dB/ft)}=\frac{\alpha_1}{\alpha_2}$$

声幅衰减率 α 是套管波在套管中传播 1ft 或 1m 衰减的分贝数。声幅衰减率和水泥胶结情况有关，完全胶结时的声幅衰减率最大，所以胶结指数最大是 1，它指示的是水泥完全胶结的情况；胶结指数越小于 1，水泥胶结的越差。

声幅衰减率决定于接收到的套管波幅度 *A* 的大小，所以胶结指数可以根据套管波幅度 *A* 的大小来确定。

2. 裸眼井声幅测井

在裸眼井中进行声幅测井，主要目的是为了寻找碳酸盐岩及坚硬的砂岩地层中的裂缝带和研究岩性。

这种测井方法的下井仪器有两种类型,如图 2-14-11 所示。一种是单发射单接收声幅测井仪,记录首波第一个半周的峰值幅度 A,见图 2-14-11(a);另一种是单发射双接收声幅测井仪,测量的是两个接收器首波第一个半周幅度 A_1 与 A_2 之差 ΔA 或比值 A_1/A_2,见图 2-14-11(b)。

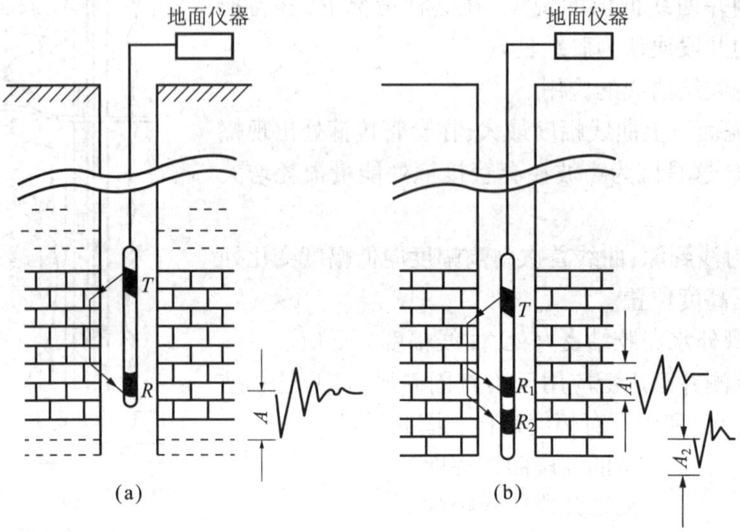

图 2-14-11 裸眼井声波幅度测井原理图

发射换能器发射能量一定的声波,经过泥浆传到地层,产生滑行波。在地层中传播时,能量将逐渐衰减,这种衰减和地层情况有着密切关系。

对于裂缝性地层,克洛波夫等人在实验室中的模拟试验结果表明,垂直裂缝主要衰减纵波,而水平裂缝对横波的衰减大。把有裂缝和无裂缝时的声波幅度的比值作为相对幅度,图 2-14-12 就是用相对幅度和裂缝倾角的关系曲线描述了纵、横波衰减和裂缝倾角的关系。由图 2-14-12 可以看出,裂缝倾角在 0° 附近(水平裂缝)时纵波的衰减很小,而在50°~80°(高倾角裂缝)时衰减较大,但是横波却在水平裂缝和低角度裂缝的衰减最大。

声波通过裂缝(声阻抗界面)时,只有部分能量透过,另外,裂缝内所含物质对声波能量也有衰减作用,声波能量在通过裂缝后有较大的衰减,因此接收到的地层声波幅度比非裂缝地层要低得多。

裂缝对声幅的衰减与裂缝的倾角、开口及发育程度有关。对于纵波,裂缝倾角为50°~80° 时衰减大,其开口越宽衰减越大,发育程度好衰减就大。

对于溶洞性地层,声波传播时,将绕过溶洞传播,过溶洞后会复原,结果增加了传播路程并产生波的干涉,造成声波能量的较大衰减。同时由于溶洞引起的声波散射,也增加了声波的衰减。所以在溶洞性地层处,地层波幅度很小。正因为声波在裂缝性、溶洞性地层中有较大的衰减,地层波幅度很小,所以可以利用声幅测井曲线将这两种地层从碳酸盐岩以及坚硬砂岩地层剖面中寻找出来。图 2-14-13 就是用声波测井曲线划分裂缝带的一个例子,图中标有 1、2、3、4、5 的五个裂缝带处,声幅测井曲线均显示为低值,在声波时差曲线上显示为周波跳跃。

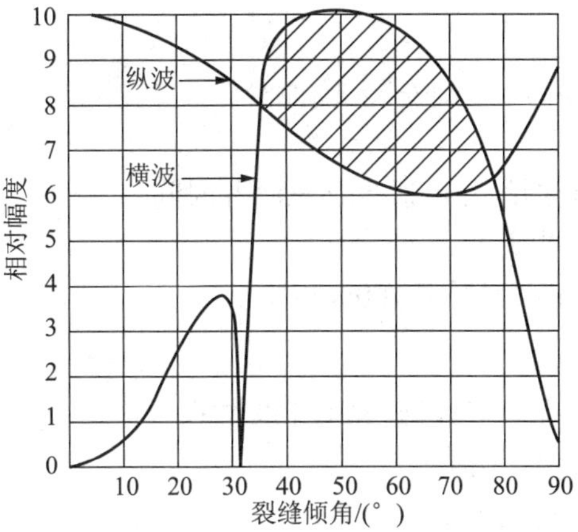

图 2-14-12　裂缝倾角变化对声波相对幅度的影响

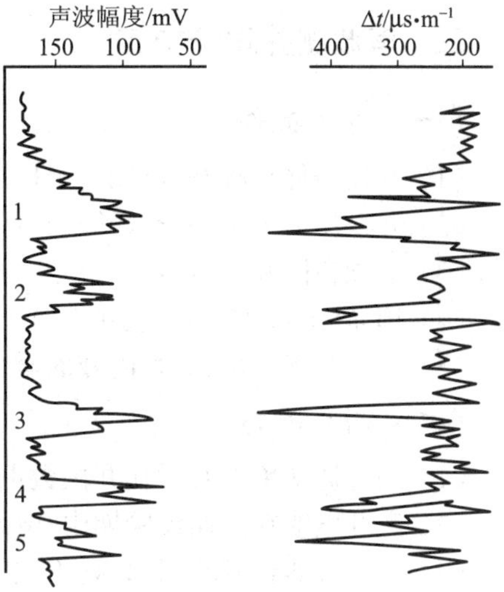

图 2-14-13　碳酸盐岩剖面声波时差曲线

（三）声波变密度测井（VDL）

声波变密度测井也是一种测量套管外水泥胶结情况，从而检查固井质量的声波测井方法，它可以提供更多的水泥胶结的信息，能反映水泥环的第一界面和第二界面的胶结情况。

变密度测井的声系由一个发射换能器和一个接收换能器组成，源距为 1.5m，声系还可以附加另一个源距为 lm 的接收换能器，以便同时记录一条水泥胶结测井曲线。

在套管井中，从发射换能器到接收换能器的声波信号有 4 个传播途径，沿套管、水泥环、地层以及直接通过泥浆传播。

通过泥浆直接传播的直达波最晚到达接收换能器，最早到达接收换能器的一般是沿套管传播的套管波，水泥对声能衰减大，声波不易沿水泥环传播，所以水泥环波很弱可以忽略。当水泥环的第一、第二界面胶结良好时，通过地层返回接收换能器的地层波较强。若地层速度小于套管波速度，地层波在套管波之后到达接收换能器，这就是说，到达接收换能器的声波信号秩序首先是套管波，其次是地层波，最后是泥浆波。声波变密度测井就是依时间的先后次序，将这 3 种波全部记录的一种测井方法，记录的是全波列，所以又叫全波列测井。该方法与水泥胶结测井组合在一起，可以较为准确地判断水泥胶结的情况。

（1）自由套管（套管外无水泥）和第一、第二界面均未胶结的情况下，大部分声能将通过套管传到接收换能器而很少耦合到地层中去，所以套管波很强，地层波很弱或完全没有。

（2）有良好的水泥环，且第一、第二界面均胶结良好的情况下，声波能量很容易传到地层中去。这样套管波很弱，地层波很强。

（3）水泥与套管胶结好，与地层胶结不好（即第一界面胶结好，第二界面胶结不好）的情况下，声波能量大部分传至水泥环，套管中剩余能量很小，传到水泥环的声波能量由于与地层耦合不好，传入地层的声波能量很微小，大部分在水泥环中衰减，因此造成套管波、地层波均很弱。

三、声波测井现场施工

（一）施工条件

（1）井场条件足够好，可以正确摆放测井车、正确安装天、地滑轮。

（2）井口压力为零，或有轻微逆流。

（3）必须在固井后24～72h内，若注缓凝剂的井可适当延长测井时间。

（4）用ϕ116～ϕ118mm通井规通至人工井底。

（5）井内灌满清水，套管内液面至少应在水泥返高100m以上。

（二）测井准备

（1）测井通知单上有射孔井段数据或标准短节数据、井下工具数据。

（2）测井电缆在定期校验期内，电缆头完好无损。

（3）测井仪器在校验期内，处于完好状态，且不少于两支。

（4）调试好仪器仪表。

（5）井上无通井机时，需配备好吊车。

（三）现场施工

（1）仪器车停放在井口上风口处，绞车对正井口，绞车居于井口的距离大于30m。

（2）在平整地面连接好仪器，在仪器连接处涂硅脂；现场调试仪器，确认正常后，仪器下井。在井口深度对零，下放速度不超过3000m/h。

（3）仪器下放到液面以下，通过观察示波仪上的首波幅度找到水泥返高位置。从水泥返高位置开始，上提井下仪50～200m，避开接箍，将仪器停在首波幅度出现最大时的位置。

（4）进行自由套管刻度。

① 要求在纯泥浆段进行刻度，水泥返出地面的井要求在装满清水的容器中进行刻度。

② 声波幅度刻度范围0～100%。

③ 声波变密度刻度范围200～1200μs（MICS），要求和声波幅度测井刻度各档同步变化，曲线线条由强逐渐变弱。

（5）将仪器下到测量井段以下，上提测量，测井速度不超过600m/h。

（6）上提仪器，速度要均匀，速度不大于5000m/h。距井口20m处缓慢上提电缆，密切注意井口，直至完全提出仪器。

（7）按正确的顺序拆卸仪器，保持仪器表面清洁。

四、监督要点

（1）施工前必须落实防喷、防火、防爆等安全措施，安全及消防器材不落实不开工。

（2）井口应安装经质检合格的防掉、防喷器材。

（3）按照施工要求停放仪器车，连接线路（接口处要涂上硅脂），下井前必须对仪器进行调试，以确认仪器正常。

（4）仪器下到液面以下，从水泥返高位置开始，上提仪器50～200m，停在首波幅度出现最大的位置。

（5）仪器下井要平稳，起放速度符合操作规程要求，防止测试资料失真。

（6）按规定进行刻度，刻度的位置准确，保证测得数据准确。

（7）测试完成后按规定对仪器进行拆卸，并进行清洗保养。

第四节　温度测井

温度测井亦叫井温测井，它是出现较早的测井方法之一。最初井温测井资料主要用于裸眼井中研究地热分布和确定产层以及固井之后确定水泥面上返高度等。随着生产动态测井的形成和发展，井温测井资料成为生产动态测井解释中的重要依据，应用十分广泛。目前在生产动态测井中常用的井温仪有梯度井温仪和梯度微差井温仪。井温测井资料主要用于确定区域地温梯度、测定注水剖面、测定产液层以及寻找事故位置、检查增产措施实施效果等方面。

一、温度测井基本原理

众所周知，地球中心的温度极高，距离地心越远，温度会越低。因此我们把地球看作是在球心有一个热源，并不断向外散发热量造成的一个稳定的热场。热场的分布特点是随着远离热源，其温度逐渐降低。由于各区域岩石的热导率 A 各有不同，故各区域的地温下降速度也有差异。通常把每百米温度变化值叫地温梯度，用这个参数说明热场分布。全球的平均地温梯度为 3.03℃/100m。对于一个局部地区，在正常条件下热场分布一般是稳定的，但其地温梯度值可能与平均地温梯度有差别。如果在井内温度测量发现地温梯度或径向温度分布有明显的异常变化则可判断为井下发生异常情况。

为了反映井内温度分布，研制了多种类型的井温仪，但其测量原理是相同的。井温仪的传感器多采用热敏电阻组成的惠更斯电桥，把井内温度变化转换成电桥输出的电压变化送至地面进行记录。图 24-14-14 是井温仪测量原理电路图，其井下部分是惠更斯测量电桥。其中 R_2、R_4 是电桥的两个固定臂，用温度系数 β 较低的康铜（$\beta=5\times10^{-6}$）丝制成，其阻值为 $R_2=R_4=R_0$；另外两个臂 $R_1=R_3=R_0+\Delta R$，R_1 和 R_3 是电桥中的灵敏臂，是用高温度系数的铂金（$\beta=3.89\times10^{-3}$）丝制成，铂金丝对温度变化十分敏感，只要温度稍有变化，其电阻值就随之变化。电桥测量时，首先，在某一温度下，使电桥 M、N 输出端没有输出，此时 $R_1=R_2=R_3=R_4=R_0$，$\Delta R=0$，这是电桥平衡状态。当外界温度变化时，由于固定臂 β 小，则仍可认为 $R_2=R_4=R_0$，而 β 大的灵敏臂的电阻 $R_1=R_3=R_0+\Delta R$，这样电桥失去平衡，在输出端 M、N 有电位差 ΔU_{MN} 输出，ΔU_{MN} 的大小决定于温度变化。把 ΔU_{MN} 送至地面进行记录，经过刻度就是温度测井曲线。

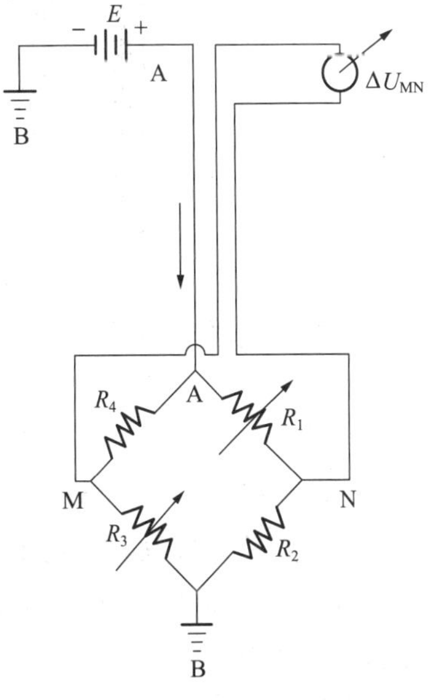

图 2-14-14　井温仪测量原理图

根据上述原理，针对所需要解决的问题，可选用不同的井温仪。如梯度井温仪测量主要反映井内温度梯度变化情况；微差井温仪测量的是井轴上一定间距两点间温度变化情况，由于用较大比例记录，能较清楚地显示井内局部温度的变化。为了确保井温曲线质量，测井前必须进行仪器常数、时间常数和平衡点温度 T_0 的标定工作，并且选择最佳测速进行测量。应当特别指出的是，温度测井要在所有测井中最先测量，并且要下放时进行测量，以免仪器和电缆运动破坏原始的热场分布。

二、井温曲线的应用

井温曲线在生产中可以测定井下产层位置，了解井下动态和为井下故障判断提供重要依据。下面仅以几种常见的应用实例说明井温曲线的使用。

（一）测定注水井中的吸水层位

一口注水井在注完水后，过一段时间关井，进行一定间隔时间的多次井温测量，取得的井温测井曲线绘在同一图幅中，如图 2-14-15 所示。当注入较冷的水后，经过一段时间，所测温度曲线 T_1、T_2 逐渐向地温梯度曲线（虚线）接近，这是总的趋势。但在每一曲线上都出现两个温度明显变低的局部异常，这种局部异常描述了吸水层段。这是由于吸水层吸入大量温度低的水，使该层的冷却带半径大而且温度低，这样它与周围非吸入层相比，恢复到原来的地温则要慢得多，故显示了局部地温异常。

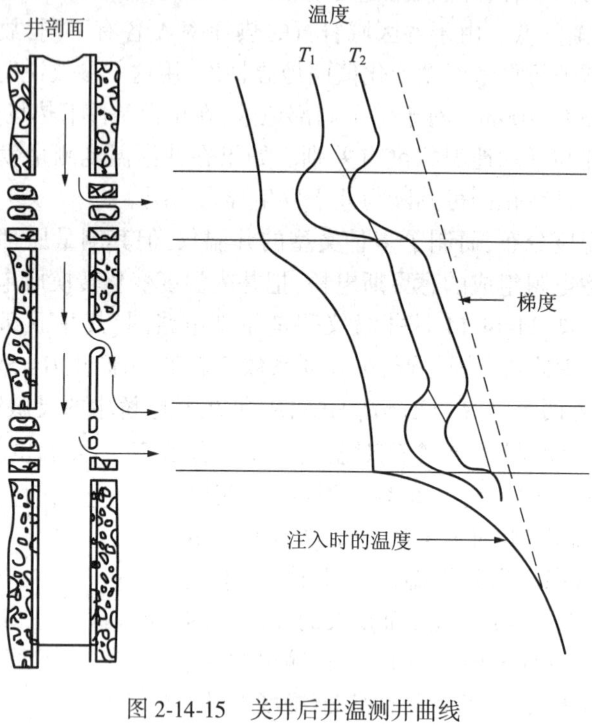

图 2-14-15　关井后井温测井曲线

（二）寻找产气层

在天然气从高压地层中进入低压井筒中时，气体体积迅速膨胀，这是个吸热过程，因此在产气层段温度变低。在井温曲线上，以明显的地温异常描绘出产气层，见图 2-14-16。在上部射孔井段上，微差井温曲线有明显的负异常。

（三）评价酸化、压裂效果

酸化、压裂是常见的增产措施，其实施效果则常用井温曲线来检查。

进行酸化处理时，挤入地层的酸液和地层中堵塞流体通道的化合物作用产生放热反应。酸化处理后进行井温测量，根据井温曲线上出现的异常，说明酸液进入该井段地层。

进行压裂作业时,会有一定数量的压裂液挤入被压裂的地层。所用压裂液的温度与地层温度不同,在压裂作业后进行井温测井,根据曲线上局部异常变化,可确定被压裂的层位。图 2-14-17 是在进行压裂作业后关井测量的井温曲线。在 B 层和 D 层处,曲线出现温度变低的局部异常,说明这两层被压裂。进一步观察不同时间测量的两条曲线 T_1 和 T_2,发现 D 层温度比 B 层恢复慢,说明 D 层吸了较多的压裂液,其压裂效果较 B 层明显。

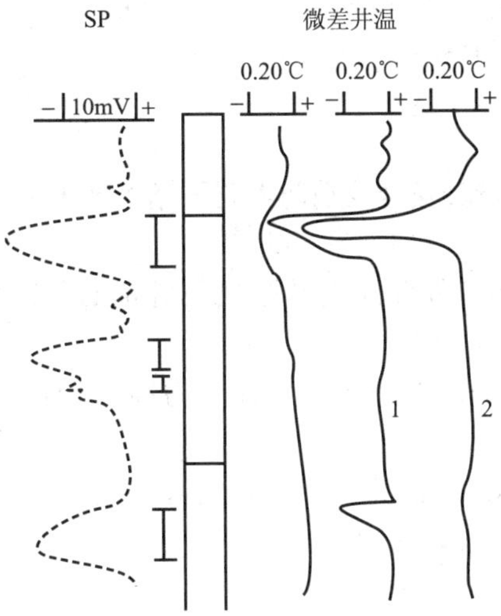

图 2-14-16　井温曲线寻找气层

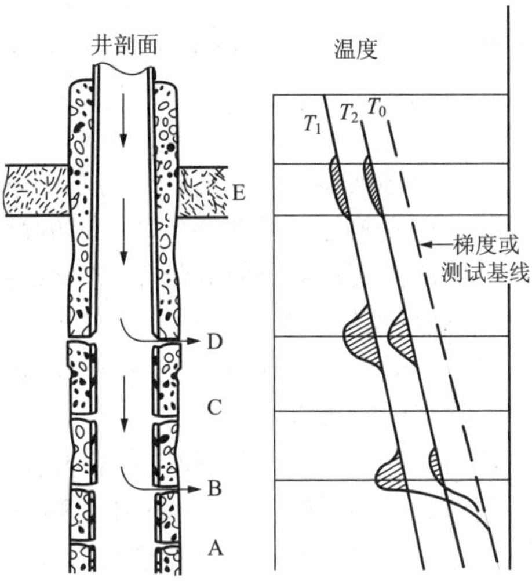

图 2-14-17　检查压裂效果的井温曲线

除上述应用外,检查管外窜槽位置,以及在条件好的井中估算产出和吸入流体流量等都可用井温测井曲线确定。

三、井温测井现场施工

(一) 施工条件

(1) 井场条件足够好,可以正确摆放测井车、正确安装天、地滑轮。

(2) 井口压力为零,或有轻微逆流。

(3) 微差井温测井需配备高压压风机。

(二) 测井准备

(1) 测井通知单上有射孔井段数据或标准短节数据、井下工具数据。

(2) 测井电缆在定期校验期内,电缆头完好无损。

(3) 测井仪器在校验期内,处于完好状态,且不少于两支。

(4) 调试好仪器仪表。

(5) 井上无通井机时,需配备好吊车。

(三) 现场施工

(1) 测井绞车停在距离井口大于 10m,对好绞车,打好掩木。

(2) 连接好各线路接口,固定好天地滑轮。

(3) 连接下井仪器,接口处要涂上硅脂,下井前要再度调试仪器。

(4) 确认仪器工作正常后下井,装好防喷盒;以磁性定位仪中部和法兰平面在一个水平面时为准,把测井车和测井软件的深度同时置零,然后下放井温仪。

(5) 下放速度要均匀,速度不大于 5000m/h。

(6) 在距离待测井段上方 100m(或按设计要求的深度)开始测井,测至设计深度,测井速度不大于 1200m/h,测井方式必须为下测。测前调整好磁定位曲线、井温曲线和微差曲线的左右刻度,然后录取一段良好的测井曲线。

(7) 测井完毕后,上提仪器,速度要均匀,速度不大于 5000m/h。上提至井口 100m 卸掉防喷盒丝扣,距井口 20m 处缓慢上提电缆,密切注意井口,直至完全提出仪器。

(8) 按正确的顺序拆卸仪器,保持仪器、工具清洁。

四、监督要点

(1) 施工前必须落实防喷、防火、防爆等安全措施,安全及消防器材不落实不开工。

(2) 井口应安装经质检合格的防掉、防喷器材。

(3) 按照施工要求停放测井绞车,连接线路(接口处要涂上硅脂),下井前必须对仪器进行调试,以确认仪器正常。

(4) 仪器下放之前,以磁性定位仪中部和法兰平面在一个水平面时为准,把测井车和测井软件的深度同时置零。

(5) 仪器下井要平稳,起放速度符合操作规程要求,防止测试资料失真。

(6) 测试时从测试段上方 100m 开始测井,测至设计深度。

(7) 测试完成后按规定对仪器进行拆卸,并进行清洗保养。

第五节　井下电视测井

井下电视测井可分为井下超声电视测井、井下光纤电视测井两种技术。前者利用仪器接受超声波反射波,经计算机处理得到图像;后者利用光学镜头观测,得到直观的、真实的视频资料。

一、井下光纤电视测井

光纤传输井下视像测井技术是目前世界上最先进的井下视像检测技术,它利用连续的视频图像和逼真的画面重现了井下的真实状况,不仅满足了大数据量高效测井的需求,而且使几乎所有的专业与非专业人员都能够轻易看懂资料,了解井下状况。不仅对修井工作中套管漏失、脱扣、错断、变形、弯曲、内壁结垢、腐蚀及井筒落鱼、鱼顶、鱼腔形状的检测提供了有效手段,而且结合先进的模拟真实生产状况的测试管柱,更能对生产井分层产液状况进行科学的分析。利用光纤视像测井系统深入研究井筒及地层产出状况,对于单井方案的制定意义重大。

(一) 井下光纤电视测井系统的组成

井下光纤电视测井系统由七个部分组成:

1. 井下光源及摄像系统

由摄像头、后置光源、扶正器、光电转换电路、马笼头和加重杆等组成(见图 2-14-18)。提供光源和摄像,并将摄取的图像信号转换成光信号通过光缆传输到地面。摄像机的镜头焦距可调,灯光的强度也可以调整。

2. 测井光纤

采用双层钢丝铠装光缆(见图 2-14-19),直径 6.35mm,总长 5500m。

3. 液压绞车及马丁戴克

起下光缆并记录深度。该部分没有深度校准装置,依据套管接箍校准深度。

4. 地面信号转换及转换部分

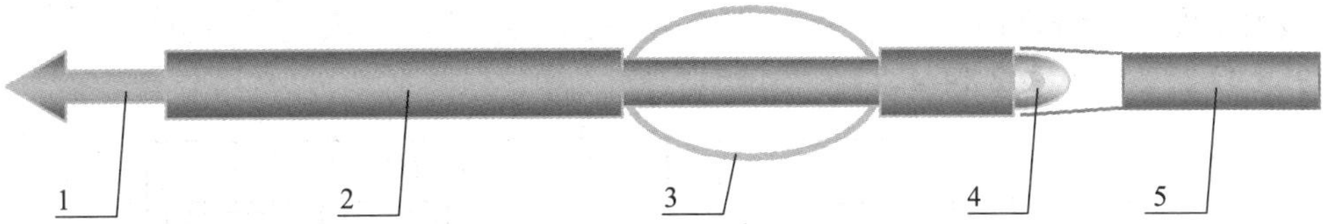

图 2-14-18　井下仪器部分示意图

1—电缆头;2—电子线路;3—扶正器;4—强光灯;5—摄像机

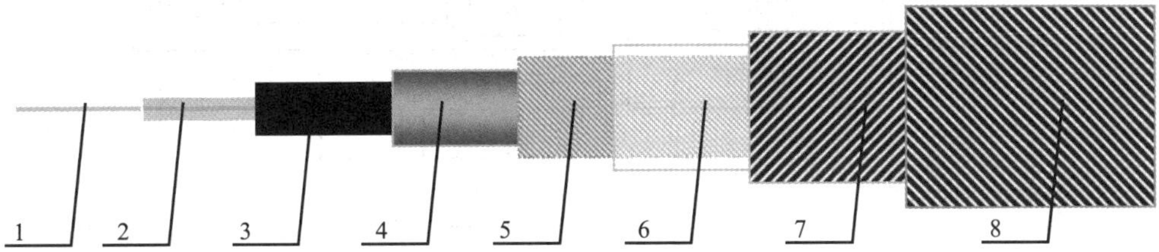

图 2-14-19　测井光缆结构示意图

1—光纤;2—内护层;3—外护层;4—毛细钢管;5—铜芯;6—绝缘层;7—内铠钢丝;8—外铠钢丝

将通过光缆传输上来的光信号还原成视频图像信号,并送至显示记录仪器。

5. 监视及记录系统

通过两个监视器可以直观地观测到井下摄像机拍摄的图像。该图像还可以记录到录像机和 DVD 刻录机上,并可以随时选择合适的图像打印出来。

6. 配套工具

专用测试天地滑轮和光缆井口密封装置,以及涂抹镜头所用的活性剂。

7. 专用车辆

除井下仪器部分外,所有的仪器设备整体装载在 National7400 底盘车上。

(二) 井下光纤电视测井系统的工作原理

该技术是利用光纤电缆将井下摄像机下入井筒内(可以通过油管下入),通过摄像头后部的后置灯提供光线,在仪器的上提和下放途中进行匀速的图像采集。拍摄到的井下情况的图像通过光电转换系统转化成光信号,光信号经过光缆传输到仪器车上,由光电转换装置重新转换成图像信号,可以直接在监视器屏幕上显示出来,并通过刻录机和录像机进行数据图像录制,还可以利用相关软件对图片进行后期分析处理。从而可以使现场工作人员准确、直观、实时地观察到井下状况。在测试过程中,仪器深度、井下仪器温度、各种信息都可以显示和记录。

系统的工作原理框图见图 2-14-20。系统参数如下:

视频部分:

分辨率	水平 500 线,垂直 350 线,单色像素
更新速度	实时(60HZ-EIA 或 50HZ-CCIR)
视角	水中:55° 空中:73° 无盲点
录像制式	NTSC 或 PAL 制式
照明灯	100W 卤素灯

测井电缆部分：

电缆类别　光缆(专利技术)

电缆外径　7/32in(5.6mm)

最大长度　5500m

井下仪器参数见表2-14-4。

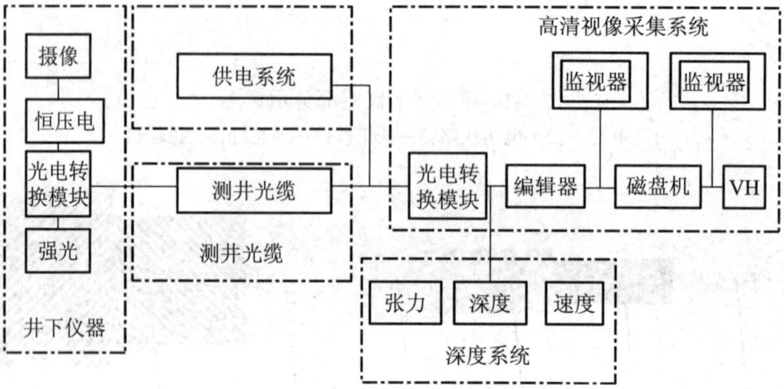

图2-14-20　光纤井下电视测试系统原理框图

表2-14-4　井下仪器技术参数

	标准配置	高温配置
井下仪器外径/mm	43	54
长度(含加重杆)/mm	2890	3560
质量/kg	14	30
耐压/MPa	69	69
工作温度/℃	120	150

(三)光纤井下电视测试技术在套损井测试中的应用

由于光纤井下电视测试可以提供清晰、连续、完整的测试资料，同时由于测试资料是连续的视频图像，不需要任何的资料解释过程就可以提供初步的测试结果，现场施工的工程技术人员都能看懂，为制定施工井下步措施提供了可靠依据，因此，现场工程技术人员认可度极高。

在套损井测试过程中的应用主要有以下几方面：

1. 检测套管漏失

套管漏失是套管损坏的主要方式。利用光纤井下电视测试系统可以清楚地看到套管上的破损情况，并可以计算出破洞的大小。

Y52-X3井，经光纤井下电视测井发现，在1748.14m位置，套管存在较大破裂(见图2-14-21)，漏失十分严重，测试结果为该井制订下一步措施提供了可靠的依据。

2. 检测套管脱扣

光纤井下电视的可见性使得该系统成为检测套管脱扣惟一准确地手段。他可以数出套管接箍剩余的扣数，也就可以准确地判断出脱扣的程度。

GD2-33-532井采用光纤井下视像测井，图像显示在1098.24m处套管脱扣(见图2-14-22)，能够明显观测到套管接箍间有20余扣，超出了合理范围(10扣)，判断为脱扣。

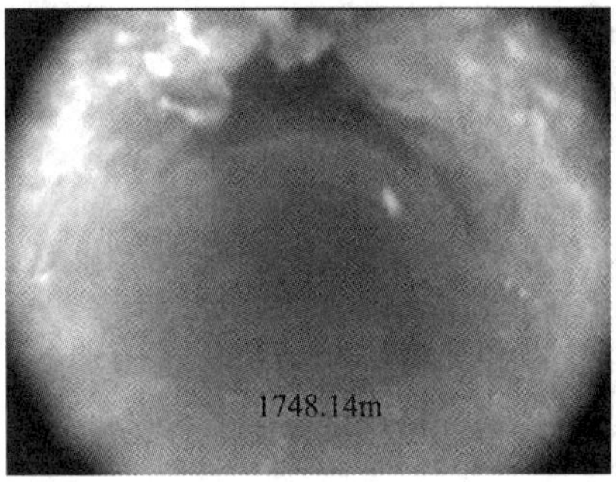

图 2-14-21　套管漏失

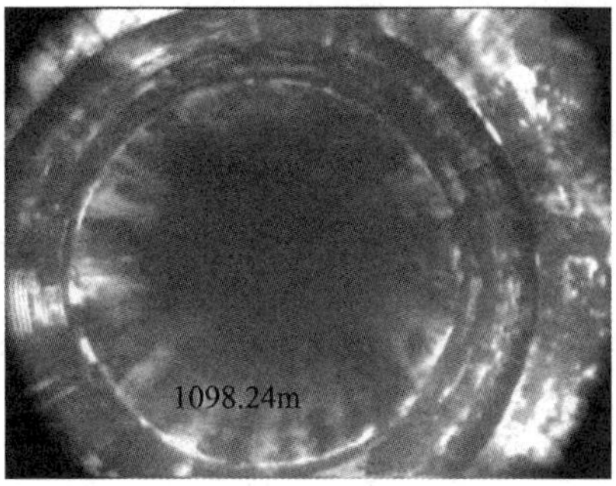

图 2-14-22　套管脱扣

3. 检测套管错断

利用光纤井下电视测试系统可以清楚地看到套管的错断情况,并可以计算出错断的程度。

GD22-X612 井在 1305m,通过多次打铅印无法确定套管损坏类型,经光纤井下电视测井后,利用连续视频图象观察到该井在 1302m 位置发生套管错断(见图 2-14-23),错断量为井筒直径的 1/3。

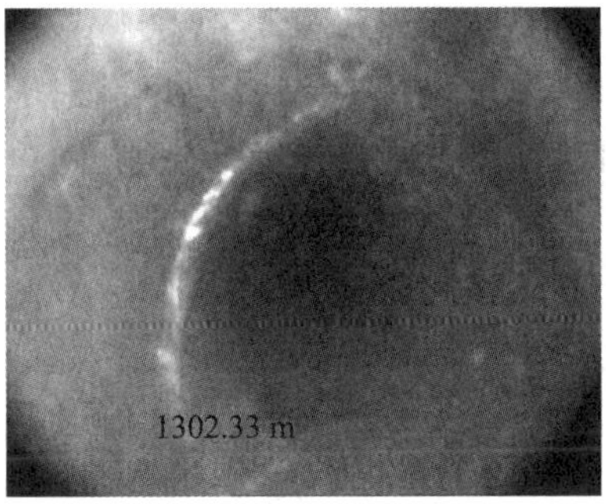

图 2-14-23　套管错断

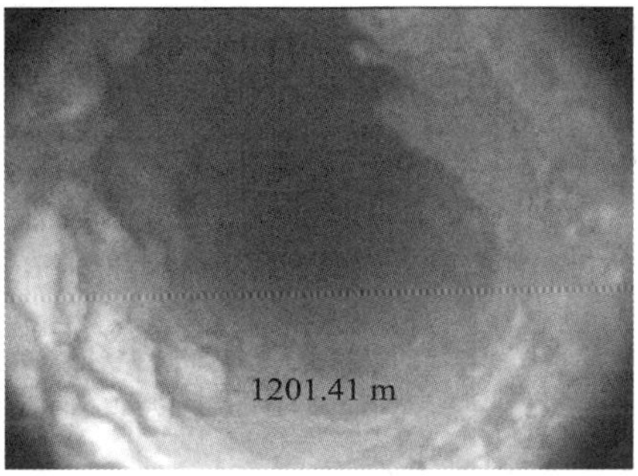

图 2-14-24　开窗侧钻

4. 检测开窗侧钻

在套损井修复的打通道过程中,常常由于各种原因,铣锥磨破套管发生侧钻事故。利用光纤井下电视测井可以及早发现问题,避免损失。GDX2-4 井,套管在 1200m 处发生缩径变形,用磨铣工具顺利完成第一次打通道工作,再次下入管柱时仍然遇阻,继续磨铣进尺不大,且上提管柱发生卡钻,怀疑铣锥使套管侧壁开窗;通过光纤电视测井证实 1201.41m 处套管已经侧壁开窗(见图 2-14-24),由于开窗深度过长,该井报废。

5. 观察鱼顶和砂面情况

观察鱼顶和鱼腔内的情况,协助打捞施工是光纤井下电视测井系统应用的一个重要领域。通过观察鱼顶和鱼腔内的情况,确定打捞工艺,可以大大地提高工作效率。GD2-33-532 井,图像显示在 1252.36m 处套管有破损,并在此处形成砂桥。测井过程中继续冲砂,砂桥冲洗干净后观察到鱼顶(见图 2-14-25)和鱼腔(见图 2-14-26)正常,鱼顶位置1252.51m。依据此次视像测井资料,下入相应的打捞工具,一次打捞成功。

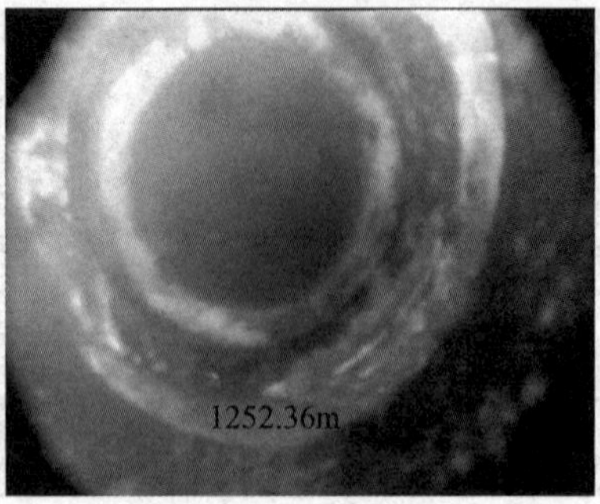

图 2-14-25　鱼顶情况

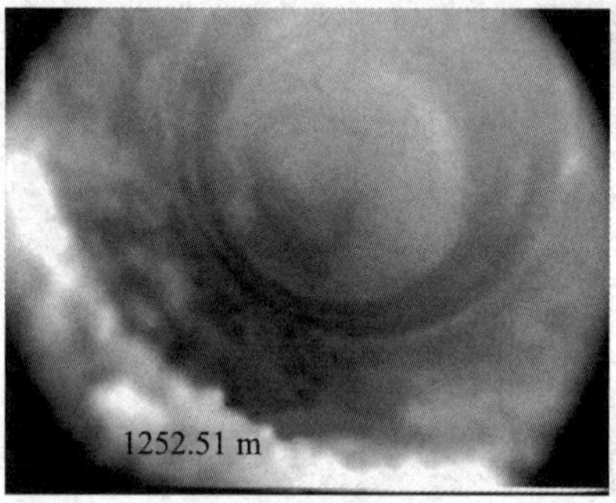

图 2-14-26　鱼腔情况

6. 检测套管弯曲

利用光纤井下电视测试技术检测套管弯曲效果并不明显，特别是对于弯曲井段长，弯曲变形缓慢的井段，测试难度就更大。主要是通过镜头轴线的变化来判断套管弯曲。

（四）光纤井下电视测井现场施工

（1）洗井效果是影响井下摄像质量的关键因素，因此应采用合理有效的洗井方法，提高井筒内介质的透明程度（液体或气体），使摄像机在此种介质中能够清楚地观测 0.3～0.5m范围内的情况。

（2）采用循环洗井的方法在过去的施工井中取得了较好的效果，还可以针对不同的井况采用清水挤注等方法，下井前要给镜头、灯头仔细涂抹上专用的表面活性剂，防止油遮住光源或摄像机。

（3）仪器下井前先取水样观测，证明井中水质清晰才可以开始作业。

（4）下井速度最高为 0.5m/s，在接近观测点时应放慢为 0.5～0.633m/s。

（5）距离观测点 0.3m，拍摄图片最清楚。

（6）现场检测工艺。

① 循环检测工艺。该工艺通常在测试前，通过前期作业已经知道套损点和鱼顶的大概位置，只需将洗井管柱尾部下至目标区上部 0.5～1.0m 位置，管柱上部安装洗井三通，通过正注清水循环，达到清洁鱼顶、套损点检测区域的目的，最后实施检测。

适用井况：

a.鱼顶的检测；

b.遇卡、遇阻、漏失位置的检测；

c.侧钻井眼的检测；

② 挤注检测工艺。该工艺通常在测试前，不明确问题井段的具体位置，只知道大概范围，需要将挤注管柱尾部下至目标区上部位置，管柱上部安装悬挂器、洗井三通，通过加压正注清水，将井内不透明流体压回地层，达到清洁检测区域的目的，最后实施检测。

适用井况：

a.较长井段的检测；

b.低压、高渗透地层井眼的检测；

c.产气量较大井眼的检测；

③ 组合检测工艺。该工艺适用于地层渗透率较低或漏层漏失量较小的井眼，通常在

测试前,将挤注管柱尾部下至目标区上部位置,管柱上部安装悬挂器、洗井三通,首先打开套管闸门正注清水循环,将管柱上部彻底清洗干净后,再加压正注清水,将管柱下部井内不透明流体压回地层,达到清洁检测区域的目的,最后实施检测。

(五)监督要点

(1) 井口应安装经质检合格的防掉、防喷器材。

(2) 施工前必须落实防喷、防火、防爆等安全措施,安全及消防器材不落实不开工。

(3) 施工前必须采取有效的方法进行洗井作业,仪器下井前先取水样观测,证明井中水质清晰才可以开始作业。

(4) 仪器下井前要给镜头、灯头仔细涂抹上专用的表面活性剂,防止油遮住光源或摄像机。

(5) 仪器起放速度符合操作规程要求,防止测试资料失真。

(6) 鱼顶的检测;遇卡、遇阻、漏失位置的检测;侧钻井眼的检测采用循环检测工艺,较长井段的检测;低压、高渗透地层井眼的检测;产气量较大井眼的检测采用挤注检测工艺,地层渗透率较低或漏层漏失量较小的井眼的检测采用组合检测工艺。

(7) 测试时距离观测点 0.3m,以保证拍摄图片最清楚。

(8) 测试完成后按规定对仪器进行拆卸,并进行清洗保养。

二、井下超声电视测井

井下超声电视测井又称三维井壁超声成像测井,是利用超声波的传播特性和井壁对超声波的反射性质研究井深剖面的。既可用于裸眼井,又可用于套管井。测量结果以图像形式给出。利用计算机图像处理技术对回波幅度及时间信息进行处理,可以以二维、三维方式显示出套管的纵横截面图、立体图,并可同时测出声波井径曲线。横截面图可显示以任意深度、任意角度的套管内壁横断面形状,纵向截面图显示以井轴为对称轴的纵向剖面。三维图可做 360° 旋转显示,井径曲线显示最大、最小和平均井径 3 条曲线。测井时由于测速较低,所以测量井段不宜过长,通常与磁测井、井径等仪器配合使用。

声波电视测井仪是利用超声波在介质中传播和反射的特性进行测井的,仪器工作时超声换能器以 6r/s 的速度旋转,以垂直于井壁方向发射声波,并用同一探头接收从井壁介质上反射回来的声波,将声波转换成电信号。

信号的幅度大小取决于井壁表面的情况。光滑的表面比粗糙表面反射的声波强;光滑的套管表面比套管上的孔洞反射的声波强;倾斜和不规则表面探头得不到反射波。基于以上特性,根据回波的幅度和时差,确定钢套管的内外壁的粗糙度(即腐蚀情况)和套管内径及剩余壁厚。根据图像的特征,即可分析井壁上的孔洞裂缝等情况,解释套管损坏的类型。

由超声波的性质可知,将具有一定重复频率的电脉冲加在晶体换能器上,换能器产生超声波,当探头位于井轴中心时,发射声波垂直井壁入射,探头接收反射回波。反射回波强度取决于井壁和井内液体声阻抗的比值。不同介质反射系数不同,井壁上粗糙程度和缝洞的存在都将影响反射系数,即井壁状况控制回波信号强弱,再用该信号控制地面仪器荧光屏的亮度。旋转探头对井壁进行水平扫描,每转一周,即环视井壁一次。在荧光屏上扫描为一条直线,井壁状况将以明暗显示出来。稳定探头在水平扫描的同时进行垂直扫描,在荧光屏上即可显示出反映井壁的图像。井下超声电视所得的图像是由于井壁声学性质的差异造成的,为了得到井壁上声学界面的图像,要求井壁介质的声阻抗的变化,能使接受到的反射波信号有比较明显的差别。

第六节 电磁探伤

电磁探伤仪是一种套管检测仪器,是利用非接触型涡流传感器探头,完成对金属套管检查的测井方法。一次下井可测得反应金属套管壁厚变化的质量和套管内径变化两个参数。通过对质量和井径两个参数的综合解释,可确定套管内部和外部腐蚀状况和破损程度。可用于:

(1) 检查套管内外腐蚀及穿孔情况;

(2) 检查射孔井段;

(3) 检查套管破裂及变形;

(4) 检查套管补贴效果;

(5) 用于检测套管变化的时间推移资料。

一、电磁测井仪的结构和工作原理

电磁探伤测井仪主要由线圈系统、电子线路系统、压力平衡系统及上、下扶正器、仪器头等部分组成。图 2-14-27 是电磁探伤测井仪的基本结构示意图。

图 2-14-27 CZJ 型测井仪结构示意图

(一) 磁重量测井原理

磁重量测井系统是由工作在低频的涡流传感器及电子线路组成。仪器中有发射和接受两个线圈,见图2-14-28。并供以 16Hz 的低频交流电,交变的电磁波在套管中传播时,将产生感生电流,并在导体中形成闭合回路,称为涡流。在铁磁材料中,由于涡流效应将电磁波的振幅衰减并产生时间滞后效应。在接收线圈中产生的感生电流与发射线圈的原生电流间将产生相位差。其相位差大小与周围套管的厚度和材料的特性有关。相位差和套管壁厚之间有如下关系:

$$\Delta\phi = 2\pi D\sqrt{\frac{\mu_r f}{10^7\rho}}$$

式中 $\Delta\phi$ ——相位差;

μ_r ——套管相对磁导率;

f ——电源频率;

ρ ——套管电阻率。

当套管材料不变,电源频率不变时,相位差是套管壁厚的单值增函数。因此,磁重量测量反映套管壁厚变化。

同一种套管,相位差和套管壁厚有很好的线性关系,不同规格套管,磁导率不同,$\Phi = f(D)$关系曲线斜率也不同。见图 2-14-29。

(二) 井径测井原理

磁井径仪是一种非接触性井径仪,它不受井内液体、套管积垢、结蜡及水泥附着物的影响,是用于测量金属套管内径的一种仪器。磁井径测量系统是由一个工作在 20kHz 高频的涡流传感器线圈、20kHz 振荡电源和负反馈放大器三部分组成。图 2-14-30 是磁井径测量电路原理示意图。

由于高频电流的趋肤效应，高频交变电磁波将在套管内壁形成涡流，涡流损耗的反射效应使线圈阻抗变化。当套管的材料和仪器参数不变时，线圈阻抗的变化是线圈至套管内壁间距离的单值增函数。仪器采用谐振调幅法测量，它能明显地将套管内径变化而引起的线圈阻抗变化转换为放大器输出幅度的变化。

电磁探伤测井仪通常配合其他测井方法检查套管变形、破裂或腐蚀等，利用磁重量曲线半幅点能准确找出套管破裂或变形腐蚀的界面。图 2-14-31 是应用电磁探伤测井仪检查大庆油田南 3-3-49 井套管变形、破裂的一口井实例。

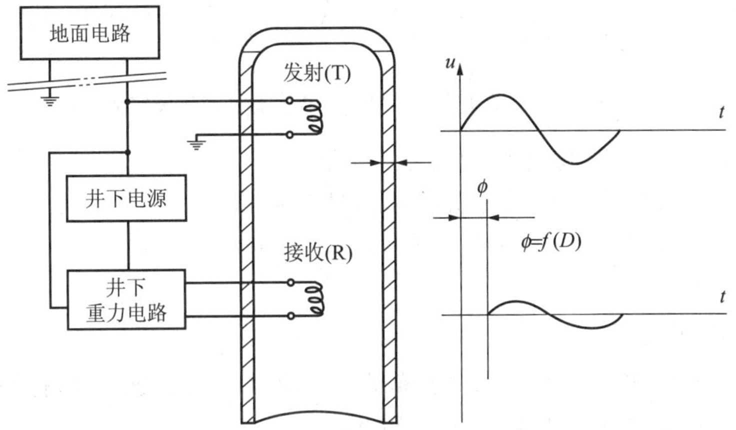

图 2-14-28　磁重量测井原理示意图

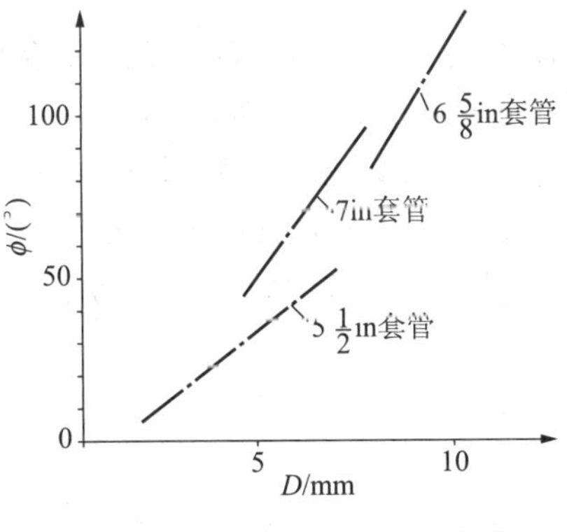

图 2-14-29　套管壁厚与磁重量测量值关系曲线

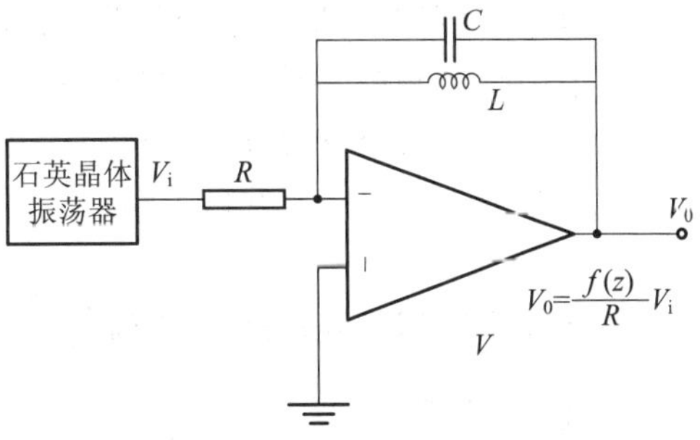

图 2-14-30　磁井径测量原理电路示意图

二、电磁探伤测井的现场施工

（一）施工条件

（1）井场条件足够好，可以正确摆放测井车、正确安装天、地滑轮。

（2）井口压力为零，或有轻微逆流。

（二）测井准备

（1）测井通知单上有射孔井段数据或标准短节数据、井下工具数据。

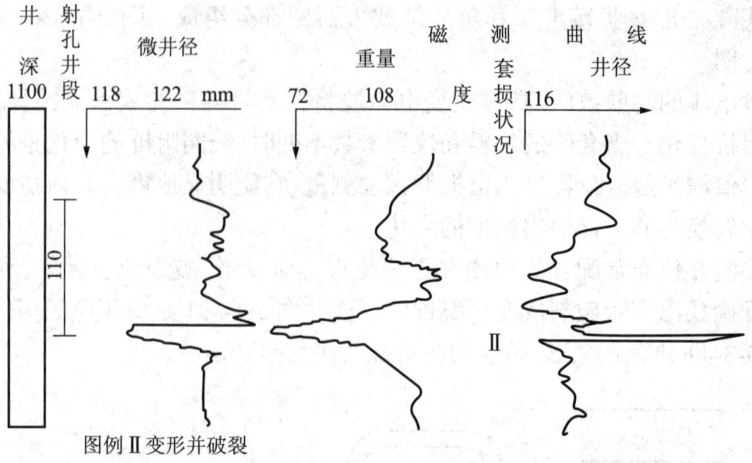

图 2-14-31　大庆油田南 3-3-49 井检查套管变形破裂实测曲线

（2）测井电缆在定期校验期内，电缆头完好无损。

（3）测井仪器在校验期内，处于完好状态，且不少于两支。

（4）调试好仪器仪表。

（5）井上无通井机时，需配备好吊车。

（三）现场测试

（1）测井绞车停在离井口 50m 以内，车的前后轮、井口三点连一线，打好掩木，仪表车尽量靠近绞车。吊车对好井口，各支点平稳着地。

（2）连接好各线路接口，固定好天地滑轮。

（3）连接下井仪器，下井前再调试。

（4）仪器装入井口，装好防喷盒，深度记速器都对零。仪表车发信号，仪器开始下井。

（5）起下速度均匀，最大速不大于 5000m/h，测井段速度不大于 700m/h。仪器下至遇阻点，上提测试，至测试井段以上 100m，并参照组合图，如测试井段不好对图，可适当增加测试段。另外，可以选择有标准层的井段进行再次测试，分别进行对图，确保无误。

（6）上提仪器。上提至井口 100m 卸掉防喷盒丝扣、离井口 20m 停止机动，手拉电缆将仪器提出。

（7）按正确的顺序拆卸仪器，保持仪器、工具清洁。

三、监督要点

（1）施工前必须落实防喷、防火、防爆等安全措施，安全及消防器材不落实不开工。

（2）井口应安装经质检合格的防掉、防喷器材。

（3）按照施工要求停放仪器车，连接线路（接口处要涂上硅脂），下井前必须对仪器进行调试，以确认仪器正常。

（4）上提测试至测试井段以上 100m，如测试井段不好对图，可适当增加测试段。另外，可以选择有标准层的井段进行再次测试，分别进行对图，确保无误。

（5）仪器下井要平稳，起放速度符合操作规程要求，防止测试资料失真。

（6）测试完成后按规定对仪器进行拆卸，并进行清洗保养。

第十五章　复杂结构井

在直井技术基础上发展而形成的非直井(如水平井等)、多井眼井(分支井等)统称复杂结构井。

第一节　水平井作业

一、简介

国外从20世纪30年代开始发展水平井,80年代水平井技术得到很大发展,世界范围内水平井技术发展与应用进入一个崭新的发展阶段,在世界20多个产油国形成了水平井、侧钻水平井开采油田的较大工业规模。国内从"八五"期间开始研究应用定向井和水平井技术。

二、水平井完井方式

完井方法有:裸眼完井、割缝尾管完井、射孔完井、割缝衬管封隔器完井等。在国内已完成的水平井中,射孔完井占主导方式,也是作业施工涉及最多的水平井,本节主要介绍射孔完井水平井的作业施工。

三、水平井修井特点

(1) 水平井井下管柱的受力状态较直井管柱复杂的多,管柱上提力不再简单等于直井中管柱的自重。现场施工经验证明,管柱进入造斜段以后,管柱总量增加减缓,管柱进入水平段后,管柱重量变化越来越不明显。

井下管柱的真实状态也很难准确描述出来,其不再是直井中的自由拉伸状态。通过埋论计算可以模拟出起出和下井过程中管柱不是想像中的紧贴套管上侧或下侧,而是有临界转换位置,管柱在水平井段呈现复杂的S形状态。在临界转换位置,管柱完成从接触上井壁到接触下井壁的转换。

(2) 由于流动形态的变化,水平井冲砂不易冲洗干净,结果是形成长井段的"砂床"或形成砂桥,严重时砂堵井眼。同样注水泥封堵时水泥浆中过剩的水可沿着注过水泥的环形空间高处侧面形成一条水流通道,造成挤注水泥失败,这是水平井作业监督过程中值得注意的问题。

(3) 水平井作业过程中的旋转管柱和直井中的旋转管柱的主要区别就是水平井的摩擦阻力会引起管柱扭矩的损失。

四、水平井起下管柱

(一) 起下管柱准备

1. 资料准备

(1) 施工井地质方案和工程设计。工程设计应包括施工井井身轨迹数据、套管程序。

(2) 井内油管规格、数量和长度、井下工具名称、规范、深度及井下管柱结构示意图。

(3) 上一次的作业施工总结。

2. 设备准备

(1) 水平井修井设备采用常规修井机或连续油管修井机,相关准备内容参考直井施工的作业准备。

(2) 井口倾斜水平井采用斜直钻机修井,准备内容参考斜直钻机施工准备要求。

3. 油管准备

(1) 油管规格、数量、钢级、油管质量及油管排放等参考直井施工要求。

(2) 造斜点以下油管采用钢级为 N80 及以上的倒角油管,倒角规格 5×30°,防止起下管柱过程中损坏套管接箍。

(二) 起下油管程序

(1) 水平井起油管施工通常包括以下几个步骤:压井、卸井口装置、试提、安装封井器、起油管。

(2) 水平井下油管程序通常包括以下步骤:卸井口装置、装井口自封、下油管。

(3) 水平井起下油管注意事项参考常规作业要求。

(三) 监督要点

(1) 井口应有防掉、防喷装置。

(2) 严禁使用锚头绳上卸油管螺纹,禁用榔头敲击油管,上、卸扣扭矩符合 API 标准要求。

(3) 管柱进入造斜段后的负荷变化,管柱遇阻、遇卡时应慢慢上下活动,分析原因,妥善处理。

(4) 每次起下油管资料应有详细的记录,进入造斜段的油管是 N80 倒角油管。

(5) 施工前必须落实防喷、防火、防爆等安全措施,安全及消防器材不落实不开工。

五、组配管柱

(一) 管柱丈量、管柱深度计算及管柱调配

任何下井油管、钻杆及工具在下井前均必须准确丈量。丈量方法参考直井作业施工,管柱丈量误差要求在 0.2m/1000m 以内。

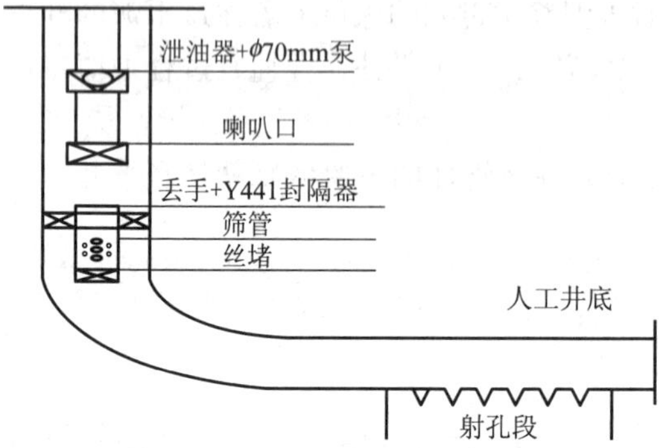

图 2-15-1 水平井防落物丢手管柱示意图

无特殊说明,水平井管柱深度根据斜深计算。深度计算方法、管柱调配及质量要求可参考直井作业相关要求。

(二) 水平井常见管柱组合

1. 水平井防落物丢手管柱

管柱组成:YDS 丢手工具+Y441 封隔器+筛管+丝堵。管柱示意图见图2-15-1。

2. 水平井防砂管柱

水平井一般采用固井射孔完井方式,并采用管内滤砂管防砂完井,而对于稠油

砂砾岩油藏，由于该类油藏原油性质比较稠，须注蒸汽热采，因此水平井均采用隔热管加滤砂管防砂完井。

(1) 水平井常规防砂管柱，主要由丢手工具、皮碗封隔器、油管、滤砂管、扶正器、丝堵等组成。全部管柱丢在水平段内。图 2-15-2 为常规防砂管柱结构示意图。

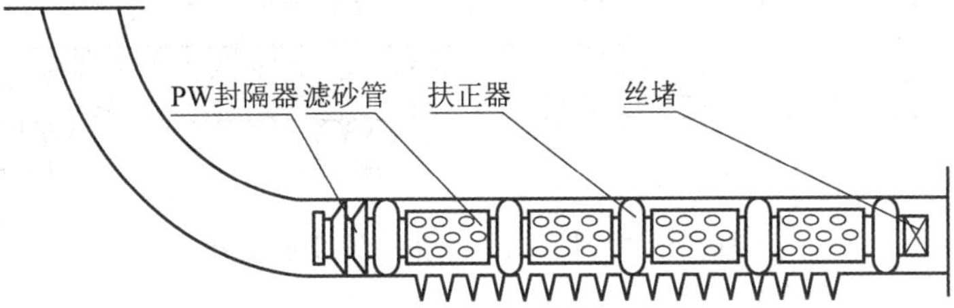

图 2-15-2　常规防砂管柱结构示意图

(2) 水平井热采防砂管柱主要有热采悬挂封隔器、隔热管（油管）、扶正器、滤砂管、丝堵等组成。滤砂管部分丢在水平段内，鱼顶位于造斜点以上或斜井段。图 2-15-3 为热采防砂管柱结构示意图。

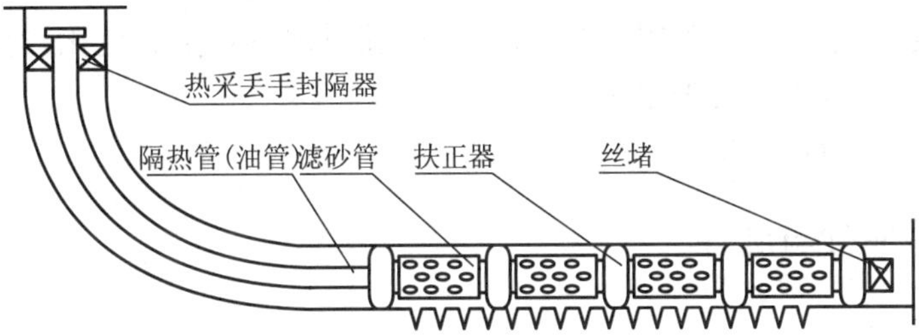

图 2-15-3　热采水平井防砂管柱结构示意图

3. 水平井封下采上管柱

管柱组成：水平井丢手工具+SPY441 封隔器+油管+丝堵。该管柱由 SPY441 封隔器提供双向锚定，通过液压坐封，液压丢手，密封压差可达 25MPa，需要取出时可以对扣打捞。管柱示意图见图 2-15-4。

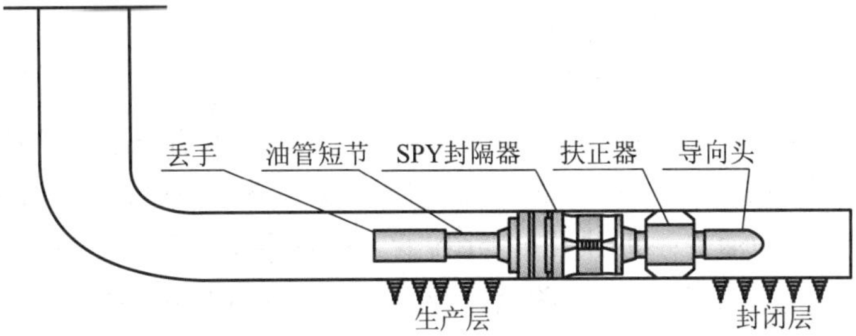

图 2-15-4　水平井封下采上管柱示意图

4. 水平井封上采下管柱

管柱组成：水平井丢手工具+PW 封隔器+油管短节+PW 封隔器+筛管+丝堵。全部管柱支承在人工井底，上部采用防落物管柱插入丢手接头，防止管柱移动。该工艺管柱的优点是管柱无锚定点，便于后续作业，并可以实现水平段任意井段的卡封。管柱结构如图 2-15-5。

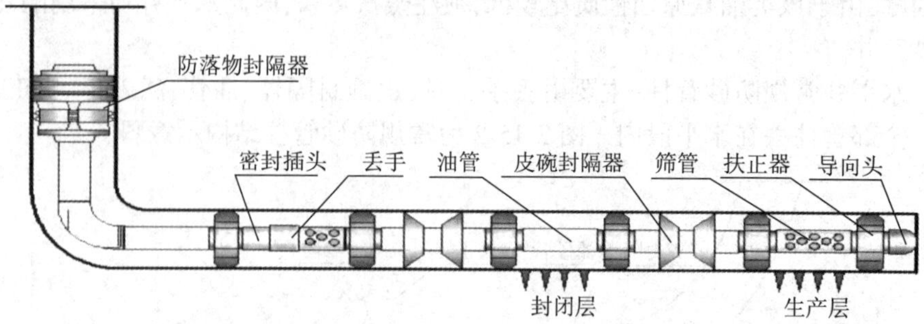

图 2-15-5　水平井封上采下管柱示意图

（三）监督要点

（1）严格按照设计施工，施工单位不得擅自变更设计方案和降低标准。

（2）管柱丈量方法正确，管柱丈量误差要求在每千米 0.2m，检查螺纹及油管本体完好方能入井。进入造斜段的油管接箍两端均为 5×30° 倒角。

（3）起下管柱要平稳，严禁顿、溜钻。下井工具在通过尾管头及进入造斜点后必须严格控制下入速度，要求每小时不得超过 30 根。应随时观察指重表变化，遇阻时，应缓慢上下活动，下放时加钻压不得大于 20kN。

（4）所有下井工具“三证”齐全。

六、水平井冲砂与洗井

（一）冲砂洗井液

对冲砂洗井液的要求：

（1）具有一定的黏度，以保证有良好的携砂能力；

（2）具有一定的密度，以便形成适当的液柱压力，防止井喷和漏失；

（3）与油层配伍性好，不损害油层。

（二）冲砂洗井方式

冲砂方式一般有正冲、反冲和连续油管冲砂。

（1）正冲和反冲：施工过程参见常规井作业部分的内容。

（2）连续油管冲砂：连续油管最常见的用途之一是将残存在生产油管或套管中的砂粒、泥浆和其他岩屑冲洗出来。用水泥车或其他液泵将清水、油或其他液体通过连续油管泵入井内。循环从连续油管一下井开始，并在下入过程中保持循环。当连续油管下到预定位置时，减慢下入速度，同时，可上下移动连续油管。当循环液体带有超过液体悬浮能力的物质或井口返出的循环液清洁时停止循环。

（三）冲砂地质方案

（1）出砂井地质方案必须提供准确的油层、产液物性、生产动态、井身结构等资料。

（2）方案应注明人工井底、灰面或丢手所在深度及砂面位置和井内落物等情况。

（3）方案应提供射孔井段，特别是高压井段、漏失井段及气层的压力值。

（4）方案要求保留部分砂柱时，必须注明冲砂至某深度。

（5）对管内防砂井冲洗中心管，必须标明防砂管柱结构示意图。

（6）在方案中必须注明对水敏性地层、高漏失井段进行防黏土膨胀、蜡球封堵炮眼、混气冲砂等。

（四）水平井冲砂施工要求

（1）冲砂排量要求：水平井冲砂通常采用低黏度携砂液，其冲砂效果主要取决于颗粒沉降速度和砂浆流动速度。为了保证冲洗效果，要求水平井冲砂排量达到设计要求。

（2）冲砂质量要求：出口水质和入口水质一致为合格。

（五）监督要点

（1）冲洗液排量和工艺控制，防止冲砂过程中形成砂桥造成管柱砂卡。

（2）洗井液进出口相对密度一致，出口液体干净无杂质无污物。

（3）洗井深度和作业效果应符合施工设计的要求。

（4）洗井液不得漏入地层，最大限度地减少对地层的污染和损害。

（5）计量池形状规则、摆放平整，保证进出口液量准确。

（6）其他要求参考常规井施工。

七、水平井通井、刮削

（一）水平井通井

1. 通井规选择

通井规外径小于套管内径 6～8mm，壁厚 3.5～5mm，有效长度一般为 1200mm，特殊作业井其有效长度应大于下井工具的大直径段长度 50～100mm，外径大于下井工具 1mm。

2. 通井程序及要求

（1）管柱结构自下而上依次为通井规、油管（或钻杆）。

（2）下通井管柱。

（3）通井时要平稳操作，下管柱速度控制为 10～20m/min，通井管柱过造斜点后下放速度不得超过 5～10m/min。当通到人工井底悬重下降 10～20kN 时，重复两次，使测得人工井底深度误差小于 0.5m。

（4）通井时，若中途遇阻，悬重下降控制不超过 20～30kN，并平稳活动管柱、循环冲洗，严禁猛蹾、硬压。

（二）水平井刮削

1. 套管刮削工具

根据套管内径选择刮削器，选择原则参考常规井作业。

2. 刮削程序及要求

（1）管柱结构自下而上依次为刮削器、油管（或钻杆）。

（2）下套管刮削管柱。

（3）下管柱时要平稳操作，下管柱速度控制为 20～30m/min。下至距离设计要求刮削井段前 50m 左右，下放速度控制为 5～10m/min。接近刮削井段并开泵循环正常后，边缓慢顺螺纹紧扣方向旋转管柱边缓慢下放，然后再上提管柱反复多次刮削，直到下放悬重不再下降为止。

(4) 若中途遇阻,当悬重下降20~30kN时,应停止下放管柱。按洗井管汇,边顺螺纹紧扣方向旋转边下放管柱,反复刮削管柱直到管柱悬重恢复正常为止,再继续下管柱。

(5) 刮削作业完毕后应充分洗井,彻底洗出井内杂质。

3. 通径、刮削应取资料

(1) 通井规(刮削器)型号、外形尺寸。

(2) 通井(或刮削套管)深度、遇阻位置、指重表变化值、通井规痕迹描述。

(3) 洗井时间、洗井液量、泵压、洗井深度、排量。

(4) 出口返出物描述。

(三) 监督要点

(1) 通井、各项套管作业达到设计要求,井下套管内通径畅通无阻。

(2) 刮削完毕充分洗井。

(3) 作业时必须安装经过检定、符合要求的指重表(或拉力计)及井控装置。

(4) 下井工具和管柱均应经地面检验合格,造斜段管柱采用倒角油管。

(5) 通井、刮削过程中,必须掌握悬重变化,控制悬重下降不超过30kN。

(6) 严禁用带通井规、刮削器的管柱冲砂。

八、水平井打捞与解卡

(一) 水平井打捞工具选用原则

(1) 下井过程中防止工作部件的磨损。

(2) 防止堵塞水眼。

(3) 工具接头以及配合接头处与打捞管柱之间的中性线倾斜角应基本一致,选择工具接头及配合接头的最大外径应与被打捞管柱的外径基本一致,这样有利于抓捞落物。

(4) 水平井打捞工具应优先选用可退打捞工具,以保证井下落物遇卡时可以顺利退出打捞管柱,避免井下事故扩大。

(二) 水平井震击器解卡

震击器是在打捞管柱能够承受拉伸的范围内通过延迟释放拉力工作的,它提供了一个瞬间的冲击载荷代替还原缓加载荷起出落物。为了使落物活动,震击器的冲击载荷必须超过阻卡力。落物活动的长短取决于冲击载荷的持续时间。位置合理的震击器,在冲击力大于阻卡力时,可以产生较大的推动力。因此,打捞作业中震击器的功效不仅与它的设计有关,而且与它在打捞落物作业中被安放的位置有关。

震击器安放位置是否合适可引起震击器的性能变化,其影响程度可达3~4级。震击能量来自钻柱或震击器加速器被拉伸或压缩的弹力。因此,当震击器移动时,瞬间释放的能量并不能马上作用在卡点上,而是在管柱中以声速传递应力波能量,使能量的传递进一步复杂化。

(1) 由于在弯曲井眼产生的综合轴向应力严重降低了震击器的使用效果,所以在大曲率15°/30m或更大曲率的井眼中,应避免震击器工作。

(2) 在弯曲井段摩阻将损失50%以上轴向载荷。因此在中半径水平井中,如果震击器安放在弯曲井段,必须考虑给出的拉力或推力是否能有效地传递到震击器上。

(3) 当震击器安放在弯曲井段以上时,因为摩阻的影响应力波的大小,传递到卡点时会减小。

(4) 应力波从较大横截面传向较小横截面时会有更大反射波。因此在倒装钻具组合中,震击器安放在加重钻杆和钻铤之中是非常有效的。

(5) 有些卡点可能在弯曲段以下或无套管井段,在钻具组合中,安放两个完全独立的上击器和下击器是有益的,一个震击器安装在弯曲井段以下靠近打捞工具,另一个震击器安装在无套管的弯曲井段,这种情况下,必须对震击器采取特殊操作方法,避免两个震击器同时启动,否则会严重损坏井内工具。

(三) 水平井管柱井下增力打捞

水平井井下增力打捞管柱由专用的提放式可退捞矛、井下打捞增力器、整体式扶正器和配套工具等组成。该管柱的设计采用等强度设计,全部管柱额定载荷为540kN,最大工作载荷为650kN。该管柱的特点之一是可以在井下落鱼的鱼顶处产生540~650kN的拉力,井下打捞增力器以上部分管柱在增力打捞过程中不受力;特点二是在需要时可以可靠地退出捞矛,不会给井下制造新的事故。管柱结构参见图2-15-6。

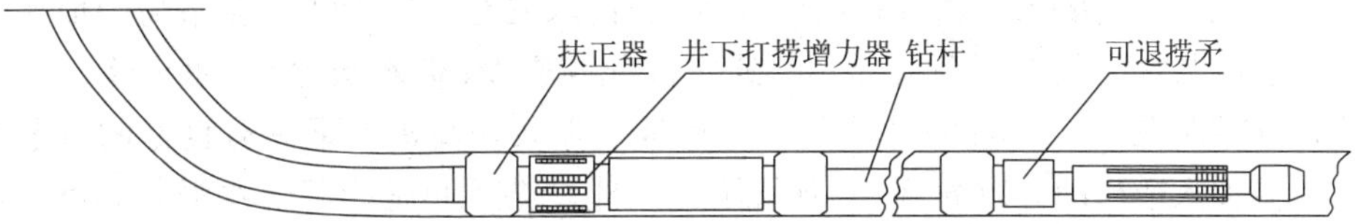

图2-15-6　水平井井下增力打捞管柱结构示意图

(四) 监督要点

(1) 水平井打捞优先选用可退打捞工具,保证在打捞不成功的情况顺利起出原打捞管柱,避免造成井下事故扩大。

(2) 水平井打捞不建议采用大负荷、长时间活动解卡、过度的活动解卡往往会造成油管和套管提前损坏。

(3) 建议不要采用旋转倒扣的方式进行水平段管柱的打捞,频繁的管柱旋转同样会造成打捞管柱和套管的提前损坏。

(4) 利用铅模判断水平段鱼顶形状时,建议采用外带保护筒的平底铅模,以防止铅模落井增加打捞工作量。

九、裸眼水平井封堵

(一) 采用扩张式桥塞或水泥承托器进行临时性或永久性封堵

步骤如下:(1) 将水泥承托器下到设计深度;(2) 在工作管柱内加压以坐封封隔器;(3) 按要求注水泥,再加上顶塞;(4)加压使封隔器丢手,上提一段管柱,循环清洗并起出管柱。

对水平井段前端或造斜段的不重要的分支产量用可取膨胀式封隔尾管进行了临时封堵。永久性封堵工艺过程步骤如下:(1) 将衬管下至指定深度,如有衬管挂应先固定好,对工作管柱加压,打开多级注水泥工具,按要求循环和注水泥;(2) 随后使用封闭塞或刮塞,对工作管柱加压,关闭多级注水泥工具;(3) 钻掉多级注水泥工具和套管鞋。

(二) 水泥塞封堵

1. 主要技术难点

(1) 注水泥管柱与下井壁接触面积大,且受力复杂,局部高压差很可能导致黏附卡钻,井下事故发生机率高。

(2) 水泥浆掺混量大,水泥面控制困难。

与常规直井相比,在斜井、水平井中注水泥时,水泥浆与压井液接触面随井斜角增大而急剧增加。顶替结束后无论正洗井还是反洗井,压井液的循环都能对水泥面产生较大干扰,造成水泥浆掺混严重。另外,在水泥浆候凝期间,水泥浆中的自由水向水泥面附近运移,造成实际水泥面位置下降。

(3) 顶替效率低,水泥浆极易被污染,造成水泥塞强度降低。

2. 主要技术措施

(1) 井眼准备。在注水泥前,应对注水泥井段进行划扩眼,清除钻屑床及井底沉砂,划眼至目的位置后,大排量洗井至出口干净,同时调整压井液性能满足注水泥要求。

(2) 水泥浆性能要求。裸眼井段中注水泥时,水泥塞的抗压强度应略高于地层硬度。由于抗压强度与水泥浆密度有关,因此,通常混配高密度(低水灰比)的水泥浆,一般应将水泥浆密度控制在 1.8~2.0g/cm^3 之间。为保证水泥浆在高密度下具有良好的可泵性,在水泥浆中应加入适当的分散剂、稳定剂和降失水剂,一方面可适当降低水泥浆黏度与切力,另一方面可控制水泥浆失水量与析水量。

(3) 注水泥管柱。多采用钻杆与油管组合管柱,在注水泥井段使用小尺寸油管,便于增大环空间隙,降低环空流动阻力。

(4) 旋转活动注水泥管柱。旋转活动注水泥管柱有利于提高压井液顶替效率,防止黏附卡钻。因此,在注替水泥浆过程中,应始终坚持旋转活动注水泥管柱,一般转速控制在 20~30r/min 以下。

(5) 紊流注替水泥浆,提高顶替效率。

(6) 使用隔离液。水泥浆与压井液接触后,常在其接触面形成不易泵送的黏稠层,顶替时水泥浆通过此黏稠层上窜,从而将被污染的压井液滞留在水泥浆内,严重时可堵塞环形空间,妨碍施工。考虑到斜井段、水平井段的压井液与水泥浆接触面积较大,通常在水泥浆前后泵入的隔离液量较直井段大 2~3 倍。

(7) 正循环洗井,憋压候凝。注水泥施工结束后,应平稳缓慢地将注水泥管脚提至洗井位置,防抽吸造成水泥浆被污染。由于井眼尺寸小、环空摩阻大,反循环洗井极易造成局部高压差憋漏地层。因此,应采用正循环洗井控制水泥塞长度。

由于水泥浆在候凝期间有“失重”现象,因此,将注水泥管柱提至完好套管内后,应憋压候凝,防止地层流体侵入,污染水泥浆,一般憋压 2~3MPa。

第二节 分 支 井

随着石油工业的发展,分支水平井技术已逐渐成为石油工业又一热点技术。分支井技术可以较大幅度地降低油气开发成本,充分挖掘油田生产能力,提高油气采收率,从而提高油气开发的综合经济效益。分支井使水平井的优势得到更为有效地发挥。分支井技术可以利用多方向的多分支延伸,大大增加钻遇油层裂缝的机会,扩大产层裸露范围和泄油面积,解决由于摩阻或井壁因素的影响使常规水平井段长度受到限制的问题;另一方面,利用多方向多分支大大增加油藏泄油面积的优势,可以有效开发因水锥等原因造成的死油区以及老井中原射孔段以上的"阁楼油",开发小块状或透镜体油气层、薄油气层、低压低渗和高黏度稠油层,使许多在经济开采极限以下的难动用储量得以开发。

一、分支井的完井工艺

(一) 滤砂管防砂工艺

疏松砂岩砂体胶结疏松,易出砂,一般都要进行先期防砂。防砂方法可采用裸眼砾石充填完井、套管内砾石充填完井、裸眼内滤砂管防砂完井、套管内滤砂管防砂完井以及化学防砂完井等。尽管防砂方法很多,但由于水平井眼轨迹和目前技术水平的限制,水平井眼内所能应用的防砂方法却是非常有限的。目前裸眼砾石充填完井、套管内砾石充填完井以及化学防砂完井在水平井眼内还无法有效实施,施工难度大,效果差,难以满足现场应用。裸眼内滤砂管防砂完井技术与套管内滤砂管防砂完井技术相比,前者不易解除油层污染,影响生产效果。对于疏松砂岩油藏,分支井防砂采用套管内滤砂管防砂完井技术。

(二) 筛管完井工艺

由于水平井井眼轨迹的限制,水平段常规注水泥固井质量难以保证。尤其对于长水平井段如果实施分段卡封生产或分段实施增产措施,由于固井质量的先天不足,形成套管外串,从而无法实施分段措施。另外,注水泥固井易造成油层二次污染。因此,对于非出砂油藏最好不采用固井射孔完井。

对于致密砂岩油藏或碳酸岩盐油藏等类型,一般采用筛管完井。根据分支井井眼在钻达目的层的过程中是否钻遇气、水层等干扰层,设计分级注水泥或套管封隔器配合筛管完井工艺。

分支井眼钻遇层段单一,没有气、水等干扰层,选用悬挂尾管的完井方式。但对于分支井,在钻上部分支井眼的过程中,下一个分支井眼的尾管又具有地锚的作用,要承受轴向压力和旋转扭矩,因此,将下分支井眼尾管简单地悬挂在主井眼套管上,仅靠悬挂器无法承受钻井过程中的钻压和扭矩。必须采用分级注水泥或套管封隔器加筛管完井工艺技术。

(三) 分级注水泥或套管封隔器加筛管完井工艺

对于多层系油藏,分支井眼钻遇多套层系,存在气、水等干扰层,必须对干扰层进行有效封堵,保证目的层的正常生产。采用封隔器加分段注水泥的方式,实现对干扰层的封堵。根据油藏特点设计水平段完井管柱,采用筛管或套管封隔器加筛管实现地层与井眼的连通及水平段的卡封。在A靶点采用套管封隔器加分级注水泥器实现分级注水泥器固井,防止油层污染。在完井尾管内,设计有内管胀封管柱。该管柱主要有洗井机构、胀封机构和关闭分级注水泥器机构等组成。

(四) 分支井眼与主井眼密封技术

由于分支井多分支井眼的特点,各分支井眼之间是相互影响的。如果一个分支井眼水淹或某个分支井眼与主井眼的连接处出水,必然影响整个分支井眼的正常生产。因此,分支井眼与主井眼的密封技术是决定分支井生产及寿命的重要因素之一。

机械回接密封技术是把分支井眼尾管柱回接到主井眼套管内,靠封隔器等的密封件实现井眼密封。特殊悬挂器既能保证分支井眼与主井眼的连通,又能保证主井眼上下贯通,实现各分支井眼的正常生产。

水泥封固技术是在机械连接的基础上,进行注水泥固井,进一步提高主井眼与分支井眼连接处的密封性能。由于该位置的特殊性,为了提高固井质量,必须优化固井施工参数,选择合适的水泥浆配方。

选择性再进入分支井眼技术是分支井完井技术中的又一重点和难点。在分支井的完井和生产过程中,由于多种原因,如实现分支井眼的卡封、冲砂等,必须能够实现选择性再进入分支井眼。选择性再进入分支井眼技术主要包括两种,自引导再进入技术和导向再进入技术。

自引导再进入技术,在下入管柱的前端,连接一勺形的导向头,导向头与主井眼套管之间有一定的弹性预应力,依靠导向头的自引导作用和其他配套技术进入分支井眼。

导向再进入分支井眼技术与分支井眼与主井眼的密封技术是密不可分的。实现导向再进入分支井眼的工具必须与分支井套管中事先下入的特殊工具相配合,才能有效地实现选择性再进入分支井眼。选择性再进入分支井眼的工具主要包括:特殊导向器、特殊套管短节、导向工具等组成。进入不同的分支井眼采用不同的施工工艺。

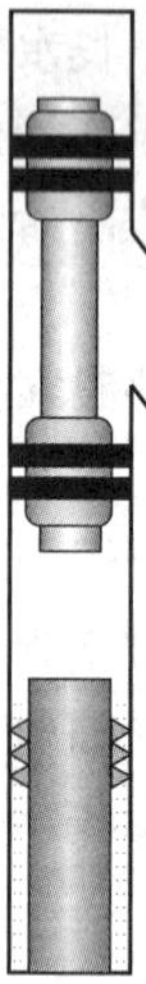

图 2-15-7 堵上采下

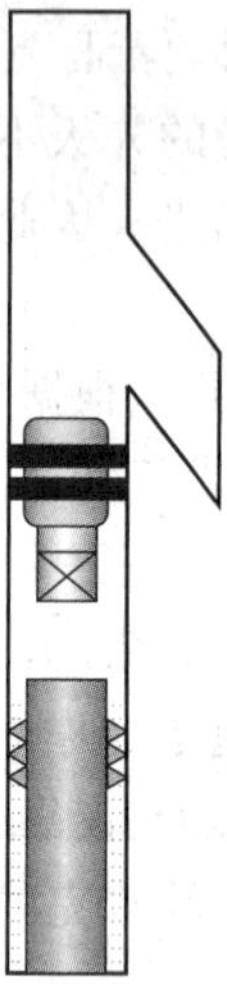

图 2-15-8 堵下采上

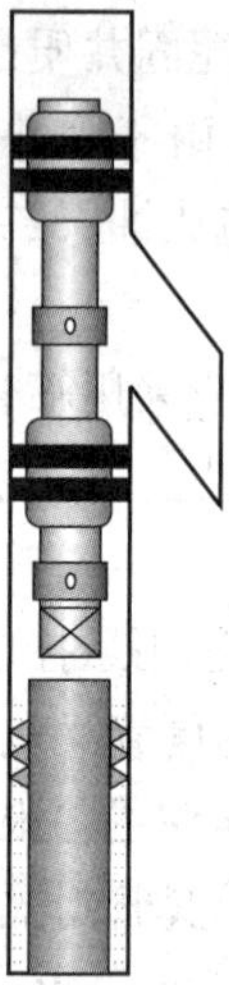

图 2-15-9 分采管柱

(五)分支井分采工艺

在合采过程中,如果某一个分支井眼出水,将会导致含水上升,则必须进行分支井眼分采。分支井眼分采主要有两种方法,即堵塞法和分采管柱法。

堵塞法:见图 2-15-7 和图 2-15-8。先起出生产管柱,利用分支井眼的再进入技术,在某一个分支井眼内下入堵塞器或桥塞等工具,再重新下入生产管柱进行生产。这样,依次将堵塞器或桥塞等工具下入各个分支井眼,进行生产,根据含水变化情况判断是否将出水的分支井眼堵住。这种方法的特点是施工安全可靠,但施工周期长,作业费用高。

分采管柱法:见图 2-15-9,采用 Y441E 和 Y341E 高压封隔器与液压开关等工具组成的丢手控制管柱控制各分支井眼,通过套管加液压的方式,实现在不动生产管柱、不动井口等条件下,进行各分支井眼的生产或封堵。为了提高施工成功率,需在地面配套设计井下开关的地面控制检测系统。

二、分支井作业要求

(1) 施工井地质方案和工程设计,工程设计应包括施工井井身轨迹数据、套管程序。

(2) 井内油管规格、数量和长度、井下工具名称、规范、深度及井下管柱结构示意图。

(3) 上一次作业施工总结。

(4) 修井设备采用常规修井机或连续油管修井机,相关准备内容参考直井施工的作业准备。

(5) 油管规格、数量、钢级、油管质量及油管排放等参考直井施工要求。

(6) 造斜点以下油管采用钢级为 N80 的倒角油管,倒角规格 5×30°,防止起下管柱过程中损坏套管接箍。

三、监督要点

(1) 井口应有防掉、防喷装置。

(2) 严禁使用锚头绳上卸油管螺纹,禁用榔头敲击油管,上、卸扣扭矩符合 API 标准要求。

(3) 管柱进入造斜段后的负荷变化,管柱遇阻、遇卡时应慢慢上下活动,分析原因,妥善处理。

(4) 每次起下油管资料应有详细记录,进入造斜段的油管必须是 N80 倒角油管。

(5) 施工前必须落实防喷、防火、防爆等安全措施,安全及消防器材不落实不开工。

第三节　斜直井作业

20 世纪 90 年代初,我国部分油田因村镇、河湖等地面条件影响或出于集中管理等因素考虑,开始应用斜直井钻机打出第一批斜直井。相应地,便需要使用斜直修井机进行斜直井井下作业。

斜直井井下作业的一般生产组织、技术要求可以参照直井作业的制度和标准执行,但因井口套管在地面直斜的特点,斜直井作业也有其较多的特殊性。要完成与直井作业相同目的的施工任务,斜直井的施工时间、劳动强度、安全风险都要比直井作业大得多。

一、斜直井修井机

(一) 简述

XXJ35 斜直井修井机底盘采用 8×4 驱动式,整机结构示意见图 2-15-10;整机作业状态见图 2-15-11;传动原理见图 2-15-12。整机移动和修井作业共用一个发动机和一个液力变矩器,经分动箱把动力送到行走部分和修井作业部分。

XXJ35 斜直修井机包括以下两大部分:

1. 底盘部分

包括:CAT3406 柴油发动机、艾里逊 CLBT754 型带分动箱的传动箱、车桥总成、底盘气路系统、液压转向系统等。

2. 修井作业部分

包括:角传动箱、绞车、气路系统、液压系统、井架、游车、托架系统等。

(二) 适用范围

XXJ35 斜井修井机适用于斜式油、水井的小修作业。

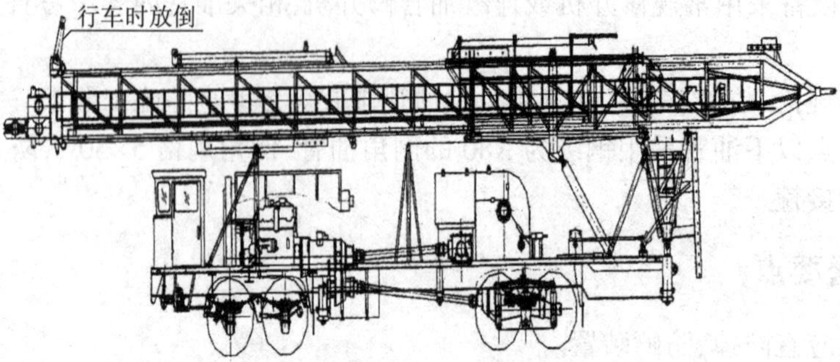

图 2-15-10　35t 斜井修井机

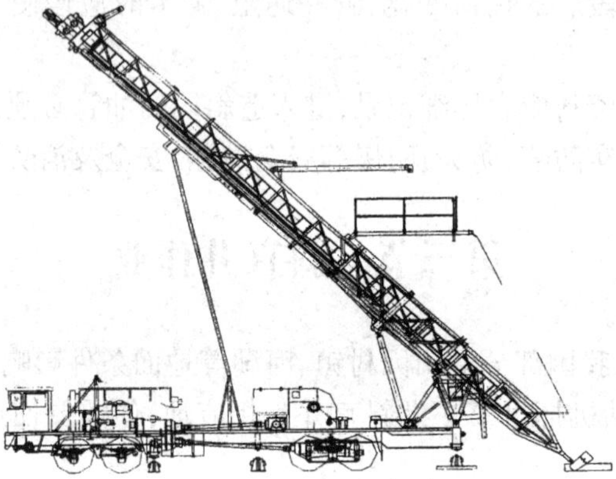

图 2-15-11　修井机作业状态图

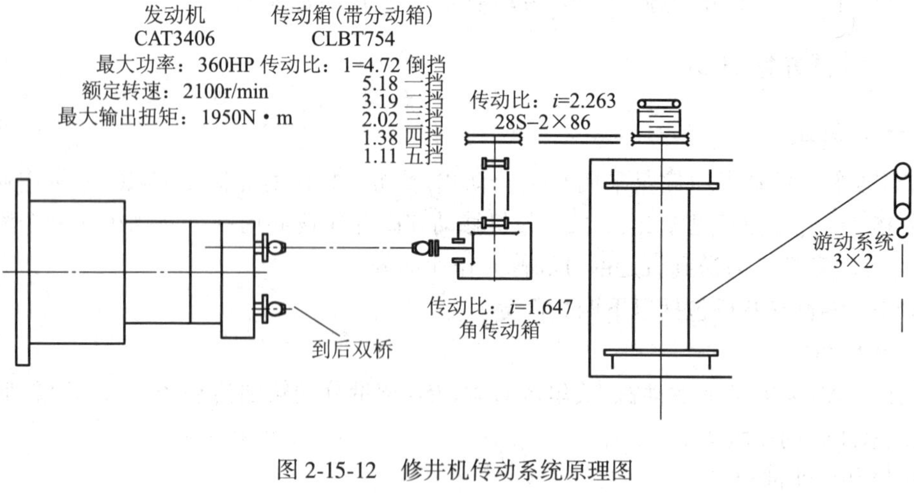

图 2-15-12　修井机传动系统原理图

(1) 小修井深为1500m(2½in油管)。
(2) 最小转弯半径≤17m。

(三) 主要技术性能参数

1. 整机

型号	ES5400TXJ40
最大钩载	350kN
大钩速度	0.20~1.54m/s
井架高度	21m
游动轮系	3×2
传动方式	液力+机械
最高车速	44km/h
接近角	24°
离去角	16°
整机质量	39000kg
整机外型(长×宽×高)	21000mm×28000mm×4600mm
最大爬坡度	26%
最小离地间隙	310 mm

2. 井架

型号	XJJ60-00
井架高度	21m
井架形式	单节
井架材料	矩形管
最大载荷	600kN
井架倾角	45° ~85° (间隔1.5°)
最大抗风能力	85km/h(无载荷)

3. 游车

型号	XXJ35-11-05-00
最大钩载	360kN
滑轮数	2个

4. 液压系统(主要元件为进口件)

齿轮油泵型号	IP407
油泵排量	129.5L/min
系统最高工作压力	16 MPa
液压油牌号	20号低凝液压油
油箱有效容积	550L

5. 气路系统(主要元件为进口件)

系统工作压力	0.8MPa

6. 液力传动箱

型号	CLBT754(带分动箱)
变速箱挡位	五正一倒

7. 发动机

型号	CAT3406
额定功率	360 HP(1HP = 745.6999W)
发动机额定转速	2100 r/min
发动机最大扭矩	1950N · m

二、斜直井作业的施工准备

(1) 搬迁:按照吊装作业规定吊装地梁、"U"型基础、气动卡盘、底座等部件组织搬迁。搬迁过程中,因设备超高、超宽,必须明确专人监护、专人指挥、专人用另克棒协助挑线等工作。

(2) 抽采设备:将井口流程全部拆掉,井口池平整坚固,以摆放"U"型基础。依据井口斜度,调整斜直抽油机游梁上下高度,确保施工时游梁前端高度不影响二层平台;必须先调整游梁高度再翻摆驴头,严禁摆完驴头再启动抽油机,以防驴头撞坏斜井抽油机支架。因斜直井抽油机多实行集中控制,井距相隔很近,因此一定要协调指挥,避免事故。

(3) 井场:因斜直井作业机没有地锚和绷绳装置,因此对于修井机的水平状态要求很严格。所以必须确保井场平整、地面坚固,地面承载能力不小于 $8 \sim 12t/m^2$。

(4) 计算倒车距离:用斜度仪正确测量井口斜度,XXJ35 斜直修井机可依据以下算式计算地梁中心距井口中心距离:

倒车距离(井架后千斤基础中心与井口中心距)

$$= 3.10tg\alpha + 0.66/\cos\alpha - 0.50(m)$$

由于斜直井作业机配置有井架纵向伸缩液压缸,所以为满足调校井架需要,在现场实际倒车对井口时,倒车距离可比推算数据增大 20~30cm,但不得小于此数据。

(5) 安装二层平台:将地梁就位。并根据井斜方位摆正作业机车身,正确指挥倒车至预定位置,在斜度较大井倒车时要仔细观察,及时调整和前移活动井架,避免一层平台撞驴头。

三、立放与调校井架

(一) 立井架

(1) 将分动箱手柄移至作业工况上,操纵司钻箱上的气动控制阀,挂合液压泵。

(2) 操纵液压支腿控制阀将整机支起并用水平尺前后找平,使各轮胎略离地面,然后用各支腿上的锁紧螺母锁紧液压支腿,中支腿人工调整。后支腿地梁与修井机之间安装连接杆并锁紧。

(3) 井架起升前,要进行起升缸排气,并明确分工:1 人专门操作各手柄,1 人在司钻台上配合,其余人员分别观察井架上端、井架后部、井口、千斤,避免碰挂井口、抽油机或绷断绞车钢丝绳。在风力超过 5 级时不要起升。

(4) 关闭卸荷阀 C 和井架伸缩缸截止阀,操作阀 B 起升井架(在起升井架过程中如发现井架下部要碰挂井口时,停止立井架,转换阀 A 至给阀 D 供油,操作阀 D 使井架上移至合适位置;如发现二层平台接近驴头时,操作二层平台阀拉起二层平台)。用斜度仪测量井架已立至井位倾斜角度时,停止起升井架。

(5) 操作活动梁控制阀使井架对正井口,操作阀 D 调整井架高度至合适的锁孔,操作锁销控制阀至锁住位,操作阀 D 使井架两侧锁销锁在锁孔内,打开井架伸缩缸截止阀下放井架至"U"型基础上。

(6) 打开阀C和井架伸缩缸截止阀,阀E转换至作业工况,阀A给液压钳供油。调整二层平台和一层平台至水平状态,将抓放臂调整至工作位置。

(二) 校正井架

(1) 转换阀E至调整工况,阀A至给阀D供油,关闭井架伸缩缸截止阀。

(2) 操作阀D起升井架离开"U"型基础。操作前、后千斤横向或活动梁控制阀,确保车身中心线与井斜方位一致、井架中心与井口对中。在斜度不合适时,打开井架支承锁销控制阀并活动阀D以打开锁销,调整斜度后再锁上锁销。调校合适后,操作阀D下放井架至U型基础上。

(3) 打开井架伸缩缸截止阀,转换阀A给液压钳供油,阀E至作业工况。

(三) 放井架

(1) 将井架立柱甩吊完毕,抓放臂完全收回,操作支承锁销控制阀缩回汽缸活塞杆。

(2) 上移井架。收回纵向伸缩缸。翻转一层平台。

(3) 操作整体井架起升液缸控制阀,回落井架。密切观察一、二层平台连接锁链和各绞车钢丝绳有无攀挂、受压。根据现场实际及时调整千斤和移动井架,确保井架支承件缓慢落放在前支架上。

(4) 收回前后横向缸。拆二层平台。将井架滑轨内的滑车和液压钳拴牢。

四、起下作业及其要求

(1) 各施工岗位分工明确、密切配合、观察仔细,确保安全生产。

(2) 地面管杆按标准摆放,油管立柱下垫枕木,保证下井管杆清洁完好。

(3) 起下抽油杆时,一层平台操作工要扶正杆体使之斜度与井口斜度一致,避免丝扣上偏。司钻要轻提轻放、各岗配合,避免挂坏油管液压钳支撑件或壳体。井口操作工要确保下井丝扣扭距以减少因井斜易出现的脱扣现象,并不得将偏磨严重的抽油杆和工具下入井内。地面拉送工要保证杆体清洁、丝扣完好,及时更换偏磨严重的杆体、接箍、扶正器等。

(4) 起油管前,利用绞车正确安装封井器和气动卡盘,确保中心与井口对中。检查卡盘汽缸灵活性并及时更换磨损的卡瓦牙片。操作气动卡瓦时,确保在打开卡瓦前活门吊卡处于闭合状态,避免误操作时油管落井事故的发生。

(5) 起油管过程中,二层平台操作工与地面操作工认真配合,将立柱依次摆放靠入二层平台各栏,保证下井顺序不乱,并对偏磨油管及时甩换。下油管过程中要确保井架斜度合适(必须在起管前试下油管并调校井架至合适,若待油管起完全部靠放在井架上再调井架难度很大),避免偏扣。斜井机液压钳系利用YNJ-200/15型拧扣机装配而成,起下过程中油管一直在液压钳孔内运动。司钻在起下时要平稳操作,避免游动滑车上提或下放过快撞坏液牙钳。

(6) 完井时光杆外露长度要结合具体油井实际。光杆外露过长会使井架无法立放,过短影响采油生产。因此,应根据井斜和采油树高度,在满足防冲距、冲程和悬挂高度的情况下,根据现场情况,外露尽可能短一些。

五、斜直井常用的完井工具和施工中应注意的事项

(1) 抽油杆扶正器:使抽油杆位于油管中心,装于抽油杆上,以防止抽油杆弯曲和减少

图 2-15-13　起下油管时液压钳状态

图 2-15-14　起下抽油杆时液压钳状态

抽油杆与油管的偏磨的井下工具。它可以减少抽油杆的振动,改善抽油杆受力状况。现场应根据不同的井斜度及同一口井内不同斜度的井段合理确定抽油杆扶正器的间距。抽油杆扶正器在斜直井上的选用共有滚轮式、滚珠式、尼龙式、滑套式 4 种,其优缺点如下。

型号	滚轮式	滚珠式	尼龙式	滑套式
优点	对油管磨损轻,使用较方便	使用较方便,对油管磨损较轻	不磨损油管,无铁屑卡泵	使用方便,不易损坏,一般无损坏件卡泵
缺点	长期使用能使滚轮偏磨,滚轮轴断,铁屑卡泵	滚珠易挤烂或脱落,并易入泵卡泵	组装困难,不耐高温和高干度热蒸汽	对油管磨损比其他三种稍严重

(2) 抽油杆防脱器:抽油杆在上下往复运动中,由于井斜造成的油管中心与抽油杆柱重力方向不一致,会使柱塞和抽油杆柱受到附加扭距。由于抽油杆柱运动方向的变化,这个扭距的方向也随之改变,形成了对抽油杆柱螺纹的旋松扭距。另外,由于抽油杆弯曲、变速引起的振动等也都会形成冲击载荷,引起附加扭距。抽油杆防脱器两端的短抽油杆和连接套分别与抽油杆柱的两部分相连,它们之间通过套筒和止推轴承发生转动,当抽油杆柱附加扭距大于防脱器转动扭距时,短抽油杆或外壳转动,消除了附加扭距,防止了抽油杆脱扣。

(3) 加重杆:用来减轻或避免下部抽油杆柱受压应力作用发生弯曲,从而改善抽油杆柱的工作状况,提高抽油杆的工作寿命和泵效。加重杆是两端带有标准抽油杆螺纹的实心圆杆,其中一端带有吊卡颈和打捞颈。

(4) 油管扶正器:在分层注水或分层调剖等施工的斜直井井下管柱上,为保证封隔器等井下工具与套管同心,要在工具的两端或之间加装弹性扶正器,以确保封隔器性能。在机械堵水施工、打铅印、套铣等施工的斜直井井下管柱上,一般用普通油管扶正器。

(5) 一些施工工艺的特殊性:

① 冲砂:斜直井返砂慢、沉砂快,正冲砂倒换单根时间过长,因此在地层漏失不严重的情况下,尽可能应用反循环冲砂。必要时采用双泵车配合反冲,这样返砂快且换单根迅速,效果比较理想。

② 打捞:在进行套管内打捞或倒扣解卡作业时,用捞矛等内捞工具往往易出现扎偏、卡瓦被鱼顶叉开等情况,而采用带引鞋的外捞工具成功率比较高。

③ 由于普通自封封井器无法实现与气动卡瓦的连接,因此斜直井起下管柱时,井口采

用法兰式自封封井器密封油套环空。

六、斜直井作业监督要点

在斜直井作业施工时，现场监督除应注意直井作业各类工序的监督要点外，还应注意：

（1）斜直井作业机就位时，要确保作业机中心线与井斜方位线一致。

（2）起升井架前精确测量，确保车身水平。

（3）井架立起后，精确测量斜度，确保与井口套管斜度相差不超过±0.5°。

（4）井架立好后，确保支撑臂锁销锁入井架；放井架前，确保支撑臂锁销弹出井架锁孔。

（5）起出的原井抽油杆、油管及井下工具要认真检查偏磨情况，及时挑拣、更换。

（6）下井油管、抽油杆及井下工具首先要低速上扣，谨防偏扣。

（7）丈量油管时，除严格落实"三丈量、三对口"外，每丈量一根，二层平台与地面丈量人员必须和记录人员完全确认后方可丈量下一根。

（8）进行冲砂、套铣、钻塞等施工时，必须提前做好换单根准备，确保换单根速度，充分循环，并密切观察下放过程中井下颗粒物返出情况，严防砂卡事故。

（9）拔钻时，因作业机井架无法加装绷绳，必须对主井架基础加装地面绷绳。

（10）开工前，必须制定严密的防喷措施、安装可靠的斜直井井控装置。

第十六章　海上油(气、水)井作业

第一节　海上作业装备

海上油水井作业不是单一的作业技术而是一项综合技术和系统工程。由于海上施工作业受到海洋环境特点的影响,为了能适应相应的环境并满足开发方案及采油工艺要求,需要与其他相关工程如钻井、测井、海洋工程等相互配合、协调,以达到最佳生产效果和经济效益。

海上作业平台是一套完整的、多学科的、多系统的大型综合设备,它不只局限于海上作业施工设备,还涉及到海上环保、安全、救生、消防、生活、起重等各种配套设备,每台设备的安全运行都是海上安全作业施工的可靠保障。从20世纪90年代初产生兴起,至今平台的形式和规模基本定型,主要有自升悬臂梁式作业平台、座底起浮式平台、吊装模块式平台、修采一体化平台、钻修采一体化平台,但无论哪种形式的作业平台与钻井平台相比都有以下技术特点。

(1) 装机容量和平台的规模尺寸小于钻井平台,建造成本低,生产消耗小。

(2) 移动式平台拖航稳性、座底稳性、破舱稳性等各种技术指标要满足船级规范要求。

(3) 移动式平台因作业点更换频繁,桩腿升降能力和寿命要明显高于钻井平台。

(4) 作业点的频繁重复作业,要求桩靴不能破坏井场海底地层的承载能力。

(5) 由于油(气、水)井在作业期间,同一井组的其他油井尚在生产,防爆区范围和要求高于钻井平台等。

下面就胜利油田海洋修井作业平台和撬装防砂泵组的基本技术参数进行简介。

一、胜利作业二号平台

胜利作业二号平台是胜利石油管理局钻井工艺研究院海洋工程技术研究所自行设计,由胜利石油管理局油建一公司建造的中国第一座浅海座底式作业平台。

平台主要技术参数如下:

平台总长:68.2m;平台总宽:27.6m;

主甲板型长:55.0m;主甲板型宽:26.0m;

沉垫型长:55.0m;沉垫型宽:26.0m;

沉垫型深:2.50m;甲板型拱:0.2m;

甲板边线距基线:13.5m;抗滑桩数量:4根;

沉垫四角圆弧半径:0.5m;抗滑桩长度:24.3m;

沉垫四角削斜角度:45°;抗滑桩截面尺寸:1.8×0.9m;

沉垫四角直板高度:1.5m;

抗滑桩分布:四根抗滑桩分布在平台14#和86#左右两侧距船中抛面7.5m处;

设计使用年限:15年,自持力:20d;

投产日期:1995 年 4 月,定员:30 人。

二、胜利作业三号平台

胜利作业三号平台是一艘齿轮齿条升降的三腿自升式修井作业平台,钢质非自航。平台由平台主体、桩腿(带桩靴)、升降系统三部分组成。平台主体平面形状接近三角形,三根圆柱形桩腿布置在艏、艉,桩靴为正方形。平台的主要任务是对水深 5~25m 范围内的油井进行修井作业。该平台适用于 4500m 深度内的直斜井的大修、小修作业;渤海湾水深5~25m 内泥砂质海底的海域或相类似海域。若海底不平需进行预处理。平台为无冰期作业。

平台主要技术参数如下:

平台总长:58m;平台总宽:34.6m;

平台型长:38m;平台型宽:34m;

平台型深:4.2m;桩腿数量:3 根;

桩腿长度:52.5m;桩腿直径:2.5m

桩靴尺寸:12m×12m×2m;甲板梁拱:0.34m;

肋距:0.5m;悬臂梁:23m×0.6m×3m;

自持力:20d;定员:35 人;

设计年限:20 年。

井架移动范围:横向±3.5m,纵向±11.75m;

修井机公称钩载:1000kN;升船能力:900t×3;

起重能力:16t×25m 一台,10t×20m 一台;

前后桩腿中心纵向间距:26m,前后桩腿中心横向间距:22m;

一般迁航(近程)排水量:3358.96t,吃水:2.82m;

风暴迁航(远程)排水量:2923.47t,吃水:2.41m。

三、修采一号平台

修采一体化平台是根据胜利油田海上石油勘探开发的实际需要而专门设计的,集采油和修井功能于一体的新型平台,移动部分称为胜利修采一号平台。该平台主要由主体模块、修井模块、生活模块和救生模块组成。平台的动力来自海底电缆输送的岸电。

平台的主要技术参数如下:

主体模块:

平台总长 16.5m,平台总宽 17.0m,平台总高 7.78m。

修井模块:

平台总长 11.0m,平台总宽 10.0m,平台总高 7.78m,

底座高度 0.28m,横轨道高 0.8m,一层高度 3.50m(4.0m 变电间),

钻台面距纵轨道上表面 3.40m,井架高度 21.3m。

生活模块:

平台总长 14.3m,平台总宽 5.0m,平台总高 9.32m,

底座高度 0.32m,定员 26 人,自持能力 15d,

设计风速 45m/s,风暴自存 51.5m/s。

作业范围：与修采一号配套的井组平台全部油井（目前有 6 座），额定钩载 80t；

使用年限 15 年。

修井泵最高压力 40MPa。

以上是专为海洋修井作业设计的平台，胜利作业一号和胜利作业三号是自升式作业平台，胜利作业二号是座底式修井作业平台，修采一号是模块式平台。不同型式的作业平台适应作业范围不同，采用作业型式的平台要考虑受水深、海底地貌、海底承载层强度、采油工艺平台等多方面的综合因素，不过以后发展的总体趋势是以自升式修井作业平台和钻采修一体化平台为主。

四、撬装泵组

海洋撬装泵组主要用于海洋石油作业的砾石充填防砂施工，还可进行一些酸化压裂作业。

胜利油田现有的海洋撬装泵组包括以下设备：

SFS1800-1000A 型泵撬　　2 台

ABS-35 型混砂撬　　1 台

FIS-1000 防砂仪表撬　　1 台

MS-1000 管汇撬　　1 台

FS-5 过滤器撬　　1 台

SPSS-5000 配酸撬　　1 台

它们的主要技术参数如下：

（一）泵撬

1. 设备技术参数

柴油机	设备名称	柴油机	设备型号	CAT 3512 DITA
	额定功率	1800HP	发动机型式	V 型
	旋向	（面对飞轮）反时针	发火次序	1—12—9—4—5—8—11—2—3—10—7—6
	压缩比	13.0 : 1	发动机缸数	12
	额定车速	1900r/min	发动机净重	6230kg
	出厂日期	2003 年 7 月	生产厂家	卡特彼勒
柱塞泵	设备名称	柱塞泵	设备型号	TPA-1600
	冲程	203.2mm	柱塞直径	127mm
	最高冲次	330r/min	质量	5330kg
	减速比	6.35	生产厂家	四机赛瓦石油钻采设备公司
传动箱	设备名称	传动箱	设备型号	ALLISON S9800M
	外形尺寸	1448mm×1143mm×531mm	变矩器型号	TC-1080
	质量	1746kg	变矩比	1.58

2. 柱塞泵工作参数

发动机转速为:1900r/min

档　位	主动轴转速/(r/min)	冲次/(l/min)	理论排量/(L/min)	排出压力/MPa
1	506.6	79.8	616.0	75.0
2	705.0	111.0	856.9	62.6
3	863.0	135.9	1049.0	51.1
4	1075.8	169.4	1307.7	41.0
5	1201.7	189.2	1460.6	36.7
6	1497.0	235.8	1820.0	29.4
7	1900.0	299.2	2309.8	23.2

(二)混砂撬

BGS-35 混砂撬是由四机赛瓦石油钻采设备有限公司独立设计的,用于油田防砂作业前的砂胶液准备。控制系统采用四机赛瓦公司设计开发的软件平台。

本设备具有监测和对干添、液添、砂量及液位的自动控制功能。撬装设备适用于海上平台的作业,同时也可通过车载进行陆上作业。

BGS 混砂撬主要由混拌撬(即主撬)、动力撬、砂罐撬三大块构成。每一块均为单独的撬架结构,便于运输。同时作为混砂撬的一个单元,砂罐撬和动力撬也可以根据用户需要用到其他的作业现场。例如动力撬不仅仅作为本系统的动力,还可以用于配酸撬,并为防砂泵撬的启动马达提供动力。

设备主要技术参数如下:

混砂撬	设备名称	混砂撬	设备型号	BGS-35
	水基防砂液最大排量	5.56m^3/min	砂液浓度	8.3 磅砂/加仑水
	最高排出工作压力	0.7MPa	最大输砂能力	3197kg/min
	干粉添加剂排量	50L/min	液体添加剂量	50L/min
	设备名称	砂罐撬	质量	约 2.5t
	外形尺寸	2400m×2278m×2775mm	容积	贮砂罐:6m^3
	设备名称	混拌撬	质量	约 6.8t
	外形尺寸	6570mm×2380mm×2780mm	容积	混砂罐:1.5m^3 输砂斗:0.3m^3
设备名称		动力撬	质量	约 3.5t
外形尺寸		4100mm×1900mm×2614mm		
发动机	设备名称	柴油机	设备型号	COMTMSKT19-C450
	额定功率	450BHP	额定转速	2100r/min
	启动方式	电马达启动	冷却方式	风扇立式散热器

续表

	设备名称	柴油机	设备型号	COMTMSKT19-C450
发动机	紧急停机装置	气动,关断进气口	调速方式	机械调速器
	冬季加热方式	电加热	发电机	24V/60A
	油箱容积	可保证正常工作 6h		

(三)过滤器撬

过滤器撬由撬架、过滤器、电路系统、两个 RA56 离心泵及相应的进出管线组成。两套过滤系统可根据需要关闭或开启相应阀门,单独分级使用,也可根据需要双级过滤器同时使用。其中电路系统包括两个驱动离心泵的防爆电机、配电柜及一 50m 的供电电缆。该过滤器撬既对前置液进行过滤,又能把前置液从船舱提送到平台上的混砂撬内,能满足整套设备的海上防砂的要求。过滤器带有堵塞指示器。

设备主要技术参数如下:

	设备名称	过滤器撬	设备型号	FL-5
过滤器撬	过滤介质	海水(桩西海域)	过滤精度	5μm
	单离心泵排量	$3.0\sim3.2m^3/min$	过滤能力	连续工作 4h
	离心泵排出压力	0.35~0.50MPa		
	外型尺寸	4500mm×2100mm×2900mm	质量	约 4.45t

(四)配酸撬

SPSS-5000 配酸撬是由四机赛瓦石油钻采设备有限公司独立设计的,由液压系统、混合罐、搅拌器、两个酸泵、清水泵、流量计、液位计、操作系统、管汇、撬架等组成。配酸系统的控制系统由计算机系统自动控制。该系统是在引进美国先进技术基础上开发成功的系统,它能实现稀释液、酸液的比例控制、液位的自动控制。其中动力装置由混砂撬的动力撬提供动力。

控制系统根据预先设定的所需稀释液、酸液的浓度,通过采集流量计的瞬时流量和累计流量数据来控制清水泵和酸泵的转速,从而控制清水和酸液各自的流量,实现稀释液、酸液的自动比例控制。选用的超声滤液位计能准确检测混合罐中的液面位置,通过控制系统来实现液位的自动控制。输出管线中安装了流量计,可检测液体的瞬时排量和累计排量。

设备的主要技术参数如下:

	设备名称	配酸撬	设备型号	SPSS-5000
配酸撬	酸液最大排量	$5.56m^3/min$	添加剂泵排量	$1.2m^3/min$
	最高排出压力	0.7MPa	混酸罐容积	$3m^3$
	添加剂泵压力	0.8~1.2MPa	质量	约 3.15t
	外形尺寸	2772mm×2400m×2350mm		

（五）FIS-1000A 仪表控制撬

FIS 海洋撬装泵组仪表控制撬具有对防砂泵的远距离控制、设备组的数据采集、图形显示、打印、作业分析、无线通讯指挥等功能。

仪表控制撬的主要外形及质量参数：

总长:6200mm,总宽:2400,

总高:2100mm,重量:约 4.35t。

1. 仪表控制室

监控室整体为钢-铝结构件,外表为铝板防护,内部为塑胶地板,内装饰为耐火、耐腐蚀板,其内壁防火材料达到 A60 标准。整体座落在撬座上,配置上吊点吊运,具有良好的隔热绝缘层。窗户分布在三面,为真空玻璃。工作门具有良好的密封性,整体经过淋雨试验。船用水密门一个。在室外和室内配有若干资料箱、工具材料箱,室内配有 22V/50Hz 双制式顶置空调机,使室温保持在 18~25℃。室内配有工作灯、对讲机、座机一套,充电器两套。

12 道数据通讯线滚筒安装在监控室一端下部,泵控线多针插座等均满足中国船级社(CCS)规范要求。1 台 8kW 雅马哈柴油发电机安装在仪表撬另一防噪音室内,减少振动噪音传入监控室;发电机油箱按正常工作 8h 供油配置。

监控室外装有 220V/50Hz/63A 的外接防爆电源接头、可以使用外接电源供电。该电源插座防护等级为 IP56。计算机系统配相应的 UPS 电源。

监控室外部设计有夜间工作灯和人梯。

2. 柱塞泵控制单元

柱塞泵控制单元为单独的控制台。1#和 2#泵控制单元分别用于控制 2 台防砂泵撬,3#和 4#泵控制单元为备用。

柱塞泵控制单元面板及所有仪表外壳均为不锈钢。

3. 计算机系统

计算机系统有 2 台工业计算机,电源供应通过 UPS 稳压。计算机的配置按供货时期市场最新配置。三个纯平彩色液晶显示屏分别用于数据采集、图形显示,作业分析和甲方实时监控。

作业显示分析软件为 FRACPRO 全套软件中英文版,(包括压裂、酸化、防砂等),该软件既能为作业项目进行实时分析和设计,又可以进行现场施工数据的实时显示、打印和储存,数据图表回放,为领导决策提供支持。

数据采集软件采用 SJS 版权软件,本设备配置 12 个接口通道,可以是密度、压力、电流、频率等参数。

SJS 作业监视软件能将数据采集器上的信号经计算机处理,以虚拟仪表呈现在显示屏上,从而实现对作业过程所需监控的有关数据进行采集、显示,并能对处理过的数据显示、打印出相关的曲线、图表等,以便操作者根据相应的数据变化,直观地查看作业过程,从而对作业过程进行有效地监控。

用 SJS 作业监视软件将用户所选择的信息以虚拟仪表的方式显示在 CRT 上,每台 CRT 可同时显示 1~12 个参数:工作时间、油管压力、套管压力、瞬时和累计排量、砂比、输砂量、清水瞬时和累计排量、瞬时和累计添加剂排量、胶联比等。该软件还有量程变化的功能、缓冲调节功能、记录、图形显示、打印功能。一块 VGA 板将一台计算机的信息显示到多个 CRT 上。

4. 便携式数据采集系统

便携式数据采集系统由 14in 彩色监视器的便携计算机、便携打印机、信号输入处理器、电源控制等系统组成，以应付意外情况或小型压裂作业。

该便携式数据采集系统能进行数据显示、采集及打印功能。该系统能同时进行 10 个不同信号的采集与显示。其信号为：5 个流量、2 个密度、3 个压力。此外还能计算累计流量和整个体积。其使用的主电源为 220VAC 或 12VDC。

（六）MS-1000 管汇撬

MS-1000 管汇撬由撬架、控制管汇、管架、高压管附件组成，其外形尺寸及参数如下：

长度：6500mm

高度：2300mm

宽度：2400mm

压力等级：15000psi

重量：约 9.58t

控制管汇包括一套高压管汇和一套低压管汇。高压管汇包括 4 个高压旋塞阀、单流阀、针阀、仪表、三通、弯头和相应的高压直管。低压管汇包括阀门及相应的直管、弯头和法兰。

高压管汇附件由 15000psi 高压直管、15000psi 高压弯头、15000psi 高压四通、15000psi 高压三通组成。

高压管汇撬架为碳钢型材、板材制造，表面防腐、喷涂满足海洋环境使用要求，表面颜色为蓝色面漆；高压管线表面防腐、喷涂满足海洋环境使用要求，表面颜色为红色面漆。

第二节　海上作业 HSE 管理

一、组织机构与职责

（一）HSE 机构

（1）每座作业平台都应成立由平台经理为组长的 HSE 领导小组。

（2）平台经理为 HSE 管理第一责任人，对基层队 HSE 管理全面负责。

（二）要求

（1）组织机构健全，体系运行正常。

（2）作业平台应设置两名专职 HSE 管理员，并始终保持一名 HSE 管理员在平台上，各班组应设置一名兼职 HSE 管理员。

（3）作业平台应建立健全班组、岗位的 HSE 职责，做到“一岗一责”。

（4）作业平台应建立安全承诺制度，层层签订 HSE 承诺书。

（5）作业平台应成立安全应急指挥小组，全面实施平台的安全应急程序。

二、制度与资料

（一）安全制度

作业平台应有（但不限于）下列管理制度：

（1）HSE 教育培训制度；　　（2）HSE 检查制度；

(3) HSE 会议制度；
(4) HSE 环境管理制度；
(5) HSE 职业健康管理制度；
(6) HSE 汇报制度；
(7) 井控管理制度；
(8) 安全用电管理制度；
(9) 特种设备安全管理制度；
(10) 消防管理制度；
(11) 安全应急程序和演习制度；
(12) 事故管理制度。

(二) 安全资料

作业平台应建立(但不限于)以下资料：

(1) 作业平台经理工作日志；
(2) 安全记录薄；
(3) 电台电话日志；
(4) 海况、气象记录；
(5) 安全手册；
(6) 平台操作手册；
(7) HSE 教育记录和培训台账；
(8) HSE 组织机构和管理网络(流程)图；
(9) HSE 检查、整改记录；
(10) HSE 会议记录；
(11) HSE 考核奖惩台账；
(12) 作业平台和班组 HSE 活动记录；
(13) 特种作业人员培训(复审)取证台账；
(14) 岗位练兵和应急演练记录；
(15) 重大危害清单及隐患治理台账；
(16) 人力资源管理台账；
(17) 设备管理台账；
(18)消防设施台账；
(19)事故管理档案。

(三) 证书、证件

1. 作业平台应具有证书

(1) 平台主营业执照；
(2) 安全生产许可证；
(3) 入级证书；
(4) 国际吨位证书；
(5) 国际载重线证书；
(6) 起重设备证书；
(7) 无线电报、电话证书和无线电台执照；
(8) 国际防止油污证书；
(9) 拖曳设备证书；
(10) 平台国籍证书和所有权证书
(11) 平台保险单。

2. 作业平台人员的基本条件

(1) 身体健康并具有县级(含县级)以上医院出具的证明,没有妨碍从事本岗位工作的疾病、生理缺陷和传染病。

(2) 经过安全和专业技术培训,具有从事本岗位工作所需的安全和专业技术知识。

3. 人员持证

(1) 凡长期出海(15d 以上)的作业人员,均应持有“海上求生”、“海上急救”、“平台消防”、“救生艇筏操纵”四项安全培训合格证书;具有直升机救援条件的,还应有“直升机遇难水下逃生”安全培训合格证书;凡短期出海(5~15d)的作业人员均应持有“短期出海证”;凡临时出海(少于 5d)的人员应持有“临时出海证”。

(2) 作业平台主要负责人、专(兼)职安全管理人员安全管理资质培训和持证上岗率 100%。

(3) 平台经理、平台副经理、安全监督、队长、技术员、作业班组人员等与井控有关的人员,均应持有“井控操作合格证”。

(4) 井下正副司钻应持有“司钻安全操作证”。

(5) 对含硫化氢油气井的作业平台工作的所有人员均应持有“硫化氢防护技术”培训合格证。

(6) 作业平台经理(包括指挥人员)和有关技术人员(负责平台沉浮、升降、调载)均应取得“稳性压载培训合格证”。

(7) 平台上的无线电话务员应持有与所在平台相适应的“无线电话务员证”。

(8) 电工作业、锅炉司炉、压力容器操作、起重机械操作业、金属焊接(气割)等特种作业人员应持证上岗。

(9) 作业平台所有人员应持有“HSE”培训合格证。

三、应急撤离

(1) 遇有突发性事件危及作业平台上人员生命安全时,按应急程序将人员撤离平台。

(2) 遇有下列突发事件之一者,应进行人员应急撤离:

① 井喷:井下作业中发生井喷,经采取井控措施无效或引起重大火灾无法控制时;

② 火灾:由于各种原因(如重大溢油)导致平台发生火灾,经采取灭火措施无效危及平台上人员生命安全时;

③ 爆炸:平台上发生爆炸危及整个平台和人员生命时;

④ 硫化氢:在作业过程中出现硫化氢气体,平台安全区域周围 5~10m 内硫化氢浓度达到 100mg/L,经应急处理无效时;

⑤ 热带气旋:

——设施处于作业状态,遇有台风警报不能有效避台时:当台风中心距平台 1500~1000km 时,应做好应急撤离准备;台风中心距平台 1000~500km 时,可进行人员应急撤离;台风前锋(蒲氏风力 8 级)到达设施 12h 时,应进行人员应急撤离;

——平台处于漂浮状态:在拖航、移位等漂浮状态下,遇有热带风暴,经调整平台稳性或采取其他抢救措施,仍可能翻沉时;

⑥ 海冰:当预报平台所处海域将出现超过设计允许的严重冰情,危及平台上人员生命安全时;

⑦ 海啸:当预报平台所处海域将发生海啸危及设施人员生命安全时;

⑧ 地震:当预报平台所处海域将有超过设计允许的地震烈度时;

⑨ 浮体破舱进水:平台在拖航、移位等漂浮状态下,由于各种原因(如触礁、风损、碰撞等)导致浮体破损严重进水,经抢救无效可能翻沉时;

⑩ 失去稳性:平台因各种原因失去稳性,经采取措施无效,可能倾覆时。

(3) 人员应急撤离命令:

① 人员应急撤离命令由平台经理或其授权的现场负责人发布;

② 人员应急撤离前应迅速发出信号,并向上级主管部门报告。

四、救生设施

(1) 平台应在公共场所张挂“救生设备布置图”。

(2) 由专人负责每日对逃生通道检查一次,确保通道畅通、标志清晰、照明完好,并做好记录。

(3) 每月由专人负责对以下应急救生设施进行一次检查,并做好记录:紧急报警系统、有线广播系统、应急无线电通信设备、无线电示位标、红光降落伞信号12只、橙色烟雾信号2只、救生艇、救生筏、救生圈、救生衣、抛绳器、救生软梯。

(4) 救生艇:

① 救生艇的总容量应能容纳平台上的全部定员,平台定员超过30人时,应至少配备两艘救生艇;

② 救生艇应在安全区内,其存放处应有足够的防滑甲板面积供人员集合和登乘;

③ 救生艇的起放艇装置及索具完好,发动机启动、运转正常,油品与季节相符,救生艇的属具齐全有效;吊艇钢丝绳2年调头,4年更新,有记录;

④ 救生艇按以下项目检查:

——救生艇外观完好无损。

——艇内配备了规定的救生属具,烟火信号及饮食品在有效期内。

——救生艇发动机启动、运转正常,并进行正、倒车试验。

——降艇、脱钩、航行及回收正常,同时限位装置可靠。

——全封闭救生艇自动扶正、水喷淋正常。

——全封闭救生艇应急供气系统及其模拟试验正常。

⑤ 吊艇架应按以下项目检验:

——滑轮、滚筒、吊艇索及其他活动零部件正常。

——艇架金属结构件、固定零部件固定牢固。

——安装在平台的强结构上。

——吊艇架装置负荷试验和升降艇试验正常。

——手动与电动连锁装置试验正常。

(5) 气胀式救生筏:

① 救生筏的总容量应能容纳平台上的全部定员。每个救生筏额定乘员不少于6人,也不多于25人;

② 气胀式救生筏的存放要求:

——应尽可能沿甲板边缘合理布置,对有直升飞机甲板的平台,其直升飞机甲板附近应布置一个气胀式救生筏。

——应存放在刚性固定式快速释放架上并加以固定。

——充气拉索长度应为从其最高存放位置到最低天文潮位水面之间高度的1.5倍,并应至少30m长。

(6) 救生圈:

① 平台救生圈的配备数量不少于6只,每舷至少配置一只带自亮浮灯、烟雾信号和浮索的救生圈。每个带自亮浮灯及橙色烟雾信号的救生圈应配备一根救生索,长度应为存放位置至最低天文潮位水面高度的1.5倍,并至少为30m,直径不少于6mm。

② 救生圈应沿甲板边缘合理布置,应存放在人员易于到达的固定支架上,不得永久性固定,并能随时取用。

(7) 救生衣:

① 救生衣的配备数量应符合下列规定:

——生活区按定员100%配备。

——甲板工作区按定员40%配备。

——直升飞机甲板附近按定员10%配备。

——寒冷地区的设施应按定员100%配备保温救生服。

② 救生衣或保温救生服应存放在易于取用的干燥地方。甲板工作区和直升飞机甲板附近存放的救生衣应放在柜子内,并有明显的标志。

(8) 抛绳设备:

① 作业平台应配备至少一套抛绳设备;

② 抛绳设备应存放在易于到达的地方,并备有简要说明和使用图解,以便随时可用。

(9) 救生索和救生软梯:

① 救生索的直径为30~35mm,每隔500mm打一个结,其长度应从悬挂处至最低天文潮水面后仍余300mm,救生索的载重量应不小于250kg;

② 救生软梯的宽度为500mm,梯级间距不大于250mm,其长度应从悬挂处至最低天文潮水面后仍余500mm,救生软梯载重量应不小于500kg。

五、生产作业

(一) 平台拖航、移位作业

(1) 平台在拖航作业前,平台应向当地船舶检验机构提交对平台进行适拖检验的书面申请,并取得"适拖证书"。

(2) 平台在拖航作业前三天与承拖方签定拖航合同书。

(3) 平台移位作业前应与承拖方签定移位合同书,移位作业前三天向承拖方签发移位通知书。

(4) 平台在拖航作业前,平台应准备好齐全的证书、证件和资料。

(5) 作业前拖曳设施应符合以下要求:

① 龙须缆(链)一副、备用龙须缆一副、拖力三角眼板一副、备用拖力三角眼板一副和相适应的卸扣;

② 拖航前应对拖缆柱、拖缆桩,拖缆,导缆孔、固定拖缆销、拖力三角眼板、卸扣及收缆装置进行检查并确保好用。

(6) 作业前锚泊系统应符合以下要求:

① 对锚泊系统进行全面检查和试动作,使锚机、刹带、制链器、锚链等处于良好状态,锚的张口及锚链跳动应符合规定数值,按实际需要配足锚漂和系绳;

② 按平台操作手册规定的规格和数量配足缆绳。

(7) 作业前水密系统应符合以下要求:

① 平台浮体无破舱,主要结构不开焊;

② 平台所有水密门、水密窗、水密口、测深孔、人孔等都应关闭锁紧;

③ 平台所有进排风口都应通畅,在应急状态下应能关闭;

④ 所有管汇阀门和管系中的海底阀都要关闭,且只有在系统工作时才能打开;

⑤ 所有注入管线的阀门、盖板和舱内注入管线的截止阀都要关闭。

(8) 自升式平台升降装置应符合以下要求:

① 桩腿应处于拖航状态规定的位置,并进行有效地固定;

② 液压马达或电动马达的扭矩要符合规定的要求;

③ 升降控制室要有专人负责;

④ 深水塔应处于上极限位置,并进行有效地固定。

(9) 有抗滑桩的座底式平台,抗滑桩应处于上极限位置,拔出液动销,插入手动销,并用固桩块固紧桩体。

(10) 救生设备应符合以下要求:

① 平台配备的救生艇应处于完好状态;救生筏应在有效期之内;救生圈和救生衣符合 SY 5747 的要求;冬季拖航每人应配备一套防寒救生衣并存放在易于取用的位置;

② 救生艇用的手提式无线电台、无线电示位标及救生信号、抛绳器均应按要求配备并保持良好状态。

(11) 消防设施应符合以下要求:

① 水消防处于良好状态;

② 固定灭火系统在检验有效期内;

③ 移动式灭火器材要按设计配备;其他灭火工具应齐全正规;

④ 沙箱应装满所规定的沙子;防火服装放在规定的箱内。

(12) 航行信号应符合以下要求:

① 白天航行用的国旗、风斗、球菱球应完好;

② 夜间航行用的红白红信号灯、井架顶红灯、艉灯、左右弦航行灯等应完好;

③ 气(雾)笛应完好,号钟应挂好;

④ 平台其他灯光不应影响航行灯光信号。

(13) 主要设备应符合以下要求:

① 平台主副机应完好并在拖航前对燃油速闭阀作一次功能性试验;

② 应急发电机组应完好并作手动、自动启动和并网试验;

③ 发电室配电盘应完好;

④ 应急照明系统应完好;

⑤ 空压机系统应完好;

⑥ 泵舱各泵及管系和应急排水系统应完好;

⑦ 通信设备应完好;

⑧ 报警设备应完好。

(14) 活动载荷固定应符合以下要求:

① 普通井架可用绷绳绷紧;移动式井架要移至拖航位置锁紧;活动式井架应放倒固定;游动系统或顶部驱动装置应固定;

② 吊车臂、燃烧臂、封井器应按规定放在支架上,并应绷紧;

③ 拖航时采油平台上油气集输和处理系统应扫线,原油储罐(舱)应放空,清罐测爆,并符合防爆要求;

④ 甲板及钻台上留带的各种钻头、钻具、工具、钢板等活动载荷均要固定好;卫生室、食堂、库房及各居住室的茶杯暖瓶等活动物品均要按规定放置;

⑤ 测量计算出各液体舱内的液体量和平台固体活动载荷量及其放置位置。

(15) 平台备有充足的堵漏器材,应包括:

① 氧气和乙炔气;电焊、气焊和气割工具;

② 普通船用电焊条不少于两种规格;部分铸铁焊条;

③ 适当规格的角钢、钢板、防水帆布、圆木、钉子等;

④ 适当规格的松紧螺旋扣、千斤顶、水玻璃、水泥、快干剂、沙子等。

(16) 平台其他准备应符合以下要求：

① 水密手电筒 4 只,手提安全灯 4 只；

② 航海设备和仪器应完好；

③ 平台特殊作业记录簿、应急演习记录簿、油污记录簿、平台经理日志和电台日志等；

④ 足够的燃油、食品、淡水等。

(17) 平台稳性应符合以下要求：

① 平台应处于无横倾状态；特殊情况倾角不大于操作手册的要求；

② 拖航前要对平台进行稳性计算,计算结果应满足设计要求。

(18) 拖航前,应按平台应急计划要求进行一次逃生和消防演习。

(19) 拖航组织：

① 承拖方承担现场拖航的总指挥,对拖航过程全面负责；

② 平台应确定参加拖航的人员名单,其在平台总人数不应超过平台救生艇容纳总人数的一半；

③ 平台应指定平台拖航负责人和拖航值班人员。

(20) 拖航、移位：

① 拖航前,平台方与承拖方应召开联合拖航会议；

② 拖航中,值班人员每天应定时收听平台拖航所经海域的天气和海况预报；

③ 拖航中,值班人员实行 24h 轮流值班制度,对相互间传递的信息均应做好记录或录音工作；

④ 在正常航行中主拖轮应每 2h 向平台报告一次航行状况,航行中遇有突发事件时,应随时互相通报,以采取应急措施；

⑤ 平台拖航、移位启拖 1h 内,平台岗位人员应对平台进行一次全面检查,确认平台处于安全状态；

⑥ 拖航、移位中平台应安排专人每 1h 进行一次巡回检查；

⑦ 拖航中,凡参加拖航的平台和船舶都应坚持瞭望制度,尤其在进出港、通过狭窄航道、渔网区及航行禁区(安全作业区)等,更应加强瞭望观察；

⑧ 拖航中遇有风暴应将平台拖到预定的避风海域；当来不及到避风海域避风时,应迅速调整平台重心高度,使之符合风暴中拖航的要求；

⑨ 平台拖航中遇有风暴要关闭所有的水密门窗,并时刻保持与拖轮、护航船的联系；平台人员要穿好救生衣,随时处于应急状态；

⑩ 平台移位吃水允许大于拖航时吃水,但不得大于该平台重载工况允许吃水值；

⑪ 移位作业应在良好的海洋气象、海况下进行,一般为蒲氏风力小于 6 级,浪高小于 1m,能见度良好。

(21)拖航、移位结束时,平台方与承拖方应签署拖航、移位任务完成的证明单；平台方应向海区环保主管机关报告平台新到位置名称和地理坐标。

(二) 自升式平台升降作业

(1) 平台升降前,应对拖曳系统、锚泊设备、水密状况、救生消防设备、主要机电设备、活动载荷、平台倾斜仪等进行安全检查。

(2) 作业海区的工程地质和海况条件应满足平台的安全状况。

(3) 作业时间宜在白天且能见度距离大于500m。

(4) 自升式平台插桩：

① 升降控制室应保持与指挥人员、桩腿观察人员、泵房及主控室工作人员的通信畅通；

② 插桩前，桩靴宜压载，并拔出固桩块；

③ 液压升降系统、电动升降系统运转正常；

④ 按操作程序执行插桩作业；

⑤ 插桩异常，应停机进行系统检查；

⑥ 桩靴接触海底后，可进行预升平台；

⑦ 升平台时平台倾斜应小于0.3°；

⑧ 固桩区与桩腿之间摩擦力太大且振动较大时，应停止作业查找原因；

⑨ 平台升至离海面1～1.5m时，暂停起升作业进行观察。若进行压载时，观察时间应不少于36h；

(5) 排载升平台，平台的气隙高度(平台主体结构下沿升离海面的高度)应大于作业海区设计最大浪高1m，平台升至预定高度后，应插好固桩块。

(6) 降平台作业：

① 把平台的活动载荷控制在规定的范围内，并保持载荷均匀分布；

② 拔出固桩块；

③ 应对桩齿、齿轮，锁销与滑道进行保养；

④ 降平台时，平台横倾、纵倾不应超过0.3°；

⑤ 平台降至吃水线后，应重新调整平台载荷，满足漂浮状态要求。

(7) 拔桩：

① 用冲桩系统对桩靴、桩腿进行水冲，冲桩压力不应大于规定值；

② 拔桩应靠平台自身的浮力逐个桩腿进行试拔桩。拔桩时，应避免平台主体受到机械支撑；

③ 当拔桩压力达到规定值桩腿无法拔起时，应重复冲桩；

④ 拔桩结束，应尽快将平台拖离；

(8) 应将平台的作业数据进行记录。

(三) 坐底式平台起浮、坐底作业

(1) 平台沉浮或升降前，应对拖曳系统、锚泊设备、水密状况、救生消防设备、主要机电设备、活动载荷、平台倾斜仪等进行安全检查。

(2) 平台进行沉浮或升降作业前，作业指挥应全面复查平台状况。

(3) 坐底：

① 平台坐底作业应严格按平台坐底压载程序进行；

② 坐底压载过程中，发令人与执行者应重复应答口令，当确认一步工作结束后，方可进行下一步工作，直至坐底作业全部结束；

③ 当艏(艉)端沉垫甲板即将入水时，指挥者应观察平台左右平衡情况，入水端左右舷吃水差不应大于0.3m；

④ 当平台沉垫坐底后，应根据海底承载力情况压载；

⑤ 载荷注入压载舱，保持海底地层均匀压实；

⑥ 坐底压载全部结束后，平台的纵倾角度或平台横倾角度不应大于1°；

⑦ 平台坐底过程中,应避免吃锚事故。

(4) 插抗滑桩:

① 插抗滑桩压力不应超过规定值,宜采用对角对称插桩;

② 抗滑桩插入深度不应超过设计最大插深;

③ 插桩结束后,应将液压销全部拔出,并用固桩块将桩固好。

(5) 起锚作业应在平台坐底后12h内进行。

(6) 平台坐底完毕,宜根据作业季节、海区环境在平台周围进行投沙。

(7) 平台坐底结束后,应对平台进行观察,观察时间不应低于24h。

(8) 平台起浮作业前应系好缆、抛好锚。

(9) 拔抗滑桩:

① 取出固桩块后,宜采用对角拔桩;

② 当拔桩至上极限位置时,应将手动销插好,其他液动插销全部退出,用固桩块固好桩。

(10) 起浮作业:

① 平台起浮作业应按平台起浮排水程序进行;

② 起浮过程中,当平台艏(艉)应该浮离海底而未浮起时,应停止排水,观察平台变化;若平台上浮困难时宜采用喷冲装置进行喷冲,使平台浮起;

③ 起浮过程中,出水端左右舷吃水差应小于0.3m,否则应调整吃水;

④ 平台浮出水面后应尽快将平台拖离原施工位置。

(11) 记录平台的作业数据。

(四) 平台坞修作业

(1) 平台进坞修理应与船厂签订《平台坞修安全生产协议》合同,明确甲乙双方的安全责任并按合同执行。

(2) 安全监督负责平台进坞修理和停工修理期间安全检查监督。

(3) 平台动火,严格履行动火审批报告,安全监督应到现场查实。

(4) 用电必须符合安全规定,临时接岸电必须经过船厂批准,使用平台发电机的电源必须按钻井期间的临时用电处理。平台所有空调、电暖气等用电设备安装使用必须符合安全要求,周围严禁堆放易燃易爆物品,做到人走电停;发电机运行期间,必须有人值班;严禁乱岗、串岗、睡岗和无证上岗。

(5) 平台修理过程中的所有可燃废弃物必须集中存放,及时运走,要尽量保持甲板清洁卫生。

(6) 平台要做好防风工作,靠港平台船舶要系有足够的缆绳,按照潮差情况适当收紧或调整;锚泊平台要及时收听分析天气预报,按情况制定相应安全防风措施;插桩修理平台要经常检查桩腿紧固情况,气隙应符合要求,确保大风期间安全可靠。

(7) 冬季靠港应做好防冰工作,要防止岸冰或流冰对平台浮体造成破坏,及时采取有效的安全措施防冰或脱离冰区进行修理。

(8) 平台船舶修理期间应始终保持一名干部值班,负责安全管理工作。

(9) 坚持安全教育制度,应加强对平台职工和外来施工人员安全教育。

(10) 平台在上坞或靠码头修理期间,应安排专人在平台入口处值班,无关人员严禁入内。

第十七章　大修作业

目前，我国东部大多数油气田已经相继进入开发的中后期。多数开发井随着作业次数的增加，井下落物事故日益增加并复杂化。开发井井身受地层高温、高压、高盐等地质因素的影响，在各种频繁增产措施的综合作用下，套管损坏事故亦频繁出现，严重制约着油气水井的正常生产。

油气水井大修作业，是综合治理各类井下事故的主要技术手段，是油田开发进程中油气稳产的技术保障。修井装备、修井工具和配套的修井工艺技术是实施修复复杂事故井的基础。

当前我国的修井技术、修井装备和修井工具正处于发展阶段，修井技术逐步完善。相比之下，与之并行发展的修井监督技术有待进一步提高。

在修井施工过程中，有效地实施修井技术监督，是拓宽甲乙双方技术沟通的有效途径。合理使用修井技术监督，可以帮助修井队伍提高修井效率，缩短修井施工周期，降低修井成本。因此，技术先进、安全可靠、高度环保的修井装备、修井工具和修井技术，对实施“低成本战略”有十分重要的意义。

第一节　套管修复

在油气水井生产过程中，不可避免地出现各种故障，如落物事故、套管损坏等。认真分析井下事故发生的原因，摸清井下事故的基本情况是妥善地预防和处理井下事故，保障油气水井正常生产的一项基础工作，对确保修井施工的顺利进行具有重要意义。

造成油气水井套管损坏的原因很多，概括起来可分为两类：地质因素和工程因素。地质因素是客观存在的因素，在其他因素引发下成为套损的主导因素。

地质因素包括：地层（油层）的非均质性、油层倾角、岩石性质、地层断层活动、地震活动、地壳运动、腐蚀等，这些因素是导致油气水井套管技术状况变差的客观存在条件，一经引发，产生的应力变化是巨大的、不可抗拒的，将使油气水井套管受到损害，甚至导致成片的套管损坏，严重地干扰开发方案的实施，威胁油田的稳产。

工程因素包括：采油作业过程中的起下管柱、钻具旋转作业、高压注水、地层改造中的压裂、酸化，钻井过程中的套管材质、套管丝扣连接质量，固井施工中的套管串拉伸压缩、固井质量等，这些都是引发诱导地质因素产生破坏性地应力的主要原因。

一、机械式整形技术及施工过程监督要点

机械式整形技术，就是利用钻具、钻铤传递动能，如快速下放钻具产生冲击力，旋转钻具的扭转动力等使冲击膨胀式、旋转碾压式、旋转震击冲胀式整形工具产生冲击或碾压挤胀力对变形套管做功。当整形工具挤胀力克服套管弹性应力和地层附加在套管的应力时，变形套管则逐渐被整形修复。机械整形适用于缩径量较小的套管整形，套变通径尚大于 ϕ 90mm 的情况。

（一）机械式整形技术管柱结构

机械整形的管柱结构应遵循合理、可行、安全、可靠的原则。要尽量避免对套管产生新的伤害，杜绝造成新的工程事故，实现较好的整形效果。

1. 冲击整形的主要整形工具是：梨形胀管器、长锥面胀管器。

管柱结构（自上而下）：钻具+钻铤+安全接头+梨形胀管器或长锥面胀管器。

安全接头的作用是当胀管器通过变形点后，因受夹持力较大拔不动时，可通过安全接头退出以上钻具，为下步处理留有余地。

2. 旋转碾压整形，主要靠偏心辊子整形器、三锥辊整形器来实现。

管柱结构（自上而下）：

偏心辊子整形器管柱：钻具+开式下击器+钻铤+安全接头+偏心辊子整形器。

三锥辊整形器管柱：钻具+开式下击器+钻铤+安全接头+三锥辊整形器。

3. 旋转震击式整形，主要靠钻具转动使整形工具产生向下震击作用。

管柱结构（自上而下）：钻具+开式下击器+钻铤+安全接头+旋转震击式整形器。

开式下击器是必备的工具之一，常处于半开半闭状态。可避免因上部钻具过重且扭矩过大而扭断工具，同时可以给整形工具施加相对恒定的钻压，使震击作用逐渐稳步完成。

（二）机械整形技术及施工步骤

1. 冲击整形技术

冲击整形技术是对轻微缩径变形井、轻微错断井最常用的整形复位方法。

冲击整形施工步骤：

（1）搬迁安装：平整井场、立井架、安装地面设备、井控设备（需要压井则压井后安装），要求符合相关设备安装技术标准和安全标准。

（2）洗井、压井：洗压井是关键工序，严格按照地质方案、修井设计程序执行。

洗井液一般为清水，水温 40~80℃，循环洗井 1~2 周，洗出管内油盐垢等杂物。

若原井具备正洗条件，应采用正循环洗井方式。若反洗井，泵压不超过油层的吸水启动压力。

压井，根据施工井近三个月的静压值，结合原井管柱深度，计算、选择压井液相关数据。压井后观察井口溢流情况，0.5h 后无溢流，可拆卸井口，安装井控装置。

（3）起出原井管柱：试提管柱，检查井架绷绳、提升系统，检查原井管柱有无卡阻，严格按照修井施工设计要求进行。起出原井管柱，在油管桥上按顺序摆放整齐。起油管过程中，及时向井内补充压井液，使井内压井液液柱和目前地层压力保持平衡，预防井喷。

（4）验套：用专用仪器、工具，按照规定施工程序，检验套管损坏状况。主要检测套损部位深度、套损形状和变形量等参数，为确定整形方式、选择整形工具提供依据。必须严格按设计要求实施。

检测套管状况的工艺方法有多种，仪器检测：多臂井径仪测井、超声波成像、电磁测厚、井下电视等。工程检测：铅模打印检测、通井规通井检测等。铅模入井前应对铅模底端面进行原始状态描绘并记录备案。入井至套变部位打印，按照设计规定施加钻压。铅模起出后洗净，对印痕进行分析，并影印存档。

（5）选择整形工具、确定整形方式：根据验套结论，选择合适的整形工艺方法和工具。

这里选择梨形胀管器或长锥面胀管器，实施冲击整形技术。整形胀管器工作面尺寸大于变形或错断直径 1.5~2mm。

(6) 下整形管柱:按照设计规定的管柱结构进行组装连接。

下井钻具、工具和接头等应刺洗干净,接头螺纹涂防黏扣密封脂,上扣扭矩不低于 3.2kN·m。

下钻速度不超过 3m/s,钻具下至预整形复位井段以上 2m 左右时,停止下钻,记录钻具悬重。正常循环洗井 1~2 周后,做冲击整形准备。

(7) 冲击整形:严格按照设计操作程序进行操作。

冲击距离:胀管器整形工作面与被整形井段套管上端距离 2m 左右,快速下放钻具,钻具产生冲击力,挤胀变形套管。如此反复冲击挤胀直到胀管器顺过套变点、无夹持力为止,准备更换工具。

更换整形胀管器:起出整形钻具,按照设计更换高一级差的胀管器,如此反复操作,直到达到地质方案和修井设计要求。

完成整形:当最大尺寸整形工具整形通过套损位置,反复划眼 5~10 次,直至通行顺利无阻卡之后循环洗井 2 周,起出整形钻具。

(8) 施工注意点:

① 钻具紧扣:每冲击 15~20 次,对钻柱紧扣一次,防止钻具脱扣。

② 更换工具:更换工具级差,每次增加 1.5~2mm,最多不超过 3mm,防止伤害套管。

③ 预防卡钻:上提钻具观察指重表悬重变化,判断工具受阻情况,缓慢上提钻具,不可硬拔。

(9) 通井验证:下通井规通井至人工井底。通井规外径与整形复位后的套管保留 6~8mm 的间隙。

(10) 完井:执行地质方案和工程设计规定程序完井。

但应注意在整形过程中,整形工具的旋转部位确保润滑、连接紧固;起下钻具预防卡阻,不得硬拔硬放;始终保持循环洗井;不随意改变转速、钻压;依据套变状况确定整形工具规格。

2. 偏心辊子旋转碾压整形技术

旋转碾压整形对套损段套管伤害程度较小,虽然操作较复杂,但一次整形量较大,一般更换 1~2 次工具即可完成整形。

偏心辊子碾压整形施工步骤中的搬迁安装、洗井压井、起出原井管柱、验套程序、通井验证、完井工序和注意事项等步骤可参考冲击整形工序的相关部分。

碾压整形施工必须严格按照工程设计程序操作。

循环洗井:偏心辊子整形器下至预整形井段以上 1~2m,记录钻具悬重,开泵循环 1~2 周。

碾压整形:循环通畅后,启动转盘并缓慢下放钻具实施碾压整形,转速 20~40r/min,保持整形钻压 20~40kN,同时,洗井排量适中,冷却整形工具。

划眼:整形通过套管变形段后,上下反复划眼 5~10 次,划眼时钻具转速提高到 40~60r/min。

工具更换:若一次整形量未达到设计要求,可更换大直径的整形工具,增大中辊尺寸,再次整形,直至达到设计要求。

整形参数选择:整形量、辊子尺寸、整形次数根据工具特点和整形技术要求进行计算得出。

3. 三锥辊碾压整形挤胀复位技术

该技术是依靠转盘转动，使工具旋转产生碾压挤胀作用而使套管变形部位复位。

施工步骤中的搬迁安装、洗井压井、起出原井管柱、验套程序、通井验证、完井工序和注意事项等步骤可参考冲击整形施工步骤的有关部分。

三锥辊碾压整形施工严格按照工程设计和工具操作技术规范进行操作。

整形准备：三锥辊整形器下井至预整形井段上部 2m 左右时，记录管柱悬重，开泵循环洗井 1~2 周，旋转转盘 1~2min。

整形：缓慢下放钻具至套管变形井段，遇阻加压 5~15kN，整形钻压 10~20kN，转盘转速 20~40r/min。

划眼：整形钻压自然下降，钻具震动减轻，说明整形器将完全通过变形段，通过后应上下划眼 3~5 次，然后边转、上提，起出整形工具。

工具更换：若需要更换高级差的三锥辊整形器，再次按照上述程序整形，直到达到设计要求。

4. 旋转震击整形技术

旋转震击整形技术是冲击整形与旋转碾压挤胀整形技术的综合，整形过程中整形工具像楔子一样楔在变形段，依靠钻具转动使工具产生震动冲击作用完成套管整形。

旋转震击整形施工中的搬迁安装、洗井压井、起出原井管柱、验套程序、通井验证、完井工序和注意事项等步骤可参考冲击整形施工步骤有关部分。

旋转震击整形施工严格按照工程设计和工具操作技术规范进行操作。

整形准备：三锥辊整形器下井至预整形井段上部 2m 左右时，记录管柱悬重，开泵循环洗井 1~2 周，旋转转盘 1~2min。

整形过程：缓慢下放钻具，使旋转震击工具接触套变井段顶部，施加钻压为钻铤重量。以 10~30r/min 的低转数旋转钻具工具，整形即开始进行。

完成整形：整形过程中若旋转扭矩下降，悬重上升时，则整形工具已通过变形段。

划眼：整形通过变形段后，反复上下划眼 5~10 次，确保工具通过变形段无明显阻力，起出整形钻具。

工具更换：若需要更换高级差的三锥辊整形器，再次按照上述程序整形，直到达到设计要求。

整形注意要点：整形旋转之前，控制加压吨位，避免整形工具的整形头和垂体台肩损坏；转盘转速要低速旋转，不超过 30r/min。

二、爆炸整形技术及施工过程监督要点（修井施工依据是地质方案和施工设计）

爆炸法整形，又称为燃爆整形，是将具有一定综合性能的炸药药柱用管柱或电缆送到井内套管变形段，经过校深，投撞击棒或接通电源引爆雷管炸药，炸药爆炸产生高温高压气体及强大冲击波，作用在变形套管内表面，使变形段套管向外扩张，从而达到整形复位的目的。

爆炸整形最适用于机械整形无法实现的变形，通径大于 ϕ 65mm，能允许药柱及装药工具到达套损井段，即可实施爆炸整形，整形后要实施套管加固，预防再次变形。

（一）爆炸整形技术及整形技术指标

爆炸整形技术适应井况条件：只要炸药柱、药盒或炸药装置的外径能通过变形错断井段，均可使用爆炸整形、套管复位或套管扩径，为实施套管加固或恢复生产通道创造条件。

具备条件：套管变形、错断通径大于 ϕ 65mm，井内压力低于 36MPa；压井液密度小于 1.8g/cm^3，错断井管外无坍塌等。

实现目标：爆炸后无任何金属碎片产物落井；整形效果达原套管径向尺寸的 95%～105%；不伤害套管。

炸药种类：主要有黑索金炸药、硝胺炸药和 TNT 炸药三种。一般按施工目的不同用两种炸药按一定比例配制成适于整形复位，恢复扩径的现场施工使用的炸药。两药温合比例视变形错断程度和要复位扩径的程度适当选择。一般情况下，应结合油田套损井特点，套管材质性能，在试验与理论计算结合下取得可靠数据后方可在现场试用，之后经修正、验证无误后推广应用。

爆炸整形扩径工具是由炸药和携带炸药入井的专用装置共同组成。通常用油管、钻杆或电缆携带入井。主要有两种组合方式：

（1）电缆通电点火引爆式整形扩径工具（测深定位部分、整形扩径部分）。

（2）撞击式点火引爆整形扩径工具（由上接头、撞击帽、弹簧、磁性引火头、密封圈、雷管室及雷管密封圈、药柱、炸药、药柱密封圈、短接、丝堵等组成）。

（二）爆炸整形施工方法步骤

（1）搬迁安装：搬迁、立井架、安装地面设备、井控设备（需要压井则压井后安装），做施工准备。要求符合相关设备安装技术标准和安全标准。

（2）洗压井：洗压井是关键工序，严格按照地质方案、工程设计程序备压井液压井。油井洗井液温度≥70℃；水井放溢流排量≤0.5m^3/min。

（3）起原井管柱：试提管柱，检查井架绷绳、提升系统，检查原井管柱有无卡阻，严格按照修井施工设计要求进行。起出原井管柱，在油管桥上按顺序摆放整齐。

（4）落实井下事故状况：打印或用专用仪器，按照规定施工程序，检验井下落物状况。主要落实落物的深度、形状和尺寸等参数，为确定打捞工序、选择打捞工具提供依据。

（5）打捞落物：根据修井设计工序，按照有关石油行业技术标准和工具操作办法，实施套铣打捞，套铣打捞出井下套管变形段内及上部落物。

① 落物在套损部位，通过使用打捞、倒扣工艺，将落物处理至套损点 2～3m 以下位置。

② 打捞无效时，用磨铣工艺，打开通道，使套损井段有 2～3m 的轴向空间。

（6）检测套损状况：用专用仪器或工具，按照规定施工程序，检验井下套管损坏状况。主要落实套损部位的深度、形状和尺寸等参数，为实施爆炸整形提供依据。

（7）修整套损井段：根据检测得出的套管变形、损坏状况，选择合适工具并按操作规程操作，处理出通道。

① 套损段内径形变严重，不利于扩径工具通过时，则实施磨铣修整套损段。

② 用不同直径铣锥或胀管器对套损段、套管错断部位进行修整，通径达 70mm 以上。

③ 修整套损部位后，用井径仪、彩色超声波成像、铅模等，检测套损井段状况，为选择布药方式、引爆方式提供依据。

（8）整形炸药和入井方式的选择：由专业施工技术人员，根据套管检测结果，进行合理选择。

(9) 组装整形工具:由专业施工技术人员,根据井场设备状况,进行组装。

(10) 整形工具下井:操作人员按照爆炸整形设计和操作规程,在专业施工技术人员指挥下进行操作下井。

① 由电缆车电缆连接入井,专业人员按照操作规程操作。

② 油管柱或钻杆柱连接入井,管柱内外必须清洁,丝扣涂密封脂,上扣扭矩≥2.8kN·m。

(11) 爆炸整形:引爆炸药,实施整形扩径。

① 由电缆车电缆连接入井,接通电源引爆炸药。

② 由管柱连接携带入井,投撞击棒撞击引爆、定时点火引爆。

(12) 专用仪器检测整形效果:起出电缆或管柱,检测整形效果。根据设备条件,选择超声波成像仪检测技术或多臂井径仪检测技术,按照操作规程施工。

(13) 通井检测整形效果:按照通井技术标准和操作程序,选用合适规格的通井规或铅模下井检测。

根据检测结果,若未达到整形施工要求,或重新实施整形工序,或修整爆炸后的套损井段,直到通井规能顺利通过。若通井洗井无进尺则应冲洗打捞碎弹片。

(14) 处理整形弹片:用打捞篮、套铣筒+沉淀杯,冲洗打捞落井碎弹片,按照工具使用技术要求进行操作。

(15) 打捞:若套损点以下存在落物,按照修井工程设计工序进行施工打捞。

(16) 通井:打捞出全部落物后,用通井规通井至人工井底。

(17) 套损井段状况检测:用超声波成像仪检测技术或多臂井径仪检测技术,对套管整形井段进行检测,落实套管内通径状况、管壁损坏情况,为实施套管加固提供依据。

施工注意事项:整形施工前,按照施工井情况,制定可行的安全预案,并进行操作演练,确保施工安全。

三、套管加固工艺技术

套管加固技术是在套损段打开的井筒生产通道内下入小直径套管或衬管,利用悬挂、密封和固井技术实现对套损修复井段实现加固,在一定时期内防止套管再次发生损坏,维持油水井正常注采生产。

常用的套管加固方式主要是在套损井段内下入小直径衬管进行加固。根据衬管密封方式分为:下小直径套管长井段水泥浆固井加固、悬挂衬管局部加固(不密封式丢手加固、爆炸补贴密封加固、爆炸焊接密封加固)等。

(一) 下小直径套管水泥浆固井加固技术

该技术是在大直径套管井的套损井段下入小直径套管,并进行二次挤水泥固井和悬挂的加固技术。

如在5½in套管井中下入4in套管,注入固井水泥浆,控制水泥浆液面高度,再将4in套管柱在一定距离内上下活动几次,使套管环空水泥浆分布更加均匀,将4in套管回插到设计深度后,候凝,钻塞完井。

施工工艺步骤如下:

(1) 选井:依据井下技术状况和地质效果要求进行选井,一般选择有地质修复价值、全井腐蚀破漏井段长,套管变形点多且变形量小,套损段打通道修复后,可下入小套管

(ϕ101.6mm套管)的套损井。

(2) 井筒准备:由修井队按照修井管理办法组织施工。主要对套损井套管进行通井、刮削、打捞落物、洗井、封窜堵漏,对变形井段磨铣打通道处理,确保井眼畅通,破损段堵漏后试压合格(满足水泥固井要求)。

(3) 套管准备:在水泥封固段通常选用无接箍套管,封固段以上可用普通有接箍套管。

如:对 5½in 套管加固,水泥封固段要选择 ϕ101.6mm 无接箍套管,为保证套管居中,减少环空流体阻力,无接箍套管外必须加装外形尺可能小的扶心器(块)。

(4) 下套管施工:按地质要求设计套管组合,按照下套管技术标准组织下井。

套管柱组合通常为:引鞋+双回压阀短节+试压短节+ϕ101.6mm 无接箍外加扶正块套管+磁定位短节+ϕ101.6mm 无接箍外加扶正块套管+变扣短节+ϕ101.6mm 有接箍套管+套管悬挂器(全井悬挂则加接:悬挂短节+井口法兰)。

套管组合应根据井深、钻井地层井液密度、套管抗拉、抗挤强度等因素综合考虑设计。全部套管入井后,要对整个 ϕ101.6mm 套管柱试压,合格后进行下步施工。

(5) 延迟固井:固井施工主要由专业固井队伍组织实施。用于延迟固井的水泥浆,必须有较长的稠化时间、很高的稳定性,以满足套管回插工艺的要求;塑性黏度、屈服值尽可能小,流变性能好,以利于套管顺利起下;后期强度发展较快,候凝时间不能太长;失水小、不析水,以保证固井质量。

(6) 钻塞完井投产:关井候凝 72h,钻塞、全井试压合格后,进行声幅-变密度测井,评价固井质量,射孔投产。

(二) 悬挂衬管局部加固技术

悬挂衬管局部加固主要包括不密封式丢手加固、爆炸补贴密封式加固、爆炸焊接密封式加固技术。

不密封式丢手加固技术:用钻柱连接“丢手悬挂装置+加固用钢衬管”,将钢衬管覆盖套损井段,通过向管柱(投球)打压,使悬挂装置的卡瓦张开咬紧套管内壁,随着压力升高丢手接头脱开,然后直接起出钻柱,钢衬管加固施工完成。这种加固方法会使钢衬管与套管壁间有间隙,不能实现密封环空。此技术多用于油井套损加固。

爆炸补贴密封加固技术:补贴钢衬管两端加接密封装置和专用爆炸工具,用钻具连接下入预加固井段,之后引爆雷管、炸药,爆炸的高压作用在补贴加固钢管上下两端的软金属环,软金属被挤压到钢衬管与套管间的环空,钢衬管上下两端牢牢地贴在套管内壁,专用工具与钢衬管脱开起出,完成加固爆炸密封加固。

爆炸焊接密封式加固技术:将排液火药、焊接炸药及其辅助工具、用具和焊管衬管用钻具送入预焊接加固井段,经校深后,点火引燃排液火药并产生高温高压气体。高温高压气体扩散后,在加固井段上下形成气体塞。此时由于焊管内的点火延时元件作用,引爆雷管、焊接炸药爆炸,产生强大爆速、爆压,使焊管径向以 5~7km/s 的速度膨胀扩展,与套管产生斜向摩擦碰撞,焊衬管外壁与套管内壁间形成一股速度为 5~7m/s 的金属射流,使金属管材表面有金属层剥离,在高压下互相结合,形成新的有机整体,从而使焊衬管两端部外表面与套管内表面结合组合,完成爆炸焊接密封加固。

局部加固工具:分密封式和不密封式两种丢手加固工具。不密封式丢手加固工具有 ϕ114mm 和 ϕ117mm 两种规格。密封式丢手加固工具由引爆装置、动力坐封加固装置及加固衬管三大部分组成,常用加固衬管内径 100mm,壁厚 7mm。

（三）衬管加固施工方法步骤

各种形式的衬管加固施工技术都要把悬挂工具与加固用衬管柱连接下到被加固但套损的井段，实施悬挂加固。施工工序大致相同，这里重点介绍不同工序步骤，是现场施工监督的要点。

（1）通井：实施套管加固之前，要用大直径长通井规（模拟加固管直径和长度）用钻具携带进行通井，若顺利通过套损井段，则可实施衬管加固施工；若通井不能通过套损井段，则应再次修整，直到加长通井管柱能顺利通过。

（2）下加固管柱：用钻具连接加固管柱入井。管柱应清洁干净，螺纹涂密封脂，旋紧扭矩按照管柱规格尺寸实行操作（具体要求查阅相关技术手册）。

① 不密封式丢手加固：用钻具携带加固工具管柱（丢手悬挂工具+加固衬管）入井，管柱下深至套损修复井段以上 1～2m 时，观察指重表，记录管柱悬重，再缓慢下放管柱，使加固管柱通过加固井段。经过校深后，按照加固悬挂器和丢手工具的操作规范进行操作，悬挂完成，起出丢手上部钻具，实施下步工序。

② 爆炸补贴密封加固：用钻具携带爆炸密封式加固管柱（爆炸密封坐封工具+加固衬管）入井，经过校深后，点火引爆雷管、炸药，实施爆炸密封悬挂，爆炸 30min 后，起钻，带出爆炸坐封配套工具。实施其他施工工序。

③ 爆炸焊接密封加固：用钻具携带加固工具管柱（爆炸焊接悬挂工具+加固衬管）入井，下至套损修复井段，经校深后，点火引燃排液火药，在加固井段形成气塞，此时点火延时装置引爆焊接炸药爆炸，进行焊接加固。爆炸后 30min 若无异常，起出钻具，根据地质方案，下完井管柱之前，下入试压管柱，对加固井段试压，试压参考参数：压力 15～20MPa，稳压 5min，压力降不超过 0.5MPa 为合格。

四、取换套管工艺技术

取换套管工艺技术是针对严重错断井、变形井、腐蚀穿孔、破裂外漏等套管损坏事故，利用套铣、切割、倒扣等工艺取出损坏套管，再下入质量好的套管与原井套管对扣，并试压合格，完成对套损井的修复。

取换套管的基本原则：套管损坏位置在表层套管或技术套管之内，一般直接采用倒扣取出损坏的套管，下入性能质量好的套管，与下部套管对扣并保证密封性能良好即可。套损位置在表套或技套的下部，通常位置在 2500m 之内的裸眼井段，采用套铣倒扣取出损坏的套管，下入质量好的套管与下部套管对扣连接。套损位置在 2500m 以下的，通常采用水泥挤堵套损部位或用其他套管修复工艺，在套损位上部侧钻出新井眼，再下衬管密封加固。

（一）现场施工参数监督要点

1. 技术（表层）套管内取换套

施工前的准备（修井方案设计、修井及配套设备、更新套管、钻具、切割工具、套管捞矛、套管对扣短节、试压工具等）；落实套管损坏状况；取套钻具组合方式；套管割刀的选择和应用原则；切割套铣参数控制、钻盘转速、循环排量；打捞更换套管鱼顶；下井新套管柱的组合参数；对扣短节的结构；套管及对扣操作，加压吨位、上扣旋转圈数、紧扣方式；更换套管井段的试压与稳压状况；完井井口的安装。

2. 裸眼井段取换套

施工前的准备（修井方案设计、修井设备、循环设备、更新套管、钻具、套铣工具、切割工具、套管捞矛、套管对扣短节、试压工具等）；套铣头、套铣筒规格参数的选择（满足对套管外水泥环、岩壁及管外封隔器的分级套、磨铣）；配套钻具（钻杆、钻铤）组合方式的确定；套铣施工钻压控制、钻盘转速、循环排量三参数合理优化匹配；压井液性能参数的确定（须具备造壁、防坍塌、防喷性能）；割取套管割刀的选择和应用原则；割取套管注意事项；打捞更换割断的套管鱼顶；下井新套管柱组合方式；对扣短节的结构；对扣操作原则，加压吨位、上扣旋转圈数、紧扣方式与操作；更换套管井段的试压及稳压；完井井口的安装及参数校正。

裸眼井段取换套工具介绍：裸眼井段取换套的施工，最关键技术是套铣管外裸眼井段水泥环，选好套铣工具非常关键。这里对套铣工具及配套工具进行介绍。

（1）套铣头：套铣头有两种，一种适合套铣水泥环，另一种适合套铣管外封隔器（见表 2-17-1）。

表 2-17-1　套铣头参数

型　号	用　途	接头扣型	接头外径/mm	最大外径/mm	最小通径/mm	下端面铣齿数/个
Ⅰ	套铣水泥环、岩壁	8⅝in 钻杆扣	275	300	190	6~8
Ⅱ	套铣管外封隔器	8⅝in 钻杆扣	275	290	260	18

（2）套铣筒：由上接头、筒体、下接头组成，是实施长井段套铣的主要用具（见表 2-17-2）。

表 2-17-2　套铣筒参数

项　目	外径/mm	内径/mm	有效长度/m	钢　级	接头最大外径/mm	接头扣型
参　数	219	195	≥9.0	D55	259	8⅝in 正规钻杆扣

（3）方钻杆：套铣方钻杆是传递转盘扭矩的直接专用工具（见表 2-17-3）。

表 2-17-3　套铣方钻杆参数

项　目	对边外径/mm	内径/mm	有效长度/mm	上、下接头形式
参　数	219	190	11~12	8⅝in 钻杆正规扣型

（4）套管切割工具：割取套管一般常用机械式内割刀或外割刀。

（5）套管补接工具和套管对扣接头：新旧套管间连接的专用工具，常用对扣短节和套管补接器。套管补接器有两种：铅封注水泥式和封隔器型套管补接器。

裸眼取换套压井液性能参数（见表 2-17-4）。

3. 技术（表层）套管内取换套施工

技术（表层）套管内取换套施工，技术相对简单，但每道工艺实施结果相互影响，要求严格按照施工设计和操作规程施工，技术监督要掌握每道工艺过程技术特点，实施技术监督。

技术（表层）套管内取换套施工工序包括：前期准备、取套（倒扣、切割、换鱼顶）、下套管、对扣、试压完井等工序。

表 2-17-4　压井液性能参数

常规性能						流变性				
密度/(g/cm^3)	黏度/s	失水/(mL/30L)	泥饼/(mL/30L)	初切/Pa	终切/Pa	n表/mPa·s	n塑/mPa·s	J/Pa	n	K/mPa·s
1.12	36.15	7.0	2~3	1.00	24.0	19.25	13.0	6.25	0.592	3.179×10
1.31	41.78	6.4	2~3	3.50	27.0	23.3	19.0	6.25	0.681	2.237×10
1.39	44.80	7.0	2~3	3.75	21.0	27.5	18.5	9.00	0.592	4.606×10
1.47	45.65	7.6	2~3	12.5	30.5	34.5	24.0	10.50	0.617	4.863×10
1.475	51.29	8.2	2~3	4.50	43.5	33.0	24.5	4.25	0.669	3.246×10

(1) 前期准备工作:安装导管、调整钻台、安装循环设备、配制压井液、压井、起原井管柱、核定套损点、打捞处理井下落物、打丢手(填砂、打水泥塞)等。

对于套损状况的检测,包括检测核实套损状况、深度(套损井段)等数据,为确定取套深度、确定套管对接方式、确定完井方式等提供可靠依据。

① 施工前的准备工作:

指重表及其他计量器具、仪表等应完好齐全,精度等级不低于 2 级;钻台工具齐全,如吊钳、吊卡、卡盘、管钳等专用工具应配备齐全;泥浆泵配备 2 台,备用 1 台;井架稳固,各绷绳牢固,井架安装符合要求;提升系统中的游动滑车、吊环、大绳等应经检验完好无损,游动滑车内润滑充分;按方钻杆长度打鼠洞。

② 压井:根据套损井地质状况和历次作业情况等数据,选择合适的压井液压井。

压井液密度公式:$p_{wk}=\dfrac{p_{ws}\times10^2}{D_0}(1+k)$(《压井替喷作业规程》SY/T5827.3—1993)

③ 起原井管柱:压井后,安装井控装置和作业井口,起出原井管柱。

④ 核实套损状况:根据井况特点,选择仪器测井、工具找漏、铅模打印等技术措施,核实套损状况。

⑤ 填砂、打水泥塞(桥塞):在取套深度以下 20~30m 处打水泥塞(桥塞)。

⑥ 切割取套:切割管柱选配完好,限速下井,防止切割管柱中途坐卡,有卡阻不得强下。

a.切割操作:割刀下至距切割深度 1m 左右(切割点避开套管接箍),循环冲洗 1~2 周期,旋转并缓慢下放管柱,判断割刀坐卡,停止下放。启动转盘切割开始,转盘转速控制在 10~30r/min,循环排量 1~1.2m³/min。一般情况下,割刀可进刀 30mm 左右,套管即被割断。上提管柱,悬重增加明显,说明套管已被割断并被抓获,可起出切割打捞管柱。若悬重无明显增加,可能是套管未割断或割断未被捞住,应重新切割打捞。

b.修整套管断口鱼顶:下鱼顶修整管柱,带修整工具(平底磨鞋、铣锥、凹底磨鞋)修整套管鱼顶断口。管柱结构:钻柱+安全接头+铣鞋。铣锥修整断口内侧,平底磨鞋修整断口顶端,凹底铣鞋修整断口外侧边。钻压控制在 20kN 以内,转速在 60r/min 以内,排量可保持在 1.0~1.2m³/min 左右。

c.打捞更换套管鱼顶:下套管捞矛,加压打捞,倒扣取出割断的套管短节。打捞成功之后,下部套管鱼顶为套管公扣或套管接箍。

d.下入新套管对扣：下新套管柱+对扣短节、套管对扣紧扣、换套井段试压、装井口、完井等内容。

新套管柱结构（自上而下）为：新套管+对扣短节（带引鞋）。入井套管螺纹应完好无损，涂专用密封脂，上扣扭矩不低于 3800N·m。

补接深度=新套管长度+套管对扣短节有效长度+新旧钻台补心差。

套管柱入井：套管柱连接完毕下井，下钻速度不超过 2m/s。

引入对扣：套管对扣短节至鱼顶 1～2m，继续保持压井液循环，边慢转边下放套管柱，当悬重下降约 5～10kN、泵压上升时，继续旋转并控制钻压和泵压，计算上扣旋转圈数。当旋转上扣 40～45r 时，对扣完成，提至原悬重正转 3～5r 紧扣，下放钻具 50kN 正转 5r 紧扣，如此操作紧扣至井口。

⑦ 试压：压力 10～20MPa，30min 压降小于 0.5MPa 为合格。若试压不合格重新换套至合格。

⑧ 钻水泥塞（打捞桥塞）、冲砂：钻水泥塞（专用工具打捞桥塞），下油管笔尖冲砂洗井至人工井底。

⑨ 实施其他工序、完井：按照地质要求，下入完井管柱、装采油井口、完井。

4. 裸眼井段取换套施工

取换套管施工技术性极强，每项工艺步骤会相互影响。要求每道工序步骤都应严格按照施工设计和操作规程操作实施，现场技术监督要掌握每道工艺过程技术要点，进行技术监督。

取换套施工：一般可分前期准备、取套（倒扣、套铣、切割、换鱼顶）、下套管、对扣、试压完井等重点工序。

（1）前期准备工作：压井、起原井管柱、核定套损点、打捞处理井下落物、打丢手（填砂、打水泥塞）、安装井口导管、安装调整钻台井口、安装循环设备、配制套铣压井液等。其中，对于套损部位的检测，包括检测核实套损状况、深度（套损井段）等数据，为选择套铣头类型、确定取套（套铣）深度、确定补接完井方式等提供可靠依据。

① 压井：根据套损井的地质状况和历次作业情况等数据，应选用对油层低伤害或无伤害、符合本区块地质要求的压井液。压井采用循环法，应保持压而不死，活而不喷的压井原则，最大程度地保护油层，尽快恢复产能。

② 起原井管柱：压井后，安装井控装置和作业井口，起出原井管柱。

③ 核实套损状况：根据井况特点，选择仪器测井、工具找漏、铅模打印等技术措施，核实套损状况。

④ 填砂、打灰塞、下示踪管柱：在取套深度以下 20～30m 处打水泥塞，并在水泥塞中及水泥塞以上留 40m 左右油管作为示综管。

⑤ 选配套铣钻具、配制套铣压井液。

选配钻具：根据套损点、套损井段核定结果和设计要求选配套铣钻具。

套铣头：根据套铣对象选套铣头。套铣水泥帽、水泥环与套铣断口管外封隔器的套铣头类型不同。

套铣筒：选套铣筒本体经探伤检测无微裂纹等缺陷，应无弯曲，接头螺纹完好无损。套铣筒应按顺序编号，每起钻一次需更换调整顺序，不得在同一深度位置反复使用同一根套铣筒，以免造成疲劳损坏。

套铣压井液：在现场配制套铣压井液，应符合工作液性能要求。

⑥ 其他准备工作：套铣前的准备工作较多，还应做好下述各项工作。

指重表及其他计量器具、仪表等应完好齐全，精度等级不低于2级；钻台工具齐全，如吊钳、吊卡、卡盘、管钳等专用工具应配备齐全；泥浆泵应配备2台，1台工作，1台备用，两台泵应完好；井架应稳固，各绷绳牢固，井架安装符合要求；提升系统中的游动滑车、吊环、大绳等应经检验完好无损，游动滑车内润滑充分；按方钻杆长度打鼠洞。

（2）套铣裸眼井段套管：套铣无水泥封固井段、套铣管外水泥帽、套铣水泥环、套铣管外裸眼封隔器、套铣断口部位等内容，根据套铣情况适时割取套。

① 套铣管外水泥帽：根据水泥帽深度确定钻具组合，水泥帽较浅时钻压只能靠方钻杆自重和一两根套铣筒重量，要靠大排量、高转速（100～120r/min）冲刷破碎水泥帽。套铣接换单根前应上下划眼2～4次，大排量冲洗，将水泥碎块冲洗干净。

② 套铣裸眼井段套管：套铣头对管外无水泥封固的井段岩壁刮扩阶段过程。此时要控制钻压、转速、排量，以利快速钻进。换接单根应上下划眼3～5次，并大排量冲洗井壁，使岩屑返出井口。

注意要适时取套，避免套管在套铣筒内过长而弯曲和内卡套铣筒。套铣时，一般每80～120m取套一次，必要时每50～80m取套一次。建议采用切割法取套或用组合打捞切割管柱进行切割取套。

③ 打捞、切割操作：打捞、切割组合管柱选配完后，捞矛、割刀应对正井口，限速入井，下放速度应控制在2m/s以内，不得转动管。如割刀中途坐卡，则应上提管柱解卡，不得顿击强下。

切割操作，割刀下至设计深度后，一般应距切割深度点1m左右，以备下放坐卡，切割点应避开套管接箍；割刀坐卡前，循环冲洗1～2周期，旋转并缓慢下放管柱，当悬重下降超过割刀上部震击器和配重钻铤悬重1～2kN左右时，割刀已坐卡，此时应停止下放。上提管柱开式下击器处于半开半闭状态，割刀的进刀钻压完全靠震击器以下的配重钻铤提供；启动转盘切割开始，初始进刀时，转数应控制在10～20r/min以内，正常后提高到30～40 r/min，如悬重稍有增加（一般不明显，约0.5～1.0kN），应把转数控制在20～30r/min以内。切割时，应保持循环排量1.0～1.2m^3/min，一般情况下，以20～30r/min的转速切割5～12min，割刀可进刀30mm左右，套管即被割断。

验证切割结果，上提管柱，行程稍大于震击器切割时半开半闭状态的行程（约30～50cm），如行程已达到要求，悬重增加明显，说明套管已被割断并被抓获，则可起出切割打捞管柱。如悬重无明显增加，可能是套管未割断或割断未被捞住，应进行重抓或起出管柱检查工具，重割重捞。

④ 套铣水泥封固井段：套铣水泥封固井段即管外水泥环，此时控制好钻压、转数、排量，平稳套铣钻进。接换单根，应划眼3～5次，工作液循环正常后，再继续套铣。套管套铣完成并取出套管后，应以一般排量冲洗2～4周期（排量在1m^3/min左右），彻底冲洗干净水泥碎块及岩屑，然后准备起套铣筒更换钻头。

⑤ 套铣管外封隔器或错断套管口：用专用套铣头套铣到断口或管外封隔器前，应调整压井液性能，使造壁防坍塌性能提高，保持工作液的泥饼厚度，减少失水量。更换的套铣头下井速度不得过快，接近示综管时，注意旋转钻具，引入示综管柱到套铣头内。至套铣鱼顶，启动转盘，低转速套铣，速度控制在20～40r/min，初始钻压保持在10～40kN，套铣正常，

即正式套铣管外封隔器或错断断口，钻压 40～100kN，转速 60～80r/min，排量不低于 1.5m^3/min。

套铣套管错断断口，要适时取出断口以上套管，捞出断口以下原井落物。

⑥ 修整套管断口鱼顶：在套铣筒内下入鱼顶修整管柱，带修整工具（平底磨鞋、铣锥、凹底磨鞋）修整套管鱼顶断口，管柱结构为：钻柱+安全接头+铣鞋。锥型铣鞋修整断口内边，用平底磨准修整断口顶端，用凹型铣磨鞋修整断口外边。修整鱼顶的钻压控制在 20kN 以内，转速在 60r/min 以内，排量可保持在 1.0～1.2m^3/min 左右。

⑦ 打捞换鱼顶：下套管捞矛，加压打捞，倒扣取出修复断口后的套管短节，下部套管鱼顶为套管公扣或套管接箍。新套管入井对扣不需固井。

⑧ 下入新套管对扣：下新套管柱+对扣短节、套管对扣紧扣、起套铣钻具、换套井段试压、装井口、完井等内容。

新套管柱结构（自上而下）为：新套管+对扣短节（若套铣管柱已经起出，则加接引鞋）入井套管螺纹应完好无损，涂专用密封脂，上扣扭矩不低于 3800N·m。

补接深度=新套管长度+套管对扣短节有效长度+新旧钻台补心差。

套管柱入井：套管柱连接完毕下井，下钻速度不超过 2m/s。

引入对扣：套管柱对扣短节至鱼顶 1～2m，继续保持工作液循环，慢转并下放套管柱，当悬重下降约 5～10kN、泵压上升时，继续旋转并控制钻压和泵压、计算上扣旋转圈数。当旋转上扣 40～45r 时，对扣完成，提至原悬重正转 3～5r 紧扣，下放钻具 50kN 正转 5r 紧扣，如此操作紧扣至井口。

⑨ 管柱试压：压力为 10～20MPa，30min 压降小于 0.5MPa 为合格。若试压不合格重新换套至合格。

起套铣筒：换套试压合格后，即可起出套铣筒。当套铣头至对扣短节时，应缓缓提升通过。

⑩ 钻水泥塞、冲砂、捞示综管柱：打捞示综管柱、钻水泥塞。钻塞打捞示踪管柱后，下油管笔尖冲砂洗井至人工井底，用通井规通井至人工井底。

实施下步措施、完井：按照地质要求，下入完井管柱、装采油井口、完井。

五、套管补贴工艺技术

套管补贴工艺技术就是利用特制钢管，对破漏部位的套管进行补贴，用机械力使特制钢管紧紧补贴在套管内壁上，封堵套管漏失部位。已形成水力机械式补贴、爆炸补贴加固、膨胀管补贴三种形式。这里重点介绍水力机械式套管补贴工艺技术，简介膨胀管补贴技术。套管补贴可以解决油水井套管腐蚀穿孔、破裂、螺纹、废旧射孔段等问题。

（一）波纹管补贴工艺

波纹管补贴是利用专用补贴工具进行补贴施工。其工艺原理是：补贴工具中液缸及活塞拉杆将液压力转变成机械动力，使拉杆急速回缩上行，带动胀头胀开波纹管，补贴在损坏的套管内壁。

弹性胀头，最大外径部位的外表面呈球状，所以在刚性胀头进入波纹管内一定距离后、弹性胀头刚好进入波纹管内，进一步将波纹管胀圆并紧紧地挤压贴在套管内壁上，从而完成对破损漏失井段的补贴修复。

因波纹管外表面缠粘有一层玻璃丝布，入井前又在玻璃丝布外表面涂抹了一层固化剂，因此在补贴时被挤压而均匀地与套管内壁接触，在补贴后的候凝固化过程中，玻璃丝布与固化剂逐步硬化成玻璃钢样的填充物，从而密封了波纹管与套管间的极小环空间隙，达到彻底封堵漏失的修复目的。

1. 波纹管、固化剂及补贴工具

波纹管：是补贴修复套管道的主要材料，性能及结构形式将直接影响堵漏调整层系及堵水的施工效果。按截面几何形状分为 8 峰和 10 峰两种规格。波纹管外部经除锈等处理后，缠粘一层 0.4~0.5mm 的玻璃丝布。内表面处理光滑无疤痕后，涂防腐漆及润滑脂，一般为 6mm，也可根据需要焊接加长或截短。分别见表 2-17-5 和表 2-17-6。

表 2-17-5　波纹管基本参数

型　号	适应套管尺寸/in	套管壁厚/mm	波纹管波峰数/个	波纹管质量/mm	玻璃丝布厚度/mm	波纹管外径/mm		波纹管内径/mm		气密封试压压力	成品长度
						基本尺寸	允许偏差	基本尺寸	允许偏差		
QJ-Ⅰ BWG	$5\frac{1}{2}$	6	8	9.11	0.4	112	±0.7	77	+1.0 −0.4	≤0.5	6.0 0.1 可根据定货所需制作加工
		7		8.96		112		77			
		8		8.82		108.8		70.7			
	$5\frac{3}{4}$	7		9.42		113.5		78.3			
		8		9.26		112		77			
QJ-Ⅱ BWG	$6\frac{5}{8}$	9	10	10.75	0.5	137.1		95.2			

表 2-17-6　波纹管补贴后承压能力

套管尺寸/in	套管破损程度/mm	波纹管厚度/mm	承压能力/MPa	
			内压	外压
$5\frac{1}{2}$ ∫ $6\frac{5}{8}$	洞径<25.4	3.2	与原套管一致	13.4
	洞径<50.8		与原套管一致	7.65
	洞径<76.2		27.5	5.009
	裂缝 600×12.7		17.3	5.5

补贴工具：一般称波纹管补贴器或套管补贴器，是使波纹管胀开、胀圆并紧紧贴补在套管内壁上的工具。补贴工具的加工，组装、检验、试验、使用、维护保养等都必须按标准执行，以免发生工程事故。全套补贴工具（自上而下）由滑阀、震击器、水力锚、双作用液压缸、胀头等 5 大部件组成。

2. 补贴施工方法步骤

套管漏失补贴，在补贴前进行找验漏（破损点），以确定补贴井段长度和波纹管，并选择胀头。调层补贴和堵水补贴需在补贴前验串，对层间进行堵漏封串，对高含水层段部位进行堵水（化堵）处理，然后再用波纹管堵封射孔孔眼。

（1）压井、起原井管柱：

表 2-17-7 补贴工具基本参数

项目	工具全长/m	工具最大外径/mm	最高工作压力/MPa	最大承载拉力/kN	活塞拉杆上升最大行程/mm	上端连接方式	工具下端安全接头操作方式
参数	10.0	115	35	550	1500	73mm 平式油管螺纹	右旋管柱

① 压井：补贴施工对压井液性能要求较严格，压井液根据地质数据配制。

② 安装作业井口：井压稳后，安装井控装置，做到防喷、防掉、防卡。

③ 起出原井管柱：将起出的原井管柱在管桥上排列整齐、刷洗干净、检查螺纹应无损伤。

（2）找串验漏：工程测井法、机械法找验串。串通深度，串通压力、串通量应验证准确，清楚，记录备案。

（3）模拟通井：是检验补贴井段及补贴井段以上套管的完好程度，为波纹管、补贴工具能否顺利下至补贴井段提供可靠依据。模拟通井一般使用模拟管通井，模拟管应比补贴工具外径大 1mm 左右，长度应大于补贴工具总长度 1m 左右。通井深度一般通至补贴井段以下 10~20m，必要时应通至人工井底，为二次补贴做好调查准备。

（4）补贴井段预处理：是非常重要的工序步骤。补贴井段往往因漏失、破损而造成锈蚀，结蜡严重，使波纹管不能很好地贴合而影响补贴效果。而对调整补贴，堵水补贴等工艺性补贴施工需对油层进行堵封串、堵水等处理。所以一般预处理分三种情况，即刮削补贴井段、酸浸补贴井段、补贴井段油层间堵封串，封堵高含水层、补贴井段油层间堵封串，封高含水层。

（5）补贴井段测井：目的是核实补贴井段参数内径腐蚀、损坏情况，为波纹管外径尺寸和弹性胀头工作面尺寸的选择提供依据，这一点对射孔孔眼位的补贴尤为重要。

工程测井一般常选用井径仪测井。现场施工时，一般多用 40 臂井径仪检测，由井口测至补贴井段以下 20m。井口和补贴井段重复一次，测井比例为横向 1：200 测后现场解释测试结果，给出井口最小通径，补贴井段最大、最小平均内径。如果现场解释测井结果尚有困难，则应在测井后 8h 内通知补贴施工单位解释结果。

（6）计算补贴管柱深度、连接补贴工具。

① 补贴管柱结构及深度计算按第三节要求进行。深度误差不超过±0.2m。

② 波纹管长度、外径及加长杆长度应符合设计要求。

③ 弹性胀头选择依据补贴井段的测井结果和波纹管内径尺寸的选择

④ 补贴工具连接顺序（自上而下）为：油管柱、滑阀、震击器、水力锚、液缸、波纹管（波纹管内穿过活塞拉杆、加长杆、安全接头）、刚性接头、弹性胀头、导向头。滑阀以上接一根 1~1.5m 长的提升短节。

⑤ 补贴井段超过 10m 长时，需现场采用焊接加长波纹管，加长后的波纹管上、下两端倒角为 2×40°。

（7）配制固化剂：补贴工具、波纹管已连接完毕，入井前 15min 配制固化剂，在波纹管外部的玻璃丝布上涂抹应均匀。

（8）下补贴管柱：将连接好的补贴工具、导向头对正井口缓慢下放入井。补贴工具下放速度一般不超过 1m/s，遇阻后应右旋管柱，不得猛顿猛放。4h 内下完管柱。

（9）补贴施工：

① 波纹管下至补贴段后校深，波纹管中部应对正补贴井段中部，深度误差不超过 ±0.2 m，校核管柱悬重并记录，误差不超过 0.05%，井口最后一根油管方余不超过 1.5m。

② 加深油管 1.5m，连接井口及地面流程管线。地面流程试压压力为补贴工具最高工作压力稳压 5min，压力降不超过 0.5MPa 为合格。

③ 泵循环工作液 1~2 周，正常后，上提管柱 1.5m，关闭滑阀。

④ 补贴：

a.连续憋压法补贴：压井液循环正常，关闭滑阀，管柱憋压。升压过程压力为 10~32MPa，一般不用 35MPa 的最高工作压力。当压力点达 25.28MPa 时，稳压 2~5min。最后达 32MPa 时，应最少稳压 5min。一般情况下，压力达 32MPa 时，补贴已经完成，即活塞拉杆第 1 个 1.5m 行程已回缩完成，已将波纹管胀大胀圆约 1.5m 长距离。

32MPa 压力稳压完成后放压，上提管柱，行程不超过 1.5m，但不能低于 1.4~1.45m。拉出活塞拉杆，做好第二行程的憋压补贴。上提 1.5m 后，开泵憋压按上述升压程序完成第二行程的补贴。重复程序至完成补贴。

b.憋压连续上提法补贴：就是第一行程经水力锚定位波纹管，液缸憋压连续上提补贴。之后上提管柱 1.5m，水力锚失去定位作用，已补贴在套管内壁上 1.5m 的波纹管具有摩擦阻力，使波纹管相对稳定。此时即可用连续上提法完成对余下的波纹管的胀挤补贴。此法很容易观察判断补贴正常与否。

⑤ 补贴情况判断与处理：判断补贴是否成功，尤其是判断第一行程的憋压补贴是否成功，对余下的波纹管补贴至关重要。

a.第一行程憋压补贴后，上提管柱 1.5m 行程，悬重无变化，拉开拉杆发现有微小悬重增加（约 2~3kN），则可能是第一行程的补贴动作未发生。可能是液缸进液孔被堵塞，液缸内无液压，拉杆未收回，此时应停止任何形式的补贴，起出管柱检查、清洗工具。

b.第一行程憋压补贴后，上提 1.5m 行程后管程悬重增加不明显或增加不多（低于 10kN）可能是波纹管内径较大而弹性胀头工作面外径较小，补贴波纹管对套管贴补不牢，上提时波纹管随管柱一同上行。这种情况应起出管柱检查、清洗工具更换波纹管，选用相互配套的波纹管、弹性胀头，重新实施补贴。

c.第一行程憋压补贴完成后，上提 1.5m 空载行程时，管柱悬重有所增加或刚一上提悬重即有所增加，说明第一行程憋压补贴未完全完成，可能是弹性胀头遇卡阻（井口小物件落井卡胀头）或弹性胀头工作面尺寸与波纹管内径不匹配，外径过大胀头只将波纹管挤开少许部分而遇阻卡，这种情况应在某一深度位置再次试提，悬重增加明显且又较快而又在 1.5m 行程内，说明弹性胀头确实遇卡阻，应停止上提，设法倒开安全接头，收回以上工具及管柱，处理波纹管，然后打捞胀头部分。

（10）候凝固化：补贴全部完成后，起出补贴工具、管柱，候凝固化时间不少于 48h。

（11）检测补贴深度位置：候凝 12h 后可进行井径仪测井，检验核对补贴深度位置。

补贴井段试压是检验补贴效果的一种重要措施指标，一般用双封隔器加节流器的管柱结构进行试压。试压时，按地质要求进行。

（12）完井：按地质方案、设计要求完井，装采油（注水）井口，交井。

（二）膨胀管补贴套管工艺

膨胀管技术是通过液压或机械驱动锥体或滚球扩张膨胀管，用于钻井、完井、修井和悬挂等各层面的工艺。1991 年由壳牌公司提出膨胀管构想，但直到 1999 年壳牌与美哈里伯顿能源公司合伙成立 Enventure 公司，才开始正式工程实施。

在油田的开发后期，套管损坏井越来越多，膨胀管技术为套管损坏治理提供了新的方法，不仅可以长距离补贴套管，还可以用来封堵炮眼和漏失层。它可以修补数百米的套管，补贴后套管内径比原有套管缩小十几毫米，不影响作业和生产，这对于大段套管被腐蚀的井有特别的意义，是目前世界上最先进的套管补贴技术之一。

1. 膨胀管在石油行业的主要作用

（1）优化井身结构。新技术以近柱状的井深结构代替原有上大下小、大锥度分布套管，例如国内超深井和海洋钻井原采用的套管系列，自外而内为六级管径 30in－20in－13⅜in－9⅝in－7in－5½in。由于上部套管过大，提高了管材成本。相应对于大钻孔破岩的扭矩也增大，这样只能被迫拉低钻速，钻进进尺缓慢，延长了钻井周期。用膨胀管技术，可将上部钻井尺寸缩小一半为 16in，甚至 5½in 上下一样粗。这样加快了钻深井的钻进速度，节省钻孔套管，钻井完井周期缩短了 30%，系统工程费平均降低 17%。Enventure 最近六口井节省 2 亿 3800 元人民币。

（2）提高固井质量，增大完井通径，延长使用寿命。膨胀管下井到位后，先压注泥浆，后经膨胀压实，提高了基础密实程度，稳定固井质量，延长油井使用寿命。同时新技术可增大套管工作通径 40%或更大，利于提高单井产量。

（3）解决修井系列难题，提高可修井比例。利用上述膨胀管可以修补长井段；同时利用膨胀管刚柔结合的界面，松弛热疲劳应力，能把缺陷井修复率由 1/2 提高至 4/5。特别适合修补大段套损井，还可用于侧钻井、水平钻井的修井。

（4）可膨胀实体管用作尾管悬挂器。可膨胀管用作尾管悬挂器比常规尾管悬挂器和尾管上封隔器更简单、经济。膨胀时，其驱动头不是让整个尾管膨胀，而仅膨胀一小段尾管（约 10m）来形成尾管悬挂器，同时，这一小段尾管还充当尾管上封隔器。可膨胀尾管悬挂器集尾管悬挂和尾管上密封功能于一身，因而可最大限度地减少尾管顶部的挤水泥作业。与常规尾管悬挂器和尾管上封隔器相比，可膨胀尾管悬挂器可延长平均故障间隔时间，减少维修费用。

（5）处埋应急复杂地层多发事故。特别是对于我国西部油田常见的盐压裂碎石带、压裂压力敏感带和煤层、泥岩层、流沙层、盐膏层、变压力层、糖葫芦井眼塌方等复杂井况，很适合应用膨胀管。

2. 膨胀管基本参数

美国亿万奇（Enventure）公司膨胀管性能表

膨胀前		膨胀后	
钢　级	LSX80	膨胀率	13.4%
屈服应力	80,000ksi	接箍外径	124.41mm（4.898in）
质　量	15.92kg/m	质　量	16.96kg/m
外　径	107.95mm（4.25in）	外　径	120.83mm（4.757in）

续表

膨胀前		膨胀后	
内　径	95.25mm(3.75in)	内　径	108.97mm(4.290in)
通　径	92.08mm(3.625in)	通　径	104.83mm(4.127in)
壁　厚	6.35mm(0.25in)	壁　厚	5.93mm(0.234in)
管体抗内压	568BAR(8235psi)	管体抗内压	444BAR(6446psi)
启动器抗内压	567BAR(8229psi)	管体抗外挤	250BAR(3636psi)

中国上海膨胀管(适用于 ϕ 139.7mm 套管)性能表

膨胀前		膨胀后	
钢　级	ZP-05	膨胀率	35%
接箍外径	114~116mm	接箍外径	121.5mm
质　量	16.87kg/m	质　量	17.76kg/m
外　径	102~108mm	外　径	119.5~121.5mm
内　径	89~95mm	内　径	106~108mm
壁　厚	5.95~6.25mm	壁　厚	5.93~6.2mm
抗拉强度	≥950 MPa	抗拉强度	≥950MPa
屈服强度	≥560MPa	屈服强度	≥560MPa
管体抗内压	—	管体抗内压	≥50MPa
管体抗外挤	—	管体抗外挤	≥31MPa

3. 膨胀管补贴前期准备

(1) 井眼准备:目前膨胀管套管补贴主要应用于套管损坏井。准备畅通规则的、符合膨胀管下井要求的井眼是顺利实施膨胀管套管补贴的基本条件。主要有以下四方面内容。

(2) 套管损坏修复:采用各种磨扩铣修套技术、套管锻铣打通道技术、套管整形工艺技术对存在套管变形或破裂的井段进行修复,以期达到膨胀管入井通径的井眼。

(3) 通径检验井眼:用符合套管补贴要求的通径规通井检测、确认井眼畅通无阻卡,补贴段套管及以上井段不存在严重变形。

(4) 校深找漏:膨胀管套管补贴封隔的对象主要是套漏套破或出水层位,在补贴之前必须通过测井或封隔器卡封找漏、校深,确认套管破漏的准确位置。

(5) 精确检测井径:采用 16 臂井径测井,确认补贴段套管微变形、鼓包、毛刺分布位置,便于安装膨胀管时采取相应的避让措施,保证膨胀补贴顺利完成。

4. 膨胀套管补贴施工步骤

(1) 膨胀管地面、井口连接:用膨胀管专用微牙痕链钳和卡盘,按照上扣扭矩标准上紧。入井膨胀管内外壁、膨胀工具、钻杆、接头必须清洗干净,严禁带入沙土等杂物。保证钻杆密封和压力的稳压传递,第一次用于膨胀管补贴的管具必须试压检验其密封效果。

(2) 限速下钻:控制膨胀管下井速度,匀速下放,过套管损坏段、射孔段必须缓慢下放,保障膨胀管安全下井到补贴位置。

(3) 管柱校深：膨胀管下至预定位置，要用磁定位测井校深，根据校深结果进行调整，确保膨胀管补贴位置准确。

(4) 正循环洗井：补贴前用配置压井液正循环洗井 1~2 周，清洗井壁和发射室中残留脏物，保持油套液柱压力平衡。

(5) 投球憋压：洗井完成，向补贴管柱投球、憋压，实施套管补贴。憋压一般不超过膨胀管启动压力，观察套管返水状况，判断整个膨胀系统的密封能力。

(6) 膨胀管补贴：继续打压，启动发射器至坐挂成功。之后根据井况和设备情况，控制泵压、悬重和膨胀提拉速度，实施膨胀管补贴。

(7) 完成补贴：计算补贴钻具运行距离，在胀头即将膨胀完毕，提高泵压、降低悬重，当泵压突然降低，套管返水，钻具悬重恢复，补贴完成。

(8) 密封检测：根据井身状况、补贴层位情况，制定出合理的验证施工工序，进行验证。若补贴段在射孔段上部，则采用关闭封井器直接打压做耐压检验；在层间需要进行卡封试压检测。试压按照石油技术标准进行。

(9) 钻堵头：根据补贴后膨胀管内经选择合适直径的钻头，钻掉发射器堵头。

(10) 通井完井：补贴完成后，根据地质方案要求，进行冲砂、通井，满足方案要求后完井投产。

第二节　打　　捞

在油水井生产过程中，由于各种原因常引起井下落物和井下工具遇卡。各种井下落物在很大程度上影响着油水井的正常生产，严重时可造成停产。因此，需要针对不同类型的井下落物，选用相应的打捞工具，捞出井下落物，恢复油水井正常生产。

一、井下落物的危害

(1) 堵塞油层，影响油水井正常生产。
(2) 缩短沉砂口袋，增加油井维修次数。
(3) 妨碍增产措施的进行。
(4) 易造成卡管柱事故。
(5) 造成油水井侧钻甚至报废。

二、打捞作业的分类

捞出井下落物的作业过程称打捞作业。可以从不同角度对打捞作业的性质进行分类。

(一) 按落物种类进行划分

根据井下落物的种类可将打捞作业分成四类：
(1) 管类落物打捞，如油管、钻杆、抽油泵、电动潜油泵、封隔器、射孔枪、管类工具等。
(2) 杆类落物打捞，如(断脱的)抽油杆、测试仪器、加重杆等。
(3) 绳类落物打捞，如录井钢丝、电缆等。
(4) 小件落物打捞，如铅锤、刮蜡片、压力计、取样器和阀球、牙轮、钳牙、螺栓等。

(二) 按打捞作业的难易程度划分

现场上按照工程处理难易程度进行分类，可分为简单打捞和复杂打捞两种。这种划分方法便于施工准备和制定施工措施。

(1) 简单打捞的划分界限是:凡掉入井内的管类、封隔器和绳类等,没有卡钻遇阻等复杂情况,一般作业队的设备及技术力量能够解除的,并且不需要采用转盘倒扣、套铣、磨铣等工艺的作业。在采油、注水、修井过程中掉入井内的铅锤、刮蜡片、压力计、钢丝和钢丝绳等,或在修井过程中没有按操作规程施工造成的修井工具、管类、绳类掉入井中,或钻具(管柱)、封隔器被卡断落在井内,用简单提拉、震击解卡可以解除的,均属于简单打捞。

(2) 复杂打捞的划分界限是:凡掉入井内或卡在井内的管类、封隔器和绳类等,一般作业队设备及技术力量无法处理,须使用倒扣、套铣、钻磨及爆炸措施处理才能恢复正常生产的作业过程。

三、井下落物打捞

(一) 打捞的基本原则

打捞井下落物时要遵循以下原则:

(1) 打捞过程中要确保油、水、气层不受二次污染与破坏。

(2) 不损坏井身结构(套管与水泥环)。

(3) 处理事故过程中必须使事故越处理越容易,而不能越处理越复杂。

(二) 打捞施工操作规程与要求

(1) 全面检查提升系统,加固井架绷绳。

(2) 检查打捞工具及钻具的规范、强度,绘示意图,记录齐全。

(3) 采用合理的钻具组合,做到能捞能放,能进能返,有预防再度发生事故的措施。

(4) 井下情况搞清后钻具才可下井。

(5) 打捞前应将鱼头冲洗干净。

(6) 修整鱼头或套铣时,磨鞋外围不能焊硬质合金,不能损伤套管。

(7) 在预计位置探不着鱼头或提前遇阻,达不到位置不能硬压强下,应先分析原因再处理。

(8) 套铣被卡油管柱时,铣管长度仅限一个单根,停泵前应充分洗井。

(9) 打捞施工中除必要的工作人员外,其余人员应离开操作台。

(10) 捞上落物后应试提再上起,不能超负荷硬提猛拔。

(11) 提钻上起应平稳操作,不能敲打钻杆。

(12) 每打捞上来一次都要总结一次经验教训,进一步判断井下情况,确定下步打捞工具与措施,直至全部打捞结束。

(13) 套管内打捞钢丝绳时,打捞工具上部应带一个圆盘,防止钢丝缠到上部卡死打捞钻具。

(14) 自喷井用钢丝绳打捞井下落物时,应在井口装防喷盒与防喷管。

(三) 井下落物的处理方法

(1) 捞出落物:下各种打捞工具将落物整体或分段捞出。

(2) 磨铣落物:下磨铣工具把落物磨铣掉。

四、常用的打捞工具及监督要点

在长期的打捞实践中,人们根据不同类型的井下落物,设计出了许多相应的打捞工具。

（一）管类落物打捞

管类落物包括油管、钻杆、管类工具、封隔器、套铣筒等入井的各类管类工具。

1. 打捞施工前应落实的几个方面的资料

（1）落实井况：

① 了解被打捞井的地质、钻井、采油资料，搞清井身结构，套管完好情况，井下有无早期落物。

② 搞清落井原因，分析落井后有无变形可能及井下卡、埋等情况。

③ 计算鱼顶深度，判断清楚鱼顶的规范、形状和特征。对鱼顶情况不清时，要用铅模或其他工具下井探明(必要时应冲洗鱼顶)。

（2）制定打捞方案：

① 绘出打捞管柱示意图。

② 制定出施工工序细则及打捞过程中的注意事项。

③ 根据打捞时可能达到的最大负荷加固井架。

④ 制定安全防卡措施，捞住落鱼后，若井下遇卡仍可以脱手。

（3）选择下井工具：

① 根据鱼顶的规范、形状和所制定的打捞方案选择合适的下井工具。

② 下井工具的外径和套管内径之间间隙不能小于 6mm。若受鱼顶尺寸限制，两者直径间隙小于 6mm 时，应在下该工具之前，下入外径与长度不小于该工具的通井规通井至鱼顶以上 1~2m。

③ 下井工具的外表面一般不准带刃、镶焊硬质合金或敷焊钨钢粉。必要时，其紧接工具上部须带有大于工具外径的接箍或扶正器(铣鞋除外)。

④ 公锥、捞矛等打捞工具在大直径套管中打捞时，必须带有引管和引鞋及其他定心找中装置。

⑤ 若在处理鱼顶或打捞中需循环洗井，则选择的工具必须带有水眼，优先选用可退式打捞工具。当受条件限制选用不可退式工具时，下井管柱必须配有安全接头。

⑥ 工具下井前必须进行严格检查，做到规格尺寸与设计统一、强度可靠、螺纹完好、部件灵活。

2. 打捞步骤

（1）下铅模打印，以便分析井下鱼顶形态、位置。

（2）根据印痕分析井下情况及套管环形空间的大小，选择合适的打捞工具。

（3）按操作程序下打捞工具进行打捞。

（4）捞住落物后即可活动上提。当负荷正常后，可适当加快起钻速度。

3. 打捞管柱组合

打捞管类落鱼时，现场常用的打捞管柱组合如下(自上而下)：钻杆(油管)+上击器+安全接头+打捞工具。

根据选择的打捞工具不同分别称为：公锥打捞管柱、母锥打捞管柱、滑块捞矛打捞管柱、可退式捞矛打捞管柱、卡瓦打捞筒打捞管柱、开窗捞筒打捞管柱。对于自由下落的落物可以不下上击器，鱼顶偏的落物要视情况下扶正器和引鞋。

打捞时，判断是否捞上落鱼的方法是：

（1）校对造扣方入；

（2）观察指重表悬重变化；

（3）对比打捞前后泵压；

（4）造扣后，上提钻具若干米再下放，观察钻具深度的变化。一般捞上落鱼后放不到原来的深度。

4. 监督要点

（1）打捞油管：

① 根据鱼顶情况，正确选择打捞工具。

a.鱼顶为接箍时，选择内捞工具有：滑块捞矛（单滑块、双滑块），倒扣捞矛等；

b.鱼顶为油管本体时，选择的外捞工具：篮式捞筒、卡瓦捞筒、母锥、螺旋式捞筒、可退式捞筒等；

c.若鱼顶破坏或不规则，则要先修鱼顶后打捞，不能盲目下打捞工具，以免造成鱼顶的进一步复杂化；可选择引鞋磨鞋、领眼磨鞋、凹底磨鞋先进行磨铣或者用套铣筒套铣。鱼顶修好后，对其进行打印落实，确保鱼顶规则后再下入合适工具打捞，也可用母锥（公锥）组合工具直接倒扣更换鱼顶。

② 工具下井前，一定要测量工具的规范（有效长度、外径、内径），并画工具草图，详细了解工具的原理、性能、使用方法等，并在地面进行试验，确定工具能否捞住落物。

③ 对于外径大于 110mm 以上的工具，要严格控制速度（0.2m/s 左右），以免造成新的卡钻、顿钻事故。

④ 工具下至距离预计鱼顶 100m 时，速度减慢，距离鱼顶 5m 时，冲洗鱼顶，根据所下的工具进行正确打捞：

a.缓慢探鱼顶：加压 10~20kN，根据方入、负荷、计算深度；

b.做好打捞后的深度、方入、加压情况记录；

c.比较：打捞前后的深度，计算深度差值，判断工具的打捞是否成功；

d.试提：和打捞前的负荷对比，根据井内落鱼的长度、结构及泵压等因素判断是否捞获；在确定捞住落鱼并没有遇卡显示后，起出打捞管柱及井内落鱼；

e.上提若遇卡，则要在油管安全负荷内活动解卡，若无效，则要计算卡点位置及井内落物在井筒内的折算负荷，正确选择合适的上提负荷，进行倒扣；起出卡点以上的管柱；倒扣时要记录的资料有：上提负荷、倒扣圈数、倒扣后的负荷等。

⑤ 若油管砂埋或灰固，则要首先处理管外砂子、水泥等堵塞物；

选择套铣筒（不同规格）+母锥（公锥）组合工具，进行套铣一根同时捞出的办法，直至捞出井内全部落物。在套铣时注意钻压、钻速、排量以及出口携带物，发现憋钻、跳钻等异常现象，应立即停止加压，加大洗井排量，并上下活动管柱，处理好异常情况后，再进行套铣打捞。

（2）打捞钻杆：

① 目前，在套管内打捞钻杆，还没有一个固定的模式，均是根据现场情况，选择不同的打捞方法。常用的有：

a.直接打捞法。在钻杆不卡的情况下打捞，这种和打捞油管基本一样，这里不再详述。

b.套铣打捞法。由于钻杆卡钻较为复杂，因钻杆接箍大、内径小、强度高、硬度大，给打捞施工带来很多困难。在倒扣倒不开时，目前常采用首先磨掉钻杆接箍，然后下入套铣筒+母锥把下部钻杆接箍磨铣掉，丝扣连接处自然脱开。这样对落井钻杆较少的井是行之有效的办法，但对落井钻杆较多时，打捞就比较困难，周期长、费用高，可采用以下方法。

c.钻杆内腔冲洗爆炸法。钻杆卡钻后，首先测定卡点位置，然后用爆炸松扣的方法倒出卡点以上钻杆,然后再用套铣打捞法。若钻杆内砂堵,则选择连续油管车冲洗钻杆内腔,然后再爆炸松扣。

d.磨铣法。若落井钻杆较少,使用以上方法无法成功捞出时,则选择磨铣法,利用引鞋磨鞋或凹底磨鞋,慢慢把落物磨掉,达到设计要求。

② 监督要点:

a.根据鱼顶情况,正确选择打捞工具。

b.进行下井工具地面检查,试捞是否合格,并绘制工具草图。

c.记录探鱼顶加压吨位一般为 10~20kN,根据方入、负荷计算深度;

d.做好打捞后的深度、方入、加压情况记录;

e.试提:和打捞前的负荷对比,判断是否捞获,试提 1~2 根,确定捞住落鱼并没有遇卡显示后,起出打捞管柱及井内落物。

f.上提遇卡,则要在钻杆安全负荷内活动解卡,若无效,则要计算卡点位置及井内落物在井筒内的折算负荷,正确选择合适的上提负荷,进行倒扣;起出卡点以上的管柱;倒扣时要记录的资料有:上提负荷、倒扣圈数、倒扣后的负荷等。

g.磨铣后再打捞或再套铣的措施,磨鞋磨铣深度应精确到 0.01m。

h.应用爆炸松扣工艺,必须将对扣钻杆(油管)进行过规。

i.对扣后用连续小油管(冲管)冲洗下部钻杆内腔,确保炮弹顺利通过。

j.实施爆炸松扣前,对爆炸点上部实施一定的反向扭矩。

(二) 打捞管类落物常用工具

常用来打捞管类落物的工具有:公锥、母锥、滑块卡瓦打捞矛、接箍捞矛、可退式打捞矛、可退式打捞筒、开窗打捞筒等。

1. 公锥

(1) 概述:公锥是一种从钻杆、油管、套(铣)管、封隔器、配水器、配产器等有孔落物的内孔进行造扣打捞的工具。这种工具对于带接箍的管类落物打捞成功率较高。公锥与正、反扣钻杆及其他工具配合使用,可用于不同的打捞工艺。

(2) 型号表示方法:

① 分类(SY 5114-92):

a.公锥接头螺纹分为数字型(NC)、内平型(IF)、正规型(REG)和贯眼型(FH)。

b.公锥打捞螺纹分右旋和左旋两种。接头螺纹和打捞螺纹的旋向一致。

c.公锥打捞螺纹的牙型分锯齿形和三角形两种。一般为锯齿型。

d.公锥打捞螺纹部分有开切削槽和不开切削槽两种。

② 表示方法:根据 SY 5114-92 标准规定,公锥的产品代号由字母和数字按下列顺序组成:

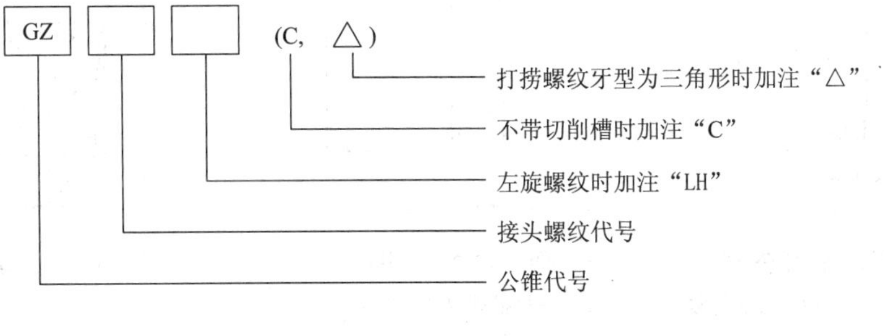

例:接头螺纹为 NC38(3½IF),打捞螺纹为右旋锯齿形并带切削槽的公锥,其标记为:GZ-NC38(3½IF)。

接头螺纹为 NC38(3½IF),打捞螺纹为左旋三角形不带切削槽的公锥其标记为:GZ—NC38(3½IF)—LH(C,△)

③ 技术规格见表 2-17-8。

表 2-17-8　打捞公锥技术规格

单位:mm

产品代号	D	d_1	d_2	d_3	L_1	L_2	L_3	L_4	打捞孔径范围
GZ—NC26(2⅜IF)—□( )	13.5	38	60	86	342	180	560	70	43~55
GZ—NC26(2⅜IF)—□( )	20	52	70	86	298	180	535	70	57~65
GZ—NC3l(2⅞IF)—□( )	20	52	70	105	298	180	535	70	57~65
GZ—NC3l(2⅞IF)—□( )	25	70	83	105	218	180	475	70	75~78
GZ—NC3l(2⅞IF)—□( )	20	43	70	105	432	200	800	70	48~65
GZ—NC38(3½IF)—□( )	20	55	82	121	432	200	800	70	60~77
GZ—NC50(4½IF)—□( )	25	86.5	108	156	344	200	800	70	89~103
GZ—3½REG—□( )	18	33.7	65	108	500	200	800	70	38~60
GZ—5½FH—□( )	25	83.5	108	178	392	200	900	70	89~103

(3) 结构:公锥由高强度合金钢锻料车制,并经热处理制成。为了便于造扣,有的公锥开有排屑槽。如果打捞后需要开泵循环,可选用未开排屑槽的公锥。

① 公锥有钻井公锥、修井公锥和大范围(大头)打捞公锥几种,如图 2-17-1、图 2-17-2、图 2-17-3 所示。

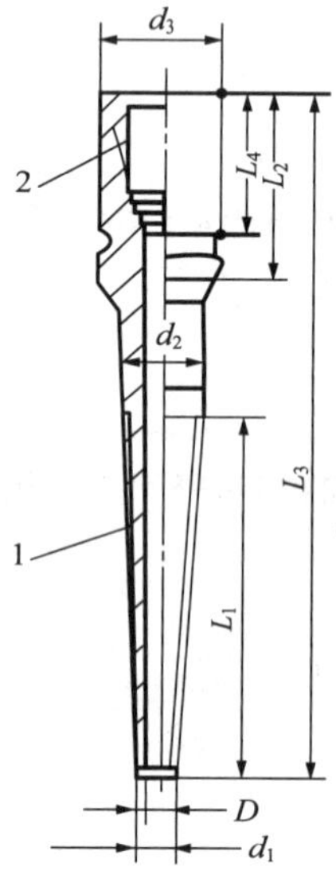

图 2-17-1　钻井公锥

1—打捞螺纹 1:16;2—接头螺纹

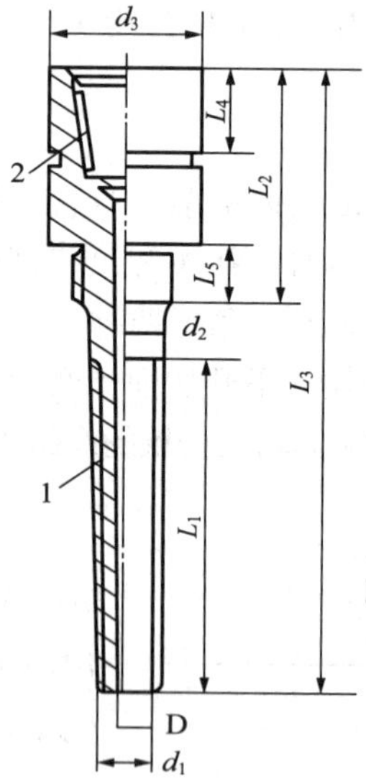

图 2-17-2　修井公锥

1—打捞螺纹;2—接头螺纹

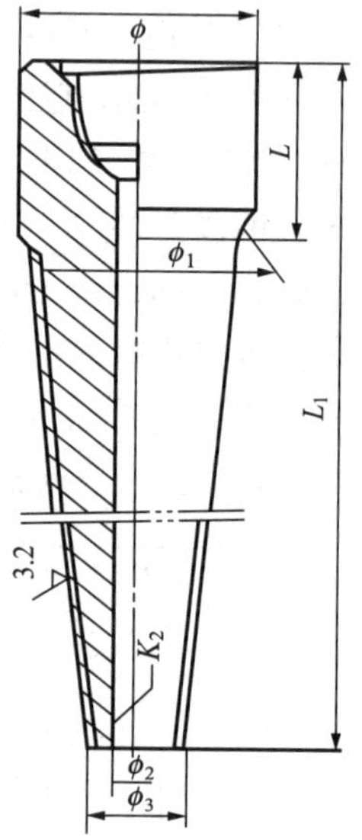

图 2-17-3　大范围打捞

② 带切削槽的公锥其切削尺寸如图 2-17-5 所示。

③ 标志槽和左旋螺纹识别槽的尺寸如图 2-17-6 所示。

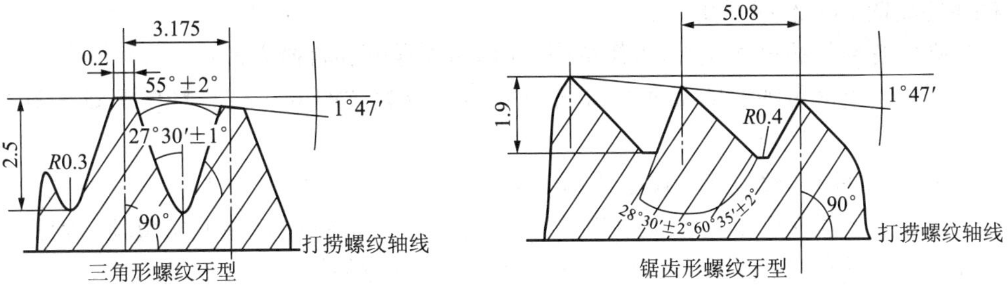

图 2-17-4　打捞螺纹牙型尺寸

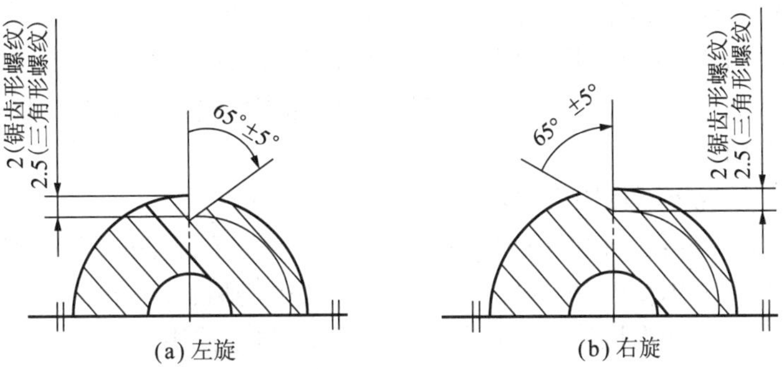

图 2-17-5　带切削槽的公锥切削尺寸

④ 技术要求。

a.产品须经无损探伤，不得有影响使用的裂纹、发纹、断扣等缺陷。

b.产品热处理后，其机械性能应符合下列要求：

抗拉强度　$\sigma_b \geq 932MPa$

屈服强度　$\sigma_{0.2} \geq 784MPa$

断面收缩率　$\phi \geq 40\%$

伸长率　$\delta_5 \geq 10\%$

冲击韧性　$A_{Kv} \geq 54J$

c.公锥接头螺纹的尺寸和精度应符合 GB9253.1 的规定。

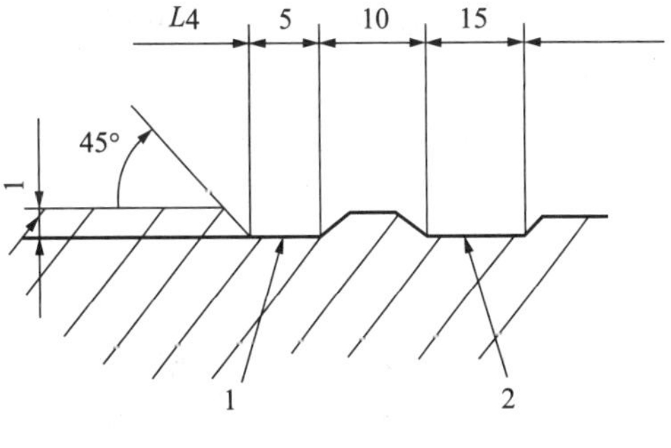

图 2-17-6　标志槽和左旋螺纹识别槽尺寸

1—左旋螺纹识别槽；2—标志槽

d.公锥打捞螺纹表面硬度 *HRC*60～65；表面粗糙度 *R*a≤3.2μm。

e.公锥接头螺纹表面须经镀铜或磷化处理。

f.自制大范围公锥打捞螺纹扣型，每英寸 8 扣的为三角螺纹，每英寸 5 扣的为锯齿螺纹。

(4) 使用操作及监督要点：

① 根据落鱼内腔尺寸选择公锥规格(母锥则根据落鱼外径尺寸选择)。检查打捞部位

螺纹和接头螺纹是否完好无损。

② 下井前做好工具的检查:新工具是否有出厂合格证,旧工具能否再用,通过地面试捞,确定能用时方可准许下井。

③ 测量各部位的尺寸,绘出工作草图,计算鱼顶深度和打捞方入。

④ 用相当于落鱼硬度的金属物敲击非打捞部位螺纹的方法检验打捞螺纹的硬度和韧性。

⑤ 工具下井时一般应配接震击器和安全接头。

⑥ 下钻到鱼顶深度以上 1~2m 开泵冲洗,然后以小排量循环并下探鱼顶。根据下放深度、泵压和悬重的变化判断工具是否进入鱼腔。上提方钻杆有挂扣感觉、泵压增高、悬重下降,说明工具已进入鱼腔。

⑦ 造扣:造扣时,落鱼尺寸不同,造扣压力也不同,落鱼尺寸大,造扣钻压也大。造扣时先加压 5~10kN,转动 2 圈(造两扣),再逐渐增加压力造扣。

⑧ 打捞起钻前,应提起钻具,检查打捞是否可靠。起钻要求平稳操作,禁止转盘卸扣。

⑨ 对不规则的鱼顶使用母锥时,可在母锥前面加工引鞋或套铣头,保证母锥造扣前能使落物进入母锥腔内。

⑩ 注意任何情况下不得用人力转圈造扣。

(5) 现场维护保养:公锥接头螺纹、打捞螺纹涂上防锈钾基或锂基黄油,接头戴上护丝,大端直立于牢固的木箱内,挂好标识牌,存放在防雨避晒、通风干燥处。

(6) 维修:公锥为一次性使用工具,损坏后不允许修复使用。

(7) 判修、判废依据:为保证打捞的成功率,新公锥下井使用一次后,一般推荐报废,但强度较高,使用一次后无明显痕迹,或再次打捞不同直径的管类落物时,可通过地面试验,重复使用。

(8) 标准、规范:见 SY 5114—92《打捞公锥》。

2. 母锥

(1) 概述:母锥是一种专门从油管、钻杆等管状落物外壁进行造扣打捞的工具。可用于无内孔或内孔堵死的圆柱形落物的打捞。

(2) 型号表示方法:

① 分类:

a.母锥接头螺纹分为数字型(NC),内平型(IF),贯眼型(FH)和正规型(REG)。

b.母锥打捞螺纹分右旋和左旋两种。接头螺纹和打捞螺纹的旋向一致。

c.母锥打捞螺纹的牙型分锯齿形和三角形两种。一般为三角形。

② 型号表示法:根据 SY 5115—92 标准规定,母锥的产品代号由字母和数字按下列顺序组成:

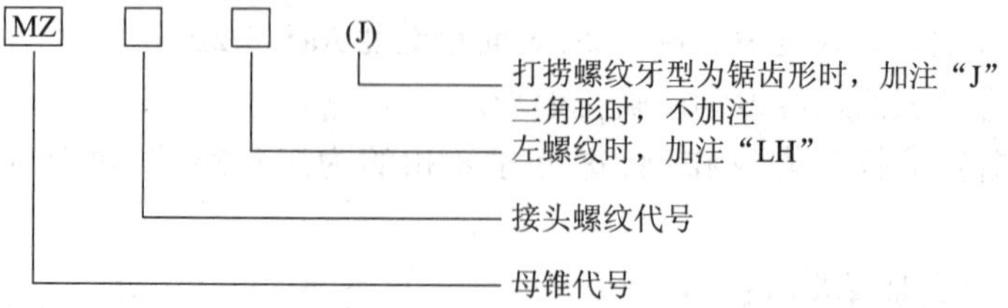

接头螺纹为 NC38,打捞螺纹为右旋三角形,其标记为:MZ—NC38(3½IF)。

接头螺纹为 3½IF，打捞螺纹为左旋锯齿形，其标记为：MZ—3½IF—LH(J)。

③ 技术规格见表 2-17-9。

表 2-17-9 打捞母锥技术规格 单位：mm

产品代号	D	D_1	d	d_1	L_1	L_2	L_3	L_4	推荐打捞管柱外径
MZ—NC26(2⅜IF)—□( )	52	80	86	86	100	175	300	15	48
MZ—NC26(2⅜IF)—□( )	68	100	86	105	100	300	600	15	63.5
MZ—2⅞REG—□( )	80	110	95	115	180	300	600	60	73
MZ—NC31(2⅞IF)—□( )	95	110	105	115	180	300	600	60	89
MZ—NC38(3½IF)—□( )	108	138	121	146	200	350	700	70	102
MZ—4½FH—□( )	120	155	148	168	200	350	700	70	114
MZ—NC50(4½IF)—□( )	135	165	156	180	200	400	750	70	127
MZ—5½FH—□( )	150	180	178	194	200	400	750	70	141
MZ—6⅝FH—□( )	176	205	203	219	200	400	750	70	168
MZ—6⅝FH—□	183	205	203	219	200	400	750	70	178

(3) 结构：母锥是长筒形整体结构，由接头与本体构成。接头上有正、反扣标志槽，本体内锥面上有打捞螺纹。打捞螺纹与公锥相同，有三角形螺纹和锯齿形螺纹两种。同时也分有排屑槽和无排屑槽两种。母锥结构如图 2-17-7 所示。

① 排屑槽应符合图 2-17-8 的规定。

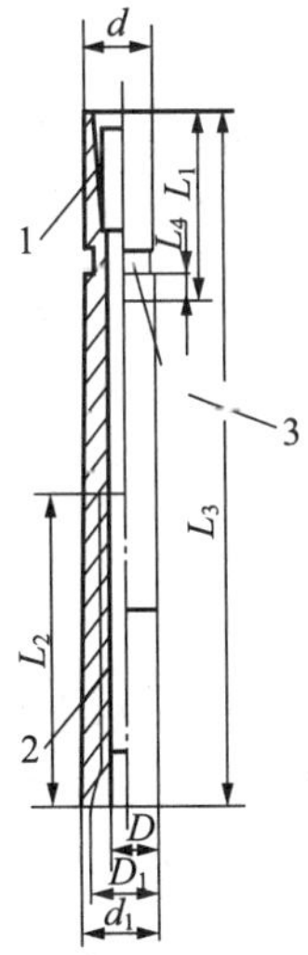

图 2-17-7 母锥结构图

1—接头螺纹；2—打捞螺纹；3—标志槽

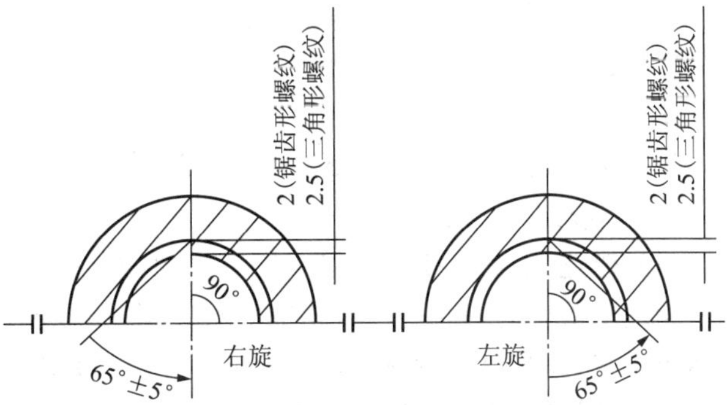

图 2-17-8 排屑槽

② 打捞螺纹的牙型和尺寸符合图 2-17-9 的规定。在纵向全长开切屑槽不少于三条。

③ 标志槽和左旋螺纹识别槽的尺寸应符合图 2-17-10 的规定。

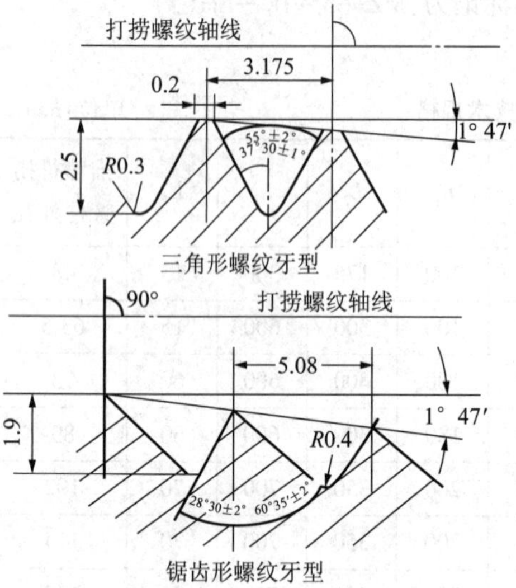

图 2-17-9　打捞螺纹尺寸

④ 技术要求：

a.产品须经无损探伤，不得有影响使用的裂纹、发纹、断扣等缺陷。

b.产品热处理后，其机械性能应符合下列要求：

抗拉强度	$\sigma_b \geqslant 932MPa$
屈服强度	$\sigma_{0.2} \geqslant 784MPa$
断面收缩率	$\phi \geqslant 40\%$
伸长率	$\delta_5 \geqslant 10\%$
冲击韧性	$A_{Kv} \geqslant 54J$

c.母锥接头螺纹的尺寸和精度应符合 GB9253.1 的规定。

d.母锥打捞螺纹表面硬度 *HRC*60～65；表面粗糙度 *R*a≤3.2μm。

e.母锥接头螺纹表面须经镀铜或磷化处理。

(4) 使用操作及监督要点：由于母锥和公锥在使用方法上一样，其操作步骤和监督要点参照公锥。

(5) 现场维护保养：母锥接头螺纹、打捞螺纹涂上防锈钾基或锂基黄油，接头戴上护丝，大端直立于牢固的木箱内，挂好标识牌，存放在防雨避晒、通风干燥处。

(6) 维修：母锥为一次性使用工具，损坏后不允许修复使用。

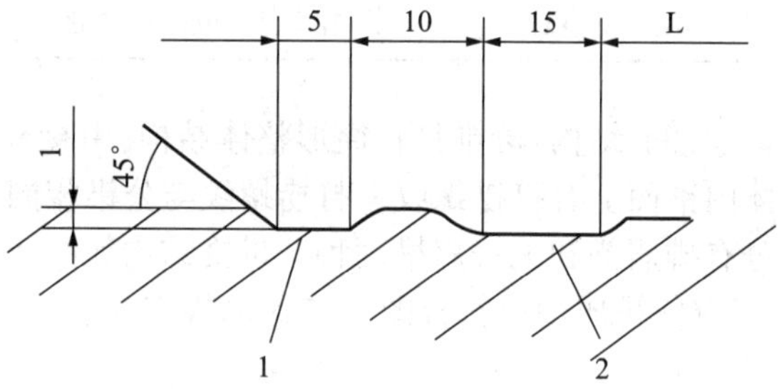

图 2-17-10　标志槽和左旋螺纹识别槽

1—左旋螺纹识别槽；2—标志槽

(7) 判修、判废依据：为保证打捞的成功率，新母锥下井使用一次后，一般推荐报废，但强度较高，使用一次后无明显痕迹，或再次打捞不同直径的管类落物时，可通过地面试验，重复使用。

(8) 标准、规范见 SY 5115—92《打捞母锥》。

3. 可退式卡瓦打捞矛

(1) 概述：卡瓦打捞矛现场应用有多种：如滑块捞矛、接箍捞矛、可退式卡瓦打捞矛等，这些均是从落鱼的内腔进行打捞的一种工具。现场较为常用的是滑块捞矛和可退式卡瓦打捞矛。主要用于打捞钻杆、油管、套管等管类落物。由于滑块捞矛较为简单，本节不详细介绍，重点以可退式卡瓦打捞矛为例介绍捞矛的工作原理及使用方法。可退式卡瓦打捞矛根据具体情况，它可以与内割刀、震击器等工具配合使用。如果落鱼提捞不起，打捞矛也能很容易的退出来。

（2）型号表示方法如下：

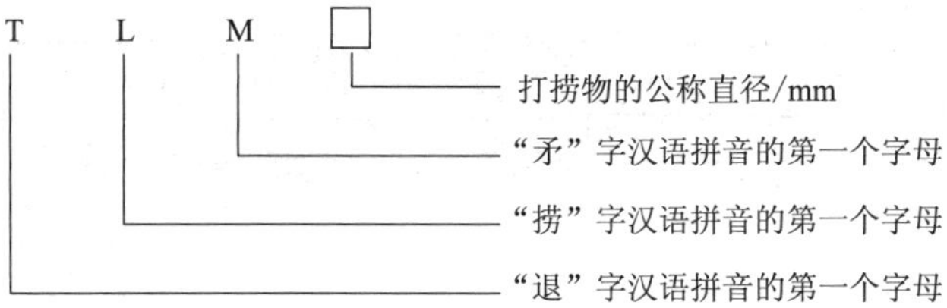

打捞矛规格系列及性能参数见表 2-17-10，现有型号能够满足实际生产需要。

表 2-17-10　可退式捞矛规格及性能参数

序号	规格型号	外形尺寸（直径×长度）/mm×mm	接头螺纹 mm/(in)		使用规范及性能参数		
			钻杆扣	油管扣	打捞外径/mm	许用拉力/kN	卡瓦窜动量/mm
1	LM—T48	48×447	NC26(2A10)	1.900TBG	40.3~44	210	6
2	LM—T60	86×618	NC26(2A10)	60.32TBG (2⅜)	46.1~50.3	340	7.7
3	LM—T73	95×615	73.02(2⅞) REC	73.02TBG (2⅞)	54.6~62	535	7.7
4	LM—T89	105×670	NC31(210)	73.02TBG (2⅞)	66.1~77.9	814	10
5	LM—T102	105×761	NC31(210)	88.9TBG (3½)	84.8~90.1	1078	10
6	LM—T114	105×823	NC31(210)		92.5~102.3	1078	10
7	LM—T127	(110~118)×850	NC31(210)		101.6~115.0	1450	13
8	LM—T140	(120~130)×896	NC31(210)		117.7~127.7	1632	13
9	LM—T168	(146~160)×1100	NC38(310)		140.3~115.3	1920	16
10	LM—T178	(157~170)×1100	NC38(310)		149.8~163.8	1920	19
11	LM—T219	(198~210)×1200	NC50(410)		190.8~205.7	2200	19
12	LM—T245	(222~235)×1200	NC50(410)		216.8~228.7	2200	19

（3）结构：可退式卡瓦打捞矛的结构如图 2-17-11 所示。它是由心轴、圆卡瓦、释放环、导向引锥等组成。每种规格的打捞矛都配有多种不同尺寸的卡瓦，供打捞作业时选用。

滑块打捞矛分为单滑块捞矛和双滑块捞矛，其结构如图 2-17-12、2-17-13 所示。该捞矛也称为“死捞矛”，一旦捞住落物就不能脱手或丢开。对于临时落井的管类落物，内腔未被砂堵或灰固，确定落物不卡时，选择该打捞工具较为合适。它既能打捞带接箍的管类落物，又能配合引鞋打捞是本体的管类落物。它是由上接头、矛杆、卡瓦、锁块、螺钉、导向引锥等组成。根据落物的内径不同，选择的捞矛尺寸也不相同，使用情况据现场情况定，滑块捞矛系列工具标准详见表 2-17-11。

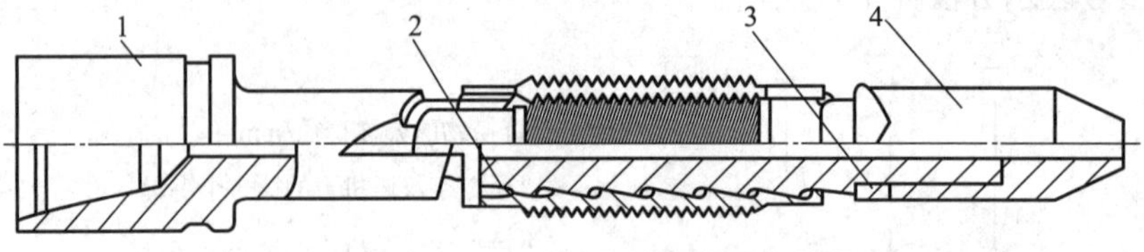

图 2-17-11　可退式打捞矛

1—心轴;2—圆卡瓦;3—释放圆环;4—导向引锥

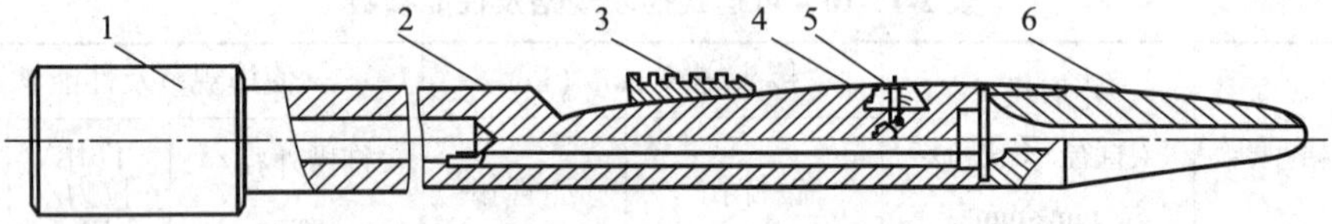

图 2-17-12　单滑块捞矛

1—上接头;2—矛杆;3—卡瓦;4—锁块;5—螺钉;6—导向引锥

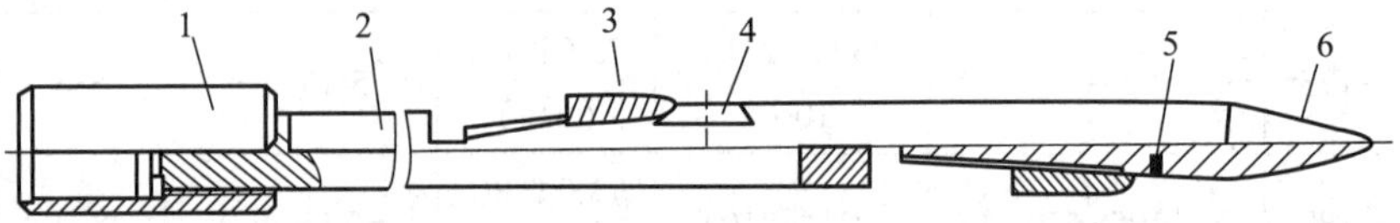

图 2-17-13　双滑块卡瓦打捞矛

1—上接头;2—矛杆;3—卡瓦;4—锁块;5—螺钉;6—导向引锥

表 2-17-11　滑块卡瓦打捞矛

序 号	规格型号	外形/mm	接头螺纹	使用规范及性能参数		
				打捞落物内径/mm	许用拉力/kN	工具长度分档/mm
1	HLM—D(S)48	73	60.3(2⅜in)TBG	38	251	550 650 750 800 1000 1200 1500 1800 2000
2	HLM—D(S)60	86	NC26(2A10)	42~53.8	496	
3	HLM—D(S)73	105	NC31(210)	52.6~64	781	
4	HLM—D(S)89	105	NC31(210)	64.1~77.9	1093	
5	HLM—D(S)102	105	NC31(210)	77.6~92.1	1147	
6	HLM—D(S)114	121	NC38(310)	90~102.5	2246	
7	HLM—D(S)127	121	NC38(310)	103~117.8	2746	
8	HLM—D(S)140	135	NC38(310)	115.7~129.3	3854	
9	HLM—D(S)165	165	NC38(310)	138.3~156.3	5384	
10	HLM—D(S)178	175	NC38(310)	152.3~168.1	5928	

接箍捞矛是专门针对打捞抽油杆或油管接箍而制定的一种打捞工具,如图 2-17-14 所

示。其规范参数见表 2-17-12 所示。分为抽油杆接箍捞矛和油管接箍捞矛，根据现场具体情况选择该工具。接箍捞矛使用较少，现场大修打捞多使用可退式卡瓦捞矛。

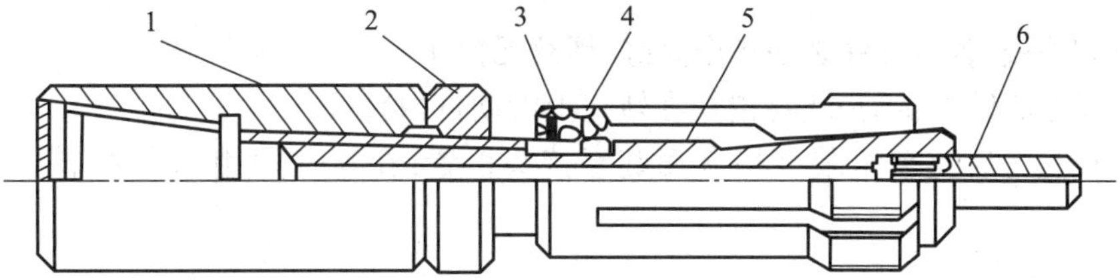

图 2-17-14　油管接箍捞矛

1—上接头；2—锁紧螺母；3—导向螺钉；4—卡瓦；5—心轴；6—冲洗管

表 2-17-12　接箍打捞矛

序号	规格型号	外形尺寸（直径×长度）/mm	接头螺纹/mm(in)	使用规范及性能参数		
				落鱼规格/mm(in)	许用拉力/kN	套管规格/mm(in)
1	JKLM38	38×260	19.05(¾)抽油杆接箍扣	15.87(⅝)，19.05(¾)抽油杆接箍	70	60.32(2⅜) TBG
2	JKLM46	46×265	25.4(1) 抽油杆接箍扣	22.22(⅞)，25.4(1) 抽油杆接箍	90	60.32(2⅜)TBG
3	JKLM73	85×300	60.3(2⅜)TBG	60.3(2⅜)油管接箍	350	114.3(4½)套管
4	JKLM90	95×380	73.2(2⅞)TBG	73.02(2⅞)油管接箍	550	127.0(5) 139.7(5½)套管
5	JKLM107	112×480	88.9(3½)TBG	88.9(3½)油管接箍	700	139.7(5½)168.27(6⅝)套管
6	JKLM121	126×550	101.6(4) TBG	101.6(4) 油管接箍	700	168.27(6⅝)以上套管

（4）使用操作及监督要点：

① 打捞钻具的组合。为了避免捞后卡钻，一般情况下打捞矛上面不接钻铤。

a.井身质量好，不易发生捞后卡钻时采用打捞矛+(上)下击器+钻具。

b.井下情况不明，可能出现捞后卡钻时采用打捞矛+安全接头+下击器+上击器+钻铤+钻具。

c.与内割刀配合使用时采用内割刀+小钻具+打捞矛+钻具。

最好是：找箍器+内割刀+小钻具+打捞矛+下击器+钻具。由于该工具串较为复杂，现场实际施工时首先选择内割刀或化学切割从卡点以上割断落井管柱，然后下入合适捞矛起出卡点以上管柱，再结合套、磨、铣等复合措施捞出全井落物。

② 下井前准备：

a.工具选择：

Ⅰ.根据落鱼内径尺寸选择可退式打捞矛的规格见表 2-17-10，滑块捞矛规格见表

2-17-11，接箍捞矛规格见表 2-17-12。

Ⅱ.卡瓦有效打捞尺寸应比落鱼打捞部位内径尺寸大 1~3mm。

b.检查：

Ⅰ.拆卸检查，各零部件必须齐全完好，螺纹无损伤。

Ⅱ.卡瓦在心轴上转动灵活（滑块在轨道上滑动自如）。

Ⅲ.检查完毕后重新组装。将卡瓦旋至接头位置，在运送中用麻布将卡瓦包住加以保护。

c.监督操作要点：

Ⅰ.当鱼顶有向内的毛刺时，应设法磨铣掉或选用外捞工具。

Ⅱ.下钻前应仔细测量下井工具，并画出工具草图。

Ⅲ.下钻前计算好鱼顶方入和打捞方入。

Ⅳ.下钻前应在地面对工具进行试捞，进一步确定选择的工具是否好用。下钻时按钻具规定扭矩紧扣。

Ⅴ.根据具体情况可以停泵打捞或开泵打捞。缓慢下放钻柱，加压直至打捞方入，再逆（正）时针旋转 1.5~2 圈，然后轻提，观察悬重。捞获后试开泵顶通水眼，若落鱼被卡，则活动钻具或启动震击器解卡。若活动解卡无效，倒扣不成，也可退出可退式打捞矛。

Ⅵ.在井下退出可退式打捞矛时，先用 50~200kN 钻具重力下压或启动下击器下击，松开卡瓦和落鱼内壁之间的咬合。再上提钻具并使其悬重小于打捞悬重 5kN，然后，顺（逆）时针转动钻柱 3~5 圈；如此反复操作，直至退出可退式打捞矛为止。

Ⅶ.在钻台上从落鱼内腔卸打捞矛的方法是先下击后右（左）旋即可，但此法很少使用，因为捞矛下部落物数量、是否松动均不清楚，一旦震击力过大，造成落物重复落井；在钻台操作时一般在小鼠洞内下击释放落鱼即可完成。

Ⅷ.起钻不准用钻盘卸扣。

Ⅸ.起钻遇卡，应开泵循环上下活动钻具解卡，不可转动或猛提猛顿。

（5）现场维护保养：

① 使用后应清除泥污，检查各零件的安全性，然后涂防锈油，配带护丝，并存放于通风干燥处，储存中每季度进行一次保养。

② 现场检查，出现判修、判废依据情况之一者应回收修理或报废。

（6）维修、报废依据：

① 维修依据：

a.使用后发现外伤、弯曲、螺纹损伤时，应回收修理。

b.打捞作业中可退式打捞矛承受许用（见表 2-17-10）拉力 60% 的负荷后，应予回收修理。

② 报废依据：

a.接头螺纹、心轴无损检测有缺陷，应予判废。

b.接头、心轴损伤、弯曲无修复价值，应予判废。

c.为保证打捞的成功率，新卡瓦下井使用一次后，若有明显痕迹一般推荐报废。

（7）标准、规范 SY 5069-2000《修井用可退式打捞矛》。

4. 卡瓦打捞筒

（1）概述：可退式卡瓦打捞筒是从落鱼外径抓捞落鱼的打捞工具。它可以打捞钻铤、钻杆、油管、接头、接箍和其他入井用管子。该系列工具功能完备，有密封结构，抓住落鱼后能进行泥浆循环。若抓住的落鱼被卡也能很容易退出来。还带有铣鞋，能有效地修理鱼顶裂口、飞边，便于落鱼顺利进入捞筒。如果需要增大网捞面积可连接加大引鞋，鱼顶偏倚井壁时可使用壁钩，抓捞部位距鱼顶太远可增接加长节。还有根据目前电泵型号专门制作的电泵专用捞筒，其结构和工作原理都是一样的，不作专门介绍。

（2）型号表示方法如下：

打捞筒规格系列及性能参数见表 2-17-13、表 2-17-14，现有型号 LT-T286、LT-T245、LT-T219、LT-T213、LT-T206、LT-T200、LT-T143 、LT/S-T108A、LT/S-T102A 等。

T L T □ A(B)

- A(B)——结构分类代号
- □——打捞物的公称直径/mm
- T——"筒"字汉语拼音的第一个字母
- L——"捞"字汉语拼音的第一个字母
- T——"退"字汉语拼音的第一个字母

表 2-17-13 卡瓦捞筒规格及其卡瓦尺寸(一)

型号			LT/S-T102A 4in	LT/S-T108A 4¼in	LT-T143 5⅝in	LT-T200 7⅞in	LT-T206 8⅛in
螺旋卡瓦	最大打捞尺寸/mm(in)		73 (2⅞)	77 ($3\frac{13}{32}$)	121 (4 ¾)	159 (6¼)	178 (7)
	常用打捞尺寸/in		2⅞,2¾,2⅝,2⅜,$2\frac{9}{16}$	$3\frac{13}{32}$,3,2⅝	4¾,4⅝,4½, 4⅜,4¼, 4⅛	6¼,6⅛,6	7,6⅞,6¾, 6⅝
	抗拉屈服载荷/10kN(t)		76 (77)	98 (100)	132.3 (135)	291.1 (297)	187.2 (191)
篮状卡瓦	最大打捞尺寸/mm(in)		(60.3) 2⅜	(60.3) 2⅜	108 (4¼)	141 ($5\frac{9}{16}$)	162 (6 ⅜)
	常用打捞尺寸/in		2⅜,2¼,2⅛,2,1⅞	2⅜,2¼,2⅛,2,1⅞	4,3⅞,3¾,$3\frac{13}{16}$,3½,$3\frac{11}{16}$, 3¼,3⅜, 2⅞	5,4⅞,4¾,4½, 4⅜	6¼,6⅜,6⅛,5½,5⅜,5,4⅞
	抗拉屈服载荷 10kN(t)	无台肩	59.8 (61)	59.8 (61)	114.1 (117)	252.8 (258)	177.4 (181)
		有台肩			82.3 (84)	190.1 (194)	137.2 (140)
打捞筒外径/mm (in)			102	108	143 (5 ⅝)	200 (7 ⅞)	206 (8 ⅛)
连接内螺纹			2⅜IF	2⅜IF	NC35 3½IF	NC50 4IF	NC50 4IF
总成质量/kg			56	69	59	142	114

表 2-17-14 卡瓦捞筒规格及其卡瓦尺寸(二)

型号			LT-T213 $8\frac{3}{8}$in	LT-T219 $8\frac{5}{8}$in	LT-T245 $9\frac{5}{8}$in	LT-T260 $10\frac{1}{4}$in	LT-T286 $11\frac{1}{4}$in
	最大打捞尺寸/mm(in)		178 (7)	178 (7)	203 (8)	219 ($8\frac{5}{8}$)	2445 ($9\frac{5}{8}$)
	常用打捞尺寸/mm(in)		7,$6\frac{7}{8}$,$6\frac{3}{4}$,$6\frac{5}{8}$	7,$6\frac{7}{8}$,$6\frac{3}{4}$,$6\frac{5}{8}$	8,$7\frac{7}{8}$,$7\frac{3}{4}$	$8\frac{5}{8}$,$8\frac{1}{2}$,$8\frac{1}{8}$	$9\frac{5}{8}$,9
	抗拉屈服载荷/10kN(t)		76 (77)	132.3 (135)	245 (250)	292 (299)	292 (298)
螺旋卡瓦	最大打捞尺寸/mm(in)		162 ($6\frac{3}{8}$)	159 ($6\frac{1}{4}$)	190.5 ($7\frac{1}{2}$)	200 ($7\frac{7}{8}$)	225.5 ($8\frac{7}{8}$)
螺旋卡瓦	常用打捞尺寸/mm(in)		$6\frac{1}{4}$,$5\frac{1}{2}$,5,$4\frac{7}{8}$	$6\frac{1}{4}$,$5\frac{1}{2}$,5,$4\frac{7}{8}$	$7\frac{1}{2}$,$7\frac{1}{4}$,7,$6\frac{3}{4}$,$6\frac{1}{4}$,$6\frac{1}{2}$,$5\frac{1}{2}$	$7\frac{7}{8}$,$7\frac{5}{8}$,7,$6\frac{1}{4}$	8,$8\frac{7}{8}$,$8\frac{5}{8}$,$8\frac{3}{8}$,$8\frac{1}{4}$,$7\frac{7}{8}$
螺旋卡瓦	抗拉屈服载荷/10kN(t)	无台肩	257.7 (263)	241.1 (246)	226 (231)	256.8 (262)	256.6 (252)
螺旋卡瓦	抗拉屈服载荷/10kN(t)	有台肩	198.9 (203)	181.3 (185)	187 (191)	206.8 (211)	206.8 (211)
打捞筒外径/mm(in)			213 ($8\frac{3}{8}$)	219 ($8\frac{5}{8}$)	245 ($9\frac{5}{8}$)	260 ($10\frac{1}{4}$)	268 ($11\frac{1}{4}$)
连接内螺纹			NC50 ($4\frac{1}{2}$IF)	NC50 ($4\frac{1}{2}$IF)	NC56	$6\frac{5}{8}$REG	NC56
总成质量/kg			118	120	148	167	292

(3) 结构:可退式打捞筒的外筒由上接头、筒体、引鞋组成。内部装有抓捞卡瓦、盘根和铣鞋或控制环(卡)。

打捞卡瓦分为螺旋卡瓦和兰状卡瓦两类,每类又有几种尺寸。进行打捞时,可选用一种适合落鱼外径的卡瓦装入筒体内,可退式捞筒根据钻杆情况和打捞需要有正扣捞筒和反扣捞筒之分。如图 2-17-15 和图 2-17-16 所示。

螺旋卡瓦:螺旋卡瓦形如弹簧,外部为宽锯齿左旋螺纹,螺距与筒体内螺纹相同,与筒体内螺纹配合,但螺纹面较窄。内部是抓捞牙,为多头左旋锯齿形螺牙,螺牙锋利坚硬。螺旋卡瓦下端焊有指形键,与控制卡配合后就阻止了螺旋卡瓦在筒体内转动。这类螺旋卡瓦通常设计三种抓捞尺寸。其总抓捞尺寸范围 9~12mm,考虑到管子的磨损,每个卡瓦的抓捞尺寸在标准打捞尺寸以下 3mm 的范围。这就适应了井内管柱的磨损尺寸变化。

篮状卡瓦:篮状卡瓦为圆筒状,形似花篮。外部与螺旋卡瓦一样,但为完整的宽锯齿左旋螺纹,内部抓捞牙亦为多头左旋锯齿形螺牙,下端开有键槽,纵向开有等分胀缩槽,尤如弹簧卡头。考虑到管子的磨损,每个卡瓦的抓捞尺寸在标准打捞尺寸以下 3mm 范围。

控制卡:由控制卡套和卡键焊接而成,供螺旋卡瓦通用,其作用在于限制螺旋卡瓦在筒体内只能上下运动不能转动。

铣鞋或控制环:控制环下端的喇叭口带有铣齿即为铣鞋,供篮状卡瓦用。其作用有两点,是控制环的指形键与篮状卡瓦的键槽配合,约束篮状卡瓦在筒体中只能上下运动不能转动。另外一个是密封总成。内槽粘结有和各种尺寸的篮状卡瓦相适应的“R”形盘根,起着与落鱼外径密封作用，外部装有“O”形密封圈，是密封总成的通用件，起着控制环与筒体内壁的密封作用，如果下端喇叭口带有铣齿，又起着修整鱼顶裂口飞边的作用。

“A”形盘根：为橡胶短筒，内部有密封唇，为落鱼外径与筒体内壁间密封用，与各种尺寸的螺旋卡瓦配套使用，它装在筒体的上部。利用上接头的下端斜面把它适度压紧即具密封性，使用篮状卡瓦时安装“A”形盘根是无防碍的。

“R”形盘根：它的内面有密封唇，外表面粘结在控制环的内槽，与各种尺寸的篮状卡瓦配套使用。

上接头：有两个作用，上端有接头扣和捞柱连接，下端有螺纹与筒体连接，下端为斜面，起着压紧“A”形盘根的作用。

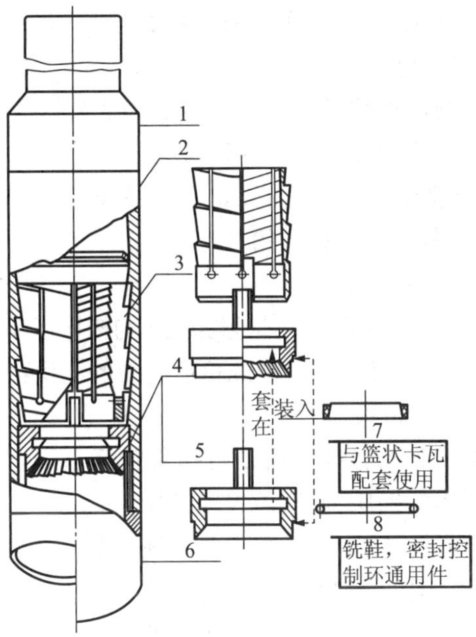

图 2-17-15　打捞筒装篮状卡瓦

1—上接头；2—筒体；3—篮状卡瓦；4—铣鞋；5—密封控制环；6—标准引鞋；7—R 型密封圈；8—“O”形密封圈

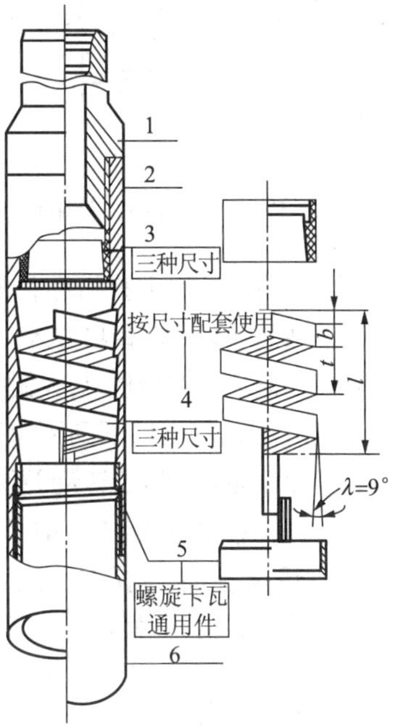

图 2-17-16　打捞筒装螺旋卡瓦

1—上接头；2—筒体；3—A 型盘根；4—螺旋卡瓦；5—螺旋卡键；6—标准引鞋；

筒体：两端有螺纹，上端的螺纹与上接头或加长节连接，下端螺纹与引鞋或壁钩连接。内部有宽锯齿螺纹和螺旋卡瓦或篮状卡瓦的宽锯齿螺纹配合，但螺纹的公称直径要比卡瓦大，这样就给卡瓦在筒体内上下运动和胀缩创造了条件。

引鞋：外径和筒体外径一致，上端有螺纹和筒体连接，上端斜面起到压紧“O”形圈的作用，下端构成一个螺旋口，能诱导落鱼进入捞筒。

打捞筒附件包括加长节、加大引鞋和壁钩，操作者可根据井内情况选用，如图 2-17-17。

(4) 使用操作及监督要点：

① 打捞钻具的组合：

a.井身质量好，不易发生捞后卡钻时采用打捞筒+上(下)击器+钻具 。

b.井下情况不明，可能出现捞后卡钻时采用打捞筒+安全接头+下击器+上击器+钻铤+钻具。

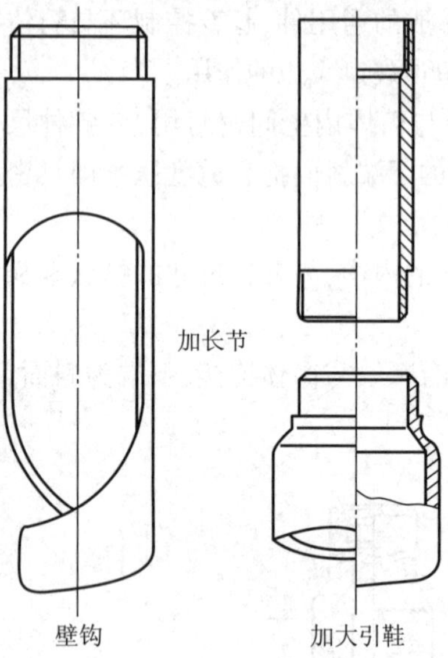

图 2-17-17　卡瓦打捞筒附件

② 下井前准备：

a.工具选择：

Ⅰ.根据落鱼尺寸选用适当捞筒，配相应尺寸的一种卡瓦和盘根等。视井身变化和井径选定引鞋或加大引鞋，亦或壁钩，确定落鱼的抓捞部位是否需要连接加长节。

Ⅱ.卡瓦公称打捞内径一般应小于鱼顶打捞部位外径1~3mm。

Ⅲ.根据实际情况，当需要增大网捞面积时，可选择使用加大引鞋；当鱼顶偏倚井壁时，可选择使用壁钩；当打捞部位距鱼顶较远时，可选择使用加长节。

b.工具检查：

下井前应按跟踪卡检查核对，准确无误后，进行地面试捞合格，并绘制工具草图后，方可下井。

③ 打捞操作：筒体内无论是装螺旋卡瓦或篮状卡瓦，打捞作业过程中打捞和释放落鱼退出捞筒的操作是相同的。

a.下钻前计算好碰鱼顶方入、铣鞋方入和打捞方入。

b.将捞筒连接在捞柱上，大钳不得夹卡在筒体上，以免损坏筒体，紧扣扭矩与捞柱相等。

c.把可退式打捞筒下到距鱼顶0.3~0.5m位置，开泵循环，冲洗鱼顶周围的沉积物。

d.停泵，顺时针间断转动并缓慢下放钻具，试探鱼顶。

e.根据打捞方入及打捞钻具悬重变化，判断卡瓦已进入鱼顶打捞部位后，停止转动。根据井身情况、鱼顶打捞部位尺寸大小，施加适当的钻压，使落鱼进入卡瓦。

f.缓慢上提钻具，根据悬重变化判断是否捞获。未捞获时，可重复上述步骤。

g.将钻具上提一定高度猛刹车一次，证明落鱼卡牢即可正常起钻。

h.在鱼顶方入找不到鱼顶时，若打捞钻具长度校对无误，可在可退式打捞筒上带加大引鞋或壁钩，亦可加肘节或弯钻杆再捞。

i.井内如需要退出落鱼，下放钻柱，顺时针方向旋转钻柱并慢慢上提，直到可退式打捞筒退出落鱼为止。无法退出时，推荐用地面震击器，用5~10t震击力多次震击。

j.捞获落鱼后，起钻时不能用转盘卸扣。

k.当落鱼起出井口后不应在井口释放，更不能在井口压松可退式打捞筒，有可能时可在钻台上压松落鱼。

l.从捞获的落物上退出打捞筒，先卡住落鱼，用链钳卡住打捞筒，顺时针转动即可。

（5）现场维护保养：

① 使用后应清除泥污，检查各零件的安全性，然后涂防锈油，配带护丝，并存放在干燥通风处，储存并每季度进行一次保养。

② 引鞋、加大引鞋、壁钩、加长节上的丝扣，未连接前都应戴上护丝。

③ 18个月未用，应更换全部橡胶密封件。

④ 现场检查，出现维修、报废依据情况之一者应回收修理或报废。

（6）维修报废依据：

① 维修依据：

a.使用后发现外伤、弯曲、螺纹损伤时，应回收修理。

b.打捞作业中可退式打捞筒承受表 2-17-6 和表 2-17-7 抗拉屈服载荷的 60%后，应予回收修理。

c.打捞作业中捞筒承受重负荷，或是强震击大扭矩后，应予回收修理。

② 报废依据：

a.接头螺纹、筒体无损检测有缺陷，应予判废。

b.接头、筒体损伤、弯曲无修复价值，应予判废

c.为打捞的成功率，新卡瓦下井使用一次后，推荐报废。

（7）标准、规范 SY 5068-2000《修井用可退式打捞筒》。

5. 开窗打捞筒

（1）概述：开窗打捞筒是打捞井下落物带接箍或台阶、无卡阻的管杆类落物的一种专用工具。在打捞作业中，一般落物负荷较轻，落物不卡，又没有合适的其他专用打捞工具时用该工具，使用该工具打捞，成本低，可根据井下落鱼状况自行加工外径及开窗尺寸。

（2）规格系列参数：开窗捞筒规格系列参数见表 2-17-15，也可根据井下落鱼状况自行加工外径及开窗尺寸。

（3）结构：开窗打捞筒由上接头、筒身、窗舌等组成（见图 2-17-18）。必要时下端可加工引鞋，窗舌开口及紧缩程度可根据落物台阶或接箍外径自由选择，现场应用多以现场加工为主。

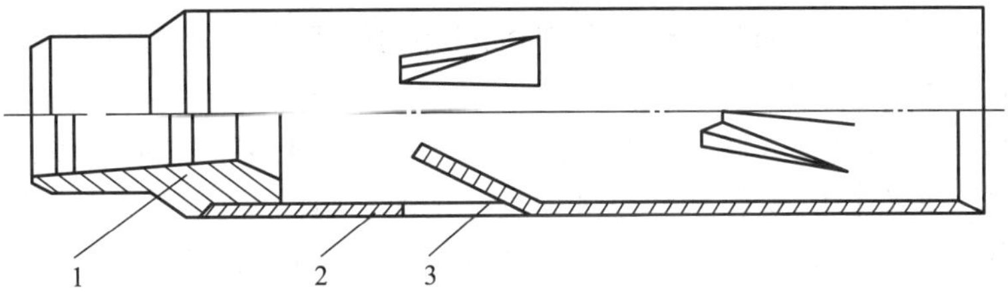

图 2-17-18 开窗捞筒

1—上接头；2—筒身；3—窗舌

表 2-17-15 开窗捞筒规格及尺寸

序 号	规格型号	外径/mm	接头螺纹/mm(in)	使用规范及性能参数			
				接箍外径/mm	窗口排数	窗舌数	适用套管/mm(in)
1	KLT92—1	92	NC26(2A10)	38,42,46,55	2	6	114.3(4½)
2	KLT114—1	114	NC31(210)	38,42,46,55	2	6	139.7(5½)
3	KLT92—1	92	NC26(2A10)	73	2—3	6—12	114.3(4½)
4	KLT114	114	NC31(210)	89.5	2—3	6—12	139.7(5½)
5	KLT140	140	NC31(210)	107,121	3—4	9—16	168.27(6⅝)
6	KLT148	148	NC38(310)	121,132.5	3—4	9—16	177.8(7)

（4）操作及监督要点：

① 鱼顶应有与开窗捞筒相配合的接箍或台阶。开窗捞筒下井前应按跟踪卡检查核对，准确无误后，地面试验确定能捞住落物，方可下井。

② 确定落物为较少的（一般不超过2t）带有台阶的管类落物或不卡的有台阶的管类落物时，才能下该工具。

③ 操作方法：

a.下井前进行试捞，并绘制工具草图。

b.下钻前计算好碰鱼顶方入、铣鞋方入和打捞方入。

c.引入落鱼后，开窗舌被落物台阶撑大，紧紧地抱住落鱼本体。上提即可捞出井下落物。

④ 注意事项：

a.确定落物不卡。

b.落物自身重量小于20kN。

c.自行加工的开窗注意开窗口的大小和尺寸，既要保持弹性好，又要保持耐拉力大。

（5）现场维护保养：

① 使用后应清除泥污，检查窗舌的安全性，然后涂防锈油，配带护丝，并存放在干燥通风处，储存中每季度进行一次保养。

② 开窗多为现场自行加工工具，一般使用一次，自行报废。

（三）杆类落物打捞工具

抽油杆断脱有两种情况：一种是断脱在油管内，另一种是断脱在套管内。在油管内打捞抽油杆比较容易，若抽油杆脱扣时，可下抽油杆对扣打捞或下卡瓦打捞筒进行打捞。在套管内打捞就比较复杂，因为套管内径大，抽油杆本身很细，刚度小易弯曲、易拔断，打捞难度和工作量都较大。

而在现场实际工作中，大修打捞抽油杆时，由于落井油杆多数弯曲变形，甚至被压成团或变为弹簧状。在操作中，要根据杆类落物具体情况，选择合适工具，比如外钩、弯曲抽油杆捞钩。打捞方法是：下钻遇阻后记下方入，然后上提钻具，从不同的方向下放，找出一个方入最大的地方，稍（缓慢）加压力（严禁加重压，以防事故恶化）。起钻时不许用钻盘卸扣。当抽油杆在井下被压实，而且用上述方法无法捞获时，对压实成弹簧装的杆类落物，则用套铣筒套铣或用大水眼的磨鞋进行磨铣。套铣后，利用打捞小件落物的方法进行打捞，如磁铁打捞器和反循环打捞篮打捞碎屑。或用套铣头+母锥直接套铣打捞，操作时参照捞钩及小件落物的操作及监督要点。

常用工具有活页式捞筒、三球打捞器、抽油杆打捞筒、组合式抽油杆打捞筒、摆动式打捞器、测试井仪器打捞筒等。

打捞杆类落物的监督要点：

（1）根据鱼顶情况，正确选择打捞工具。

（2）工具下井前，一定要测量工具的规范（结构、有效长度、外径、内径），并画工具草图，详细了解工具的原理、性能、使用方法等，并在地面进行试捞，确定工具能否捞住落物。

（3）对于外径大于110mm以上的工具，要严格控制速度（0.2m/s左右），以免造成新的卡钻、顿钻事故。

（4）工具下至距离预计鱼顶100m时，速度减慢，距离鱼顶5m时，根据所下的工具进行正确打捞。

① 慢探鱼顶：加压不大于 10kN，以防把杆类落物压弯，记录深度、方入、负荷；

② 做好捞后的深度、方入、加压情况记录；

③ 比较：打捞前后的深度，计算深度差值，判断工具的打捞是否成功；

④ 上提：和打捞前的负荷对比，根据井内落鱼的长度、质量等因素判断是否捞获；在确定捞住落鱼并没有遇卡显示后，起出打捞管柱及井内落鱼。

(5) 若落井油杆弯曲变形，甚至压实变为弹簧状，选择弯抽油杆打捞筒或者选择套铣头+母锥套铣打捞。

(6) 部分被磨碎的抽油杆及小件落物，可选用一把抓、反循环打捞篮或自行加工的合适工具，捞出落物。

下面介绍常用的两种抽油杆打捞工具。

1. 抽油杆活页打捞筒

(1) 概述：活页捞筒是一种从套管内打捞抽油杆的专用打捞工具，打捞成功率较高。

(2) 型号表示方法：

① 分类：

a.活页捞筒接头螺纹分为数字型(NC)、内平型(IF)、正规型(REG)和贯眼型(FH)。

b.活页捞筒接头分为正扣和反扣。

② 表示方法：

活页打捞筒的产品代号由字母和数字按下列顺序组成：

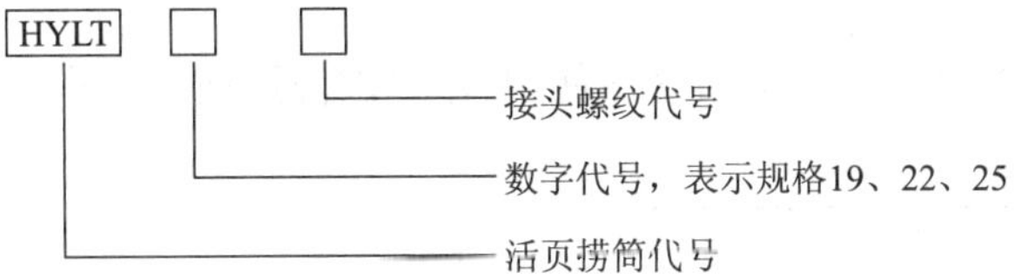

例：接头螺纹为 NC31，数字代码为 22 的活页捞筒，其标记为：HYLT22—NC31。

③ 技术规格见表 2-17-16。

(3) 结构和工作原理：

① 结构：活页打捞筒有上接头、活页总成、筒体组成，如图 2-17-19 所示。

② 工作原理：当活页捞筒接近落井抽油杆时，由于筒体下部内腔带有导向角，随着工具下放加压，抽油杆进入捞筒腔内，顶开活页，随即活页开口卡住抽油杆本体并恢复原状，此时上提工具，由于抽油杆接头处台阶较大，卡在活页处，即可把落井抽油杆捞出。

(4) 使用操作及监督要点：

① 根据落鱼外径尺寸选择活页捞筒规格。

② 检查活页总成是否灵活好用，通过地面试捞，确定能用时方可准许下井。

③ 测量各部位的尺寸，绘出工具草图，计算鱼顶深度和打捞方入。

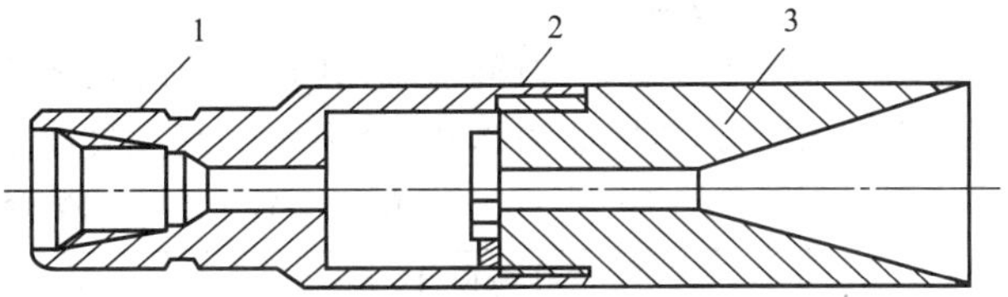

图 2-17-19　活页式捞筒

1—上接头；2—活页总成；3—筒体

表 2-17-16 活页捞筒技术规范

序号	规格型号	外形尺寸(直径×长度)/mm	接头螺纹/mm(in)	使用规范及性能参数			备注
				接箍外径/mm	抽油杆/mm(in)	适用套管/mm(in)	
1	HYLT16	95×500	NC26(2A10)	38	15.87(5/8)	114.3(4½)	可换筒体
2	HYLT19	105×500	NC31(210)	42	19.05(3/4)	127.0(5) ~ 139.7(5½)	可换筒体
3	HYLT22	114×500	NC31(210)	46	22.22(7/8)	139.7(5½)	可换筒体
4	HYLT25	140×500	NC31(210)	55	25.4(1)	168.27(6⅝)	可换筒体
5	HYLT25	148×500	NC31(210)	55.0	25.4(1)	177.8(7)	

④ 下钻到鱼顶深度以上1~2m处缓慢下放探鱼顶,根据下放深度一般超过预计鱼顶深度5~10m后,上提工具,根据悬重的变化判断是否打捞成功。若悬重增加,则说明打捞成功,否则重复以上工作,再多放入10m,然后试提,直到打捞成功。

⑤ 注意加压不要过大,不超过10kN为宜。

(5) 现场维护保养:

活页打捞筒接头螺纹、活页总成涂上防锈钾基或锂基黄油,接头戴上护丝,大端直立于牢固的木箱内,挂好标识牌,存放在防雨避晒、通风干燥处。

(6) 维修:

活页打捞筒为重复使用工具,可多次使用,但每次使用前应检查活页总成弹簧,保证活页灵活好用。

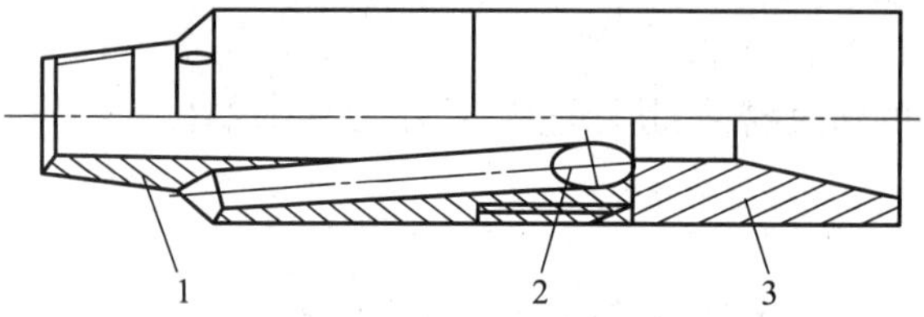

图 2-17-20 三球打捞器

1—筒体;2—钢球;3—引鞋

(7) 维修、报废依据:

为保证打捞的成功率,每次使用前应检查活页总成弹簧及活页挡板,保证活页灵活好用,活页挡板不开裂无缺损。发现弹簧失效或活页挡板开裂,及时维修更换,通过地面试捞,重复使用。但若发现筒体开裂、变形,则进行报废。

2. 三球打捞器

主要由筒体、钢球、引鞋组成,其打捞原理及操作规程监督要点和活页捞筒相似,这里就不作介绍。其结构如图2-17-20所示。其工具技术规范见表2-17-17所示。

表 2-17-17 三球打捞器技术规范

序号	规格型号	外形尺寸(直径×长度)/mm	接头螺纹/mm(in)	使用规范及性能参数	
				落物规格/mm(in)	适用套管/mm(in)
1	SQ95—01	95×305	60.32(2⅜)TBG	15.87(5/8),19.05(3/4)抽油杆台肩接箍	114.3(4½)

续表

序 号	规格型号	外形尺寸（直径×长度）/mm	接头螺纹/mm(in)	使用规范及性能参数	
				落物规格/mm(in)	适用套管/mm(in)
2	SQ95—02	95×305	60.32(2⅜)TBG	22.22(⅞),25.4(1) 抽油杆台肩接箍	114.3(4½)
3	SQ102—01	102×305	60.32(2⅜)TBG	15.87(⅝),19.05 (¾) 抽油杆台肩接箍	127.0(5)
4	SQ102—02	102×305	60.32(2⅜)TBG	22.22(⅞),25.4(1) 抽油杆台肩接箍	127.0(5)
5	SQ114—01	114×305	73.02(2⅞)TBG	15.87(⅝),19.05(¾) 抽油杆台肩接箍	139.7(5½)
6	SQ114—02	114×305	73.02(2⅞)TBG	22.22(⅞),25.4(1) 抽油杆台肩接箍	139.7(5½)
7	SQ140	140×320	88.9(3½), 101.6(4) TBG	15.87(⅝),19.05(¾) 22.22(⅞),25.4(1) 抽油杆台肩接箍	168.27(6⅝)
8	SQ150	140×320	101.6(4) 114.3(4½),TBG	台肩及接箍	177.8(7)

（四）绳类落物打捞工具

绳类落物主要有录井钢丝和电缆。现场常用的钻具组合(自鱼顶向上)为:打捞工具+钻杆(油管)。

根据所用的打捞工具可分为:内钩、外钩、内外组合钩、老虎嘴等。多数为自行加工的,在加工内、外钩时,应在打捞工具上加装隔环,防止绳类落物跑到工具上端造成卡钻。

1. 内捞钩

(1) 概述:内捞钩是用于从套管或油管内部打捞钢丝绳、电缆、录井钢丝、刮蜡片及其他绳类落物的工具。

(2) 结构:内捞钩结构有多种,视不同的落物具体选用。

① 死钩形内捞钩。这类内捞钩的钩齿与钩杆完全焊死,作业时无尺寸变化,常用于打捞套管及油管内绳类落物。

a.双面内捞钩。由对称的两支钩身与钩尖组成。如图 2-17-21 所示。

这种内捞钩强度和外形尺寸较大,可用于打捞井内的钢丝绳、电缆等绳类落物。如果有特殊需要,也可加工成三支钩身的内钩。

b.单向内捞钩。由单一钩身与钩齿组成。可根据不同的打捞要求选用。这种内捞钩除了打捞绳类落物外,还可以打捞有提环或有侧孔的落物,如图 2-17-22 所示。

② 活钩形内捞钩。

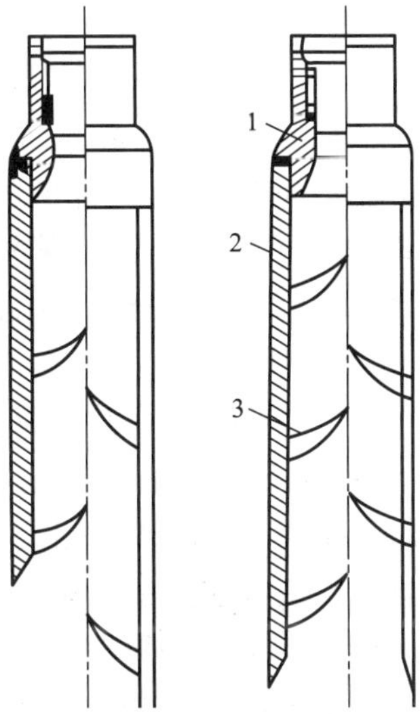

图 2-17-21 双向内捞钩
1—上接头;2—钩身;3—钩尖

此类内钩的特点是钩齿与钩身活动连接，钩子可以旋转收缩，可分为双向与单向两种。如图 2-17-23 所示。

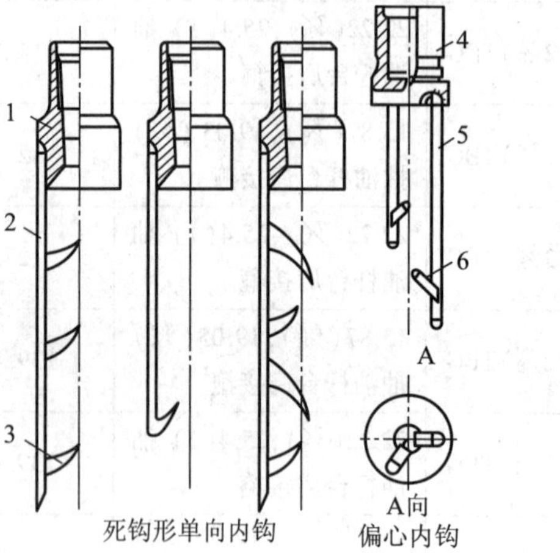

图 2-17-22　单向内捞钩

1—上接头；2—钩身；3—钩齿；4—接头；5—钩杆；6—钩子

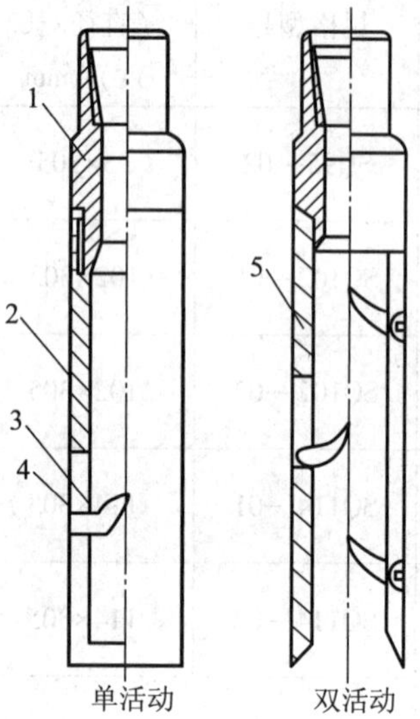

图 2-17-23　活钩形内捞钩

1—上接头；2—筒体；3—活动钩齿；4—轴销扭簧；5—钩身

a.双向活动内捞钩：

这类内捞钩由于轴销连接，强度较低，只适合打捞轻便落物，如刮蜡片、铅锤等。

b.单向活动内捞钩：

这种内钩，是在双向活动内钩基础上将其去掉一半后所形成的打捞工具。根据落物选择。

（3）操作及监督要点：

① 与钻具连接的螺纹应和打捞管柱的螺纹配套。

② 送井前应进行无损检测。

a.接头丝扣是否完好，各焊点是否牢固无损，钩尖是否合适锐利。

b.工具下井之前，应根据井内落物的具体情况初步估算出鱼顶深度。当钻柱下至鱼顶以上 50m 后，应放慢速度进行试探打捞，注意观察指重表悬重变化。若悬重有下降情况，立即停止下放，上提钻具观察悬重有无增加，如无反应可以加深 5~10m 继续打捞。如此逐步加深打捞深度，直至钻压能加至 5kN 左右为止，即可提钻将落鱼捞出。

③ 注意事项：

a.打捞操作时，应严格自鱼顶以上 50m 开始逐步增加打捞深度，采用多次慢下，逐级加深，微压多提，多次打捞的方法。决不能盲目快速下放或加较大的钻压打捞。

b.为了防止形成“钢丝活塞”而造成工具卡钻，可以在内钩接头上部，连接较大直径的防卡接头或在接头与钩身处增加防卡盘。

c.有时为了特殊打捞，可切去内捞钩的一支钩身，作偏心捞钩使用，可收到良好效果。

d.下钻之前，应在工具与钻柱之间，连接一个带孔短节作为洗井通道之用。

（4）现场维护保养：

① 使用后应清除泥污，并检查接头、钩杆（钩身）、钩子的状况，排除影响使用的变形、

损伤后,才能再次下井使用。如暂停使用,则丝扣涂防锈油配戴护丝,存放在干燥通风处。

② 现场检查,出现维修、报废依据情况之一者应回收修理或报废。

(5) 维修、报废依据:

① 维修依据:

a.接头螺纹不符合打捞管柱标准,重新进行加工。

b.接头、钩杆(钩身)、钩子变形、损伤井场不能排除者,应回收修理。

② 报废依据:

a.接头、钩杆(钩身)、变形、损伤无修复价值,应予报废。

b.接头丝扣无损检测有缺陷,应予报废。

2. 外捞钩

(1) 概述:外捞钩是用于从套管或油管内打捞各种绳类、提环、空心短圆柱体、短绳套等落物的工具,如钢丝绳、录井钢丝、电缆、深井泵衬套、刮蜡片、无绳的提捞筒、射孔枪身、提环等。

(2) 结构:外捞钩结构形式较多,因打捞对象不同其结构也各有不同,选其主要几种分述如下。

① 死钩形外捞钩,如图 2-17-24 所示。由接头、钩身、钩尖等组成。特点是钩形固定,钩尖向上,无伸缩活动余地,但强度较大。靠顺势的钩子和钩身插入绳类落物之中,稍加转动,绳类落物即缠绕在钩身上,钩尖阻止落物下滑,从而捞住柔性落物。

② 活钩形外捞钩,如图 2-17-25 所示。由接头、钩身、凸轮钩、轴销组成。接头两端有丝扣与钻柱和钩身连接。钩身下部有长形方槽,并钻有轴销孔,以便安装凸轮钩与销子弹簧等零件。其特点是凸轮钩可以在方槽内绕轴销自由转动,凸轮钩尖部分可以全部转入方槽之内,形成最小尺寸与钩身相同(即打捞时最小尺寸)。打捞时,当凸轮钩穿过落鱼之后,依靠扭簧弹力将凸轮钩弹出,将落鱼捞获。由于轴销与凸轮钩受尺寸限制,强度较低,不能提拉较大负荷,因而只能用于打捞深井泵衬套或其他有内孔的小件落物。

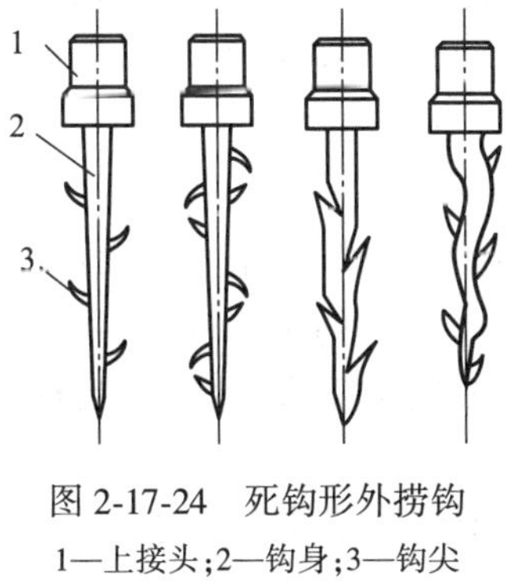

图 2-17-24　死钩形外捞钩

1—上接头;2—钩身;3—钩尖

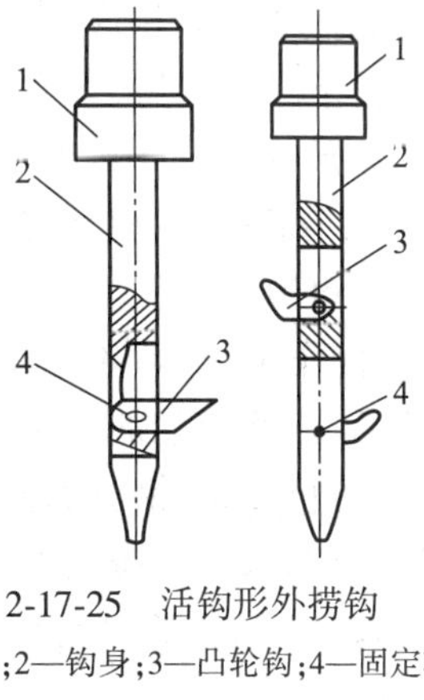

图 2-17-25　活钩形外捞钩

1—上接头;2—钩身;3—凸轮钩;4—固定轴销

③ 偏心捞钩,如图 2-17-26 所示。在外捞钩上接头与钩身相连接的螺纹改为偏心之后,即成偏心捞钩,这对于前两种捞钩均适用。其目的是用以打捞井下偏心落物,如深井泵下接头丝扣断裂致使全部衬套凡尔均落入井中,往往形成三只衬套并列于同一井深的多鱼顶状态,用其他工具打捞难以奏效。采用偏心弹簧捞钩,在操作中采用多次转动钻柱打捞,可一次捞获多只,收到事半功倍的效果。

④ 单钩捞钩如图 2-17-27 所示。此种捞钩是为专门打捞某种落鱼而设计的。如打捞

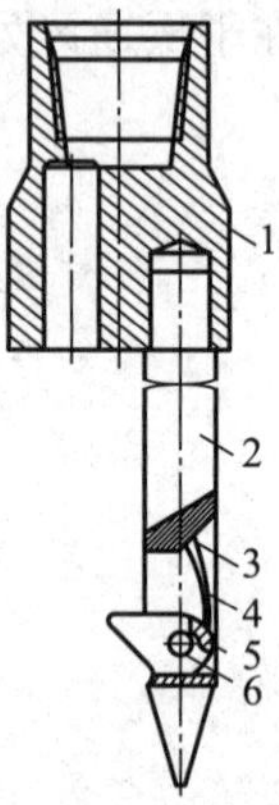

图 2-17-26　偏心捞钩
1—上接头;2—钩身;3—螺栓;4—弹簧;5—凸轮钩;6—轴销

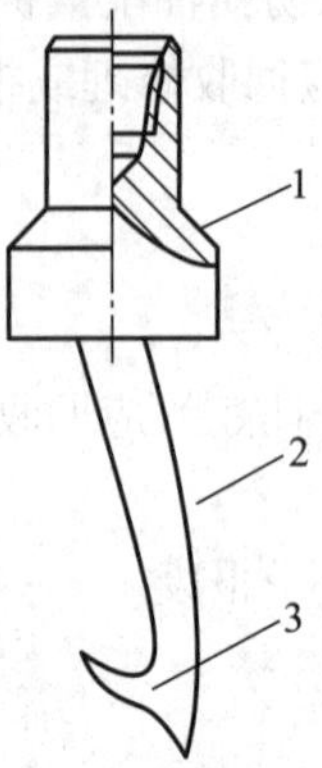

图 2-17-27　单钩捞钩
1—上接头;2—钩身;3—钩尖

提捞筒与射孔枪提环、大直径加重锤提环等均可用此工具。

此种工具设计加工的关键是钩子。应保证工具中心线在钩子的内侧,下端引尖长度应保证既能引导通过提环,又不影响工具转动与打捞。钩子本身开口一侧的横向长度,应超过套管中心线 20~30mm,这样当钩子在井下一次打捞成功之后,无论以后进行多次打捞,均能保证落鱼不脱钩。使用时将工具下至鱼顶,遇阻后稍加压(一般 5kN),并在井口转动钻具 90°~120°即上提一次,再行下放—加压—上提,如此多次重复,提钻即可捞出落物。

(3) 操作及监督要点

① 与钻具连接的螺纹应与打捞管柱配套。

② 送井前应进行无损检测。

a.接头丝扣是否完好,各焊点是否牢固无损,钩尖是否合适锐利。

b.工具下井之前,应根据井内落物的具体情况初步估算出鱼顶深度。当钻柱下至鱼顶以上 50m 后,即应放慢速度进行试探打捞,注意观察指重表悬重变化。若悬重有下降情况,立即停止下放,上提钻具观察悬重有无增加,若无反应可以加深 5~10m 继续打捞。如此逐步加深打捞深度,直至钻压能加至 5kN 左右为止,即可提钻将落鱼捞出。

③ 地面上紧丝扣,检查凸轮扭簧弹性是否可靠,回位是否快速,轴销是否良好,有无弯曲与剪切现象,如不合格应更换后方能使用。

④ 工具下至鱼顶后,只要有遇阻显示,应立即上提钻柱 1~2m,提完后转动钻柱 90°~120°,再行下放—上提—转动—下放,如此多次反复进行。在打捞中,如多次下放方入有所加深,说明已捞获落鱼,提钻之后即可将落物取出。

⑤ 注意事项:

a.打捞操作时,应严格自鱼顶以上 50m 开始逐步增加打捞深度,采用多次慢下,逐级加深,微压多提,多次打捞的方法。决不能盲目快速下放或加较大的钻压打捞。

b.为了防止形成“钢丝活塞”而造成工具卡钻,可以在内钩接头上部,连接较大直径的防卡接头或在接头与钩身处增加防卡盘。

c.下钻之前,应在工具与钻柱之间,连接一个带孔短节作为洗井通道之用。

(4) 现场维护保养:

① 使用后应清除泥污,检查接头、钩杆(钩身)、钩子的状况,排除影响使用的变形、损伤,才能再次下井使用,或丝扣涂防锈油配戴护丝,存放在干燥通风处;若变形、损伤不能排除则应回收修理或报废。

② 现场检查,出现维修、报废依据情况之一,应回收修理或报废。

(5) 维修、报废依据:

① 维修依据:

a.接头螺纹不符合规定,要进行修理或加工。

b.接头、钩杆(钩身)、钩子变形、损伤井场不能排除者,应回收修理。

② 报废依据:

a.接头、钩杆(钩身)变形、损伤无修复价值,应予报废。

b.接头、丝扣无损检测有缺陷,应予报废。

(五) 小件落物打捞工具

在修井工作中经常碰到螺丝、钢球、钳牙、牙轮、扳手、撬杠等小物件落井,这会给井下作业带来一定困难。打捞这些落物时,要根据落鱼的大小、形状选择合适的工具。必要时还要根据具体情况设计、制造出相适应的工具。设计的打捞工具必须具备易捞、有足够的强度、结构简单、操作方便等特点。

打捞小件落物时的钻具组合(自鱼顶向上)为:打捞工具+钻杆(油管)。根据所使用的打捞工具不同可分为:反循环打捞篮打捞管柱、一把抓打捞管柱、磁力打捞器打捞管柱。

1. 反循环打捞篮

(1) 概述:反循环打捞篮是在进行打捞作业时,将井下碎物收入篮框内的一种打捞工具。

(2) 型号表示方法如下:

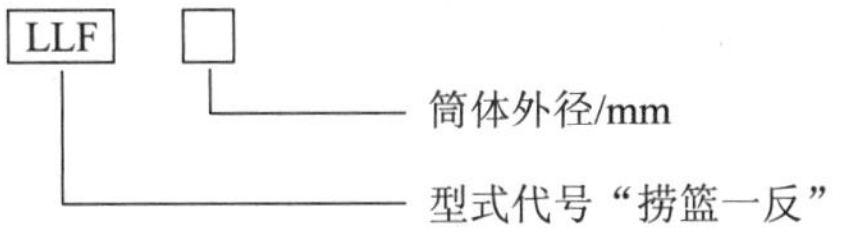

反循环打捞篮规格系列及性能参数见表 2-17-18。

表 2-17-18 反循环打捞篮技术规格

型 号	工具尺寸/mm	连接螺纹	最大打捞直径/mm	使用井眼/mm(in)
LL—F 01	ϕ 90×940	NC26	55	114.3(4½)
LL—F 02	ϕ 100×1150	2⅞REG	65	127(5)
LL—F 03	ϕ 110×1153	NC31	75	139.7(5½)
LL—F 04	ϕ 115×1153	NC31	80	146.05(5¾)
LL—F 05	ϕ 140×1155	NC38	105	168.28(6⅝)
LL—F 06	ϕ 147×1161	NC38	110	177.8(7)

(3) 结构:该打捞篮主要由上接头、筒体、篮筐总成、引鞋等组成,如图 2-17-28 所示。上接头上与钻具连接,下与筒体连接。筒体内装篮筐总成。篮筐总成由筐体、篮爪、外套、轴销、扭簧等组成。篮爪沿筐体均匀分布,各篮爪在外力作用下只能单向向上旋转 90°。

(4) 现场操作及监督要点:

① 检查篮筐总成是否完好灵活,用手指或工具轻顶篮爪是否可以自由翻转,回位是否及时灵活。

② 工具下至距鱼顶以上 3~5m 处开泵反洗井。

③ 循环正常后,再慢慢下放钻具,边冲边放。当工具遇阻或泵压升高时,上提钻具 0.5~1m 并作好方入记号。

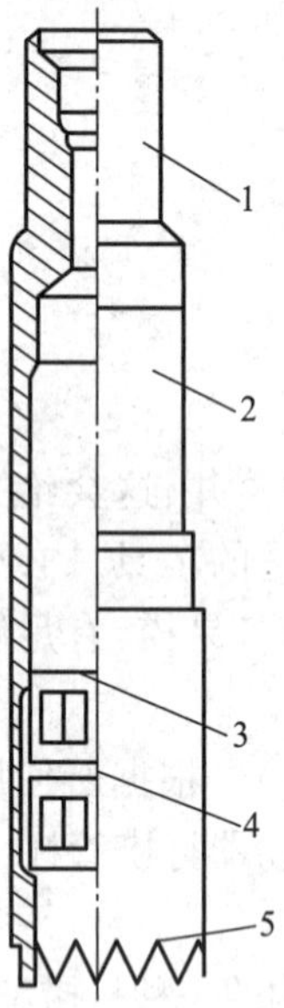

图 2-17-28　反循环打捞篮
1—上接头;2—筒体;3—总成;4—隔套;5—引鞋

④ 以较快速度下放钻具,在离井底 0.2m 处突然刹车,使井底工具快速下行,使井底液体形成紊流,促使落物进入筒体,以提高打捞效果。

⑤ 继续循环 10min 左右停泵,起钻。

⑥ 注意事项:使用这种工具时,井口必须有能进行反循环的封井设备。一般不使用油管挂,因油管挂结构在反循环中不能上下活动钻具,影响打捞效果,可使用高压自封封井器。

(5) 现场维护保养:

① 起出反循环打捞篮后用清水将内外冲洗干净。卸下铣鞋、打捞篮,取出落物。检查完后,将螺纹部位涂上防腐脂并装配好,涂漆防腐,存放在通风干燥处。

② 现场检查,出现维修、报废依据情况之一者应回收修理或报废。

(6) 维修、报废依据:

① 维修依据:

a.螺纹不符合标准应进行修理或加工。

b.接头、筒体和铣鞋等变形、损伤井场不能排除,应回收修理。

② 报废依据:

a.接头、筒体变形、损伤无修复价值,应予报废。

b.接头、筒体丝扣无损检测有缺陷,应予报废。

2. 一把爪

(1) 概述:一把爪是利用爪头在压力作用下的向内包拢,实现捞取井下小件落物的一种打捞工具,分正循环、反循环。若将反循环强磁打捞篮的铣鞋换成爪头就可组成反循环一把爪。一把爪用于打捞井底不规则的小件落物,如钢球、凡尔座、螺栓、螺母、刮蜡片、钳牙、板手,胶皮等。

(2) 技术规范:一把爪技术规范见表 2-17-19。

表 2-17-19　一把爪技术规范

套管尺寸/(in)mm	(4½) 114.3	(5) 127.0	(5½) 139.7	(5½) 146.25	(6⅝) 168.98	(7) 177.8	(7⅝) 193.68	(8⅝) 819.08	(9⅝) 244.45
外径/mm	95	89~108	108~114	114~130	120~140	146~152	146~168	180~194	203~219
齿数/个	6	6~8	6~8	6~8	8~10	8~10	10~12	10~12	10~16

(3) 结构、工作原理:现场常用正循环一把爪,见图 2-17-29。由上接头和带爪齿的筒体组成,上接头与筒体之间既可采用螺纹连接,又可进行焊接,以增加连接强度。

(4) 使用操作及监督要点:正循环一把爪下至井底以上 1~2m,开泵洗井,将落鱼上部沉砂冲净后停泵。下放钻柱,当指重表略有显示时,核对井底方入,上提钻柱并转动角度下放,如此找出最大方入。在此处下放钻柱,加钻压 20~30kN,再转动钻具3~4 圈(井深时,可增加 1~2 圈),待悬重恢复后,再加压 10kN 左右,转动钻柱 5~7 圈。以上操作完毕之后,将钻柱提离井底,转动钻柱使其离开旋转后的位置,再加压 20~30kN,将变形爪齿顿死,即可提钻。

3. 磁力打捞器

（1）概述：磁力打捞器是一种用来打捞在钻井、修井作业中掉入井里的钻头巴掌、牙轮、轴、卡瓦牙、钳牙、手锤及油、套管碎片等小件铁磁性落物的工具。

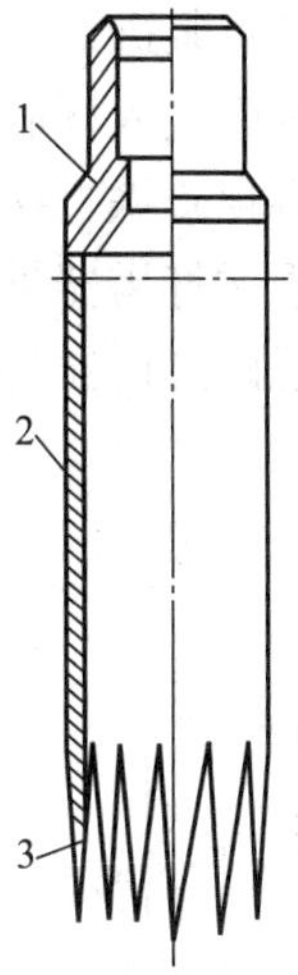

图 2-17-29　正循环一把爪

1—上接头；2—筒体；3—爪齿

磁力打捞器按结构和性能可分为：正循环磁力打捞器、反循环磁力打捞器、强磁打捞等几种。对于能进行正、反循环的磁力打捞器，还可打捞小件非铁磁性落物。

（2）型号表示方法如下：

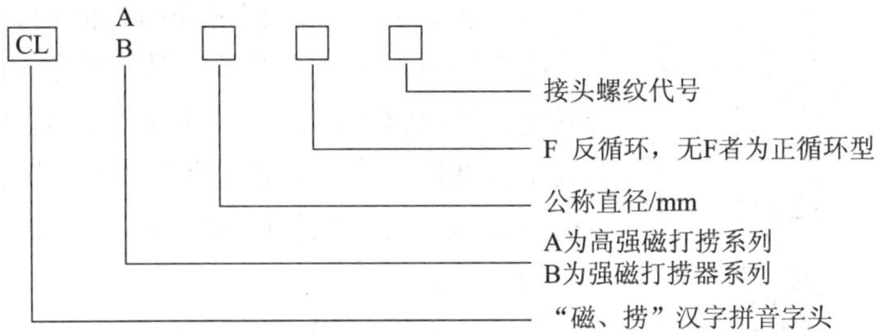

磁力打捞器技术规格见表 2-17-20。

表 2-17-20　磁力打捞器技术规格（SY/T 5147—2000）

序号	规格型号		外径/mm	接头螺纹	使用规范及性能参数			
					吸力/N		适应温度/℃	适应井眼/mm
					A	B		
1	CL A/B	(F)86	86	NC26(2A10)	3600	1000	≤210	95～108
2	CL A/B	(F)100	100	NC31(210)	5500	1700		108～137
3	CL A/B	(F)125	125	NC38 (310)	9500	2200		137～149
4	CL A/B	(F)140	140		11000	4000		149～184
5	CL A/B	(F)175	175	NC50 (410)	18000	5000		184～216
6	CL A/B	(F)196	196		21000	6200		203～229
7	CL A/B	(F)200	200		23000	6800		216～241
8	CL A/B	(F)225	225	6⅝ REG	28000	9800		241～279
9	CL A/B	(F)265)	265		38000	13000		279～311
10	CL A/B	(F)290	290		42000	14000		311～375

注：表中 A 为高强磁打捞器系列，B 为强磁打捞器系列，F 为反环循型，无 F 为正循环型。

（3）结构：反循环磁力打捞器主要由筒体、磁心、隔离圈、钢球、铣鞋等组成，如图 2-17-30 所示。

打捞器外筒是由高导磁性、低顽磁性材料制成的。磁心上端的磁力线通过端头和外壳组成磁力线通路。可以把外壳和铣鞋看成是由磁性材料制成的铁磁外套，作为一个磁极；永久磁心的下端为另一个极。在铣鞋磁心中间用非磁材料（铜）隔离，防止短路。打捞时，铁磁落物将两磁极搭通，使之牢牢地吸附在磁力打捞器底部。反循环打捞器投入钢球后堵塞上部泥浆进入杯腔的通道，泥浆经小斜孔流向井底，形成强大的旋流，又经压盖、磁钢、心铁的水眼进入杯腔，从四个大孔泄出工具之外，返到地面，这样构成了局部反循环作用，使碎铁靠拢磁铁打捞器磁心底部，以增加捞获碎铁的机会。

强磁打捞器见图 2-17-31 所示。

强磁打捞器打捞筒底部的台肩托住钢套的底面。磁头和钢套在底部用螺纹连接以固定相对位置，钢套与磁头的环形空间装有磁钢。磁头用于吸附被磁化的落物。环压盖与钢套用螺纹连接固定环形空间的磁钢，环压盖内还装有另一块磁钢，目的是加强打捞器的吸重能力。强磁打捞器采用了磁通压缩技术使两块磁钢上的磁力线汇集到一起，将磁通量高度地集中在强磁打捞器的底部，使打捞器底部形成一较高的磁场区域，以加强强磁打捞器的吸重能力。

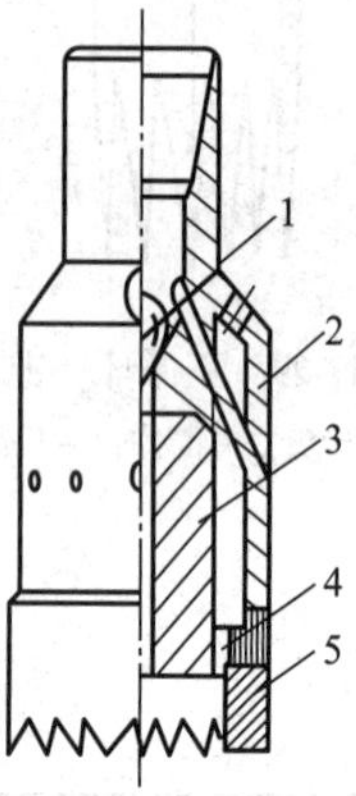

图 2-17-30　反循环磁力打捞器

1—钢球；2—筒体；3—磁心；4—隔离圈；5—铣鞋

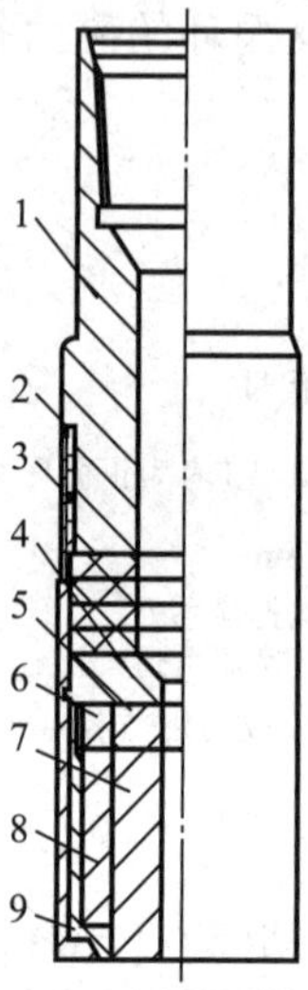

图 2-17-31　强磁打捞器

1—上接头；2—打捞筒；3—缓冲垫；4—压盖；5—磁钢；6—环压盖；7—磁头；8—磁钢；9—钢套

(4) 使用、操作及监督要点：

① 根据井眼直径及落物特点，选择磁力打捞器及引鞋。铣鞋的选择可根据井下情况和表 2-17-20 确定。

a.平鞋：它的底面与磁心底位于一平面，与井下落物接触面积大，因而吸力也大。适用于尺寸较大，数量多，分布较分散的井下落物打捞，但对于锥形井底或落物压入井底的情况不宜采用。

b.拨鞋：它具有高出磁心底部用于拨动落物的拨鞋环，适用于落物被泥饼粘住或压入井底的落物打捞，但对于落物大于拨鞋内径时不宜采用。

c.铣鞋：它有一个高出磁心底部的铣鞋环，适用于井径不规则或井眼呈锥形，磁心无法接触落物的情况，具有修整井壁、井底和切碎较大井下落物的作用，以便捞取。

② 下井前应检查吸力、外观、螺纹及水眼情况。

③ 反循环磁力打捞器钢环与球座应吻合。

④ 反循环磁力打捞器的钢球必须能通过全部钻具和配合接头水眼。

⑤ 将磁力打捞器放在垫有木板或胶板的转盘上，接上钻具下井。

⑥ 钻具配合：磁力打捞器+打捞杯+钻杆+方钻杆。

⑦ 将磁力打捞器下至离井底 1m 左右，开泵循环洗井，把落物周围的岩屑冲洗干净。

⑧ 反循环磁力打捞器根据引鞋类型采取不同的打捞方法。

a.采用平鞋时，必须边循环边慢慢下放钻具，与井底落物接触，钻压不大于 5kN。然后边循环边上提钻具 0.3~0.5m，停泵，把打捞器转一方位，再慢慢下放钻具，使打捞器与落物接触，这样反复几次，视方入最小时即可起钻。

b.采用拨鞋时，必须边循环、边间断转动、边下放钻具，使磁力打捞器底部与落物接触，接触时严禁转动钻具。然后边循环边上提钻具 0.3~0.5m，用同样的方法停泵、转一方位、下放与落物接触，反复几次，落物被磁心吸住即可起钻。

c.采用铣鞋时,操作方法与采用拨鞋时相同;只须把间断转动钻具变为连续转动钻具。在软地层打捞时,应特别注意转动下放深度和所加的钻压,防止压入地层使打捞失败。

⑨ 起钻时操作平稳,禁止采用转盘卸扣,在遇阻卡时不可猛提猛放,以防碰掉落物。若条件许可,可用电缆+磁性定位器与磁力打捞器连接进行打捞。

⑩ 注意事项:

a.充磁式磁力打捞器下井前,必须先给磁心充磁,并注意充磁极性,不得接反。

b.上、卸磁力打捞器时应在木板上进行,不得将磁力打捞器直接坐在转盘或其他金属物面上。不得猛烈震击,以免失磁。

c.磁力打捞器存放时,盖好护磁板,注意不要让铁磁物质将两极短路。

(5) 现场维护保养:

① 起出磁力打捞器后用清水将内外冲洗干净。对反循环磁力打捞器要将钢球取出洗净、擦干、涂脂后置于提环接头的空室内。

② 检查接头或筒体和铣鞋,将螺纹部位涂上防腐脂,磁钢下部盖上护磁板。

③ 存放在通风干燥处,禁止两磁钢对放。

④ 现场检查,出现判修、判废依据情况之一者应回收修理或报废。

(6) 维修、报废依据:

① 维修依据:

a.接头螺纹不符合标准规定,要进行修理。

b.接头筒体和铣鞋等变形、损伤在井场不能排除,应回收修理。

c.筒体内无法冲洗干净,应回收修理。

d.磁心吸力小于规定吸力的85%,应维修。

② 报废依据:

a.接头或筒体变形、损伤无修复价值,接头、筒体无损检测有缺陷的,应予报废。

b.磁心吸力不能恢复到规定吸力的85%,应予报废。

(7) 标准、规范见SY/T 5147-2000《磁力打捞器》。

4. 随钻打捞杯

(1) 概述:打捞杯俗称“沉淀杯”,主要用于冲洗时,颗粒较大的碎块或其他落物不易返出而沉积在打捞杯内随钻起出。如硬质合金齿、钻头轴承、磨铣碎屑等较大的碎块。它对于保持井底干净,提高打捞或钻塞成功率,减少和防止井下意外事故具有重要作用。

(2) 型号表示方法如下:

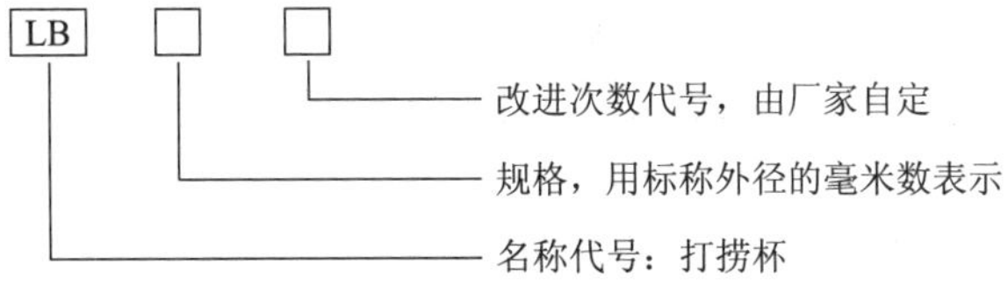

打捞杯规格系列参数见表2-17-21。现场修井中多以自行加工为主,根据套管尺寸不同而不同,在ϕ139.7mm套管内主要是用ϕ114mm的打捞杯。

表 2-17-21 LB 型打捞杯规格系列参数

规格代号		适用井眼尺寸/mm	接头扣型	水眼尺寸/mm	最大外径/mm	总长/mm		
						标准型（S 型）	长型（L 型）	超长型（EX 型）
LB94	S L EX	108～117.5	$2\frac{3}{8}$REG	19	94	737	1092	1359
LB102	S L EX	117.5～124	$2\frac{7}{8}$REG	32	102	749	1118	1327
LB114	S L EX	130～149	330×NC35 330×330	38	114	775	1143	1397
LB127	S L EX	152.4～162	330×330 330×NC35	38	127	775	1143	1397
LB140	S L EX	165～190.5	330×NC35 330×330	38	140	775	1143	1397
LB168	S L EX	190.5～216	430×4A1 430×430	57	168	800	1168	1422
LB178	S L EX	219～244.5	430×431 430×430	57	178	800	1168	1422
LB190	S L EX	229～273	430×431 430×430	57	190	838	1168	1422
LB203	S L EX	235～279.5	410×410	70	197	838	1168	1422
LB219	S L EX	244.5～295	630×631 630×630	89	219	838	1219	1473
LB229	S L EX	254～305	630×631 630×630	70	229	838	1219	1473
LB245	S L EX	292～330	630×631 630×630	89	245	838	1219	1473
LB280	S L EX	327～375	730×731 730×730	89	280	914	1270	1524
LB327	S L EX	375～444.5	730×731 730×730	102	327	914	1270	1524
LB340	S L EX	386～456	730×731 730×730	102	340	914	1270	1524

（3）结构：

打捞杯主要由心轴、扶正块、外筒、下接头等组成，如图 2-17-32 所示。由于生产厂家不同，其结构虽然相似，但并不完全相同，可以根据井下情况选用。H 型打捞杯的杯体可卸下更换，便于取出捞获物和适应不同井眼。G 型打捞杯的杯体与心轴焊接连接，不能更换，在修井现场多以自行焊制为主。

(4) 使用操作：

① 与钻具连接的螺纹应符合标准的规定。

② 送井前应进行无损检测。

③ 打捞杯应装在钻头、磨鞋、铣鞋的上方10~20m处，用于捞取碎铁、硬质合金块等细小落物。

④ 在上(或卸)打捞杯时，大钳不能咬在杯体上。

⑤ 杯体无变形，杯内清洁无杂物、排液孔必须畅通。

⑥ 在钻头、磨鞋、铣鞋的上方直接接打捞杯，应避免中间有配合接头。

⑦ 打捞杯的外径与井眼直径间的配合，可按表2-17-21进行选择。

⑧ 打捞杯的打捞操作无特殊要求，按所下的打捞工具操作或正常钻进即可。起钻至套管鞋和井口处，用低速上提，以防碰挂。

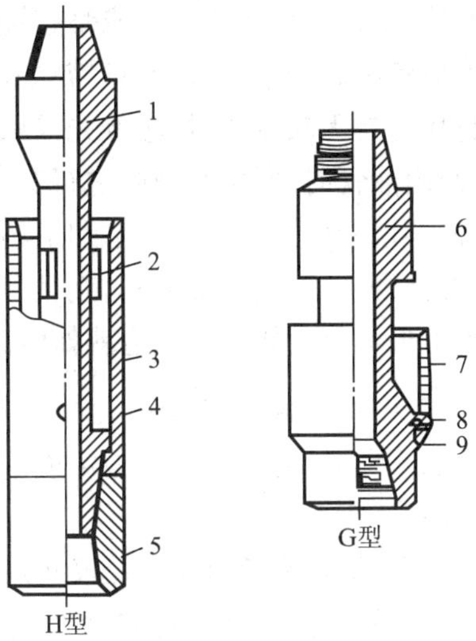

图2-17-32 打捞杯

1—心轴；2—扶正块；3—外筒；4—排液孔；5—下接头；6—主轴；7—外筒；8—螺纹；9—电焊

⑨ 随钻打捞杯累计旋转使用时间不得超过1200h。

(5) 现场维护保养：

① 使用后应清除泥污，检查接头、杯体的状况，排除影响使用的变形、损伤后，才能再次下井使用，或涂防锈油两端配戴护丝，存放在干燥通风处。若变形、损伤不能排除则应回收修理或报废。

② 现场检查，出现判修、判废依据情况之一者应回收修理或报废。

(6) 维修、报废依据：

① 维修依据：

a.接头螺纹不符合标准规定，要进行修理。

b.接头或杯体变形、损伤井场不能排除，应回收修理

c.杯体内无法冲洗干净，应回收修理。

② 报废依据：

a.接头或杯体变形、损伤无修复价值，接头丝扣或杯体无损检测有缺陷的，应予报废。

b.随钻打捞杯累计旋转使用时间超过1200h，应予报废。

五、辅助打捞工具

在实际操作施工中，每一口大修打捞井，不只是单一的打捞，往往要落实鱼顶或修套，成功打捞每一口大修井，都是大修技术集成的结果。这就需要介绍一下辅助打捞工具，它是必不可少的一部分。

常用的辅助打捞工具有铅模、各种磨铣工具(平底磨鞋、凹底磨鞋、领眼磨鞋、梨形磨鞋、柱形磨鞋、内铣鞋、外齿铣鞋、裙边鞋、套铣鞋等)、各种震击器(上击器、下击器、加速器和地面下击器等)、安全接头和各种井下切割工具等。

它们是配合打捞必不可少的一些专用工具，在验证鱼顶或套管好坏时要下铅印证实鱼

顶、套管是否完好;在修鱼顶或修套管时,要下入磨铣工具,修整鱼顶或套管;鱼顶上部地层出砂,应将沉砂冲净,再进行打捞,如出砂严重,应采取防砂措施后再打捞。若上部套管变形,打捞工具无法通过时,应首先采取修套技术,把上部套管修好,再进行打捞。在打捞砂埋或灰固油管时,要用套铣筒进行套一根捞一根,在活动解卡时,根据解卡情况,要下入各种震击器帮助解卡。各种技术和工具要综合运用。

各种磨铣工具、套铣工具,在使用时大同小异;各种型号的铅印打印操作步骤近乎一样,解卡工具也是如此。下边就如何做好磨套铣、打铅印的监督工作总结如下。

(一) 打印监督要点

(1) 下印模前应仔细检查铅模柱体侧面与底部平面,要求铅模平滑无伤痕,并用柔软物体包好。

(2) 用量具测量铅模直径尺寸是否符合设计要求,下井前,绘制铅模草图。

(3) 铅模与管串连接,上紧螺纹后卸掉包装物。

(4) 下第一根油管(或钻杆)时扶正管柱,缓慢下放,以防止铅模在井口挂伤,造成假相。

(5) 下打印管柱时要限速下放(下放速度不大于0.2m/s)。

(6) 接近鱼顶1~1.5m时,开泵循环,冲洗鱼顶。

(7) 停泵后再缓慢下放铅模打印,打印一般加压20~30kN,特殊情况可适当增加加压负荷,但最大不能超过50kN,不应重复打印。

(8) 起出铅模分析描述(具体情况参照表2-17-22示例)。

① 起出铅模后擦洗干净,首先要丈量铅模是否缩径,如变形严重,从铅模上可以直观看出套管的损坏程度,然后将印痕描述清楚,并拓片或拍照存档。

② 铅模侧而且有擦痕时,说明套管有毛刺或卷边。如擦痕严重,则说明套管错断,更严重的可直观地在铅模上反映出来。

③ 有规则的管类、杆类和井下工具,通过打印可以直接反映落鱼的内外径、在井下的状态、鱼顶好坏。

④ 绳类落物可以通过打印判断其所处的状态和落物的性质。

⑤ 有规则的小件落物可直观地在铅模上反映出来,无规则的小件落物也可通过打印来判断其尺寸大小,所处状态,为下一步打捞提供依据。

(9) 监督录取资料:内容包括铅模型号、规格及示意图,管柱结构、尺寸、油管(或钻杆)规格、数量、下入深度,洗井液名称、数量、密度、泵压、排量、加压、打印深度、铅模印痕。

(10) 健康、安全及环保要求。

① 井场环境及施工人员应遵守健康、安全及环保的要求。

② 打印前应检查指重表是否合格。

③ 起下作业应有井控装置。

④ 下管柱前,应详细检查入井工具、管柱,经检查符合要求后方可入井。

⑤ 打印时,应有鱼顶准确深度,并由专人指挥作业。

表 2-17-22　铅膜印痕描述及事故判断处理例析

类别		印痕图形	简单描述	故障判断	处理方法
落物	杆类		落物打印在铅膜正中清晰	鱼顶清楚，落鱼直立正中	下母锥或卡瓦打捞筒
			铅膜边缘有斜印痕	落鱼斜倒	应下带引鞋或扶正的打捞工具
			铅膜平面有一横倒半圆长条痕	落鱼倒放	下带拔钩或引鞋工具
	管类		单圈印痕打在正中间	说明落物是管类，外螺纹鱼头，直立于中间	下母锥或下带引鞋的卡瓦打捞筒
			印痕单圈并有缺口打在旁边	落物鱼头是外螺纹，偏斜并破坏	下母锥 注意保护鱼头
		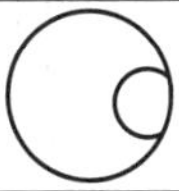	印痕单圈打在旁边	鱼头是外螺纹，斜立于井中	下带引鞋和扶正的打捞工具
		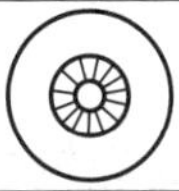	双圈印痕打在正中	管类内螺纹，鱼头直立	用捞矛或卡瓦捞筒打捞
			双圈印痕打在正中	管类内螺纹，鱼头歪斜	用带外螺纹或引鞋的打捞工具
	绳类	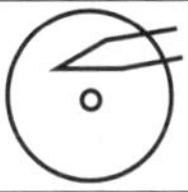	铅膜底有绳痕	落物为钢丝绳	用打捞绳类工具
			铅膜侧面有绳痕	钢丝绳落在套管侧面	
			铅膜底有绳痕	落物为钢丝绳	
			几段直杆圆形痕在铅模底部	落物为电缆	
	小件		铅模角有半圆洞痕	落物为钢球	用打捞小件落物工具
			铅模底部有清晰的扳手印痕	落物为扳手	
			铅模底部有清晰的三个牙块痕	落物为三个牙块	

续表

类别		印痕图形	简单描述	故障判断	处理方法
套管	破裂	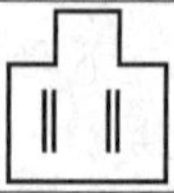	铅膜侧面有两道刀切条痕	套管裂缝所划破	
			铅膜侧面有两道宽缝裂痕	套管裂口所划破	
	变形		铅模一边缘偏陷	套管单向变形	采用胀管器或爆炸整形
		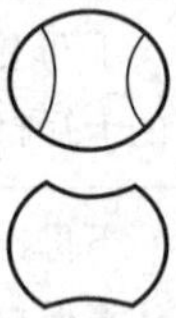	铅模两缘偏陷	双向或多向变形	
其他			铅模底部只有砂粒痕迹	说明接触到砂面，落物已砂埋	冲砂、套铣或带用水眼工具打捞

（二）磨（套）铣工艺

铣、磨、钻类工具是修井施工中应用较广泛的常规工具。可用于处理较复杂的卡埋事故井、复杂落物井、严重套损井的修整鱼头、铣磨环空等等，并可单独作为铣、磨、钻工艺工具进行施工，如钻水泥塞、磨桥塞等。

1. 磨鞋类

按其形状和功能的不同分为：平底磨鞋、凹底磨鞋、领眼磨鞋、梨形磨鞋、柱形磨鞋、内齿铣鞋、外齿铣鞋、裙边铣鞋。现以平底磨鞋为例介绍磨铣工艺。

（1）平底磨鞋的用途：平底磨鞋是用底面所堆焊的 YD 合金或耐磨材料去磨研井下落物或灰塞的工具。

（2）平底磨鞋的结构：平底磨鞋由磨鞋本体及所堆焊的 YD 合金或其他耐磨材料组成。磨鞋本体由两段圆柱体组成。小圆柱上部是钻杆螺纹，同钻柱相连；大圆柱体底面和侧面有过水槽，在底面过水槽间焊满 YD 合金或其他耐磨材料。磨鞋体从上至下有水眼，水眼可做成直通式和旁通式两种，如图 2-17-33 所示。

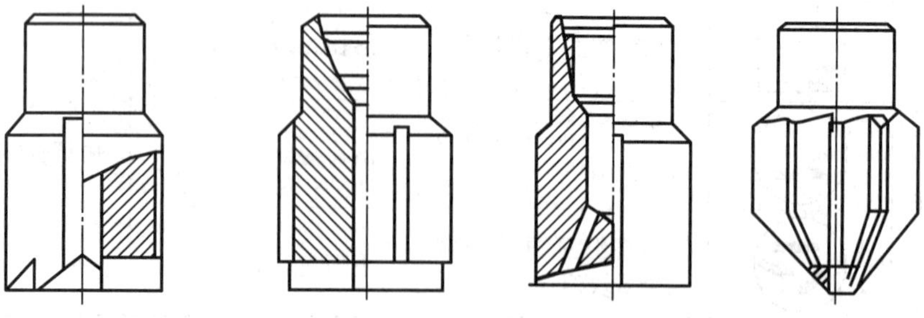

（a）旁通式水眼型平底磨鞋　（b）直通式水眼型平底磨鞋　（c）凹型底磨鞋　（d）梨型磨鞋

图 2-17-33　磨鞋示意图

(3) 平底磨鞋的技术参数见表 2-17-23。

表 2-17-23 平底磨鞋技术参数

序号	规格型号	外形尺寸/mm	接头螺纹	最大磨削直径分段 D/mm	工作套管 ϕ/mm
1	PMB114	DX250	NC26(2A10)	94,95,96,97,98,99,100	114.3
2	PMB127	DX250	NC31(210)	106,107,108,109,110,111,112	127.0
3	PMB140	DX260	NC31(210)	116,117,118,119,120,121,122,123,124	139.7
4	PMB168	DX270	NC38(310)	145, 146,147,148,149,150,151,152	168.3
5	PMBl78	DX280	NC38(310)	152,153,154,155,156,157,158,159	177.8

(4) 磨铣工艺:在对井下各种不同落物磨铣施工时,除了对磨鞋、铣鞋的结构、形状、几何尺寸等有一定的要求外,在磨铣施工中对井下磨铣情况的掌握与判断,使用的工艺参数选择以及各种技术措施的配合,也非常重要。

① 磨屑的辨认:

磨铣施工时,磨屑返出井口有片状、丝状、砂粒状等。当井下落物为稳定落鱼,材料含碳量较高时,其磨屑为长丝状,最大厚度为 0.5~0.8mm,长度可达 70mm 左右。当出现的磨屑呈头发丝状时,说明钻压小,应当增加钻压。

当磨铣为含碳量较低的落鱼时,出现磨屑为长度较短的丝条状,长度在 30~50mm 左右。有时由于局部挤压研磨作用也出现长鳞片状磨屑。如果在磨铣中磨屑大量呈现鳞片状或铁末,说明参数不合理或者磨鞋已磨损严重,需要更换新的磨鞋。

在磨铣施工时,如洗井排量不够,环形空间流速低于或等于较大的磨屑沉降速度,则较大的磨屑在井筒中悬浮,地面收集到的磨屑实际是假象,因而应根据排量等因素综合判断。当各种参数均正常时,对各种管材磨铣时可参考表 2-17-24 选用。

表 2-17-24 不同落鱼材料磨铣参数表

材料	转速/(r/min)	钻压/kN	返出磨屑情况
P-110	100~156	30~40	细长卷条状,长 70mm 左右
N-80	80~125	20~30	细长卷条状,长 70mm 左右
J-55	80~125	20~30	细长弯曲状(小卷),长 50mm 左右
H-40	50~75	10	长鳞片状

②钻压:

在磨铣与钻进中,应根据不同的落鱼,不同的井深,选用不同的钻压。

Ⅰ.平底、凹底、领眼磨鞋磨削稳定落物时,可选用较大的钻压。

Ⅱ.锥形(梨形)磨鞋、柱形磨鞋、套铣鞋与裙边铣鞋等由于承压面积小,不能采用较高的钻压。不同磨鞋磨铣参数见表 2-17-25。

表 2-17-25　不同磨鞋磨铣参数

磨鞋种类	钻压/kN	转速/(r/min)	排量/(m^3/h)	备　注
平底磨鞋	18~44	70~100	>25	
凹面磨鞋	25~45	80~125	>25	
梨形磨鞋	10~18	50~80	>25	用低速低钻压
套铣磨鞋	10~25	50~100	>25	

③ 转速：

井下磨铣，应选用较高的转速进行，以取得较高的磨铣速度，一般应选用 100r/min 左右。但应当与钻压配合使用，若钻压大、转速高，则地面扭矩加大，动力、钻具和工具等均出现损坏。具体可参考表 2-17-18。

④ 对井下不稳定落鱼的磨铣方法：

当井下落鱼处于不稳定的可变位置状态时，在磨铣中落物会转动、滑动或者跟随磨鞋一起作圆周运动，这将降低磨铣效果。因而应采取一定措施，使落物在某一段时间内暂时处于固定状态，以便磨铣。

Ⅰ.确定钻压的零点（钻具的悬重位置是磨铣工具刚离开落鱼的位置），然后在方钻杆上做好标记。

Ⅱ.上提方钻杆 1~2m。

Ⅲ.向下溜钻。当方钻杆标记离转盘面 0.4~0.5m 时突然猛刹车，使钻具因下落惯性产生伸长，冲击井底落物，使落物顿紧压实。

Ⅲ.上提钻具，转动一定角度再进行冲顿。如此进行 3~4 次，即可继续进行磨铣。

Ⅳ.要防止金属碎块卡在磨鞋一边不动。

Ⅴ.防止让平底磨鞋在落鱼上停留时间过长，要不断将磨鞋提起，边转动边下放到落鱼上，以使改变磨鞋与落鱼的接触位置，保证均匀磨铣。

Ⅵ.在磨铣铸铁桥塞时，磨鞋直径要比桥塞直径小 3~4mm。

⑤ 对钻具憋跳的处理：

Ⅰ.磨铣时出现跳钻，特别是使用领眼磨鞋时的跳钻，往往是由于落物固定不牢而引起的，一般降低转速可以克服。

Ⅱ.产生跳钻时，要把转速降低至 50r/min 左右，钻压降到 10kN 以下。待磨铣正常，再逐渐加压提高转速。

Ⅲ.当钻具被憋卡，产生周期性突变时（转速由快变慢，机器负荷声音加大，到一定圈数时，钻具突然快速转动，并发出较大声响），磨鞋在井下有卡死现象。卡死的原因：一是落鱼偏靠套管；二是落鱼碎块；三是钻屑沉积。无论是何种原因，均必须上提钻具，排出磨鞋周边的卡阻物或改变磨铣工具与落鱼的相对位置，同时加大排量洗井，将磨下的碎屑物冲洗出地面。若上提遇卡，可边转边提解卡。

⑥ 磨铣中注意事项及监督要点

a.下磨铣工具前应仔细检查是否完好，外径规格是否符合设计要求，水眼是否畅通。

b.下井前，绘制磨铣工具草图。

c.下钻速度不宜太快，要限速下放（下放速度不大于 0.2m/s）。

作业中途不得停泵，修井液的上返速度不得低于 36m³/h，如达不到应采用沉砂管或捞砂筒等辅助工具，以防止磨屑卡钻。

d.接近鱼顶 1~1.5m 时，开泵循环，循环正常后，启动转盘，根据鱼顶情况，加压 5~20kN，进行磨铣，磨铣无进尺时，最高加压不超过 50kN。

e.如果出现单点长期无进尺，或有卡钻、蹩钻应分析原因，采取措施，防止磨坏套管。

f.在磨铣过程中，为了不损伤套管，应在磨鞋上部加接一定长度的钻铤或在钻具上接扶正器，以保证磨鞋平稳工作。

g.观察出口返出物，若出现岩屑等异常情况时，应立即停钻，并请示有关部门。

h.不能与震击器配合使用。

2. 套铣筒

(1) 用途：套铣筒是与套铣鞋联合使用的套铣工具，其功能除旋转钻进套铣之外，还可用来进行冲砂、冲盐、热洗解堵等。

(2) 结构：套铣筒是由上接头、筒体、套铣鞋组成，其结构如图 2-17-34 所示。

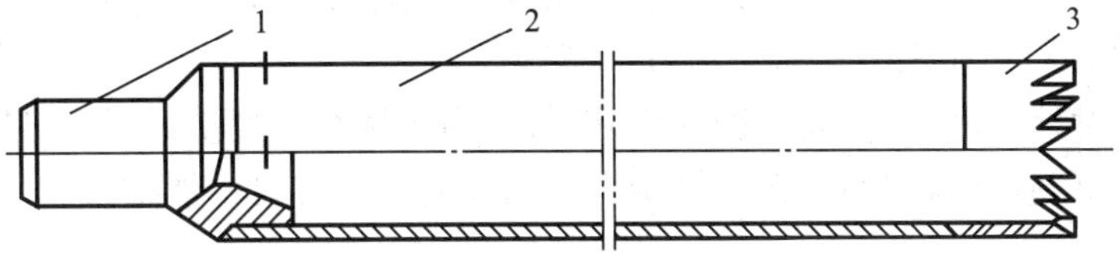

图 2-17-34　套铣筒

1—上接头；2—筒体；3—铣鞋

(3) 技术规格：主要技术参数见表 2-17-26。但在实际修井工作中，往往根据井况和落物条件使用合适的现成的管材，自行加工套铣筒，来满足生产需要。这些加工的工具没有统一标准，但很能就地取材，也很实用，这是修井现场不可缺少的一部分。如因狗腿度过大，ϕ114 套铣筒无法通过，就可以加工 ϕ110mm 或者 ϕ108mm 的套铣筒，更有甚者，利用 ϕ102mm，甚至 3 寸油管做为套铣筒，捞出落井管柱，达到地质要求。

表 2-17-26　套铣筒技术参数

型　号	套铣管外径/mm	套铣管内径/mm	壁厚/mm	最小使用井眼/mm	最大套铣尺寸/mm	最大抗拉载荷/kN	密封压力/MPa
TXGl14.30-8.56	114.30	97.18	8.56	120.65	80.90	390	20
TXG127-9.19	127.00	108.62	9.19	146.05	101.60	440	20
TXGl39.70-9.17	139.70	121.36	9.17	152.4	117.48	500	20
TXGl46.05-7.92	146.05	130.21	7.92	161.93	127.00	500	20
TXGl46.05-9.00	146.05	128.05	9.00	161.93	120.65	560	20

(4) 操作方法及监督要点：

① 套铣筒下井前要测量外径、内径和长度尺寸，并绘制草图。

② 套铣筒连接时，螺纹一定要清洁，并涂螺纹密封脂。

③ 根据地层的软硬及被磨铣物体的材料、形状，选用套铣头。

④ 下套铣筒时必须保证井眼畅通。在深井、定向井、复杂井套铣时，套铣筒不要太长。

⑤ 套铣筒下钻遇阻时，不能用套铣筒划眼。

⑥ 当井较深时，下套铣筒要分段循环修井液，不能一次下到鱼顶位置，以免开泵困难，憋漏地层和卡套铣筒。

⑦ 下套铣筒要控制下钻速度，由专人观察环空修井液上返情况。

⑧ 套铣作业中若套不进落鱼时，应起钻详细观察铣鞋的磨损情况，认真分析，并采取相应的措施。不能采取硬铣的方法，避免造成鱼顶、铣鞋、套管的损坏。

⑨ 应以憋跳小、钻速快、井下安全为原则选择套铣参数。

⑩ 套铣筒入井后要连续作业，当不能进行套铣作业时，要将套铣筒上提至鱼顶 50m 以上。

⑪ 每套铣 3~5m，上提套铣筒活动一次，但不要提出鱼顶。

⑫ 套铣时，在修井液出口槽内放置一块磁铁，以便观察出口返出的铁屑情况。

⑬ 套铣过程中，若出现严重憋钻、跳钻，无进尺或泵压上升或下降时，应立即起钻分析原因。待找出原因，泵压恢复正常后再进行套铣。

⑭ 套铣至设计深度后，要充分循环洗井，待井内碎屑物全部洗出后，起钻。

⑮ 套铣结束，应立即起钻。在套铣鞋没有离开套铣位置时不能结束。

六、螺杆钻具

（一）螺杆钻具的组成

螺杆钻具主要由旁通阀总成、防掉总成、液马达总成、万向轴总成和传动轴总成等减震器五大总成组成(如图 2-17-35)。

1. 旁通阀总成

它是由阀体、阀套、阀芯、弹簧“O”型密封圈、挡圈等零件组成(如图 2-17-36)。

2. 防掉总成

它是由防掉接头、防掉连杆、防掉螺母组成。

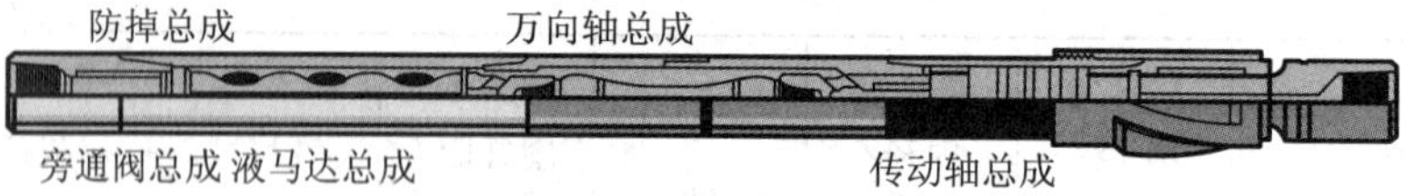

图 2-17-35　螺杆钻具

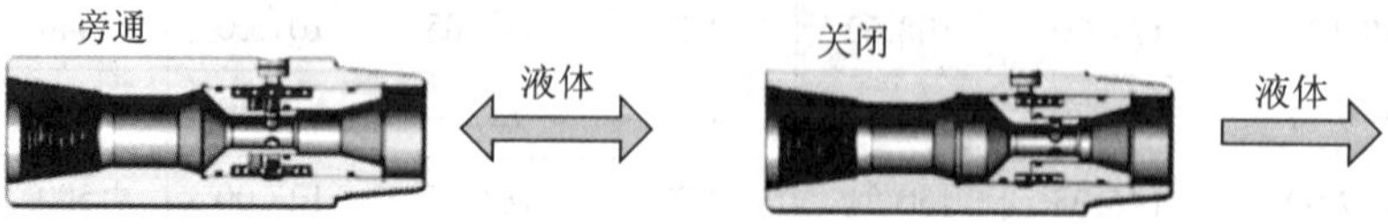

图 2-17-36　旁通阀总成

3. 液马达总成

它是由转子和定子组成的马达转子的螺旋线有单头的多头之分(定子螺旋线头数比转子多 1)。转子的头数越少，转速越高，扭矩越小；头数越多，转速越低，扭矩越大。

4. 万向轴总成

它是由花辨套、中间接头、钢球等零件组成。上联接转子,下接传动轴。它的作用是将马达的行星运动的机械性能传递给传动轴的一种专用连接件。

5. 传动轴总成

传动轴是将马达的旋转动力传递给钻头,同时承受钻压所产生的轴向和径向负荷而设置的部件。

(二) 螺杆钻具的型号说明

螺杆钻具的型号说明如下:

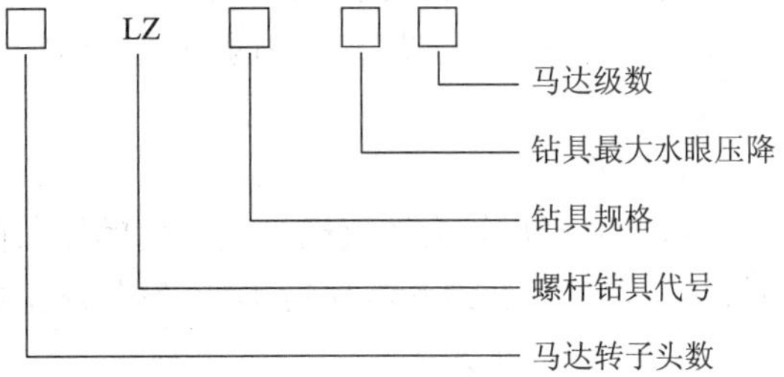

例:5LZ127×7.0　表示为转子头数与定子头数为 5∶6 的、外径为 ϕ127mm 的螺杆钻具,钻头水眼压降为 7.0MPa

(三) 螺杆钻具的主要性能参数

修井钻具性能参表如下:

钻具型号	井眼尺寸/mm	马达压降/MPa	输出扭矩/N·m	推荐钻压/t	最大钻压/t	输出流量/(L/s)	钻头水眼压降/MPa	钻头转速/(r/min)	外径尺寸/mm	连接螺纹
5LZ65×3.5	79~95	3.4	200	0.4	0.7	3~4	1.0~3.4	240~380	65	1.900TBG
5LZ73×3.5	89~114	3.4	200	0.4	0.7	3~4	1.0~3.4	200~240	73	$2\frac{3}{8}$TBG
5LZ90×3.5	114~152	2.8	900	1	1.5	6~8	1.0~3.4	110~170	90	$2\frac{7}{8}$TBG
9LZ100×3.5	120~152	2.5	1000	1	1.5	8~10	1.0~3.4	100~180	100	$2\frac{7}{8}$TBG
5LZ120×3.5	146~200	2.8	1700	1.8	2.3	10~12	1.0~3.4	100~180	120	$2\frac{7}{8}$UPTBG
										$3\frac{1}{2}$UPTBG
5LZ127×3.5	146~200	2.8	1800	1.8	2.3	10~12	1.0~3.4	100~180	127	$2\frac{7}{8}$UPTBG
										$3\frac{1}{2}$UPTBG

(四) 使用须知

1. 对液体要求

螺杆钻具的马达为容积式,决定钻具性能的因数是马达的输入流量和作用于两端的压力降,而不是液体的类型。液体的物理化学性能除个别有损钻具的寿命外,一般不影响钻具的性能。但液体所含的各种硬颗粒必须予以限制,因为它会加速轴承、定子马达的磨损而降低钻具的使用寿命。因此液体中含砂量必须控制在 0.5%以下。

液体黏度和机时密度对钻具的影响很小,但对整个系统的压力有直接影响,如果推荐排量下的压力大于额定泵压值,就得减少液体排量,或者有必要降低通过钻具和钻头的压力降。每种型号的钻具都有自身的输入流量范围,只有在此范围内钻具才能有较高的效率,一般应取输入流量范围的中间值为最佳输入流量值。

2. 泵压力要求

钻具悬空时,排量不变,则通过钻具的液体压力降也不变,随着钻头接触所钻界面钻压

增加时,液体循环压力增加,泵压也增加,司钻可用以下公式来控制操作:

泵压=循环泵压+钻具负载压降

循环泵压就是钻具没有接触所钻界面时的泵压,也叫离底泵压,钻具加大扭矩,泵压就要上升,这时压力表的读数就叫钻铣泵压。离底泵压不是一个常数,它随井深和液体的特性变化而变化。但实际操作中,无必要随时测取循环泵压的精度值,一般取每次接单根后的离底泵压为近似值,这样做完全可以满足公式的精度要求。

钻具在工作中,钻铣泵压达到最大推荐压力时,钻具产生最佳扭矩继续增加钻压将增加泵压,当超过最大设计压力时,马达可能会制动,此时应立即降低钻压,以防钻具内部损坏。

3. 扭矩

钻具的扭矩与液体流经马达产生的压力降成正比,转速与输入排量成正比。排量一定时,扭矩增加而转速基本保持不变,钻具从空载到满载速度降低一般不超过10%左右。

(五) 使用方法

在选择钻具及其组合方案时,应制定修井的作业计划,充分考虑井眼轨迹、所钻物类型、钻头类型、规格等细节。螺杆钻具在出厂前,各部件之间的连接螺纹均已涂厌氧胶,并按规定力矩上紧,使用前不需要重新紧扣。

1. 钻具下井前的地面检查

(1) 钻具除提升短节与旁通阀连接外,其他部分的壳体均涂以厌氧胶。

(2) 用钻头装卸器把钻头装上,只允许用链钳转动钻具的传动轴头,而且只能逆时针旋转以防内部螺纹松扣。

(3) 吊起提升短节,将钻具放入转盘卡瓦内,使旁通阀位于转盘之上,装上安全卡瓦,卸去提升短节。

(4) 检查旁通阀的灵活性:用木棒压下阀芯,然后松开,阀芯在弹簧力的作用下,恢复正常,反复压下3~5次,阀芯无卡阻,运动灵活,接着将钻具旁通孔部位下到钻盘以下开泵,旁通孔封闭,马达启动,驱动接头旋转,停泵后,阀芯复位,液体从旁通孔泄出,钻具正常。

2. 钻具下放入井内

(1) 钻具下井时,严格控制下放速度,以防过快时马达倒转,使内部连接丝扣脱扣。

(2) 钻具接近所钻界面时要放慢速度,提前循环后再继续下钻,先小排量循环,待井口返出液体后,再加大排量。

(3) 不允许顿钻或将钻具坐在所钻界面上。

3. 钻具开动

(1) 如果钻具接触所钻界面,必须提起1~2m,启动地面泵,此时应记下压力表读数。

(2) 清理所钻界面上的脏物,必须足够的"干净"。

4. 钻具的钻进

(1) 开始钻进时应缓慢加钻压,待正常钻进时,司钻可用下列公式控制操作:

泵压=循环泵压+钻具负载压降

(2) 开始钻进,钻进速度不宜太快。

(六) 钻具的故障分析

根据现场使用过程中出现的各种异常现象,钻具故障分析归纳如下,仅供参考。

异常现象	可能原因	判断及处理方法
压力表压力突然升高	马达失速	钻具上提 0.5m 左右，核对循环压力，逐步加钻压，压力表逐步升高，均正常，说明马达曾是失速
	马达、传动轴卡死，钻头水眼被堵	钻具提离井底，压力表读数仍很高，应起出钻具检查或更换钻头
压力表压力慢慢地增高	钻头水眼被堵	钻具提离井底，再检查压力，如果压力仍然高于正常循环压力，可试着改变循环流量或上下移动钻杆，如无效，只能起出钻具检查、维修
	钻头磨损	可以继续钻进，细心观察，仍无进尺，只能取出更换
压力表压力缓慢降低	循环压力损失变化	检查液体流量
	钻杆损坏	稍提钻具、压力表读数低于循环压力适当加大泵压后，仍无效果，起出检查
没有进尺	马达失速	压力表读数增高，钻具提离井底，检查循环压力，加小钻压逐步增大钻压
	旁通阀处于"开启"	压力表读数偏低，稍提钻具，启、停地面泵两次仍无效，则需检查或更换旁通阀
	万向轴损坏	常伴有压力波动，稍提起钻具，压力波动范围小些，起出钻具，检查更换。
	钻头磨损	重新更换新钻头

（七）钻具的维修保养

钻具的使用寿命除决定于精心设计、精密制造等因素外，正确的使用，加强维修保养也是一个很重要的环节。对于每用完一次井的钻具都应进行认真的地面保养，对于轴承间隙超过最大公差的，应送回维修站拆检。

1. 钻具拆卸

（1）使用后，经技术人员确定钻具发生故障，不能下井使用的，送维修站应立即拆检维修。

（2）拆检时应先熟悉钻具结构，按顺序和要求拆卸。

（3）钻具的拆装分壳体与内部传动连接两部分，因万向轴壳体和马达传动轴壳体螺纹连接处、万向轴和转子、传动轴水帽螺纹连接处，均涂有厌氧胶，拆卸时，不可随意加大扭矩卸扣，应把连接处用喷灯加热至 250～300℃后，迅速卸开，并用钢丝刷及时清除螺纹处的残余粘接剂。

（4）拆卸前，除准备好所用工具外，一定要做好记录，内容包括：钻具编号、使用单位、磨铣界面、进尺数、运转时间，使用井深、井温、轴向间隙、送修原因等。

2. 旁通阀总成的维修保养

（1）清洗检查每一个零部件，零件出现沟槽、咬伤镀层剥落等更应换零件，更换所有"O"型密封圈。

（2）筛网孔出现冲蚀现象应更换旁通阀。

（3）弹簧使用 100h 后应更换。

（4）装配零件表面应涂上黄油，装配后应活动阀芯数次，不得有卡阻现象。

3. 马达部件的维修保养

（1）拆出转子、清洗定子内腔及螺纹表面。

（2）检查定子橡胶是否有脱胶、剥落等现象，若发现定子橡胶脱胶产生剥落并有较多沟槽时，应更换定子。

（3）检查转子表面镀层是否有剥落、生锈、起波、沟槽等现象，如发现应予更换。

（4）清洗检查后，应在转子表面涂上黄油，并装入定子内将马达部件倾斜30°进行漏失量及转距的试验，确定该马达是否需重新选配。

4. 传动轴部件的维修保养

（1）经测量如轴承间隙超过规定值或滚道出现明显沟槽、麻点、边缘剥落或任何一排钢球碎裂，应更换整套多列推力向心球轴承组。

（2）严禁新旧钢球混用和使用未经筛选的钢球组。

（3）检查上、下径向轴承的内外圈，表面如有焊层产生剥落，合金块严重损坏或直径磨小1mm以上，应更换新的径向轴承。

（4）检查传动轴，如发现表面有沟槽、裂痕现象，应更换新的传动轴。

5. 钻具的组装

将检修后的旁通阀、马达、万向轴、传动轴四大部件分别装配后，按顺序把外壳和内部传动件连接，再清洗螺纹、涂厌氧胶，保证传动轴间隙等工序完成后，再按规定扭矩旋转。

（八）监督要点

（1）检查工具是否正常，连接部位是否松动。

（2）连接工具，进行地面打压试验，螺杆钻是否工作正常。

（3）对液体要求，根据单井实际情况，要求入井液达到设计要求，无杂质，并要进行地面过滤。

（4）下井管柱丝扣完好、无弯曲、无穿孔。

（5）根据磨铣界面，选择磨铣钻头。

（6）控制下放速度，每分钟20~25m，距离磨铣界面1~2m，提前洗井，缓慢加压，清理井内脏物。

（7）控制钻压和扭矩，钻压控制在5~15kN之间，泵压控制在5~8MPa之间。

七、预防井下落物

在各种各样的井下工具遇卡和井下落物中，除了由于油水井砂卡、油井蜡卡以及生产过程中套管变形、位移造成卡管柱事故以外，大量的事故是由于管理和操作不当而造成的井下落物，其中不乏油水井维护、改造和大修作业中造成的二次事故。因此，在油水井生产管理和作业过程中要严格管理制度和操作规程，采取以防为主的方针，尽量减少或避免人为的事故。这样在油田开采和作业过程中起到事半功倍的效果。

预防井下落物应从以下几个方面加强管理：

（1）下井的工具、钻具必须认真、严格地检查，并测绘草图留查。对不合格、有怀疑的工具、钻具严禁下井。

（2）严格按照操作规程施工，情况不明时切忌施工。

（3）注意施工过程中的情况变化，及时总结、分析、及时调整施工方案，以免造成事故。

（4）起下钻时须安装自封封井器，井内无钻具时，应将井口加盖或密封。

(5) 在井口操作时,使用的工具、用具应清理纪录。施工结束后要逐一检查、发现丢失的工具、用具应特别登记、上报。

(6) 不允许随便往油管或钻杆内存放任何东西,下钻时要逐根通径,以防管内存物掉入井内。

第三节 解 卡

卡钻是指油水井在生产或作业过程中,由于操作不当或某种原因造成的井下管柱或井下工具在井下被卡住,按正常方式不能上提起出的一种井下事故。由于卡钻事故,会使油水井的生产不能正常进行,严重时还会使油水井报废,给油田的生产和经济造成重大的损失。因而如何预防和及时妥善处理卡钻事故,对维护油田生产和提高作业水平是非常重要的。

卡钻事故的原因及类型:

(1) 油水井生产过程中造成的油管或井下工具被卡,如砂卡、蜡卡、结垢卡、套管卡等。

(2) 井下作业施工过程中造成的卡钻,如落物卡、水泥(凝固)卡、砂卡、套管卡等。

(3) 井下下入了设计不当或制造质量差的井下工具造成的卡钻,如封隔器不能正常解封造成的卡钻、下入工具自动散落等。

一、砂卡

(一) 砂卡的原因

(1) 在油井生产过程中,由于地层疏松或生产压差过大,油层中的砂子随油流进入油套管环空后逐渐沉淀造成砂埋一部分管柱形成砂卡。

(2) 冲砂作业时,容易造成砂卡的几种情况如下:

① 由于排量不足,洗井液携砂能力差,不能将砂子洗出或完全洗出井外造成砂卡。

② 施工中由于液量不足或冲砂进尺太快,接单根时间过长,因故不能连续施工,都会造成砂子下沉埋住管柱而卡钻。

③ 冲砂管柱穿孔,从上部短路,一旦砂子冲起,但由于油管短路无法洗出,造成砂卡。

(3) 压裂施工中,由于管柱深度不合适,砂比大,压裂液不合格及压裂后放压太猛也会造成砂卡。

(4) 在填砂作业时,由于砂比太大,未持续活动管柱,或由于层间矛盾突出,填砂后,砂子不沉,在探砂面时,容易造成砂卡。

(二) 砂卡的预防及监督要点

(1) 对出砂较严重的生产井,要尽早采取防砂措施,或及时进行冲砂处理,防止砂卡。

(2) 生产管柱下入深度要适当。

(3) 注水井放压或放溢流要控制,特别是套管放压。

(4) 冲砂施工:

① 接单根前要充分循环,水泥车要保持一定排量,换单根操作速度要快。开泵循环正常后,方可再下放管柱。

② 对长井段(指砂段长度大于 100m)冲砂时,每冲下 50~60m 要彻底洗井一周,待砂子返出后再继续冲砂,冲至设计深度后要彻底循环洗井。待砂子返出后,再停泵起管柱。

③ 带大直径工具探砂面,且加压不得超过10kN。严禁用大直径工具冲砂。

④ 冲砂过程中应注意中途不可停泵,以免被冲起的砂下沉将冲砂管卡住或堵死。

⑤ 泵发生故障须停泵处理时,应提管柱至原始砂面50m以上,并反复活动,有条件时可转动管柱。

⑥ 若提升设备发生故障,不能起下管柱时,必须保持正常循环。

⑦ 泵车压力不得超过水龙带的安全压力。

⑧ 水龙带必须拴保险绳。

⑨ 工作人员应距接头一定距离,非工作人员未经允许不得进入施工现场。

⑩ 在深井或大直径套管内冲砂时,可采用正、反冲砂法或泡沫冲砂等工艺。

(5) 打捞作业施工前要彻底冲洗鱼顶,特别是捞桥塞或封隔器时必须在砂子全部返出地面后才能进行打捞,捞获后要边冲洗边上提,待活动解卡达到负荷正常后再停泵。

(6) 填砂施工监督要点:

① 首先把油管鞋探到人工井底或遇阻位置,充分洗井后上提油管至预计砂面200m。若洗井不彻底,填砂时容易形成砂桥,甚至造成砂卡管柱。

② 用水泥车冲洗填压裂砂(原则上不允许填建筑砂,但无压裂砂时,所填建筑砂必须用筛子过滤,防止大颗粒入井),并根据井筒套管内径计算好砂量及附加量(附加量一般为8%~10%)。

③ 填砂结束后,应继续往油管内灌水不少于油管内容积后,活动沉砂8~14h。

④ 探砂面时,若超过预计砂面20m未探着砂面,应立即起管至安全位置,分析原因,或继续沉砂,直到探砂面合格。若经2次填砂后,仍然探不着砂面的,说明井下层间矛盾突出,砂子在井内不沉,应冲出井内砂子,和有关部门结合,变更方案,改注灰或打桥塞。

(7) 压裂施工时,应注意:

① 光管压裂管鞋应下至油层上界100m以上。

② 加砂时注意砂比不能过大。

③ 卡封压裂时,顶替量应计量准确,充分把携砂液顶入地层。

④ 压完放喷时,井口应安装油嘴控制放出液量和压力,严禁高压下无嘴放喷,防止放压过快,砂子吐出,造成压裂管柱砂卡。

(三) 测卡点

1. 计算法测卡点

计算法测卡点是现场使用原管柱提拉法推算测卡,其理论依据是虎克定律,即

(1) 理论计算法:

$$L=\frac{EF\lambda}{P}$$

式中 L ——卡点深度,m;

λ ——管柱伸长量(两次不同负荷上提时的长度之差),cm;

P ——拉力,kN;

E ——钢材弹性模数,为2.1×10^4,kN/cm^2;

F ——管柱环形截面数,cm^2。

(2) 经验公式计算法:

$$L=K\frac{\lambda}{P}$$

式中 K——常数,ϕ73mm 油管 K 取 2450,ϕ73mm 钻杆 K 取 3800;

λ——管柱伸长量,cm;

P——拉力,kN;

L——卡点深度,m。

(3) 测卡操作:

① 检查井架、绷绳、地锚、游动系统、提升系统等部位是否完好,指重表是否灵活好用。

② 测拉力与油管伸长量。

a.上提管柱,当上提负荷比井内管柱悬重稍大时停止上提,记录第一次上提拉力,记为 $P1$,在与防喷器法兰上平面平齐位置的油管上做第一个标记,作为 A 点。

b.继续上提管柱,当上提负荷超过第一次上提拉力 50kN 时,停止上提,记录第二次上提拉力,记为 $P2$,在与防喷器法兰上平面平齐位置的油管上做第二个标记,作为 B 点。

c.用钢板尺测量标记 A 与标记 B 之间的距离,记为 λ1。

d.继续上提管柱,当上提负荷超过第二次上提拉力 50kN 时,停止上提,记录第三次上提拉力,记为 $P3$,在与防喷器法兰上平面平齐位置的油管上做第三个标记,作为 C 点。

e.用钢板尺测量标记 A 与标记 C 之间的距离,记为 λ2。

f.继续上提管柱,当上提负荷超过第三次上提拉力 50kN 时,停止上提,记录第四次上提拉力,记为 $P4$,在与防喷器法兰上平面平齐位置的油管上做第四个标记,作为 D 点。

g.用钢板尺测量标记 A 与标记 D 之间的距离,记为 λ3。

③ 下放管柱,卸掉提升系统负荷。

④ 计算三次上提拉伸拉力及三次平均拉伸拉力,单位为 kN:

第一次上提拉伸拉力 $P\text{a}=P2-P1$;

第二次上提拉伸拉力 $P\text{b}=P3-P1$;

第三次上提拉伸拉力 $P\text{c}=P4-P1$;

平均拉伸拉力 $P=(P\text{a}+P\text{b}+P\text{c})/3$

⑤ 计算三次上提拉伸的平均油管伸长量,单位为 cm:

$$\lambda=(\lambda 1+\lambda 2+\lambda 3)/3$$

⑥ 也可根据两次上提拉力的差($P2-P1$)值和相应的伸长量差值($\lambda 2-\lambda_1$)求出相应的拉伸力 P 和伸长量 λ 值。

⑦ 根据式 $L=\frac{EF\lambda}{P}$ 计算 $L=K\frac{\lambda}{P}$ 卡点位置。

K 值可由表 2-17-27 查出。

表 2-17-27 各种类型管类计算系数一览表

管 类	外径/mm	壁厚/mm	K	管 类	外径/mm	壁厚/mm	K
钻 杆	73	9	3800	油 管	73	5.5	2450
油 管	60	5	1800	油 管	89	6.5	3750

举例：

某井用经验提拉法推算卡点。喇叭口深度为2000m，第一次上提250kN，油管挂高出井口30cm，第二次上提400kN，油管挂高出井口125cm，计算卡点深度（井内为ϕ73mm平式油管）。

解：根据式 $L=\frac{EF\lambda}{P}$ 得：

$$L=\frac{EF\lambda}{P}=\frac{2.1\times10^4\left[\pi(D^2-d^2)/4\right](\lambda_2-\lambda_1)}{P_2-P_1}$$

$$=\frac{2.1\times10^4\left[3.14\times(7.32^2-6.22^2)/4\right](125-30)}{400-250}$$

$$=1555(\text{m})$$

根据式 $L=K\frac{\lambda}{P}$ 得：

$$L=2450\times\frac{95}{150}=1551.6\text{m}\approx1552(\text{m})$$

2. 测卡仪测卡点

测卡仪测卡点，是近几年发展起来的新的测卡技术，它提高了打捞解卡的成功率和缩短了施工时间，测得的卡点直观准确可靠。这种方法主要配合切割方法处理被卡管柱。

（1）测卡仪的用途：测卡仪主要用于钻井、修井、井下作业中被卡管柱的卡点测定，为制定处理措施提供准确依据。

（2）测卡仪的结构如图2-17-37所示，主要由以下部件组成：

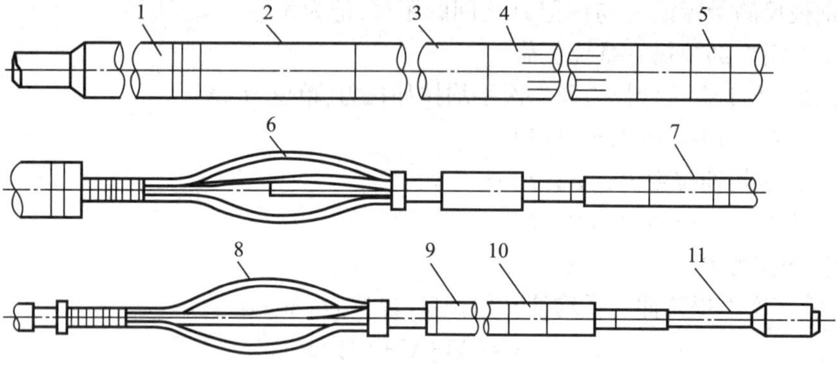

图2-17-37 测卡仪

1—电缆头；2—磁性定位器；3—加重杆；4—滑动接头；5—振荡器；6—上弹簧锚；7—传感器；8—下弹簧锚；9—底部短节；10—爆炸接头；11—爆炸杆

① 电缆头。电缆头是连接电缆和磁定位仪的部件，中间有导线与仪器连接形成一闭合电路。

② 磁性定位器。与测卡仪配套使用的是小直径磁性定位器，接在电缆头的下面。

③ 加重杆。测卡仪的加重杆是空心的，中间有导线，可与仪器接通电路。每根加重杆长2m，重约16kg。测卡时通常接3根，最多不得超过5根。

④ 滑动接头。内腔有呈双层螺旋弹簧的导线。内层导线接壳体，外层导线接芯子，将滑动接头与磁定位及传感器连接后即接通电路。

⑤ 振荡器。该电器组件接在滑动接头下部，中间有导线连通。当传感器线圈的电感

量发生变化时，振荡器频率也发生变化。

⑥ 弹簧锚。测卡仪有上、下两个弹簧锚，其中间距离是 1.32m。每个弹簧锚是由 4 组弹簧沿圆周均匀分布，每组有两片弹簧，且用螺钉固定在定位器上。用螺旋压簧来调节弹簧的外径，并用中心杆上的定位套与定位环来固定弹簧的外径尺寸，中心杆内有导线。

⑦ 传感器。传感器接在两个弹簧扶正器之间，当钻柱受拉或受扭时，传感器电阻值发生变化。

⑧ 底部短节。接在弹簧支撑体下面。

⑨ 爆炸接头。爆炸接头在测卡仪的最下部，其下面是爆炸杆，爆炸杆上有导爆索，找准卡点后，通 400V 高压，低电流引爆倒扣。

（3）测卡仪的技术参数见表 2-17-28。

表 2-17-28　测卡仪与爆炸松扣装置主要技术参数

外径/mm	可测范围/mm	精　度	可用井温/℃	可耐压力/MPa	可测井深/m
50～114（2～4in）油管 16～203（3～9in）钻铤	73～168 钻杆 114～245 套管	0.01mm/1.5m	150	45	3500

（4）测卡仪的使用方法：

① 调试地面仪表。先将调试装置与地面仪表连接好，再根据被卡管柱的规范，将调整装置上的拉伸应变表调到适当的读数后（应超过预施加给被卡管柱的最大提升力所产生的伸长应变），把地面仪表的读数调到 100，然后把指针拨转归零。用相同的方法调试地面仪的扭矩。这样才能保证测卡时既不损伤被卡管柱，又能准确测出正确的数据。

② 测卡操作。先用试提管柱等方法估计被卡管柱卡点的大致位置，进而确定卡点以上管柱重量，并根据管柱的类型，规范确定上提管柱的附加力。将测卡仪下到预计卡点以上某一位置，然后自上而下逐点分别测拉伸与扭转应变，一般测 5～7 点即可找到卡点。测试时先测拉伸应变，再测扭转应变。

③ 测拉伸应变，先松电缆使测卡滑动接头收缩一半，此时仪器处于自由状态，将表盘读数调整归零，再用确定的上提管柱拉力提管柱，观察仪表读数，并作好记录。

④ 测扭转应变，根据管柱的规范确定应施加于被卡管柱旋转圈数（经验数据是 300m 的自由管柱转四分之三圈，一般管径大、壁厚的转的圈数少些）。先松电缆，使测卡仪处于自由状态，然后将地面仪器调整归零，再按已确定的旋转圈数缓慢平稳地转动管柱，观察每转一圈时地面仪表读数的变化，直至转完，记下读数值。然后控制管柱缓慢退回（倒转），观察仪表读数的变化，以了解井中情况。这样逐点测试，直到找准卡点为止。

（5）注意事项及监督要点：

① 被测管柱的内壁一定要干净，不得有泥饼、硬蜡、结垢等，以免影响测试精度。

② 测卡仪的弹簧外径必须合适，以保证仪器正常工作。

③ 所用加重杆的重量要适当，要求既能保证仪器顺利起下，又能保证仪器处于自由状态。以利于顺利测试。

④ 及时记录卡点位置，为下步解卡或倒扣等措施提供充分依据。

（四）解卡

凡是由于井内砂子造成的卡管柱或工具事故，统称为砂卡事故，简称为砂卡。砂卡的特征一般为管柱用正常悬重提不动、放不下、转不动。

解除砂卡的操作及监督要点：

1. 活动解卡

当井下管柱或工具遇卡时间不长，或遇卡不很严重时，应分析遇卡原因，根据井架及设备允许负荷条件，对管柱进行大力提拉活动卡具，或快速下放冲击，使卡点脱开（井底有口袋才行）。采用此方法一定要注意管柱负荷、井架及设备能力。在施工前，应全面检查井架、地矛、设备、绷绳、滑轮、大绳等各部分的安全情况，将各部分不安全因素排除之后，方可进行施工，不能盲目蛮干。先用大于原悬重约50kN的载荷试提，并按规定扭矩对遇卡管柱进行紧扣后，再缓慢上提达到最大载荷，但不得超过设备的许用载荷和管柱的强度极限，然后快速下放，利用管柱伸长后的收缩力解卡，也可在规定范围内施加一定扭矩解卡。在管柱卡得不死的情况下，利用此法可解决管柱卡的问题，是现场最常用的解卡方法之一。

活动解卡不是单纯的活动解卡，它是和打捞配合的一种解卡工艺技术，活动解卡是为了起出被卡井内管柱，但解卡不成功时往往把管柱拔断或拔脱，这就需要下入工具打捞，打捞成功后，继续活动解卡，这样往复进行，直至解卡成功。

活动解卡监督要点如下：

① 活动解卡前，首先检查地矛、绷绳、法兰及绳卡松紧程度，检查大绳是否断丝，检查拉力计是否灵活好用，检查吊卡、吊环等游动系统是否老化。

② 记录活动解卡上提最大负荷。

③ 记录活动解卡管柱伸长量。

④ 活动解卡30min要暂停一会，避免管柱长期活动疲劳和设备长期处于高速运转状态产生高温。

⑤ 活动解卡在原管柱拔断脱落后，应根据鱼顶情况，选择合适的打捞工具进行打捞，而此时应用强度更高的钻杆，将解卡负荷适当增加，以使被卡管柱不断捞出，直至全井被卡管柱全部解卡捞出。

⑥ 每次解卡拔断或脱扣后，应记录鱼顶情况及鱼顶预计深度，并选择正确的打捞工具，然后继续打捞、活动解卡。

2. 憋压循环解卡

出现砂卡后，应尽早争取时间开泵循环。如循环不起来，可用憋压的方法，如能憋开，则卡钻即可解除，同时上下活动管柱。

监督要点如下：

① 管线连接处一定上紧不允许有任何泄漏。

② 上下活动负荷在井架允许的范围之内。

③ 憋压应根据管柱情况定，最高泵压不允许超过管柱安全承压的80%。

④ 水龙带应拴保险绳，操作人员要在安全地带，以防管柱断脱伤人。

⑤ 停泵后若压力不降，稳定30min，压力仍不下降，应停止憋压，改用其他方法解卡。

3. 悬吊解卡

确定砂卡后，活动解卡无效，可考虑悬吊解卡法，这是处理砂卡事故经常用的一种切实可行的方法。在井口给管柱一合适拉力，在较长的时间内使被卡管柱慢慢拔出，而逐步解卡。在这种施工过程中，应经常观察指重表上悬重的变化，如悬重缓慢下降，则说明管柱正在上移，应继续补充拉力，直至解卡。在观察指重表变化时要记录真实变化数值，必须排除指重表等因漏失而产生的假象。为了消除假象，可以在井口作出方入标志，若指重表下降，方入有所减少则说明蠕动在进行，可继续提高拉力；反之，则说明是指重表管线漏失下降的假象，应具体分析后，方可进行施工作业。

监督要点如下：

① 悬重负荷在钻柱和井架允许的范围之内。

② 在悬吊过程中，每隔 30min 观察指重表上悬重的变化。

③ 发现悬重下降将负荷提至初始悬重负荷。

④ 在井口作出方入标志，如指重表下降，方入有所减少则说明蠕动在进行。

⑤ 若 3~5h 悬吊，方入无减少，悬重不下降，则停止悬吊，改用其他方法解卡。

4. 冲管解卡

冲管解卡是借助小直径的冲管在油管内进行循环冲洗，以解除砂堵砂卡，是行之有效的方法之一。适合填砂卡、冲砂卡、以及压裂砂卡等比较明确的砂卡井。最下面的冲管要有切口，用于冲击砂堵和防止憋泵。冲管直径的选择与油管直径有关。ϕ62mm($2^1/_2$ in)油管内用 ϕ40m($1^1/_2$in)或 ϕ35mm($1^1/_4$in)冲管。如带有 ϕ50mm 小口时，则用 ϕ25mm 冲管。设计冲管时，必须考虑冲管直径与油管内径的配合及冲管自身的抗拉强度。在浅井内，可下入同一直径的冲管。而在深井中，根据计算，选择复合冲管程序，如 ϕ62mm($2^1/_2$in)油管内可选用 ϕ 25、ϕ 35 及 ϕ 40mm 的冲管组合成多级冲管来进行冲砂，或同一直径上部用抗拉强度大的高强度冲管，以保证冲砂中冲管不断。当管下至距砂面 5~10m 处时，即开泵冲洗，排量一般为 12~15m^3/h。冲管冲出油管鞋 4~5m 后停止加深，应做长时间的冲洗，使油管外围的砂堵慢慢掉下来而被冲出地面。这样，可避免立足点管加深后砂子突然垮下来而卡住或挤断冲管。

而在实际操作中，使用连续油管作业车冲洗更能起到事半功倍的效果，同时也可以边冲洗边活动解卡，对解除砂卡油管行之有效。

实行冲管时一定要注意泵压变化，以及下放速度。当冲下 50m 后，应循环洗井并活动冲管，防止冲管下放过快而卡钻，待砂子返出地面后再继续冲砂。

监督要点如下：

① 冲管进入鱼腔内注意录取泵压。

② 冲洗过程中不允许中途停泵。

③ 每冲下 10m 上提下放反复 2~3 次。

④ 冲洗时下钻速度为 50m/h。

⑤ 参照冲砂监督要点。

5. 震击解卡

在卡点附近造成一定频率的震击，有助于被卡管柱和工具的解卡。常用的震击器类工具有上击器、下击器、加速器等。上击器接在安全接头上面，是采用液压工作原理实现上击的。其液压工作原理为锥形活塞结构，它是由锥体、旁通体、密封体和密封体油封四种零件组成。锥体可在旁通的台肩和密封体上端面之间游动。震击时，先下放钻柱，使上击器心轴向下移动，此时锥体的下端面与密封体的上端面由于液压轴的作用而分开，上下油腔的通道启开，油流畅通，上击器处于回位(关闭)状态。心轴继续向下移动，直到心轴的台肩碰到密封体的上端为止，上击器完全关闭。下击器与上击器相反，产生下击的作用。下击器接在钻具的下部，安全接头之上。下击器通常是在处理键槽卡钻或上提遇阻卡时使用，效果较好。使用下击器时，先上提钻杆，使下击器的壳体也向上移动，再突然把它们下放，使下击器的壳体击到下面的接头，产生一种震击力量，把受卡部分震松。

上击器操作开始时，应先小范围活动钻具，以检验震击器工作情况，步骤为：

① 下放钻具到指重表读数小于正常下放悬重 100kN 左右，使上击器关闭。震击器关闭过程，可在指重表上显示出来，指针会出现一段静止或回摆，说明上击器已经闭合。

② 上提钻具，一般比正常上提钻具的悬重多提 200~300kN，刹住刹把，观察上击器震击瞬间，指重表指针摆动，钻台上可感到震动。

③ 确定上击器能正常工作后，重复以上两步动作，使震击器反复震击，直到解除事故。在需要长时间震击时，应该每连续震击半小时，停止震击 10min，以使震击器中液压油冷却。

震击器震击效果，在操作方面，除与上提速度有关外，主要是由上提拉力决定的。上提拉力虽受多方面因素的影响，但在定向井中主要考虑上提、下放钻具存在的摩擦阻力。上提震击和下放关闭时应去掉这部分阻力，正确地确定提放吨数。

下击器的操作可按下面的步骤进行：

① 在一般情况下，下击器在井下总是处于“打开”的位置，需要下击时，司钻下放钻具，除去摩擦阻力外，压在下击器上的钻压要大于事先调节的震击吨位，然后刹住刹把，观察下击器工作，下击器震击瞬间，指重表的指针摆动，井口可感到震动。

② 需要再次下击时，首先要使下击器重新打开，即上提钻具，直到指重表上所显示的悬重证明下击器已打开。下击器直接连接在下部组合的顶部，通过过渡接头，与加重杆相连。在大直径井眼中的塔式钻具中，震击器上部有时也加有几根直径小于震击器外径的钻铤。

从要求上讲，正常钻进的钻具中，随钻震击器所安装的位置，应在钻具的中和点以上，使震击器处于拉伸状态，保持随钻震击器在正常钻进时处于打开的位置。但在定向井中，加有相当数量的加重钻杆代替部分钻铤，一般是把随钻震击器加在加重杆以下，防止震击器以上钻具遇卡，出现虽有震击器而无法工作的情况。在打捞钻具中，考虑震击器位置，应注意两个方面，一是震击器要尽量靠近鱼顶，二是震击器上部应有足够重量的钻铤。

SYJ—1 型液体加速器主要由心轴—活塞总成和油缸套组成，心轴—活塞总成主要由心轴、限位机构组成，用于传递正反扭矩。限位机构由可调节的限位螺母、锁紧螺母等组成，可调节工具的工作行程，以满足不同井况、上击器不同性能对工具的要求，并对工具起到安全保护作用。活塞总成采用组合式密封结构，以承受工具工作时的高压，形成可靠的密封。油缸套结构主要由上缸套、限位缸筒、下缸套和下接头等组成，它与心轴—活塞总成结构形成一个可耐高压的密闭液缸，里面充满了可压缩的液体。SYJ—1 液体加速器实质上是一个液压弹簧，当上部钻柱受拉而产生弹性应变时，其心轴—活塞总成也在拉力作用下相对缸套自下而上运动，使液缸内的液体受压缩而储存了能量。当油压上击器完成延时，进入自由冲程，消除钻柱应变现象时，加速器所积蓄的能量也随之突然释放出来，同钻柱积蓄的弹性变形能一起转化为油压上击器撞击头向上的冲击动量，从而加速了钻柱和油压上击器向上运动的速度，使被卡管柱受到向上的强烈撞击。此时，加速器完成一个工作过程，并已复位。

震击解卡监督要点如下：

① 根据分析判断落物卡钻类型，正确选择震击器类型。

② 调节震击器工作拉力，使其达到最佳工作状态。

③ 记录每次震击后的效果及上提拉力，发现启动拉力过小时，可适当调节震击拉力。

④ 每连续震击半小时，停止 10min，以使设备及震击器中液压油冷却。

⑤ 在定向井中使用震击器时，要考虑上提、下放钻具存在的摩擦阻力。

⑥ 注意井架、绷绳、地矛的巡回检查。

6. 倒扣(松扣)与切割解卡

(1) 倒扣：

通常找出卡点的准确位置后，对卡点以上不卡的管柱，为了保证其完好，节约修井周期，就要进行倒扣作业，把卡点以上管柱倒扣起出，然后再进行打捞。倒扣是打捞落井管柱不能解卡时常用的一种手段。如果落鱼顶部被砂所埋，应先进行冲砂作业，将砂清除之后，再进行倒扣。常用倒扣工具有反扣钻杆配合相应的反扣打捞工具(如公母锥、打捞矛、安全接头等)和倒扣器配合倒扣打捞工具(如倒扣捞筒、倒扣捞矛、倒扣安全接头等)。

倒扣器是一种变向传动装置，其主要功能是将钻杆的右旋转动(正扭矩)变成遇卡管柱的左旋转动(反扭矩)，使遇卡管柱的连接螺纹松扣。由于这种变向装置没有专门的抓捞机构，因此必须同特殊型式的打捞筒、打捞矛、公锥或母锥等工具联合使用，以便倒扣和打捞。由此可见，倒扣器就其所要完成的作业而言，是一种组合型打捞工具。使用倒扣器，理论上来说可以不用反扣钻杆即可完成倒扣施工。

施工方法及监督要点为：

① 根据套管内径选择合适的倒扣器，并检查钢球尺寸。

② 根据落鱼尺寸选择打捞工具，配好倒扣管柱(自下而上为：左旋螺纹打捞工具+左旋螺纹安全接头+左旋螺纹下击器+倒扣器+右旋螺纹钻杆)。

③ 当倒扣管柱下至鱼顶深度以上 2m 时，停止下放管柱，记录指重表悬重。

④ 接正循环管线开泵洗井，待洗井正常后下放管柱，并缓慢反转倒扣管柱入鱼。

⑤ 待指重表负荷下降 10~20kN 时，停止下放。停泵，在井口记下第一个记号。

⑥ 上提倒扣管柱，当指重表悬重大于入鱼前悬重 20~30kN 时，停止上提，记下第二记号(此时抓住落鱼，拉开下击器)。

⑦ 继续增加上提负荷，上提负荷大小视倒扣器管柱长度而定，但不得超过说明书规定的负荷。

⑧ 在保持上提负荷的前提下，慢慢正转工具管柱(使翼板锚定)。

⑨ 继续正转管柱倒扣，当发现倒扣管柱转速加快，扭矩减小，说明倒扣作业完成。

⑩ 反转倒扣管柱(锚定翼板收拢)，起出倒扣管柱。

(2) 爆炸松扣：

爆炸松扣是在测准卡点之后，为保证倒扣时一次性从卡点处倒开，用爆炸的方法使卡点处钻具螺纹松动倒扣，然后起出卡点以上管柱，以便对卡点以下管柱进行处理。

所选择的炸药、导火索、药量必须适当，药量过大会损坏甚至炸裂钻具，过小可能松不开扣，用药量根据实践而定。

爆炸松扣的简单操作及监督要点：

① 测卡后，先将管柱上紧，将测卡仪的爆炸杆对正卡点以上管柱的第一个接箍处。

② 按 330m 转动四分之三圈的经验数据反向旋转管柱(大直径的钻杆或套管，一般每 320m 转二分之一圈；卡点距地面较近时，转的圈数减少一点)。

③ 用高电压(440V)、低电流(1.5A)的直流电源引爆，倒扣解卡。

④ 爆炸松扣成功的典型显示：从仪器上看出断路、扭矩表读数下降、井口钻具及卡瓦震动。点火后，立即上提测卡仪约为30m，静止5~10min后，再起仪器，防止仪器、加重杆外壳快速冷却淬火折断，卡住甚至切断仪器。先慢速活动上提，待摩擦力正常后，再逐渐提高速度。

（3）切割：

对于被卡的管类落物或需要修理的套管，用其他方法难于处理时，常采用切割的方法处理，所使用的切割工具有机械式、聚能式和化学喷射式几类。

① 机械内割刀：机械内割刀是从管子内孔任何部位进行井下切割的切割工具，它可以在落鱼管柱任意部位进行切割。其优点是可以在井下任意更换切割位置，并可以自由脱卡，操作方便可靠。其技术参数见表2-17-29。

表2-17-29　机械式内割刀技术规范

规格型号		JNGD73	JNGD89	JNGD101	JNGD140	JNGD168
外型尺寸/mm		ϕ 55×584	ϕ 83×600	ϕ 90×784	ϕ 101×956	ϕ 138×1208
接头螺纹代号		40.3mm 平式油管扣	40.3mm 平式油管扣	NC26	NC26，NC31	NC31，3301
使用规范及性能参数	切割范围/mm	62~57	70~78	97~105	107~115	158~137
	坐卡范围/mm	65~54.5	81~67	108~92	118~104	158~137
	切割转数/(r/min)	50~40	30~20	20~10	20~10	20~10
	进给量/mm	1.2~2.0	1.5~3.0	1.5~3.0	1.5~3.0	1.5~3.0
	钻压/kN	3	4	5	5	7
	更换件后扩大的切割范围/mm(in)	101($3\frac{1}{2}$)油管	114($4\frac{1}{2}$)套管	139，146($5\frac{1}{2}$，$5\frac{3}{4}$)套管	177.8(7)套管	

切割原理：

当钻具正转后，因工具下端的锚定机构中摩擦块紧贴套管，具有一定的摩擦力。转动管柱，滑车块与滑车套相对运动，推动卡瓦牙上行胀开，咬住套管完成坐卡锚定。继续转动并下放管柱，刀片沿刀枕下行，刀片前端开始切割管柱。随着不断的下放，刀片旋转切割，切割深度不断增加，直至完成切割。上提管柱，芯轴上行，带动刀枕，刀片回收，同时锚定卡瓦收回，即可起出切割管柱。

使用内割刀监督要点如下：

a.钻具配合：

鱼顶在井口时，找箍器+内割刀+下击器+钻杆。

鱼顶在井下时，找箍器+内割刀+下击器+小钻杆+打捞矛+扶正器+钻杆。

b.钻压：5kN。

c.转速：20~40r/min。

d.排量：停泵切割或小排量切割。

e.切割成功后，钻压减少，转速变轻，井口有震动感觉时，停止切割。

f.起出切割管柱，选择合适工具打捞以下管柱。

② 机械外割刀：

外割刀分机械式与水力式两种，无论哪一种都是从落鱼外壁进行切割的工具。机械外割刀是依靠引鞋引入落鱼之后，上提钻具使其与落鱼接实，后再转动转盘，推出割刀将落鱼割断。为防止外割刀套入鱼顶之后碰断刀片，设计了刀片扶正弹簧。改进了“承转轴承”，增加了卡簧定位的安全性。

外割刀是从落鱼内腔无法爆炸或内割时而选择的一种解决卡钻的方法。

其监督要点为：

a.钻具配合：外割刀+套铣管+钻杆。

b.钻压：提断剪切销钉后无需加压，由主弹簧自动给压。

c.转速：20~40r/min。

d.排量：停泵切割或小排量切割。

e.切割成功后，转速变轻，井口有震动感觉时，停止切割。

f.起出切割管柱钻具配合。

③ 聚能割刀：

原理是当火药引爆后，在高温、高压作用下，高压气流喷出，将管子割断。其结构是由聚能器和定位器组成，其上为加重杆，采用直径为 10mm 的单芯电缆。使用此割刀，割下的油管口径比原外径大 2mm，当油管质量不好时，尽量不采用此割刀。

聚能割刀是通过电缆下入的一种切割工具，要求管子内径畅通，方可实施。聚能切割注意事项及监督要点如下：

a.按所切割管子内径、壁厚、材质选择相应的切割弹。

b.连接电缆、加重杆、磁定位仪等工具。

c.电缆由天车通过地滑轮，经井口防喷管入井。

d.电雷管与切割弹连接紧凑，电雷管应绝缘。地面电源在下井工具未到位时不得接通。

e.工具在磁定位仪校深无误后，接通地面电源，井口及周围 30m 内人员撤离。

f.通电引爆雷管、切割弹，数秒钟后井口、地面可听到爆炸声，或可看到井口压井液上涌（不装防喷管时），5min 后断电。

g.引爆开始 30min 后可起出电缆及其他工具。

h.如出现哑炮，应由专人负责处理。

i.聚能切割目前已是成熟技术，其切割弹已系列化，使用时必须按要求操作。

j.雷管与切割弹必须分开保管、分开运输，现场组装。

④ 化学喷射割刀：

原理同聚能切割，但介质不是炸药，而是利用在高温高压下喷出的氢氟酸液体进行割管。其结构是由绳帽、磁定位器、加重杆、燃烧室、活塞、卡瓦机构、惰性气体室、液氢室及喷射头组成。此割刀器切割的管柱口整齐光滑，割口外径较原管外径只大 1.6mm，对下一步打捞作业影响很小。

化学喷射割刀的燃烧室内装有固体燃料，当引燃后，其高压气体推动活塞使三个爪向外扩张，并与管壁接触，起扶正固定作用。高压气体推动活塞的同时，气体经活塞中孔眼推动惰性气室内的氟气，使氟气下行将垫片压破，氟气与液氢室内的液氢化合，形成压力为 7MPa，温度为 815℃的高温、高压气体，将紫铜垫击穿，再经过聚能室向小孔喷出将管柱割断。

因化学喷射切割属高危险、剧毒品，配合施工用的炸药，也是危险品，在施工中易出现中途引爆、哑炮等危险事故。所以,该项工具系列引进数量很少。目前油田已绝少应用,掌握基本原理即可。

7. 套铣筒套(磨)铣

套铣就是在以上解卡无效或无明显作用后常采取的最后有效的方法。所谓最后有效法就是将以上解卡的措施方法都用了,但仍无解卡作用而不得不采用套铣这种破坏性解卡方法,但这种方法往往实用有效。套铣就是在取出卡点以上管柱后,采用套铣筒等硬性工具对被卡落鱼进行套铣、清除掉被卡落鱼与套管环空的砂子,然后打捞出落物。这种方法虽然较慢,但行之有效,可以套一根捞一根,也可使用连续套铣筒,一次套铣多根并打捞多根,但风险大,要求井况好。若套铣不顺利,可采用套磨结合的方式,处理被卡落鱼。

其监督要点参照套铣、磨铣监督要点。

二、落物卡

(一)落物卡钻的原因

(1) 起下钻时,由于井口未装防落物保护装置会造成小件落物落井而卡钻。

(2) 由于施工人员责任心不强,不严格按操作规程施工,如起钻挂单吊环、下钻顿井口、背钳未打好管柱脱扣等均会造成井下落物。

(3) 由于油管或钻杆制造或修复质量问题,在井下断裂而落井。

(4) 由于入井工具质量差,强度低,下井时间长,以及在正常施工时也可能造成井下落物或在井内自行散落,造成卡钻。

(5) 由于井眼轨迹弯曲复杂,在起下管柱时也可造成管柱自动卸扣,造成管柱脱扣落井。

(二)井下落物的卡钻预防及监督要点

(1) 加强工作人员的责任心,严格执行交接班制度,起下时所有工具、部件要详细检查,并做好记录。

(2) 下入大直径工具前,必须用相应的通井规通井,检查套管完好情况。避免盲目下入大直径工具而发生卡钻事故。

(3) 下井工具要完好,并丈量规范,绘制工具草图。避免因入井工具在井下时间长、或工具损坏和部件散落而造成井下落物。

(4) 下井管柱各部分要上紧。避免因管柱松脱造成的井下落物卡钻。

(5) 起下作业施工时,井口应装自封封井器,井口操作台上不得摆放与起下作业无关的小物件,避免因操作不慎造成小物件落井卡钻。

(三)落物卡的解卡方法

落物卡的解卡方法参照砂卡的测卡、解卡工艺及解卡方法。不同的是落物卡的原因分析清楚后,相对砂卡较好解卡。在实际操作中,由于小件落物造成的卡钻,多使用活动解卡和震击解卡,若活动震击无效,则采用测卡点倒出卡点以上管柱,再采用套铣筒套铣、倒扣解卡或磨铣措施。

(四)落物卡钻解卡监督要点

解除落物卡钻切忌大力上提以防卡死或损伤套管,一般处理的方法及监督要点如下:

(1) 首先分析判断是何落物造成卡钻,查看井口螺丝、井口工具是否缺少,液压钳配件

(如钳牙、牙包、螺丝等)是否丢失等,根据起下状况认真分析后,采取相应的措施。

(2) 根据落物形状大小及材质,考虑把落物拨正后能否从环空落下去或能否靠管柱提放、转动将其挤碎。如果可能的话可慢慢提放、转动管柱,将落物拨正落到井底或将其挤碎,达到解卡的目的。

(3) 如果被卡管柱下面有较大工具(如封隔器等),落物任何角度都无法通过环空,并且落物材质坚硬不易挤碎,轻提慢放转动管柱也无效,可测算卡点深度,将卡点以上管柱倒出。再根据落物形状大小,选择合适的工具(如强磁打捞器,一把抓等)将落物捞出,如捞不出可选择尺寸合适的套铣筒将其套掉,再捞出落井管柱。

(4) 若落物不深并且不大(如钳牙、螺丝等),可采用悬浮力较强的洗井液大排量正洗井,同时上提管柱,直到把落物洗出井外后使管柱解卡。

三、水泥卡

(一) 水泥卡钻的原因

(1) 打完水泥塞后,没有及时上提油管至预定水泥塞面以上进行反冲洗或冲洗不干净,致使油管与套管环隙多余水泥浆凝固而卡钻。

(2) 挤注法打水泥塞时没有检查上部套管的破损,使水泥浆上行至套管破损位置返出,造成卡钻。

(3) 挤注水泥时间过长或催凝剂用量过大,或者是水泥不合格,出现闪凝,使水泥浆在施工过程中凝固。

(4) 井下温度过高,对水泥又未加处理,或井下遇到高压盐水层,使水泥浆性能变坏,以致早期凝固。

(5) 打水泥塞时,由于计算错误或发生别的故障造成油管或封隔器被固在井中。

(6) 注水泥塞时油管穿孔,造成洗井短路,使灰浆固住油管,俗称“插旗杆”。

(7) 油层上部套管漏失现场不清楚,而注水泥塞时又封堵高压水层,按照常规注水泥施工时,很容易灰塞上移固住油管。

(8) 不动管调剖时,由于油管穿孔或操作不当,也可造成调剖剂固管柱,和水泥固管柱一样,需要大修。

(9) 候凝时间短,或由于水泥的触变性,探灰面后,来不及提出管柱,水泥浆凝固造成管柱固卡。

(二) 预防水泥卡钻的措施及监督要点

(1) 注水泥塞前,要进行水泥化验,确定水泥合格和初凝时间。

(2) 对有溢流的井注水泥塞时,一定要压井,保证井没有溢流再注水泥塞。

(3) 打完水泥塞后要及时、准确上提油管至预计水泥塞面以上,并进行反洗井。确保冲洗干净后,继续上提管柱至上部射开的油层顶界100m或漏点以上100m处,关井候凝。

(4) 挤注法注水泥塞前,一定要对上部套管试压合格,否则改卡封挤注水泥。

(5) 挤注水泥时要确保水泥浆在规定时间内尽快挤入,必要时加入一定量的缓凝剂。

(6) 井下温度较高,或可能遇到高压盐水层时,必须充分洗井,降温脱气,一定要确保注水泥过程中不发生其他事故。万一发生其他事故,而又不能及时处理时,要立即上提油管,防止油管被固住。

(7) 施工过程中保证设备运转正常,若提升设备发生故障,不能立即修好,应立即反洗井,洗出井内水泥浆;若洗井泵车发生故障,应立即上提管柱至关井候凝位置,待泵车修好后,冲至设计灰面,然后上提管柱,再关井候凝。

(三) 水泥卡钻解除方法及监督要点

水泥卡的解卡方法参照砂卡的测卡、解卡工艺及解卡方法,不同的是水泥固卡解卡,比砂卡解卡复杂,因为水泥固卡管柱,无论在套铣或磨铣均比砂卡强度高,主要是采用套铣倒扣、套铣、磨铣结合工艺,特别是井斜或拐点处,固卡管柱靠边,在套铣、磨铣时困难,造成修井工期延长,操作不当,还容易开窗或卡钻。

水泥卡钻的处理可分为两种情况:一种是能够开泵循环的,另一种是油管套管均被水泥固死的,无法建立循环。对可开泵循环的,可用浓度为12%的盐酸进行循环,破坏水泥环进行解卡,如果水泥固卡较少,通过酸洗加活动解卡,一般能够解开。若固卡油管较多,虽然有循环,但也不能顺利解卡时,以及不能开泵循环的,则采用如下办法解卡。

1. 倒扣套铣法

首先测卡点,先将油管倒至被卡的水泥面,然后用套铣筒铣去油、套管环形空间的水泥环,倒扣起出被套铣的油管。重复用套一根、倒一根的办法,将被卡管柱全部起出。注意套铣筒的长度要长于被套油管,一般在套铣筒上部或下部加打捞工具,这样可以达到一次套铣同时打捞的目的。

2. 磨铣法

当套管内径小或被卡管柱直径较小、不规则,并且较短时,可用磨鞋将被卡管柱连同水泥环磨掉。施工时,首先将水泥面以上油管设法取出,然后用平底磨鞋或凹底磨鞋磨去管柱和水泥环。

磨铣时磨鞋上部应接扶正器和沉淀杯。磨铣一段时间后,可用磁铁打捞器或反循环打捞篮捞净碎铁屑,然后再继续磨铣,直到达到设计要求。

监督要点参照套铣筒套铣、磨鞋磨铣监督要点。

四、套管变形卡

(一) 套管卡钻的原因

(1) 对井下套管情况不清楚,错误地把管柱、工具下在套管损坏处。

(2) 油水井在生产过程中,由于泥岩膨胀、盐膏层位移、井壁坍塌等造成套管变形或损坏而将井下管柱卡在井内。

(3) 由于构造运动或地震等原因造成套管错断、损坏发生卡钻。

(4) 在井下作业及增产措施施工中,操作或技术措施不当也会造成套管损坏而卡钻。

(5) 未按设计下入大直径工具,也容易在套管内卡钻。

(二) 套管卡钻的预防及监督要点

(1) 测井或分层作业等下入大直径工具前,必须处理井筒,用合适的通井规通井,通井时严格按通井操作规程施工。

(2) 起下钻时,如有卡钻或遇阻现象,要下铅模打印探明情况,必要时,对可疑点进行侧面打印。

(3) 如套管有损坏,必须将其修好后,方可再进行其他作业。

（4）处理井筒时，必须彻底洗井。若遇阻后，不能及时洗井，应该上提管柱至遇阻位置100m以上，必要时活动管柱，防止井筒脏物下沉卡钻。

（三）套管变形卡的解卡及监督要点

套管变形卡与其他卡更为复杂，由于套管变形处卡有落物，致使较砂卡解卡更为复杂，因为它制约了下入井内的解卡工具，所以，应用砂卡解卡方法测定卡点后，把套管变形点以上管柱倒扣捞出，对套管变形处首先应用小直径工具打开通道，然后应用套管整形技术，把套管变形整好，下入合适工具捞出套管变形点以下全部管柱。

监督要点：

首先是将卡点以上的管柱起出，其方法可采取倒扣、下割刀切割或爆炸切割，然后探视、分析套管损坏的类型和程度，可以通过打铅印、测井径、电视测井等方法来完成。根据探视结果制定切合实际的处理方案。

（1）一般变形不严重的井，可采取机械整形（胀管器、滚子整形器等）或爆炸整形的方法将套管修复好达到解卡目的。

（2）如变形严重，以上方法不能使用时，可下铣锥或领眼高效磨鞋，进行磨铣打开通道解卡。若此种方法对套管造成损伤或套管破裂，可通过套管补贴进行补救。

（3）套管变形严重的、无法打通道时，则封井上返或侧钻。

五、水垢卡

（一）水垢卡的原因

（1）注水水质不合格，含氧等化学成分及杂质过高。

（2）注水管柱长期生产未及时更换，管柱穿孔腐蚀严重。

（3）洗井不及时或未按规定洗井，使井筒积杂越来越多。

（二）水垢卡钻的预防

（1）注入水的水质要经过认真化验，其含氧等化学成分及杂质必须达到规定标准，严禁注入不合格的未经处理的污水。

（2）对注水管柱要定期检管更换。

（3）对地面注水管网定期除垢，对注水末端增加精细过滤装置，防止结垢物进入井筒。

（4）对结垢较为严重的井实施除垢。

（三）水垢卡的解卡方法及监督要点

解卡方法及监督要点参照砂卡内容。

六、电泵卡

到目前为止，电潜泵故障井处理技术已经比较配套完善，可以成功地处理砂、蜡、盐、死油卡、小物件卡、套损卡、电缆以及电缆卡子堆积卡等各种较复杂的井况，而电潜泵故障井处理专用工具的合理开发应用，还将使电潜泵故障井处理技术更快更好地向前发展。

（一）常见的几种机组卡类型

1. 电泵机组砂卡埋住泵及电机以下尾管

由于油层吐砂严重，将机组以下的工艺尾管砂卡，砂埋或出砂上返而将机泵卡埋，造成整个工艺管柱遇卡阻,不能正常起管柱、换泵、调参等。

2. 死油、死蜡卡阻或结盐(垢)卡阻电泵机组

由于电潜泵处在油井结蜡点以下深度位置,有些油田的原油含蜡量较高,蜡的析出温度又较低,结蜡点一般在500~800m左右。这些集结析出的死蜡、死油长时间集聚变成较结实的蜡块而阻卡机泵组。因500~800m以上井段套管壁上几乎都是死油死蜡,所以在起泵组时,往往造成工艺管柱的最大外径部分受阻卡,使电缆不能很好地与管柱同步运动,严重的甚至造成拔断电缆,致使电缆堆积卡或电泵机组卡。

3. 小件落物卡电泵机组

小物件卡阻电潜泵也是油田较常见的故障类型,小物件一般常指掉入环空的螺栓、螺母、电缆卡子等。虽然物件小,但由于电潜泵外径较大,与套管环形空间间隙很小,特别是电机的侧向凸出放倒块与电缆连接处,工作外径更是较大,这种小物件一旦落入环空,将使机泵组严重受卡,在现场起下电潜泵管柱时又不能安装自封防止小件落物落井,或因井架不正、井斜较大,在起下管柱时挂断电缆卡子,都可能造成卡钻,所以操作时更应该注意小件落物。

4. 电缆脱落堆积卡阻电潜泵

在更换电潜泵的起管柱作业中,由于电缆不能与管柱同步,或者在开始活动管柱时,上提负荷过大而拔脱油管,同时也将电缆拔断,使电缆脱落堆积,造成电缆堆积卡阻电潜泵,也是电泵井常见的卡管柱之一。

5. 套管破损卡阻电潜泵

由于电潜泵的机组处或机泵组以上某处的套管变形,错断、内凹型破裂等多种形式套损,使机泵组的工艺管柱受卡阻而拔不动。这种井况较为复杂,因为电泵机组外径较大,造成电泵机组无法正常起出。

以上五种卡阻类型中,第二、四、五三种类型属多见、常见型,卡阻复杂,处理起来也较麻烦,施工难度相对较大,施工周期也相对较长。但只要措施得当,工具顺手处理也较快。

(二) 解决电泵卡的几种方法

电潜泵故障井的处理,严格说应属解卡打捞范畴。但因电潜泵井情况特殊复杂,比普通自喷井、机采井的解卡打捞难度大,采取的措施基本是综合性的先进措施。目前对电潜泵故障井的处理应取慎重态度。一般需对故障类型进行调查落实,然后根据故障类型、卡阻特点、现有设备、设施、专用工具、工艺技术配套情况等采取综合技术措施进行处理。措施的一般原则是:打捞为主,铣、磨、修为辅,常规和专用工具结合,大段割取油管、电缆,整体处理电泵机组。

根据上面介绍的故障类型,结合电潜泵故障井处理的经验、教训,基本可以将电潜泵卡阻按严重程度分成一般卡阻(砂卡、蜡油卡、小物件卡)、电缆堆积卡阻、套损卡阻三种情况,而在这三种类型中又可分成电缆脱落堆积卡阻和电缆未脱落的其他卡阻(砂、蜡、小物件、套损卡等)。因此基本上可采取以下几种综合措施处理卡阻。

1. 电缆脱落堆积的处理方法

电缆脱落堆积一般呈螺旋状沿油管柱盘落在套管内壁上,遇阻后,首先在顶部堆积,井内无油管时,堆积状况也大体相同。对于这种堆积卡埋机泵组的井况应采取以下措施。

(1) 有油管柱时的电缆堆积处理方法:连接井口与地面流程,循环工作液,确认油管无堵塞时,采取切割油管或倒开油管的办法,将油管尽量由泵组以上泄油阀处割断或倒开,之

后正旋管柱 10~20 圈使上部上紧，以免起油管时脱落，然后起出油管柱，打捞电缆。

(2) 无油管柱时的电缆堆积：完全在套管井眼内的电缆脱落堆积，应优先使用专用电缆捞钩打捞。打捞工具的原则是：下得去、抓得着、起得出、有退路、不增加新的落物。

a.打捞相对松散的电缆，较理想的打捞工具是活齿外钩，其次是常规的内钩、内外组合钩、壁钩等钩类工具。

b.打捞压实的电缆时，应先用一螺杆锥钻一长孔，直径应与活齿外钩相近或稍大子外钩 1~2mm，然后再下相应的活齿外钩打捞。如能特制加工一种铣钻式活齿外钩，则可集钻铣打捞于一趟管柱完成。

2. 电缆、油管未断脱的处理方法

电潜泵机组遇卡后，油管未断脱，电缆尚处于原下井状态时，应采取切割油管、电缆同步起出的措施，然后再打捞处理余下的油管、电缆、泵组。

(1) 卡点检测：参考打捞解卡中的卡点监测

(2) 取出卡点以上管柱、电缆。根据公式计算和测卡得到的卡阻点深度，用聚能切割弹爆炸切割卡点以上管柱。无切割弹时，可优先使用油管内割刀机械切割油管，然后可考虑采用倒扣法倒出卡点以上油管。但后两种方法不能使电缆造成伤害，割断或倒开油管后，电缆的拔断位置不能确定，所以应首选聚能爆炸切割油管。在切割时给油管柱以预上提力，爆炸后的残余能量会从断口处给电缆以一定的伤害，上提管柱时，基本可以从油管切口处将电缆拔断，这样则可同步起出油管与电缆，减少许多打捞的时间。然后处理打捞余下的油管、电缆和电泵机组。

(3) 震击解除砂、蜡、小物件卡阻。在卡阻点以上油管、电缆同步起出后，上(下)打捞震击组合管柱，对卡阻施以震击，解除砂卡、死油死蜡卡、小物件卡阻。

对于死油、死蜡的卡阻，可在油管柱切割完后向井内循环高温洗井液，一般用清水时温度应达 80℃以上，也可将热水油提前 3~5d 挤入井内浸泡解卡。对于盐卡可采取清水洗井化盐法，一般电潜泵井由于大排量的排液，井下存在不同程度的漏失，所以可以采取灌水化盐的方法，以解除盐卡。

对于砂卡、小物件卡阻，震击效果往往较理想。

(4) 修整套损部位。对于套损类型的电潜泵卡阻处理，在油管切割并同步起完电缆后，打印落实核定套损状况。

a.如套损在机泵组部位，则印模打不到套损情况，可将机泵组下击，让出 2~4m 的活动余地，打印核定套损状况，然后对套损部位修整，恢复直径后，再打捞机泵组。

b.如套损点在机泵组部位以上，且有 1m 以上余地，则在打印的基础上，先行修整套损部位，然后打捞机泵组。

c.如套损点在机泵组偏下的电机部位，可试打捞向上震击，可能会使电泵组在强大上击力下脱离卡阻。

d.如在上部套管变形无法修复时，可以充分利用口袋，下击电泵机组并推至人工井底，这样可以缩短修井周期和节约大量的修井费用。

3. 机泵组打捞处理措施

机泵组的处理原则是"以捞为主，铣磨为辅，捞磨结合，解体处理"

机泵组以上管柱、电缆处理干净后，完好井况内的机泵组卡阻一般震击解卡基本有效，如效果不明显，可采用套铣、钻磨的方法，钻掉冲净砂、蜡、死油及小物件。

对于套损卡阻型,在机泵组以上处理干净后,让出套损点2~4m,然后修整。无效时可钻磨少许部分机泵(注意只是一少许部分),为修整套损部位所需创造必要条件。

机泵组以上处理干净,套损部位修整后,下入专用薄壁高强度捞筒,整体或部分解体捞出电泵机组。

4. 铣磨钻措施

以上综合措施无效或效果不明显时,最后采取铣磨钻套等方法,将机泵组磨铣掉。

(三) 监督要点

(1) 砂卡型卡阻电泵机组是油田电潜泵井的多发故障,在处理这种故障井时应做到如下几点。

① 冲砂:卡阻点以上管柱和电缆处理打捞净后,大排量正循环冲砂,必要时用长套铣筒套铣冲砂使卡阻点以上沉砂冲洗干净。

② 打捞处理电泵机组以上下井工具、油管。

③ 打捞机泵组:在打捞电泵机组以上工具、油管时,应注意在电泵机组以上留1~2件下井工具或油管短节,为下部打捞震击留有抓捞部位。

④ 大力活动、震击解卡:下入打捞、震击组合管柱捞取电泵机组后,先大力向上提拉活动管柱,不能解卡时,可向上震击或向下震击解卡。

一般情况下,大力活动管柱与震击解卡,对砂卡型卡阻电泵机组都能达到明显作用。

(2) 小物件卡阻型处理。小物件卡阻电泵机组,如小螺栓、小螺母、电缆卡子等的卡阻,也属常见型卡阻,是电缆脱落堆积后更易造成电缆卡子堆积环空而卡阻电泵机组,处理这种井况应做到:

① 卡阻点深度清楚、准确,机泵组以上电缆、油管柱、下井工具打捞处理干净。

② 用薄壁高强度套铣管套铣环空卡阻的电缆卡子、小物件。

③ 小物件或卡子不多时,可试用震击解卡。

④ 套铣或震击效果不明显或无效时,最后使用磨铣钻方法,磨铣掉少部分电泵机组,为解体或整体打捞创造条件。

(3) 套管变形、破裂、错断等类型的卡电泵机组在油田属多见型。处理这种类型的卡阻应做到:

① 捞净卡阻点以上电缆、油管、下井工具。

② 下击电泵机组,让出套损部位。

③ 打印核实套损部位套损程度、深度等情况。

④ 根据套损状况选择相应的修整措施及工具对套损部位进行修整扩径。

a.变形状况,选用梨形胀管器或长锥面胀管器等整形复位。

b.破裂状况选用胀管器顿击,使破裂口径向外扩,恢复通径或选用锥形铣鞋修磨破裂口,使此井段恢复直径尺寸。

⑤ 错断状况,视错断通径大小与错断类型(活动或固定形)适当选用整形器复位或锥形铣鞋修磨复位。

对变形、错断的卡阻还可采用爆炸整形扩径,打通卡阻点以上通道,为下步捞取电泵机组创造必要条件。

在以上处理措施都不能见到明显效果时,可最后采取磨铣钻套的方法磨铣机泵组解卡。

总之,解卡在现场作业和大修施工时经常用到,解卡可以是一单独工序,但更多的是解卡是配合打捞而进行的,所以,在解卡之前,应该做到:

①分析卡钻的类型和原因,制定详细的解卡方案和安全措施。

②解卡过程中要确保油、水层不受污染与破坏。

③不损坏井身结构(套环与水泥环)。

④处理事故过程中必须使事故越处理越容易,而不能越处理越复杂。

第四节　报废井处置

目前,对于无法修复以及修复施工中途因各种原因而不能有效完成施工的套损严重井,出于开发的需要,往往采取工程报废处理,以便补钻侧钻井、更新井和调整井而不影响该区块的开采。

根据油田修井工艺分类情况以及对严重套损井的修复和报废处理情况,基本可将工程报废工艺分为水泥封固永久报废和打顶塞封井暂时报废两种工艺类型。

一、水泥浆封固永久报废工艺技术

水泥浆封固永久报废工艺技术主要适用于严重损坏的注水井及部分需侧钻调整井而需要作报废处理的油、水井。可分为水泥浆封固永久报废和侧钻前报废封固工艺技术。无论是水泥浆封固永久报废还是侧钻前封油层,其前期处理基本相同,不同的是侧钻前报废封油层不需在井口附近打水泥塞,只把油层封好即可。

(一)水泥浆封固永久报废工艺原理

水泥浆封固永久报废就是利用水泥浆对射孔井段、错断、破裂部位挤注封堵,达到永久封固报废的目的。

(二)工艺要求

(1)井内有落物,而又无法顺利捞出,这种情况下多数套管已经损坏,可分两种情况:

① 套管损坏点以下有通道,上部有漏点时,实施卡封挤注法挤注水泥,或使用报废井专用封井装置挤水泥。

② 套管损坏点以下无通道时,直接在套损点以上卡封挤注水泥塞。

(2)水泥浆封固灰面高度应在油层井段及错断口以上 50~100m。

(3)在井口 200~300m 处继续注水泥塞,保证浅层气不外出,报废后不污染地表水层。

(4)有技术套管的报废井(不再进行侧钻,确定封井后永久报废),挤水泥后,要拔出技套内油套,在技套内继续注水泥塞 200~300m,达到永久封井报废的目的。

(5)挤注水泥浆量应考虑油层有效厚度与有效孔隙度及一定的封堵半径等因素。可按下式计算:

$$V_{CS}=h_e \cdot \pi r_t^2 \phi$$

式中　V_{cs}——挤注水泥浆量,m^3;

h_e——油层有效厚度,m;

r_t——封堵半径,m,$\gamma_t \leqslant 0.5m$;

ϕ——油层有效孔隙度,%。

挤注水泥浆的泵压一般不超过油层吸水的启动压力，排量不低于 $0.2m^3/min$，水泥浆配制密度一般为 $1.85\sim1.95g/cm^3$，平均不低于 $1.9g/cm^3$。有溢流或井内压力较大的井，根据实际情况选择合适的压井液压井后，再实施挤注水泥。

（6）候凝 36h 后，探塞并试压检验封堵效果和上部套管情况，试压 15MPa，稳压 30min，压力下降不超过 0.5MPa 为合格。

（7）试压合格后，倒掉井口大四通，用盲板焊死井口，并留有取压力用的专用闸门做为观察孔。

由于实际工作中往往出现上部套管严重套变，下部落物根本无法捞出，或者捞出需花费成本过高，得不偿失，或由于上部套管多处漏失无法补救等多种原因，在报废封井时，只能在管子遇阻处开始打塞，对不能进行更新侧钻的井，最好使用挤注方式用水泥浆把井筒填满，灰面留至井口，保证下部油水层的油、气、水不外窜。

（三）施工方法及监督要点

工程报废井多属井况复杂、套损严重井，由于落物复杂或套变，下部油层已不能继续使用或无法开采，上部井筒较好的，可选择封油层后继续用老井眼侧钻，这样把灰塞留至油层顶界或套损点以上 100m 即可；但由于井点周边没有注采关系，上部套管腐蚀严重，已没有利用价值，这样的井只能做封井后永久报废，下部挤水泥后，在井口 200m 处也要注灰塞，因此按有复杂落物、套管损坏型井况介绍施工方法及监督要点。

1. 压井

（1）注水井提前放溢流降压至设计压力，放溢流排量一般不超过 $0.1m^3/min$。

（2）油井热洗井，洗井液温度 60～70℃，洗井 2～3 周，泵压不超过 10MPa，排量不低于 $0.2m^3/min$，彻底清除井壁死油和死蜡。

（3）压井，根据地层压力确定压井液密度，排量不低于 $0.3m^3/min$，压井中途不得随意停泵。

2. 试提、起原井管柱

试提油管柱，悬重不超过原井管柱悬重的 100kN，正常后起出原井管柱。原井管柱遇卡阻时，计算、测试卡点深度，判断卡阻类型。选用切割或机械倒扣取出卡阻点以上管柱。

3. 打捞

应用打捞技术捞出套损部位以上落物，由于套损，会增加打捞难度。实际工作中往往出现上部套管严重套变，下部落物根本无法捞出，或者捞出需花费成本过高，得不偿失，对这些井可实施不再打捞，直接用挤注法挤注水泥浆封井报废。

4. 通井

用适当通井规通井至设计要求深度（有套损点的要求通至套损点以上 50m 处），确属报废井的可不通井，继续向上封井至井口。

5. 封固报废

（1）下油管至人工井底以上 1～2m，井内有少许落物时，油管至少应下至油层底界以下 5～10m。错断口通径较小时（ϕ95mm 以下）可下入 50.3mm（2in）或 40.3mm（$1^1/_2$in）小油管通过错断口。循环井内工作液，若无异常，向错断口或油层挤注水泥浆。达设计量后，循环水泥浆及替挤液。

（2）上提油管至设计水泥面高度以上 2～3m 反洗出多余水泥浆，使水泥面高度符合设计要求，关井候凝 36h。

(3) 对下部有落物或套损井，下入卡封挤水泥管柱(或报废井封井专用装置)，在套损点上100m，实行卡封挤水泥。水泥浆用量应该是油层底界至套损点井筒容积的1.5倍。挤注水泥浆量应考虑油层有效厚度与有效孔隙度及一定的封堵半径等因素。挤注水泥浆泵压一般不超过油层吸水启动压力，排量不低于 $0.2m^3/min$，水泥浆配制密度一般为 $1.85 \sim 1.95g/cm^3$，平均不低于 $1.9g/cm^3$。

6. 探水泥面

候凝36h后，加深油管探水泥面，管柱悬重下降不超过5kN，连探三次，数据一致为合格。

7. 试压

对灰塞试压，压力为15MPa，稳压30min，压力降不超过0.5MPa为合格。对上部套管损坏严重，试压不合格的，从下部灰面继续向上注水泥塞，直至试压合格。

8. 完井

一般井筒内不下油管，空井筒装防盗采油井口完井，以备以后侧钻。对不需侧钻的井点，在井口以下200m处打塞，防止以后套管腐蚀破损，浅层气污染地表水层。

对有技术套管的井，封井后确实不需侧钻，地质开发决定要报废的井，可选择下部封井后，起出油层套管，在技术套管内继续打塞，并试压合格，井口用盲板封好，并留观察孔。

着重说明：侧钻前报废封井，只在油层顶界或套损点以上100m处挤水泥即可，不用拔掉技术套管和在井口继续打塞，以满足侧钻需要。

二、暂时报废工艺技术

暂时报废工艺技术应用于目前暂时无法彻底修复而又有相当潜能的油井，以及少部分因地质方案需要不作永久报废处理的注水井。对于目前修井技术实施修复工艺比较复杂，投入成本较高，预计施工周期较长的井，也作暂时报废处理。暂时报废工艺技术根据单井情况不同而不同，一般是直接关井或在井口200~300m处打水泥塞即可完成暂时报废。

(一) 暂时封井报废工艺原理

暂时封井报废因油井和水井而不同，对油井而言，可直接关井，待以后修井技术进一步成熟后即可修复并恢复生产。关井期间，也可以根据井内动态变化情况，进行收油，或直接恢复生产。对水井而言，可在井口200~300m处注水泥塞，防止溢流污染地表水，不需要对生产油层挤注水泥，待需要该注水井点时，钻塞后即可直接恢复注水或生产。

(二) 工艺要求

对上部需注水泥塞的井按照常规注水泥塞技术要求进行施工即可。

(三) 施工方法及监督要点

(1) 起出原井管柱，记录是否全部起出井筒。

(2) 油井空井筒关井。

(3) 水井则在200~300m处打水泥塞，要点参照注水泥塞监督要点。

(4) 对溢流较大的井，可实施泥浆压井后，再挤注封井。

(5) 完井。安装采油井口完井，采油井口安装牢固后，所有闸门应全部关闭。

第十八章　措施作业

第一节　酸　　化

酸化作业是通过向地层中注入一种或几种酸液，利用酸与地层矿物的化学反应，溶解或分散地层中的污染堵塞物质，或者在井与碳酸盐岩地层之间产生新的无污染的流动通道，增加孔隙、裂缝的流动能力，从而达到油气井增产（或注水井增注）的一种工艺措施。酸化作业分为两种，基质酸化和压裂酸化。

基质酸化也称为解堵酸化，是指在井底施工压力小于储层岩石破裂压力的条件下，将酸液注入地层，解除储层近井地带伤害，恢复和提高近井地带渗透率的一种增产措施。为了恢复地层的渗透率，可用酸溶解地层渗滤面上的堵塞物，其中包括腐蚀产物（如硫化亚铁、三氧化二铁）、垢（如碳酸钙）和注入水的悬浮物（如黏土）等。为了改善地层的渗透性，可用酸溶解地层的岩石，扩大孔隙结构的喉部。这种酸化的注酸压力低于地层的破裂压力，一般不用稠化酸(除了为控制酸与地层的反应速度而用到稠化酸外）。

压裂酸化主要用于提高灰岩地层的导流能力。这种酸化的注酸压力高于地层的破裂压力，一般使用稠化酸，以减少酸的滤失并增加裂缝的延伸长度。由于酸可在压开的裂缝面上溶蚀出高导流能力的孔道，因此在相同条件下压裂酸化的效果远大于基质酸化的效果。

一、酸化设计

酸化基于处理地层的不同而有所差别，主要分为：砂岩基质酸化和碳酸盐岩酸化。砂岩基质酸化主要是溶解堵塞或桥塞在地层基质孔隙喉道的污染，因此酸化后的理想情况是恢复原始地层渗透率，而碳酸盐岩酸化还可溶解污染周围的地层矿物，提高储层渗透率。

（一）砂岩基质酸化设计

砂岩基质酸化所使用的酸液与大多数地层矿物和造成地层伤害的污染物之间有很强的化学反应，反应产物可能在反应环境中不溶或沉淀，形成胶状物或固体颗粒。所以，进行一次成功的砂岩酸化需要清楚地了解地层矿物、地层污染物和酸化用酸及其化学反应。砂岩酸化用酸指南见表 2-18-1，前置液选择标准见表 2-18-2，土酸选择标准见表 2-18-3。

表 2-18-1　砂岩酸化用酸指南

环境或矿物	酸强度
盐酸溶解率>20%	仅用盐酸
高渗透率（$>50\times10^{-3}\mu m^2$）	
高石英（>80%），低黏土（<5%）	前置 15%盐酸，12%盐酸+3%氢氟酸
高长石（>20%）	前置 15%盐酸，13.5%盐酸+1.5%氢氟酸

续表

环境或矿物	酸强度
高黏土(>10%)	前置 10%盐酸,10%盐酸+1%氢氟酸
高铁/绿泥石,黏土(<15%)	前置 10%醋酸,10%醋酸+1%氢氟酸
低渗透率(<$10\times10^{-3}\mu m^2$)	
黏土(<10%)	6%盐酸+1%氢氟酸
黏土(>10%)	6%盐酸+0.5%氢氟酸

表 2-18-2 前置液选择标准

矿　　物	渗透率($10\times10^{-3}\mu m^2$)		
	<20	20~100	>100
<10%微粒<10%黏土	7.5%盐酸	10%盐酸	15%盐酸
>10%微粒>10%黏土	5%盐酸	7.5%盐酸	10%盐酸
>10%微粒<10%黏土	5%盐酸	7.5%盐酸	10%盐酸
<10%微粒>10%黏土	5%盐酸	7.5%盐酸	10%盐酸

表 2-18-3 土酸选择标准

矿　　物	渗透率($10\times10^{-3}\mu m^2$)		
	<20	20~100	>100
<10%微粒<10%黏土	6%盐酸+1.5%氢氟酸	8%盐酸+2%氢氟酸	12%盐酸+3%氢氟酸
>10%微粒>10%黏土	4.5%盐酸+0.5%氢氟酸	9%盐酸+1%氢氟酸	13.5%盐酸+1.5%氢氟酸
>10%微粒<10%黏土	6%盐酸+1%氢氟酸	9%盐酸+1.5%氢氟酸	12%盐酸+2%氢氟酸
<10%微粒>10%黏土	6%盐酸+1%氢氟酸	9%盐酸+1.5%氢氟酸	12%盐酸+2%氢氟酸

酸液及添加剂选择原则：

国内外用于砂岩酸化处理的化学药剂发展很快,可供现场酸化施工选择的种类很多。根据国外文献,酸液及添加剂选择原则可以概括总结为如下八大原则：

(1) 矿物学原则,即根据地层的敏感性和矿物的含量及分布来合理选择酸液,避免酸及添加剂接触岩石矿物的不利反应,而有效的溶解堵塞孔道的伤害物。一般建议:碳酸钙大于 20%时,只用盐酸而不用混合酸。

(2) 避免伤害性沉淀原则。无论是用酸指南还是国内外相关实验都表明,低浓度氧氟酸能减小早期注入对地层的伤害。

(3) 提高处理剂效率的原则。前置液(预冲洗液)和后置液可极大的提高处理液效率。

(4) 消弱土酸酸化缺点原则。应用新的缓速砂岩酸化体系可克服常规土酸反应速度快、穿透距离短、对骨架破坏和导致微粒运移的缺点。

(5) 伤害清除机理原则。针对不同的伤害选用不同的酸化作业法。一般伤害半径小的(主要是钻井完井过程的伤害)用常规酸;生产过程中的自然伤害,一般伤害半径较大,用缓速酸进行深部酸化。研究表明,伤害半径小时,用缓速酸反应不如用常规土酸效果好。

(6) 渗透率选择原则。根据储层渗透率的特性及储集类型,确定储层的酸化设计规模和技术方法。

(7) 产出液选择原则。根据储层的流体特性、含油气性质,确定与之配伍的液体体系及酸化方法,油藏与气藏的酸化在添加剂等方面的选择是不同的。

(8) 油气井选择原则。地层温度、压力是选液必须考虑的实际条件。

(二) 碳酸盐岩酸化设计

低渗碳酸盐岩储层增产改造的设计思路不能仅仅局限于就酸化工艺而单纯考虑酸化工艺技术,更不能只就某些具体的需要改造的井、层进行研究,而是应该采用系统工程的研究方法来进行系统研究,建立相应的技术研究路线。从酸压前储层评估的研究入手,研究需要进行增产改造的区块(单井)所处的地质环境、沉积特性、布井原则及勘探目的,储层的天然裂缝发育状况,孔渗特性,储层潜在伤害因素等方面进行分析研究之后,才能够进入相应的室内试验分析研究,并通过室内模拟试验研究确定储层增产改造的液体选择原则,优选适合储层特性的液体体系,进行优化模拟计算研究及施工参数的优选,进行现场施工的裂缝诊断及质量控制。

酸化施工设计原则与内容应按照 SY/T5836-93 第八章执行。

(三) 常用酸化工艺

1. 砂岩酸化工艺

(1) 自生土酸酸化工艺技术

该体系是向地层注入一种含 F^- 的溶液和另一种能够水解生成有机酸的酯类相互反应,在地层中缓慢生成 HF,可用于解除深部砂岩地层的黏土损害。该体系所用酯类不同,适用的地层温度不同。

(2) 二氧化碳酸化增油技术

CO_2作用于原油、水和岩石中,会使原油、地层发生很大变化。大量试验表明,原油中充分溶解 CO_2后,可使其体积膨胀 10%~40%,原油体积膨胀,不仅增加了原油的内动能,也有利于原油克服毛管阻力和摩擦阻力,从而提高原油的流动能力。

(3) 二氧化氯+酸复合解堵技术

二氧化氯+酸复合解堵技术是利用 ClO_2的强氧化作用,使聚合物和细菌氧化分解,使其黏度大幅度下降,流动性变好而易于从地层中排出,从而解除对地层的堵塞。该技术克服了单一酸处理的缺陷,由于 ClO_2 是一种极强的氧化剂,它可优先地将 FeS 氧化成水润湿性的氧化物,溶解了的铁形成螯合物,也不会产生 $Fe(OH)_3$沉淀。酸化产生的硫化氢被氧化成 SO_4^{2-} 或 SO_3^{2-},因此当酸被消耗,即使溶液 pH 升高时也不会产生 FeS 的再沉淀问题。

(4) 酸-互溶剂酸化工艺

该工艺通过在油基处理液中加入互溶剂,最大限度地提高原油的相对渗透率,使地层中微小颗粒具有水湿性,还可以消除黏土颗粒的膨胀和恢复地层固有的渗透性。

(5) 二氧化碳预处理酸化工艺

通过 CO_2 预处理地层,使酸油隔离,减少残酸与原油之间的反应,增加酸作用距离;由于 CO_2 溶于原油,使原油易于驱替,形成溶解气驱,有助于残酸的返排。

(6) 有机土酸酸化工艺技术

有机土酸是用有机酸置换常规土酸中部分 HCl,降低 HCl 的使用浓度,利用强酸抑制弱酸,达到缓速的目的。

(7) 胶束酸酸化工艺技术

胶束酸是在酸液中加入胶束剂形成胶束溶液,胶束酸的表面张力低,洗油能力强,有保持地层润湿性、防乳化及悬浮能力等特性,具有反应速度低、有效作用时间长、界面张力低、返排效果好等优点,因而在地层中穿透能力强,酸化深度及酸化效果都可以提高。它悬浮固体颗粒的能力强,能将酸化作业过程中所释放出的酸不溶微粒浮于残酸溶液中,防止微粒运移或沉积造成地层损害。作为一种多功能酸液,既可用于油井也可用于水井,能同时解除碳酸盐、硫酸盐、泥质、胶质、沥青质、细菌代谢等有机物所造成的堵塞。

(8) 乳化酸酸化工艺技术

乳化酸通常是指由油和酸在乳化剂作用下混合而成油包酸型油基乳状液。其稳定性受温度和水相离子强度的影响。乳化酸可降低酸的总反应速度,在岩石表面形成的油隔层使酸与基质不易发生反应。由于乳化酸是以油为连续相的酸液,整个酸系呈现亲油特性,从而达到选择性酸化油层的目的。油包酸使得该体系具有腐蚀性小的特点。乳化酸为油包酸或酸包油型乳化液,由酸、油、乳化剂和其他添加剂配制。一般多使用30%的油作外相,70%的酸作为内相。

(9) 转向酸化工艺技术

基质酸化常常是在注入能力不同的层状多油层中进行的。注入能力的不同可以由渗透率差异造成,也可以由损害程度不同引起。酸液总是沿渗流阻力最小的方向流动,这是一种自然流向。要恢复油井产能或注水井的注入能力,必须消除大部分损害,因此有必要进行选择性酸化。

首次应用化学转向技术是在1936年,当时使用的是与氯化钙反应生成油溶性而非水溶性的钙皂溶液,这种钙皂沉淀物当作盐酸处理的转向剂。但由于在地层中生成的固相沉淀物会造成潜在的永久性损害而未能得到广泛应用。到30年代末期,采用了比较完善的系统,如重质氧化钙溶液,以其可靠的高黏度和密度来实现转向效果。1954年,首次用油溶性萘作暂堵剂,但由于其耐温性差而被其他物质替代。现在油井常用油溶性烃类树脂作转向剂,注水井常用水溶性细粒级苯甲酸作转向剂。

对分层转向酸化而言,若能够选择适合储层特性的暂堵剂,不仅可以解决非均质地层的均匀酸化问题,而且可以简化机械封堵繁杂的作业程序,减少作业费用。优选适合储层特性的暂堵剂必须建立在储层分析及详尽的试验基础上,确保既达到分层酸化的目的,又不伤害地层。

(10) 粉末硝酸酸化技术

该技术是利用硝酸与尿素反应生成硝酸粉末,克服了硝酸的强腐蚀性、强刺激性和运输不便等缺点,又保持了硝酸的强酸性和强氧化性。施工时,用添加破乳剂的原油或柴油携带入油层,与水混合后分解生成硝酸或与盐酸混合生成王水,有效地解除油层中的堵塞物,腐蚀性小,无二次沉淀。在油层中产生150~200℃的高温,不但解除酸溶性堵塞物,还可解除蜡、胶质、沥青等有机垢,酸处理深度能达3~5m。

(11) 非酸解堵技术

研究表明,仅向被污染的砂岩油层注入原油就可以起到一定的增产效果。由于原油顶替液能提高井筒周围地带的含油饱和度,使油的相对渗透率充分提高,可以消除黏土晶格的膨胀和恢复地层的原始渗透率,同时还有作为水湿剂和抗乳化剂的性能。国外大多使用乙二醇单丁醚作为互溶剂,可以保证地层和微小颗粒的水湿性。从效果和成本考虑,一般选用10%左右的浓度较好。

胜利油田埕北地区海上油井大都采用该项技术进行解堵施工,施工中采用柴油+3%~6%互溶剂形成活性柴油,用于预处理、顶替和全程解堵施工,取得了较好的增产效果。

国外大多采用盐酸或土酸进行酸化施工,然后用油基顶替液加入互溶剂进行后顶替组合施工。

(12) 高压旋转水射流解堵技术

该工艺是在化学、超声波、水力振荡、高能气体等方法的基础上发展起来的一种简单可行的解堵技术。它利用高压水射流直接冲击地层,对地层中的堵塞物产生冲击震荡和剪切作用,施工过程中根据地层伤害特性可以采用不同类型的酸液,可以实现酸化,酸洗等作业,具有很好的解堵效果。该工艺成本低、穿透能力强,解堵效果显著。

2. 碳酸盐岩酸化工艺

(1) 酸洗

酸洗也称为酸浸,常作为洗井中的一种手段,用来清除井筒中的酸溶性结垢物或疏通射孔孔眼。它一般采用将少量的酸液注入到目的井段,在静置状态或井筒液体循环下,让其与结垢物或孔眼内的地层矿物反应,起到清理井筒和射孔孔眼的作用。一般将该项技术作为进行酸压前的预处理技术。

(2) 基质酸化

基质酸化也称为常规酸化或解堵酸化。碳酸盐岩储层的基质酸化主要用来解除储层近井地带的伤害,恢复储层的产能。在基质酸化过程中,酸液溶解储层中因钻井、完井、修井作业的堵塞物,解除储层在近井地带形成的伤害;其次,碳酸盐岩受强酸作用,并在酸液对储层的渗滤过程中,最先在天然裂缝及渗流能力较好的孔洞里进行化学反应。特别当部分岩石与酸液反应较快时,岩石壁面将在深度方向上很快地被溶解,形成树枝状的酸蚀孔洞。这些孔洞就成为提高储层渗流能力的主要通道,从而达到恢复储层产能的目的。

(3) 压裂酸化

压裂酸化简称酸压。当实施酸压施工时,若直接使用酸液进行酸压,则酸液既是压开裂缝的流体,又是与压开裂缝的岩石壁面进行酸岩反应的液体;若首先使用非反应性前置液将储层压开一条水力裂缝,再注入酸液,酸液将沿着这条水力裂缝流动,并与裂缝壁面岩石发生反应。由于地层的非均质性,裂缝壁面与酸的反应是不规则的,这种被酸液不均匀刻蚀的岩石壁面,在裂缝闭合后会形成具有较高导流能力的酸蚀蚓孔,使地层的渗流能力得到改善和提高。鲜酸沿水力裂缝反应,其穿透距离一般在几十米到一百多米之间,可以提高对储层深部油气产量的控制能力。

二、酸化用料

酸液的正确选择是酸化作业成功的关键。但如果不使用正确的添加剂处理则可能失败。处理液的作用为有效去除伤害物或使流体流动绕过伤害物,而添加剂的作用在于防止过度腐蚀,防止形成酸渣和发生乳化,防止铁沉淀,助排,增加酸液的有效作用范围和防止反应产物沉淀。添加剂也用在前置液和后置液中以稳定黏土和分散石蜡和沥青质。

(一) 常用的酸液

1. 盐酸

盐酸可溶解灰岩(石灰岩、白云岩),改善地层的渗透性。

2. 氢氟酸

氢氟酸可除去注水地层渗滤面的黏土堵塞,恢复地层的渗透性。

3. 磷酸

磷酸可解除腐蚀产物的堵塞。

4. 硫酸

硫酸是注水井酸化的一种特殊用酸。若在注入硫酸后接着注水,则可在注水井的近井地带起增注作用,在远井地带起调剖作用。

硫酸是通过溶解渗滤面和近井地带的堵塞物或碳酸盐岩起增注作用。

5. 碳酸

碳酸由二氧化碳溶于水产生。

$$CO_2+H_2O \rightarrow H_2CO_3$$

由于碳酸与地层的碳酸盐反应产生水溶的重碳酸盐,因此可用碳酸酸化灰岩地层。

6. 氨基磺酸

氨基磺酸是一种固体酸,以粉末的形式产出。由于它可溶解堵塞物和灰岩,因此可用于酸化底层。

7. 芳基磺酸

芳基磺酸的通式为 $R_XC_6H_z(SO_3H)_y$。式中:R 为 $C_1\sim C_2$;x 为 $0\sim3$;y 为 $1\sim2$;$z=6-x+y$。如苯磺酸、间苯二磺酸、邻甲苯磺酸、间甲苯磺酸、乙苯磺酸等都属芳基磺酸。

芳基磺酸的特点是浓度越高,与地层的反应速度越小,所以酸化时一般用质量分数大于 0.35 的芳基磺酸。对于高温井,则用质量分数大于 0.5 的芳基磺酸。

8. 低分子羧酸

低分子羧酸的通式为 RCOOH(R 为 H 或 $C_1\sim C_2$),如甲酸、乙酸、丙酸或它们的混合物。由于这些酸可溶解石灰,所以可用于酸化。

9. 稠化酸

稠化酸是在常规酸中加入一定量的稠化剂,可使酸液黏度提高到 20~60mPa·s。这种酸液适用于碳酸盐岩地层酸压施工或天然裂缝发育地层的深穿透处理。

10. 乳化酸

在常规酸中加入一定比例的表面活性剂后,按规定的相比混入原油或成品油,充分搅拌即可形成分散均匀的稳定乳化酸(大多为 W/O)。若配方和相比适当,乳化液的黏度可达几百毫帕秒。

11. 微乳液

微乳液是由油和酸的细分散组成,并由合适的表面活性剂和助表面活性剂稳定。通过调整不同成分的浓度,可制得酸包油或油包酸微乳液。与普通乳化液的差别是液滴的大小,微乳液的液滴大小范围是 0.005~0.2μm。

(二)常用的酸液添加剂

1. 缓蚀剂

最重要的酸液添加剂为缓蚀剂。缓蚀剂是能减缓酸化过程中酸对与其接触的钻杆、油管和任何其他金属的腐蚀的化学物质。

2. 表面活性剂

表面活性剂:是在低浓度下吸附于体系的两相表(界)面上,改变界面性质,显著降低表(界)面张力,需通过改变体系界面状态,从而产生润湿反润湿。乳化与反乳化、起泡与消泡、吸收在较高浓度下产生增容的性质。

3. 黏土稳定剂

化学添加剂稳定黏土和微粒的作用机理为吸附在被稳定的矿物表面。吸附是因静电吸引或离子交换。因为硅酸盐在 pH 值高于它们的 pzc 值后带负电,所以最有效的黏土稳定剂带正电。常用的黏土稳定剂为带多个电荷的阳离子、季铵盐表面活性剂、聚胺、聚季胺和有机硅。

4. 互溶剂

正如其名称,互溶剂是可与烃和水互溶的化合物。最有效的互溶剂为乙二醇醚(醇和环氧乙烷的反应产物)。这些化学物质是相对安全的且使用容易。最佳的乙二醇醚为乙二醇丁醚和更高相对分子质量的醚。

互溶剂在砂岩油藏酸化中的应用是很常见的。互溶剂用在酸溶液和后置酸中的作用是:

(1) 降低水溶液的表面张力,从而降低井筒周围的水饱和度以防止水锁。

(2) 使部分水溶于烃相中,以降低水饱和度。

(3) 使地层为水润湿以提高油的相对渗透率。

(4) 防止不溶颗粒成为油润湿而稳定乳化液。

(5) 降低表面活性剂和缓蚀剂在地层的吸附,维持它们在溶液中所需的浓度。

(6) 帮助溶解被吸附的缓蚀剂和酸不溶物(有些酸化用缓蚀剂含有酸不溶物,它们堵塞地层;缓蚀剂吸附在地层矿物表面并改变润湿性)。

(7) 溶解地层孔隙表面的任何油组分。

(8) 起破乳剂的作用。

(9) 促进残酸的返排。

5. 铁离子稳定剂

若较多的铁以 Fe^{3+} 而不是以 Fe^{2+} 的形式被酸溶解,酸化后将发生铁沉淀和渗透率降低。铁的氧化态决定是否沉淀。Fe^{3+} 在 pH 值约为 2 时即发生沉淀,而 Fe^{2+} 在 pH 值约为 7 时才发生沉淀,实际值决定于 Fe^{3+} 和 Fe^{2+} 离子的浓度。由于乏酸溶液的 pH 值很少高于 6,所以 Fe^{2+} 的沉淀一般不是问题。铁的来源为:

(1) 管壁表面的腐蚀产物;

(2) 轧制铁鳞;

(3) 含铁矿物。

铁常存在于地层水或地层矿物中,但管柱是铁的最主要来源。在酸到达地层之前,流经管柱需要相对较长时间,管柱含有被酸溶解的铁锈,新管柱也常含有轧制铁鳞。

Fe^{3+} 以 $Fe(OH)_3$ 形式沉淀,沉淀物为深棕色胶状物,对地层产生伤害。值得注意的是,无论是否存在用于保护钢中的元素铁的任何类型的缓蚀剂,酸都将溶解铁的化合物。铁离子稳定剂可防止氢氧化铁沉淀的产生。

一般都研究地层中含铁矿物的溶解(如菱铁矿、赤铁矿和绿泥石)和之后溶解铁的沉淀。过去研究的表面含铁矿物中的铁多为 Fe^{2+},不存在沉淀问题。但是在一些砂岩中存在薄夹层的纯赤铁矿,另一些砂岩中存在不均匀分布的含 Fe^{3+} 矿物。在这些情况下,需大量的铁离子稳定剂以控制铁的沉淀。

6. 乙酸

土酸酸化的常见问题为反应产物的沉淀。许多沉淀物在酸消耗完后立即产生。这些沉淀问题的大部分可通过注入足够的前置酸和氯化铵后置液而克服。然而，沉淀有时在酸化后的几天、几个月或几年后发生。这些沉淀物为硅铝化物。而3%的乙酸抑制了垢的产生。这是因为乙酸通过缓冲效应和螯合效应延缓了硅铝垢的产生。

7. 有机分散剂

去除有机沉淀的较新方法为使用含二甲苯的分散溶剂。这些溶剂能穿透和疏松有机沉淀，以便二甲苯能有效溶解和去除沉淀物。根据沉淀类型、硬度、黏着程度和井底温度，可使用1%~10%（体积分数）的浓度。对于基质酸化，建议井筒和管线的清洗浸泡几个小时。

8. 有机溶剂

有机溶剂或与酸和其他材料一起使用，对于解除水堵和固体是有效的。有机溶剂除传统的溶剂，如二甲苯、甲苯和柴油外还包括酒精。有机溶剂特别适合于有机沉淀的去处。当无机垢中含胶质和沥青质或被它们覆盖时，有机溶剂与酸一同使用。油外相酸（与地层适应）作为乳化液内相对于解除混合沉淀是有效的。乳化液还具有延缓酸的优点，这将使活性酸具有深度穿透作用。

9. 转向剂

为保证处理液起到应有作用，常要求转向。转向剂的作用在于平衡酸液流动，以便不同渗透率层均能达到被处理的效果。

理想的转向剂为：

（1）在处理液中不溶解；

（2）在壁面形成一基本不渗透层，但不穿入地层深部；

（3）酸化后易解除。

使用的油溶性树脂、苯甲酸和其他颗粒材料均可以满足所有这些标准。

以上所有的酸液和添加剂在酸化设计编写之前都应由质量检验部门进行评价，性能达到技术指标后方可写入酸化设计配方中。每种产品都应带有质量检验部门的合格检验报告。

三、现场施工

（一）施工前准备

实施酸化现场施工的液体质量控制主要有：入井之前再应由监督检验部门进行现场抽样，检验合格后方可进行现场配液。

（1）必须严格按照设计优选的酸液配方进行现场酸液配制。

（2）检查准备配制现场施工酸液的原酸浓度，根据原酸浓度计算配制酸液所需的活性水加量，并对配置酸进行现场滴定，以核对浓度。

（3）检查各类添加剂的种类、生产厂家、备用量是否正确，确认各种添加剂在给定条件下的性能。

（4）配制液体前，检查现场所有装活性水、酸液、前置液的大罐是否干净，并彻底清洗；同时要求运送有关液体的罐车的酸罐、水罐在运液前必须清洗。

（5）若使用稠化酸，确定稠化酸的离子类型，并由此决定使用何种添加剂。

（6）现场配制酸液，检测配制好的酸液浓度、黏度是否达到要求；检查前置液中的香豆胶（胍胶）等原粉的溶涨和分散程度，前置液基液的黏度、pH 值，有关前置液的交联、破胶、助排等添加剂是否准备好。

（7）对现场使用的液体及各类添加剂，除进行上述检查外，还应该对每种物品取样，用于实验室内的分析检查。

（8）在施工过程中，对注入液进行取样，保留样品以便施工后评估。

（9）设计人员和操作人员必须仔细检查施工程序以保证现有设备能完成所要求的操作。

（二）施工准备

1. 施工井

（1）酸化施工前必须探人工井底，并按设计要求冲砂或填砂。

（2）洗井管柱下至酸化层以下 1~2m，清水正洗井 1.5~2 周，洗井排量不少于 $30m^3/h$，高凝油层应用 50~60℃热水洗井。

注水井酸化前用 $2\sim5m^3$浓度为 5%~8%的稀盐酸酸洗井壁及井下管柱，并洗井至水质合格，即出口水含杂质小于 2.0mg/L，含铁小于 0.5mg/L。

（3）酸化管柱下至酸化层顶部或中、上部。

（4）井口装采油（气）树，其中最大耐压值应为预计最高施工压力的 1.2~1.5 倍。

采油（气）树应装油、套压力表。下封隔器井必须装套压表。

2. 井场和容器

（1）井场应平整并尽可能宽敞。

（2）备大罐或池子。做到：

① 酸液必须用玻璃钢罐、池配制、贮放和用酸罐车运送。

② 罐、池、罐车不得有渗漏现象，出口闸门开关自如。

③ 罐、池、罐车应事先清除掉铁锈、油垢及残留的泥浆、污水等。

④ 罐、池、罐车较多时，应逐一编号，注明所剩液体名称。

3. 配液

（1）配液用工业盐酸，含铁量应小于 $8.9mol/m^3$（500PPM）。

（2）配酸用清水，机械杂质含量应小于 1‰，或全部使用自来水配置。

（3）配制酸液时，应先向配液池中加入预计清水的 70%~80%，再按设计要求顺序加入各种添加剂和盐酸（及氢氟酸）。固定添加剂宜先用水化开后再加入；水溶性较好的添加剂于加酸前加入，水溶性差、酸溶性较好的添加剂于加酸同时或加酸后加入。边投料边搅拌或打循环。混合均匀后，测定酸液浓度（测相对密度或滴定），视其浓度加水或加酸，使其达到设计要求。

4. 车辆与管理

（1）施工车辆应摆放紧凑，便于施工操作和指挥。

（2）井场条件允许时，全部车辆应背向井口，车辆和大罐（或酸池）应互不为上风头。

（3）下封隔器井若需打平衡，应在套管一翼接一部平衡泵车。

（4）地面施工管线应尽可能短和直，尽量减少弯头个数。

（5）高压管线出口与采油（气）树应以活动弯头连接。

（三）施工

1. 走泵

清水走泵正常。

2. 试压

试压压力应比预计施工压力高 3~5MPa，3min 不刺不漏为合格。

3. 替酸

（1）井筒不满的井，替酸前应用清水灌满。

（2）替酸排量不宜过大，下封隔器井不得胀开封隔器。

（3）替酸量按油管容积计算，切忌过量。

4. 挤酸

（1）按设计要求排量施工。

（2）施工泵压接近施工现压时，应降低排量或停止施工。

（3）下封隔器井，施工压差接近封隔器允许压差时，应从套管打平衡。

5. 顶替

排量、泵压要求同（4）。按设计要求量顶替。

6. 关井反应

按设计要求时间关井。

严格按现场施工设计进行施工，取全取准施工压力、排量等数据；严格控制关井反应时间。返排时要根据施工压力降落情况，控制放喷闸门的开量，做到从限流量放喷逐步到畅开闸门放喷，使残酸及酸岩反应的残渣能够顺利从地层裂缝中排出。

（四）返排

1. 排酸

（1）视关井压力或放喷喷势大小装油嘴放喷，控制含砂量小于 1%。关井压力较小者，可用油管控制放喷。

（2）非自喷井，停喷后应立即采取抽吸、气举、混排等措施迅速排液。

（3）排出液量不得少于挤入地层液量的 1.5 倍，或排出残酸浓度小于 2%为排液合格。

（4）排酸开始、中间和末尾各取 1 个残酸样（分别不少于 500mL），做以下分析：

① 残酸浓度；

② 固体杂质的含量和类型；

③ 总的含铁量；

④ 形成的沉淀物；

⑤ 存在的各种乳化液。

2. 取资料

应包括：井号、井段、厚度、层位、岩性、施工日期、工作液配方、体积、施工方式，管柱结构及下深，施工、泵压、排量、施工中出现的问题、关井反应时间，排酸时间、方式、排出液量、残酸分析数据以及酸化前后效果对比等（见表 2-18-4）。

3. 安全注意事项

（1）整个施工过程严格按设计要求进行。

（2）施工前应向参加施工的所有人员交底。

(3) 施工应有专人负责指挥和衔接。

(4) 接触酸液人员应穿工衣、雨靴,带风镜、口罩(或防毒面具)、胶皮手套,系胶皮围裙。配酸现场和施工井场应备苏打水或食用自来水20~25kg。

(5) 井口采油(气)树螺丝必须上全上紧,采油(气)树应用四道绷绳加固。

(6) 地面高压管线应垫实和用地锚固定牢,施工中严禁敲打。

(7) 施工中井口、管线刺漏时,必须等停泵、关总闸门和放压后才能进行整改。

(8) 施工中非有关人员不得进入高压区(泵车与井口间的区域)。

(9) 施工结束,应先关总闸门,再进行管线拆卸工作。

(10) 施工井场不得吸烟和出现其他火源。

4. 环境保护

施工未打完的酸和井内排出的残液应妥善处理,不得排入附近农田、水塘、河流、生活区、民用水道等。

(1) 严格遵守环境部门的有关规定及有关HSE环境保护措施。

(2) 不得将生活、工业废物乱扔、乱放,必须统一集中处理。

(3) 酸压施工现场要设立明显的标志,避免无关人员进入作业区,作业区域严禁抽烟。

(4) 配酸、配液时,尽量减少酸液外溢,在倒换转酸管线时,用容器盛接,避免管线内酸液外流,减少对井场的污染。添加药品后,不能将盛装药品的桶倒放,以免残余药品外流。

(5) 施工结束后,剩余残酸残液由施工单位负责收回。施工车辆废机油要用容器回收。施工结束后对井场作业区域进行全面清理。

表2-18-4 酸化施工记录

项目名称	记录	备注
井号		
井段/m		
厚度/m		
层位		
岩性		
施工日期		
酸液配方		
体积/m^3		
施工方式		
管柱结构		
下入深度/m		
施工泵压/MPa		
施工排量/(m^3/min)		
施工中出现的问题		
关井反应时间/h		
排酸时间		

续表

项目名称	记　录	备　注
方　式		
排酸量		
残酸浓度		
酸前产量		
酸后产量		

第二节　压　　裂

水力压裂工艺是指向井内注入压裂液使地层形成拉应力场并引起该层段内的局部应力超过该岩石抗拉强度的过程，这一过程可以形成裂缝或裂隙，当压裂液以高压被连续注入压裂层段时，该裂缝将从井眼扩展至地层内。

压裂机理是利用地面高压泵注设备将高黏度流体以大大超过地层吸收能力的排量注入井筒，在射孔油层附近憋起高压，当井底压力超过井壁附近地层最小主应力及岩石的抗张强度后，在地层中形成裂缝并向前延伸。然后，利用高黏度的压裂液携带支撑剂注入裂缝中。停止注入后，随着压裂液的快速破胶，黏度大大降低，破胶化水的压裂液沿裂缝流向井底，排出地面，携带的支撑剂随即在裂缝中沉降，在地层中形成了具有一定长度、宽度和高度的高导流能力的支撑裂缝。改善了地层附近流体的渗流方式和渗流条件，扩大了渗流面积，减小了渗流阻力并解除了井壁附近的污染，从而达到增产、增注的目的。

自水力压裂应用以来，它已经成为并且还将继续成为提高单井产量的基本工程手段之一。这是由于它实现了：

(1) 使一条有导流能力的裂缝通道通过了近井地带的伤害区，绕过了受污染的地区。

(2) 延伸了裂缝通道，使其有足够的深度，进入储层进一步提高产量。

(3) 设置裂缝通道，致使在储层内的流体流动状态改变了。

水力压裂技术自 1947 年投入现场应用以来，经过半个多世纪的完善和发展，已经成为提高单井产量的基本工程手段之一。目前，该技术已普遍应用于低、中、高渗透油藏的增产改造，取得了显著的增产效果。压裂技术不仅成功地应用于单井，在整体压裂改造方面也取得了进展。

压裂技术通过在油藏内形成深穿透、高导流能力的裂缝，提高油气井产量和增加勘探井可采储量，最终提高油气田的采收率。压裂技术也可用于二次和三次采油，如在注水、汽驱及火烧工艺中提高地层的吸收能力和驱油效率，因此压裂技术已成为世界石油工业标准的开采工艺，是近代油气井应用最广泛的增产技术。

无论是低渗透油田还是中高渗透油田，压裂增产、压裂增注的基本原理都是建立在裂缝附近流体的双线性流动理论基础上的，即在理论上将地层流体的流动模式归结为两种类型：压前的径向流模式和压后的双线性流模式，如图 2-18-1 所示。

理论研究表明，要实现双线性流动条件，裂缝的导流能力必须远远超过流体在地层孔隙介质中的自然流动能力。通常，用裂缝的无因次导流能力 C_{fd} 作为双线性流动模式的主要衡量标准。该参数的表达式为：$C_{fd}=K_f W_f/(KL_f)$，其中 K 和 K_f 分别为地层渗透率和裂缝渗透率；L_f 和 W_f 分别为缝长和缝宽。数模研究结果表明，在 $C_{fd} \leqslant 0.1$ 的条件下，压后地层流体实际流动状况是“径向流动模式”，这种情况下的压裂裂缝所发挥的导流作用微乎其微；在 $C_{fd} \geqslant 10$ 的条件下，可以在裂缝附近地层实现双线性流动模式；C_{fd} 越大，双线性流动模式越标准。

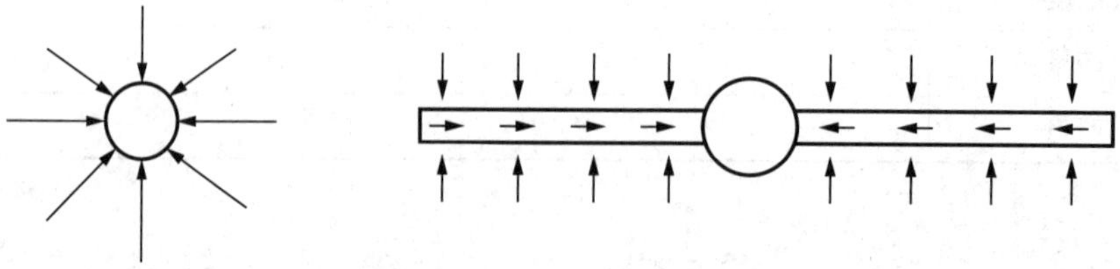

(a) 压前径向流模式　　(b) 压后的双线性流模式

图 2-18-1　压裂前后地层内流体的理论流动模式

一般在实际情况下，压裂后井底地带的层内流体实际流动状况既不是标准的“径向流动模式”，也不会是标准的“双线性流动模式”，而是界于两者之间的流动形式；实际更接近上述哪一种流动模式，主要取决于裂缝参数与地层参数的匹配情况，或者简单地说就取决于无因次裂缝导流能力的大小。如图 2-18-2 所示。

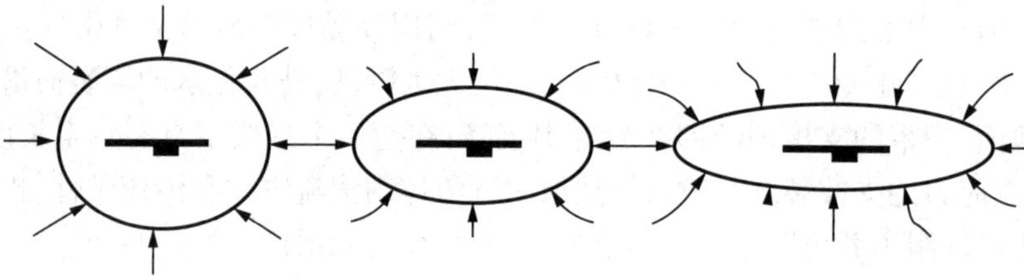

(a) C_{fd}=0.1　　(b) C_{fd}=1　　(c) C_{fd}=10

图 2-18-2　无因次裂缝导流能力对压后流动模式的影响

一、压裂设计

（一）压裂设计主要内容

1. 压裂可行性分析及工艺选择

依据地质设计及基本数据，参考室内实验、应力计算参数，按照地质设计的要求，结合设计原则，进行压裂可行性分析。根据软件优化设计计算结果，选择经济合理的增产工艺参数。

2. 设计基本参数

（1）油井的基本数据如表 2-18-5 和表 2-18-6。

表 2-18-5　油井完井数据

构造位置					
完井日期		完钻井深		完钻层位	
水泥返高		人工井底		联入	
油补距		固井质量		地层温度	
最大井斜					

表 2-18-6　油层套管数据

外径/mm	内径/mm	钢级	壁厚/mm	入井深度/m	抗内压/MPa	最高限压/MPa

(2) 本次压裂目的层数据如表 2-18-7。

表 2-18-7　压裂目的层数据

层位	层号	井段/m	砂层厚度/m	孔数	声波时差/(μs/m)	孔隙度/%	含油饱和度/%	综合解释

3. 压裂设计中录入生产数据

压裂作业中要求录入压裂井初期产量、历年来生产及相关增产增注措施作业情况及措施效果、累计产量及目前产量。

4. 设计思路

采用何种压裂方式,在压裂过程中采用哪些工艺技术措施要表明,如:采用支撑剂段塞技术、分段破胶和高效表面活性剂返排技术等,明确压裂思路。

5. 施工方案

(1) 明确备液数量,如表 2-18-8 所示。

表 2-18-8　备液数量

原胶/m^3	活性水/m^3	交联剂/L	降滤失剂/kg	过硫酸铵/kg
190	35	950	800	50

表明适应的液体基本性能指标,如:90℃,$170s^{-1}$,剪切 60min,黏度≥100mPa∶s。

(2) 明确支撑剂类型、粒径、数量及性能,如:陶粒,粒径 0.425~0.85mm,数量 28.1m^3,性能指标:52MPa,破碎率≤10%。

(3) 根据设计结果选择施工设备(见表 2-18-9)。

表 2-18-9　施工设备

仪表车台	主压车台	混砂车台	管汇车台	砂罐台	水泥车台	水罐车台

(4) 对压裂施工管串明确确定管柱钢级及尺寸,喇叭口及卡点位置,如:N80×ϕ89mm 外加厚油管,喇叭口 2680m。

(5) 根据优化设计模拟的施工压力,明确确定采用哪种井口,如:井口要求:1000 型。

(6) 根据软件计算结果,明确泵注程序,其中包括液体类型、阶段液体用量、阶段砂量,阶段砂比、施工排量等。如表 2-18-10。

表 2-18-10 泵注程序

工 序	分 段	液体类型	压裂液量/m^3	支撑剂量/m^3	砂比/%	排量/(m^3/min)	备 注
前置液		活性水	10.0			4.0-4.4	降滤失剂 800kg 均匀加入前置冻胶中监测环空压力
		冻胶	30.0				
		冻胶	50.0	2.0	4		
携砂液 90.0m^3 砂比 29.0%	1	冻胶	10.0	1.0	10		
	2	冻胶	15.0	2.7	18		
	3	冻胶	20.0	5.2	26		
	4	冻胶	20.0	6.8	34		
	5	冻胶	15.0	6.0	40		
	6	冻胶	10.0	4.4	44		
顶替液		活性水	13.1				
合计			193.1	2.0+26.1			

6. 压裂设计中要明确施工步骤及注意事项

(1) 替浆、通井、试压、按射孔通知单射孔,测压并注意防喷;

(2) 完成 N80×ϕ89mm 外加厚油管压裂管柱,喇叭口 2680m;

(3) 安装、固定井口,连接油套放喷管线;

(4) 按设计要求上罐、备液;

(5) 摆好压裂设备,接好高、低压放喷管汇;

(6) 对高压管汇和井口试压 60MPa,不刺不漏为合格;

(7) 按泵注程序施工;

(8) 压后关井 4h,然后用 3mm 油嘴或针型阀控制放喷排液,以后可逐级放大油嘴,以排液不含砂为原则。

7. 对压裂施工前后及压裂施工过程中有明确施工要求

8. 安全注意事项及其他事项

9. 压裂设计有设计结果(表 2-18-11)

表 2-18-11 设计计算出的部分施工参数

设计缝长/m	73	所需顶替液体积/m^3	13.1
施工排量/(m^3/min)	4.2	平均裂缝高度/m	34.3
所需活性水总体积/m^3	10.0	井壁处裂缝高度/m	48.67
所需前置液总体积/m^3	80.0	井壁处裂缝最大宽度/cm	1.04
所需携砂液总体积/m^3	90.0	压裂液效率/%	44.3
所需支撑剂总体积/m^3	26.1	平均砂比/%	29.0

10. 施工管柱

(二)要求

(1) 设计中各项资料数据齐全、准确。

(2) 设计中有油(气)水井生产历史及目前现状描述。

(3) 管柱图清楚明了,管柱图符号及标注符合行业标准。

(4) 对油(气)水井存在问题及原因分析准确、合理。

(5) 设计工艺参数和采用的技术措施恰当。

(6) 施工目的、施工步骤、技术要求明确、具体、完整。

(7) 设计中的工期和成本预算符合股份公司的定额标准。

(8) HSE 注意事项、油层保护措施及套管保护措施完善。

(9) 设计优化程度高,作业效果、产量预测符合率高。

(10) 作业施工设计中应注明施工所需工具、材料、防护措施和施工注意事项。

二、压裂用料与配液

(一) 压裂液

1. 压裂液类型

压裂液是水力压裂改造油气层过程中的工作液。压裂液起着传递压力,形成地层裂缝、携带支撑剂进入裂缝的作用。根据压裂液类型不同,适用的储层也不同。压裂液分类见表 2-18-12。

表 2-18-12 压裂液分类

类 型	种 类	使用范围
水基压裂液	活性水压裂液、稠化水压裂液、水基冻胶压裂液	大多数地层
油基压裂液	脂肪酸皂类稠化油压裂液、磷酸脂铝盐油冻胶压裂液、醇基金属盐稠化油压裂液、脲稠化油压裂液、油溶性高分子稠化油压裂液	强水敏,低压地层
乳状压裂液	活性水包油乳状压裂液、稠化水包油乳状压裂液、水冻胶包油乳状压裂液、酸溶液包油乳状压裂液、稠化酸包油乳状压裂液、酸冻胶包油乳状压裂液、醇溶液包油乳状压裂液	强水敏,低压地层
泡沫压裂液	活性水泡沫压裂液、稠化水泡沫压裂液、水冻胶泡沫压裂液、酸泡沫压裂液、油泡沫压裂液、醇泡沫压裂液	强水敏,低压地层
酸基压裂液	活性酸压裂液、稠化酸压裂液、酸冻胶压裂液	碱敏地层
醇基压裂液	稠化醇压裂液、醇冻胶压裂液	低压、低渗、水敏
清洁压裂液	20 世纪 90 年代后新型压裂液	低压、低渗、水敏
缔合物压裂液		低渗
短链聚合物压裂液		低渗

(1) 水基压裂液

水基压裂液是目前大多数储层常用的一种压裂液,在现场应用较为广泛。

a.水基压裂液基本类型及特点(见表 2-18-13)。

水基压裂液是以水作溶剂或分散介质,与各种添加剂配制而成的压裂液。

b. 根据石油天然气行业标准 SY/T6376－1998 规定,水基压裂液通用技术指标见表 2-18-14。

表 2-18-13 水基压裂液分类

类 型	特 点
活性水压裂液	配制简单、成本低廉、黏度低、摩阻小、但携砂性能差。适用于浅井低砂量、低砂比的小型解堵性压裂和煤层气压裂
稠化水压裂液	稠化水压裂液黏度高,携砂性强,降滤失性能略好。适用于低温（低于 60℃）、浅井（小于 1000m）和低砂比（小于 15%）的小型压裂
水冻胶压裂液	黏度高,造缝性能好,悬带支撑剂能力强。滤失系数低,液体效率高,高速流动时摩阻低于清水。普遍用于油井增产、水井增注的中深井、深井压裂作业

表 2-18-14 水基压裂液通用技术指标

序号	项 目		指 标		
			低温≥20~60℃	中温≥60~120℃	高温≥120~180℃
1	基液密度/$g \cdot cm^{-3}$		1.000~1.050		
2	基液表观黏度/mPa·s		20~40	30~60	40~90
3	交联时间/s		15~60	30~120	60~300
4	剪切稳定性	剪切时间/min	60	90	120
		表观黏度/mPa·s	≥50		
5	稠度系数/$Pa \cdot s^{n'}$		0.8~2.5		
6	流动行为指数		0.3~0.7		
7	静滤失系数/$m \cdot min^{-1/2}$		$\leqslant 6.0 \times 10^{-4}$		
8	初滤失量/$m \cdot min^{-2}$		$\leqslant 1.0 \times 10^{-3}$		
9	滤失速率/$m \cdot min^{-1}$		$\leqslant 1.0 \times 10^{-4}$		
10	破胶时间/h		≤12		
11	破胶液黏度/mPa·s		≤5.0		
12	破胶液表面张力/$mN \cdot m^{-1}$		≤28.0		
13	破胶液与煤油界面张力/$mN \cdot m^{-1}$		≤2.0		
14	破乳率/$\times 10^2$		≥95		
15	降阻率/$\times 10^2$		≥35		
16	残渣含量/$mg \cdot L^{-1}$		≤550		
17	岩心渗透率损害率/$\times 10^2$		≤30		
18	压裂液滤液与地层水配伍性		无沉淀、无絮凝		

（2）油基压裂液

油基压裂液是以油作为溶剂或分散介质,与各种添加剂配制压裂液。油基压裂液适用于低压、强水敏地层。其特点和类型见表 2-18-15。

表 2-18-15 油基压裂液基本类型及特点

序 号	基本类型	特 点
1	磷酸锆铝盐油冻胶压裂液	黏度较高，黏温性好，具有低滤失性和低摩阻
2	脂肪酸皂类稠化油压裂液	增稠和降滤失性优于基油，但黏温性较差
3	醇基金属盐稠化油压裂液	醇盐溶于油，使油增稠，醇盐遇水分解
4	脲稠化油压裂液	脲类化合物加入油中使油稠化但合成脲类化合物异氰酸有毒
5	油溶性高分子稠化油压裂液	增加油溶性高分子在油中的浓度，便可形成网状结构使油稠化

(3) 乳化压裂液

乳化液为一种液体分散于另一种不相混溶的液体中所形成的自相分散体系。以液珠形式存在的一相称为分散相(或称内相连续相)；连成一片的另一相称为分散介质(或称外相、连续相)。用作压裂液的乳状液中，一相是水或盐水溶液、聚合物稠化水溶液、水冻胶液、酸液以及醇液；另一相则是油，如现场原油、成品油、凝析油或液化石油气。分油包水和水包油乳状液。

(4) 泡沫压裂液

泡沫是气体分散于液体中的分散体系。气体是分散相(不连续相)，液体是分散介质(连续相)。配制泡沫压裂液的气体有干二氧化碳、氮气和空气；液体是水、稠化剂、水冻胶、酸液、醇或油；起泡剂为表面活性剂。含起泡剂的液体在吹气搅拌下产生泡沫，最好是以液态形式的气体与起泡液混合、携砂、加温和减压后产生泡沫。其类型和特点见表 2-18-16。

表 2-18-16 泡沫压裂液基本类型及特点

序 号	类型(以分散介质分类)	特 点
1	活性水泡沫压裂液	泡沫压裂液是具有高悬浮能力的低密度体系。泡沫滤失量小、含水量相对少，压裂后易排出，对油层污染小。但泡沫的温度稳定性差
2	稠化水泡沫压裂液	
3	水冻胶泡沫压裂液	
4	酸泡沫压裂液	
5	油泡沫压裂液	
6	醇泡沫压裂液	
7	油泡沫压裂液	

(5) 酸基压裂液

酸基压裂液通常可以认为属于水基压裂液范畴。它基本上是以水基压裂液中与酸相容的材料及其他添加剂和酸液配制而成的。其类型和特点见表 2-18-17。

表 2-18-17 酸基压裂液基本类型及特点

序 号	分类（以稠化程度分）	特 点
1	活性酸压裂液	能够溶解地层中的堵塞物，对岩石和黏土有溶蚀作用，可以提高局部地层渗透率，增加裂缝的导流能力，滤失量大，对金属设备有强烈的腐蚀
2	稠化酸压裂液	
3	酸冻胶压裂液	

(6) 醇基压裂液

醇基压裂液是以醇作溶剂或分散介质配制的压裂液。主要有醇冻胶压裂液和醇泡沫压裂液,其特点是:①成本高;②低级醇易燃;③醇难以稠化,黏度低;④醇基液表面张力低,具有消除水锁的功能,但配制的醇泡沫不稳定。适用于水敏、低压和低渗透油层的压裂。

(7) 清洁压裂液

清洁压裂液又称为黏弹性表面活性剂(viscoelastic surfactant,简称 VES)压裂液,或无伤害压裂液。是由表面活性剂在盐水溶液中形成的一种具有黏弹性的表面活性剂胶束体系。它的特点是:①良好的造缝和携砂性能;②残渣含量几乎为零,对地层伤害极低;③无需破胶剂即可完全破胶,利于液体返排;④压裂液用料种类少,可以现场实时配制;⑤ 成本高的特点,适用于水敏、低压和低渗透油层的压裂。

(8) 缔合物压裂液

缔合物压裂液又称为疏水缔合聚合物压裂液。是由亲水性大分子链上带有少量疏水基团的疏水缔合水溶性聚合物在一定 pH 值盐水中形成的一种具有独特的流变性的压裂液体系。其特点是:①具有良好的造缝和携砂性能;②无残渣,对地层伤害小;③无需破胶剂,靠地层水稀释破胶;④返排效率高,可适用于低渗透油层的压裂。

(9) 短链聚合物压裂液

短链聚合物压裂液又称为可重复使用压裂液。是由天然高分子聚合物经过严格解聚产生的一种低相对分子质量聚合物和相应交联剂在特定 pH 值下形成的一种溶液体系。其特点是:① 压裂液流变性可以适时控制;② 具有良好的造缝和携砂性能;③ 残渣含量几乎为零,对地层伤害很低;④ 无需破胶剂,靠地层水稀释即可完全破胶;⑤ 压裂液用料种类少,可以现场实时配制;⑥ 可重复利用,成本低。适用于低渗透油层的压裂。

2. 水基压裂液添加剂

(1) 增稠剂

增稠剂是水基压裂液的主剂。常用的增稠剂见表 2-18-18。

表 2-18-18 增稠剂性能及适用范围

名 称	性 能	适用范围
胍 胶	白色略呈褐黄色粉末,不溶于有机溶剂,可被水分散、水合、溶胀,形成黏胶液。1%水溶液黏度为 285~357mPa·s,水不溶物含量 18%~25%	用量 0.4%~0.6%
羟丙基胍胶	淡黄色粉末,无嗅,易吸潮,不溶于大多数有机溶剂。在水中分散溶解形成黏胶液,1%水溶液黏度为 220~298mPa·s。在碱性溶液中增黏,水不溶物含量 4%~8%	粉剂用量 0.3%~0.65%
羧甲基羟丙基胍胶	淡黄色粉末,无嗅,易潮湿,不溶于大多数有机溶剂,在水中易分散溶解,1%水溶液黏度为 196~243mPa·s,水不溶含量 3%~6%	粉剂用量 0.5%~0.8%
田菁胶	淡褐黄色粉末,不溶于大多数有机溶剂,可被水分散、水合、溶胀形成黏胶液,黏度 120~180mPa·s,水中不溶物含量 24%~32%	粉剂用量 0.5%~0.8%
羟丙基田菁	浅褐黄色粉末,无嗅,易吸嘲,不溶于大多数有机溶剂,在水中易分散,形成黏胶液,水溶液黏度 80~120mPa·s,水中不溶物含量 6%~10%	粉剂用量 0.5%~0.8%

续表

名　称	性　能	适用范围
香豆子胶	浅灰黄色粉末，有特殊的草药香味，不溶于大多数有机溶剂，可被水分散、水合、溶胀形成黏胶液，1%水溶液黏度为156～260 mPa·s，水不溶物含量约19.8%	粉剂用量0.4%～0.6%，由于产量太低，没有推广价值
魔芋胶	浅褐色胶粒，不溶于大多数有机溶剂，可被水分散、水合，溶胀形成黏胶液，1%水溶液黏度为551mPa·s，水不溶物含量约18%	水冻胶用于改造不同规模的中、低温、低渗透油气层压裂
黄胞胶	黄胞胶溶于某些醇、醚类有机溶剂，溶于水，也溶于酸、碱、盐水溶液，形成黏胶液	粉剂用量0.05%～0.1%

(2) 交联剂

交联剂是能与聚合物线型大分子链形成新的化学键，使其联结成网状体型结构的化学剂。聚合物水溶液因交联作用形成水冻胶。交联剂的选用由聚合物可交联的官能团和聚合物水溶液的pH值决定。常用的交联剂见表2-18-19。

表2-18-19　交联剂的性能及应用

名　称	性　能	应　用
硼酸钠	无色坚硬结晶或颗粒，在干燥空气中风化，易溶于水，不溶于醇和酸类	交联0.4%～0.8%的半乳甘露聚糖植物胶水溶液，硼酸钠用量0.01%～0.1%。用碳酸钠、碳酸氢钠、氢氧化钠以及富马酸或柠檬酸调节溶液pH值6～11，冻胶耐温50～90℃
四氯化钛	无色有刺激性酸味的液体，它的蒸气在潮湿空气中水解而剧烈冒烟，与水反应激烈，具有腐蚀性，能引起烧伤	交联0.4%～0.8%聚丙烯酰胺阴离子衍生物水溶液，用四氯化钛0.03%～0.06%，调节溶液pH值为3～7，冻胶耐温130℃
氧氯化锆	白色丝状或针状结晶，溶于冷水、醇和醚，难溶于冷浓盐酸中，具有腐蚀性，能引起人体烧伤	交联0.4%～0.8%聚丙烯酰胺及其阴离子型衍生物水溶液，用氧氯化锆0.05%～0.08%，调节溶液pH值为4～7，冻胶耐温130℃
有机硼	淡黄色液体，溶于水及醇等溶剂，相对密度1.1，pH值8～9	非离子型半乳甘露聚糖植物胶水溶液，浓度为0.4%～1.0%，多元醇葡萄糖硼酸酯，用量0.2%～0.4%，pH值9.0～10.5，冻胶耐温100～135℃，超过110℃，原胶中需加热稳定剂0.1%～0.15%，120℃以上不加破胶剂也能自动破胶
HA-1	橙黄色液体，具有氨及有机溶剂气味，溶于水、醇等有机溶剂	阴离子型纤维素衍生物、阴离子型植物胶衍生物、阴离子型聚丙烯酰胺衍生物水溶液0.4%～1%，乳酸钛酸铵用量0.05%～0.1%
正锆酸四乙酰丙酮酯	微黄透明液体，溶于水及乙醇、乙醚、氯仿等有机溶剂	聚合物水溶液0.4%～1%，锆酸酯用量0.05%～0.1%
ZC-1有机锆	浅黄色均一液体，pH为7～8，相对密度1.15，溶于水、醇、胺等有机溶剂	能与天然植物胶聚合物及其改性产物（浓度为0.4%～0.8%）交联成冻胶，ZC-1有机锆用量0.3%～0.5%，pH值为8～10，耐温性达150℃，交联时间2～3min，120℃以上冻胶中应添加热稳定剂

续表

名称	性能	应用
C-2 有机锆	浅黄色均一液体,具有酯和有机胺气味,溶于水及醇、酮等有机溶剂,相对密度 1.23,pH 值 9~10	与天然植物胶聚合物及其改性产物在 0.4%~0.8%的浓度下,ZC-2 用量 0.2%~0.4%的浓度下形成理想的冻胶,交联体系 pH 值 6.5~9.0,耐温性在 120~160℃

(3) pH 值调节剂

用无机或有机酸、碱,以及强碱弱酸盐、强酸弱碱盐调节溶液的 pH 值,使其具有一定的 pH 值缓冲能力和范围。常用的 pH 值调节剂见表 2-18-20。

表 2-18-20　pH 值调节剂性能及应用

名称	性能	应用
乙酸(36%),冰乙酸(99%)	无色透明液体,冰乙酸在低温下凝固成冰状晶体,有酸味,能与水、乙醇、乙醚等有机溶剂相混溶,不溶于二硫化碳,具有腐蚀性,对人的眼睛和呼吸有刺激	乙酸可调节的 pH 值范围为2.5~6,在压裂液中的使用量为 20~100mg/L
柠檬酸	无色柱状结晶或白色结晶颗粒,在干燥空气中风化,在潮湿空气中结块,易溶于水和醇,微溶于醚	柠檬酸可调节的 pH 值范围为 4.5~6。在压裂液中的使用量为 40~1000mg/L
富马酸	无色针状或片状结晶或白色结晶性粉末难溶于水,微溶于乙醇,接触眼睛有刺激性	富马酸可调节的 pH 值范围为 3.5~4.5,在压裂液中的使用量为 20~500mg/L
磷酸二氢钠二水	无色结晶或白色粉末,有潮解性,易溶于水,不溶于醇	使用浓度为 0.5%~0.8%
亚硫酸氢钠	白色结晶性粉末,有二氧化硫气味,溶于水,微溶于醇,在空气中易被氧化为硫酸盐	亚硫酸氢钠可调节的 pH 值范围为 6.5~7.5,使用浓度为压裂液的 0.05%~0.5%
碳酸氢钠	白色结晶性粉末,溶于水,不溶于乙醇,遇酸剧烈分解	在压裂液中的使用量为 0.05%~0.1%
碳酸钠	白色粉末,在空气中逐渐吸水成为一水合物,易溶于水,不溶于乙醇,遇酸分解	在压裂液中的使用量为 0.05%~0.1%
碳酸钾	白色颗粒或粉末,有吸湿性,溶于水,溶液呈强碱性,不溶于醇,遇酸分解	在压裂液中的使用量为 0.05%~0.1%
氢氧化钠	白色片状或颗状物,在空气中易吸收水分和二氧化碳,溶于水、甘油和乙醇,具有腐蚀性,能引起严重烧伤	氢氧化钠可调节的 pH 值范围>10,用于聚合物水解或交联条件的氢氧化钠用量为 50~100mg/L
氧化镁	白色细微粉末,易溶于酸,也溶于铵盐溶液,难溶于水,水溶液呈碱性,不溶于醇	用量为 0.1%~0.2%

(4) 破胶剂

施工结束后,压裂液须尽快降低黏度,以便从地层中返排,减少对地层的污染。受地层温度影响或依时间缓释的破胶剂,使压裂液达到破胶化水的效果。常用的破胶剂见表2-18-21。

表 2-18-21　破胶剂的性能及应用

名　称	性　能	应　用
过硫酸钾	无色或白色结晶,能溶于水,不溶于醇,水溶液呈酸性	过硫酸钾主要用于天然聚合物、合成聚合物的降解
过硫酸铵	无色结晶或白色结晶性粉末,热至120℃开始分解,与易燃品混合见火爆炸	使用范围和用量与过硫酸钾相似
高锰酸钾	黑紫色,有金属光泽的结晶,溶于水,遇醇和其他有机溶剂或浓酸即分解而释放出游离氧,该品助燃,吞入有害	高锰酸钾不常用作破胶剂
过氧化氢30%溶液	无色透明液体,能与水、醇任意混溶,水溶液呈弱酸性,具有腐蚀性,过氧化氢在酸性和中性介质里较稳定,在碱性介质中易分解	过氧化氢的用量为过硫酸盐的四分之一(0.025~0.05mg/L)
特丁基过氧化氢	黄色液体,能与醇、醚等有机溶剂相混溶,不溶于水,在75℃以下稳定,该品高度燃烧,对人的呼吸系统和皮肤有刺激性	用于浅层低温井,使用量为过硫酸钾的二分之一(0.005~0.1mg/L),不常用作破胶剂
淀粉酶	近白色冷冻干粉末,溶于水,在0~4℃密封干燥保存	pH值4.0~5.0,温度55~60℃。用量0.05~0.5mg/L,可将淀粉及淀粉分解产物转变成葡萄糖
纤维素酶(绿色木霉)	黄褐色冻干粉末,溶于水,密封避光于0℃以下保存	pH值4.5~6,温度<60℃,用量0.05~0.5mg/L
三氯甲苯	无色或淡黄色液体,有特殊刺激性气味,不溶于水,溶于乙醇、乙醚和苯,遇湿气和水逐渐分解成苯甲酸和盐酸,具有腐蚀性	可用于非离子型植物胶与两性金属含氧酸盐交联的冻胶压裂液中,一般不单独使用,以低于过硫酸盐一半的量与过硫酸盐配合使用
NP-2000胶囊破胶剂	施工时几乎不释放,施工后挤压释放,集中破胶,施工安全可靠	主要用于60~120℃的压裂液中,用量是普通破胶剂的3~5倍
非过硫酸盐胶囊破胶剂	施工时几乎不释放,施工后挤压释放,集中破胶,施工安全可靠	使用温度120~160℃,使用浓度是普通破胶剂的3~10倍
酶胶囊破胶剂	施工时几乎不释放,施工后挤压释放,集中破胶,施工安全可靠	使用温度不高于50℃,使用浓度是普通破胶剂的3~5倍

(5) 杀菌剂

保证胶液在配制后至施工前不腐败变质,并遏制水基液注入油层中细菌的滋生。其性质及使用情况见表2-18-22。

表 2-18-22　杀菌剂的性能及使用情况

名　称	性　能	使用情况
甲醛溶液(36%)	无色气体,有特殊的刺激气味,对人的眼鼻等有刺激作用	用于配制植物胶水溶液,用量视地表气温和配制水温而定。10~25℃时,用量0.2%~0.5%,25~40℃时,用量0.5%~2%。对于较差的水质,应加大使用剂量(以甲醛溶液为100%计)
SQ-8	橙黄色液体,有刺激性气味,有毒性。避免与眼睛和皮肤接触,避免吸入蒸气	用量0.1%~0.5%

续表

名　称	性　能	使用情况
十二烷基三甲基氯化铵	淡黄色液体,易溶于水和醇。属阳离子型表面活性剂的非氧化性杀菌剂	除用作杀菌剂外,还可用作缓蚀剂、缓速剂、润湿剂、防蜡剂、防膨剂。用量 0.1%~0.2%
十二烷基三甲基溴化铵	淡黄色液体,易溶于水和醇	用量 0.1%~0.2%
1227	浅草黄色液体,有刺激性气味,易溶于水和醇,pH 值 7~9	除用作杀菌剂外,还可用于缓蚀、缓速、润湿、防蜡、防膨,用量 0.1%~0.2%
十二烷基氯化吡啶	白色粉末,溶于水和醇,有刺激性气味;杀菌力强于烷基、苄基类季铵盐	除用作杀菌剂外,还可用于缓蚀、缓速、润湿、防膨,用量 0.05%~0.1%

(6) 消泡剂

消泡剂用来消除压裂液在混配搅拌过程中的泡沫,提高上水效率。常用的消泡剂见表2-18-23。

表 2-18-23　消泡剂的性能及使用情况

名　称	性　能	使用情况
异丙醇	无色透明液体,与水、醇、醚相混溶,有毒、易燃	用于配制高分子聚合物水溶液的暂时消泡,用量为 50~100mg/L
异戊醇	无色透明液体,有特殊气味,能与醇、醚、苯等相混溶于水,易燃,蒸气有毒	用于配制高分子聚合物水溶液的暂时消泡,用量为 50~100mg/L
磷酸三丁酯	无色或浅黄色液体,能与多种有机溶剂相混溶,难溶于水,吞入有毒害	用于配制高分子聚合物水溶液的暂时消泡,用量为 50~100mg/L,以保证配制过程中不起泡为限
磷酸三辛酯	油状液体,溶于醇、丙酮、醚难溶于水	暂时消泡剂,用量为 50~100mg/L
甲基硅油	无色油状液体,具有抗氧化、抗水性和好的热稳定性,不易挥发,无毒	用量为 10~50mg/L

(7) 降阻剂

在进行深井压裂时,用降阻剂降低压裂液在油管中的沿程摩擦阻力,以提高泵效。降阻剂多为线性高分子聚合物。常用的降阻剂如表 2-18-24 所示。

表 2-18-24　降阻剂的性能及使用情况

名　称	性　能	使用情况
聚乙烯醇	乳白色或微带黄色的蜡状薄片或颗粒,溶于热水,不溶于冷水和大多数有机溶剂	用作降阻剂,还具有增黏和乳化能力,用量为 0.01%~0.05%
聚丙烯酰胺	水溶性树脂,有粉状和胶冻状两种形式	用量为 0.02%~0.05%
部分水解丙烯酰胺		用量为 0.02%~0.05%

(8) 降滤失剂

降低液体滤失量,提高液体效率。常用的降滤失剂见表 2-18-25。

表 2-18-25　降滤失剂的性能

名　称	性　能	备　注
粉　陶	细粉状烧结陶土，细度为 100 目	
硅　粉	细粉状石英砂，细度为 100 目	
油溶性树脂	不溶于水，溶于油	作业时被水溶液携带进入地层，暂时封堵油层裂隙，防止液体漏失，生产时，溶于原油，返排而出，解除封堵
矿物油		一般在压裂液中使用 3%～5%的柴油或原油
表面活性剂		在压裂液中添加 0.1%～0.2%表面活性剂
预胶化淀粉	较简单的改性淀粉，价格便宜，在盐水中降滤失效果较好，应用于淡水效果不理想	配制原胶液时按 0.3%左右的浓度加入
羧甲基淀粉	溶解性、耐盐性、耐碱性、降滤失性能好	配制原胶液时按 0.3%～0.5%左右的浓度加入
淀粉接枝共聚物	有较好的降滤失效果和抗温、抗盐和抗高价金属离子污染的能力	配制原胶液时按 0.3%～0.5%左右的浓度加入
低残渣羟基淀粉	水溶性、降滤失性能好，完成降滤失作用后，在地层条件下能够破胶化水，对裂缝的导流能力和地层不造成伤害	配制原胶液时按 0.3%～0.5%左右的浓度加入

（9）温度稳定剂

温度稳定剂用来增强水溶性高分子胶液的耐温能力，以准确满足不同地层温度、不同施工时间对压裂液的黏度与温度、黏度与时间稳定性的要求。其性能和使用情况见表2-18-26。

表 2-18-26　温度稳定剂的性能及使用情况

名　称	性　能	使用情况
甲醇	无色澄明液体，能与水、醇和醚等相混溶，高度易燃，其蒸气能与空气形成爆炸性的混合物，有毒，吸入或吞入时有害，误饮能致眼睛失明	用量 0.1%～0.5%，应特别注意安全防护，此剂现已基本淘汰使用
硫代硫酸钠	无色或白色结晶性粉末，有潮解性，微溶于醇，加热分解，常用作还原剂	用量 10～100mg/L
亚硫酸氢钠	白色结晶性粉末，有二氧化硫气味，溶于水，微溶于醇，在空气中易被氧化成硫酸盐，具有还原性	用量 10～100mg/L
三乙醇胺	无色或浅黄色黏稠状液体，能与水、乙醇相混溶，微溶于乙醚、苯和石油醚，具有强碱性，俗称有机碱	用量 0.1%～0.5%，适用于非离子型植物胶与两性金属含氧酸盐的碱性条件交联
六次甲基四胺	无色结晶或白色结晶性粉末。溶于水、醇和三氯甲烷，不溶于乙醚，易燃，对皮肤有刺激性，水溶液具有弱碱性	用量 0.1%～0.5%

(10) 助排剂

降低压裂液破胶液的表面、界面张力、增加能量，促进其返排，见表 2-18-27。

表 2-18-27　表面活性剂的性能及使用

名　称	组　成	性　能	使用情况
氟表面活性剂复配物	全氟辛酸钠、十二烷基硫酸钠、异丙醇	无色至淡黄色溶液，具有较高的表面活性	用量 0.1%

(11) 润湿剂

润湿剂用来改变油层岩石的表面润湿性质，将油润湿表面转化成水润湿表面，使油不被岩石滞留，而易于流动产出。常用润湿剂见表 2-18-28。

表 2-18-28　表面活性剂的性能及使用

名　称	性　能	使用情况
烷基苯磺酸钠	白色或淡黄色粉末或片状物，溶于水而成半透明溶液，对碱和硬水稳定，pH 值为 7~8.5	用作润湿剂以及用于起泡、乳化、分散、缓蚀，近井地带处理，用量为 0.05%~0.2%
十二烷基磺酸钠	白色或浅黄色结晶或粉末，易溶于水，溶于热乙醇，微溶于乙醚，不溶于石油醚	用量为 0.05%~0.2%
全氟辛酸钠	乳白色微粒，溶于水和醇	氟表面活性剂，具有很高的表面活性，用量为 1mg/L
二辛基二甲基氯化铵	白色粉末，易溶于水	用量为 0.05%~0.2%
聚氧乙烯壬基醇醚-5	白色至微黄色黏稠液体，溶于水	用量为 0.05%~0.2%
聚氧乙烯辛基苯酚醚-10	无色透明或淡黄色黏稠液体，可溶于各种硬度的水中，耐酸、碱	除具润湿作用，还是常用的破乳、防蜡、缓蚀、缓速及近井地带的处理剂。

(12) 破乳剂

破乳剂防止油水乳化液堵塞地层孔道而引起渗透率伤害。表 2-18-29 就是破乳剂的性能及使用情况。

表 2-18-29　表面活性剂类破乳剂的使用情况

名　称	性　能	使用情况
聚氧乙烯高碳酸酯-20		用量 0.01%~0.1%
聚氧乙烯聚氧丙烯二醇醚	淡黄色蜡状固体，溶于水，pH 值 6.5~7.5，HLB 值 14	
聚氧丙烯聚氧乙烯聚氧丙烯十八醇醚	琥珀色黏稠液体，溶于水 ，溶于低级醇，低毒	用量 0.1%~0.2%
聚氧丙烯聚氧乙烯聚氧丙烯丙二醇醚	橙黄色黏稠液体，能溶于水，pH 值 6.5~7.5，溶于低级醇，低毒	用量 0.1%~0.2%
聚氧丙烯聚氧乙烯聚丙烯甘油醚	琥珀色液体，溶于水，pH 值 6.5~7.5，LHB 值 15	用量 0.05%~0.1%

续表

名　称	性　能	使用情况
聚氧乙烯聚氧丙烯五乙烯六胺	琥珀色透明液体，溶于水	
聚氧丙烯聚氧乙烯聚氧丙烯五乙烯六胺	琥珀色透明液体，溶于水	用量 0.05%～0.1%

（13）黏土稳定剂

黏土稳定剂能起到防止黏土膨胀或分散迁移的作用。常用的黏土稳定剂见表2-18-30。

表 2-18-30　黏土稳定剂的性能及使用情况

名　称	性　能	使用情况
氯化钠	氯化钠易离子化，低浓度会促使黏土膨胀、分散、迁移，高浓度暂时有效，易被其他离子置换	用量 4%～10%
氯化铵	离子大小与黏土构造孔穴相适应，结合牢固	用量 1%～2%
氯化钾	离子大小与黏土构造孔穴相适应，结合牢固，pH 值 3～7 时效果最好，若与 30%甲醇合用，效果更好，是常用的黏土稳定剂	用量 1%～2%
氟碳表面活性剂	棕色膏状体，溶于水	用量 0.05%～0.1%
聚 N-羟甲基丙烯酰胺	无色透明黏稠性液体，加温 60℃以下缓慢溶于水	用量 0.03%～0.05%，加入前置液中
丙烯酸钠与甲基丙烯酸乙醋三甲基硫酸铰的共聚物	黄色黏稠液体，溶于水和矿化水，不溶于原油及烃类	压裂液中用量0.03%～0.05%

2. 支撑剂

支撑剂的作用在于填充形成一个具有高导流能力的流动通道。在储层特征与裂缝几何尺寸相同的条件下，压裂井的增产效果及其生产动态取决于裂缝的导流能力。支撑剂的类型、物理性质（粒度、强度、球度、圆度、密度等）及其在裂缝中的分布（铺置浓度，即单位裂缝面积上的支撑剂量）、以及裂缝的闭合压力是控制裂缝导流能力的主要因素。

（1）支撑剂的类型

压裂用支撑剂可大致分为天然的与人造的两大类。前者以石英砂为代表，后者则是通常称之为陶粒的支撑剂。

① 石英砂：石英砂粒径为 0.45～0.90mm，颗粒相对密度为 2.65g/cm^3，体积密度为1.60～1.65g/cm^3。

② 人造陶粒支撑剂：按密度可分为低密度、中密度、高密度支撑剂。

③ 树脂涂层砂：树脂涂层砂是采用一种特殊工艺将改性环氧树脂或酚醛树脂，在天然石英砂和人造支撑剂上涂敷树脂技术。单涂层可固化支撑剂是在支撑剂表面事先包裹一层与压裂目的层温度相匹配的树脂，做为尾追支撑剂，当裂缝闭合且地层温度恢复后，在近井筒地带形成一条有渗透能力的过滤层“屏障”，防止缝内支撑剂返吐回流。

双涂层支撑剂是预先涂敷一层预固化树脂层，然后再涂敷一层与压裂目的层温度相匹配的有潜伏性固化剂树脂层，使其性能和质量更高于单涂层可固化支撑剂。

（2）支撑剂的选择原则：

① 粒径均匀，密度小。国内矿场常用20/40目支撑剂，至少有90%的砂子经过筛析后位于20~40目之间，同时要求大于第一个筛号的砂量小于0.1%，而小于最后一个筛号的砂量不能大于1%。比较理想的支撑剂要求密度小，最好小于2.0g/cm^3，以便于携带。

② 强度大，破碎率低。支撑剂的强度是重要指标。为了保证填砂裂缝的导流能力，在不同闭合压力下，选择相应强度和破碎率的支撑剂。

③ 圆度和球度高。圆度和球度>0.9。

④ 杂质含量少。支撑剂中的杂质对裂缝的导流能力是有害的。一般用水洗、酸洗（盐酸、土酸）消除杂质，处理后的石英砂强度和导流能力都会提高。

⑤ 合适的导流能力。支撑剂的性质及其在给定的地质与工程条件下的导流能力，压裂设计人员必须掌握不同类型、不同粒径尺寸支撑剂的性质及其适用极限。结合给定的地质条件（闭合压力，岩石硬度，温度与压裂目的层物性等），选用现有工程条件（压裂液性质，泵注设备等）能够安全泵送，压后能够获得较高初产与稳产的支撑剂。

（3）支撑剂性能指标：

① 支撑剂的粒径范围。支撑剂的粒径范围可分为11种不同的规格。落在公称粒径范围内的样品质量不低于样品总质量的90%；小于支撑剂粒径下限的样品质量，不超过样品总质量的2%，大于顶筛的支撑剂样品质量不超过样品总量的0.1%。落在支撑剂粒径下限的样品质量应不超过样品总质量的10%。

② 支撑剂的球度与圆度。

a. 天然石英砂的球度、圆度应大于0.6。

b. 人造陶粒的球度、圆度应大于0.8。

③ 支撑剂的酸溶解度。各种粒径支撑剂允许的酸溶解度值见表2-18-31，天然石英砂和人造支撑剂的酸溶解度值采用同一规定。

表2-18-31　支撑剂酸溶解度

粒径/μm	酸溶解度的最大允许值/%
3350~1700，2360~1180，1700~1000，1180~850，1700~850，1180~600，850~425，600~300	≤5
425~250，425~212，212~106	≤7

④ 支撑剂的浊度。支撑剂的浊度不应高于100FTU。

⑤ 支撑剂的体积密度。低密度支撑剂和石英砂的体积密度采用统一标准。见表2-18-32。

表2-18-32　支撑剂密度指标

支撑剂类型	密度/（g/cm^3）
低密度支撑剂	0.55~1.65
中密度支撑剂	1.65~1.80
高密度支撑剂	≥1.81

⑥ 支撑剂抗破碎能力。

a. 石英砂支撑剂的抗破碎能力。相应的粒径范围、规定闭合压力与破碎率指标见表 2-18-33。

表 2-18-33　石英砂支撑剂抗破碎率测试压力及指标

粒径范围/μm	闭合压力/MPa	破碎室受力/kN	破碎率/%
1180～850(16/20 目)	21	42.56	≤14
850～425(20/40 目)	28	56.75	≤14
600～300(30/50 目)	35	70.94	≤10
425～250(40/60 目) 425～212(40/70 目) 212～106(70/140 目)	35	70.94	≤7

b. 陶粒支撑剂的抗破碎能力相应的粒径范围、规定闭合压力及破碎率指标见表 2-18-34。

表 2-18-34　陶粒支撑剂粒径范围与破碎率指标

粒径范围/μm	体积密度/视密度/(g/cm³)	闭合压力/MPa	破碎室受力/kN	破碎率/%
3350～1170(6/12 目)	—	52	105	≤25.0
2360～1180(8/16 目)		52	105	≤25.0
1700～1000(12/18 目)		52	105	≤25.0
1700～850(12/20 目)		52	105	≤25.0
1180～850(16/20 目)		69	140	≤18.0
1180～600(16/30 目)		69	140	≤18.0
850～425(20/40 目)	≤1.65≤3.00	52	105	≤8.0
	≤1.80≤3.35	52	105	≤4.0
	>1.80≥3.35	69	140	≤5.0
600～300(30/50 目)	≤1.65≤3.00	52	105	≤6.0
	≤1.80≤3.35	69	140	≤5.0
	>1.80≥3.35	69	140	≤4.0
425～250(40/60 目)	—	86	174	≤8.0
425～212(40/70 目)		86	174	≤8.0
212～106(70/140 目)		86	174	≤8.0

3. 配液

(1) 压裂液及添加剂施工前要求:

① 按压裂设计逐项检查核对运往井场的液体及添加剂。

② 现场配液用水要求干净,机械杂质含量小于 0.2%,现场取样测 pH 值、黏度等均符合设计要求,确认合格后方可配液。

③ 添加剂运往井场前应由检验部门检验合格,出具检验报告。

(2) 配液要求:

① 液罐、配液管线应清洗干净,保证闸门的开启度和管线内经及管件密封,保证有效

地吸入和上水。

② 配液人员根据设计和实验要求进行液体配置。

③ 严格按照添加剂的加入顺序执行。

④ 准确计量用水量和添加剂用量。

⑤ 充分循环,确保每罐液体混合均匀。

⑥ 每罐液体及混合样应取样并按照液体设计要求检查性能指标。

⑦ 严格按液体配方进行配制,准确计量,配制液量要高于设计液量的10%左右,预留出施工过程中的液体损失。

4. 现场用料质量控制

(1) 必须严格按照设计优选的压裂液配方进行配液。

(2) 配制好的压裂液必须进行现场检测,检测结果应完全达到施工设计要求。

(3) 检查各种添加剂的种类、生产厂家、备用量是否正确,各种添加剂是否有入库检验报告,同时确认其在给定条件下的性能。

(4) 配制压裂液前应检查大罐是否干净,并彻底清洗。

(5) 压裂用支撑剂必须确保干净、干燥、无杂质,装车前应抽样进行破碎率、圆球度、粒度分布的检验,检验结果应达到施工设计要求。

三、压裂施工

(一)压裂作业工序

1. 压裂施工

在压裂施工过程中应严格按照压裂设计和施工操作规程进行。一般压裂施工工艺过程如下:

(1) 井筒准备:通井、刮管、洗井。

(2) 用防膨液替满井筒。

(3) 下入压裂管柱。

(4) 装好压裂井口。

(5) 接好地面管汇,走泵试压,试泵压力一般高出施工限压1~2MPa。

(6) 施工:挤入前置液——携砂液+压裂砂——顶替液。

(7) 关井(一般2~8h)。

(8) 开井放喷,停喷后立即排液。

2. 压裂现场技术要求

(1) 设备摆放:设备摆放时应安排好混砂车与管汇车、管汇车与压裂泵车、压裂泵车与井口的距离。液氮车应对称摆放,仪表车应放置在能看到井口、视野开阔的地点。

(2) 高低压管汇:

① 低压管汇安装:

a. 每个压裂罐应有两个出口,接两根胶管入混砂车吸入泵管汇。

b. 混砂车排出泵管汇到管汇车至少接三根专用胶管。

c. 管汇车到压裂泵车的上水管线必须用缠有钢丝的胶管,并尽可能减少弯曲。

② 高压管汇安装:

a. 管汇车到压裂泵车的高压管线应接成平行四边形。

b. 对于 ϕ88.9mm 的高压管线,由井口到管汇车的连接顺序为:井口、投球器、压力传感器、放空三通、单流阀、管汇车接成 Z 字形。

c. 所有高低压管汇的由壬头均应清洗干净,敷机油,戴好并砸紧。

(3) 压裂泵车排空及地面高压管汇试压:

① 压裂泵车循环的排空液应返回混砂罐。

② 采用静试压方法试压。

③ 对于试压指标,设计施工压力小于 70MPa,增加 6MPa 试压;设计施工压力大于 70MPa 时,按设计要求执行。

(4) 疏通炮眼(清孔):

① 携球液的性能、数量应按设计要求准备。

② 按设计要求进行清孔,注意压力变化,及时分析清孔效果。

③ 顶替完携球液后,停泵 15~20min,等球下沉。

(5) 测试压裂:

① 应进行一次以上瞬时停泵。

② 测压力降落时间应为泵注时间两倍以上。

(6) 压裂施工:

① 泵前垫液。应将与压裂液冻胶不相溶的防膨剂、防蜡剂、除氧剂等添加剂在此阶段注入。

② 泵预前置液。应采用能降低裂缝端部的流动阻力,同时能进行降温的不交联原胶。

③ 泵前置液。应采用能为携砂液预造缝,并能观察裂缝延伸状况的冻胶压裂液。

④ 泵携砂液:

a. 按设计要求,用选择好的混砂车加砂模式进行阶段加砂。

b. 用仪表车监控仪、密度计监控携砂液砂比、密度,及时调整加砂速度,定期对携砂液进行取样监控。

c. 注意支撑剂输送时的压力变化,若裂缝脱砂砂堵,应及时停泵处理。

⑤ 加砂阶段故障处理:

a. 加砂阶段发现交联剂或原胶中任一种液体不足时,均不能继续加砂施工,应提前顶替。

b. 加砂阶段裂缝脱砂砂堵时若要继续加砂,则应立即开井放喷一个顶替量,将裂缝中浓砂团反冲开后停止放喷,重新再泵前置液、携砂液,将设计砂量加完。重新泵入的前置液作为隔离液,不计入携砂液总量。

c. 对于易发生裂缝脱砂砂堵的地区,应多做几次测试压裂,核实该区压裂液综合滤失系数,及时调整压裂设计。

⑥ 泵顶替液:

a. 当携砂液密度降到压裂液本身密度时,开始计顶替液。顶替不能过量。

b. 顶替阶段正是最后阶段携砂液进入裂缝阶段,要特别精心观察高砂比段能否顺利进入裂缝。

(7) 记录压裂后压力降落:

① 开始记录压力降落,10~15min 以前应加密记录。

② 测压力降落时间应为泵注时间的两倍以上。

（二）施工工序的质量控制

1. 压前对作业队准备工作的要求

（1）下入规定直径的油管带相应直径的通井规通井至人工井底。

（2）下入封隔器的压裂井应下规定直径的油管并带刮管器，在坐封位置的上下 20m 内反复刮管三次。

（3）用当地净化水洗井一周以上至清洁，并用防膨液替满井筒。

（4）按设计要求装上相应型号的压裂井口，用四道绷绳固定在地锚上，同时要装上校验过的油、套压表。

2. 施工过程的质量控制

（1）接好地面管汇，套管要接压力传感器以备监测套管压力，在设计规定压力下，走泵试压 5min 不刺不漏方可进行下面的施工。

（2）压裂施工应完全遵照施工设计程序表进行，施工人员应调节好交联比。

（3）井口闸门应由专人负责，施工过程中一旦有压力超过限制压力，指挥施工人员应及时停止施工，防止出现事故。

（三）注意事项

（1）下井管柱必须认真检查、丈量准确，油管必须是 N80 及以上钢级油管，变换接头强度要求合格，丝扣涂密封脂上紧，保证不刺不漏不断脱，封隔器避开套管接箍位置。

（2）所有接触压裂液的容器必须清洁，无杂物。

（3）施工时控制好交联比，保证压裂液满足施工要求。

（4）压后要求及时排液，避免二次污染。

（四）资料录取要求

施工期间及时准确录取以下资料：

（1）施工时间；

（2）压裂方式；

（3）层位、井段、厚度；

（4）管柱结构及深度；

（5）压裂液名称及性能；

（6）泵压；

（7）排量；

（8）液量（前置液、携砂液、顶替液）；

（9）混砂比；

（10）支撑剂名称及规范；

（11）实际加砂量；

（12）投球名称、直径、数量及方式；

（13）关井时间及压力变化；

（14）排液方式、排出总液量（油、水）及含砂比。

（五）应急预案

（1）施工过程中一旦发生井口刺漏，要立即停止施工，待井筒完全泄压后方可进行整改；

(2) 施工过程中如果套管压力突然上升，要立即停止施工，并大排量进行反洗井，根据现场情况确定下步措施。

（六）施工安全要求

1. 施工操作要求

(1) 施工前开分工、安全大会，各工作岗位分工明确，听从统一指挥；

(2) 施工现场排空、放喷管线用30MPa试压合格的无弯头的管线，井口必须固定；

(3) 压裂施工中井口阀门由专人负责开关，高压区内严禁随意走动，严禁带压进行整改作业；

(4) 施工现场要设立明显的标志，避免无关人员进入作业区，作业区域严禁烟火，严禁抽烟，不准携带易燃易爆物品进入施工现场。

2. 在井口的控制

为了确保对井的控制能够永远维持，井口至少要装两个阀，在主井口阀上面应安装一个压裂阀或主阀，如果一个阀门损坏不能控制压力，可以迅速关闭另一个阀门去控制井，最好有一个带法兰的主井口阀接到套管头部，而不是使用螺纹连接，如果需要使用螺纹连接，则需对螺纹的磨损情况和特有的锥体进行严格检查。

3. 对可燃液体的预防措施

在选择油基液体作为压裂液以前，要对它的挥发性进行测试。如果油的雷德蒸气压力小于1，API重力小于50°，开口杯内的闪蒸点为10 ℉，那么则需重点考虑泵注安全。然而，即使考虑了泵注安全，当泵注油基液体时，仍需遵守几条额外的安全规则。

易燃液体的储罐应进行隔离并放在距离井口至少50m远的地方。如果泵入期间发生问题，这种放置方法有助于减少井口着火的可能性。所有的软管都应用软管罩加以封闭，以防止由车辆发动机溅射出的油。还要注意要确保现场没有烟火，最好的办法是当人们到现场的时候，检查所有人员是否携带火柴和打火机，以防止他们不经意的点火。最后，在现场需要防火设备，并时刻准备灭火，用这些方法就可在发生大型火灾以前将其扑灭。

4. 对泡沫液体的预防措施

N_2和CO_2是泡沫压裂液常用的气体。在液体返排时间，它们提供有效的能量加速返排。N_2和CO_2的使用也可能发生危险，由于在返排期间，液体从管线内流出，气体会迅速膨胀，这种能量的迅速释放必须要加以控制，以免降低返排放率，并保证人员安全，服务公司推荐了包括泡沫压裂液的返排程序。

另一个经常发生的可能危险是窒息，N_2和CO_2可能集中在地势较低的区域，挤走能呼吸的空气，不要让人员进入这些区域，任何时候，人员都需处于上风区域。在返排期间只需一个人接近井口，使用远方操作的阀门将可增加安全性。

四、压后返排

（一）压裂后油井管理

(1) 要及时测压裂后井温剖面曲线及压裂后砂面。

(2) 关井时间应不少于压裂液破胶时间。除设计要求强制裂缝闭合外，均应等裂缝闭合后再开井放喷。

(3) 开井放喷停喷后,要及时连续返排压裂液。

(4) 压裂井投产应单独计量,应及时调整油井工作制度,充分挖掘压裂后油井的生产潜力。

(5) 压裂后应测压力恢复曲线(选井进行),并对比压裂前、后的效果。

(二) 压裂施工后的质量控制

压后应按设计规定的时间进行开井排液,既不能提前,也不能延后,提前排液交联的压裂没有完全破胶,会带出入井的支撑剂。延后排液会使破胶化水后的液体在地层内停流时间过长,造成污染。

返排的液体一定要排放到规定的池子内。

(三) 环保要求

(1) 现场备液时尽量减少压裂液外溢,减少对井场的污染。添加化工品后,不能将盛装化工品的桶倒放,以免残余化工品外流。

(2) 施工结束后,剩余残液由压裂队负责收回,按指定方式、指定地方排放。施工车辆废机油要用容器回收,施工结束后对井场作业区域进行全面清理。

(3) 压裂液返排时,试油队在井场预先备好土池子,控制排放,不得污染周围地面环境。

五、压裂设备

压裂施工用到的地面流动设备主要有压裂泵车、仪表车、混砂车、砂罐车、上液罐车等。安全有效的放置这些地面设备,对于成功的压裂施工十分重要。一个周密的压前计划,对于设备的协调连接是必需的,在压裂施工以前对现场进行观察可以最佳的使用各种空间位置。

一套压裂机组由六台压裂车、一台混砂车、一台压裂仪器车组成。在特殊井如压力高或需要更大排量施工的井可以按施工要求增加压裂车和仪表车。

目前施工使用的压裂车组有 SS-1000、1800HP 型、HQ1400 型、HQ2000 型等。见表2-18-35。

表 2-18-35 压裂车性能指标

指　标	SS-1000	1800HP	HQ1400	HQ2000
最高压力/MPa	105	105	105	105
最大排量/(L/min)	1512	1817	1850	1870
砂泵排量/(m^3/min)	12	12	12	12
最大输砂量/(m^3/min)	2.5	3.5	3.5	3.5
适合井深	浅-中深井	中深井	中深井	深井

(一) 井口隔离

特殊的隔离工具或井口保护装置,可以保护井口装置由高压、腐蚀性液体及携砂液的磨蚀等造成的伤害,井口的额定压力通常低于压裂施工时的泵注压力。

井口安全装置是安装在现有的采油树上,工作筒通过采油树上的阀门伸进油管,工作筒上有橡胶帽与油管壁密封,以防止液体或压力直接作用于采油树。安装了井口安全装置以后，井口的工作压力可达 14MPa，压裂施工结束以后，工作筒从采油树内泵出，然后关闭井口阀门。

（二）压裂管线

压裂施工所使用的精制钢高压管线的尺寸由预计的排量和压力决定，类似的管线比更大口径的管线具有更高的最大施工压力限制，压裂液体的流速限制在 45ft/s，以减少对管线的磨蚀，高于这个速率的长时间泵入会磨损施工管线。因此在发生事故以前，需降低有效的工作压力，如果施工速率超过精制钢尺寸的限制速率，则需使用更大尺寸的管线，或在井口使用多根管线。

在压裂施工期间，施工管线可能移动和轻微振动。为了防止施工管线承受由于这种运动而产生的应力，应将施工管线进行固定，使用旋转活接头可允许施工管线有一定的活动余地，这种活动接头也能使施工管线拐弯和改变方向，为了保证直管段能自由活动，在管线的任何两个固定点之间推荐使用 3 个旋转活接头，直管段的两端各需一个旋转活接头，在管线的一个端部需要另一个三通活接头。在现场施工中压裂油管应做到以下几点：

1. 反循环阀

在压裂施工管线上应安装反循环阀，这个阀门只允许单相流动，它可以使泵入的液体通过，但一旦停泵它就自动关闭，这可使井内压力与反循环阀的另一端相隔离，防止井内液体回流。当泵压突然消失时，这种阀门对井的控制是很重要的，例如当施工管线出现故障时，在这种紧急情况下，没有时间去关闭井口阀门，但反循环阀可自动的立即关闭。

在高压施工管线上，可以使用两种类型的反循环阀，在施工主管线上可使用止回阀，这种阀门可以允许支撑剂、固体转向剂和密封球通过，而不用担心堵塞或损坏其可靠性。在氮气或二氧化碳的施工管线上可使用带突板的球阀，这种阀使用一个带弹簧的突板，当泵入停止时，可自动关闭阀门。由于这种带突板的球阀容易被支撑剂和转向剂堵塞，所以在主压裂管线上不推荐使用这种阀门。

2. 泄压管线

当井口阀门关闭时，用泄压管线释放高压施工管线内的压力，泄压管线不用作井内液体的返排。泄压管线应置于反循环阀和井口控制阀之间，泄压管若放错位置，在井口和反循环阀之间就会憋压，并在拆卸施工管线时造成事故。

在施工主管线上安装节流口和双阀门，阀后接泄压管，其中一个阀作为主阀门，它总是全开或全关，并且打开时它在先；关闭时它在后。另一个阀门总是慢慢的开或关，以控制液体的流动。在泄压管线上从不使用旋转活接头，在管线拐弯处则是必需的。泄压管线必需每隔 4.5~6.0m 加以固定，以防止移动。液体回流时一定要加以小心，因为可能带有密封球，在节流器靠井口的一端可能有密封球转向器堵塞，防止它影响泄压过程。泄压管线应从施工主管线上分支接出，并打桩固定，避免 Y 型的分支连接，Y 型的分支管线很难打桩固定，在井口有高压的情况下泄压阀开启时管线可能移动。

3. 高压泵

高压泵放置的位置应尽量靠近混砂车，以便混砂车上的排出泵以足够的压头将携砂液输入到高压泵的吸入管汇。一个大型的压裂施工要使用多台泵，可能要使用管汇车进行连接，管汇车有助于低压吸入端及高压排出端的连接。

混砂车和泵之间吸入软管的使用数量由泵的排量决定，标准的 4in 吸入软管，长度为 7.6m 或更短，允许泵的液体流量为 12bbl/min，如果有更大的排量通过软管，则可能造成泵入口压力不够,使泵抽空且运行不平稳,如果一台泵的排量超过 12bbl/min,则应使用另一根吸入软管吸入管汇供液。

4. 支撑剂存储和输送

要保证液压举升机械工作良好,以便砂罐能完全升起,若砂罐不能完全升起,支撑剂的输送速率就不能满足施工要求,特别是支撑剂快要卸空的时候。在需要高支撑剂浓度时,这一点十分关键,因为此时需要最高的输送速率。为了确保支撑剂输送速率的问题,现场最好是多准备一些支撑剂。

在压裂施工期间,应尽量少移动支撑剂输送车辆,有效防止造成泵入支撑剂浓度不够的可能性。如果设计的压裂施工需要大量的支撑剂,在泵入过程中需要移动支撑剂输送车,则应考虑改用其他的支撑剂输送设备。

5. 必要的传感器信号

水力压裂施工的监测由简单的压力条形图发展到复杂的计算机记录和显示,这些仪器显示的信息为监测工程师提供一个施工进展的诊断,施工期间根据这些信息实时作出决策。

传感器带来输入数据去追踪和计算施工现场发生的大量操作,为评价压裂施工所需要的大多数参数都可来自传感器,压力、密度、排量、温度、pH 值和黏度通常是需要显示和记录的参数。一般施工时需要进行以下几个方面的实时数据采集:a. 压力测量;b. 密度测量;c. 流量测量;d. 数据采集和过程控制。

在计划泵入设备的放置位置时,必须要把设备放置在离井口至少 15m 远的地方,如果在现场有起吊设备,那么设备应放在起吊设备的吊臂以外,放置高压泵入设备时,不允许有人员靠近泵的液体端,如果现场设备是远方操作,操作人员应远离高压管线,如果现场有 N_2 和 CO_2 设备,它们应距离其他设备和井口至少 18m 远。

六、特种压裂工艺技术特点及要求

(一) 分层压裂技术

分层压裂主要用于多层油气井中,对其中一个或多个目的层进行压裂。常用的分选压技术有分层压裂、限流压裂和投球压裂。

1. 封隔器分层压裂

封隔器分层压裂是目前国内外应用较为广泛的一种压裂工艺技术。根据所选用的封隔器和管柱不同,封隔器分层压裂可分为以下四种类型。

(1) 单封隔器分层压裂:

a. 水力锚的啮合力必须大于施工时作用于封隔器上的上顶力,以免顶弯油管。

b. 施工时作用于封隔器上下的压差必须小于封隔器允许的最大压差。

c. 目的层射孔段与上层射孔段之间应有一定的距离。

(2) 双封隔器分层压裂。

a. 两个封隔器之间的所有井下工具、短节的本体和螺纹抗拉强度必须大于施工时的最大拉力。

b. 喷砂器应紧接于下封隔器上部,以免施工时在下封隔器上形成沉砂。

c. 压裂层射孔段与上下层射孔段之间的距离一般不应小于 5m。

d. 起管柱前,先反洗井将下封隔器上部沉砂冲净。起管柱时,应先上下活动,不得猛提。

2. 堵塞球选择性压裂

(1) 高密度堵球——球的密度大于压裂液密度。

(2) 低密度堵球——球的密度低于压裂液密度。

3. 限流法分层压裂

(1) 根据压裂要求设计射孔方案。即根据每个处理层的厚度、破裂压力和需要液量确定射孔位置、孔数和孔眼直径。

(2) 必须保证每个孔眼畅通,可先用稀酸预处理疏通孔眼。

(3) 为保证尽可能多的射孔层段被压开和每层有足够的排量,应在套管允许的条件下尽可能提高排量。

(二) 中深井压裂设计施工作法

1. 压裂方式选择原则

(1) 选择压裂方式,应简便安全,不损害套管、不污染环境。

(2) 选用套管内挤注法和油管与套管环空合注法施工时,井口应有承压保护装置及工具。

(3) 多油层、多层段的压裂井,应选择分层分段压裂。

2. 压裂前作业

(1) 对重点井、特殊井进行压裂层段测试。

a. 产液量及含水百分比;b. 压力及压力恢复试井;c. 井温及井温剖面;d. 压降曲线测试。

(2) 探砂面。

(3) 限流法射孔前必须洗井。

(4) 按需要进行层段预处理。

3. 压裂施工

(1) 连接地面流程至井口。

(2) 摆放压裂设备,连接流程。

(3) 压裂施工步骤为:

a. 循环井筒液体;b. 试压;c. 试挤;d. 压裂。

(4) 压第二层或投暂堵剂使再次形成裂缝的工艺操作方法

a. 投钢球憋滑套,重复试挤、压裂操作,直至设计层段全部压完。

b. 上提管柱,填砂或捞提丢手,坐封封隔器,压第二层。用同样方法再压第三层。

c. 投暂堵剂,形成新裂缝时应重复试挤、压裂操作,直至完成设计压裂层段。

4. 压裂后作业

(1) 关井测瞬时停泵压力,等候裂缝闭合。

(2) 探砂面。

(3) 压裂层段测试。

(4) 根据需要进行冲砂、洗井、排液。

(5) 按地质方案要求完井。

5. 安全与质量控制

(1) 压裂设备距离井口不少于 10m。

(2) 压裂时,高压区 20m 范围内不得有人。

（3）循环时单车泵排量不低于 $1m^3/min$，时间不少于 30s，排净残液、余砂。

（4）试压时，地面流程试压压力一般为设计泵压的 1.2~1.5 倍，保持 5min。

（5）试挤时，最高压力不超过设计要求，井下工具工作正常，油层吸水明显时，保持试挤 1~3min。

（6）压裂试挤正常后，按设计进行压裂施工。

（7）顶替过程中不得减少或增加顶替量。

（三）深井压裂工艺技术

1. 压裂液选择

（1）深井储层温度高，应选用耐高温压裂液。

（2）对高温压裂液的原则要求：造缝效率高、携砂能力强、摩阻低、配伍性能好、易返排、价格适宜。

（3）筛选压裂液添加剂。

a. 对三种基本添加剂（增稠剂、交联剂、破胶剂）进行筛选，找出适合本井条件的冻胶交联系列。

b. 对与目的层配伍的防膨剂、润湿剂、破乳剂、防蜡剂等添加剂进行筛选，找出与目的层配伍性好的添加剂系列。

c. 对配合现场施工的耐温剂、防腐剂、消泡剂、降阻剂、遮挡剂、降滤剂、助排剂、pH 调节剂、发泡剂等有关添加剂进行筛选，找出适合本井需要的施工添加剂系列。

（4）对所优选的压裂液，应在室内模拟井下温度、剪切速率、剪切历程、阶段携砂液浓度来测定其流变性及摩阻系数。

（5）对所优选的压裂液，应按 SY5107 的规定最后进行全面评定。

2. 支撑剂选择

（1）深井储层闭合压力高，应选择高强度的支撑剂（如陶粒）。

（2）粒径应选用 $\phi0.5\sim0.8mm$ 或 $\phi0.8\sim1.2mm$。

（3）支撑剂真密度应小于 $3.2g/cm^3$，视密度应小于 $1.9g/cm^3$。

（4）铺砂浓度应大于 $4.885kg/m^2$，在要求的闭合压力下，导流能力应达到设计的无因次导流能力要求。

（5）所选支撑剂应按 SY5108-97《压裂支撑剂性能测试推荐方法》的规定对其进行全面评定。

3. 压裂井筒技术要求

（1）对完井套管程序中各种套管的规格、钢级、壁厚、下入深度等各种数据清楚。

（2）对于设计施工的井口压力超过油层套管安全抗内压强度或油层套管头电焊环形铁板的井，应下压裂封隔器，对套管进行保护。

（3）采用油管注入压裂时，尽量采用大直径油管作业。

（4）当压裂封隔器下深超过 3500m 时，应采用磁性定位器对封隔器下深进行校核。

（5）油管及油管联顶节选型应符合本井设计的安全抗内压、抗拉技术要求油管联接应使用密封脂。

（6）要下封隔器的井，一定要先用双面套管刮削器通井，然后用优质洗井液彻底洗井。

（7）压裂下井工具系列选型，其抗拉、耐压差、耐温应符合本井压裂设计要求，下井连接正确，坐封载荷及深度准确，验封合格。

（四）泡沫压裂工艺技术

1. 泡沫压裂工艺要点

（1）泡沫质量应不小于65%。

（2）泡沫压裂液的液体部分应有较高的携砂能力。在形成泡沫前应通过支撑剂浓缩器提高液的相含砂浓度。

（3）液体起泡性能好，注入气体后立即形成泡沫。

（4）因泡沫压裂液滤失量小，泵注排量不需太高，一般小于$3.2m^3/min$。

（5）泡沫液应有一定的稳定时间，在整个施工过程中应保持性能基本稳定。

（6）对油井作业，泡沫压裂液的液相若用水基液体，应具有较好的破乳性，以防止形成油水乳化液。

（7）泡沫液应与地层岩石和流体配伍，在施工前应对泡沫系统内各种化学添加剂进行室内实验。

2. 泡沫压裂返排时应注意的问题

（1）应根据地层的闭合压力和闭合时间确定关井时间和返排方法，防止将支撑剂带出地层。理论上，开井返排时压力至少应低于裂缝闭合压力1.4MPa。

（2）返排时要用可变油嘴或针阀由小到大控制返排速度。

（3）要注意观察返排液的含砂量，若出砂太多应关井一段时间再返排。

（4）当管柱的喷砂器位于油层中部或油层以下时，返排时不要过分洗井，过分洗井将把缝口处支撑剂带走，造成缝口处于无支撑状态，降低裂缝导流能力。

（五）高能气体压裂技术

高能气体压裂形成的是多条径向裂缝，提高了井筒附近地层的导流能力，增加了沟通天然裂缝的可能性。但由于所产生的气体能量有限，形成的裂缝长度较短。高能气体压裂是利用岩石破裂时产生的颗粒和裂缝两侧地层在剪应力作用下产生的微小错位形成支撑，因此即使不加支撑剂裂缝也不会完全闭合。推进剂燃烧产生的气体不会对油气层造成污染，有利于保护油气层。

1. 高能气体压裂的适用范围

根据其特点，高能气体压裂主要适用于以下油气层。

（1）取心显示和测井解释均较好，但由于钻井和完井过程中污染严重，射孔后产能较低或无产能的油气层。

（2）地层物性较差，但天然裂缝比较发育的油气层。

（3）水敏或酸敏性油气层。

（4）酸化或压裂后，因井筒附近堵塞而造成产量下降的油气层。

（5）地层破裂压力很高的油气层。

（6）产能很低不适宜用其他高成本增产措施的油气层。

（7）不宜进行水力压裂的底水油气藏。

2. 不适合进行高能气体压裂的油气层

（1）颗粒运移严重的油气层。这类地层压裂后虽然可以提高初期产量，但递减较快。

（2）胶结差的油气层。这类地层施工后裂缝将迅速闭合而丧失导流能力。

（3）天然裂缝不发育的致密地层。因高能气体压裂形成的裂缝较短，增产效果有限。

第三节 油水井防砂

储层为疏松砂岩的油水井，由于受原始地层胶结强度、生产和作业的影响而出砂，特别是油田进入开发后期，由于水的波及体积不断扩大，油层胶结物中的泥质成分遇水膨胀、剥离和运移，造成岩石强度下降，近井地层亏空和井筒堵塞，大量地层砂随着石油的开采而产出，严重者还会引起井壁附近的地层坍塌，挤坏套管，甚至造成油井报废。因此，防砂是疏松砂岩油藏开发的重要工艺措施。

防砂就是利用一定的工艺措施阻止地层砂随地层流体进入井筒。防砂成功与否，常用防砂后进入井筒流体中的含砂量、产量和施工成本等综合效果来进行评价。为了使防砂成功并获得较高的经济效益，防砂设计是前提，防砂材料是关键，施工质量是保障。

一、防砂设计

（一）防砂方法的选择

防砂方法的选择应结合油田的具体情况，主要综合考虑下列因素：

（1）防砂类型。防砂类型分裸眼防砂和管内防砂。原油黏度偏高，地质条件相对简单，地层砂具有一定胶结强度的产层可以考虑采用裸眼防砂，以改善井底渗流条件，提高油、气井产量；而地层条件复杂，含有水、气、泥岩夹层的井应考虑采用管内防砂。

（2）油层厚度。机械防砂较适用于油层厚度中等、油层层数少、夹层薄的井。主要是从留井管柱组合和方便作业施工的角度考虑的。

（3）地层物性。化学防砂对地层砂粒直径大小选择性小，但对油层渗透性要求较高。机械防砂则相反。

（4）对产能的影响。所有防砂方法对地层产能都有不同程度的影响，化学防砂对产能影响高一些，有的减产率达30%。

（5）成本。成本包括材料成本、施工成本两大类。油层厚度大，施工材料用量多，成本高；施工周期长、施工工序复杂的成本也高。如化学防砂费用与所选用化工材料的种类、价格有关。选择时还应综合考虑成本与经济效益间的关系。

总之，选择防砂方法应考虑的因素有很多，既要考虑油水井地层方面的因素，又要考虑工艺、工具、产能等多方面的因素。防砂选择要全面分析，权衡利弊，综合考虑后才能决策。

（二）常规防砂工序

（1）检泵下绕丝防砂：压（洗）井、起原井、探冲砂、通井、刮管热洗、下绕丝、坐封、循环充填、丢手、下泵、试压、下杆。

（2）检泵换绕丝防砂：压（洗）井、起原井、捞绕、探冲砂、通井、刮管热洗、下绕丝、坐封、高压充填、丢手、探冲中心管、下泵、试压、下杆。

（3）防砂地层填砂换绕丝（下绕丝）防砂：压（洗）井、起原井、捞绕、探冲砂、通井、地填、刮管热洗、下绕丝、坐封、循环充填、丢手、下泵、试压、下杆。

（4）检泵干灰（涂料防、固结砂）防砂：压（洗）井、起原井、探冲砂、通井、套管试压、干灰（涂料防、固结砂）、候凝、探钻塞、通井、下泵、试压、下杆。

（5）检泵化学防砂：压（洗）井、起原井、探冲砂、通井、化防、候凝、探冲塞、通井、下泵、试压、下杆。

（三）机械防砂

1. 绕丝循环（高压）充填防砂

该防砂方法是目前油井防砂的主导工艺措施，本文做重点介绍。

（1）防砂原理

绕丝筛管砾石充填防砂是把一定的缝隙尺寸的绕丝筛管，同下井机具组成防砂管柱下入油井，并使绕丝管正对出砂油层，然后在绕丝管周围填入一定粒度的砾石，形成一个二级拦截过滤体。

该方法防砂效果的好坏主要取决于充填层充填的质量，因为绕丝筛管缝隙宽度较一般地层砂大，只能阻挡选定粒度的砾石，而地层砂是靠充填层阻挡。

充填砾石尺寸根据地层砂粒度中值而定，一般地层砂粒度中值<0.1mm 的油井，选用筛隙为 0.2mm 的绕丝筛管，采用 0.3～0.6mm 的砾石充填；地层砂粒度中值≥0.1mm 的油井选用 0.3mm 的绕丝筛管，采用粒度为 0.4～0.8mm 的砾石充填。如孤东油田地层砂粒度中值（d_{50}）为 0.12mm，充填层石英砂粒径选用 0.4～0.8mm。充填砾石用量取决于理论充填量加附加量，理论充填量可通过防砂管柱与套管环空内容积计算获得，附加量一般根据当地油水井累计出砂量来考虑。中、后期防砂，可根据资料提供的油井生产累计出砂量和作业冲砂中累计出砂量之和来确定防砂施工用砂量。在缺资料情况下，新井防砂附加量按理论加砂理的 20%～30%添加；老井的防砂量按理论加砂量再加 1～2m^3 计算。防砂推荐以下施工方法：对中、后期油井可先进行地层填砂，再下绕充填；加砂量也可以按理论加砂量的 1.1～1.2 倍准备充填。先常规正循环充填，待泵压上升 12MPa 后，再谨慎挤压充填，最终泵压一般不超过 14MPa，防止泵压过高砂砾刺坏绕丝筛管。

充填砾石质量要求：过大或过小尺寸的颗粒都不得超过砾石总量的 2%；砾石圆球度>0.6；在 15%HCl 水溶液中，酸溶解度<1%；砾石试样水浊度不大于 50 度。

携砂液要根据不同要求而采用不同类型，包括低黏液、中黏液、高黏液三种。普通常规充填用低黏液，常用有清水和卤水两种。为防止黏土膨胀，携砂液推荐采用清水+2%KCl+0.1%SP-169 溶液或（1.03～1.05）卤水+0.1%SP-169 溶液。对漏失油井，应采用暂堵剂、投蜡球等办法先堵漏再充填，携砂液采用低密度液。对于高含水、特高含水油井，地层压力高井，压（洗）井难度大，应用高密度无固相压（洗）井液做携砂液，循环充填。

（2）适用条件

① 井斜<45°，套管无变形、破损，油层射孔井段一般小于 30m 的井。

② 日产液量大于 15m^3，含水小于 80%的油井。

③ 原油黏度<3000mPa.s（热采井除外）。

④ 至少一年内不进行油层改造或分层措施的油井。

⑤ 注蒸汽井一般要求先注汽，再进行绕丝筛管砾石充填防砂。

2. 金属棉滤砂管防砂

（1）防砂原理及特点

将一定长度的纤维状不锈钢丝，按一定规则在模具中压制成具有一定密集度的金属棉滤砂体，将滤体卷成园柱形后，牢牢地固定在带孔的中心管和护管之间，再经过焊接制成金属棉滤砂管。滤砂管和井下配套工具一起下入油井中，滤砂管正对油层出砂部位，液体能通过护管经滤体进入中心管内，地层砂则被阻挡在滤体外，并逐渐堆积于滤砂管和套管之间的环空内，形成砂桥，从而达到防砂的目的。

金属棉滤砂管具有耐高温、耐腐蚀、强度大、渗透率好的特点。该防砂方法施工简单，成本适中，防砂成功率高，有效期长，是一种适应性强的有效的机械防砂方法。

（2）适用条件

① 适用于 ϕ177.8mm 和 ϕ139.7mm 套管内防砂。防砂井套管完好无变形、无破损、射孔井段一般不超过 30m。

② 适用于油井的先期防砂。尤其适用于注蒸汽吞吐井、斜井、水平井的油井防砂。

③ 具有较高产能的油井，日产液量大于 10t。

④ 泥质含量<20%，砂粒粒度中值>0.1mm 的砂岩油藏。

⑤ 不需要进行颗粒法堵水的油井。

3. 预充填双层绕丝筛管防砂

（1）防砂原理及其特点

预充填双层绕丝筛管防砂是利用选定的筛缝的内外绕丝筛管，在内外绕丝筛管之间填充入涂敷砂并固结形成预充填双层绕丝筛管。把预充填双层绕丝筛管与相关井下工具下到需防砂的层位，液体能滤过双层绕丝管和预充填层进入井中，而地层砂被预充填在双层绕丝管内的涂敷砂层阻挡，逐渐堆积于外绕丝筛管与套管环空内，形成砂桥，达到防砂的目的。

（2）适用条件

① 井斜<45°，套管无变形、无破损的油井。

② 油层砂粒粒度中值>0.1mm，泥质含量<15%。

③ 原油黏度小于 3000mPa · s 的常规开采井。

④ 注蒸汽热采井。

4. 粉末冶金滤砂管防砂

（1）技术原理及特点

粉末冶金滤砂管防砂是以选定颗粒粒径的铜合金粉末（小球粒）为原料，按一定的比例混合后，在特定的模具中经一定的温度烧结预制成具有一定强度和渗透性的滤砂管，把滤砂管与相关井下工具下到需防砂的层位，流体能滤过滤砂管进入中心管内，而地层砂被阻挡在滤砂管外，并逐渐堆积于滤砂管与套管之间的环空内，形成砂桥，阻挡油层砂运移，达到防砂的目的。该方法具有耐高温，耐腐蚀，强度较大，渗透性好，施工简单，成本适中等特点。

（2）适用条件

① 井斜<30°，套管无变形，无破损的油井。

② 油层砂粒度中值>0.07mm 的油井。

③ 泥质含量<10%的油井。

④ 常规开采和注蒸汽吞吐热采的井。

5. 预充填双层激光割缝筛管防砂工艺

（1）技术原理及特点

该防砂管柱主体由双层和在管间充填好的滤砂材料组成，管柱自身就有很好的滤砂和挡砂作用，能够有效阻挡地层砂流入井筒，同时保证了一定的渗透性能。由于设计的防砂管柱直径较小，对缩径井具有很好的适应性，同时对普通直井、斜井也有很好的应用价值。双层激光割缝内充填滤砂筛管主要由上接头、下接头、内筛管、外筛管及充填材料组成。

该防砂管柱在外层通过激光割缝形成第Ⅰ级挡砂屏障，在内外管环空中由于充填了石英砂形成了第Ⅱ级挡砂屏障，防砂内管柱激光割缝形成第Ⅲ级挡砂屏障，如果在外层环空充填(石英砂、涂料砂等充填材料)可在外层形成第Ⅳ级挡砂屏障，油井生产时就能有效阻止地层砂进入井内，从而达到防砂目的。

(2) 适用条件

① 套管为 139.7mm、177.8mm 的油井。

② 套管无破裂或严重变形。

③ 井段不超过 30m 的油井。

④ 油井先期或后期防砂。用于后期防砂时推荐先进行地层填砂。

(四) 化学防砂

1. 酚醛树脂涂敷砂防砂

(1) 技术原理及其特点

酚醛树脂涂敷砂是在石英砂表面涂敷一层可以在油层条件下固结的酚醛树脂胶粘剂的防砂材料。涂敷砂既是胶结剂，又是支撑剂。施工时采用水溶液携带到油层，涂敷砂表面涂层软化固结，把涂敷砂相互牢固地固结住，在井壁附近形成具有一定强度和渗透性的人工井壁，从而防止油层出砂，该方法试样具有固结强度高，渗透性能好，不堵塞油层，填充亏空油层的特点，施工用料单一，施工程序简单，是后期出砂井一种常用的防砂方法。

(2) 适应条件

①套管基本完好，ϕ139.7mm 套管通径应大于 ϕ116mm，ϕ177.8mm 套管通径应大于 ϕ139.79mm的井。

② 油层温度>55℃的常规开采井。

③ 油层吸收能力大于 500L/min(泵压小于 20.0MPa)的井。

④ 光油管全井防砂，每次防砂井段<20m。

2. 低温涂敷砂防砂

(1) 技术原理及其特点

低温涂敷砂防砂是基于在石英砂表面涂敷一层改性酚醛树脂，这种改性酚醛树脂取代有密集的活性羟甲基，在醛和酸的作用下能在较低的温度下发生固化的特性。以低温涂敷砂作为胶结剂，又是支撑剂，采用水溶液携带到油层。涂敷砂表面涂层在催化剂的作用下，在较低的油层温度下，涂敷砂表面涂层发生软化固结，把涂敷砂相互牢固地固结住，在井壁附近形成具有一定强度和渗透性的人工井壁，防止油层出砂。该方法具有适用温度范围广，固结强度高，渗透率好，不堵塞油层的特点，是适用于后期出砂井的低温油层的一种固体颗粒化学防砂方法。

(2) 适用条件

① 套管基本完好，ϕ139.7mm 套管通径应大于 ϕ116mm，ϕ177.8mm 套管通径应大于 ϕ139.79mm 的井。

② 油层温度>45℃的常规开采井。

③ 油层吸收能力大于 500L/min(泵压小于 20.0MPa)的井。

④ 光油管全井防砂，每次防砂井段<20m。

3. 固结砂防砂

(1) 技术原理

该防砂材料是由无机颗粒涂敷一层高分子聚合物材料，在颗粒表面形成潜伏性的胶结剂的固体颗粒。在常温下呈松散状态。颗粒相互不粘连。采用水基携砂液把防砂材料携带到防砂目的层。防砂材料在地层条件下无机颗粒中的化学成分与高分子聚合物相互作用而固结,形成具有一定强度和渗透性能的人工井壁,从而达到防止油层出砂的目的。该防砂材料具有与涂敷砂与干水泥砂防砂的优点,克服了干水泥砂防砂时水泥与石英砂由于密度差异而发生相分离的问题,确保了形成人工井壁的质量。

(2) 性能特点

① 该材料固结强度高,渗透性良好。

② 颗粒在地层条件下呈松散状态,便于保存和储运,常温下保存期在一年以上。

③ 适用范围广,不受油层含水和油层温度限制。能满足低温及高温的油层防砂要求。

④ 对于高含水油层中防砂既具有涂敷砂形成的人工井壁的质量,同时又由于形成的人工井壁表面的亲水性,使其具有堵水效果。

⑤ 施工简便,可用清水、污水或卤水作携带液。防砂过程是一个简单的充填过程,易被掌握和推广。

⑥ 防砂材料无毒、无污染,对人体无伤害。

(3) 技术指标

① 颗粒初凝时间(50℃):7~10h,终凝时间(50℃):48h。

② 抗压强度(50℃):大于5MPa,渗透率:大于5μm^2。

③ 颗粒粒径范围:0.4~1.2mm,占95%以上。

④ 适用温度条件:30~350℃。

(4) 应用条件

① 中后期出砂的油水井。

② 直井和斜井。

③ 温度范围:30~350℃。

④ 地层吸收能力大于500mL/min(压力<15MPa)的油水井。

4. 脲醛树脂溶液防砂工艺

(1) 技术原理

脲醛树脂溶液防砂是基于脲醛树脂在一定的条件下,可以把地层砂砾牢固地固结住的特性。以脲醛树脂、偶联剂和固化剂混合物作为胶结剂,以水为增孔剂,按一定的比例混合后,挤入出砂层位,在油层条件下凝固,将井壁附近的疏松砂岩胶结牢固,形成具有一定强度和渗透性的人工井壁,防止油层出砂。该方法防砂成本低,适用温度和含水范围广,固结强度高,渗透性良好,溶液黏度较低,易挤入油层,可分层防砂,是高含水油层的一种有效的防砂方法。

(2) 适用条件

① 套管基本完好,ϕ139.7mm套管通径应大于ϕ116mm,ϕ177.8mm套管通径应大于ϕ139.79mm。

② 油层温度≥30℃。

③ 油层吸收能力>100L/min(泵压小于12MPa)。

④ 油井中含水<50%时,要求采用清洗剂或柴油预清洗油层。

⑤ 可全井或分层防砂,每次防砂井段<20m。

⑥ 对于大量出泥浆、粉细砂的油水井可作暂堵剂使用,不影响后期高压充填等防砂措施。

5. 干水泥砂防砂

(1) 技术原理

干水泥砂防砂是以水泥为胶结剂,以石英砂为支撑剂,按一定的比例混合搅拌均匀后,用水携带挤入油层,堆积于出砂层位,凝固后形成具有一定强度和渗透性的人工井壁,防止油层的出砂。主要应用于高含水油井和水井的后期防砂。该方法原料来源广,成本低,同时对高含水井具有非选择性堵水作用。

(2) 适用条件

① 套管基本完好,ϕ139.7mm 套管通径应大于 ϕ116mm,ϕ177.8mm 套管通径应大于 ϕ139.79mm。

② 后期出砂的油水井。

③ 油层含水>85%,单井日产液量>70m^{3}的油井。

④ 日注水量>100m^3,注入压力<7MPa 的注水井。

⑤ 光油管全井防砂,每次防砂层段<20m。

6. 酚醛溶液地下合成防砂

(1) 技术原理

酚醛溶液地下合成防砂是基于苯酚和甲醛在一定的条件下,可以固结砂砾的特性,以苯酚甲醛及催化剂混合物为胶结剂,以柴油为增孔剂,按一定比例混合后,挤入出砂层位,在地层温度条件下,合成并凝固,将井壁附近的疏松砂砾胶结牢固,形成具有一定强度和渗透性的人工井壁,防止油层出砂。该防砂溶液黏度低,易被挤入油层,可分层防砂。但苯酚和甲醛有刺激性和一定的毒害性,对施工人员和环境不利。另外,由于它在地层内包括树脂的合成与凝固过程,需要的环境较单一,受复杂的地层环境影响较大,目前已很少应用。

(2) 适用条件

① 先期出砂井。

② 油层温度>55℃,含水<20%的油井。

③ 可全井和分层防砂,每次防砂井段<20m。

④ 油层吸收能力>100L/min(泵压小于 12MPa)的井。

(3) 设计方法:

① 剂量:每米地层的脲醛树脂用量为 0.2~0.5t,单井附加 1t,可以先填砂再防砂。本工艺既可用于全井防砂,也可用于分层防砂。

② 防砂液配制:酚醛液:苯酚:甲醛:氢氧化钡=1:2:0.3~0.36(质量比)

混合液:酚醛溶液:饱和柴油=1:1(体积比)。

活性柴油:柴油:FAE=100:0.05(质量比)。

③ 施工工序:清洗—增孔—顶替—通井—固化。

二、防砂用料

对防砂材料监督,应结合单井情况、施工设计、材料标准、防砂方法(主要有机械防砂和化学防砂)进行,具体如下:

(一) 机械防砂

机械防砂是在井筒中下入机械防砂管柱或充填砾石等防砂材料以阻挡地层砂随流体进入井筒的一类防砂方法。相对化学防砂而言,机械防砂对地层的适应能力较强。它包括绕丝筛管防砂、双层绕丝筛管防砂、割缝管防砂、预充填割缝管防砂、金属棉防砂、金属毡防砂、环氧树脂滤砂管防砂、胶结滤砂管防砂等,目前使用最多的为绕丝充填防砂。

1. 绕丝循环(高压)充填防砂

(1) 筛管

下入井内并正对油层部位的绕丝筛管,其长度要保证复盖住油层的射孔井段,并超过射孔井段顶、底界各 0.5m 左右。筛管直径选择要保证环空砾石层厚度一般不小于 25.4mm,ϕ177.9mm 套管推荐选用 ϕ73mm 绕丝筛管,ϕ139.79mm 套管推荐选用 ϕ60.3mm 绕丝筛管。筛管缝隙尺寸要求小于最小砾石尺寸,可考虑为最小砾石粒径的 1/2~2/3。绕丝筛管要求:

a. 绕丝和筋条表面光滑,无裂纹、毛刺,波折等缺陷,表面粗糙度 Ra 为 3.2μm。

b. 筛管的筋条不得有明显的歪倒和扭曲。

c. 筛管焊点处外表面光洁无变形,其焊痕深度不得大于 0.05mm。

d. 筛管必须保持清洁,缝隙内无杂物。

e. 筛管两端接头焊接牢固,不得有漏焊、裂纹等缺陷,接头与筛管本体的同轴度偏差小于 0.3mm。

f. 接头采用非不锈钢材料时,必须涂耐温耐油防腐漆。

(2) 充填工具

以 PFS 型系列封隔充填一体化工具为例。其结构组成如图 2-18-3 所示。

① 工具结构见图 2-18-3 所示。

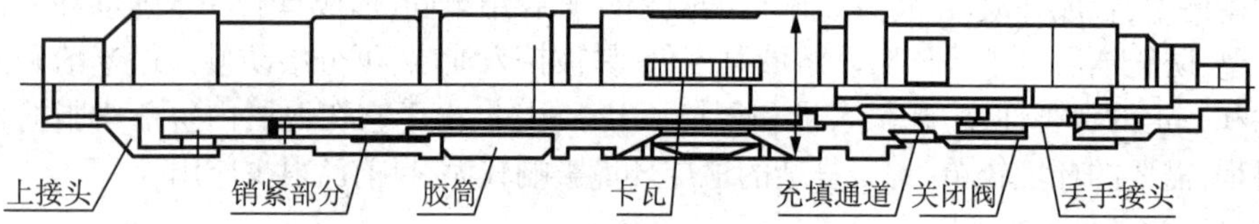

图 2-18-3 PFS 型封隔充填一体化工具结构示意图

② 工具参数见表 2-18-36。

表 2-18-36 PFS 型封隔充填一体化工具参数表

相关参数	ϕ139.7mm	ϕ177.8mm
最大外径/mm	ϕ115	ϕ150
留井部分最小内径/mm	ϕ52	ϕ70
长度/mm	1320	1320
坐封钢球直径/mm	ϕ35	ϕ38
坐封压差/MPa	10~15	15~25
打开充填通道压差/MPa	15~25	15~25
密封压差/MPa	≤30	≤30
工作温度/℃	≤120	≤120
上端连接螺纹	$2\frac{7}{8}$TBG	$2\frac{7}{8}$TBG
下端连接螺纹	$2\frac{7}{8}$TBG	
留井打捞螺纹	$2\frac{7}{8}$TBG(母扣)	$2\frac{1}{2}$TBG(母扣)
质量/kg	56	92

③ 检查事项如下：

a. 橡胶皮碗应耐油,其表面要光滑、无裂纹、无气孔。

b. 转换总成的夹壁应畅通无阻。倒扣接头总成的滑套沿心轴上下滑动时,应畅通无阻,倒扣应灵活可靠。

c. 对检验合格的工具,应逐台进行水压密封试验,打压 16MPa,稳压 5min 不刺不漏为合格。

d. 工具两端丝扣应加护丝保护。

(3) 扶正器。扶正器分固定式和可溶性两种。在主体筛管的顶、底部各装一个,筛管中间一般每隔 5m 左右各装一个,光管部位每隔 10m 装一个。扶正器外径比套管内径小 4~6mm,本体与筛管中心管相匹配,ϕ177.9mm 套管选用 ϕ153mm 扶正器,ϕ139.7mm 套管选用 ϕ118mm 扶正器。

(4) 丝堵。接在防砂管柱的最底部。规格尺寸与绕丝筛管匹配,ϕ76mm 绕丝管柱用 ϕ62mm 丝堵,ϕ60.3mm 绕丝管柱用 ϕ50.8mm 丝堵。

(5) 充填砾石。充填砾石用量、充填砾石尺寸、质量满足设计要求,达到质量标准。

(6) 携砂液。绕丝筛管砾石充填的携砂液满足设计要求。

2. 金属棉滤砂管防砂

(1) 金属棉滤砂管

金属棉滤砂管主要有丝棉层、护管、中心管、筛网、引鞋等组成,并配有产品合格证。用钢卷尺准确丈量滤砂管长度,用游标卡尺准确测定筛孔内径、管外径、管内径。目测滤砂管两端丝扣完好无损,固定销钉个数齐全、焊接状况符合相关标准要求。

(2) 其他配件

丝堵、盲管、倒扣接头、封隔器参照相关技术标准。

(3) 下滤准备

① 下井工具和器材检查。

金属棉滤砂管:滤砂管目测清洁,完好,两端丝扣完好无损,固定销钉齐全,焊接牢固,有产品质检合格证。

封隔器:有产品合格证,胶筒完好,连接部分紧固,两端连接丝扣完好无损,换向灵活。

安全接头:有产品质量合格证,外观清洁,两端连接丝扣完好,安全接头有右旋、左旋之分,操作时注意旋转方面,下井前应卸开检查,更换密封圈,锯齿螺纹表面涂密封脂。

② 压(洗)井。

压(洗)井:根据本井或邻井目前地层压力来选择相应密度的压(洗)井液;压(洗)井液性能与地层岩石相配伍。一般采用热污水和卤水,地层压力高时,采用高密度无固相压(洗)井液,原则上不准用清水和泥浆。

③ 起原井管柱、探冲砂、刮管热洗。

3. 预充填双层绕丝筛管防砂

(1) 双层绕丝筛管

a. 预充填双层绕丝筛管推荐参数见表 2-18-37。

b. 筛条表面光滑无裂纹。

c. 筛条两端焊接牢固,抗拉极限载荷大于 300kN。

d. 缝隙 0.2mm 绕丝筛管允差 0.06mm;个别缝隙最大偏差 0.16mm,小于缝隙总量的

20%。缝隙 0.3mm 绕丝筛管缝隙允偏差 0.07mm，个别缝隙最大偏差 0.21mm，小于缝隙总量 20%。

表 2-18-37　预充填双层绕丝筛管参数表

项目 适用套管	总长度/mm	有效长度/mm	外层绕丝管/mm		内层绕丝管/mm		环空厚度/mm	接头外径/mm	筛管宽度/mm	缝隙/mm		扣型
			外径	内径	外径	内径						
φ139.7mm	1320	1000	95.5	75	55.7	41	15.9	98.6	2	0.2	0.3	平式油管扣
	1210	2000										
φ177.8mm	2320	1000	126.4	104	80	62	19.2	128	2	0.2	0.3	平式油管扣
	2320	2000										

(2) 丝堵

规格尺寸与绕丝管中心管相匹配。接在防砂管柱的最底部，其作用是封堵双层绕丝管中心管通道。

(3) 安全接头

现场使用的安全接头，紧接在封隔器下端，该工具是连接在防砂管柱中的一种安全装置。若需拔绕时，用原井管柱负荷拔不动，可由安全接头处松扣，起出以上管柱，再采取下步措施处理井下故障。

(4) 扶正器

扶正器接在双层绕丝管下部、上部或两预充填双层绕丝管中间，用于防砂管柱的扶正，使预充填双层绕丝管在套管内处于居中位置。

(5) 封隔器

封隔器依靠卡瓦在任何深度的套管内壁作为支点，以管柱的部分重量或液压方式使其胶筒轴向压缩，径向胀大，达到密封油套管环空。

封隔器规范与套管规范相匹配：ϕ139.7mm 套管用 Y211-114 封隔器、Y445-114 封隔器等其他型号封隔器；ϕ177.8mm 套管用 Y211-150 封隔器、Y445-150 封隔器等其他型号封隔器。

4. 粉末冶金滤砂管防砂

① 外观要求：滤砂管表面清洁，无裂缝，组装整齐到位。钢环与中心管焊牢，焊口平滑密封。

② 滤砂管加工质量指标要求推荐参数见表 2-18-38。

表 2-18-38　粉末冶金滤砂管参数表

规格/in	内径 D/mm		长度 L/mm		壁厚/mm	表面色泽
	基本尺寸	允许偏差	基本尺寸	允许偏差		
5½	74	+1	500	+5	5	浅黄色，色泽均匀
7	74	+1	500	+5	7	浅黄色，色泽均匀

5. 预充填双层激光割缝筛管防砂

割缝筛管规格推荐参数见表 2-18-39。

表 2-18-39 割缝筛管规格推荐参数表

筛管外径/mm	圆周缝数条/周	缝长/mm	缝轴向距/mm	缝隙/mm	公称长度/mm	有效长度/mm	缝隙面积/(cm^2/m)	缝隙面积/总面积/%	连接扣型	适用套管/mm
114.3	48	80±0.10	20±0.10	0.4	1500	1000	153.6	4.29	TBG	177.8
					2500	2000				
					3500	3000				
				0.3	1500	1000	115.2	3.22		
					2500	2000				
					3500	3000				
89.7	30	80±0.10	20±0.10	0.4	1500	1000	96	3.41	BG	139.7
					2500	2000				
					3500	3000				
				0.3	1500	1000	72	2.56		
					2500	2000				
					3500	3000				

（二）化学防砂

1. 酚醛树脂涂敷砂

（1）涂敷砂固结试样抗折强度大于 3.0MPa，渗透率≥70μm^2。

（2）性能稳定，保持松散状态。

（3）涂敷砂涂敷率≥98%。

（4）使用 0.3~0.6mm 石英砂涂制的涂敷砂成品，颗粒粒径为 0.3~0.8mm 的大于 95%，0.4~0.8mm 石英砂涂制的涂敷砂成品粒径为 0.4~1.0mm 的大于 95%。

2. 低温涂敷砂

（1）涂敷砂固结试样抗折强度大于 2.5MPa，渗透率≥70μm^2。

（2）性能稳定，保持松散状态。

（3）涂敷砂涂敷率≥98%。

（4）使用 0.3~0.6mm 石英砂涂制的涂敷砂成品颗粒粒径为 0.3~0.8mm 的占 95%以上，0.4~0.8mm 的石英砂涂制的涂敷砂成品粒径为 0.4~1.0mm 的占 95%以上。

3. 脲醛类防砂剂

（1）防砂材料固含量>60%。

（2）固结体抗压强度>5 MPa。

（3）渗透率>1μm^2。

4. 干水泥砂

（1）灰砂比为 1∶2（质量比）。

（2）岩样固结抗折强度≥1.0MPa，渗透率≥2.0μm^2。

三、防砂施工

防砂施工质量好坏是防砂效果的关键。

（一）机械防砂

1. 绕丝循环（高压）充填防砂

该防砂方法监督要点包括：管柱结构、绕丝管规范及长度、充填工具规范、冲管规范及长度、下钻速度、绕丝下入深度、充填砂规格及用量、携砂液性质及用量、携砂比及加砂量、充填施工时间、泵压及排量等。

(1) 防砂现场施工前监督应按设计要求的型号、规范、数量备齐防砂工具和器材，工具运至井场应放置在工作台上，各种工具应带有质检合格证。

① 绕丝筛管。包装无破损，外观清洁，无断丝，筛隙应与设计一致，绕丝筒中心管的焊接端焊口均匀，无焊瘤，无漏焊。搬运中轻拿轻放，检查合格后高架放好，下绕丝管时在井口开封。

② 充填工具。工具表面应清洁，无毛刺，各连接处无松动，充填工具的皮碗完好，并从倒扣处卸开，在连接螺纹及接合端面涂黄油，再用手拧紧。

③ 扶正器。扶正器规范应与设计一致，扶正片分布均匀，焊接牢固。两端螺纹清洁，丝扣完好，无铁锈、无毛刺、无损伤，下井前涂上密封脂。

④ 油管。无弯曲、无损伤、无破洞，管身内、外清洁，无死油、无结蜡，两端连接公扣、母扣丝扣完好无损。ϕ73mm 油管必须用 ϕ59mm，长 1000mm 的油管规逐根通过。

⑤ 砾石。按设计要求的规格、质量、数量备齐充填砾石，砾石运至井场后，整齐堆放在干净的帆布上。也可以施工当天运来，并在运砂车上直接用砂充填。砂砾不准落地。

⑥ 携砂液。按设计要求备足携砂液，携砂液的相对密度和黏度应符合设计要求。现场用泥浆密度计测携砂液的相对密度，用泥浆漏斗测其黏度。携砂液应目测清洁、无油污、杂物。盛携砂液的大罐和池子必须清洁，大罐和池子无泥土、杂草、棉纱、油污等脏物。拉运携砂液的罐车必须干净，运过泥浆的罐车应彻底洗净才能使用。

(2) 施工过程监督

① 地层填砂。根据防砂施工设计决定是否实施该工序（地层亏空的早期、后期必须地层填砂）。下光油管使尾管完成于油层顶界以上 5~8m，装全上紧采油树。

a. 试压：施工前接好填砂和反洗井管线，地面管线试压要求憋压 25MPa，3 min 不降为合格。管线有问题立即整改上紧。

b. 洗井：正洗井至井口返液 3~5m^3 为止。施工液性能符合设计要求。

c. 试挤：试挤 5~10min 求地层吸收能力，若排量<500L/min，泵压>15MPa，暂不施工，研究下步措施。井口刺漏应放压后整改上紧。

d. 加砂：充填砂粒度与防砂设计要求一致。均匀加砂，携砂比从小到大，控制在 8%~15%以内，排量≥500L/min，加砂连续进行，压裂车中途不得随意停泵和换档，加砂量计量要准确，加砂须填饱地层为合格，即充填泵压上升超过正常泵压 3~5MPa 为合格。填砂属高压施工，井口和管线必须上紧，经试压合格，填砂中，井口和高压管线附近严禁站人和跨越。

e. 扩散压力：填砂后，关井扩散压力（井口不外溢）。

② 井筒填砂。根据地层填砂后井筒内砂面的高低，决定其冲砂或井筒填砂（填砂面上界完成于油层射孔底界以下 5~10m）。井筒填砂要求填实，填砂面准确。

③ 下绕丝筛管管柱。准确丈量油管和下井工具长度。按防砂管柱结构顺序把下井工具连接好，螺纹上紧扭矩达 2.3kN · m，绕丝筛管连接时在井口开封。按设计深度调配好管柱，要求绕丝筛管深度上下界复盖住射孔井段 1m 以上。充填工具上面连接提升短节。

油管必须上紧扣，ϕ73mm 平式油管上扣扭矩推荐为 1.8~2.0kN · m，ϕ73mm 加厚油管上扣扭矩推荐为 3.12~3.3kN · m。下绕丝筛管须平稳操作，下放速度不大于 10m/min，同时不得发生顿钻、溜钻。冲管尾部距离丝堵 2~10m。下最后 2 根管柱时要慢下放，并观察记住管柱悬重(要求拉力表灵活准确,否则及时更换)。下完管柱接油管挂,装全上紧全套采油树,接好正、反循环管线,高压(洗)井充填出口须接硬管线,并固定牢固,出口不得接死弯头。

④ 充填砾石施工。

a. 下完管柱后要紧接充填砾石,因特殊情况不能及时充填砾石的油井,其间隔时间不得超过 12h。

b. 施工用车辆和大罐、池子摆放必须合理,方便施工。充填砾石的规格、粒度、数量与防砂设计相符,携砂液性能符合设计要求,数量充足。

c. 泵车上井后,接好地面管线并试压合格,地面管线单车试压 25.0MPa,稳压 10min 不刺不漏为合格。

d. 坐封、打开充填通道:反循环洗井一周(压力不得超过 5.0MPa),从油管内投入钢球,20min 后用小排量正打压坐封:8.0MPa 稳压 2.0min,12.0MPa 稳压 3.0min,继续打压至突降为零,完成坐封和开启通道。

e. 充填砾石:正循环洗井,进出口液性一致后开始加砂,开始 $0.2m^3$ 砾石以携砂比 5% 速度加入,排量控制在 300~350L/min,然后将携砂比提高到 10%~15%,排量控制在 400~500L/min。

因地层漏失严重使洗井不能返出液量时,先用热水 $20m^3$ 正洗井,再进行充填。

若加足理论加砂量,打够顶替液后泵压低于 8MPa 时,应继续谨慎加砂,携砂比降至 5%,排量 300L/min,待充填泵压上升至 12~14MPa 时停泵。

f. 反洗井:反洗井排量>300L/min,冲出油管内多余砾石。认真观察出口返砂数量,若充填砂全部返出,应起管检查。正常情况下,返砂量由少到多,过一会返砂减少,目测返出液清洁无砂为止。

g. 丢手:卸井口,充填工具管柱丢手:接油管提升短节,慢慢提管柱,使悬重大于原悬重 20~30kN 后,正转油管进行倒扣,一般井正转 15 圈以上,斜井应多旋转几圈,当悬重降至原悬重时丢手成功。丢手后慢慢上提管柱 2m,再下放探丢手鱼顶位置,两次悬重下降 20~30kN,两次探的深度不变(仍在下入位置),缓慢起管柱观察悬重变化,悬重无异常后正常起钻,起出充填工具以上丢手回收管柱。

2.(金属棉)滤砂管防砂

(1) 施工前准备

① 下井工具和器材检查。

金属棉滤砂管:滤砂管目测清洁,完好,两端丝扣完好无损,固定销钉齐全,焊接牢固,有产品质检合格证。

封隔器:有产品合格证,胶筒完好,连接部分紧固,两端连接丝扣完好无损,换向灵活。

安全接头:有产品质量合格证,外观清洁,两端连接丝扣完好,该型安全接头有右旋、左旋之分,操作时注意旋转方向,下井前应卸开检查,更换密封圈,锯齿螺纹表面涂密封脂。

② 压(洗)井、起原井管柱。

压(洗)井:根据本井或邻井目前地层压力来选择相应密度的压(洗)井液;压(洗)井液性能与地层岩石相配伍。一般采用热污水和卤水,地层压力高时,采用高密度无固相压(洗)井液,不准用清水和泥浆。

③ 起原井管柱、探冲砂、刮管热洗、通井。

参照绕丝筛管砾石充填防砂工艺现场工序技术要求。

(2)(金属棉)下滤防砂施工

① 下(金属棉)滤砂管防砂管柱:

检查(金属棉)滤砂管、封隔器等规格数量是否与设计相符,质量是否符合前面所述规定。认真丈量油管及井下工具长度,按防砂管柱结构顺序把下井工具连接好,管柱结构顺序(从下往上)为:丝堵—盲管—倒扣接头—滤砂管—盲管—倒扣接头—封隔器—油管—油管挂。滤砂管应正对出砂层位,并且上下界复盖射孔顶、底界各1m以上。滤砂管与丝堵之间应有10~20m盲管作沉砂作用。在井口下滤砂管和井下工具时,应用手扶正慢慢下井,封隔器皮碗进入井筒困难时不能硬压,可在皮碗四周涂上机油,并从四周往里压皮碗,使其进入井筒,下完工具后,及时装上自封。油管应涂密封脂紧扣。下钻平稳操作,不得溜钻、漏钻,防砂管柱纯下放速度每分钟低于10m,下最后几根时更应缓慢下入。

② 坐封:接油管挂,上提管柱,下放坐封,加载荷80~10kN(打压坐封根据工具说明进行)。

③ 丢手:正洗井10m³后,向油管内投入与释放套内径相适应的钢球坐于锥面上,打压8~10MPa丢手,泵压突降,套管返液丢手成功。上提管柱2~4m,再缓慢回探鱼顶深度,悬重下降20~30kN,两次探的深度不变,则起出丢手以上防砂回收部分。

④下完井管柱生产。

(二)化学防砂

化学防砂监督内容包括:施工管柱结构、防砂材料质量及用量、携砂液性质及用量、加防砂剂剂量、防砂时防砂剂浓度、施工泵压和排量、顶替液用量、候凝时间等。

1. 施工准备

(1)施工使用的器具、车辆及管汇要达到施工要求。

(2)施工前准备好所需的罐车和污水。

(3)搅拌池子和备水池子达到施工要求,施工前备满污水或清水。

2. 施工步骤

(1)探冲到要求的位置(防砂前要确保防砂目的层以上的套管完好或在要求压力内不漏失,因此施工前要求对防砂目的层以上套管试压)。

(2)把已试压合格的(试压大于20MPa)管柱(下接ϕ89mm笔尖)下到防砂目的层位以上10~20m(具体位置可根据井况和要求而定)。安装好井口采油树,上全上紧螺丝,顶丝对角上紧。

(3)施工车辆上井后接好地面管线,试泵试压(一般对地面管线试压25MPa,1min不刺不漏为合格)合格后开始试挤,求吸水指数。当泵压及吸入量在设计要求以内(一般要求压力小于15MPa,排量大于300L/min),开始配制及挤入防砂材料,并连续挤完设计的剂量。最高泵压不大于验套要求的压力。

(4)顶替:正挤液体要计量准确。用量符合设计要求。

(5)候凝:关井候凝达到设计要求,候凝期间不准开闸门和动管柱作业。

(6)钻塞:按规范实施钻塞。

第四节 堵水调剖

一、油田堵水

油田堵水技术是注水开发非均质油田的一项重要工艺技术,主要有机械堵水和化学堵水两种方法。机械堵水是用封隔器将出水层位在井筒内卡封,以阻止水流入井内;化学堵水是应用化学堵水剂的化学作用对水层造成堵塞,达到堵水的目的。现场实践证明,油田堵水技术可以有效降低油井产水量,提高油井产油量,改善注水井吸水的不均匀性,从而提高注水井纵向的波及系数,增加油田的可采储量,提高油田注水开发阶段采出程度,以保持油田增产或稳产,并最终提高油田注水开发的采收率。

(一) 施工设计

1. 碳酸盐岩油藏有机堵剂堵水施工设计

(1) 现场施工设计

① 油井数据。

a. 油井基本数据:

完钻井深/m		投产日期	
潜山顶深/m		井底地层	
套管结构		油层温度/℃	
油管结构		油层压力/MPa	
油补距/m		卡封井段/m	
套补距/m		目前人工井底/m	
生产井段/m		目前油水界面/m	

b. 油层数据:

层　位	井段/m	厚度/m	裂缝孔隙度/%	裂缝级别	解释结果

c. 油井生产数据:

<table>
<tr><th rowspan="3">时间</th><th rowspan="3">生产井段/m</th><th colspan="5">工作制度</th><th colspan="3">日产值</th><th rowspan="3">含水率/%</th><th rowspan="3">油压/MPa</th><th rowspan="3">套压/MPa</th><th rowspan="3">动液面/m</th><th rowspan="3">静液面/m</th></tr>
<tr><th rowspan="2">自喷油嘴/mm</th><th colspan="4">泵抽</th><th rowspan="2">液/m³</th><th rowspan="2">油/t</th><th rowspan="2">水/m³</th></tr>
<tr><th>泵径/mm</th><th>泵深/m</th><th>冲程/m</th><th>冲次/min⁻¹</th></tr>
<tr><td></td><td></td><td></td><td></td><td></td><td></td><td></td><td></td><td></td><td></td><td></td><td></td><td></td><td></td><td></td></tr>
<tr><td></td><td></td><td></td><td></td><td></td><td></td><td></td><td></td><td></td><td></td><td></td><td></td><td></td><td></td><td></td></tr>
</table>

② 试抽及生产情况。

③ 历次措施情况。

④ 油井分析及措施意见。

⑤ 堵剂配方、用料及堵剂配制步骤。

⑥ 施工设备。

名 称	规格及型号	单 位	数 量

⑦ 施工参数设计。

序号	程序名称	挤入夜名称	注液排量/(L/min)	注液累计量/m^3	挤入泵压/MPa	时间	备注

⑧ 施工步骤。

⑨ 施工技术要求及注意事项。

⑩ 管柱结构。

a. 生产管柱；b. 堵水管柱；c. 完井管柱。

(2) 堵水参数设计。

① 堵剂量：

a. 堵剂量：

$$Q=\pi r^2 h\phi$$

式中 π —— 圆周率，取 3.14 ；

r —— 挤注半径，m(取 10~18m)；

h —— 处理段厚度，m；

ϕ —— 处理段孔隙度，%；

Q —— 堵剂量，m^3。

b. 施工中不采用封口剂时，堵剂按计算量确定。

c. 施工中采用封口剂时，堵剂总剂量包括封口剂量，其中封口剂处理半径取 0.5~1.0m。

② 排量。挤注排量控制在 0.2~0.4 m^3/min 之间。

③ 施工压力。当堵剂进入地层时，自喷生产井(以下简称自喷井)爬坡压力升至 2~3MPa 时，停注堵剂；机械采油井(以下简称机采井)爬坡压力升至 3~6MPa 时，停注堵剂。

④ 顶替量与用量。为堵后投产方便，自喷井采用轻质原油或柴油作顶替液；机采井采用轻质原油、柴油或清水。顶替液用量为目的层以上油管(或环行空间)内容积加上地面管汇内容积的 1.0~1.2 倍。

2. 水玻璃—氯化钙堵水施工设计

(1) 现场施工设计：

① 施工目的。

② 油井数据。

a. 基本数据。

完井日期/年月日		完钻井深/m	
固井质量		水泥返高/m	
套管规格×深度/mm×m		套管壁厚/mm	
人工井底/m		射孔层位	

续表

完井日期/年月日		完钻井深/m	
射开井段/m		射开厚度/m	
有效厚度/m		枪 型	
油层中部深度/m		套补距/m	
四通高/m		校正值/m	

b. 设计堵水层段数据。

层位	井段/m	厚度/m		渗透率/μm²	产液/(t/d)	含水/%	夹层/m	
		射开	有效				上	下

c. 生产数据。

时间/年月	油嘴/mm	油压/MPa	套压/MPa	产液/(t/d)	产油/(t/d)	含水/%	流压/MPa	静压/MPa

d. 测试数据。

时间/年月日	油嘴/mm	层位	产液/(t/d)	产油/(t/d)	产水/(t/d)	含水/%
		全井				
		堵层				
		堵层				
		堵层				

③ 设计堵水层以往采取的措施。
④ 施工步骤。
⑤ 施工要求。
⑥ 准备工作。
a. 堵剂。

循环次数	水玻璃/m³	隔垫/m³	氯化钙/m³	隔垫/m³
1				
2				
3				
总计				

b. 车辆:压裂车,罐车。
c. 工具:封隔器,施工用管线。
⑦ 施工前后管柱结构情况。

××井管柱结构情况

	层位	深度/m	管柱	工具名称	型 号	下入深度/m
原井管柱						
验串管柱						
化堵管柱						

(2) 堵水参数设计:

① 堵剂量。

堵剂量: $V=\pi\phi Hr^2$

式中 V —— 堵剂量,m^3;

π —— 圆周率,取 3.14 ;

ϕ —— 孔隙率,%;

H —— 封堵层射开厚度,m;

r —— 封堵半径,m。

② 隔离液用量:每段用 0.1~1 m^3。

③ 顶替液用量。

a. 非段塞式封堵,顶替液用量为:$V_{替}=V_1+V_2+V_3+V_4$

式中 V_1 —— 地面管线内容积,m^3;

V_2 —— 井下油管内容积,m^3;

V_3 —— 封隔器胶筒卡距内环空容积,m^3;

V_4 —— 附加量,m^3。

b. 段塞式封堵,采用多次顶替,每次顶替 3~15 m^3。

④ 挤注压力应低于油层破裂压力。

(二) 化学堵水用料

随着油田堵水技术的发展,化学堵水剂也得到了发展。美国以聚丙烯酰胺类(HPAM)为主,前苏联以聚丙烯氰(HPAN)为主,前苏联应用石油副产品作为堵水剂也取得了很好的效果。我国近几年来油田化学取得了较好的发展,聚丙烯酰胺类堵剂在砂岩和灰砂岩油田堵水都取得了较好效果。

1. 部分水解聚丙烯酰胺堵剂(HPAM)

(1) HPAM—甲醛—硼酸盐凝胶。配方为:HPAM(质量比0.5%)、甲醛(质量比0.75%)、硼酸根离子(0.1%~0.6%)。成胶时间为 24h。

(2) 聚丙烯酰胺铬冻胶。配方为:HPAM(500ppm,水解度 15%,平均相对分子质量1.8×10^6)、丙烯酸铬溶液(250ppm、500ppm、1000ppm)、柠檬酸铝(500ppm)。温度为 12~24℃,成胶时间几分钟至几星期。当温度高达 124℃时,冻胶具有较好的长期稳定性。冻胶对油藏恶劣环境不敏感(尤其是对 H_2S)。

(3) HPAM-尿素-甲醛凝胶。配方为:HPAM(质量比 0.2%)、甲醛(4%~40%,最好 15%)、尿素(4%~50%,最好 20%)。反应温度 20~75℃,pH 值 4~8,反应时间2~72h,一般在 8~48h。

(4) 木质素磺酸盐两种配方如下:

木质素磺酸盐(质量比 2%~20%,最好 6%~10%)、丙烯酸或丙烯酰胺单体(质量比 2%~20%,丙烯酸最好 6%~10%)、过硫酸盐(质量比 4%~10%)、引发剂羟基酰胺(质量比 1%~6%)、金属盐(质量比 0.3%)。

木质素磺酸盐(质量比 2%~3%)、重铬酸盐(质量比0.5%~3%)、HPAM(质量比 0.5%~1%)。

(5) Plopeimfoo 堵剂是一种阳离子型的 HPAM 类凝胶堵剂,交联剂为有机物。凝胶具有亲水性,能优先进入含水层,不进入含油层,成胶时间几小时至几天。对地层不会造成永久性伤害,加入破胶剂可恢复渗透率。现场施工先用酸洗井,接着注地层水或 20%KCl 前置液,再注聚合物和交联剂混合液后用地层水或柴油洗井,关井候凝后投产。投产 1~2 周内为防聚合物返排应保持低排量。

2. 两性聚合物

两性聚合物分子链上既带正电荷又带负电荷,能使聚合物更好地吸附在地层岩石上。与水形成的氢键具有强亲水性,能限制水的流动。使用温度可达 235℃。

(1) WOR-Con 水油比控制剂,堵剂水溶性好,水化性强,无毒,抗剪切,不怕氧化,耐高矿化度,对阳离子不敏感,在岩石表面粘结好,易混合,施工简单,有效期长,可降低水相渗透率 80%~85%。

(2) APM,由丙烯酸(AA)、丙烯酰胺(AM)和季铵化合物(氯化二甲基二烯丙基氯化胺)以质量比 1∶1∶1 聚合而成的两性聚合物。其特点是不易剪切,使用温度范围广,堵剂表面张力低,易穿透地层,关井时间短(关井 2~4h 即可开井生产),能与大多数阳离子或常用的化学添加剂配伍。其配方为:APM(体积比 0.19%~3%,最好 1.0%)、互溶剂(体积比 5%~20%,最好 10%)、表面活性剂(体积比 0.1%~1%,最好 9.2%);KCl 溶液(体积比 2%)或 NH_4Cl 水溶液(体积比 3%)。

(3) AM-DMDAC 部分水解共聚物,是一种阴、阳、非离子三元共聚物,通过丙烯酰胺(AM)与二甲基二烯丙基氯化胺(DMAC)共聚水解而得,现场应用与 APM 相同。

3. 聚丙烯氰(HPAN)堵剂

(1) HPAN-磷酸氢二钾堵剂,配方为:HPAN(质量比 5%~10%)、磷酸氢二钾(质量比 5%~10%),可加入适量水泥。

(2) HPAN-甲醛混合物堵剂,配方为:HPAN(70%~72%),工业甲醛(20%),HCl(8%~10%,含量 10%)。

(3) HPAN-甲醛-乌洛托品-氯化胺堵剂,配方为:浓度为 37%的甲醛 14%~20%,NH_4Cl1%~2%,工业甲醛 20%,含量 10%的 HCl 用量 8%~10%。

4. 石油类化学堵水剂

(1) 酸性渣油堵剂,石油炼制中热解苯和石油溶剂时,用硫酸净化芳香族原料所产生的残渣,均质、可流动、呈黑色或棕黑色。把酸性渣油挤入多孔介质中,使介质的水相渗透率降低三分之二,油相渗透率几乎不变。

(2) 新型酸性渣油堵剂。采用炼油厂的柴油和润滑油的碱性废液与 5%~15%$CaCl_2$水溶液进行堵水。

5. 我国油田化学堵水技术现状

各油田通过改进施工工艺,精细施工,在封堵底水、空洞、管窜、低渗透油藏堵水和层内堵水等方面取得了较大的进展。使用的堵剂配方繁多,但主要以 HPAM 为主(见表 2-18-40)。

表 2-18-40 国内油田主要聚合物类堵剂

堵剂名称	主要组分	适用条件
HPAM 铬交联冻胶	HPAM0.4%～0.8%，质铬酸钠 0.05%～0.09%(质)，硫代硫酸钠 0.045%～0.135%(质)	温度 60～100℃；pH 值 3.5～5.5
HPAM 高温堵剂	HPAM0.4%～0.8%，质铬酸钠 0.06%～0.39%(质)，硫代硫酸钠 0.045%～0.135%(质)，邻苯二胺 0.02%～0.04%(质)	温度 100～150℃；pH 值 5～9
水玻璃复合堵水剂	HPAM0.2%～0.4%(质)，水玻璃 5%～8%(质)，$CaCl_2$1%～4%(质)，甲醛 0.2%	可封堵注水井及油井单一水层，成胶时间 2～10h
PR-8201 堵水剂	对苯二酚或苯酚 0.1%～0.8%，HPAM0.8%～1.6%(质)，甲醛 0.18%～1.08%，硫代硫酸钠 0.05%	温度 40～170℃；pH 值 7；成胶时间 2.5～168h
HPAM 与木质素磺酸钠复合冻胶堵剂	木质素磺酸钠 3%～6%，HPAM0.4%～1.0%(质)，质铬酸钠 0.5%～1.4%(质)，$CaCl_2$ 0.4%～1.6%(质)	温度 70～120℃；适用于大剂量及单一水层
“306”HPAM 堵剂	HPAM0.8%～1.6%(质)，“306”树脂浓度 0.5%～0.65%(质)	pH 值 2.5～4
HR-HPAM 堵剂	HPAM0.1%～1.2%(质)，乌洛托品 0.1%～0.2%(质)，间苯二酚 0.02%～0.05%(质)	PH 值 1.5～7.5
改性木质素无铬复合堵剂	活化木质素 3%～5%，HPAM0.5%～0.8%	温度 70～130℃
PMN－PF 高温堵水剂	PMN1.0%～0.4%，PF1.0%～0.4%	温度 90～130℃
PMF 堵水剂	HPAM0.3%～0.8%(质)，三聚氰胺树脂 0.3%～0.6%(质)，甲醛 0.3%～0.6%，对苯二酚 0.2%～0.4%(质)	温度 70～130℃
HPAN 堵水剂	HPAN6.5%～8.5%，$CaCl_2$20%～30%，隔离液为原油，HPAN ∶ $CaCl_2$ ∶ 原油＝2∶1∶1(体积比)	

(三)堵水施工

1. 机械堵水作业工序

(1) 确定堵水井

① 根据地质动态分析，选择含水上升、产油量下降的高含水井初步确定堵水井。

② 进行分层测试，测试流压、每个层段的产液量、产油量及含水率。

③ 根据可靠的分层测试资料，预测(计算分析)堵水效果。

④ 根据预测堵水效果及地质动态分析资料，正式确定堵水施工井。

(2) 施工准备

① 井况调查:调查井身结构、油层、射孔、历次施工、历年生产和测试资料等及目前井下管柱和井场状况资料。

② 井筒准备;施工井必须做到套管内径清楚,射孔深度数据准确,卡点层段无窜槽,套管内表面光洁无粘结物。

③ 按照地质设计、工艺设计要求,编写施工设计。

(3) 施工工序

① 洗井,起出原井管柱。

② 刮削、通井、冲砂。

③ 验窜。

④ 下堵水管柱。

⑤ 磁性定位。

⑥ 释放封隔器。

⑦ 丢手,起出丢手管柱:

⑧ 下完井管柱。

(4) 施工要求

① 尽量采用不压井作业。对必须采取压井作业的井,应根据油层岩性及流体的主要物理化学性质和油藏压力特性,选择合适的压井液,避免再次污染油层。

② 下井工具必须有产品合格证,施工中下入井内的各种工具要做好详细记录备查。

③ 下堵水管柱前套管必须刮削处理,确保套管内壁光洁。

④ 严格按设计施工,如需改变施工工序,必须由设计单位提出补充设计。

⑤ 下井工具及油管内外表面必须干净,无油污和泥砂等杂物,并用标准内径规通过。

2. 机械堵水质量监督要点

(1) 施工队伍应具有机械堵水施工资质,施工设备应满足机械堵水的要求。

(2) 施工应有地质设计、工艺设计和施工设计,并严格执行设计、审核、批准三级审批制度。

(3) 施工所用原材料、井下工具的各项技术指标应满足施工设计要求。

(4) 检查堵水管柱记录,要求数据准确,并按设计要求完成。

(5) 严格按照施工设计要求及质量标准进行检查,如需改变施工工序,必须由设计单位提出补充设计。

(6) 资料录取监督

① 堵水方式。

② 堵水管柱结构及深度。

③ 堵水层位、井段。

④ 下井工具名称及型号规格。

⑤ 磁性定位测试结果。

⑥ 封隔器坐封或丢手情况。

⑦ 完井方法。

3. 机械堵水施工全过程监督要点

(1) 洗井,起出原井管柱监督要点

① 选择洗井方式,清楚洗井液来源、进口液量、出口液量、漏失量、循环泵压、排量、循

环深度，洗井液清洁、盛液罐干净无杂物，洗井完毕后洗井液进出口相对密度应一致，出口液体干净无杂质污物。

② 起出的管柱丈量累计是否与原设计管柱相符、管柱工具使用情况描述。

③ 洗井液不得漏入地层，最大限度地减少对地层的污染和损害。

④ 井口应有防掉、防喷装置。

⑤ 严禁使用锚头绳上卸油管螺纹，禁用榔头敲击油管。

⑥ 遇卡时应慢慢上下活动，分析原因，妥善处理。

(2) 刮削监督要点

① 刮削器的型号、外形尺寸，油管的检查、丈量、计算情况，刮削深度达到设计要求。

② 下刮削管柱时操作平稳、下管柱速度控制在 20~30m/min。

③ 刮削完毕要充分洗井，记录洗井深度、泵压等数据，并对出口返出物进行描述。

④ 对提出的刮削器进行描述：划痕、弯曲等情况详细描述。

(3) 通井监督要点

① 通井规的型号、外形尺寸，其外径小于套管内径 6~8mm；详细对油管检查、丈量、计算。

② 通井时操作平稳、下管柱速度控制在 10~20m/min。记录通到设计位置或人工井底时悬重变化情况、通井深度，井下套管内通径畅通无阻；通井中途是否有遇阻现象、深度。

③ 对提出的通井规进行描述：划痕、弯曲等情况详细描述。

(4) 冲砂监督要点

① 选择下冲砂管柱工具、不准带深井泵、封隔器等其他井下工具探砂面和冲砂。确保冲砂油管完好、涂抹密封脂、记录中途是否有遇阻显示、大钩负荷变化情况。

② 若地层漏失严重，必须降低冲砂液密度，增加黏度。清楚冲砂液来源、冲砂液是否清洁、盛液罐是否干净无杂物、进口液量、出口液量、漏失量、循环泵压、排量、冲砂井段是否达到设计要求、冲砂过程中是否有遇阻卡现象。

③ 工具距油层上界 30m 时，下放速度应小于 1.2m/min。油管冲砂探砂面以悬重下降 10~20kN 为砂面深度；冲砂前油管提至离砂面 3m 以上开泵循环正常后方可再下放管柱。

④ 冲砂深度：在老井口袋小于 15m 者，动管柱作业必须冲砂至井底；口袋在 15~50m 以内者，砂柱不大于口袋的 1/2；口袋在 50m 以上者，砂柱不大于口袋的 2/3；冲砂至设计深度后，保持出口排量 400L/min、含砂小于 0.2% 为合格，对返出砂物性及砂量进行描述。上提油管 20m，沉砂 4h 左右，再探砂面。回探深度达到要求后，对提出的油管及工具进行描述。

⑤ 冲砂过程中应注意中途不可停泵，应逐渐加深冲洗，连续冲砂超过 5 个单根后，要洗井一周，方可继续下冲。泵发生故障须停泵处理时，应提管柱至原始砂面 10m 以上，并反复活动，有条件时可转动管柱。

⑥ 若提升设备发生故障，不能起下管柱时，必须保持正常循环。泵车压力不得超过水龙带的安全压力，水龙带必须拴保险绳。

⑦ 环保要求：冲砂液面与地层配伍，密度合适。高压油井可用清水，低压油井可用本油井产出混合液或混气液。冲砂液不得落地。推荐采用双连通罐（供液罐、沉降罐）循环冲砂法，冲砂完后经过沉降的冲砂液泵入地面流程。冲砂洗井时保障井口及管线不漏失、冲出的地层砂要及时回收。

(5) 验窜监督要点

① 根据堵水层位要求,选择合理的管柱对夹层进行验窜,要求油管完好、丈量组配准确,封隔器深度避开套管接箍位置。

② 清楚验窜方式、验窜用液情况、压力变化情况、排量大小等,根据压力变化及进出口液量判断夹层是否漏失。

(6) 下堵水管柱监督要点

① 堵水工具选择:工具型号、外形尺寸,分层堵水管柱丈量、组配,下放速度控制情况,封隔器深度要避开套管接箍位置。

② 油管完好、下井油管涂抹高压密封脂。

(7) 磁性定位监督要点

对下入的定位短节进行磁性定位,合理调配封隔器深度,达到设计要求。

(8) 释放封隔器监督要点

封隔器释放方式,根据封隔器技术要求进行释放坐封,记录悬重变化值、压力变化值。

(9) 丢手,起出丢手管柱

① 投球直径、打压压力变化、液体用量、回探情况、记录丢手深度。

② 对提出的丢手管柱进行描述。

(10) 下完井管柱

① 严格按照设计要求下入生产管柱。

② 下井油管无弯曲、裂缝、腐蚀和坏扣的油管。

③ 下井油管涂抹高压密封脂。

4. 化学堵水作业工序

(1) 确定堵水井

① 封堵有接替层和高含水、高产液的油井。

② 层间无窜槽、套管不变形,具备施工条件的井。

③ 分层堵水时有卡住封隔器厚度的稳定夹层。

(2) 施工准备

① 井况调查:调查井身结构、油层、射孔、历次施工、历年生产和测试资料等及目前井下管柱和井场状况资料。

② 井眼准备:施工井必须做到套管内径清楚,射孔深度数据准确,卡点层段无窜槽,套管内表面光洁无粘结物。

③ 选择最佳堵水方案,编写施工设计。

(3) 施工工序:

① 起出生产管柱。

② 冲砂洗井。

③ 通井。

④下入分层堵水管柱。

⑤ 坐封、验封、试挤。

⑥ 挤注堵剂(含顶替液)。

⑦ 按设计关井。

⑧ 解封、起出分层堵水管柱。

⑨ 下泵恢复生产。

(4) 施工要求

① 施工前套管必须刮削处理,确保套管内壁光洁。

② 验证化学堵水层上、下夹层是否窜槽。

③ 施工油管内外表面必须干净,无油污和泥砂等杂物,并用标准内径规通过。

④ 地面管线按设计压力的1.5倍试压,均无刺漏为合格。

⑤ 验证封隔器密封情况,确定化学堵水层吸水能力及挤注堵剂的泵压和排量。

⑥ 严格按设计施工,如需改变施工工序,必须由设计单位提出补充设计。

5. 化学堵水质量监督要点

(1) 施工队伍应具有化学堵水施工资质,施工设备应满足化学堵水的要求。

(2) 施工应有地质设计、工艺设计和施工设计,并严格执行设计、审核、批准三级审批制度。

(3) 施工所用原材料、井下工具的各项技术指标应满足施工设计要求。

(4) 检查堵水管柱记录,要求数据准确,并按设计要求完成。

(5) 严格按照施工设计要求及质量标准进行检查,如需改变施工工序,必须由设计单位提出补充设计。

(6) 检查入井药剂是否合格,有无技术评价报告及地层配伍性试验报告。

(7) 资料录取监督。

① 堵水方式。

② 堵水日期。

③ 堵水管柱结构。

④ 堵水层位、井段。

⑤ 试剂试压情况。

⑥ 堵剂化验数据。

⑦ 前置液名称、用量、注入泵压。

⑧ 堵剂名称、用量、注入泵压,添加剂名称、用量。

⑨ 顶替液名称、用量、注入泵压。

⑩ 反洗井深度,进出口液量。候凝时的管柱深度、候凝时间。

6. 化学堵水施工全过程监督内容

(1) 压井,起出生产管柱监督要点

① 选择压井方式,清楚压井液来源、进口液量、出口液量、漏失量、循环泵压、排量、循环深度,压井液清洁、盛液罐干净无杂物。

② 压井前用油嘴控制放套管气。压井液返出后,控制进出口排量平衡,至进出口密度差不大于$0.02g/cm^3$可停泵,泵注过程不准停泵。

③ 压井停泵后5~15min观察出口应无溢流。

④ 挤压井严格控制挤压深度在油层顶界以上50m,防止压井液挤入油层。

⑤ 严禁使用锚头绳上卸油管螺纹,禁用榔头敲击油管。

⑥ 井口应有防掉、防喷装置。卡时应慢慢上下活动,分析原因,妥善处理。起出的管柱丈量累计应与原设计管柱相符,对管柱工具使用情况进行描述。

(2) 冲砂监督要点

与机械堵水冲砂监督要点相同。

(3) 通井监督要点

与机械堵水通井监督要点相同。

(4) 下堵水管柱监督要点

① 选择堵水工具,清楚工具型号、外形尺寸、分层堵水管柱丈量、组配,控制下放速度,封隔器深度要避开套管接箍位置。

② 油管完好、下井油管涂抹高压密封脂。

(5) 坐封、验封、试挤监督要点

① 坐封:清楚坐封方式、油管正打压压力变化情况、管柱载荷变化情况。

② 验封:验证方法一般有两种,一是从套管泵入清水,控制泵压不得超过10MPa,观察油管有无溢流情况。二是正反挤入清水,分别测定封隔器上下层段的视吸水指数。以上两种方法可选择一种或两种,根据验封资料,结合油井的具体情况,判定封隔器密封与否。

③ 试挤:试挤压力变化情况,确定化堵层吸水能力及挤注堵剂的泵压和排量。

(6) 挤注堵剂(含顶替液)监督要点

① 清楚堵剂的类型、用量、配制标准情况、隔离液用量、顶替液用量、整个挤注过程的压力、排量情况,挤注压力控制在破裂压力以下。

② 挤注前地面管线要清洁、记录管线试压情况。

③ 挤注过程中不得停泵或擅自换挡及增减油门。

(7) 按设计关井候凝监督要点

① 候凝时间符合设计要求,一般不低于24h。

② 候凝期内严禁放喷作业,以防堵剂反吐。

(8) 解封、起出分层堵水管柱监督要点

① 根据所下封隔器解封方式进行解封,解封后试提管柱,指重表数值在正常值范围内,方可起管柱。

② 遇卡时应慢慢上下活动,分析原因,妥善处理。

③ 对起出的油管、工具等进行描述。

(9) 下泵恢复生产监督要点

① 严格按照设计要求下入生产管柱。

② 下井油管无弯曲、裂缝、腐蚀和坏扣的油管。

③ 下井油管涂抹高压密封脂。

7. 堵水主要施工工序监督方法

(1) 洗井,起出原井管柱

① 洗井分为正洗井、反洗井或正、反洗井交替方式。根据设计要求选择洗井方式,通常采用反洗井。

② 洗井开泵时应注意观察泵注压力变化,控制排量由小至大,同时注意出口返出液情况。若正常洗井,排量一般控制在25~30m^3/h,高压油气井的出口喷量控制在3m^3/h以内。

③ 洗井过程中,随时观察并记录泵压、排量、出口量及漏失量等数据。泵压升高,洗井不通时,应停泵及时分析原因进行处理,不得强行憋泵。

④ 严重漏失井采取有效堵漏措施后,再进行洗井施工。

⑤ 出砂井优先采用反循环洗井法,保持不喷不漏、平衡洗井。若正循环洗井时,应经

常活动管柱,防止砂卡。

⑥ 拆卸前应先慢开套管闸门,无溢流趋势确认压住井后方可拆卸。将拆卸的井口装置放置在距井口 5m 内固定位置,并清洁抹油。

⑦ 卸井口装置试提,试提必须缓慢提升,若遇卡应在安全范围内活动,直至悬重正常,再继续慢起管柱。油管挂提出井口,卸下油管挂,摆放至距井口 5m 内固定位置。

⑧ 起油管的井筒内修井液应保持常满状态。起油管时应随悬重的减少加快提升速度。

⑨ 使用气动卡瓦起油管时,应待刹车后再卡卡瓦,卡瓦卡好后再开吊卡,严禁猛刹刹车;使用液压钳卸油管螺纹,应待螺纹全部松开,方可提升油管。

⑩ 起井下工具或最后几根油管时,应操作平稳,防止碰井口或损坏油管及井下工具;起出油管每 10 根一组,按顺序排放在油管桥上;起出油管应放在小滑车上顺道推下,油管滑道应顺直牢固;起油管过程应随时观察记录油管和井下工具有无砂、蜡等情况。

(2) 压井

① 压井一般分为循环压井、挤注压井、灌注压井三种方式,一般采用反循环压井。按设计要求循环压井,做到不喷不漏。

② 停泵后观察 5~15min,井口无溢流为合格。

③ 严重漏失井,采用有效堵漏方法后再施工。

④ 油气比较大或压力较高的井,先用油嘴或另装闸门控制排套管气,再用清水循环除气,然后用压井液压井。

⑤ 采用挤压井时,挤压深度应在油层顶界以上 50m,挤完一段时间后,关井扩散压力后,开井检查效果。

⑥ 重复挤压井时,必须将前次挤入的压井液喷净后再进行。

⑦ 若压井失败,必须查明原因,不可盲目加大压井液密度。

(3) 刮削

① 刮削器一般分为胶筒式刮削器和弹簧式刮削器,根据套管内径选择刮削器。管柱结构自下而上依次为刮削器、油管(或钻杆)。

② 下管柱时要平稳操作,下管柱速度控制为 20~30m/min。下至距离设计要求刮削井段前 50m 左右,下放速度控制为 5~10m/min。接近刮削井段并开泵循环正常后,边缓慢顺螺纹紧扣方向旋转管柱边缓慢下放,然后再上提管柱反复多次刮削,直到下放悬重不再下降为止。

③ 若中途遇阻,当悬重下降 20~30kN 时,应停止下管柱,接洗井管汇,边顺螺纹紧扣方向旋转边下放管柱,反复刮削直到管柱悬重恢复正常为止,再继续下管柱。

④ 刮削作业完毕后应充分洗井。

(4) 通井

① 通井规外径小于套管内径 6~8mm,壁厚 3.5~5mm,有效长度一般为 1.2m,特殊作业井其有效长度应大于下井工具的大直径长度 50~100mm。

② 管柱结构自下而上依次为通井规、油管(或钻杆)。

③ 下通井管柱通井时要平稳操作,下管柱速度控制为 10~20m/min,下到距离设计位置或人工井底 100m 时下放速度不得超过 5~10m/min。当通到人工井底悬重下降 10~20kN 时,重复两次,使测得人工井底深度误差小于 0.5m。

④ 通井时,若中途遇阻,悬重下降控制不超过 20~30kN,并平稳活动管柱、循环冲洗,严禁猛礅、硬压。

⑤ 对遇阻井段应分析情况或实测打印证实遇阻原因,并经整修后再进行通井。

(5) 冲砂

① 冲砂分为正冲砂、反冲砂和正反冲砂三种方式,根据井况选择冲砂方式,一般采用正冲砂方法。若地层漏失严重,必须降低冲砂液密度,增加黏度,堵漏后,再进行冲砂作业。特殊情况下,如大套管、油管外径小,从而环空面积较大,正冲砂时,砂不易返出,这种情况下可采用反冲砂。

② 冲砂前,采油队提前倒好冲砂流程,作业队技术人员熟悉冲砂方案、冲砂井情况和冲砂要求。作业队上井,布置好水泥车、储液罐和沉降罐,连接好地面冲砂管线,准备好足够的合适的冲砂液量,如决定采用混气液冲砂,则需准备好压风机,立好起升支架。

③ 用冲砂管柱(不带任何其他下井工具)探砂面,笔尖距油层 30m 时,下放速度应小于 1.2m/min,大钩悬重下降 10~20kN(1~2t)时,则表明遇到砂面,上提重新试探,两次误差不超过 0.5m 则探得原始砂面,记录砂面位置。

④ 提冲砂管至离砂面 3m 以上开泵循环,正常后下放管柱冲砂,冲砂至设计深度后,保持循环至出口排量 400L/min,出口含砂量小于 0.2%,视冲砂合格,并上提油管 20m 以上,沉降 4h 左右复探砂面,记录深度。

⑤ 沉降过的冲砂液泵入地面管线。

⑥ 冲洗地面管线。

⑦ 泄压、拆卸地面管线。

⑧ 回收沉砂。

(6) 验窜

① 封隔器坐封:从油管泵液压 4MPa,稳压 10min 后逐步上升泵压至 9MPa 时,再稳压缓慢下放管柱,至油管挂复位后放掉压力。管柱下放过程要求平稳,要求泵压稳定,并观察管柱载荷变化。

② 封隔器验封:验证方法有两种:一是从套管泵入清水,控制泵压不得超过 10MPa,观察油管有无溢流情况。二是正反挤入清水,分别测定封隔器上下层段的视吸水指数。

③ 低压井验窜方法:

a. 正洗井,出口返出清水后投球,正注泵压 10MPa,时间 10~30min,无注入量和返出量,说明管柱封隔器及配件完好。若注入量和返出量大于 20L/min,则分析原因,重新换下找管柱。

b. 测井口溢流量,加深管柱至找窜位置,记录 10~30min 井口溢流量。

c. 正注找窜液。分别在 8MPa、10MPa、15MPa 三个压力点,正注 10~30min,加压连续平稳,记录每个点的压力、注入量和返出量。若返出量小于或等于溢流量则证明管外不窜。若返出量大于溢流量,则上提管柱至 a 条管柱相同位置,检查封隔器及配件的完好程度,若封隔器及配件完好,则确定为管外窜。

④ 高压自喷井验窜:

a. 采用单封隔器验窜。

b. 验窜前,正替压井液。若压井液为泥浆时,要求用污水替出压井液。若压井液为无固相液体,则不用替出。

c. 验窜：投球，正注验窜液，分别在 8MPa、10MPa、15MPa 三个压力点正注 10~30min，观察记录油管压力及套管压力变化情况，若套管压力不随油管压力变化，则证明管外不串。若套管压力随着油管压力变化，则应活动泄压，上提管柱至射孔段以上 30~50mm 处。正注泵压 10MPa，稳压 10~30min，若压降小于 0.5MPa，且套管压力无变化，证明管柱、封隔器及配件完好，即确定为管外窜。若管柱、封隔器及配件试压不合格，则应重下验窜管柱，重新验窜。

⑤ 漏失井验窜：

a. 验窜管柱采用双封隔器找窜管柱结构。下验窜管柱到设计验窜位置，装好井口，上封隔器位于窜通层的夹层上，下封隔器位于紧靠验窜段最下部一个油层的夹层上。

b. 用回声仪在井口测套管环形空间的动液面，至少三次，计算出准确的深度。

c. 验窜：投球，正注验窜液，分别在 8MPa、10MPa、15MPa 三个压力点正注 10~30min，每个压力点测动液面三次，计算出准确的深度，若动液面深度与刚开始所测深度一致，则证明管外不窜。若动液面深度与刚开始所测深度不符，则应上提管柱至射孔段以上 30~50m 处，正注泵压 10MPa，稳压 10~30min，压降小于 0.5MPa，证明管柱、封隔器及配件完好，则确定为管外窜；若管柱、封隔器及配件试压不合格，则应换下验窜管柱，重新验窜。

（7）下油管

① 清洗油管内外螺纹，检查油管无弯曲、腐蚀及损坏，不合格油管应标记并单独摆放，暂不下井油管应分开摆放。

② 油管内外带泥砂、结蜡等应用锅炉车刺洗，并在油管末端带上护丝。

③ 下井油管必须用油管规通过，直径 73mm 普通油管，使用直径 59.5mm，长度 800mm 的通径规通过。

④ 下井油管螺纹必须清洁，下井前涂匀密封脂。

⑤ 油管外螺纹必须放在小滑车上拉送，拉送者应站油管侧面。

⑥ 下井油管螺纹必须上满上紧，防止上斜，扭矩符合规定。

⑦ 下入井内大直径工具通过射孔井段时，油管下至设计井深最后几根时，控制下放速度不超过 5m/min。

⑧ 油管未下至设计深度遇阻或上提遇卡时，应及时分析，校对各项数据，查明原因及时解决。

⑨ 油管下完后，接上装有密封圈的油管挂，对好井口下入坐稳，并顶上四通顶丝。

⑩ 接设计要求安装好井口，井口闸门方向一致。

（8）各类测定方法。

① 密度测定方法：用密度计测定密度，平行测定两次，相对误差+5%。

② 黏度测定方法：用黏度计测定液体黏度。

③ pH 值测定方法：用 pH 试纸测定液体后，与标准 pH 值进行对比。

④ 温度测定方法：用温度计测定液体温度。

⑤ 丈量油管方法：丈量油管必须使用 10m 以上钢圈尺，反复丈量三次，累计误差每 1000m 应小于 0.2m。

二、注水井调剖

由于油层的非均质性和注入水的长期冲刷形成的次生大孔道(高渗透条带),大量的注入水沿高渗透层或高渗透条带突进,造成油水含水上升速度加快,注入水利用率低,使注采剖面不均,并随注水时间的推移而加剧。注水井化学调剖技术就是向地层中的高渗透层注入化学药剂,降低高渗透层的渗透率,迫使注入水增加对低含水部位的驱油作用,从而相应提高注水压力,达到提高中低渗透层吸水量,调整注水井吸水剖面,提高注入水体积波及系数的目的。经过大量现场应用实践,注水井调剖已在高含水开发阶段成为改善水驱效果的一种有效途径。

(一) 调剖工艺设计

1. 调剖井区和井、层的选择设计

(1) 调剖井区的选择

① 调剖井区的筛选分析。

a. 根据开发单元动态变化,分析由于注采失调引起含水上升、产量递减大的井区,明确下步主要的调剖井区;

b. 分析井区注采完善情况,搞清见效方向,找出井区平面矛盾,确定主要调剖水井;

c. 分析井区内油井单采资料,水井分层吸水资料,搞清分层注采状况,找出井区层间、层内矛盾,确定主要调剖层;

d. 在井区平面、层间矛盾分析清楚的基础上,分析平面、层间、层内剩余油分布状况,明确下步挖潜的方向;

e. 分析论证在当前调剖工艺水平下,能够解决井区层间、层内干扰,发挥井区潜力的程度。

f. 地质、工艺结合分析论证确定调剖井区。

② 调剖井区的选择原则。

a. 选择剩余油潜力较大,并且油层能够成片分布的井区。

b. 选择平面、纵向上渗透率差异较大的井区。

c. 选择大厚油层,层内隔夹层稳定的井区。

d. 选择采液强度大,注采关系为长期单向受效,水淹严重的井区。

e. 选择注采失调严重的井区。

(2) 调剖井、层的选择

调剖井、层的选择需要对水井各项参数进行综合分析。

① 对反映水井吸水能力的参数进行分析,初步判断调剖井、层。

a. 水井注入压力:

水井注入压力低于区块水井的平均注入压力的水井需要调剖。

b. 每米视吸水指数:

对各注水层每米视吸水指数差异≥50%的水井进行调剖,对调剖井中每米视吸水指数最大和较大的层进行调剖。

c. 注水井 *PI* 值:

注水井 *PI* 值越小越需要调剖,当 *PI* 值≤区块 *PI* 平均值时,应进行调剖。

d. 注水井 *FD* 值

注水井 *FD* 值越小越需要调剖,当 $FD \leqslant 0.75$ 时,应进行调剖,注水井 *FD* 以 0.75~0.90 为最佳值。

② 对反映油层非均质状态的参数进行分析,进一步判断调剖井、层。

根据水井吸水剖面的资料做出吸水剖面求出强吸水层层数(水量占全井吸水量≥50%的吸水层)与注水层层数的比值。$Q(k) = N$强$/N$弱。对吸水剖面非均质性 $Q(k) \geqslant 30\%$的水井进行调剖,对吸水量占全井吸水量≥50%的吸水层、层内渗透率级差 $K_j c \geqslant 5$ 吸水层进行调剖。

③ 对反映周围油井动态的参数进行分析,最终判断调剖井、层。对应油井剩余油潜力较大的水井、注水层优先进行调剖。

(3) 调剖井、层的选择原则

① 调剖井的选择原则。

a. 位于综合含水高,采出程度低,剩余油饱和度较高井区的水井。

b. 注水井固井质量好,无窜槽和层间窜漏现象。

c. 在完成配注方案的前题下,注入压力应低于区块平均注入压力。

d. 注水井压力指数 *PI* 值低于区块平均压力指数。

e. 纵向上吸水差异大,有特高吸水层段存在的注水井。

f. 因注水压力特低长期不清层注水的井;

g. 层间注水差异大难以测调合格的井。

② 调剖层的选择原则。

a. 层段内非均质性严重,渗透率级差在 5 个以上。

b. 层段相对吸水量占全井吸水量的 40%~60%以上。

c. 调剖层段在注采方向上与对应油井属于同一砂体。

d. 调剖层段为高渗透率对高渗透率或高渗透率对中渗透率。

e. 正韵律厚油层及层内有稳定隔层的反韵律厚油层。

f. 上下粘连、纵向水窜的油层。

g. 带嘴难以控制的油层及启动压力低的油层。

2. 调剖参数设计

(1) 调剖周期的设计

① 调剖井转入正常注水后每隔 15d 测一次注水井压降曲线。

② 由不同时间测得的注水井井口压降曲线计算出相应的 *PI* 值,并作出调剖井 *PI* 随时间的变化曲线。

③ 由曲线变化趋势判断调剖剂在地层中的运移情况。

若调剖剂移进地层深部,对近井地带的封堵作用减小,则曲线下降。当曲线下降到调剖前的 *PI* 值或某一合理指定值的时间为重复施工时间。

(2) 调剖施工参数设计

① 数值模拟计算。

根据处理井及其油层资料,所使用的调剖剂性能及其对油藏的影响和对处理结果的要求(即对处理井的高渗透层渗透率希望的降低值和有效期)等,利用数值模拟程序可以计算调剖剂的合理用量,优选施工参数,分析有关参数对调剖效果的影响,预测调剖后的效果，并可预测出调剖前后吸水剖面变化图。

② 调剖剂用量计算。

a. 冻胶型调剖剂用量计算。

假定地层为均质无限大，在单相流径向渗流的条件下，用达西定律推导出下列计算处理半径公式：

$$R=\frac{(\text{In}r_e)(f_g-1)+(\text{In}r_w)(RRF-f_g)}{RRF-1}$$

式中 R—— 处理半径，m；

r_e —— 注水井注入水影响半径，m；

r_w —— 井筒半径，m；

f_g —— 处理层段处理前后注入能力之比；

RRF —— 残余阻力系数。

应用上述公式时，为计算方便，f_g 可根据处理井的设计要求确定。若要求将处理层段的吸水量降低 75%，则

$$f_g=\frac{1}{1-0.75}=4$$

残余阻力系数 RRF 值可由处理井或附近代表井的岩心实验测得。将以上值代入上式计算 R 值。再用下面公式计算调剖剂的用量：

$$V=\pi R^2 H\phi$$

式中 V —— 调剖剂用量，m^3；

R —— 处理半径，m；

H —— 处理层厚度，m；

ϕ —— 处理层孔隙度，%。

根据堵剂性能及处理井的有关参数，利用上述公式编制简单的程序，可以方便地计算出处理半径及处理体积，供现场施工参照使用。但在实际使用时尚需根据处理井的井况条件，综合考虑来确定实际处理量。

b. 吸附型调剖剂用量计算。

考虑地层对调剖剂的吸附作用，用地层孔隙体积求出的预计处理体积和经地层吸附后处理剂所能达到的实际处理体积，用下面公式计算。

$$\frac{V}{V_i}=\frac{(1-S_{or})\phi}{\frac{G}{C}+\phi(1-S_{or})}$$

式中 V —— 经吸附后的实际处理体积，m^3；

V_i —— 预计的处理体积，m^3；

S_{or} —— 残余油饱和度，%；

ϕ —— 地层孔隙度，%。

G —— 单位体积吸附量，g/m^3；

C —— 聚合物浓度，g/m^3。

③ 施工压力控制。

为了使调剖剂能更好地选择性进入高吸水层，控制注入压力是工艺中的一个重要环节。

在采用光油管笼统注入的处理井中,注入压力一般控制在稍低于该井正常注水压力或在正常注水压力附近,也可以根据不同地层的启动压力来控制。调剖剂的注入压力应高于高渗透层的启动压力而低于低渗透层(不希望进入的地层)的启动压力。若采用封隔器卡封的单层处理,必要时可以采用高压快速注入,但最高压力不允许超过地层破裂压力的80%;也可以根据数值模拟优选的注入压力及调剖剂与地层的实际情况,综合确定合理的注入压力及排量。

3. 调剖施工设计

(1) 施工依据及目的。

(2) 基础数据见表2-18-41。

表2-18-41 调剖井基础数据

油田区块		完钻井深	
人工井底		水泥塞面	
水泥返高		联顶节方入	
油层套管规范及深度		油补距	
油层部位套管壁厚		投转注日期	
射开层位		上次作业日期	
特殊套管		套管节箍位置	

(3) 油层基本数据见表2-18-42。

表2-18-42 调剖井油层基本数据

层位	射开井段/m	砂层厚度/m	射孔厚度/m	渗透率/$10^{-3}\mu m^2$	孔隙度/%

(4) 目前生产情况:包括注水井分层注水数据及井下管柱描述和对应油井生产数据(见表2-18-43)。

表2-18-43 目前生产情况

注水井情况	日期		层位	水嘴/mm	配注/(m^3/d)	性质	实注/(m^3/d)	井下管柱描述
	注水方式							
	泵压/MPa							
	套压/MPa							
	油压/MPa							
对应油井简况	井号	层位	工作制度		日产液/t	日产油/t	含水/%	动液面

（5）确定施工前是否对井筒或地层采取预处理。

（6）施工所采用的管柱结构及地面流程。

（7）施工准备。

包括配制设备和注入设备准备及施工用料准备。注入设备有适应于大规模调剖施工的固定式堵水站；操作灵活的活动式堵水设备；可控制注入速度，保护中低渗透层的变频注入设备；水泥车等。

（8）所使用调剖剂的组成、性能、配制方法、用量、注入压力、注入速度控制，见表2-18-44。

表 2-18-44　调剖剂配方设计

段　塞	调剖剂配方	调剖剂用量/m^3	注入压力/MPa	注入排量/(m^3/min)
第一段塞				
第二段塞				
第三段塞				
第四段塞				

（9）施工步骤。

（10）技术要求：包括施工要求、关井要求及开井后的工作措施。

（11）施工注意事项。

（二）调剖用料

化学调剖剂种类繁多，国内各油田都有适合本油区地层物化性质的调剖剂配方，按调剖作用机理主要有：粒状调剖剂、沉淀型调剖剂、冻胶型调剖剂、树脂型调剖剂、深度调剖剂、泡沫类调剖剂及微生物类调剖剂等。下面将介绍几种常用的化学调剖剂及施工工艺技术。

1. 水膨体调剖剂

水膨体一般是指具有一定交联度，遇水可发生溶胀但不发生溶解的聚合物颗粒。使用时将原料制成一定粒径范围（0.15～5.0mm）的颗粒，对注水井进行处理，注入高渗透层后遇水膨胀，堵塞高渗透层（水层），起到调剖的作用。当被挤入油层时，由于它不具备吸油能力，因而在开采时容易携带出，达到选择性调剖、增大油藏波及体积的目的。

2. 黏土调剖剂

黏土颗粒类调剖剂由黏土颗粒悬浮液和高分子絮凝剂溶液两种化学剂组成。现场施工中将两种化学剂溶液以水为隔离液分别注入地层，当两种溶液突破隔离液在地层中相遇发生絮凝作用，产生尺寸较大难以流动的絮凝物，沉积在大孔道内堵塞大孔道，降低了地层的非均质性，改变后续注入水的流动途径，扩大注入水的波及面积，从而提高注水效果。

3. 弱凝胶调剖剂

弱凝胶又称可动凝胶或胶态分散凝胶（Colloidial Dispersion Gels—CDG），是指在低浓度的聚合物溶液中加入少量的交联剂、稳定剂，通过分子内和分子间交联而形成的一种黏度或分子尺寸较大的体系，它是介于聚合物稀溶液与凝胶之间的过度体系。其分子尺寸比聚合物溶液中分子尺寸大得多，其性质既不同于聚合物溶液，也不同于凝胶体系，它是具有胶体性质的热力学稳定体系,其特点是具有低的聚合物浓度和交联剂浓度,有很好的耐温和抗二价离子的能力,成胶时间可控,流动性能好,可长时间保持流动和注入能力。国内外已进行了大量的现场应用。目前国内研究和应用中多采用部分水解聚丙烯酰胺(HPAM),相对分子质量为1500~2400万,水解度24%~30%,交联剂为金属离子交联剂或有机醛交联剂及其复合体系。

4. 木质素磺酸盐调剖剂

木质素磺酸钙复合堵剂的堵水工艺技术原理是复合堵剂中的木质素磺酸钙和聚丙烯酰胺在一定条件下,互相和本身发生交联而形成的具有复杂的形体结构的凝胶,使水的流动受到很大的阻碍,达到堵水的目的。本堵剂具有强度高,黏弹性好,热稳定性好,可调性,对水溶胀等优点,适用封堵地层温度为50~90℃的油水井砂岩地层内层间出水。

5. 黄胞胶调剖剂

黄胞胶(Xanthan gun 简写为 Xc)亦称黄单孢杆菌胶,是淀粉或蔗糖经野油菜黄单孢菌(Xanthomonas Campestris)发酵而产生的一种多糖物质。由于黄单胞菌胶分子易溶于水,且有良好的增黏性、假塑性、乳化稳定性、耐酸碱、抗盐钙,与槐豆胶、瓜胶相互作用成胶可以明显增效,与多种物质在同一溶液体系中有良好的兼容性,所以用途十分广泛。

6. 水玻璃-氯化钙调剖剂

(1) 双液法水玻璃-氯化钙调剖剂:

当把一定量的水玻璃和氯化钙溶液以惰性液体或清水交替挤入地层,两溶液便在地层岩石孔隙内相混合,生成不溶于水的硅酸钙和氢氧化钙沉淀,从而堵塞地层。

(2) 单液法水玻璃-氯化钙调剖剂:

水玻璃与氯化钙很容易发生反应,为减缓反应速度实现单液法操作,采用先加碱使氯化钙变成氢氧化钙,再与水玻璃缓慢作用。反应生成物为凝胶状弹性固体,可有效地封堵高渗透层。

7. 树脂型调剖剂

树脂型调剖剂是指通过低分子物质缩聚反应产生的具有体型结构,不溶不熔的高分子物质,如酚醛树脂、脲醛树脂、环氧树脂、糠醇树脂等。施工时,将液体树脂注入水层,在固化剂的作用下,使其成为具有一定强度的固态树脂而堵塞孔隙,达到封堵水层的目的。

8. 复合离子深度调剖剂

复合离子调剖剂是由复合高分子聚合物、交联剂、促凝剂和热稳定剂按一定比例配制而成的延迟型调剖体系。体系注入地层后,在一定的 pH 值和温度下发生一系列化学反应形成凝胶。这种凝胶黏度最高可达上万毫帕秒,成胶时间在40~50℃时可以控制在30d左右。通过吸附作用、动力捕集和物理堵塞,起到封堵大孔道、降低高渗透层吸水能力的作用,从而达到深度调剖的目的。

9. 延缓交联深度调剖剂

该调剖剂主要由聚丙烯酰胺、交联剂和稳定剂等组成。由于交联剂为有机物,在常温下不释放出有效成分,处于相对稳定状态。当体系中有酸和温度等适当条件时有效成分缓慢释放并与PAM、稳定剂等发生反应。由于有效成分是逐步释放出来的,数量有限,体系中的浓度较低,不会出现明显的交联反应,因而体系的黏度增长很慢。当体系中的有效成分达到一定浓度时,缩合、交联反应变得明显起来,体系的黏度也显著增高,生成的凝胶体可有效地封堵高渗透层,达到改善吸水剖面,提高波及体积的目的。

此外,还有石灰乳调剖剂、聚丙烯酰胺-乌洛托品-间苯二酚调剖剂、TP-910 调剖剂、FT-213 调剖剂、YFP-YTP 复合调剖剂、阴阳离子深度调剖剂、预交联深度调剖剂、泡沫类调剖剂及微生物类调剖剂等,随着油田化学技术的不断发展,化学调剖剂种类不断增加,其作用效果也越来越好。

(三)调剖施工

注水井调剖施工主要包括施工前准备、调剖剂设计及配制、调剖剂的挤注、关井候凝、投注等。根据调剖剂注入量和注入周期,主要有大剂量调剖和小剂量调剖;根据施工设计要求,主要有动管柱施工和不动管柱施工。

1. 调剖现场施工

(1) 动管柱施工

① 施工准备:

a. 井况调查:调查井身结构、油层、射孔、历次施工、历年生产和测试资料等及目前井下管柱和井场状况资料。

b.井眼准备:施工井必须做到套管内径清楚,射孔深度数据准确,调剖层段油层物性清楚,套管内表面光洁无黏结物。

c. 按照地质设计、工艺设计要求,编写施工设计。

d. 上动力及配制调剖剂设备。

② 施工工序:

a. 起出注水管柱。

b. 通井至井底,有砂则冲砂至井底。

c. 按调剖施工设计要求下入施工管柱,安装井口。

d. 关闭注水闸门,试压 25MPa,管线不刺不漏为合格。

e. 用注入水反洗井至进、出口端的水质相同。

f. 正注水 2~4d。

g. 测取注水指示曲线、压降曲线和吸水启动压力,计算调剖层的吸水指数。

h. 配制调剖剂。

一是用米尺量每个配液池的长、宽、高,然后计算每个池子的体积。要求配制调剖剂的池子干净且便于计量。二是根据所选用调剖剂的配制方法和调剖施工设计书的要求配制调剖剂。三是取样检验。将配制好的调剖剂用取样瓶取样 500mL,按标准进行检验,调剖剂的黏度及浓度是否符合设计要求。

i. 试挤,观察封隔器的坐封,确定调剖剂挤注压力和排量。

j. 按施工设计要求挤入前置液、调剖剂、顶替液。

k. 按设计要求关井候凝。

l. 投注。

首先用注入水反洗井至进、出口端的水质相同。然后正注水 3~7d,观察调剖层调剖后的注水状况。测取调剖层调剖后的注水指示曲线、压降曲线和吸水启动压力,计算调剖层的吸水指数。三是起出施工管柱、下入分层注水管柱,安装井口。最后用注入水反洗井至进出口端的水质相同,按地质方案投捞井下水嘴,分层配注。

（2）不动管柱施工

① 施工准备：

a. 井况调查：调查井身结构、油层、射孔、历次施工、历年生产和测试资料等及目前井下管柱和井场状况资料。

b. 井眼准备；施工井必须做到套管内径清楚，射孔深度数据准确，调剖层段油层物性清楚，套管内表面光洁无黏结物。

c. 按地质设计、工艺设计要求，编写施工设计。

d. 摆放好各种配液（或转液）容器、设备和施工车辆。

② 施工工序：

a. 用注入水反洗井至进、出口端的水质相同。

b. 投捞配注水嘴。

c. 正注水 2~4d。

d. 测取注水指示曲线、压降曲线和吸水启动压力，计算调剖层的吸水指数。

e. 配制调剖剂。

首先用米尺量每个配液池的长、宽、高，然后计算每个池子的体积。要求配制调剖剂的池子干净且便于计量。其次根据所选用调剖剂的配制方法和调剖施工设计书的要求配制调剖剂。最后取样检验。将配制好的调剖剂用取样瓶取样 500mL，按标准进行检验调剖剂的黏度及浓度是否符合设计要求。

f.连接好管线，关闭注水闸门，试压 25MPa，管线不刺不漏为合格，然后试挤确定调剖剂挤注压力和排量。

g.按施工设计要求挤入前置液、调剖剂、顶替液。

h.按设计要求关井候凝。

i.投注。

首先用注入水反洗井至进出口端的水质相同。其次正注水 3~7d，观察调剖层调剖后的注水状况。测取调剖层调剖后的注水指示曲线、压降曲线和吸水启动压力，计算调剖层的吸水指数。最后按调剖地质方案投捞井下水嘴，分层配注。

2. 调剖施工质量标准监督要点

（1）施工队伍应具有调剖作业施工资质，施工设备应满足水井调剖的要求。

（2）施工应有地质设计、工艺设计和施工设计，并严格执行设计、审核、批准三级审批制度，如需改变施工工序，必须由设计单位提出补充设计。

（3）施工所用化学药剂、井下工具的各项技术指标应满足施工设计要求。

（4）检查调剖管柱记录，要求数据准确，并按设计要求完成。

（5）施工用的全部容器须干净、无杂物。

（6）配液严格按配方保质保量进行。

（7）施工管柱及下井工具必须准确无误，丝扣拧紧，井口试压合格。

（8）整个施工过程中，要按设计要求控制注入速度和注入压力。

（9）整个注入过程保证平稳、连续，中途不得随意停泵。

（10）调剖施工过程符合 HSE 各项要求。

（11）资料录取。

① 调剖施工前后三个月内采用相同的测井方法,在相同的条件下测试注水井的吸水剖面。

② 调剖施工后,在相同的条件下测取调剖层的吸水启动压力、吸水指示曲线和压降曲线,计算调剖层的吸水指数。

③ 录取注水井调剖施工前后的注水综合数据,画出注水曲线。

④ 录取调剖施工前后各对应油井的生产综合数据,画出井组各对应油井的采油曲线和井组采油曲线。

⑤ 录取调剖施工前后井组(或单元)的开发综合数据,画出井组(或单元)的水驱特征曲线。

3. 动管柱调剖施工全过程监督内容(注:不动管柱调剖施工工序监督要点可参照动管柱调剖施工工序监督要点)

(1) 起出注水管柱监督要点

① 起出的管柱丈量累计应与原设计管柱相符,有管柱工具使用情况描述。

② 井口应有防掉、防喷装置。

③ 严禁使用锚头绳上卸油管螺纹,禁用榔头敲击油管。

④ 遇卡时应慢慢上下活动,分析原因,妥善处理。

(2) 通井监督要点

① 通井规的型号、外形尺寸,其外径小于套管内径 6~8mm;详细对油管检查、丈量、计算。

② 通井时操作平稳、下管柱速度控制在 10~20m/min。记录通到设计位置或人工井底时悬重变化情况、通井深度,井下套管内通径畅通无阻;通井中途是否有遇阻现象、深度。

③ 对提出的通井规进行描述,划痕、弯曲等情况应详细描述。

(3) 冲砂监督要点

① 选择下冲砂管柱工具、不准带深井泵、封隔器等其他井下工具探砂面和冲砂。确保冲砂油管完好、涂抹密封脂、记录中途是否有遇阻显示、大钩负荷变化情况。

② 若地层漏失严重,必须降低冲砂液密度,增加黏度。清楚冲砂液来源、冲砂液是否清洁、盛液罐是否干净无杂物、进口液量、出口液量、漏失量、循环泵压、排量、冲砂井段是否达到设计要求、冲砂过程中是否有遇阻卡现象。

③ 工具距油层上界 30m 时,下放速度应小于 1.2m/min。油管冲砂探砂面以悬重下降 10~20kN 为砂面深度;冲砂前油管提至离砂面 3m 以上开泵循环正常后方可再下放管柱。

④ 冲砂深度:在老井口袋小于 15m 者,动管柱作业必须探砂至井底;口袋在 15~50m 以内者,砂柱不大于口袋的 1/2;口袋在 50m 以上者,砂柱不大于口袋的 2/3;冲砂至设计深度后,保持出口排量 400L/min,含砂小于 0.2%为合格,对返出砂物性及砂量进行描述。上提油管 20m,沉砂 4h 左右,再探砂面。回探深度达到要求后,对提出的油管及工具进行描述。

⑤ 冲砂过程中应注意中途不可停泵,应逐渐加深冲洗,连续冲砂超过 5 个单根后,要洗井一周,方可继续下冲。泵发生故障须停泵处理时,应提管柱至原始砂面 10m 以上,并反复活动,有条件时可转动管柱。

⑥ 若提升设备发生故障,不能起下管柱时,必须保持正常循环。泵车压力不得超过水龙带的安全压力,水龙带必须拴保险绳。

⑦ 环保要求:冲砂液面与地层配伍,密度合适。高压油井可用清水,低压油井可用本油井产出混合液或混气液。冲砂液不得落地。推荐采用双连通罐(供液罐、沉降罐)循环

冲砂法，冲砂完后经过沉降的冲砂液泵入地面流程。冲砂洗井时保障井口及管线不漏失、冲出的地层砂要及时回收。

(4) 下调剖施工管柱监督要点

① 严格按照设计要求下入调剖管柱，组配合理。

② 下井油管无弯曲、裂缝、腐蚀和坏扣的油管。

③ 下井油管涂抹高压密封脂。

(5) 管线试压监督要点

关闭注水闸门，试压 25MPa，管线不刺不漏为合格。

(6) 注入水反洗井监督要点

① 选择反洗井方式，清楚洗井液来源、进口液量、出口液量、漏失量、循环泵压、排量、循环深度，洗井液清洁、盛液罐干净无杂物，洗井完毕后洗井液进出口相对密度应一致，出口液体干净无杂质污物。

② 洗井液不得漏入地层，最大限度地减少对地层的污染和损害。

(7) 正注水 2~4d 监督要点

录取好注水量、注水时间长短、泵压排量等

(8) 计算调剖层的吸水指数监督要点

录取注水指示曲线、压降曲线和吸水启动压力等，计算吸水指数。

(9) 配制调剖剂监督要点

① 计算每个池子的体积，要求配制调剖剂的池子干净且便于计量。

② 记录配制调剖剂的配制方法。

③ 检验调剖剂的黏度及浓度是否符合设计要求。

(10) 试挤监督要点

记录试挤压力，判断封隔器的坐封情况，并确定调剖剂挤注压力和排量。

(11) 注调剖剂监督要点

① 按照施工设计要求挤入前置液、调剖剂、顶替液，要求数量准确。

② 记录排量、泵压变化情况及异常情况，施工中途不允许停泵。

(12) 候凝监督要点

按设计时间要求关井候凝，候凝时间要准确，井口保证密封。

(13) 投注监督要点

① 用注入水反洗井至进、出口端的水质相同，其他同以上洗井的监督要点。

② 正注水 3~7d，观察调剖层调剖后的注水状况。测取调剖层调剖后的注水指示曲线、压降曲线和吸水启动压力，计算调剖层的吸水指数。

③ 起出施工管柱、下入分层注水管柱，详细描述施工管柱情况；分层注水管柱组配合理，封隔器深度避开套管接箍，下井油管无弯曲、裂缝、腐蚀和坏扣的油管；下井油管涂抹高压密封脂。

④ 用注入水反洗井至进出口端的水质相同；记录投捞井下水嘴情况、分层配注情况。

4. 注水井调剖监督方法

注水井调剖监督方法参照 SY/T5588—93 注水井调剖工艺做法。

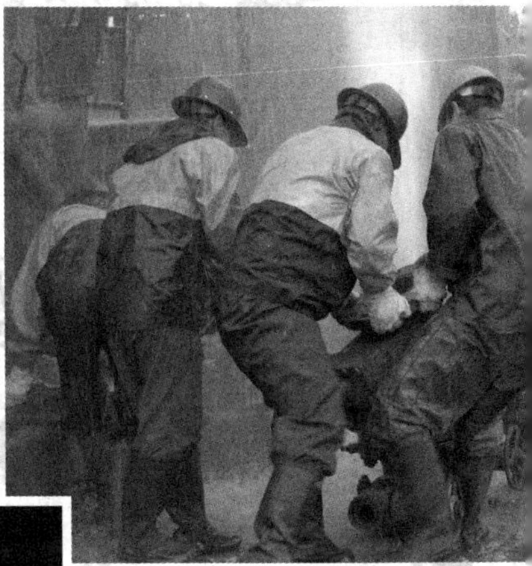

第三篇 附 录

JINGXIAZUOYEGONGCHENGJIANDUSHOUCE

第十九章　井下作业相关标准目录

一、井下作业施工

SY/T—5587.1—93 油水井常规修井作业注水井调配作业规程
SY/T—5587.2—93 油水井常规修井作业不压井作业规程
SY/T—5587.3—93 油水井常规修井作业压井替喷作业规程
SY/T—5587.4—93 油水井常规修井作业油层套管封隔器查漏作业规程
SY/T—5587.5—93 油水井常规修井作业油水井探砂面、冲砂作业规程
SY/T—5587.6—93 油水井常规修井作业起下油管作业规程
SY/T—5587.7—93 油水井常规修井作业、洗井作业规程
SY/T—5587.8—93 油水井常规修井作业找串、封串、验串作业规程
SY/T—5587.9—93 油水井常规修井作业换井口装置作业规程
SY/T—5587.10—93 油水井常规修井作业水力喷砂射孔作业规程
SY/T—5587.11—93 油水井常规修井作业可钻式封隔器钻铣工艺做法
SY/T—5587.12—93 油水井常规修井作业抽油泵打捞作业方法
SY/T—5587.13—93 油水井常规修井作业井下小件落物打捞作业方法
SY/T—5587.14—93 油水井常规修井作业注水泥塞作业规程
SY/T—5587.15—93 油水井常规修井作业钻水泥塞作业规程
SY/T—5587.16—93 油水井常规修井作业通井、刮削套管作业规程
SY/T—5587.17—93 油水井常规修井作业打捞绳类落物作业规程
SY/T—5587.18—93 油水井常规修井作业可钻式桥塞钻铣作业规程
SY/T—5587.19—93 油水井常规修井作业打捞管类落物工艺方法
SY/T—5587.20—93 油水井常规修井作业打捞杆类落物工艺做法
SY/T5181—2000 裸眼井砾石充填防砂推荐做法
SY/T5338—2000 加固井壁防砂工艺推荐做法
SY/T5339—2000 人工井壁防砂推荐做法
SY/T5340—2000 油井套管内砾石充填防砂工艺方法
SY/T5821—93 碳酸盐岩油藏有机堵剂堵水工艺做法
SY/T5874—93 油井堵水效果评价方法
SY/T5923—93 油井堵水作业方法 水玻璃-氯化钙堵水及调剖工艺做法
SY/T5924—93 油井堵水作业方法 裸眼井机械卡堵水作业
SY/T6088—94 深井压裂工艺做法
SY/T6334—1996 油、水井酸化设计与施工验收规范
SY/T 5372—91 分层注水作业方法
SY/T 5373—91 钻井井下工具与作业用图形符号
SY 5409—91 井下钻具打捞作业规程

SY 5467—92 套管柱试压规范
SY/T 5730—1995 常规注水泥作业规程
SY/T 5780—93 井下磨铣作业规程
SY/T 5790—93 爆炸法修复套管工艺做法
SY/T 5791—93 液压修井机立放井架作业规程
SY/T 5792—93 油(气)水井侧钻施工作业规程
SY/T 5807—93 水力活塞泵并起下作业工艺方法
SY 5813—93 软打捞作业规程
SY/T 5827—93 解卡打捞工艺做法
SY/T 5846—93 套管补贴工艺做法
SY/T 5910—94 找鱼顶作业规程
SY/T 5952—94 油气水井井下工艺管柱工具图例
SY/T 5955—1999 定向井钻井工艺及井身质量要求
SY/T 5957—94 井场电气安装技术要求
SY/T 6049—94 爆炸切割和化学切割井下管柱作业规程
SY/T 6087—94 电潜泵解卡打捞工艺做法
SY/T 6120—1995 油井井下作业防喷技术规程
SY/T 6121—1995 封隔器解卡打捞工艺做法
SY/T 6127—1995 油气水井井下作业资料录取项目规范
SY/T 6264—1996 油水井大修作业工程设计编写规范
SY/T 6218—1996 套管段铣和定向开窗作业方法
SY/T 6378—1998 油水井取套回接工艺做法
SY/T 6377—1998 鱼顶打印作业方法
SY/T 6288—1997 钻杆和钻铤选用做法
SY/T 6549—2003 复合射孔施工技术规程
SY/T 5588—2003 注水井调剖工艺及效果评价
SY/T 5874—2003 油井堵水效果评价方法
SY/T 5873.1—93 有杆泵抽油作业工艺做法 常规抽油
SY/T 5873.2—93 有杆泵抽油作业工艺做法 小泵深抽
SY/T 5873.3—93 有杆泵抽油作业工艺做法 斜井抽油
SY/T 5873.4—93 有杆泵抽油作业工艺做法 大泵抽油
SY/T 5863—93 潜油电泵起下作业方法
SY/T 5836—93 中深井压裂设计施工方法
SY/T 6088—94 深井压裂工艺做法
SY/T 5588—93 注水井调剖工艺做法

二、井下作业施工用料

SY/T5274—2000 树脂涂敷砂
GB210—92 工业碳酸钠
GB320—93 工业用合成盐酸

GB9009—88 工业甲醛溶液
SY/T 6544—2003 油井水泥浆性能规程
SY/T 6572—2003 防砂用树脂性能评价方法
SY/T 6571—2003 酸化用铁离子稳定剂性能评价方法
SY/T 6376—1998 压裂液通用技术条件
SY/T 5107—95 水基压裂液性能评价方法
SY/T 5108—97 压裂支撑剂性能测试推荐方法

三、井下作业工具、用具、设备

SY/T5260—91 压裂管汇
ST/T5287—2000 混砂车
SY/T 5025—1999 钻井和修井井架、底座规范
SY/T 5053.1—2000 地面防喷器及控制装置 防喷器
SY/T 5053.2—2001 地面防喷器及控制装置 控制装置
SY/T 5056—93(ZB/T E92 012—89) 偏心辊子整形器
SY 5067—91 安全接头
SY/T 5068—2000 钻修井用打捞筒
SY/T 5069—2000 钻修井用打捞矛
SY/T 5070—2002 钻修井用割刀
SY/T 5074—91 石油修井用动力钳
SY 5080—92 修井转盘
SY 5083—91 尾管悬挂器
SY/T 5084—93(ZB E92 001—87) 反循环打捞篮技术条件
SY/T 5110—2000 套管刮削器
SY 5111—86 铅封注水泥套管补接器
SY/T 5112—1999 钻井和采油提升设备规范
SY/T 5113—1999 吊环
SY 5035—91 吊钳
SY 5041—92 吊卡
SY 5114—92 打捞公锥
SY 5115—92 打捞母锥
SY/T 5127—2002 井口装置和采油树规范
SY/T 5144—1997 钻铤
SY/T 5146—1997 整体加重钻杆
SY/T 5147—2000 磁力打捞器
SY/T 5150—2000 分级注水泥器
SY/T 5164—1999 三牙轮钻头
SY/T 5170—1998 石油天然气工业用钢丝绳规范
SY 5182—87 绕焊不锈钢筛管
SY 5200—93 钻柱转换接头

SY 5202—91 石油修井机技术条件
SY/T 5208—2000 石油修井主要提升设备
SY/T 5211—93 高压管接和高压活动弯头
SY 5235—91 抽油杆吊卡
SY/T 5236—2000 抽油杆吊钩
SY/T 5246—91 修井打捞工具通用技术条件
SY/T 5247—1997 套铣作业方法
SY 5285—91 修井用铣鞋及磨鞋
SY/T 5290—2000 石油钻杆接头
SY/T 5324—94 预应力隔热油管
SY/T 5352—95 可钻式桥塞
SY/T 5376—91 石油通井机
SY/T 5383—1999 螺杆钻具
SY 5394—91 常规注水泥胶塞
SY/T 5400.1—2000 石油钻修井用动力钳 第一部分 钻杆钳
SY/T 5400.2—2000 石油钻修井用动力钳 第二部分 套管钳
SY/T 5401—91 涡轮钻具
SY 5424—91 机械式外割刀
SY 5469—92 旋转钻井设备 水龙带
SY/T 5470—2002 石油修井绞车
SY/T 5496—2000 震击器及加速器
SY/T 5525—92 旋转钻井设备 上部和下部方钻杆旋塞阀
SY 56283—93 水力锚
SY/T 5629—1998 采油采气用井下工具分类及型号编制方法
SY/T 5688—95 水力式外割刀
SY/T 5859—95 桥塞坐封工具
SY/T 5870—93 套管补贴用波纹管
SY/T 5871—93 丢手可钻封隔器
SY/T 6194—1996 套管和油管
SY/T 6417—1999 套管、油管和钻杆使用性能
SY/T 5211—2003 压裂设备
SY/T 5029—2003 抽油杆
SY/T 10046—2003 船舶靠泊平台作业规范
SY/T 6117—2003 石油修井机使用与维护
SY/T 5884—93 压裂车技术条件

四、井下作业施工安全

SY/T6443—2000 压裂酸化作业安全规定
SY 5225—94 石油与天然气钻井、开发、储运防火防爆安全生产管理规定
SY 5727—1995 井下作业井场用电安全要求

SY 5858—93 石油企业工业动火安全规程
SY 6023—94 石油井下作业队安全生产检查规定
SY 6137—1996 含硫气井安全生产技术规定
SY/T 6203—1996 油气井井喷着火抢险做法
SY/T 6228—1996 油气井钻井及修井作业职业安全的推荐做法
SY/T 6564—2003 海上石油作业系物安全规程
SY/T 6560—2003 海上石油设施电气安全操作规程
SY/T 10047—2003 海上油(气)田开发工程环境保护设计规范
SY/T 6566—2003 水力压裂安全技术要求
SY 6321—1997 浅海采油与井下作业安全规程
SY 6429—1999 浅海石油作业消防规定
SY 6430—1999 浅海石油船舶吊装作业安全规程
SY 6504—2000 浅海石油作业硫化氢防护安全规定
SY/T 6455—2000 陆上石油安全术语
SY 5727—1995 井下作业井场用电安全要求
SY 6137—1996 含硫气井安全生产技术规定
SY 6277—1997 含硫油气田硫化氢监测与人身安全防护规定

第二十章　常用数据

一、API 油管、套管、钻杆、钻铤及接头的物理机械性能

钢级	H—40	J—55	K—55	C—75	N—80	C—95	P—105	P—110	V—150	E—75	X—95	G—105	S—135	$36CrNiMo_4$	SAE 4140	SAE 3140
最小抗拉强度/MPa	413.6	516.5	654.6	654.6	688.9	723.2	827.1	861.4	1176	690	725	790	1000	1078	1078	872.2
最小屈服极限/MPa	275.4	379.3	379.3	516.5	550.2	654.6	723.2	757.5	1034	515	655	725	930	980	931	705.6
使用范围	套管、油管						钻杆	套管		钻杆				接头	方钻杆、接头及钻铤	
	套管、油管															

二、油管性能规范

（一）油管通径规直径标准

油管尺寸/mm	通径规长度/mm	通径规直径
73.02 及以下	1067	内径—2.18
88.9 及以上	1067	内径—3.18

注：1.数据来源于 API 5CT 公报，1981 年 3 月第十二版；2.通径规为等圆柱体。

（二）API 油管性能规范

1. API 油管分类表

公称外径		公称重量		壁厚	钢级							连接类型
mm	in	N/m	lb/ft		H40	J55	C75	L80	N80	C90	P105	
26.7	1.050	17	1.14	2.87	*	*	*	*	*	*		N—U
		18	1.20	2.87	*	*	*	*	*	*		E—U
		22	1.50	3.91				*		*		N—U
33.4	1.315	25	1.70	3.38	*	*	*	*	*	*		N—U
		25	1.72	3.38	*	*	*	*	*	*		I—J
		26	1.80	3.38	*	*	*	*	*	*		E—U
		33	2.25	4.55				*		*		N—U
42.2	1.66	31	2.10	3.18	*	*						I—J
		33	2.30	3.56	*	*	*	*	*	*		N—U
		33	2.33	3.56	*	*	*	*	*	*		I—J

续表

公称外径		公称重量		壁厚	钢级							连接类型
mm	in	N/m	lb/ft		H40	J55	C75	L80	N80	C90	P105	
42.2	1.66	35	2.40	3.56	*	*	*	*	*	*		E—U
		47	3.24	5.03				*		*		N—U
48.3	1.90	35	2.40	3.18	*	*						I—J
		40	2.75	3.68	*	*	*	*	*	*		N—U
		40	2.76	3.68	*	*	*	*	*	*		I—J
		42	2.90	3.68	*	*	*	*	*	*		E—U
		5.3	3.64	5.08				*				N—U
		64	4.41	6.35				*				N—U
		74	5.13	7.62				*				N—U
60.3	2.375	58	4.00	4.24	*	*	*	*		*		N—U
		67	4.60	4.83	*	*	*	*	*	*	*	N—U
		69	4.70	4.83	*	*	*	*	*	*	*	E—U
		85	5.80	6.45			*	*	*	*	*	N—U
		87	5.95	6.45			*	*	*	*	*	E—U
		95	6.55	7.49			*	*	*	*		N—U
		112	7.70	8.53			*	*		*		N—U
73.0	2.875	93	6.40	5.51	*	*	*	*	*	*	*	N—U
		95	6.50	5.51	*	*	*	*	*	*	*	E—U
		113	7.80	7.01			*	*	*	*	*	N—U
		115	7.90	7.01			*	*	*	*	*	E—U
		126	8.60	7.82			*	*	*	*	*	N—U
		127	8.70	7.82			*	*	*	*	*	E—U
		139	9.50	8.64				*		*		N—U
		156	10.7	9.96				*		*		N—U
		170	11.7	11.2				*		*		N—U
88.9	3.50	112	7.70	5.49	*	*	*	*	*	*		N—U
		134	9.20	6.45	*	*	*	*	*	*	*	N—U
		136	9.30	6.45	*	*	*	*	*	*	*	E—U
		149	10.2	7.34	*	*	*	*	*	*		N—U
		185	12.7	9.52			*	*	*	*	*	N—U
		189	13.0	9.52			*	*	*	*	*	E—U

续表

公称外径		公称重量		壁厚	钢级							连接类型
mm	in	N/m	lb/ft		H40	J55	C75	L80	N80	C90	P105	
88.9	3.50	205	14.1	10.9				*		*		N—U
		231	15.8	12.1				*		*		N—U
		248	17.1	13.5				*		*		N—U
1016	4.00	139	9.50	5.74	*	*	*	*	*	*		N—U
		161	11.0	6.65	*	*	*	*	*	*		E—U
		196	13.4	8.38				*		*		N—U
		233	15.9	10.54				*		*		N—U
		277	19.0	12.7				*		*		N—U
		328	22.5	15.49				*		*		N—U

注：1. 表中 N—U，不加厚；E—U，外加厚；I—J 为整体接头；* 表示为有此类油管；无 * 表示为没有此类油管。

2. 来源于 API 5CT 公报，1988 年 3 月 15 日。

2. API 油管性能规范

外径/mm	质量/(N/m)	壁厚/mm	内径/mm	本体断面积/mm^2	容量/(L/m)	管体排代量/(L/m)	钢级	接头最小连接强度/kN		最小抗挤强度/MPa	最小抗内压强度/MPa
								平式	加厚		
26.7	17 18	2.9	20.9	215	0.34	0.22	J—55	39	81	72.8	71.4
							C—75	53	111	99.3	97.4
							N—80	56	118	105.9	103.9
							P—105	74	155	139.1	136.3
	22	3.9	18.8	280	0.28	0.28	J—55		106	94.9	97.3
							C—75		145	129.4	132.7
							N 80		154	138.1	141.6
							P—105		202	131.2	158.8
33.4	25 26	3.4	26.6	319	0.56	0.32	J—55	67	121	68.9	67.1
							C—75	92	165	94.0	91.5
							N—80	98	176	100.3	97.6
							P—105	128	231	131.6	128.1
	2.25	4.5	24.3	412	0.46	0.42	J—55		156	89.2	90.3
							C—75		213	121.6	123.2
							N—80		227	129.7	131.4
							P—105		298	170.3	172.5
42.2	31	3.2	35.8	389	1.01	0.39	J—55		14.7	52.8	50.0
							C—75		20.1	72.0	68.1
							N—80		215	76.S	72.7
							P—105		282	96.3	95.4

续表

外径/mm	质量/(N/m)	壁厚/mm	内径/mm	本体断面积/mm^2	容量/(L/m)	管体排代量/(L/m)	钢级	接头最小连接强度/kN		最小抗挤强度/MPa	最小抗内压强度/MPa
								平式	加厚		
42.2	34 35	3.6	35.1	431	0.96	0.44	J—55	95	164	58.6	56.0
							C—75	130	223	79.9	76.3
							N—80	138	238	85.2	81.4
							P—105	181	212	111.8	106.8
	47	5.0	32.1	587	0.81	0.59	J—55		222	79.7	79.2
							C—75		303	108.6	107.9
							N—80		324	115.9	115.1
							P—105		425	152.1	151.1
48.3	35	3.2	41.9	450	1.38	0.45	J—55		171	45.8	43.7
							C—75		233	58.2	59.5
							N—80		248	61.1	63.5
							P—105		326	74.5	83.3
60.3	85 87	6.5	47.4	1092	1.77	1.09	J—55	315	414	72.4	71.0
							C—75	430	565	98.8	96.8
							L—80	458	602	105.4	103.2
							N—80	458	602	105.4	103.2
							C—90	516	678	118.5	116.1
							C—95	544	715	125.1	122.6
							P—105	601	790	138.3	135.5
							Q—125	716	941	164.6	161.3
	92 97	7.1	46.1	1189	1.67	1.19	J—55		451	78.9	78.2
							C—75		615	107.6	106.7
							L—80		656	114.7	113.8
							N—80		656	114.7	113.8
							C—90		738	129.1	128.0
							C—95		779	136.2	135.1
							P—105		861	150.6	149.4
							Q—125		1025	179.3	177.8
73.02	93 95	5.5	62.0	1169	3.02	1.17	J—55	323	443	52.9	50.1
							C—75	440	605	72.2	68.3
							L—80	470	645	77.0	72.9
							N—80	470	645	77.0	72.9
							C—90	528	725	85.4	82.0
							C—95	558	766	89.2	86.5
							P—105	616	846	96.7	95.6
							Q—125	734	1008	110.8	113.8

续表

外径/mm	质量/(N/m)	壁厚/mm	内径/mm	本体断面积/mm^2	容量/(L/m)	管体排代量/(L/m)	钢级	接头最小连接强度/kN 平式	接头最小连接强度/kN 加厚	最小抗挤强度/MPa	最小抗内压强度/MPa
73.02	112 115	7.0	59.0	1454	2.73	1.46	J—55	430	551	65.8	63.7
							C—75	587	752	89.8	86.9
							L—80	626	802	95.7	92.7
							N—80	626	802	95.7	92.7
							C—90	704	902	107.7	104.2
							C—95	744	952	113.7	110.0
							P—105	822	1053	125.7	121.6
							Q—125	979	1253	149.6	144.8
	126 127	7.8	57.4	1602	2.59	1.60	J—55	488	608	72.5	71.1
							C—75	665	829	98.9	96.9
							L—80	709	884	105.5	103.4
							N—80	709	884	105.5	103.4
							C—90	797	994	118.7	116.3
							C—95	842	1050	125.3	122.8
							P—105	930	1160	138.5	135.7
							Q—125	1108	1381	164.9	161.6
	139	8.6	55.8	1747	2.44	1.75	J—55		66.2	79.1	78.5
							C—75		90.3	107.8	107.0
							L—80		96.4	115.0	114.2
							N—80		96.4	115.0	114.2
							C—90		108.4	129.4	128.4
							C—95		114.4	136.6	135.6
							P—105		126.5	151.0	149.8
							Q—125		150.6	179.7	178.4
	143 152	9.2	54.6	1844	2.34	1.85	J—55		699	83.5	83.6
							C—75		953	113.8	113.9
							L—80		1017	121.4	121.5
							N—80		1017	121.4	121.5
							C—90		1144	136.6	136.7
							C—95		1208	144.2	144.3
							P—105		1335	159.4	159.5
							Q—125		1589	189.7	189.9
	156 161	10.3	52.5	2028	2.16	2.03	J—55		769	91.8	93.5
							C—75		1048	125.2	127.5
							L—80		1118	133.5	136.0
							N—80		1118	133.5	136.0
							C—90		1258	150.2	153.0
							C—95		1328	158.5	151.5
							P—105		1468	175.2	178.5
							Q—125		1747	208.6	212.5

续表

外径/mm	质量/(N/m)	壁厚/mm	内径/mm	本体断面积/mm^2	容量/(L/m)	管体排代量/(L/m)	钢级	接头最小连接强度/kN		最小抗挤强度/MPa	最小抗内压强度/MPa
								平式	加厚		
73.02	170	11.2	50.7	2172	2.02	2.17	J—55		823	98.3	101.6
							C—75		1123	134.1	138.5
							L—80		1198	143.0	147.7
							N—80		1198	143.0	147.7
							C—90		1348	160.9	166.2
							C—95		1422	169.8	175.4
							P—105		1572	187.7	193.9
							Q—125		1872	223.4	230.8
88.9	112	5.5	77.9	1438	4.77	1.44	J—55	398	545	41.2	41.0
							C—75	542	743	51.8	55.8
							L—80	579	793	54.2	59.6
							N—80	579	793	54.2	59.6
							C—90	651	892	58.9	67.0
							C—95	688	942	61.0	70.7
							P—105	760	1041	65.2	78.2
							Q—125	904	1239	72.4	93.1
	134 136	6.5	76.0	1671	4.54	1.67	J—55	487	634	51.0	48.2
							C—75	664	864	69.0	65.7
							L—80	708	922	72.6	70.1
							N—80	708	922	72.6	70.1
							C—90	796	1037	79.8	78.8
							C—95	841	1095	83.3	83.2
							P—105	929	1210	90.0	91.9
							Q—125	1106	1440	102.7	109.5
	149 150	7.3	74.2	1881	4.33	1.88	J—55	566	713	57.5	54.8
							C—75	773	973	78.3	74.7
							L—80	823	1037	83.6	79.7
							N—80	823	1037	83.6	79.7
							C—90	927	1167	94.0	89.7
							C—95	978	1232	99.2	94.6
							P—105	1081	1362	109.7	104.6
							Q—125	1287	1621	130.6	124.5
83.9	185 189	9.5	69.9	2357	3.83	2.38	J—55	754	90.1	72.6	71.1
							C—75	1027	1228	98.9	97.0
							L—80	1096	1310	105.5	103.4
							N—80	1096	1310	105.5	103.4
							C—90	1234	1474	118.7	116.3
							C—95	1302	1556	125.3	122.8
							P—105	1440	1720	138.5	135.7
							Q—125	1713	2047	164.9	161.6

续表

外径/mm	质量/(N/m)	壁厚/mm	内径/mm	本体断面积/mm^2	容量/(L/m)	管体排代量/(L/m)	钢级	接头最小连接强度/kN		最小抗挤强度/MPa	最小抗内压强度/MPa
								平式	加厚		
83.9	200	10.5	67.9	2584	3.62	2.59	J—55		98.0	78.9	78.3
							C—75		1336	107.6	106.8
							L—80		1425	114.8	113.9
							N—80		1425	114.8	113.9
							C—90		1603	129.2	128.1
							C—95		1693	136.3	135.3
							P—105		1871	150.7	149.5
							Q—125		2227	179.4	178.0
	215	11.4	66.0	2782	3.43	2.78	J—55		1055	85.0	85.3
							C—75		1438	115.9	116.3
							L—80		1534	123.6	124.1
							N—80		1534	123.6	124.1
							C—90		1726	139.0	139.6
							C—95		1822	146.8	147.4
							P—105		2104	162.2	162.9
							Q—125		2397	193.1	193.9
	231	12.1	64.7	2917	3.29	2.92	J—55		1106	89.1	90.3
							C—75		1509	121.5	123.1
							L—80		1609	129.6	131.3
							N—80		1609	129.6	131.3
							C—90		1810	145.8	147.7
							C—95		1911	153.9	155.9
							P—105		2112	170.1	172.3
							Q—125		2514	202.5	205.1
	244	13.0	63.0	3091	3.12	3.09	J—55		1172	94.4	96.7
							C—75		1598	128.7	131.9
							L—80		1705	137.3	140.7
							N—80		1705	137.3	140.7
							C—90		1918	154.5	158.2
							C—95		2024	163.1	167.0
							P—105		223S	180.2	184.6
							Q—125		2664	214.6	219.8
101.6	139	5.7	90.1	1729	6.38	1.73	J—55		656	35.3	37.5
							C—75		894	43.6	51.1
							L—80		954	45.4	54.5
							N—80		954	45.4	54.5
							C—90		1073	48.8	61.4
							C—95		1132	50.4	64.8
							P—105		1252	53.2	71.6
							Q—125		1490	57.8	85.2

3. API 油管扣型尺寸规范

扣类	项目		平式油管(NU)						加厚油管(EU)					
母扣	公称尺寸/in		1½	2⅜	2⅞	3½	4	4½	1½	2⅜	2⅞	3½	4	4½
	外径/m		55	73	89.5	107	121	132.5	63.5	78	93	114.5	127	141.5
	端面丝扣直径	外径/mm	48.737	60.802	73.502	89.377	101.951	114.651	53.665	66.239	78.944	95.601	108.301	121.001
		内径/mm	45.913	57.978	70.678	86.553	98.331	111.031	50.841	62.619	75.324	91.981	104.681	117.381
	扩孔部分	直径/mm	50	62	74.7	90.6	103.5	116.0	55	67.5	80	97	109.5	122.5
		长度/mm	8	8	8	8	9.5	9.5	8	9.5	9.5	9.5	9.5	9.5
		端面/mm	2	5	6.5	6.5	6.5	6.5	3.5	5	6.5	6.5	6.5	6.5
	丝扣总深度/mm		49	56	67	74	78.5	81.5	51	67	71	77	81	84
	退刀槽直径×宽度/mm×mm		46.3×6	58×6	70×6	85.4×6	97.8×7	110.4×7	51.2×6	62.8×7	75.3×7	91.6×7	104×7	116.5×7
	磨损后油管/mm		42	52	64	78	90	102	42	52	64	78	90	102
公扣	油管外径/mm		48.3	60.3	73.0	88.9	101.6	114.3	53.2	65.9	78.6	95.25	107.95	120.65
	油管内径/mm		40.3	50.3	62.0	75.9	88.6	100.3	40.3	50.3	62.0	75.9	88.6	100.3
	端面丝扣直径	内径/mm	46.866	58.494	70.506	85.944	98.518	111.030	51.669	63.555	76.005	92.292	104.743	117.255
		内径/mm	44.042	55.670	67.682	83.120	94.898	107.410	48.845	59.935	72.385	88.672	101.123	113.635
	进入母扣最大长度/mm		43	50	62	68	72	75	45	60	64	70	74	77
	丝扣总长度/mm		35	42	53	60	62	65	37	50	54	60	64	67
丝扣手拧紧度/(mm/扣)			7.5/10	7.5/10	7.5/10	7.5/10	9.5/8	9.5/8	7.5/10	9.5/9	9.5/8	9.5/8	9.5/8	9.5/8
公扣所配接箍外径/mm			55	73	89.5	107	121	132.5	63.5	78	93	114.5	127	141.5

（三）常用连续油管技术参数

油管尺寸			横断面积		质量		拉伸载荷		承压载荷			内容积		排代量	
外径/mm	壁厚/mm	内径/mm	管壁/mm^2	内空/mm^2	N/m	lb/ft	屈服/kN	极限/kN	最小屈服/MPa	最小破裂/MPa	最小抗外挤/MPa	m^3/1000m	gal/1000ft	管体/(m^3/1000m)	总体/(m^3/1000m)
25.4	2.0320	21.3360	149.032	357.419	11.4693	0.786	71.99	82.28	72.39	92.58	35.52	0.3575	28.79	0.149	40.80
	2.2098	20.9804	161.29	345.806	12.3740	0.848	77.67	88.79	79.08	100.7	76.67	0.3457	27.84	0.161	40.80
	2.4130	20.5740	174.193	332.257	13.3955	0.918	84.07	96.08	86.87	111.2	82.94	0.3325	26.77	0.174	40.80
	2.5908	20.2184	185.806	321.290	14.2710	0.978	89.59	102.4	93.56	120.5	88.39	0.3210	25.85	0.186	40.80
	2.7686	19.8628	196.774	309.677	15.1319	1.037	94.97	108.5	100.4	129.8	93.70	0.3099	24.95	0.197	40.80
31.75	2.0320	27.6860	189.677	601.934	14.5920	1.000	91.56	104.6	57.92	72.95	52.61	0.6019	48.47	0.190	63.75
	2.2098	27.3304	205.161	586.450	15.7740	1.081	98.97	113.1	63.29	79.43	60.81	0.5867	47.24	0.205	63.75
	2.4130	26.9240	222.580	569.031	17.1018	1.172	107.3	122.6	69.50	87.70	67.77	0.5693	45.84	0.222	63.75
	2.5908	26.5684	237.419	554.192	18.2546	1.251	114.5	130.9	74.88	94.94	72.33	0.5544	44.64	0.237	63.75
	2.7686	26.2128	252.258	539.354	19.3782	1.328	121.7	139.0	80.25	102.2	76.81	0.5396	43.45	0.252	63.75
	3.1750	25.4000	285.161	506.451	21.9172	1.502	137.5	157.2	92.66	119.1	86.87	0.5067	40.80	0.285	63.75
	3.4036	24.9428	303.225	488.386	23.0408	1.579	146.3	167.2	99.56	128.8	92.32	0.4886	39.34	0.303	63.75
	3.9624	23.8252	345.806	445.806	26.6012	1.823	166.9	190.8	116.6	152.4	105.4	0.4458	35.90	0.346	63.75
38.10	2.4130	33.2740	270.322	869.676	20.8082	1.426	130.6	149.1	57.92	72.33	51.57	0.8696	70.02	0.270	91.80
	2.5908	32.9184	289.032	850.966	22.2236	1.523	139.5	159.4	62.40	78.25	58.47	0.8511	68.53	0.289	91.80
	2.7686	32.5628	307.096	832.902	23.6244	1.619	148.3	169.5	66.88	84.25	65.02	0.8328	67.06	0.307	91.80
	3.1750	31.7500	348.386	791.601	26.7909	1.836	168.1	192.1	77.22	98.04	73.70	0.7917	63.75	0.348	91.80
	3.4036	31.2928	370.967	769.031	28.5274	1.955	179.0	204.6	83.01	105.9	78.46	0.7691	61.93	0.371	91.80
	3.9624	30.1752	425.160	714.837	32.6715	2.239	205.1	234.4	97.15	125.3	89.91	0.7151	57.58	0.425	91.80

续表

油管尺寸			横断面积		质　量		拉伸载荷		承压载荷			内容积		排代量	
外径/mm	壁厚/mm	内径/mm	管壁/mm^2	内空/mm^2	N/m	lb/ft	屈服/kN	极限/kN	最小屈服/MPa	最小破裂/MPa	最小抗外挤/MPa	m^3/1000m	gal/1000ft	管体/(m^3/1000m)	总体/(m^3/1000m)
44.45	2.7686	38.9128	362.580	1189.03	27.8707	1.910	174.9	199.9	57.36	71.57	50.06	1.1892	95.76	0.363	124.95
	3.1750	38.1000	411.612	1140.00	31.6500	2.169	198.7	227.1	66.19	83.22	63.50	1.1401	91.80	0.412	124.95
	3.4036	37.6428	438.709	1112.90	33.7513	2.313	211.8	242.1	71.15	89.91	68.19	1.1129	89.61	0.439	124.95
	3.9624	36.5252	503.870	1047.74	38.7564	2.656	243.2	278.0	83.29	106.3	78.32	1.0478	84.37	0.504	124.95
	4.4450	35.5600	558.709	992.901	42.9588	2.944	269.6	308.1	93.70	120.7	86.87	0.9931	79.97	0.559	124.95
50.8	2.7686	45.2628	418.064	1609.03	32.1170	2.201	201.6	230.4	50.19	62.19	38.68	1.6090	129.56	0.418	163.20
	3.1750	44.4500	474.838	1551.61	36.5238	2.503	229.3	262.0	57.92	72.33	50.40	1.5518	124.95	0.475	163.20
	3.4036	43.9928	507.096	1520.00	38.9752	2.671	244.6	279.5	62.26	78.05	56.95	1.5200	122.39	0.507	163.20
	3.9624	42.8752	583.225	1443.87	44.8266	3.072	281.4	321.6	72.88	92.18	69.36	1.4437	116.25	0.583	163.20
	4.4450	41.9100	647.095	1379.35	49.7733	3.411	312.4	357.0	81.98	104.6	77.01	1.3795	111.08	0.647	163.20
	4.7752	41.2496	690.321	1336.13	53.0857	3.638	333.2	380.8	88.32	113.2	82.18	1.3363	107.60	0.690	163.20
	5.1562	40.4876	739.353	1287.74	56.8504	3.896	356.8	407.8	95.56	123.1	87.98	1.2875	103.67	0.739	163.20

（四）特种油管性能规范

1. NEW-VAM 油管性能规范

外径		质量		壁厚/	通径/	接箍外径/	接箍长度/	接管损失/	各钢级油管接头最小连接强度/kN						各钢级油管最小抗外挤强度/MPa						各钢级油管最小抗内压强度/MPa					
in	mm	Lb/ft	N/m	mm	mm	mm	mm	mm	75	80	90	95	105	110	75	80	90	95	105	110	75	80	90	95	105	110
2⅜	60.3	5.10	80.1	5.54	46.86	69.49	178	63.86	493	525	592	622	689	721	86.18	91.97	103.5	96.39	120.7	126.4	83.08	88.60	99.70	105.2	116.3	121.8
		5.80	85.0	6.45	45.03	70.74			565	600	676	716	792	827	98.80	105.4	118.5	125.1	138.3	144.9	98.80	103.2	106.1	122.6	135.5	142.0
2⅞	73.0	6.40	93.0	5.51	59.61	82.30	194	71.86	605	645	725	765	845	885	72.19	77.01	85.43	89.22	96.66	100.3	68.32	72.88	81.98	86.53	95.63	100.2
		7.70	112.0	7.01	56.62	84.76			752	801	903	952	1054	1103	89.77	95.77	107.7	113.7	125.6	131.6	86.87	92.66	104.2	110.0	121.6	127.4
		8.60	126.0	7.82	54.99	85.45			827	885	996	1050	1161	1214	98.94	105.5	118.7	125.3	138.5	145.1	96.94	103.4	116.3	122.8	135.8	142.2
		9.80	144.0	9.19	52.25	87.25			952	1019	1143	1210	1334	1397	113.8	121.4	136.6	144.2	159.3	166.9	114.0	121.6	136.7	144.3	159.5	167.1
3½	88.9	7.70	112	5.51	74.75	97.54	217	83.16	743	792	894	943	1041	1090	51.78	54.26	58.88	61.02	65.15	67.09	55.85	59.57	67.02	70.74	78.19	81.91
		9.20	134	6.45	72.82	99.06			863	921	1036	1094	1210	1268	68.94	72.67	79.77	83.29	90.04	93.28	65.64	70.05	78.81	83.15	91.90	96.32
		10.20	149	7.34	71.04	100.6			974	1036	1165	1232	1361	1428	78.32	83.56	94.04	99.21	109.7	114.9	74.74	79.70	89.63	94.66	104.6	109.6
		12.70	185	9.53	66.68	103.6			1228	1312	1472	1557	1721	1801	98.94	105.6	118.7	125.3	138.5	145.1	96.99	103.4	116.3	122.8	135.5	142.2
		13.70	200	10.5	64.74	105.1			1334	1423	1601	1690	1873	1961	107.6	114.8	129.1	136.3	150.7	157.9	106.8	113.9	128.2	135.3	149.5	156.6
		14.70	215	11.4	62.92	106.5			1437	1530	1721	1819	2010	2104	115.9	123.6	139.1	146.8	162.2	170.0	116.3	124.1	139.6	147.3	162.9	170.6
		15.80	231	12.1	61.54	106.9			1508	1610	1810	1912	2113	2211	121.6	129.6	145.8	154.0	170.2	178.2	123.1	131.2	147.7	155.9	172.3	180.5
4	101	9.50	138	5.74	86.94	110.4	230	89.61	894	952	1072	1134	1250	1312	43.57	45.43	48.81	50.40	53.23	54.54	51.16	54.54	61.36	64.74	71.57	75.01
		10.90	159	6.65	85.12	111.9			1027	1094	1232	1299	1437	1503	57.78	60.67	66.19	68.81	73.84	76.26	59.29	63.22	71.15	75.08	83.01	86.94
		13.20	192	8.38	81.66	114.7			1268	1352	1521	1605	1779	1864	78.25	83.49	93.91	99.15	109.6	114.8	74.67	79.63	89.56	94.60	104.5	109.1
		14.80	216	9.65	79.12	117.0			1441	1539	1730	1828	2019	2113	88.94	94.87	106.7	112.7	124.4	130.4	85.98	91.70	103.1	108.9	120.4	126.1
		16.50	241	10.9	76.58	118.2			1610	1717	1930	2037	2250	2362	99.21	105.8	119.1	125.7	138.9	145.1	99.35	103.8	116.7	123.2	136.2	142.7

2. TM 油管性能规范

外径		质量		壁厚/mm	通径/mm	接箍外径/mm	接箍长度/mm	接管损失/mm	各钢级油管接头最小连接强度/kN						各钢级油管最小抗外挤强度/MPa						各钢级油管最小抗内压强度/MPa					
in	mm	lb/ft	N/m						75	80	90	95	105	110	75	80	90	95	105	110	75	80	90	95	105	110
$2\frac{3}{8}$	60.3	5.10	80.1	5.54	46.86	73.02	125	56.00	493	525	592	622	689	721	86.18	91.97	103.5	96.39	120.7	126.4	83.08	88.60	99.70	105.2	116.3	121.6
		5.80	85.0	6.45	45.03				565	600	676	716	792	827	98.80	105.4	118.5	125.1	138.3	144.9	96.80	103.2	106.1	122.6	135.5	142.0
		6.30	92.0	7.11	43.71				614	654	738	778	863	903	107.6	114.7	129.1	136.2	150.6	157.8	106.7	113.8	128.0	135.1	149.3	156.4
		7.35	108	8.53	40.86				702	752	845	889	987	1032	125.6	134.0	150.7	159.1	175.9	184.2	128.0	136.6	153.6	162.2	179.3	187.7
$2\frac{7}{8}$	73.0	6.40	94.0	5.51	59.61	88.90	121	56.00	605	645	725	765	845	885	72.19	77.01	85.43	89.12	96.66	100.3	68.32	72.88	81.98	86.53	95.63	100.2
		7.80	114	7.11	56.61		141	64.00	752	801	903	952	1054	1103	89.77	95.77	107.7	113.7	125.6	131.6	86.87	92.66	104.2	110.0	121.6	127.4
		8.60	116	7.82	54.99				827	885	996	1050	1161	1214	98.94	105.5	118.7	125.3	138.5	145.1	96.94	103.4	116.3	122.8	135.8	142.2
		9.35	137	8.64	53.37				903	965	1085	1143	1263	1326	107.8	115.0	129.4	136.6	151.0	158.2	107.0	114.2	128.5	135.5	149.8	157.0
		9.80	144	9.19	52.25				952	1019	1143	1210	1334	1397	113.8	121.4	136.6	144.2	159.3	166.9	114.0	121.6	136.7	144.3	159.5	167.1
		10.70	157	10.3	50.06				1049	1116	1259	1330	1468	1539	125.1	133.5	150.2	158.5	175.3	183.6	127.5	136.0	153.0	161.5	178.4	187.0
$3\frac{1}{2}$	88.9	9.20	135	6.45	72.82	10795	145	66.00	863	921	1036	1094	1210	1268	68.94	72.67	79.77	83.29	90.04	93.28	65.64	70.05	78.81	83.15	91.90	96.32
		10.20	149	7.34	71.04		165	76.00	974	1036	1165	1232	1361	1428	78.32	83.56	94.04	99.21	109.7	114.9	74.74	79.70	89.63	94.66	104.6	109.6
		12.70	185	9.53	66.68				1228	1312	1472	1557	1721	1801	98.94	105.6	118.7	125.3	138.5	145.1	96.99	103.4	116.3	122.8	135.8	142.2
		13.70	200	10.5	64.74				1334	1423	1601	1690	1873	1961	107.6	114.8	129.1	136.3	150.7	157.9	106.8	113.9	128.2	135.3	149.5	156.6
		14.70	215	11.4	62.92				1437	1530	1721	1819	2010	2104	115.9	123.6	139.1	146.8	162.2	170.0	116.3	124.1	139.6	147.3	162.9	170.6
		15.80	231	12.1	61.54				1508	1610	1810	1912	2113	2211	121.6	129.6	145.8	154.0	170.2	178.2	123.1	131.2	147.7	155.9	172.3	180.5
4	101	10.90	159	6.65	85.12	12065	179	83.00	1027	1094	1232	1299	1437	1503	57.78	60.67	66.19	68.81	73.84	76.26	59.29	63.22	71.15	75.08	83.01	86.94
		13.20	192	8.38	81.66				1268	1352	1521	1605	1779	1864	78.25	83.49	93.91	99.15	109.6	114.8	74.67	79.63	89.56	94.60	104.5	109.5
		14.80	216	9.65	79.12				1441	1539	1730	1828	2019	2113	88.94	94.87	106.7	112.7	124.4	130.4	85.98	91.70	103.1	108.9	120.4	126.1
		16.50	241	10.9	76.58				1610	1717	1930	2037	2250	2362	99.21	105.8	119.1	125.7	138.9	145.1	99.35	103.8	116.7	123.2	136.2	142.7

3. 含硫气井油管性能规范

BG 特殊扣 C-90 油管性能参数

序号	尺寸/mm	钢级	壁厚/mm	扣型	质量/(N/m)	抗内压/MPa	抗外挤/MPa	抗拉/kN	内容积/(L/m)	上扣扭矩/N·m
1	88.9	C—90	9.52	BGT	185	116.4	118.7	1474	3.83	3498~4664
2	88.9	C—90	6.45	BGT	134	78.8	79.8	1037	4.54	2264~3010

BG 特殊扣 110S-2Cr 管柱强度数据表

井段/m	尺寸/mm	扣型	钢级	壁厚/mm	质量/(kg/m)	抗挤强度/MPa	抗内压/MPa	抗拉强度/kN
0~4700	88.9	BGT—1	110S—2Cr	9.53	18.9	145.1	142.2	1801
4700~5230	88.9	BGT—1	110S—2Cr	6.45	13.7	93.3	96.3	1264

BG 长圆扣 C90 管柱强度数据表

井段/m	尺寸/mm	扣型	钢级	壁厚/mm	质量/(N/m)	抗挤强度/MPa	抗内压强度/MPa	抗拉强度/kN	累重/kN	抗拉安全系数
2120~3580	73mm	EUE	C90	5.51	95	85.4	82	726	138.6	5.23
860~2120	89mm	BGT		6.45	136	79.8	78.8	1037	309.97	3.34
0~860	89mm	EUE		6.45	136	79.8	78.8	1037	426.93	2.42

（五）油管上扣推荐扭矩

1. API 平式油管上扣推荐扭矩

外径/mm	质量		钢级	上扣扭矩/N·m		
	N/m	1b/ft		最小	最佳	最大
26.7	17	1.14	H—40	150	200	250
			J—55	200	250	320
			C—75	240	320	400
			N—80	260	350	430
33.4	25	1.70	H—40	220	290	360
			J—55	280	370	470
			C—75	370	500	620
			N—80	400	530	660
42.2	33	2.30	H—40	280	370	470
			J—55	360	480	610
			C—75	480	640	800
			N—80	510	680	840
48.3	40	2.75	H—40	330	440	550
			J—55	430	570	690
			C—75	570	750	940
			N—80	590	790	970

续表

外径/mm	质量		钢级	上扣扭矩/N·m		
	N/m	1b/ft		最小	最佳	最大
60.3	58	4.00	H—40	500	650	800
			J—55	650	850	1050
			C—75	550	1100	1400
			N—80	900	1200	1450
	67	4.60	H—40	600	750	950
			J—55	750	1000	1250
			C—75	1000	1350	1650
			N—80	1050	1400	1750
			P—105	1350	1750	2200
	85	5.80	C—75	1450	1900	1400
			N—80	1500	2000	2550
			P—105	1900	2550	3200
73.02	93	6.40	H—40	850	1100	1400
			J—55	1100	1450	1800
			C—75	1450	1900	2400
			N—80	1500	2050	2550
			P—105	1900	2550	3200
	126	8.60	C—75	2150	2900	3600
			N—80	2300	3050	3800
			P—105	2900	3850	4850
88.9	112	7.70	H—40	950	1250	1600
			J—55	1250	1650	2100
			C—75	1650	2200	2750
			N—80	1750	2350	2950
	134	9.20	H—40	1150	1550	1950
			J—55	1500	2050	2550
			C—75	2000	2700	3350
			N—80	2150	2850	3600
			P—105	2700	3600	4550
	149	10.20	H—40	1350	1800	2250
			J—55	1800	2400	2950
			C—75	2350	3150	3950
			N—80	2500	3350	4150
	185	12.70	C—75	3150	4200	5250
			N—80	3350	4450	5550
			P—105	4200	5600	7000

续表

外径/mm	质　量		钢级	上扣扭矩/N·m		
	N/m	1b/ft		最小	最佳	最大
101.6	139	9.50	H—40	1000	1300	1650
			J—55	1300	1700	2150
			C—75	1700	2250	2850
			N—80	1800	2400	3000
114.3	183	12.60	H—40	1350	1850	2300
			J—55	1850	2400	3000
			C—75	2400	3200	4000
			N—80	2550	3350	4200

2. API 加厚油管上扣推荐扭矩

外径/mm	质　量		钢级	上扣扭矩/N·m		
	N/m	1b/ft		最小	最佳	最大
26.7	18	1.20	H—40	500	650	800
			J—55	600	850	1050
			C—75	800	1100	1350
			N—80	850	1150	1450
33.4	26	1.80	H—40	450	600	750
			J—55	600	800	1000
			C—75	750	1000	1300
			N—80	800	1100	1350
42.2	35	2.40	H—40	550	750	900
			J—55	700	950	1200
			C—75	950	1250	1600
			N—80	1000	1350	1650
48.3	42	2.90	H—40	700	950	1150
			J—55	900	1200	1500
			C—75	1200	1600	2000
			N—80	1250	1700	2100
60.3	69	4.70	H—40	1000	1350	1700
			J—55	1350	1800	2250
			C—75	1750	2350	2950
			N—80	1850	2500	3100
			P—105	2250	3150	3950
60.3	87	5.95	C—75	2200	2950	3650
			N—80	2300	3100	3850
			P—105	2950	3900	4900

续表

外径/mm	质量		钢级	上扣扭矩/N·m		
	N/m	1b/ft		最小	最佳	最大
73.0	95	6.50	H—40	1300	1750	2150
			J—55	1700	2300	2850
			C—75	2250	3000	3750
			N—80	2400	3200	4000
			P—105	3000	4000	5050
	127	8.70	C—75	2950	3950	4900
			N—80	3150	4200	5250
			P—105	3950	5250	6600
88.9	136	9.30	H—40	1800	2400	3000
			J—55	2350	3150	3950
			C—75	3150	4150	5200
			N—80	3300	4450	5550
			P—105	4200	5600	7000
	189	12.95	C—75	4200	5600	7000
			N—80	4450	5950	7400
			P—105	3650	7500	9400
101.6	161	11.00	H—40	2000	2700	3350
			J—55	2650	3550	4450
			C—75	3500	4700	5850
			N—80	1750	6300	7900
14.3	186.6	12.75	H—40	2250	3000	3750
			J—55	2950	3950	4400
			C—75	3950	5250	6550
			N—80	4200	5550	6950

3. NEW—WM 接头油管上扣推荐扭矩(单位:N·m)

外径/mm	质量/(lb/ft)	壁厚/mm	75—80—85钢级			91—95—100钢级			105—110—115钢级			120—125—130钢级			135—140钢级			145—150—155钢级		
			最小	最佳	最大	最小	最佳	最大	最小	最佳	最大	最小	最佳	最大	最小	最佳	最大	最小	最佳	最大
60.32	4.60	4.83	2000	2200	2410	2260	2500	2750	2530	2800	3090	2820	3200	3520	3160	3500	3850	3350	3700	4070
	5.10	5.54	2000	2200	2410	2350	2600	2850	2620	2900	3200	2880	3200	3520	3160	3500	3850	3430	3800	4180
	5.80	6.45	2080	2300	2520	2440	2700	2960	2710	3000	3290	3000	3300	3630	3240	3600	3960	3520	3900	4290
73.02	6.40	5.51	3000	3300	3630	3520	3900	4290	3970	4400	4830	4410	4900	5380	4870	5400	5950	5230	5800	6390
	7.70	7.01	3160	3500	3850	3610	4000	4390	4150	4600	5070	4610	5100	5610	5050	5600	6160	5410	6000	6600
	8.60	7.82	3520	3900	4290	4060	4500	4940	4690	5200	5720	5230	5800	6390	5690	6300	6930	6130	6800	7490
	9.80	9.19	4060	4500	4940	4690	5200	5720	5330	5900	6490	5950	6600	7250	6490	7200	7930	7030	7800	8580
88.9	7.70	5.49	3380	4300	4730	4510	5000	5510	5050	5600	6160	5690	6300	6930	6130	6800	7490	6590	7300	8030
	9.20	6.45	4060	4500	4940	4690	5200	5720	5330	5900	6490	5950	6600	7250	6410	7100	7820	6850	7600	8370
	10.20	7.34	4610	5100	5610	5330	5900	6490	6050	6700	7380	6750	7500	8250	7390	8200	9020	7940	8800	9690
	12.70	9.53	5330	5900	6490	6130	6800	7490	6950	7700	8470	7850	8700	9560	8470	9400	10350	9010	10000	11000
	13.70	10.49	6230	6900	7580	7220	8000	8800	8210	9100	10010	9470	10500	11540	10340	11500	1264	10840	12000	13240
	14.70	11.40	7310	8100	8910	8110	9000	9910	9470	10500	11540	10340	11500	12640	11280	12500	13700	12150	13500	14840
	15.80	12.09	7390	8200	9020	8110	9000	9910	9470	10500	11540	10340	11500	12640	11280	12500	13700	12150	13500	14840
101.6	9.50	5.74	4970	5500	6050	5770	6400	7040	6490	7200	7930	7220	8000	8800	7850	8700	9563	8470	9400	10350
	10.90	6.65	5130	5700	6270	5950	6600	7250	6750	7500	8250	7470	8300	9130	8110	9000	9910	8750	9700	10680

4. TM 接头上扣推荐扭矩(单位:N · m)

外径/mm	质量/(lb/ft)	壁厚/mm	70—80—95 钢级		100—110—130 钢级		135—150—155 钢级	
			最小	最大	最小	最大	最小	最大
60.3	5.10	5.54	1600	2000	1700	2100	2000	2400
	5.80	6.45	2000	2500	2200	2600	2500	3000
	6.30	7.01	2300	2800	2600	3000	2800	3400
	7.30	8.53	2800	3600	3300	3900	3600	4300
73.02	6.40	5.51	2000	2700	2100	3000	2400	3300
	7.70	7.01	2600	4000	2800	4200	3200	4600
	8.60	7.82	3000	4400	3300	4700	3700	5100
	9.80	9.19	3700	5100	4200	5500	4700	6100
	10.70	10.30	3900	5300	4400	5700	4900	6300
88.9	9.20	6.45	2600	4400	2800	4800	3500	5300
	10.20	7.34	3300	5100	3700	5500	4400	6200
	12.70	9.52	4600	6400	5200	7000	6000	7800
	13.70	10.49	4800	6600	5500	7300	6300	8100
	14.70	11.40	5000	6800	5700	7500	6600	8400
	15.80	12.09	5100	7000	5800	7600	6800	8600
101.6	10.90	6.65	3100	4500	3560	4900	4000	5400
	13.00	8.38	4400	5700	5000	6400	5700	7100
	14.80	9.65	5300	6700	6100	7500	7100	8700
	16.50	10.92	5700	7100	6500	7900	7700	9300
114.3	11.60	6.35	3300	4600	3700	5100	4400	5800
	12.60	7.01	3700	5100	4300	5700	5100	6500
	13.50	7.34	4200	5500	4800	6200	5700	7100
	15.10	8.56	5200	6600	6200	7500	7300	9100
	16.90	9.65	6200	7500	7300	8900	8700	10700
	17.70	10.24	6300	7700	7500	9100	8900	10900
	18.80	10.92	6500	7900	7700	9300	9200	11200
	21.60	10.70	7000	8500	8200	10000	9800	11300
	24.60	14.22	7300	8900	8600	10400	10300	12600

注:本表数据来源于日本住友金属工业株式会社技术手册。

5. VAM—ACE 接头油管上扣推荐扭矩(单位:N·m)

外径/mm	质量/(lb/ft)	壁厚/mm	75—80—85 钢级			90—95—100 钢级			105—110—115 钢级			120—125—130 钢级			135—140 钢级			145—150—155 钢级		
			最小	最佳	最大	最小	最佳	最大	最小	最佳	最大	最小	最佳	最大	最小	最佳	最大	最小	最佳	最大
60.3	4.60	4.83	1260	1400	1540	1360	1500	1630	1450	1600	1760	1540	1700	1870	1720	1900	2080	1810	2000	2200
	5.10	5.54	1260	1400	1540	1360	1500	1630	1450	1600	1760	1540	1700	1870	1720	1900	2080	1810	2000	2200
	5.80	6.45	1620	1800	1980	1720	1900	2080	1900	2100	2310	1990	2200	2410	2170	2400	2640	2260	2500	2750
	6.30	7.11	1990	2200	2410	2080	2300	2520	2260	2500	2750	2530	2800	3090	2710	3000	3290	2800	3100	3400
	7.30	8.53	2710	3000	3290	2800	3100	3400	2990	3300	3630	3160	3500	3850	3430	3800	4180	3610	4000	4390
73.0	6.40	5.51	2260	2500	2750	2440	2700	2960	2710	3000	3290	2880	3200	3510	3070	3400	3740	3160	3500	3850
	7.70	7.01	2530	2800	3090	2800	3100	3400	3070	3400	3740	3240	3600	3960	3430	3800	4180	3610	4000	4390
	8.60	7.82	3070	3400	3740	3350	3700	4070	3610	4000	4390	3880	4300	4730	4150	4600	5070	4330	4800	5270
	9.8	9.19	3880	4300	4730	4240	4700	5180	4510	5000	5510	4970	5500	6050	5230	5800	6390	5410	6000	6600
	10.70	10.29	4330	4800	5270	4770	5300	5830	5230	5800	6390	5690	6300	6930	6050	5700	7380	6310	7000	7700
88.9	7.70	5.49	2440	2700	2960	2620	2900	3200	2880	3200	3520	3070	3400	3740	3240	3600	3960	3430	3800	4180
	9.20	6.45	3520	3900	4290	3800	4200	4620	4060	4500	4940	4330	4800	5270	4510	5000	5510	4690	5200	5720
	10.20	7.34	4330	4800	5270	4610	5100	5610	4970	5500	6050	5330	5900	6490	5590	6200	6810	5850	6500	7160
	12.70	9.52	6130	6800	7490	6590	7300	8030	7030	7800	8580	7670	8500	9360	8390	9300	10240	9010	10000	11000
	13.70	10.49	6750	7500	8250	7220	8000	8800	8110	9000	9910	8570	9500	10450	9010	10000	11000	9470	10500	11540
	14.70	11.43	7670	8500	9360	8570	9500	10400	9470	10500	11540	9920	11000	12110	10340	11500	12640	10840	12000	13240

6. MINI—W 接头油管上扣推荐扭矩(单位:N·m)

外径/mm	质量/(lb/ft)	壁厚/mm	55 钢级			75—90 钢级			105 钢级		
			最小	最佳	最大	最小	最佳	最大	最小	最佳	最大
26.67	1.16 1.50	2.87 3.91	150	200	300	200	300	400	200	300	400
33.40	1.72 2.20	3.38 4.55	200	300	500	300	400	600	300	400	600
42.16	2.33 3.05	3.56 4.85	200	500	700	500	700	900	500	700	900
48.26	2.76 4.10	3.68 5.08	400	600	800	600	800	1000	500	700	900
52.40	3.25 4.50	3.96 5.71	500	700	900	700	900	1200	500	700	900

三、套管性能规范

(一)套管通径规直径标准

套管规格	通径规长度/mm	通径规直径/mm
219.1 及以下	152	内径—3.18
224.75~339.725	305	内径—3.97
406.4 及以上	305	内径—4.76

注:1.数据来源于 APl 5CT 公报,1981 年 3 月第十二版;

2.通径规为等圆柱体。

(二)API 套管性能规范数据

公称外径		公称质量		壁厚/	内径/	容量/	抗内压强度/MPa					
in	mm	lb/ft	N/m	mm	mm	L·m	K—55	C-75	N—80	C-90	C—95	P—110
4.50	114.3	9.50	139	5.21	103.9	8.48	30.2					
		10.50	153	5.69	102.9	8.32	33.0					
		11.60	169	6.35	101.6	8.11		50.3	53.6	60.3	63.7	73.7
		13.50	197	7.37	99.6	7.79		58.3	62.2	70.0	73.9	85.6
5.00	127.0	15.0	219	7.52	102.0	9.84		53.6	57.2	64.3	67.9	78.6
		18.00	263	9.19	108.6	9.27		65.5	69.8	78.6	82.9	96.0
5.50	139.7	14.00	204	6.20	127.3	15.33	29.5					
		15.5	226	6.98	125.7	12.42	33.2					
		17.00	248	7.72	124.3	12.13		50.0	53.3	60.0	63.3	73.3
		20.00	292	9.17	121.4	11.57		59.4	63.4	71.3	75.2	87.1
		23.00	336	10.54	118.6	11.05		68.3	72.8	81.9	86.5	110.1

续表

公称外径		公称质量		壁厚/	内径/	容量/	抗内压强度/MPa					
in	mm	lb/ft	N/m	mm	mm	L·m	K—55	C—75	N—80	C—90	C—95	P—110
6.625	168.3	24.00	350	8.94	150.4	17.76		48.1	51.3	57.7	60.9	70.5
		28.00	409	10.59	147.1	16.99		57.0	60.7	68.3	72.1	83.5
		32.00	467	12.06	144.2	16.32		64.9	69.2	77.8	82.2	95.1
7.000	177.8	20.00	292	6.91	164.0	21.12	25.8					
		23.00	336	8.05	161.7	20.54	30.0	41.0	43.7	49.2	51.9	60.1
		26.00	379	9.19	159.4	19.96	34.3	46.8	49.9	56.1	59.2	68.6
		29.00	423	10.36	157.1	19.38		52.7	56.2	63.3	66.8	77.3
		32.00	467	11.51	154.8	18.82		58.6	62.5	70.3	74.2	85.9
		35.00	511	12.65	152.5	13.27		64.4	68.7	77.3	81.6	94.4
		38.00	555	13.72	150.4	17.76		69.8	74.5	83.8	88.5	102.4
9.625	244.5	40.00	584	10.03	224.4	39.55	27.2	37.1	39.6	44.6	47.0	54.5
		43.50	635	11.05	222.4	38.84		40.9	43.6	49.1	51.8	60.0

(三) API套管扣型尺寸规范数据

公称直径				in	4½	5	5½	7	9⅝
				mm	114	127	140	178	245
套管	外径 D			mm	114.3	127.0	139.7	177.8	244.5
	管端处扣直径	外径 d_2	短丝扣/mm		111.124	123.630	136.130	173.830	240.111
			长丝扣/mm		110.08	122.638	135.23	172.449	237.925
		内径 d_3	短丝扣/mm		107.504	120.010	132.510	123.986	236.490
			长丝扣/mm		106.910	119.016	131.616	168.822	234.309
	丝扣长度	总长度 G	短丝扣/mm		66.70	69.90	73.00	79.40	85.70
			长丝扣/mm		76.20	85.70	88.90	101.60	120.70
		有效丝扣长度 G_1	短丝扣/mm		59.40	62.60	65.80	72.10	78.50
			长丝扣/mm		69.00	78.50	81.70	94.40	113.40
		管端至基面长度	短丝扣/mm		39.30	42.40	45.60	52.00	56.60
			长丝扣/mm		48.80	58.30	61.50	74.20	91.50
基面丝扣平均直径 d_{cp}/mm					111.846	124.546	137.246	175.346	241.914
机械力拧紧后管端与接箍中心面距离 i/mm					12.7	12.7	12.7	12.7	12.7
手拧紧后紧密距 A/mm					9.5	9.5	9.5	9.5	11
每英寸丝扣数 n/(扣/in)					8	8	8	8	8

续表

公称直径				in	$4\frac{1}{2}$	5	$5\frac{1}{2}$	7	$9\frac{5}{8}$
				mm	114	127	140	178	245
接箍	外径 D_M/mm				130	143	156	196	270
接箍	长度 L	短丝扣/mm			159	165	171	184	197
接箍	长度 L	长丝扣/mm			178	197	203	229	267
接箍	丝扣总深度 L_1	短丝扣/mm			79.5	82.5	85.5	92	98.5
接箍	丝扣总深度 L_1	长丝扣/mm			89	98.5	101.5	114.5	132.5
接箍	质量	短丝扣/kg			3.0	5.2	6.0	9.1	17.3
接箍	质量	长丝扣/kg			4.7	6.0	7.3	9.6	25.5
接箍	镗孔部分	直径 d_0/mm			116.7	129.4	142.1	180.2	246.9
接箍	镗孔部分	深度 l_0,mm			12.7	12.7	12.7	12.7	12.7
接箍	镗孔部分	端面厚度 B	短丝扣/mm		5.5	5.5	6.5	6.5	7.5
接箍	镗孔部分	端面厚度 B	长丝扣/mm		5.5	5.5	5.5	6.5	10.0
接箍	基面至端面长度 F/mm				17.90	17.9	17.9	17.90	18.00
接箍	端面丝扣直径	外径 d_4/mm			114.851	127.551	140.251	178.351	244.925
接箍	端面丝扣直径	内径 d_5/mm			111.231	123.931	136.631	174.731	241.30

四、抽油杆性能规范

（一）抽油杆、空心抽油杆、抽油光杆的机械性能

名称	等级	材料	抗拉强度/MPa	屈服点/MPa	伸长率 δ/%	收缩率 ψ/%	冲击韧性 $IZOD$/J
抽油杆	K	镍钼合金钢	588~794	≥372	≥13	≥60	≥115.8
	C	碳钢或锰钢	620~794	≥412	≥12	≥50	81.3
	D	碳钢或合金钢	794~965	≥620	≥10	≥50	≥60.8
	H		>965	≥750	≥10	≥45	≥58.8
空心抽油杆	D	碳钢或合金钢	794~965	≥620	≥10	≥50	≥58.8
	H		>965	≥720	≥10	≥45	≥58.8
抽油光杆	K	镍钼合金钢	588~794	≥372	≥13	≥60	≥115.8
	C	碳钢或锰钢	620~794	≥412	≥13	≥50	81.3
	D	碳钢或合金钢	794~965	≥620	≥10	≥50	≥60.8
	H		>965	≥750	≥10	≥45	≥58.8

注：摘自 SY/T6134-96。

（二）空心抽油杆及接箍的主要尺寸

规格	杆体外径 $D\pm0.25$/mm	杆体壁厚 $\delta\pm10\%$/mm	螺纹公称直径 d/in	空心抽油杆长度/mm	接箍外径 D_2/mm	接箍长度 L_5/mm
28	28	5.0	$1\frac{3}{8}$	8500 8000 7500 7000		190
32	32	5.0	$1\frac{7}{16}$		45	
34	34	5.0	$1\frac{9}{16}$		50	
36	36	5.5	$1\frac{9}{16}$		50	
38	38	6.0	$1\frac{3}{4}$		54	
40	40	6.0	$1\frac{7}{8}$		58	

注：摘自 SY/T6104—94。

（三）抽油杆螺纹旋紧扭矩

公称直径 d		用于应力 =241.3MPa 时/N·m	用于应力 >241.3MPa 时/N·m	圆周位移量/mm	
mm	in			最小值	最大值
13	$\frac{1}{2}$	149.1	164.1	4.76	6.35
16	$\frac{5}{8}$	298.3	328.1	6.35	7.14
19	$\frac{3}{4}$	474.5	522.0	7.14	8.73
22	$\frac{7}{8}$	705.0	775.5	8.73	9.53
25	1	1084.6	1193.1	11.18	12.70
29	$1\frac{1}{8}$	1491.4	1640.5	14.28	16.67

注：1. 圆周位移量指抽油杆台肩推承面与接箍端面初始接触至最终旋紧的圆周位移值；2. 摘自 SY/T 5872—93。

（四）玻璃钢杆的技术参数

公称直径/mm	25
最大工作载荷/kN	100
最大工作应力/MPa	200
短期最大载荷/kN	150
短期最大应力/MPa	300
短期最高工作温度/℃	95
额定工作温度/℃	71
相对密度	1.92
抗拉强度/MPa	796
拉伸弹性模量/MPa	42500
面内剪切强度/MPa	30

五、钻杆性能规范

（一）钻杆接头分类

1. 常用钻杆接头类型

接头类型	代 号	扣 型	扣距/mm	锥 度
正规型	REG	V—0.040 V—0.050 V—0.050	5.08 6.35 6.35	1∶4 1∶4 1∶6
贯眼型	FH	V—0.040 V—0.050 V—0.065	5.08 6.35 6.35	1∶4 1∶6 1∶6
内平型	IF	V—0.065	6.35	1∶6
加大贯眼型	EH	V—0.065	6.35	1∶6
轻便型	MO	V—0.065	6.35	1∶6
轻便型	WO	V—0.065	6.35	1∶6
轻便型	FO	V—0.076	6.35	1∶3.55
小井眼型	SH	V—0.065	6.35	1∶6
流线型	SL	V—0.065	6.35	1∶3.55
双流线型	DSL	V—0.065	6.35	1∶6

2. 钻杆接头类型表示符号

类 型	代表符号		公称尺寸/in	接头代号	
	中国	API		公接头	母接头
正规式	ZG	REG	$2\frac{7}{8}$	231	230
			$3\frac{1}{2}$	331	330
			$4\frac{1}{2}$	431	430
贯眼式	GY	FH	$2\frac{7}{8}$	221	220
			$3\frac{1}{2}$	231	320
			$4\frac{1}{2}$	431	420
内平式	NP	IF	$2\frac{7}{8}$	211	210
			$3\frac{1}{2}$	311	310
			$4\frac{1}{2}$	411	311

（二）钻杆性能规范表

钻杆基本数据							钻杆接头数据							钻杆本体数据			
外径		质量		加厚部分			钻杆接头				强度数据		荐用扭矩/N·m	强度数据			
in	mm	常规/(N/m)	带接头/(N/m)	类型	钢级	外径/mm	扣型	外径/mm	内径/mm	通径/mm	抗拉/10^3N	抗扭/N·m		抗拉/10^3N	抗扭/N·m	抗内压/MPa	抗外挤/MPa
2⅜	60.33	97.0	102.3	EU	X-95	65.09	NC26	85.73	44.45	41.28	1395	8784	4392	778.7	10735	135.1	136.2
			100.5		X-95		SLH90	82.55	46.04	42.42	1201	9335	4667	778.7	10735	135.1	136.2
			102.3		G-105		NC26	85.73	44.45	41.28	1395	8784	4392	860.7	11866	149.3	150.6
			100.5		G-105		SLH90	82.55	46.04	42.42	1201	9335	4667	860.7	11866	149.3	150.6
2⅞	73.02	151.7	159.9	EU	X-95	80.96	NC31	104.8	50.80	47.63	2205	17892	8947	1208	19845	144.3	144.2
			158.1		X-95		SLH90	101.6	50.80	47.63	1974	17934	8967	1208	19845	144.3	144.2
			159.9		G-105		NC31	104.8	50.80	47.63	2205	17892	8947	1335	21935	159.5	159.3
			158.1		G—105		SLH90	101.6	50.80	47.63	1974	17934	8967	1335	21935	159.5	159.3
			166.0		S-135		NC31	111.1	41.28	38.10	2775	22976	11488	1716	28202	205.1	204.9
			162.2		S—135		SLH90	104.8	41.28	38.10	2544	23358	11679	1716	28202	205.1	204.9
3½	88.9	194.0	213.4	EU	X-95	87.31	H-90	133.4	69.85	66.52	2952	32337	16169	1530	31863	120.5	123.3
			210.2		X-95		NC38	127.0	65.09	61.92	2887	27562	13781	1530	31863	120.5	123.3
			205.2		X-95		SLH90	120.7	65.09	61.92	2650	28312	14157	1530	31863	120.5	123.3
			211.4		G-105		NC38	127.0	61.91	58.75	3149	30120	15061	1691	35218	133.2	136.2
			205.2		G-105		SLH90	120.7	65.09	61.92	2650	28312	14157	1691	35218	133.2	136.2
			214.3		S-135		NC38	127.0	53.98	50.80	3747	35286	17643	2174	45280	171.2	175.1
			214.3		S-135		SLH90	127.0	53.98	50.80	3510	38074	19037	2174	45280	171.2	175.1
			219.4		S-135		NC40	136.5	61.91	58.75	3991	40585	20293	2174	45280	171.2	175.1

钻杆基本数据 外径 in	外径 mm	质量 常规/(N/m)	质量 带接头/(N/m)	加厚部分 类型	加厚部分 钢级	加厚部分 外径/mm	钻杆接头数据 钻杆接头 扣型	钻杆接头 外径/mm	钻杆接头 内径/mm	钻杆接头 通径/mm	强度数据 抗拉/10^3N	强度数据 抗扭/N·m	荐用 扭矩/N·m	钻杆本体数据 强度数据 抗拉/10^3N	抗扭/N·m	抗内压/MPa	抗外挤/MPa
3½	88.9	226.1	243.4	EU	X-95	87.31	NC38	127.0	61.91	58.75	3149	30120	15061	1819	36216	147.0	147.0
			246.2		G-105		NC38	127.0	53.98	50.80	3747	35285	17643	2010	40029	162.5	162.5
			247.4		G-105		NC40	133.4	65.09	61.92	3729	37643	18821	2010	40029	162.5	162.5
			256.1		S-135		NC40	139.7	57.15	53.98	4359	44670	22336	2584	51466	209.0	209.0
4	101.6	204.2	223.2	IU	X-95	106.4	NC40	133.4	68.26	65.10	3453	34813	17407	1608	39999	94.6	99.1
			226.8	IU	X-95	106.4	H90	139.7	71.44	68.28	4067	48058	24030	1608	39999	94.6	99.1
			235.4	EU	X-95	114.3	NC46	152.4	82.55	79.38	4008	45596	22798	1608	39999	94.6	99.1
			231.9	IU	G-105	106.4	NC40	139.7	61.91	58.75	3910	40835	20417	1777	44210	104.5	109.6
			226.8	IU	G-105	106.4	H90	139.7	71.44	68.28	4066	48058	24030	1777	44210	104.5	109.6
			235.4	EU	G-105	114.3	NC46	152.4	32.55	79.38	4008	45596	22798	1777	44210	104.5	109.6
			236.0	IU	S-135	106.4	NC40	139.7	50.80	47.63	4804	49308	24655	2285	56841	134.4	139.1
			226.8	IU	S-135	106.4	H90	139.7	71.44	68.28	4066	48058	24030	2285	56841	134.4	139.1
			238.9	EU	S-135	114.3	NC46	152.4	76.2	73.02	4663	53195	26598	2285	56841	134.4	139.1
		229.0	256.0	IU	X-95	106.4	NC40	139.7	61.91	58.75	3990	40835	20417	1826	44330	108.9	112.7
			250.4	IU	X-95	106.4	H90	139.7	71.44	68.28	4066	48058	24030	1826	44330	108.9	112.7
			258.9	EU	X-95	114.3	NC46	152.4	82.55	79.38	4008	45596	22798	1826	44330	108.9	112.7
			256.0	IU	G-105	106.4	NC40	139.7	61.91	58.75	3991	40835	20417	2018	48998	120.4	124.4
			250.4	IU	G-105	106.4	H90	139.7	71.44	68.28	4066	48058	24030	2018	48998	120.4	124.4
			258.9	EU	G-105	114.3	NC46	152.4	82.55	79.38	4008	45596	22798	2018	48998	120.4	124.4
			263.0	EU	S-135	114.3	NC46	152.4	76.2	73.02	4663	53195	26598	2595	62997	154.7	160.0

（三）钻杆接头扣型尺寸规范数据

1. 内平钻杆接头尺寸规范数据

公称直径		in	$2\frac{3}{8}$	$2\frac{7}{8}$	$3\frac{1}{2}$		$4\frac{1}{2}$		
公称直径		mm	60	73	89		114		
外径(D±0.5)/mm			86	105	121		165	156	156
内径(d±1)/mm			44	55	71	67	92	96	92
公扣	代号		211	211	311		411		
公扣	长度($L_{1\,-9}^{\,+5}$)/mm		269	281	319		332		
公扣	大直径部分长度(L_2)/mm		192	192	218		218		
公扣	端面丝扣直径	外径(d_2)/mm	60.350	71.323	85.065		114.300		
公扣	端面丝扣直径	内径(d_3)/mm	54.688	65.661	79.403		108.638		
公扣	锥面最大直径(d_6)/mm		73.050	86.131	102.006		133.350		
公扣	锥度长(L_{1-4})/mm		76	90	102		114		
公扣	光面锥度长(L_2)/mm		≤12	≤12	≤12		≤12		
母扣	代号		210	210	310		410		
母扣	长度(L_3±6)/mm		218	243	281		294		
母扣	端面丝扣直径	外径(d_4)/mm	73.441	6.529	102.397		133.733		
母扣	端面丝扣直径	内径(d_5)/mm	67.779	80.860	96.735		128.071		
母扣	扩孔部分	端面最大直径(d_0±0.5)/mm	75	88	104		135		
母扣	扩孔部分	深度(l_0±2)/mm	16	16	16		16		
母扣	锥度最小头直径(d_1)/mm		52.446	63.360	77.068		106.404		
母扣	锥度长(l_{4-10})/mm		92	105	118		130		
母扣	丝扣总深度(l_3)/mm		82	95	108		120		
基面丝扣平均直径(d_{cp})/mm			67.767	80.848	96.723		128.095		
丝扣锥度($l:x$)			1∶6	1∶6	1∶6		1∶6		
每英寸丝扣数(n)/(扣/in)			4	4	4		4		
公接头台肩及母接头端面倒角处直径 D_2±1.6/mm			83	102	118		161	152	152
钻杆直径(D_2±0.5)/mm			68	82	97		132	127	127
钻杆类型			$2\frac{3}{8}$in 外加厚	$2\frac{7}{8}$in 外加厚	$3\frac{1}{2}$in 外加厚		5in 内外加厚	$4\frac{1}{2}$in 外加厚	

2. 贯眼钻杆接头尺寸规范数据

公称直径				in	2⅞	3½	4	4½	5½	6⅝
				mm	73	88.9	102	114.3	140	168
外　径			D±0.5	mm	108	118	133	146	178	203
内　径			d±1	mm	54	61	70	80	100	127
公扣	代　号				221	221	421	421	521	621
公扣	长　度		L_{1-9}^{+5}	mm			319	319	370	
公扣	大直径部分长度		L_2	mm			218	218	243	
公扣	端面丝扣直径	外径	d_2	mm	70.075	77.438	89.662	96.137	126.797	150.368
公扣	端面丝扣直径	内径	d_3	mm	64.089	71.452	84.000	90.151	119.298	142.860
公扣	锥面最大直径		d_6	mm	92.075	101.438	108.712	121.717	147.955	171.526
公扣	锥度长		l_{1-4}	mm	88	96	114	102	127	127
公扣	光面锥度长		l_2	mm	≤12	≤12	≤12	≤12	≤12	≤12
母扣	代号				220	320			520	620
母扣	长度		L_3±6	mm			294	294	294	
母扣	端面丝扣直径	外径	d_4	mm	92.809	102.173	109.103	122.422	148.873	172.460
母扣	端面丝扣直径	内径	d_5	mm	86.823	96.187	103.441	116.456	141.365	164.952
母扣	扩孔部分	端面最大直径	d_0±0.5	mm	94.5	103.9	110	124	150	174
母扣	扩孔部分	深度	l_0±2		16	16	16	16	16	16
母扣	锥度最小头直径		d_1		60.573	68.687	81.774	86.956	117.532	141.119
母扣	锥度长		l_{4-10}		105	110	130	118	143	143
母扣	丝扣总深度		l_3	mm	95	100	120	108	133	133
基面丝扣平均直径			d_{cp}	mm	95.480	94.844	103.429	115.112	142.011	165.598
丝扣锥度			$l:x$		1∶4	1∶4	1∶6	1∶4	1∶6	1∶6
每英寸丝扣数			n	扣/in		5	4	5	4	4
公接头台肩及母接头端面倒角处直径			D_2±1.6	mm			130	142	172	
钻杆直径			D_1±0.5	mm			102	114	140	
钻杆类型							4in内加厚	4½in内加厚	5½in内加厚	

3. 正规钻杆接头尺寸规范数据

公称直径		in	2⅞	3½	4½	5$\frac{9}{16}$	6⅝
		mm	73	88.9	114.3	141.3	168
外　径	D±0.5	mm	95	108	140	172	197
内　径	d±1		32	33	57	70	39

续表

公称直径				in	$2\frac{7}{8}$	$3\frac{1}{2}$	$4\frac{1}{2}$	$5\frac{9}{16}$	$6\frac{5}{8}$
				mm	73	88.9	114.3	141.3	168
公扣	代　号				231	331	431	531	631
	长　度		$L_{1\,-9}^{\,+5}$	mm					
	大直径部分长度		L_2	mm					
	端面丝扣直径	外径	d_2	mm	54.200	64.887	90.462	110.195	131.039
		内径	d_3		48.214	58.901	84.476	102.711	123.531
	锥面最大直径		d_6		76.200	88.887	117.462	140.195	152.197
	锥度长		l_{1-4}		88	96	108	120	127
	光面锥度长		l_2		≤12	≤12	≤12	≤12	≤12
母扣	代　号				230	330	430	530	630
	长　度		$L_3 \pm 6$	mm					
	端面丝扣直径	外　径	d_4		76.934	89.622	118.197	141.114	153.110
		内　径	d_5	mm	70.948	83.636	112.211	133.630	145.602
	扩孔部分	端面最大直径	$d_0 \pm 0.5$		78.6	91.3	119.9	142.8	154
		深　度	$l_0 \pm 2$		16	16	16	16	16
	锥度最小头直径		d_1	mm	44.698	56.136	80.961	99.380	121.769
	锥度长		l_{4-10}	mm	105	110	125	137	143
	丝扣总深度		l_3	mm	95	100	115	127	133
基面丝扣平均直径			d_{cp}	mm	69.605	82.293	110.868	132.944	146.246
丝扣锥度			$l:x$		1∶4	1∶4	1∶4	1∶4	1∶6
每英寸丝扣数				扣/in	5	5	5	4	4
公接头台肩及母接头端面倒角处直径			$D_2 \pm 1.6$	mm					
钻杆直径			$D_1 \pm 0.5$	mm					
钻杆类型									

4. 内平贯眼正规接头直径比较

公称尺寸		内径和外径	接头类型				钻杆内加厚处内径/mm
			正　规		贯眼/mm	内平/mm	
in	mm		公端/mm	母端/mm			
$2\frac{3}{8}$	60.33	内径	25	36	—	44	40
		外经	80		—	86	

续表

公称尺寸		内径和外径	接头类型				钻杆内加厚处内径/mm
			正　规		贯眼/mm	内平/mm	
in	mm		公端/mm	母端/mm			
2⅞	73.02	内径	32	45	54	54	40
		外径	95		108	105	
3½	88.9	内径	38	58	62	68	54
		外径	108		118	121	
4½	114.3	内径	58	78	80	95	79
		外径	140		146	156	

（四）API 钻杆数字接头尺寸表

数字号	公扣长度/mm	接头外径/mm	公扣最大外径/mm	公扣最小外径/mm	母扣镗孔直径/mm	母扣长度/mm	接头内径/mm	每寸齿数	丝扣锥度
NC26	76.2	85.73	73.05	60.35	74.61	92.08	44.45	4	2
NC31	88.9	104.8	86.13	71.32	87.79	104.8	53.98	4	2
NC35	95.25	120.7	94.97	79.10	96.84	111.1	57.15	4	2
NC38	95.25	120.7	102.0	85.06	103.6	117.5	68.26	4	2
NC40	114.3	133.4	108.7	89.66	110.3	130.2	71.44	4	2
NC44	114.3	146.1	117.5	98.43	119.1	130.2	79.38	4	2
NC46	114.3	152.4	122.8	103.7	124.6	130.2	82.55	4	2
NC50	114.3	161.9	133.4	114.3	134.9	130.2	95.25	4	2

注：1. 数字接头以 NC 为标记，其后的数字表示公扣基面丝扣节圆直径（in）；

2.NC 接头与贯眼式（FH）和内平式（IF）接头，只要节径相同，即可互换。

共有六种可互换：

NL26	2⅜IF	NNC38	3½IF	NC46	4IF
NC31	2⅞IF	NC40	4FH	NC50	4½IF

六、API 方钻杆规范

钻杆尺寸		内径 d		长度/m		接头规范		驱动部分		总重/kg
		mm	in	全长 L_1	驱动段 L	上接头（反扣）	下接头（正扣）	方宽 D_2/mm	对角宽 D_1/mm	
四方钻杆	2½	31.75	1¼	12.19	11.28	630 430	211 NC26	63.50	83.33	404
	3	44.45	1¾	12.19	11.28	630 430	211 NC31	76.20	100.01	490

续表

钻杆尺寸		内径 d		长度/m		接头规范		驱动部分		总重/kg
		mm	in	全长 L_1	驱动段 L	上接头（反扣）	下接头（正扣）	方宽 D_2/mm	对角宽 D_1/mm	
四方钻杆	$3\frac{1}{2}$	57.15	$2\frac{1}{4}$	12.19	11.28	630 430	311 NC38	88.90	115.10	600
	$4\frac{1}{4}$	71.43	$23\frac{13}{16}$	12.19	11.28	630 430	411 NC46 NC50	107.95	141.29	840
	$5\frac{1}{4}$	82.55	$3\frac{1}{4}$	12.19	11.28	630	521 NC56	133.35	175.42	1260
六方钻杆	3	38.10	$1\frac{1}{2}$	12.19	11.28	630 430	211 NC26	76.20	85.73	440
	$3\frac{1}{2}$	44.45	$1\frac{3}{4}$	12.19	11.28	630 430	211 NC31	88.90	100.01	567
	$4\frac{1}{4}$	57.15	$2\frac{1}{4}$	12.19	11.28	630 430	311 NC38	107.95	121.44	886
	$5\frac{1}{4}$	76.20	3	12.19	11.28	630	411 NC46	133.35	150.02	990
	$5\frac{1}{4}$	82.55	$3\frac{1}{4}$	12.19	11.28	630	411 NC50	133.35	150.02	965

七、井下工具

（一）封隔器

1. 压缩式封隔器

参　数		型　　号					
		Y211—114	Y211—114	Y221—115	Y211—142	Y211—146	Y241—115
总长/mm		1575	1780	1050	1720	2140	1470
最大外径/mm		114	114	115	142	146	115
最小通径/mm		54	38	47~50	65	55	48
工作温度/℃		120	120	150	120	120	120
坐封压力/MPa							18~20
坐封载荷/kN		60~80	60~80	60~80	100~120	60~80	
工作压力/MPa	上压	25	25	35	25	25	20
	下压	8	25	35	8	25	15
防坐距/mm		500	390		530	390	
两端丝扣（油管扣）/in		$2\frac{7}{8}$	$2\frac{7}{8}$	$2\frac{7}{8}$	$2\frac{7}{8}$	$2\frac{7}{8}$	$2\frac{7}{8}$
适用套管/mm（in）		$\phi139.7$ （$5\frac{1}{2}$）	$\phi139.7$ （$5\frac{1}{2}$）	$\phi139.7$ （$5\frac{1}{2}$）	$\phi177.8$ （7）	$\phi177.8$ （7）	$\phi177.8$ （7）

参数	型号						
	Y341—114	Y341—115（HB757—1）	Y341—115（HB757—2）	Y341—115（HB754）	Y341—115（HB754—3）	Y344—115	Y421—113
总长/mm	1235	1170		1165		1580	1780~1900
最大外径/mm	114	115	115	114	114	115	113
最小通径/mm	55	50	50	50	50	58.5	49
工作压力/MPa	25	25	25	25	25	55	50
工作温度/℃	120	120	120	120	120	150	150
坐封压力/MPa	8~12	10~15	10~15	10~11	10~11		
胶筒外径/mm		113	113	113	113		
胶筒总长/mm		240	240	240	240		
初密封压力/MPa						2.0~2.5	
洗井阀开启压力/MPa		0.5~1	0.5~1				
两端丝扣/in	$2\frac{7}{8}$（油管扣）	$2\frac{7}{8}$（油管扣）	$2\frac{7}{8}$（油管扣）	$2\frac{7}{8}$（油管扣）	$2\frac{7}{8}$（油管扣）	$2\frac{7}{8}$（油管扣）	2×方扣
适用套管/mm(in)	ϕ139.7（$5\frac{1}{2}$）	ϕ139.7（$5\frac{1}{2}$）	ϕ139.7（$5\frac{1}{2}$）	ϕ139.7（$5\frac{1}{2}$）	ϕ139.7（$5\frac{1}{2}$）	ϕ139.7（$5\frac{1}{2}$）	ϕ139.7（$5\frac{1}{2}$）

参数	型号										
	Y541—100	Y541—110			Y541—115			Y541—148		Y541—185	
适用套管内径/mm	108~115	118~122			121~127			157~162		195~203	
最小内径/mrn	36	40			50			62		73	
工作压力/MPa	30	10	15	25	10	15	25	10	20	10	15
解封载荷/kN	60~70	30~45	45~60	60~80	25~45	55~65	90~100	45~55	90~100	60~70	90~100
水力锚密封压差/MPa	30	25			25			20		15	
坐封载荷/kN	45	55								65	
工作温度/℃	120	150			120						
适用井深/m	3200	4000			3000			2500		2500	
锁环 顺齿椎力/N	<300										
锁环 逆齿锁紧力/kN	>300										
两端丝扣/in	$2\frac{7}{8}$（油管扣）										
大气室密封压差/MPa	按最大适用井深计算										

2. 可钻式封隔器

名　称	总长/mm	最大外径/mm	最小通径/mm	工作压力/MPa	工作温度/℃	坐封压力/MPa	丢手压力/MPa	两端丝扣/in	适用套管/in
Y453—114型封隔器	600	114	60	25	150	12～15	18～20	2⅞(油管扣)	5½
液压坐封工具	1200	114	40	25	150	12～15	18～20	2⅞(油管扣)	5½

3. 扩张式裸眼封隔器

参　数	型　号		
	K341—140(HB671)	K341—137(HB673)	K341—140(HB472)
总长/mm	2800	2552	2110
最大外径/mm	140	137	140
最小通径/mm	62	45	55
工作压力/MPa	25	40	40
工作温度/℃	150	150	150
坐封压力/MPa	10～12	10～15	10～15
胶筒外径/mm	137	137	137
胶筒总长/mm	1600	1678	1678
两端丝扣/in	2⅞(油管扣)	2⅞(油管扣)	2⅞(油管扣)
适用套管/in	7	7	7

4. 试油(气)、增产措施用封隔器

(1)"EA"型封隔器技术规范:

规格/mm	总长/m	最大通径/mm	规环与导向环外径/mm	胶筒外径/mm	胶筒隔环外径/mm
139.7	1.9	46	107.95	105.56	104.78
			103.12	109.52	111.12
			114.3	111.12	114.3
			117.19	111.12	114.3

(2)"J"型封隔器技术规范:

适用套管/mm	工具长度/mm	最大通径/mm	坐封载荷/kN	工作温度/℃	接头螺纹
139.7	1880	49	60	120	73.02TBG

（二）桥塞

1. 可钻桥塞

参数	型号						
	Y453—91	Y453—107	Y453—113	Y453—140	Y453—193	Y453—91	Y453—145
卡瓦外径/mm	91	107	113	140	193	91	145
适用套管内径/mm	108.6~114.1	117~132	117~132	154.8~167.7	216.8~226.8	108.6~114.1	154.8~163
适用井深/m	≤1500	≤1500	≤3000	≤6000	≤6000	≤6000	≤6000
封隔件外径/mm	91	107	112	140	193	91	148
最大外径/mm	96	109	114	145	198	96	150
工作温度/℃	90	120	120	150	150	210	310
总长/mm	500	500	500	534	720	500	556
坐封丢手方式	液压，电缆	液压，电缆	液压，电缆	液压，电缆	液压，电缆	液压，电缆	液压，电缆
密封压差/MPa	50	50	50	72	50	50	50

2. 可取式桥塞

名　称	吉尔哈特桥塞	国产贝克桥塞
耐　温	218.3℃	120~210℃
耐　压	68.9MPa	35~70MPa
抗　硫	H_2S 含量小于 5%	
胶筒硬度	中间为邵氏 70 度；上下为邵氏 90 度	
胶筒胀大范围	127.0(5in)胶筒 95.57~115.82mm 139.7(5½in)胶筒 116.3~128.2mm 117.8(7in)胶筒 152.12~169.04mm	139.7(5½in)胶筒 118.6~128.1mm
套管外径 桥塞外径	127.0(5in)/94.2mm 139.7(5½in)108mm 177.8(7in)/152.12~169.04mm	139.7(5½in)110mm 177.8(7in)145mm
套管外径 桥塞长度	139.7(5½in)/380mm 177.8(7in)/490mm	139.7(5½in)/350mm 177.8(7in)/490mm
套管外径 桥塞质量	139.7(5½in)/14.9kg 177.8(7in)/31kg	139.7(5½in)13kg 177.8(7in)25kg

3. 永久式桥塞(K-1 型电缆桥塞)

套管规范/mm(in)	工具最大外径/mm	工具可下入套管内径范围/mm		坐封工具释放螺栓/mm(in)
		最小	最大	
127.0(5)	91.26	97.18	103.88	22.22(7/8)

续表

套管规范/mm(in)	工具最大外径/mm	工具可下入套管内径范围/mm		坐封工具释放螺栓/mm(in)
		最小	最大	
139.7(5½)	100	105.51	115.82	22.22(7/8)
139.7(5½)	110	116.33	128.11	22.22(1/8)
177.8(7)	125.39	30.55	141.02	22.22(7/8)
177.8(7)	136.52	42.11	155.82	25.4(1)

（三）配套工具

1. 注水配套工具

（1）PS-KKK110 空心配水器技术规范：

参　数	级　数			
	甲	乙	丙	丁
总长/mm	520	520	520	520
最大外径/mm	110	110	110	110
中心管最小内径/mm	52	48	44	38
芯子最小通径/mm	46	40	34	30
阀开启压力/MPa	0.5~0.7	0.5~0.7	0.5~0.7	

（2）偏心配水器、注水油管锚、挡球技术数据：

型　号	总长/mm	最大外径/mm	最小内径/mm	偏孔直径/mm	工作压力/MPa	钢球直径/mm
PS—KPXll3 偏心配水器	790	113	46	20	15	
PS—KPXll3 无盘根偏心配水器	1100	115	46		25	
PS—KZDll3 水力震荡配水器	655	114	30		25	
注水油管锚	387	115	50		25	
挡　球	150	90			25	45

2. 酸化配套工具

型　号	总长/mm	最大外径/mm	最小内径/mm	开启压力/MPa	工作压力/MPa	两端丝扣
HB0275 型酸化定压阀	666	113	50	1~1.2		2⅞in(油管扣)

续表

型号	总长/mm	最大外径/mm	最小内径/mm	开启压力/MPa	工作压力/MPa	两端丝扣
HB0371—2 型丢手接头	515	128	55		50	$2\frac{7}{8}$in(油管扣)
HB0276 型循环开关	370	90	50		50	$2\frac{7}{8}$in(油管扣)
常关滑套	335	90	30		25	$2\frac{7}{8}$in(油管扣)
常开滑套	360	90	35		25	$2\frac{7}{8}$in(油管扣)

3. 可钻桥塞坐封、丢手工具

参数	型号				
	液压式			电缆式	
工具外径/mm	96	114	145	100	90
耐压/MPa	50	50	50	70	70
工作温度/℃	≤210	≤210	≤210	≤240	≤240
坐封力/kN	≤250	≤250	≤250	≤300	≤300
适用桥塞规格/in	$4\frac{1}{2}$~5	$5\frac{1}{2}$~7	7~$9\frac{5}{8}$	$5\frac{1}{2}$~$9\frac{5}{8}$	$4\frac{1}{2}$~$13\frac{3}{4}$
长度/mm	1905	899	690	2406	1761.5

4. 球座、球棒等配套工具

名称	序号	d/mm	d_1/mm	两端丝扣
球座	1	32		$2\frac{7}{8}$in(油管扣)
	2	37		$2\frac{7}{8}$in(油管扣)
	3	42		$2\frac{7}{8}$in(油管扣)
	4	47		$2\frac{7}{8}$in(油管扣)
球棒	1	38	32	
	2	43	37	
	3	48	42	
	4	53	47	

八、抽油泵

（一）管式泵

1. 管式泵的基本参数

公称直径/mm	柱塞长度系列/m	加长短节长度/m	连接油管外径/mm	冲程长度范围/m	排量系数 *K*	连接抽油杆直径/mm
32	0.6	0.3	60.3,73.0	0.6~6.0	1.140	16
38	0.9		60.3,73.0	0.6~6.0	1.642	16
44		0.6	60.3,73.0	0.6~6.0	2.235	16
56	1.2		73.0	0.6~6.0	3.694	19
70			88.9	0.6~6.0	5.518	22
83	1.5	0.9	101.6	1.2~6.0	7.707	22
95			114.3	1.2~6.0	10.216	25
110			114.3	2.1~4.8	13.678	25

注:摘自 SY/T5059—91。

2. 管式泵(整筒泵)漏失量计算值

公称直径(I 系列整筒泵)	试验压力/MPa	间隙等级代号				
		1	2	3	4	5
		最大漏失量/(mL/min)				
32	10	200	420	760	1255	1920
38		235	495	905	1490	2280
44		270	575	1050	1725	2640
56		350	730	1335	2200	3370
63		390	820	1500	2465	3780
70		550	1170	2140	3530	5420
83		650	1390	2540	4190	6420
95		750	1590	2910	4790	7350
110	15	软柱塞无漏失量				

3. 管式泵(整筒泵)金属柱塞与泵筒的配合间隙

间隙代号	泵筒内径及其极限偏差/mm	金属柱塞			泵筒与金属柱塞配合间隙范围/mm
		直径/mm	尺寸分档	极限偏差/mm	
1	$D^{+0.050}$	$d-0.025$	1	$d^{+0.0}_{-0.013}$	0.025~0.088
2		$d-0.050$	2		0.050~0.113
3		$d-0.075$	3		0.075~0.138
4		$d-0.100$	4		0.100~0.163
5		$d-0.125$	5		0.125~0.188

注:*D*,*d* 系指公称直径。

4. 管式泵(组合泵)金属柱塞与衬套间的配合间隙

间隙代号	1	2	3
衬套与金属柱塞配合间隙范围/mm	0.02~0.07	0.07~0.12	0.12~0.17

注:摘自 SY/T5059-91。

5. 管式泵(组合泵)漏失量计算值

公称直径/mm (Ⅰ系列组合泵)	试验压力/MPa	间隙等级		
		1	2	3
		最大漏失量/(mL/min)		
32	10	100	500	1420
38		120	595	1690
44		140	690	1955
56		175	875	2490
63		200	985	2800
70		280	1410	4010
83		330	1670	4750
95		380	1910	5440

(二)杆式泵

公称直径 Ⅰ系列/mm	柱塞长度系列/m	加长短节长度/m	连接油管外径/mm	冲程长度范围/m	排量系数 *K*	连接抽油杆直径/mm
32	0.9	0.3	48.3,60.3	1.2~6.0	1.140	16
38	1.2		60.3,70.0	1.2~6.0	1.642	19
44	1.5	0.6	73.0	1.2~6.0	2.235	19
56	1.8		88.9	1.2~6.0	3.694	19
63	2.1	0.9	88.9	1.2~6.0	4.560	

（三）潜油电泵

1. 潜油电泵机组

型　　号	额定排量/(m^3/d)	额定扬程/m	效率/%	电机功率/kW	转速/(r/min)	最大轴向投影尺寸/mm
QYDB350/1000—118(116)	50	1000	45	15	2850	118(116)
QYDB50/1500—118(116)		1500		20		
QYDB50/2000—118(116)		2000		25		
QYDB100/1000—118(116)	100	1000	53	25		
QYDB100/1500—118(116)		1500		35		
QYDB2000—118(116)		2000		45		
QYDB150/1000—118(116)	150	1000	58	30		
QYDB150/1500—118(116)		1500		45		
QYDB150/2000—118(116)		2000		60		
QYDB200/1000—118(116)	200	1000		40	50	149
QYDB200/1500—118(116)		1500		60		
QYDB200/2000—118(116)		2000		80		
QYDB200/1000—149		1000		40		
QYDB200/1500—149		1500		60		
QYDB200/2000—149		2000		80		
QYDB250/1000—118(116)	250	1000	60	50		118 (116)
QYDB250/1500—118(116)		1500		75		
QYDB250/2000—118(116)		2000		90		
QYDB300/1000—118(116)	300	1000	61	60		118 (116)
QYDB300/1500—118(116)		1500		85		
QYDB300/1500—118(116)		2000				
QYDB400/1000—118(116)	400	1000	62	75		
QYDB400/1500—118(116)		1500		110		
QYDB400/2000—118(116)		2000		150		
QYDB400/1000—149		1000	65	70		149
QYDB4200/1500—149		1500		100		
QYDB400/2000—149		2000				
QYDB500/1000—118(116)	500	1000	57	100	2850	118 (116)
QYDB500/1500—118(116)		1500		150		
DB600/1000—118(116)	600	1000	50	140		
QYDB600/1000—149		1000	65	105		149
QYDB600/1500—149		1500		160		
QYDB600/2000—149		2000		210		
QYDB700/1000—118(116)	700	1000	45	180		118(116)

续表

型号	额定排量/(m^3/d)	额定扬程/m	效率/%	电机功率/kW	转速/(r/min)	最大轴向投影尺寸/mm
QYDB800/1000—149	800	1000	62	150	2850	149
QYDB200/1000—149		1500		220		
QYDB200/1000—149		2000		295		
QYDB200/1000—149	1000	1000	60	190		149
QYDB200/1000—149		1500		285		

注:括号内的尺寸为不发展系列尺寸。

2. 电动机(潜油电泵机组用)

电动机外径/mm	功率等级/kW		转速/(r/min)	效率/%	cosϕ
	单节	串节			
114 (107)	15,20,25,30,35,40,45,50,55,60,65,70,75,80	由单节电机组合	2850	77	0.82
138	40,60,70,80,90,105,120	由单节电机组合	2850	80	0.84

注:括号内的尺寸为不发展系列尺寸。

3. 泵(潜油电泵机组用)[KH*2]

排量/(m^3/d)	泵效/%	外径/mm	转速/(r/min)
50	45	98(95)	2850
100	53		
150	58		
200	59		
200	59	130	
250	60	98(95)	
300	61		
400	62		
400	65	130	
500	57	98(95)	
600	50		
600	65	130	
700	45	98(95)	
800	62	130	
1000	60		

注:括号内的尺寸为不发展系列尺寸。

4. 电缆(潜油电泵机组用)

导线截面积/mm²	外型尺寸			工作电压/kV	工作温度/℃
	圆电缆/mm	扁电缆(宽×厚)/mm×mm	引接电缆(宽×厚)/mm×mm		
3×10			11×30		
3×13			12×30		50
3×16	ϕ27	17×40	13×32		90
3×20	ϕ30	17×42	14×34	3	120
3×25	ϕ32	18×45			150
3×35	ϕ35	19×47			
3×50	ϕ40	20×49			

5. 国产高温电泵

参　数	型　　号					
	A25	A10	A20	QYB095-70-1800	QYB095-100-1800	QYB095-250-1800
额定排量/(m^3/d)	250	100	200	70	100	250
最大扬程/m	1000	1800	1200	1800	1800	1200
级数/级	198	430	286	448	357	245
所需功率/kW	75.0	50.0	615	489	600	900
外径/mm	98	95	98	95	95	98
耐温/℃	120	120	120	120	120	220

6. 进口高温电泵

参　数	型　　号						
	G180	G110	G75	GD2000	DN1300	DN1300	DN2000
额定排量/(m^3/d)	800	500	360	250	160	250	250
最大扬程/m	2200	1200	1000	990	1200	1200	1500
级数/级	221	165	190	120	275	285	345
转速/(r/min)	2915	2915	2925	2915	2915	2915	2915
所需功率/kW	161	99.2	111.84	62.27	37.29	74.57	87.25
外径/mm	137	137	137	98	98	98	98/95
耐温/℃	140	140	140	140	140	140	140

（四）水力活塞泵

1. 国产常用水力活塞泵及引进 A 型 PL-1 泵参数表

项目＼泵型	SHB2.5in ×35/30D	SHB2.5in ×5/35D	SHB2.5in ×3/40D	SHB2.5in ×15/20D	SHB2.5in ×10/20D	SHB2.5in ×6/25D	SHB2.5in ×20/20D	SHB2.5in ×10/20D	SHB2.5in ×6/30D	TRACO－A 2.5A×1.25 ×1.125	TRACO－A 2.5A×1.375 ×1.25	GUBLSSON －PL－I 2.5×2×1.5
活塞直径/mm	45×32	45×32	45×32	45×32	45×32	45×32	45×32	45×32	45×32	45×32	45×32	45×32
冲程/m	0.75	0.75	0.75	1.24	0.75	0.75	0.75	0.75	1.25	0.475	0.475	1.68
额定冲次/min^{-1}	58	53	45	53	58	58	58	58	30	100	100	27
额定冲次时理论排量/(m^3/d)	50	40	30	150	100	60	200	100	60	58	78	74.25
最高扬程/m	3000	3500	4000	2000	2000	2500	2000	2000	3000	—	—	—
动力液每冲次理论排量(m^3/d)	2.11	2.01	1.91	3.872	2.342	2.282	2.96	2.282	3.533	0.793	1.4695	4.9
泵端每冲次理论排量(m^3/d)	0.86	0.75	0.67	2.83	1.724	1.03	3.44	1.724	2	0.58	0.78	2.75
动力液量与泵端排量理论之比	2.42:1	45×32	45×32	45×32	45×32	45×32	45×32	45×32	45×32	45×32	45×32	45×32
液马达与泵端活塞面积之比	0.59	0.75	0.75	1.24	0.75	0.75	0.75	0.75	1.25	0.475	0.475	1.68
额定冲次时动力液流量(m^3/d)	122.4	106.5	86	205.2	135.8	132.4	171.1	132.4	106	79.34	146.95	132.22
沉没泵最大外径/mm	59	59	59	59	59	59	59	59	59	—	—	—
沉没泵长度/m	3.415	3.415	3.415	4.395	3.415	3.415	3.415	3.415	4.648	—	—	—
泵工作筒最大外径/mm	114	114	114	114	114	114	114	114	—	—	—	—
泵工作筒长度/m	3.965	3.965	3.965	4.945	3.965	3.965	3.965	3.965	—	—	—	—
泵工作筒最小通径/mm	50	50	50	50	50	50	50	50	—	—	—	—

2. 水力活塞泵额定工作参数表

(1) 抗外压密封额定压力参数

泵最高扬程/m		1000	1500	2000	2500	3000	3500	4000
额定试验压力/MPa	固定式及插入式泵工作筒	≥10	≥15	≥20	≥25	≥3D	≥35	≥40
	投入式泵工作筒	≥20	≥25	≥30	≥35	≥4D	≥45	≥50

注:固定式整机和其他安装型式泵的工作筒的有关部位。

(2)抗内压密封额定压力参数

泵最高扬程/m	1000	1500	2000	2500	3000	3500	4000
额定试验压力/MPa	≥9	≥13.5	≥18	≥22.5	≥27	≥31.5	≥36

注:固定式整机的有关部位、吸入及排出阀组件、泵工作筒及底阀。

(3)整机或沉没泵启动压力参数

活塞直径/mm	≤35	36~45	46~58	60~80
启动压力/MPa	≤0.5	≤0.6	≤0.7	≤0.8

(4)泵吸入口吸入压力参数

额定冲数时理论排量/(m^3/d)	≤200	>200~300	>300
泵端入口吸入压力/MPa	≥0.29	≥0.45	≥0.60

(5)冲程长度与额定冲数对应数值

3. 水力活塞泵机件规格参数表

(1) 动力液循环系统与井下管柱组合型式

套管外径规格/in	管柱结构型 开式单管柱	油管内径规格 开式或闭式平行双管柱	开式或闭式同心双管柱
5	2,2.5	—	—
5½	2,2. 5,3	2×1	3×1. 5,2. 5×15
≥7	2. 5,3,3. 5,4	2×2,2. 5×1. 5	3. 5×2,2. 5×4

(2)水力活塞泵整机最大外径尺寸

套管外径规格/mm×mm	5×25.4	55×25.4	≥7×25.4
水力活塞泵整机最大外径尺寸/mm	≤102	≤113	≤145

(3)投入式泵的沉没泵最大外径及泵工作筒最小通径基本尺寸

油管内径/mm	50.3	62	75.9	100.3
沉没泵最大外径/mm	48	59	72	95
工作筒最小通径/mm	42	50	55	65

4. 水力活塞泵动力液种类及质量标准

项　目	原　油	水基动力液		
		淡水	地层水	海水
黏度(50℃)/mPa·s　≤	推荐 100,最大 300	—	—	—
含水率/%　≤	10	—	—	
机杂含量/(mg/L)　≤	—			
含砂/%　≤	0.01	—		
含氧量/(mg/L)　≤	—		0.5	0.5
腐蚀速度/(mm/a)　≤	—	0.02	0.05	0.05
结垢速度/(mm/a)　≤	—	0.02		
润滑性　≥	—	负 10 号轻柴油		

5. 井下泵机组试验、检测标准及要求

名　称		试泵要求	要　求	合格标准
沉没泵机组	SHB2.520/20	启动压力	≤0.5MPa	≤0.5MPa
	SHB2.56/25D	负载压力	11~12MPa	
	SHB2.510/20D	泵效	≥95%	≥90%
工作筒		密封性试压	18~20MPa	3min 不渗漏
吸排阀		密封性试压	15~18MPa	3min 不渗漏
固定阀		密封性试压	18~20MPa	3min 不渗漏

6. 水力活塞泵部件连接扭矩参数

(1) 水力活塞泵各连接件上紧力矩规定:

整机或泵工作筒最大外径/mm	102	114	145
一般连接件/N·m	900_{0}^{+300}	2200_{0}^{+100}	1500_{0}^{+100}
端面密封压紧件/N·m	1200_{0}^{+100}	1500_{0}^{+100}	2100_{0}^{+100}
油管螺纹/N·m	1370_{0}^{+200}	1470_{0}^{+200}	2500_{0}^{+200}
平行侧管连接件/N·m	—	400^{+50}	600_{0}^{+50}

(2)水力活塞泵沉没泵及底阀上紧力矩规定:

最大外径/mm	46		59		72		95	
	沉没泵	底阀	沉没泵	底阀	沉没泵	底阀	沉没泵	底阀
一般连接件/N·m	540_{0}^{+50}	450_{0}^{+50}	580_{0}^{+50}	480_{0}^{+50}	630_{0}^{+50}	530_{0}^{+50}	680_{0}^{+50}	580_{0}^{+50}
端面压紧件/N·m	580_{0}^{+50}	500_{0}^{+50}	690_{0}^{+50}	580_{0}^{+50}	740_{0}^{+50}	630_{0}^{+50}	790_{0}^{+50}	680_{0}^{+50}

续表

最大外径/mm	46		59		72		95	
	沉没泵	底阀	沉没泵	底阀	沉没泵	底阀	沉没泵	底阀
活塞与杆连接扣/N·m	100_{0}^{+20}	—	150_{0}^{+30}	—	160_{0}^{+40}	—	210_{0}^{+50}	—
泄油销/N·m	—	60_{0}^{+10}	—	80_{0}^{+20}	—	100_{0}^{+20}	—	120_{0}^{+20}

7. 额定冲数条件下泵内摩擦阻尼泵端容积效率、液马达容积效率

项　　目		性能指标
泵端容积效率/%		≥95
马达容积效率/%		≥94
泵内摩阻/MPa	泵内动力液最高流速/(m/s)	≤3.8
	≤16	
	≤24	≤4.8
	≤32	≤5.3

(五)螺杆抽油泵

1. 单螺杆抽油泵

型　　号	基　本　参　数							
	每转理论排量/(mL/r)	泵级数/级	转子连抽油杆规格/mm	外径/mm	定子连油管螺纹规格/in	适用套管直径/mm	输入转速范围/(r/min)	日流量范围/(m^3/d)	额定工作压力/MPa
GLB28-14	28	14	CYG19	73	2⅞ TBG 或 3½ TBG	≥114	50~300	2~12	5
GLB28-27		27							10
GLB28-40		40							15
GLB75-14	75	14						5~32	5
GLB75-27		27		90					10
GLB75-40		40							15
GLB120-14	120	14	CYG22					8~50	5
GLB120-27		27							10
GLBl20-40		40							15
GLBl20-40C		40			3½ TBG	≥140		10~64	15
GLB150-40	150	40		102				14~86	15
GLB200-14	200	14							5
GLB200-27		27	CYG125						10
GLB200-40		40							15

2. 国产常用螺杆泵

型　号		LBJ 40×6	LBJ 40×15	LBJ 90×12	LBJ 150×20	GLB 28-40	GLB 40-42	GLB 75-40	GLB 120-27
级数/级		16	40	26	42	40	42	40	27
理论排量/(m^3/d)		5~8	8~6	12~24	14~28	12.7	18	34	54
总长/mm		2200	4300	4000	4000	4509	5315	5996	5530
最大外径/mm		107	107	107	114	89.5	90	107	107
抽油杆	in	7/8	1	1	G36×6	3/4	3/4	3/4	7/8
	mm	22	25	25	G36×6	19	19	19	22
油管	in	$2\frac{7}{8}$	$3\frac{1}{2}$	$3\frac{1}{2}$	$3\frac{1}{2}$	$2\frac{7}{8}$	$2\frac{7}{8}$	$2\frac{7}{8}$	$3\frac{1}{2}$
	mm	62.0	88.9	88.9	88.9	62.0	62.0	62.0	88.9
扬程/m		600	1500	1200	2000	1500	1600	1500	1000
工作温度/℃		150	150	150	150	120	120	120	120
最大黏度/mPa·s		5000							

(六)有杆射流增压泵产品规格、型号及技术参数

序　号	型　号	总长/mm	外径/mm	两端扣型/in	柱塞扣型/mm	最大冲积/m
1	CYB38--THSL-4.5-1.2	5510	90	$2\frac{7}{8}$TBG	16	3.3
2	CYB38-THSL-6.3-1.2	7310	90	$2\frac{7}{8}$TBG	16	5.1
3	CYB38-THSL-4.5-1.2	5510	102	$2\frac{7}{8}$TBG	19	3.3
4	CYB38-THSL-6.3-1.2	7310	102	$2\frac{7}{8}$TBG	19	5.1

(七)抽油泵配套工具

1. 防脱器

序　号	规格/mm	总长/mm	外径/mm	质量/kg	适用油管/in	允许工作负荷/kN	破坏载荷/kN
1	19/19	340	53	2.3	$2\frac{7}{8}$	100	260
2	19/22	340	53	2.3	$2\frac{7}{8}$		
3	22/22	345	58	2.4	$3\frac{1}{2}$		
4	22/25	345	58	2.4	$3\frac{1}{2}$		
5	25/25	345	58	2.4	$3\frac{1}{2}$		

2. 脱接器

序　号	规格/mm	总长/mm	外径/mm	质量/kg	适用油管/in	允许工作载荷/kN	破坏载荷/kN
1	19/19	500	58	5	$2\frac{7}{8}$	100	260
2	22/22	500	70	5.6	$3\frac{1}{2}$		
3	25/25	500	105	13.6	4		

3. 扶正器

序　号	规格/mm	总长/mm	外径/mm	质量/kg	适用油管/in	允许工作载荷/kN	破坏载荷/kN
1	19/19	300	53	2.3	$2\frac{7}{8}$	100	260
2	19/22						
3	22/22	300	58	2.4	$3\frac{1}{2}$		
4	22/25						
5	25/25						

4. 泄油器

序　号	规格/mm	总长/mm	外径/mm	质量/kg	适用油管/in	允许工作载荷/kN	破坏载荷/kN
1	19/19	280	90	9	$2\frac{7}{8}$	100	260
2	22/22	300	112	12	$3\frac{1}{2}$		
3	25/25	360	145	16	4		

5. 张力式、液力式油管锚

名　称	总长/mm	最大外径/mm	最小通径/mm	适用套管/mm	允许工作压力/MPa	破坏载荷/kN
张力式油管锚	635	114	50	140	25	$2\frac{7}{8}$TBG
液力式油管锚	700	115	60	124	25	3TBG

第二十一章　常用名词解释

一、油、气储层

（一）储集层

具有一定孔隙度和渗透性，能储存油、气等流体，并可在其中流动的岩层叫储集层，简称储层。常见的储集层有砾岩层、砂岩层、粉砂岩层、碳酸盐岩层、裂缝性泥岩层、具有次生孔隙和裂缝的变质岩及岩浆岩等。

（二）油层与气层

储藏有石油的储集层叫油层，亦称储油层或含油层。

储藏有天然气的储集层叫气层，亦称储气层或含气层。

（三）工业油层与工业气层

指具有工业开采价值的油层和气层。有无工业开采价值取决于油（气）层产能大小、埋藏深度、开采技术、油气价格、国家能源政策、交通运输条件等因素。

（四）少量油层与少量气层

指产油（气）量低于工业标准的油（气）层。

（五）可疑油层与可疑气层

根据测井资料解释有可能含油（气），需要进行试油（气）验证的储层。

（六）油气同层

在同一油气层中油、气具存，经测试所产油、气量符合工业标准，这种层叫油气同层。油气同层常在带气顶的油藏或带油环的气藏的气油过渡段中出现，也可自成系统出现于复杂油、气藏中。

（七）油水同层

在同一油层中油、水具存，经测试产油量达到工业标准，产水量以含水率计算大于2%，这种层叫油水同层。油水同层常在具有底水或边水油藏的油水过渡段中出现，也可自成油水系统出现。

（八）气水同层

在同一气层中气、水具存。经测试产气量达到工业标准，产水量达到一定标准，这种层叫气水同层。它常在具有底水或边水气藏的气水过渡段中出现，也可单独出现于复杂的气藏中。

（九）气夹层

指夹在油层中间的含气层。

（十）油夹层

指夹在气层中间的含油层。

（十一）水层

在油（气）藏中，不含石油、天然气及其他气体，产水量达到规定标准的含水层叫水层。它常以边水或底水形式出现。

（十二）水夹层

指夹在油（气）层中间的含水层。

（十三）干层

在油气藏中，不含石油、天然气及其他气体，又不含地层水的储集层叫干层。

（十四）单砂层

在一定沉积条件下形成的、上下被不渗透层分隔，层内岩性较均一，具有一定厚度和分布范围的砂岩层或粉砂岩层叫单砂层。

（十五）单油（气）层

含油（气）的单砂层叫单油（气）层。俗称小层。

（十六）亚组

亚组又叫砂岩组或叫复油层。指上下被较稳定的低渗透或不渗透层分隔，由连续沉积的若干单砂层按一定规律组合的一个较小的沉积旋回（相当于三级旋回）。

（十七）油（气）层组

在同一沉积环境下沉积，其分布状态、岩石性质、物性特征、流体性质相似，并互相靠近的一套油（气）层组合叫油（气）层组。一个油（气）层组内可包含几个亚组，其顶、底界有分布稳定、厚度较大的隔层，可作为油（气）田开发初期组合开发层系的基本单元。

（十八）含油（气）层系

含油（气）层系相当于一级沉积旋回。指由沉积条件、岩石类型、流体性质等基本相似并相邻的若干油（气）层组组成的一套含油（气）岩层。不同含油（气）层系之间往往有沉积间断及厚度很大的不渗透岩层分隔，形成各自独立的含油（气）体系。

（十九）隔层与夹层

隔层也称阻渗层，是指在一定压差范围内能阻止流体在层组之间互相渗流的非渗透岩层。划分开发层系的隔层要求具备厚度较大、分布稳定等条件。

单砂层（单油、气层）之间或内部分布不稳定的不渗透或极低渗透的薄层叫夹层。

（二十）隔层分布类型

指根据隔层在平面上分布状况划分的种类。通常分为四种类型：

稳定分布型——岩性稳定，厚度大且变化小，分布广，井点钻遇率在90%以上。

连续分布型——岩性有变化，厚度变化较大，连续分布，井点钻遇率在65%~90%之间。

条带状分布型——呈条带状分布，厚度变化大，井点钻遇率约40%~65%。

零散分布型——分布不稳定，呈零散状分布，井点钻遇率小于40%。

二、储层流体

(一) 流体

通常把容易流动的液体和气体统称为流体。

(二) 储层流体

指储层中所含的天然气、原油及地层水。三者互相依存,形成一个统一的地下流体系统。

(三) 油藏流体物性

指在油气藏高温高压条件下,油、气、水的物理性质。

(四) 地层原油

处在油层条件下的原油叫地层原油。它是一种复杂的烃类混合物,与地面原油的性质有很大的差别。

(五) 地面原油

地面原油也叫脱气油,是指地层原油采至地面后,由于压力降到0.1MPa,溶解其中的天然气分离出来以后的原油。

(六) 原油性质

原油性质包含物理性质和化学性质两个方面。

物理性质包括颜色、密度、黏度、凝点、含蜡量、溶解性、发热量、荧光性、旋光性等。

化学性质包括化学组成、组分组成、馏分组成等。

(七) 原油工业分类

原油工业分类又叫商品分类,指根据原油中硫、蜡、胶质含量多少及密度、黏度大小进行的分类。

(八) 低硫原油、含硫原油、高硫原油

含流量小于0.5%为低硫原油;含硫量在0.5%~2.0%之间为含硫原油;含硫量大于2.0%为高硫原油。

(九) 少胶原油、胶质原油、多胶原油

胶质及沥青含量小于8%的为少胶原油;其含量为8%~25%的为胶质原油;其含量大于25%的为多胶原油。

(十) 低蜡原油、含蜡原油、高含蜡原油

指按含蜡量多少分为低蜡原油(<1.5%)、含蜡原油(1.5%~6.0%)、高含蜡原油(>6.0%)。

(十一) 常规原油

指在油层条件下,黏度小于50mPa·s,相对密度小于0.92的原油。其中分为高黏油(油层条件下黏度20~50mPa·s)、中黏油(油层条件下黏度5~20mPa·s)、低黏油(油层条件下黏度小于5mPa·s)。

(十二) 稠油

指在油层条件下黏度大于50mPa·s、相对密度大于0.92的原油。其中又分普通稠油

(黏度 50~10000mPa·s,相对密度 0.92~0.95)、特稠油(黏度大于 10000mPa·s,相对密度大于 0.95)。

(十三) 轻质油、中质油、重质油

原油相对密度一般在 0.75~0.95 之间,相对密度小于 0.87 的原油叫轻质油;相对密度在 0.87~0.92 之间的原油叫中质油;相对密度大于 0.92 的原油叫重质油。

(十四) 高凝油

指凝点大于 40℃的轻质含蜡原油。

(十五) 凝析油

指在油层条件下介于临界温度和临界凝析温度之间的气相烃类,采出地面后,由于温度和压力的降低而凝析出轻质浅色的液态汽油。

(十六) 挥发油

指在流体系统中位于油气之间的过渡区内,呈液态,相态上接近临界点,挥发性强,收缩率高的原油。

(十七) 相对密度

指在标准条件(20℃和 0.101MPa)下一定体积原油质量与同体积 4℃时的纯水质量之比值。它是反映原油性质的重要指标之一。

(十八) 原油黏度

指原油在流动时所受到的内部摩擦阻力。原油黏度大小取决于温度、压力、溶解气量及其化学成分。温度增高其黏度降低,压力增高其黏度增大,溶解气量增加其黏度减小,轻质油组分增加,黏度降低。原油黏度变化较大,一般在 1~100mPa·s 之间。

(十九) 凝点

原油冷却到失去流动性时的温度称为凝点。原油凝点大约在-50℃~35℃之间。凝点的高低与原油中轻质和重质组分含量有关。轻质组分含量高,凝点低,重质组分含量高,尤其是石蜡含量高,凝点就高。

(二十) 含蜡量

指在常温常压条件下原油中所含蜡的百分比。

石蜡是一种白色或淡黄色固体,由高级烷烃组成,熔点为 37~76℃。石蜡在地下以胶体状溶于石油中,当压力和温度降低时,可从石油中析出。原油含蜡量高,油井容易结蜡,影响油井产量。

(二十一) 含胶量

指原油中所含胶质的百分数。含胶量一般在 5%~20%之间。

胶质是指原油中相对分子质量较大(300~1000)的含有氧、氮、硫等元素的多环芳香烃化合物,呈半固态分散状溶解于原油中。胶质易溶于石油醚、润滑油、汽油、氯仿等有机溶剂中。

(二十二) 含硫量

指原油中所含硫(硫化物或单质硫分)的百分数。原油中含硫量较小,一般小于 1%,但对原油性质的影响很大,对管线有腐蚀作用,对人体健康有害。

（二十三）沥青质含量

指原油中所含沥青质的百分数。

沥青质是一种高相对分子质量（大于1000以上），具有多环结构的黑色固体物质。不溶于酒精和石油醚，易溶于苯、氯仿、二硫化碳。原油中沥青质的含量较少，一般小于1%。当沥青质含量增高时，原油质量变坏。

（二十四）荧光性

石油在紫外光照射下产生荧光。这种特性称荧光性。荧光颜色与石油的组成有关，轻质油的荧光为浅蓝色，含胶多的石油荧光呈绿色或黄色，而含沥青质较多的石油荧光呈褐色。

（二十五）旋光性

当偏光通过石油时，能使偏光面旋转一定角度，这种特性叫旋光性。生物成因的天然有机物具有这种特性，人工合成的有机物或天然无机物不具有这种特性，因此，旋光性是石油有机成因的证据之一。

（二十六）导电性

指石油的导电能力。石油的电阻率很高，是一种非导电体，其电阻率为 10^9 ~ $10^{16}\Omega \cdot m$。

（二十七）溶解性

指石油溶解于水的能力。石油在纯水中的溶解度很低，但易溶于有机溶剂，如氯仿、苯、石油醚、四氯化碳、二硫化碳、丙酮等。

（二十八）地层油的高压物性

指原油在地层条件下的物理性质。一般可用深井取样器在原始地层条件下取样，然后在实验室用高压物性测试仪进行测定。地层原油的物理性质直接影响原油地下储藏状态和流动能力，是研究油藏驱动类型、计算油田储量、选择油井工作制度、确定油田开发方式等的重要参数之一。

（二十九）饱和压力

地层原油在压力降低到天然气开始从原油中分离出来时的压力叫饱和压力。原始饱和压力是指在原始地层条件下测得的饱和压力。饱和压力是衡量油藏弹性能量大小的重要参数之一。饱和压力越低，弹性能量越大，有利于用放大生产压差来提高油井产量和油田采油速度。但饱和压力低，井筒内脱气点高，能量损失大，油井自喷能力差。

（三十）原始气油比

指在地层原始状态下，单位体积或重量原油所溶解的天然气量。其单位为 m^3/m^3 或 m^3/t。原始气油比是原油中溶解天然气量多少的指标。

（三十一）地层原油黏度

指原始地层条件下所测得的原油黏度。地层原油黏度大小与原油的化学组成、温度、压力、溶解气量等有关，尤其与温度和溶解气量关系很大。温度越高，溶解气量越大，原油黏度越小，反之则大。原油黏度越小，流动性越好，越有利于提高驱油效率和最终采收率。

（三十二）地层原油密度

指在地层条件下，单位体积原油的质量，单位为 g/m^3。地层原油密度与压力、温度及溶解气量有关，溶解气量增大和温度增高，原油密度减小。在低于饱和压力情况下，压力增加，溶解气量增大，原油密度减小；当压力高于饱和压力后，溶解气停止溶解，压力的增高使原油密度增大。

（三十三）溶解系数

指在一定温度和压力条件下，压力每增加 0.1MPa 时，单位体积原油中所溶解的天然气量，单位为 $m^3/(m^3 \cdot MPa)$。它反映天然气在原油中的溶解能力。

（三十四）原油体积系数（B_o）

原油在地层条件下的体积 V_f 与其在地面脱气后的体积 V_s 之比叫原油体积系数。即：

$$B_o = \frac{V_f}{V_s}$$

由于溶解气和热膨胀的影响远超过弹性压缩的影响，地层原油体积总大于地面脱气后原油体积，所以原油体积系数都大于 1，一般在 1.05~1.8 之间变化。

（三十五）两相原油体积系数

当地层压力低于饱和压力时，地层原油和析出天然气的总体积与在地面脱气原油体积的比值，称为两相原油体积系数。

（三十六）收缩率

指单位体积地层原油在地面条件下减少的体积 ΔV 占地层原油体积 V_f 的百分数。它表示原油的收缩程度。

$$收缩率 = \frac{V_f - V_s}{V_f} \times 100\% = \frac{\Delta V}{V_f} \times 100\%$$

（三十七）压缩系数

指压力每增减 0.1MPa，单位体积地层原油的体积变化率。单位为 $m^3/(m^3 \cdot MPa)$。地面原油压缩系数一般在 4×10^{-4} ~ $7\times10^{-4} MPa^{-1}$ 之间变化。地层原油压缩系数一般在 10×10^{-4} ~ $140\times10^{-4} MPa^{-1}$ 之间变化。但要注意：它不是一个定值，在靠近饱和压力的区段压缩系数比远离（高于）饱和压力的区段大。这是因为压力较低时，比压力较高时密度更低，更易于压缩的缘故。

（三十八）析蜡温度

地层原油中的石蜡开始结晶析出时的温度叫析蜡温度，或叫石蜡结晶温度。析蜡温度高低与原油中的轻质成分、含蜡量、表面活性物质、压力等因素有关。轻质成分越多，溶蜡能力越大，析蜡温度越低；含蜡量越高，析蜡温度越高。析蜡温度高，油井容易结蜡，对油井管理不利。

（三十九）热膨胀系数

指温度每增加 1℃ 单位体积地层原油的体积变化率。

（四十）流体的黏滞性

指流体在外力作用下呈层流时，流速不同的层间产生内摩擦力，阻碍液层的相对运动，流体的这种表现为阻抗剪切变形的特性叫流体的黏滞性。

（四十一）牛顿内摩擦定律

牛顿内摩擦定律亦称牛顿流动公式，是指在一定温度下，流体呈层流时，层流间的剪切应力（τ）与流速梯度成正比。其公式为：

$$\tau = -\mu \frac{dw}{dr}$$

式中 τ——剪切应力（指平行于流动方向的单位面积上的内摩擦力）；

$\frac{dw}{dr}$——垂直于流动方向的流速梯度，也称剪切速率；

μ——动力黏滞系数（即黏度）。

（四十二）牛顿流体与非牛顿流体

凡是符合牛顿流动公式的流体叫牛顿流体，即流体流动时剪切应力与剪切速度成正比，其直线通过坐标原点。它的黏度只与流体本身的性质及温度有关，不受剪切速率的影响。如水、汽油、煤油等都是牛顿流体。

凡是不符合牛顿流动公式的流体叫非牛顿流体，即流体流动时剪切应力与剪切速度之间不成正比，其流动特性与剪切速率有关。如稠油、某些钻井液与压裂液等均属非牛顿流体。

（四十三）流体的流变性与流变曲线

指流体的剪切应力与剪切速率之间的各种变异特性，用图形表示则称为流变曲线。

石油的流变性与沥青、胶质、石蜡含量、溶解气含量以及压力、温度等有关。石油流变性对采油速度、含水上升规律、油田开发效果等有重要影响。

（四十四）塑性流体

塑性流体（黏塑性流体）或称宾哈塑性流体，是非牛顿流体中的一种。其特点是剪切应力小于某一数值 τ_s 时，就不能流动，大于 τ_s 后才开始流动。其流变曲线分成两段，剪切速率较小时呈曲线段，当剪切速率达到一定数值后，剪切应力才与剪切速率成正比，图形呈直线段，表示其塑性黏度不再变化。钻井液、油漆、印墨等均为塑性流体。

（四十五）拟塑性流体

亦称假塑性流体或称准塑性流体，是非牛顿流体中的一种。其流动特点是一旦施加外力就能流动。其黏度随着剪切速率的增加而减小。其流变曲线为通过坐标原点并凸向剪切应力轴的曲线。乳状液、熟淀粉糊、高分子聚合物均属这种流体。

（四十六）膨胀性流体

膨胀性流体是非牛顿流体的一种。其特点是一加外力就能流动，黏度随剪切速率的增加而增大。流变曲线为通过坐标原点凹向剪切应力轴的曲线。生淀粉糊、固体悬浮物都属这种流体。

（四十七）触变性

指复配的结构性溶液，在受剪切力时，切力自行降低（变稀），而静置后切力能自行恢复（变稠）的流体动力特性。

（四十八）视黏度

视黏度亦称表观黏度，是指流体在恒定温度时某一剪切速率下，剪切应力与剪切速率的比值。它不仅取决于温度，也取决于流动的压力梯度。

（四十九）黏-弹效应

指其随剪切速度的高低不同而呈现黏性流体与弹性固体的性质。

（五十）松弛效应

指原油内部结构变化所出现的不稳定性。

（五十一）松弛时间

指黏弹性体系内部结构重新排列引起流量和压力变化达到稳定时所需要的时间。

（五十二）天然气

天然气一般指储藏在地层中的可燃性烃类气体。天然气是以石蜡族低分子饱和烃气体和少量非烃气体组成的混合物。其化学组成以甲烷为主，乙烷（C_2H_6）、丙烷（C_3H_8）、丁烷（C_4H_{10}）等含量不多，并常含有氢、氮、二氧化碳、硫化氢、水汽等非烃类气体，有时还含微量的惰性气体氦、氩等。

（五十三）天然气分类

指按不同方法对天然气划分的种类。按矿藏分类，可分为气田气、油田气、凝析气；按液化气含量可分为干气、湿气；按含硫量可分为酸气、净气；按相态分为游离气、溶解气、吸附气等。

（五十四）气田气

指产自不与石油伴生而单独聚集成气藏的天然气。气田气主要成分为甲烷，含量达80%以上，乙烷至丁烷含量很少，戊烷以上重烃含量甚微，有时含大量二氧化碳、硫化氢等非烃气体，但不含非饱和烃类气体。

（五十五）油田气

油田气又称伴生气。以溶解、游离、分散或聚集等状态分布于油层内及气顶中的天然气。它的特征是乙烷及以上烃类含量较气田气高，有时含 CO_2、N_2、H_2S 等非烃类气体，但不含非饱和烃类气体。

（五十六）气顶气

指与石油伴生而聚集在油藏顶部的天然气。气顶气重烃含量高，可达百分之几至几十，仅次于甲烷含量。

（五十七）凝析气

具有反凝析作用能形成凝析油的气田气叫凝析气。凝析气采出地面后因压力、温度降低而逆凝结为凝析油。凝析气多分布在地下 3000m 以上的储层中。

（五十八）水溶气

指溶解于地层水中的天然气。水溶气含气量低，一般只有 $0.1\sim2m^3/m^3$，最高可达 $3\sim5m^3/m^3$。

（五十九）煤层气

指在煤层中游离和吸附的天然气。其主要成分为甲烷，伴生有氮、二氧化碳、氢等。

（六十）固态气水合物（冰冻甲烷）

指在海洋底特定的压力和温度条件下形成的天然气。主要是天然气分子被封闭在水分子组成的扩大晶格中，形成固态气体水合物。其成分主要是甲烷，有时还有乙烷、丙烷、异丁烷、二氧化碳及硫化氢等。

（六十一）干气

天然气中液相烃含量小于 100g/m^3 的叫干气，亦叫贫气或瘦气。其特征是甲烷含量大于 95%，乙烷含量很少，不含或含微量乙烷以上的烃类气体。

（六十二）湿气

湿气又叫富气或肥气，是指液相烃含量大于 100g/m^3 的天然气。甲烷含量一般小于 95%，含相当数量的乙烷及以上烃类气体。

（六十三）净气

每立方米（m^3）天然气中含硫量小于 1g 的天然气叫净气，或称甜气。

（六十四）酸气

每立方米（m^3）天然气中含硫量大于 1g 或含相当数量的 CO_2 气的天然气叫酸气。

（六十五）游离气

指以游离状态存在，并能运移和聚集的天然气。

（六十六）溶解气

指以溶解状态存在于石油或水中的天然气。

（六十七）地层水

指以各种形式储存在地层空隙中的地下水。在油、气藏中常以边水、底水、层间水等形式存在。

（六十八）束缚水

存在于储层岩石颗粒表面，孔缝的角隅以及微毛管孔道中的不流动的水称束缚水，亦称共存水。

（六十九）裂隙水

存在于裂缝性岩石中的各种形式的地下水。

（七十）渗入水

雨水和地表水沿岩石孔隙、裂缝、洞穴渗入而形成的地下水。

（七十一）自由水

在重力作用下能在储层空隙中自由流动的地下水。

（七十二）吸附水

指以分子状态吸附在储层岩石颗粒表面的水。

（七十三）地层水密度

指在地层条件下，单位体积地层水的质量（g/cm^3）。由于地层水含盐，矿化度较大，所以地层水的密度一般都大于 $1g/cm^3$。

（七十四）地层水黏度

指地层水流动时内摩擦阻力的大小。地层水的黏度随温度增加而急剧降低，与压力关系不大，而与含盐量多少有一定关系。

（七十五）天然气在地层水中的溶解度

指在地面条件下 $1m^3$ 地层水所溶解的天然气体积（m^3/m^3）。其溶解度与气体性质、压力、温度及水中含盐量等有关。天然气在地层水中的溶解度很小，在 10^4kMPa 的压力条件下，溶解气量不超过 $1\sim2m^3/m^3$。

（七十六）地层水体积系数

指地层水在地层条件下的体积与其在地面条件下体积之比值。地层水体积系数变化小，一般在 1.01～1.02 之间。

（七十七）地层水压缩系数

指压力每变化 0.1MPa 时地层水体积的变化率：

$$C_w = -\frac{1}{V_w}\frac{dV}{dp}$$

式中 C_w——地层水压缩系数，MPa^{-1}；

V_w——地层水体积；

$\frac{dV}{dp}$——地层水随压力的变化率。

地层水压缩系数与压力、温度及溶解气量有关，通常在 $3.7\times10^{-4}\sim5\times10^{-4}MPa^{-1}$ 之间变化。

（七十八）地层水总矿化度

指单位体积地层水中所含各种离子、分子、盐类及胶体的总含量，以 mg/L 或 mol/L 表示。

（七十九）地层水氯离子含量

指每升地层水中含氯离子的数量，一般用 mg/L 表示。

（八十）水型

按照苏林分类法将天然水分成硫酸钠型、重碳酸钠型、氯化钙型、氯化镁型四种。油田水主要为重碳酸钠（$NaHC0_3$）和氯化钙（$CaCl_2$）型。地面水则多为硫酸钠（Na_2SO_4）型。

（八十一）水型判断法

指利用水中主要离子的当量比，即$\frac{Na^+}{Cl^-}$、$\frac{Na^+-Cl^-}{SO_4^{2-}}$、$\frac{Cl^--Na^+}{Mg^{2+}}$、$\frac{SO_4^{2-}}{Cl^-}$和$\frac{Ca^{2+}}{Mg^{2+}}$的比值来判断水型的方法。$\frac{Na^+-Cl^-}{SO_4^{2-}}>1$ 为重碳酸钠（$NaHC0_3$）型；$\frac{Cl^--Na^+}{Mg^{2+}}>1$ 为氯化钙（$CaCl_2$）型；$\frac{Na^+-Cl^-}{SO_4^{2-}}<1$ 为硫酸钠（Na_2SO_4）型；$\frac{Cl^--Na^+}{Mg^{2+}}<1$ 为氯化镁（$MgCl_2$）型。

（八十二）帕勒梅尔分类法

指按水中各离子的相对含量大小进行分类。将离子成分分为五个组：强碱(a)，包括 Na^+、K^+；弱碱(e)，包括 Ca^{2+}、Mg^{2+}；极弱碱(m)，包括 Fe^{3+}、Ca^{2+}、Al^{3+}；强酸(s)，包括 Cl^-、SO_4^{2-}；弱酸(A)，包括 HCO_3^-、CO_3^{2-}。根据五组离子毫克当量的多少及化合后生成的不同盐类和碱类，将地层水分为五类：$s<a$、$s=a$、$a<s<a+e$、$s=a+e$、$s>a+e$。

（八十三）pH 值

指测量溶液中氢离子(H^+)浓度，即鉴定溶液酸碱度的指标。pH 值的应用范围在0～14之间，pH 值大于 7 时为碱性溶液，等于 7 时为中性溶液，小于 7 时为酸性溶液。

（八十四）硬度

指水中所含 Ca^{2+}、Mg^{2+} 的量。通常以 1L 水中含 10mg 的氧化钙或 7.2mg 氧化镁为一度。硬度可分为暂时硬度(水中重碳酸镁和重碳酸钙的含量，加热后可除去)、永久硬度(加热至沸点后，水中残存钙盐和镁盐)和总硬度(暂时硬度与永久硬度之和)。

三、油田开发

（一）开发井

指用来开发油、气田的井。它包括采油井、采气井、注水井、注气井等。

（二）采油井与采气井

用来开采石油的井叫采油井，开采天然气的井叫采气井，统称生产井，是油(气)田上最基本的井别。

（三）注水井与注气井

用来向油层中注水的井叫注水井，向油层中注气的井叫注气井，两者统称为注入井。

（四）采水井

指用来开采地层水的井。

（五）凝析气井

指用来开采凝析气藏气的井。

（六）注蒸汽井

指开采稠油油藏，用来向油层中注入蒸汽的井。

（七）缓钻井

在油(气)田地质结构与油(气)层变化较复杂的地区所设计的缺乏成功把握的井，不能按井位顺序钻井，而要等有关井完钻后，根据地下情况再决定是否钻井，这种井叫缓钻井。

（八）生产探井

有的油(气)田局部边界探明程度差，在开发方案中设计了少数既起生产井作用，又起探井作用的井，这种井叫生产探井。

（九）扩边井

油(气)田开发后，发现油(气)田边界有扩大的可能，为了落实扩大油(气)田边界而钻的井叫扩边井。

（十）试采井

为取得油（气）田地下开采动态资料而设计的采油（气）试验井称试采井。

（十一）资料井

为探明油（气）田地下情况，取得编制油（气）田开发方案所需的资料而钻的井叫资料井。

（十二）代用井

原来的探井、资料井当作生产井或注水、注气井用，这种井叫代用井。

（十三）密闭取心井与压力取心井

用密闭取心技术所钻的取心井叫密闭取心井。用压力取心工艺技术所钻的取心井叫压力取心井。

（十四）水平井

在钻到目的层部位时，井段斜度超过85°，其水平距离超过目的层厚度10倍的井叫水平井。

（十五）定向井

由于地面建筑物或地形的影响，采用定向钻井技术所钻的井叫定向井。

（十六）丛式井

在同一井场或平台上钻出一组地下井位不同的井叫丛式井。

（十七）自喷井

采用自喷采油方式进行生产的井叫自喷井。

自喷井在高含水以前有许多优点，但进入高含水以后，由于流压的不断升高，生产压差不断缩小，加上含水上升，产量迅速下降，因此，一般都要改用机械采油方式进行生产。

（十八）抽油井

采用机械采油方式进行生产的井叫抽油井。目前全世界抽油井数最多，约占采油井数的85%以上，其中游梁式抽油机–深井泵采油（俗称磕头机采油）井数占80%以上。

（十九）气举井

采用气举采油方式进行生产的井叫气举井。

（二十）电泵井

采用电潜泵采油的井叫电泵井。

（二十一）合采井与合注井

同时开采两个及以上开发层系油层的采油井或一个开发层系中许多油层不下分隔器一起开采的油井叫合采井。

同时注两个及以上开发层系油层的注水井或一个开发层系中许多油层不下分隔器一起注水的井叫合注井。

（二十二）分采井与分注井

在井内下入封隔器、配产器进行分层开采的井叫分采井。

在井内下入封隔器、配水器进行分层注水的井叫分注井。

（二十三）转注井

由采油改为注水的井叫转注井。

（二十四）排液井

为了采出注水井排上的油，注水井每隔一口进行转注，另一口井继续采油排液，直至油井含水较高时再转注，这种井叫排液井。按排液时间的长短分为短期排液井和长期排液井。

（二十五）一注井与二注井

在行列井网注水井排上，第一批注水的井叫一注井，第二批注水的井叫二注井。

（二十六）缓注井

注水井因各种原因暂时不注水的井叫缓注井。

（二十七）干井

井中无油、气或地层水可采的井叫干井。

（二十八）报废井

指因未钻遇油（气）层或钻井质量不合格而无法用于采油（气）或注水（气）的井。前者叫地质报废井，后者叫工程报废井。在油（气）田开发过程中，由于各种原因造成无法用于油（气）田开发的井也叫报废井。

（二十九）射孔

指用电缆把射孔器下入井内，对准油（气）层，射孔弹穿透套管壁和水泥环，打开油（气）层与井筒的通道，使油（气）流入井内，这个工作过程叫射孔。

（三十）射孔方案

指在井别确定后，要对采油井与注水井的射孔原则、射孔层位、孔数、隔层及低产区调整的射孔层段等进行设计和部署。每口井按设计要求射孔，然后进行地面施工、投产、投注等工作。

（三十一）射孔层位

指被射开油（气）层的层号及位置，一般用被射孔层段的深度来表示。

（三十二）孔密与孔密控制

孔密是指油层每米厚度上的孔数，单位为孔/m。

用调整油层孔密的办法，以控制注入水的推进速度，高渗透层孔数少，低渗透层孔数多，使各油层间的水线能均匀推进，这种方法叫孔密控制。

（三十三）补孔

因漏射、未射透或开发需要射开新油层等原因，需再次射孔叫补孔。

（三十四）过油管射孔法

用电缆将射孔器从油管下入井内，经过喇叭口，在套管内对准油（气）层进行射孔，这种射孔方法叫过油管射孔法。这是种不压井射孔方法，可避免压井液对油（气）层的污染。

（三十五）油管悬挂射孔法

将射孔器悬挂在油管底部下入井内，对准油（气）层进行射孔，这种射孔方法叫油管悬挂射孔法。

（三十六）负压射孔

指在井内静液柱压力低于射孔层位压力条件下进行的射孔。这种方法有利于降低压井液对油（气）层的污染。

（三十七）试油（气）

为了认识和鉴别油（气）层性质，了解油（气）层的生产能力、流体性质等，在探井、评价井及少数开发井中进行洗井、射孔、诱喷、求产、测压和取样等工作，这一整套工艺过程称为试油（气）。

（三十八）分层试油（气）

指利用分隔器，自下而上分层进行求产、测压、取样等工作。

（三十九）注水泥塞试油

将水泥浆顶替到已试油层与待试油层之间的套管中，水泥凝固封住已试油层，然后再射开上面试油层段，进行诱喷、求产等工作，这种自下而上逐层试油的方法叫注水泥塞试油。这种试油所得到的资料准确可靠，但速度慢，成本高。

（四十）提捞法试油

把装有单向阀的提捞筒下入井内捞出液体，使井内液柱压力降低，这种方法叫提捞法试油，常用于低压低产井试油。

（四十一）地层测试器试油

指利用地层测试器进行测压、求产、取样等测试。这种方法可在钻井过程中或完井后进行，是一种先进的试油方法。

（四十二）油、气层损害

指油、气层被钻井液、压井液、洗井液等浸泡污染，孔道被堵塞，油、气层渗透率降低，生产能力下降。

（四十三）污染系数（*DF*）

指未污染生产井采油（气）指数（J）与污染生产井采油（气）指数（J_s）之差与未污染生产井采油（气）指数之比。即：

$$DF=\frac{J-J_s}{J}$$

（四十四）产能比（*PR*）

指在相同生产压差条件下，油（气）层损害后的产量 Q_s 与未受损害的产量 Q 之比。即：

$$PR=\frac{Q_s}{Q}$$

（四十五）条件比（*CR*）

指油井供给半径内损害区的渗透率（K_s）与损害区外的渗透率（K_f）之比。即：

$$CR=\frac{K_s}{K_f}$$

（四十六）产率比（*PRJ*）

指油（气）层损害后采油（气）指数（J_s）与未受损害时采油（气）指数（J）之比。即：

$$PRJ=\frac{J_s}{J}$$

(四十七) 投产程序

指油(气)井从完井到正常生产的工作顺序与步骤。一般要经过射孔、洗井、诱喷、放喷、配产等过程。

(四十八) 投注程序

指注水井从完井到正常注水的工作顺序与步骤。一般要经过排液、洗井、试注、配水四个步骤。

(四十九) 洗井

指用洗井液将井内杂质、脏物冲洗出来,以保持井筒和井底的清洁,避免油(气)层堵塞。要保证洗井的质量,要求做到井内无脏物、杂物。

(五十) 洗井方式

指在洗井时洗井液的循环方式。洗井液从油管进,从套管返出地面,叫正循环(正洗)。洗井液从套管进,从油管返出地面,叫反循环(反洗)。

(五十一) 洗井液

指用于洗井的液体。常用的洗井液有淡盐水、原油、清水、稀酸液、聚合物洗井液等。

(五十二) 诱喷

诱喷亦称诱导油(气)流,是指有自喷能力的井试油(气)或投产时,常采用各种措施使井底压力低于地层压力,诱导油(气)从油(气)层中流入井底,再喷出井口。常用的诱喷方法有替喷、抽汲、气举等。

(五十三) 替喷

指用密度较小的流体(清水或原油)替出井内密度较大的压井液,使井内液柱的压力低于地层压力,诱导油(气)从油(气)层中流入井底,再喷出井口。

(五十四) 抽汲诱喷

指用抽汲工具抽汲井内的液体,降低液面高度,使井内液柱的压力低于地层压力,诱导油(气)从油(气)层中流入井底,再喷出井口。

(五十五) 气举诱喷

指用压风机把压缩空气打入井内,高压气流携带液体喷出地面,使井底压力急速下降,诱导油(气)从油(气)层中流入井底,再喷出井口。气举诱喷一般是在用清水替喷后,仍不能喷出的情况下采用。

(五十六) 放喷

指油(气)井诱喷后,为了清除井内的泥浆、清水及其他脏物,打开套管闸门,进行无控制的排液。放喷消耗油(气)层能量,故放喷时间不能过长,以排净井内脏物为原则。放喷后油(气)井可以正式投产。

(五十七) 求产

指以各种不同的测试方式测量油(气)井的产量及生产能力。

（五十八）投产

指油(气)井经过投产程序后正式投入生产。

（五十九）压裂投产

指对岩性致密、渗透率低、厚度薄、产能小的油(气)层,为了使油(气)井能正常生产,应进行酸化压裂后再投产。

（六十）试注

指注水井洗井合格后所进行的试探性注水。试注目的是测吸水指示曲线,了解油层的吸水能力,确定合理的工作制度,为全井及层段配水提供依据。试注合格后即可进行配水,正式投注;不合格,则要进行酸化、压裂等增注措施,以提高油层的吸水能力。

（六十一）吸水指示曲线

注水压力与注水量的关系曲线称吸水指示曲线。测试时,注水压力应缓慢上升,每个测试点的注水压力和注水量必须稳定,测试点不应少于四个。

（六十二）油井工作制度

指油井在什么样的生产压差下进行生产。合理的工作制度要通过试井才能确定。能使油井产量高、气油比小、出砂量低、含水上升速度慢、生产能力旺盛的工作制度就是合理的工作制度,应随着地下情况的变化不断加以调整。

（六十三）气井工作制度

指气井在什么样的生产压差下进行生产。合理的工作制度要求产气量稳定或缓慢下降,水气比小,含水上升慢,稳产时间长。

（六十四）注水井工作制度

指注水井在什么样的注水压差下进行注水。合理的工作制度要求油层不产生裂缝,注水量能满足周围有关油井的需要,并有利于充分发挥各类油层的作用。

（六十五）排液

注水井在正式注水前,要进行短期放大生产压差采油,叫排液。排液的目的是清除井内及井底周围油层内的脏物,降低井底周围的地层压力,采出注水井周围油层的油气和减少储量损失,为注好水创造有利条件。

（六十六）水线与排液拉水线

注入水推进的前缘线,俗称水线。

采用行列注水方式开发的油田或区块,注水井经过排液后,每隔一口井转入注水,另一口继续排液,企图使注入水在井排上或附近形成一条水线,向两边的生产井驱油,这种做法叫排液拉水线。

（六十七）正注与反注

从油管往井内注水叫正注;从套管往井内注水叫反注。在油田上一般都采取正注。

（六十八）配水

根据周围有关油井对注水量的要求,注水井按不同层段的油层性质分配注水量,简称配水,亦叫配注。一般要求高渗透率油层适当控制注水,低渗透率层加强注水,以减缓层间矛盾,提高油田开发效果。

(六十九) 配产

指采用分层开采的油田或区块,采油井根据合理工作制度确定的产油量,按层段的油层性质分配产油量。一般要求高渗透率层段适当控制,减小层间矛盾,以充分发挥中低渗透率油层的作用。

(七十) 油(气)田投产方式

指油(气)田经过试采后采用什么形式投入生产。一般分为一次全面投产和分区块逐步投产两种方式。前者适用于小油(气)田,后者适用于大油(气)田或地质情况复杂的油(气)田。

四、采油工程

(一) 井身结构

指井眼中下入套管层次、深度、尺寸,以及各层套管外水泥返高的组合与构成,以保证井筒坚实耐用。

(二) 套管

用水泥固定在井壁上的厚壁钢管叫套管。它主要起加固井壁,封隔油、气、水层等作用。

根据不同用途,套管分为导管(防止上部疏松层坍塌)、表层套管(隔绝水层,保护井眼,承托井口装置)、技术套管(保护油层上部地层和隔绝高压水层、气层)、油层套管(加固井壁和控制出油)。如果井内没有复杂地层,可以只下一层油层套管。目前广泛使用的套管规格有 5½in,5¾in,6⅝in 等。

(三) 完井方式

指井内生产层或探测目的层位所采取的井身结构方式。一般有套管完井、裸眼完井、衬管完井、填砾完井等。

(四) 套管完井

钻穿目的层后,下套管注水泥将目的层封固,然后下入射孔器将套管水泥环射穿,为油、气流入井底打开通道,这种完井方式叫套管完井,亦叫射孔完井。这是最常用的完井方式。

(五) 裸眼完井

指目的层部位不下套管注水泥的一种完井方式。这种完井方式适用于碳酸盐岩、火成岩、变质岩等裂缝性油、气藏。其优点是油、气流入井内的阻力小,缺点是若地层压力不同时,裸露油、气层会相互干扰。

(六) 衬管完井

钻到目的层之前即下套管固井,换小钻头钻开目的层,再下衬管(割缝的套管)至目的层部位,用卡瓦封隔器固定在套管上,堵死套管与衬管的间隙,这种完井方式叫衬管完井。

(七) 砾石充填完井

先将金属绕丝筛管下入井内油(气)层部位,然后用充填液将地面上选好的砾石用泵送至绕丝筛管与井眼或绕丝筛管与套管之间的环形空间内，构成一个砾石充填层，以阻止砂子流入井筒，起到保护井壁之目的，这种完井方式叫砾石充填完井。它适用于胶结疏松、出砂严重的地层。

（八）采油方式

采油方式是指依靠什么样的方法把石油从井底举升至地面。它可分为自喷采油、机械采油和气举采油三种方式。

（九）自喷采油（气）方式

指依靠油（气）层的天然能量把石油从井底举升至地面。这种采油（气）方式的油（气）井生产能力旺盛，地面设备简单，管理方便，是一种最简单又经济的采油（气）方式。

（十）静液面

指非自喷井关井后井内的稳定液面。根据静液面的高度和液体相对密度可以求出油井静压。

（十一）回声仪

指利用回声原理探测液面的仪器。通常有电子管回声仪和晶体管回声仪两种。主要由井筒中的回音标、地面音响发生器、热感收音器及记录仪器组成。

地面音响发生器发出声音沿油、套管环形空间向下传播。碰到回音标时向上反射至热感收音器，声音的波动变成了波动的电流，然后由记录仪记下一个波动讯号。当声音传至动液面时也反射上来记录一个波动讯号。回音标下入深度是已知的，故可按这两个波动讯号的比例算出动液面的深度。

（十二）动液面

指非自喷井在生产时油管与套管之间环形空间的液面。根据动液面的高度和液体相对密度可推算油井流压。还可根据动油面的高低，结合示功图分析抽油泵的工作状况。

（十三）泵效

泵效又叫抽油系数，是指抽油泵实际抽出的油量与理论抽出油量之比。泵效达到70%以上是高效，一般只有40%~50%左右，甚至更低。影响泵效的因素很多，常见的有冲程损失、气体侵入、漏失、泵筒未充满等。

（十四）泵的系统效率

指泵的有效功率（将井下液体举升至地面之功）与抽油系统输入的功率之比。

（十五）冲程

活塞上下活动一次叫一个冲程，即驴头带动光杆运动的最高点至最低点之间的距离。当泵径固定时，抽油井的产量主要决定于冲程的长短和冲数的多少。

（十六）冲程损失

指抽油杆及油管在工作过程中，因承受交变载荷而引起的弹性变形，使活塞冲程小于光杆冲程，并减少活塞让出的体积，降低泵效。

（十七）冲次

指抽油泵活塞在工作筒内每分钟上下运动的次数。

（十八）泵径

指抽油泵工作筒内径大小。在冲程、冲数不变的情况下，增大泵径，可以提高抽油井的产量。

（十九）防冲距

为了防止游动阀和固定阀相互碰撞，使两者之间保持一定距离，这段距离叫防冲距。

（二十）气锁

指气体进入泵内使泵抽不出油来的现象。防止气锁的方法有安装气锚、增加沉没度、减小抽油泵余隙等。

（二十一）沉没度

指从抽油泵固定阀到油井动液面之间的距离，即泵沉没在动液面以下的深度。沉没度大小要根据具体情况确定。一般原油黏度愈大，流动阻力愈大，要求沉没度愈大，相反则要求小。

（二十二）充满系数

指抽油泵活塞完成一次冲程时，吸入泵内的原油体积与活塞让出的体积之比。充满系数愈大，泵效愈高。

五、井下作业

（一）井下作业

利用一套地面和井下设备、工具，对油气田开发采取各种井下技术措施，以达到提高生产井产量，改善井下技术状况和油、气田开发效果，提高最终采收率的目的。这一系列井下技术工艺称为井下作业。它包括油井分层开采，水井分层注水，油、气、水井压裂和酸化，油、气、水井堵水，油、气层防砂治砂，油、气、水井大修等。因此，井下作业已成为实现油、气田长期高产稳产和改善开发效果的重要手段。

（二）压井作业

指在具有自喷能力的油、气、水井进行井下作业时，先用水泥车把压井液泵入井内，使井内液柱压力略大于油、气、水层静止压力，避免油、气层内的油、气、水喷出地面，然后进行井下作业。

（三）压井液

指在压井作业中能防止井喷的液体。常用的压井液有清水、盐水、泥浆等。要根据地层压力大小选择不同密度的压井液，密度小了压不住井，密度过大会把井压漏、压死，影响油、气层生产能力和油层吸水能力。

（四）循环法压井

把配好的压井液泵入井内进行循环，将密度较大的压井液替入井筒，这种压井方法叫循环法压井。

循环法压井分为正循环和反循环两种。压井液从油、套管环形空间泵入，从油管返出叫反循环压井，此法多用于压力高产量大的井。压井液从油管泵入，从油、套管环形空间返出叫正循环压井，此法多用于压力低、气量大的井。

（五）挤注法压井

指用高压挤入压井液，把井内的油、气、水压进地层，以达到压井的目的。此法多用于砂堵、蜡堵或其他事故不能进行循环的井。其缺点是压井时可能将脏物挤入油、气层，造成对油、气层污染。

（六）喷水降压法

指注水井作业时将注入地层的水大量放喷，以降低井底压力，便于拆卸井口装置，进行井下作业。此法消耗注水补充的部分能量，同时各层喷出的水量无法计量，故一般不采用此法。

（七）不压井、不放喷作业

不压井、不放喷作业也称加压起下作业，简称不压井作业是指自喷井不压井、注水井不放喷进行起下管柱作业。它是使用一套控制装置来克服管柱的上顶力，在井内保持高压的情况下实现安全起下管柱。这种井下作业方法可避免油、气层污染和损耗地层能量。

（八）压裂

利用地面高压泵将压裂液挤入油、气层，使油、气层产生裂缝或扩大原有裂缝，然后再挤入支撑剂，使裂缝不能闭合，从而提高油、气层的渗流能力，这种工艺措施叫压裂。

（九）压裂液

在压裂过程中，向井内油、气层挤入的液体统称压裂液。根据施工不同阶段和不同作用，可分为：

前置液：也称预压液，指压开裂缝加砂之前所用的液体，起破裂油、气层的作用；

携砂液：将支撑剂携带到裂缝中，同时还起延伸裂缝和冷却地层的作用；

顶替液：将携砂液替入裂缝中。

压裂液性能直接影响压裂效果和成本高低，因此要求压裂液具有一定黏度、滤失少、悬砂能力强、摩阻低、性能稳定、配伍性好、易排泄、成本低等优点。

（十）压裂液类型

指根据压裂液的基液性质划分的种类。常用的压裂液分为三类：一是水基压裂液，包括盐水与活性水压裂液、稠化水压裂液、水包油压裂液、水基凝胶压裂液等；二是油基压裂液，包括稠化油压裂液、凝胶原油压裂液、油包水压裂液等；三是其他类型压裂液，包括聚合物乳状压裂液、泡沫压裂液、酸基压裂液、液化气压裂液等。

（十一）支撑剂

指油、气层压开裂缝后，充填到裂缝中的一种固体颗粒。它的作用是支撑裂缝不闭合。使油、气层具有较高的渗透率，以达到增产、增注的目的。因此要求支撑剂具有足够的强度、颗粒大小均匀、圆度好、杂质少、价格便宜等优点。

（十二）支撑剂类型

按支撑剂的力学性质可分为两大类：脆性支撑剂，包括石英砂、玻璃球、陶粒等；韧性支撑剂，包括核桃壳、铝球、塑料球等。

（十三）破裂压力

指油、气层岩石开始产生裂缝时的井底压力。可用下列公式进行计算：

$$p_f = G_{Df} \times H_d$$

式中 p_f ——破裂压力,MPa;

G_{Df} ——破裂压力梯度,MPa/m;

H_d ——油、气层深度,m。

(十四) 破裂压力梯度

指地层深度每增减1m破裂压力的变化值。其大小与岩石性质、埋藏深度、微裂缝等有关。据大量资料统计,破裂压力梯度在15~18kPa/m至22~25kPa/m之间变化。一般认为小于15~18kPa/m产生垂直裂缝,大于23kPa/m则产生水平裂缝。因此深地层易产生垂直裂缝,浅地层易产生水平裂缝。

(十五) 含砂比

指单位体积携砂液中砂子的质量比或体积比。即每立方米携砂液中有多少千克支撑剂;或每立方米携砂液中有多少升支撑剂。含砂比过高或过低,对压裂效果都有不良影响,因此要根据携砂液的性能,裂缝的渗滤性,以及液体的流速等确定合理的含砂比。

(十六) 分层压裂

分层压裂也叫选择性压裂,是指用压裂车进行多层分压或单独压开预定的层位。这种方法多用于射孔完成的井。

由于处理井段小,压裂强度大,因而增产增注效果好。这种方法可分为上提封隔器法和滑套喷砂器分层压裂等。

(十七) 多裂缝压裂

指一次压裂能产生多条裂缝的压裂工艺技术。常用的方法有塑料球封堵法、暂时堵塞剂法等。前者多用于射孔完成的井,后者多用于裸眼完成井、射孔井段套管变形不宜用封隔器卡开的井以及固井质量不好容易窜槽的井。

(十八) 限流压裂

指采用严格控制油(气)层射孔密度,提高注入排量,使最先压开的油(气)层吸收大量压裂液而增大孔眼摩阻,造成井底压力剧增,迫使压裂液分流,从而相继压开邻近油(气)层,达到一次压开几个油(气)层的目的。这种压裂方法的优点是一次能压开几个层至20个层,并能压开厚度小于0.4m的薄油(气)层,而且对套管、水泥环及隔层损坏小。

(十九) 脱砂压裂

指能控制裂缝长度、增大裂缝宽度、提高裂缝导流能力的一种水力压裂工艺。

压裂时,通过控制前置液用量和施工排量,使携砂液达到裂缝尖缝端附近时,前置液完全滤失,携砂液脱砂形成砂堵,阻止裂缝延伸。当地面继续加砂时,裂缝长度不增加,而宽度不断增大,从而形成短而宽的具有高导流能力的裂缝。

(二十) 高砂比压裂

指裂缝中铺砂浓度大于10kg/m^2的一种压裂工艺。这种压裂的关键技术是采用“坡阶式分段法”,即低砂比阶段时间相当短,在2~5min内使砂比达到30%以上,在大部分作业时间内以高砂比泵入,实现用少量的压裂液把砂子带入裂缝,使裂缝中的铺砂浓度达到10kg/m^2以上。这种压裂方法可造成具有高导流能力的裂缝,从而提高压裂的增产增注效果。

（二十一）冻胶酸压裂

指利用冻胶酸或稠化酸作前置液压开并延伸裂缝，然后泵入携砂液，形成砂支撑的酸蚀缝，以提高储层的导流能力。

（二十二）高能气体压裂

高能气体压裂(High Enargy Gas Fracturing)简称HEGF。指利用火药或火箭推进剂燃烧产生的高温、高压气体压开多条径向裂缝以获得增产、增注效果的方法。这种压裂方法具有施工简便、成本低、无污染的优点，为低产低压井改造提供了新手段。

（二十三）酸化

酸化是指把地面配制的酸液经井筒挤入油(气)层中，酸液溶解井底及其附近油(气)层中的堵塞物，恢复油(气)层原有的渗透率；酸液还能溶解碳酸盐岩、钙质胶结物，增加油(气)流通道，降低油(气)渗流阻力，从而达到增产增注的目的。

（二十四）酸液种类

指酸化和酸处理时所采用的酸液品种。常用的有盐酸、甲酸、乙酸、多组分酸、乳化酸、稠化酸、泡沫酸等。

（二十五）酸液的添加剂

在酸化和酸处理时要在酸液中加入某些化学物质，以改善酸液的性能和防止酸液在地层中产生有害的影响，这些化学物质统称为酸液的添加剂。常用的添加剂有：缓蚀剂、缓速剂、稳定剂、表面活性剂等；有时还要加入增黏剂、减阻剂、暂时堵塞剂、破乳剂、杀菌剂等。

（二十六）酸液溶解能力系数(ρ100)

指单位质量纯酸反应所能溶解的矿物质量。可用下式表示：

$$\rho_{100}=\frac{\text{矿物相对分子质量}\times\text{矿物在反应方程式中的摩尔数}}{\text{酸的相对分子质量}\times\text{酸在反应方程式中的摩尔数}}$$

（二十七）酸液溶解能力(x)

单位体积酸液与岩石中某种矿物完全反应所能溶解的体积，称为该酸液对该矿物的溶解能力。可用下式表示：

$$x=\frac{\text{溶解能力系数}\times\text{酸液密度}}{\text{岩石密度}}$$

（二十八）酸洗

指在酸化前用稀盐酸溶液在井筒中进行循环冲洗，以清除井壁、井筒中的泥饼、残留泥浆及注酸管内的铁锈等脏物，以保持酸液浓度不变，从而提高酸化效果。

（二十九）酸浸

酸浸是将浓度在6%以下的酸液泵入井内，关井2~6h，使黏附在孔眼的盐类和油气层表面的堵塞物被溶解掉，再用大排量将井内脏物冲洗干净，以提高酸化效果。

（三十）热酸处理

指把酸液加热后再挤入地层。热酸对碳酸盐类的作用速度比普通温度的酸快三四倍，缩短酸化时间，增强溶解性，从而提高酸化效果。

（三十一）选择性酸化

挤酸前，在控制高吸水层启动压力的条件下，把由聚乙烯醇加硼砂组成的暂堵剂挤入高吸水层，暂时封堵，迫使泵压提高，当泵压达到低吸水层或不吸水层启动压力时，酸液自动挤入这些油层，以达到恢复和提高其吸水能力的目的。

（三十二）压裂酸化

压裂酸化又称酸压，指用酸液作压裂液，不加砂的压裂。或者用高黏液体当前置液，先把地层压开裂缝，然后再挤入酸液，这种方式称为前置液压裂酸化或称填塞酸压。压裂酸化多用于碳酸盐岩地层，使裂缝壁面凹凸不平而不能闭合，从而增加地层渗透能力，达到增产的目的。

（三十三）暂堵酸化

指用携带液将暂堵剂带入井内封堵高渗透层，然后再挤酸、酸化中低渗透率层。

（三十四）分层酸化

指用分隔器或堵塞球进行分隔，使酸液分别进入各层段。这是一种提高多产层纵向改造效果的有效方法。

（三十五）闭合酸化

采用常规酸液压开地层后停泵，等待裂缝闭合，再以低于地层破裂压力略高于闭合压力的处理压力，将酸液挤入闭合或部分闭合的裂缝中，使地层产生不规则刻蚀裂缝及深度较大的流通沟槽，而面积较大的未被刻蚀的裂缝面，就能支撑住裂缝，使之不闭合，这种酸化工艺称为闭合酸化。它适合于某些较软的碳酸盐岩储层。

（三十六）盐酸处理

指用一定浓度的盐酸处理油、气层，溶解其孔道表面的碳酸盐类及黏土等胶结物，同时也可清除储层表面的泥饼、泥浆及铁锈等堵塞物。盐酸与石灰岩、白云岩发生化学作用生成可溶的盐类，其反应式如下：

$$CaO_3+2HCl \longrightarrow CaCl_2+CO_2\uparrow+H_2O$$

$$CaMg(CO_3)_2+4HCl \longrightarrow MgCl_2+CaCl_2+2CO_2\uparrow+2H_2O$$

新生成的氯化钙（$CaCl_2$）和氯化镁（$MgCl_2$）都能溶解于水。新生成的二氧化碳（CO_2）是气体也能溶解于水；所以在酸处理后，用自喷或抽汲方式将反应后的废酸液，包括溶解其中的盐类排出地面。这样就可增大储层孔道，提高渗透率，达到增产增注的目的。

（三十七）土酸处理

指用浓度为10%～15%的盐酸和浓度为3%～8%的氢氟酸与添加剂组成的混合液（土酸）处理油、气层。盐酸可溶解地层中的碳酸盐类和铁、铝等，而氢氟酸可溶解硅酸盐类。其反应式如下：

$$SiO_2+4HF \longrightarrow SiF_4\uparrow+2H_2O$$

$$CaAl_2Si_2O_8+16HF \longrightarrow CaF_2\downarrow+2AlF_3+2SiF_4\uparrow+8H_2O$$

新生成的氰化硅（SiF_4）是气体，但新生成的氟化钙（CaF_2）不溶于水，会沉淀下来堵塞储层。所以在硫酸盐和硅酸盐含量较高的油、气层中，常先用盐酸处理后，再用土酸进行处理。

（三十八）堵水

指用机械或挤化学剂等方法把高含水层或层内高含水段封堵，以缓解层间和层内矛盾，使未见水层或低含水层充分发挥作用。堵水要选准时机，堵早了影响堵水层发挥作用，堵晚了影响其他层发挥作用。另外，还要避免“堵后难采”、“堵后无采”的现象出现。

（三十九）机械堵水

指用封隔器、套管补贴等技术将需要封堵的高含水层堵住。

（四十）化学堵水

指用化学剂封堵高含水层。化学堵水大致可分为选择性堵水和非选择性堵水两大类。其优点是不受套管变形及损坏的影响，弥补了机械堵水的不足。

（四十一）非选择性堵水

指将封堵剂挤入油井的高含水层内，凝固成一种不透水的人工隔板，阻挡注入水流入井内。这种堵水方法有效期较长，但堵住了整个层段，没有选择性。常用的封堵剂有水玻璃、合成树脂、水泥等。

（四十二）选择性堵水

指将具有选择性的堵水剂挤入需要封堵的高含水油层，使堵水剂与高含水层中的水发生物理化学作用，产生一种固态或胶态阻碍物，阻止注入水流入井内。这种堵水剂挤入含水层时，与油不发生作用，能随油气被采出。这种方法的优点是只堵油层的含水部分，含油部分不会堵塞。常用的堵水剂有乳化石蜡、活性稠油、松香皂等。

（四十三）水玻璃堵水

将水玻璃溶液、柴油和氯化钙溶液，依次挤入水淹层或高含水层，使水玻璃与氯化钙在地层内相遇，生成白色硅酸钙沉淀，堵塞地层孔隙和孔道，以达到堵水的目的。其反应式如下：

$$Na_2SiO_3+CaCl_2 \longrightarrow 2NaCl+CaSiO_3\downarrow$$

这种封堵剂来源广、成本低、施工安全、封堵效果较好，但要对非封堵层采取保护措施，避免伤害。

（四十四）合成树脂堵水

将以氢氧化钠作触媒的219#酚醛树脂，按一定比例加入固化剂——草酸，混合均匀后加热至草酸完全溶解树脂为止，然后挤入高含水层或水淹层，便可形成坚固不透水屏障，达到堵水的目的。

（四十五）水泥浆堵水

利用水泥浆在凝固过程中见水变硬的性质，打水泥塞封堵下层水，挤入窜槽井段封堵窜槽水，或挤入高含水层或水淹层，以达到堵水的目的。

（四十六）乳化石蜡堵水

将乳化石蜡溶液挤入水淹层，再挤入一定数量的破乳剂。在水淹层中，破乳后的硬脂酸和石蜡凝聚在水淹层砂粒表面，堵塞了水淹层；在油层中，破乳后的硬脂酸和石蜡则形成小颗粒悬浮在原油中，可随油流排出地面。

（四十七）活性稠油堵水

把加入表面活性剂的稠油挤入高含水层，使油相渗透率提高，水相渗透率降低；另外活性稠油遇水后形成性能稳定的油包水型乳状液，可增大对水流的阻力，因活性油与地层原油为同相，不会阻止其流动，因而可起到阻止水窜入井内，降低油井含水率的作用。

（四十八）松香皂堵水

由于地层水含有大量钙、镁离子，当松香皂液与之相遇后可生成松香酸钙和松香酸镁沉淀，把水淹层孔隙堵塞，起到堵水的作用，而出油层不含钙、镁离子，所以不会发生堵塞。

（四十九）封隔器堵水

指利用封隔器将高含水层与出油层隔开，以达到封堵高含水层的目的。

（五十）底水封堵

指在靠近油水界面上部，挤入树脂、硅酸钙、硅酸溶液等封堵剂，在井底附近形成人工隔板，阻止底水锥进。

（五十一）防砂

利用各种措施和方法，防止油、气层出砂以堵塞井底称为防砂。

（五十二）防砂方法分类

指按防砂机理及工艺条件，对防砂方法划分的种类。一般可分为机械防砂、化学防砂、砂拱防砂等。

（五十三）探砂面

指用光油管在井筒内试探砂柱顶面的位置。根据油管下入深度和人工井底深度就可算出砂柱面的位置。

（五十四）人工井壁防砂法

人工井壁防砂法也叫颗粒防砂法，是指把具有特殊性能的水泥浆、树脂-核桃壳及树脂砂浆等挤入油层出砂部位，这些物质凝固后形成一层既坚固又有渗透性的人工井壁，可起到阻止油（气）层砂子流入井内而不影响油（气）井的生产。

（五十五）人工胶结砂层防砂法

人工胶结砂层法也叫液体防砂法，是指从地面向油（气）层挤入胶结剂和增孔剂，使胶结剂固化，将井壁附近的疏松砂层胶固，起到防砂的作用。常用的方法有酚醛树脂溶液防砂，酚醛溶液地下缩聚防砂等。

（五十六）砾石充填防砂法

先将割缝衬管或绕丝筛管下入井内出砂井段，将经过选择的砾石用高质量的液体送至衬管或筛管外面，形成一定厚度的砾石层，可阻止砂子流入井内，但对油流不受影响。这种方法又分为裸眼砾石充填与套管内砾石充填两种。

（五十七）高温固砂法

由氢氧化钙、碳酸钙、有机硅烷低聚物及增乳剂、分散剂等组成的高温固砂剂，在高温条件下，其中的有机硅化合物经过水解，表面脱水使有机硅化合物的一端与地层砂以硅氧键的形式结合，形成蜂窝状结构，将地层砂固结在一起，造成具有一定渗透率和强度的人工井壁,从而起到了防砂的作用。这种固砂方法多用于蒸汽吞吐出砂的井。

(五十八) 冲砂

指向井内打入液体,利用高速液流将砂堵冲散,并将砂子带出地面。按冲砂时的冲洗循环方式可分为:正冲砂——冲砂液从油管注入,从油、套管环形空间返出;反冲砂——冲砂液从油、套管环形空间注入,从油管返出;正反冲砂——先用正冲砂方式冲散砂堵,使泥砂呈悬浮状态,然后迅速改用反冲砂方式,将泥砂带出地面。

(五十九) 冲砂液

指用来解除砂堵的液体。要求冲砂液具有一定黏度,保证有良好的携砂能力;具有一定的密度,形成液柱压力,防止井喷;不伤害油层;来源广、价格便宜等性能。常用的冲砂液有油、水、乳状液和汽化液等。

(六十) 捞砂

指利用提升设备将捞砂筒下入井内捞取积砂。常用的捞砂筒有活塞式捞砂筒和真空捞砂筒两种。捞砂一般用于油层压力较低、砂堵不严重、井深较浅、不宜采用冲砂的井。

(六十一) 窜槽

各层段套管与水泥环或水泥环与井壁之间互相窜通叫窜槽或管外窜槽。造成窜槽的原因有:固井质量不好,射孔把水泥环震裂;井下作业时压差过大将管外地层憋窜;套管损坏造成窜槽等。

(六十二) 验窜

验窜也叫找窜。可用封隔器、同位素测井、声波测井、井温测井等方法进行验证,并可确定窜槽的层位。

(六十三) 封隔器找窜

用两个封隔器卡住要验窜的层段,用不同压力从油管挤入液体,观察套管压力或溢流量变化,即可判断是否窜槽及窜槽量的大小。

(六十四) 同位素测井找窜

往地层内挤入含放射性液体,用同位素测井仪录取放射性曲线,与井的自然放射性曲线作比较,放射性强度有明显增加的井段,说明管外窜槽。

(六十五) 封窜

指对已找到的窜槽进行封堵。通常采用循环法、挤入法、填料水泥浆法等。

(六十六) 循环法封窜

将水泥浆以循环而不憋压的方式替入窜槽内,水泥凝固后,可达到封窜的目的,这种方法叫循环法封窜。

(六十七) 挤入法封窜

将水泥浆挤入窜槽内,以达到封窜的目的,这种方法叫挤入封窜法。它适用于窜槽体积大、形状不规则的井。

(六十八) 填料水泥浆法封窜

在水泥浆挤入并充满窜槽段后,接着挤入填料水泥浆堵死窜槽的进口,避免水泥浆反吐,以达到封堵的目的,这种方法叫填料水泥浆法封窜。

(六十九)套管损坏类型

指按套管损坏的性质和程度划分的种类。一般分为套管变形、套管破裂、套管错断和套管外漏4种。

(七十)套管变形整形技术

指根据套管变形的程度,采用相应的工艺措施修复变形的套管。通常采用胀管修复法、爆炸整形法和磨铣整形法三种。

(七十一)胀管修复法

指采用各种形状的整形器顿击胀管整形。常用的整形器有梨形胀管器、长圆形鼻状整形器、偏心辊子整形器、旋转震击套管整形器、滚球套管整形器等。

(七十二)爆炸整形法

将合乎要求的适量炸药,放在特制的爆炸筒内,下到套管变形位置引爆,冲击波将套管变形部分向外鼓胀,使套管变形得到恢复,这种方法叫爆炸整形法。

(七十三)磨铣整形法

指用锥形磨鞋或锥形铣鞋把套管凸出的部分磨掉,并从套管损坏处挤入水泥浆进行封固。

(七十四)套管补贴技术

指利用井下黏合剂,将特制的金属波纹管紧紧地黏贴在套管的破损处,以恢复套管的正常使用功能。常用的方法有封隔器环氧树脂波纹管贴补、旋转卡瓦波纹管贴补、玻璃纤维波纹管贴补等。

(七十五)环氧树脂波纹管贴补

在耐高压的橡胶筒(即封隔器)上套着波纹管,其两端靠卡环固定,上连树脂缸和扶正器,下连平衡压力的喷嘴。下到井内套管损坏处后,憋压将橡胶筒膨胀而胀圆波纹管,靠波纹管上所带的树脂缸挤出的环氧树脂黏合剂将波纹管紧贴在套管损坏处。等候24h树脂固化后即可使用。

(七十六)旋转卡瓦波纹管贴补

将外面包裹一层涂环氧树脂黏结剂的玻璃布,用下井管柱下到套管破损处。然后旋转钻杆,通过丝杆等部件的作用使卡瓦胀开,固定顶套与波纹管的位置,再上提井下管柱,胀头胀开波纹管,使之紧贴于破损套管内壁,等待固化。

(七十七)玻璃纤维波纹衬管贴补

把外层涂有催化剂的塑料瓦楞状玻璃纤维布缠绕在涂有防黏剂的胶筒上制成的玻璃纤维衬管,下到井内套管损坏位置。从管柱加液压鼓胀胶筒,将玻璃纤维波纹衬管紧紧挤压在破损处。保持压力12~24h,待塑料固化后,经试压合格,即可恢复生产。

(七十八)井下事故

在井下作业时或生产管理过程中,由于卡钻、井下落物等原因,影响生产井正常生产,甚至使生产井报废的事件称为井下事故。

（七十九）卡钻

管柱在井下仅能在很小的范围内活动或转动，不能上起时称为卡钻。卡钻的类型很多，有砂卡、蜡卡、落物卡、套管变形卡、水泥卡等。

（八十）井下落物

凡是掉入或断落在井内的物体称为井下落物，俗称落鱼。一般分为管类落物、杆类落物、小物件落物和绳类落物4大类。

（八十一）鱼顶与鱼底

井下落物的顶部称为鱼顶。鱼顶井深指鱼顶所在井下位置的深度。

鱼底是指井下落物的底部。鱼底井深指鱼底所在井下位置的深度，即鱼顶深度加上落物（鱼）的长度。

（八十二）探鱼

利用油管或钻杆带铅模等工具，在井内探测落鱼的深度和位置的过程称为探鱼。

（八十三）印模法检测

利用专用管柱下接铅模、蜡模、泥模、胶模等打印工具，对井下落鱼或套管损坏程度等进行打印，对印痕进行描绘、分析、判断，搞清鱼顶、套损点等的几何形状、尺寸和深度位置。这种方法叫印模法检测。

（八十四）摸鱼

利用油管或钻杆下带打捞工具，在井下寻找落鱼，拨正落鱼，使之进入打捞工具内的过程称为摸鱼。

（八十五）方入与方余

打捞井下落物时，所使用的打捞管柱上部方钻杆进入转盘以下的长度叫方入；方钻杆上部所剩余的长度叫方余。

（八十六）鱼顶方入和造扣方入

根据鱼顶深度计算的打捞工具端部碰到鱼顶时，所使用的打捞管柱上部的方钻杆进入转盘的长度叫鱼顶方入。

当打捞工具（公锥或母锥）下到可以造扣到造扣结束，或打捞工具（卡瓦打捞筒）下到可以进行打捞的井深时，打捞管柱上部方钻杆进入转盘的尺寸称为造扣方入。

（八十七）卡点

指钻具或其他物品在井内被卡的具体位置。

（八十八）打捞

指利用各种打捞工具捞取井下落物。

（八十九）硬捞与软捞

用油管、抽油杆、钻杆等连接打捞工具，下到井内进行打捞叫硬捞。用钢丝绳、钢丝连接加重杆、铅锤或油管和打捞工具下入井内进行打捞叫软捞。

（九十）打捞工具分类

指按打捞工具的结构形式所划分的种类。一般分为锥类、矛类、筒类、强磁类、篮类、钩类 6 种形式。

（九十一）锥类打捞工具

指一种专门在管类落物（油管、钻杆、封隔器、配水器等）的内孔或外壁上进行造扣而实现打捞目的专用工具。这种工具打捞成功率较高、操作简便，但对管壁过薄的鱼头、自由落物等不能使用，捞住鱼头后一旦拔不动，退出工具较难。常用的有公锥、母锥等。

（九十二）矛类打捞工具

指既能打捞自由落物，又能打捞遇卡落物，形状像矛一样的打捞工具。常用的有滑块捞矛、接箍捞矛、可迟式捞矛等。

（九十三）筒类打捞工具

指用来打捞管、杆类落物的打捞工具。常用的有不可退式卡瓦打捞筒、可退式卡瓦打捞筒、短鱼顶捞筒、测井仪打捞筒、抽油杆打捞筒等。

（九十四）强硬打捞工具

指利用磁铁吸铁的原理打捞铁类小物件的专用打捞工具，如磁铁打捞器等。

（九十五）篮类打捞工具

指用来打捞小落物、绳类、非金属碎块的打捞工具。常用的有反循环打捞篮、老虎嘴等。

（九十六）钩类打捞工具

指专门用来打捞绳、缆、钢丝等落物的打捞工具。按其结构形式可分为内钩、外钩、内外组合钩、壁钩、活齿外钩等几种形式。

（九十七）公锥与母锥

指打捞钻杆或油管及其他管类落物的一种打捞工具。

公锥是一个通心圆锥体，其两端车有丝扣，上端用来连接钻杆或油管，下端特制丝扣用来打捞落物。公锥下端有正扣和反扣两种，正扣公锥直接用来造扣打捞管件，反扣公锥是为倒扣用的。

母锥是一个锻制的短钢管，其顶上车有母扣，便与钻杆连接，下部车有锥形的内打捞扣，扣上带有切削槽，用来打捞钻杆、油管等。母锥也有正扣与反扣之分。

（九十八）打捞矛

打捞矛是从管子内壁打捞管类落物的一种工具。

用上提下放和不同方向转动，使打捞矛进入管类落物的内腔，然后逐渐向上提紧，使打捞矛的卡瓦在重力和管壁摩擦力的作用下，向圆柱杆的下端移动，直到打捞矛的圆柱杆和卡瓦与管壁内表面牢牢卡死为止，起钻将落物捞出。

（九十九）卡瓦打捞筒

是一种捞油管、钻杆的打捞工具。它由壳体、卡瓦、配合接头和引鞋等部件组成。

当引鞋切口把落鱼引进打捞筒后，继续下放打捞筒，落鱼上顶卡瓦，迫使卡瓦克服弹簧的阻力而沿斜面向上移动，打捞筒内径变大，落鱼通过卡瓦上行一段距离后，开始上提打捞筒，卡瓦在弹簧和摩擦力作用下沿斜面下滑，直径愈来愈小，从而卡住管身，上提捞出落物。

（一百）磁铁打捞器

用来打捞钳牙、卡瓦牙、鎯头、阀球座等小物件的一种打捞工具。它由接头、壳体、顶部磁极，永久磁极、底部磁极、青铜套和铣鞋等组成。

磁铁打捞器由钻杆或油管下入井内，开泵进行正反循环，将落物聚集在井底中心，停泵后加压吸落物，平稳起钻捞出小落物。

（一百零一）一把抓

是用来打捞单独落井小物件的工具，如钢球、钳牙、卡瓦等。

把一把抓下入预定位置后，变换几个方向下放，寻找最大的放入位置。找到这个位置后，交替进行加压与旋转，使牙齿向里包卷，将落物包在里面，起出一把抓就可以捞出落物。

（一百零二）老虎嘴

是用无缝钢管氧焊割成老虎嘴状的打捞钢丝绳的工具。它由嘴腔、嘴角、嘴唇三部分组成。

打捞时将老虎嘴下至鱼顶上部，开泵冲洗后，旋转不同方向并上下活动，待落物进入嘴腔后，稍加压起钻捞出落物。

（一百零三）活页式打捞器

指由接头、主体、活页和引鞋组成的打捞工具。活页中间有开豁圆孔，一端有绞链固结，可向上开启，当抽油杆进入活页打捞器后即顶开活页，鱼顶进入一定长度后活页下落，使抽油杆进入活页开口，上起打捞器时活页卡住抽油杆的接头，将它带至地面。

（一百零四）捞钩

指用于打捞弯曲抽油杆的打捞工具。打捞时，将钩子下过第二根抽油杆之上接头，然后转动一、二圈，使抽油杆进入钩子内，上提钩子卡住落物接头而被捞出。

（一百零五）施工一次成功率

指成功工序与实施工序的百分比。

成功工序指符合质量标准和录取资料标准的工序；实施工序指实际施工中的工序。

第二十二章 油气水井小修转大修技术条件

一、总则

第一条 在修井作业中存在大量各类解卡、复杂打捞等施工,小修设备、工艺无法有效解决时,需交大修处理,而小修转大修长期无统一的标准,由此造成小修施工成本高,周期长等问题。为了降低施工成本,提高修井效率,规范修井施工行业秩序,特规定本部分。

第二条 为规范小修转大修管理,依据修井作业诸多技术标准,规范小修转大修技术条件,统一标准,统一规定,统一管理。

第三条 小修井转大修是指小修作业正常施工中出现工程问题,小修工艺处理无效,经核实小修作业全部过程符合各种施工规定标准,而交大修处理的井。

第四条 规范性引用文件:下列文件中的条款通过本标准的引用而成为本标准的条款。凡是注日期的引用文件,其随后所有的修改单(不包括勘误的内容)或修订版均不适用于本标准,然而,鼓励根据本标准达成协议的各方研究是否可使用这些文件的最新版本。凡是不注日期的引用文件,其最新版本适用于本标准。

SY/T6087-94 电潜泵解卡打捞工艺做法

SY/T5587.17-93 打捞绳落物作业规程

SY/T5587.20-94 打捞杆类落物工艺做法

SY/T5730-1995 常规注水泥作业规程

SY/T5846-93 套管补贴工艺做法

SY/T2790-2002 套管整形与密封加固工艺做法

SY/T5827-93 解卡打捞工艺做法

SY/T6121 封隔器解卡打捞工艺做法

SY/T6049 爆炸切割和化学切割井下管柱作业规程

二、小修转大修技术条件

第一条 小修管柱卡作业:按照卡阻的不同类型,采取相应的处理方法,并依据小修作业相应的操作标准,逐步处理,直至处理到如下程度。

(1) 油井原管柱解卡施工,解卡最大上提负荷不得超过提设备的额定载荷及油管柱抗拉强度的80%。有效活动解卡24h无效,再参照SY/T5827-93解卡打捞工艺做法,实行其中5.3.1条无效。

(2) 电动潜油泵管柱解卡施工,最大解卡负荷不得超过提井设备的额定载荷及油管柱抗拉强度的70%,有效活动解卡24h无效,采取洗井、酸浸等方法无效,实行爆炸切割,下相应的打捞工具打捞解卡无效,参照SY/T5827-93解卡打捞工艺做法,实行其中5.3.2条无效。

(3) 打捞原井防顶,桥塞,防砂管等井下工具卡管柱,参照SY/T5827-93解卡打捞工艺做法,实行其中5.3.2条有效活动时间24h无效。

(4) 水井砂垢卡光油管解卡施工,最大解卡负荷不超过提升设备的额定载荷及油管的抗拉极限,有效活动解卡 24h 无效,采取洗井、酸浸、倒扣、套铣等方法无效。

第二条　小修落物打捞作业:按照井下落物的不同类型,合理选择相应的打捞工具,必要时,可根据落物的实际状况,加工专用打捞工具进行打捞,选择与其相适的打捞方法,并与冲、磨、套、铣相结合,处理到如下程度。

(1) 因井史资料不全造成井的数据、鱼顶不清,利用小修设备,实施套、磨、钻、铣、冲、捞等措施,打捞处理无效,通过印证、测试,目前小修无法处理。

(2) 鱼顶被严重破坏或情况复杂(铁皮、铁屑、钢丝绳、电缆、砂等落物堆积)。鱼顶被严重破坏,利用修复或更换鱼顶的方法,打捞无效;鱼顶情况复杂,利用套、磨、冲的方法处理无效。

(3) 电动潜油泵电机落井,打捞施工应符合 SY/T6087-94 电潜泵解卡打捞工艺做法,打捞不成功,无效。

(4) 钢丝绳落井,打捞施工应符合 SY/T5587.17-93 打捞绳落物作业规程,打捞不成功,多次无效后,经套铣后再打捞仍无效。

(5) 套管内打捞严重弯曲抽油杆,打捞施工应符合 SY/T5587.20-94 打捞杆类落物工艺做法,打捞不成功,无效。

(6) 打捞防顶卡瓦、液压丢手、桥塞、防砂管等原井工具时,经套、磨、冲、鱼顶等后,打捞无效,经测试或印证,无法打捞。

(7) 打捞新工具或特殊工具,经新工具制造商,建设方有关技术部门与施工方技术部门共同制定打捞措施,打捞两次无效。

第三条　小修套损井作业

根据套损的不同类型及每种类型套损的不同程度,对套损井套管,利用小修设备,采取磨铣、涨管、整形、补贴、封堵等措施,处理到如下某种程度。

(1) 套管破裂,采取补贴、封堵工艺达不到修井目的的井,补贴作业施工应符合 SY/T5846-93 套管补贴工艺做法,封堵作业施工应符合 SY/T5730-1995 常规注水泥作业规程。

(2) 套管弯曲,钻断。通过整形工艺达不到修井目的的井,套管整形作业施工应符合 SY/T2790-2002 套管整形与密封加固工艺做法。

(3) 套管缩径。通过磨、铣、涨管器涨管、爆炸整形等工艺达不到修井目的的井,套管缩径修复作业施工应符合 SY/T5790-2002 套管整形与密封加固工艺做法。

第四条　其他类型

在小修施工中,因井况、施工失误等不可预测问题造成非正常施工(如封堵插旗杆,冲砂过程发生井喷砂埋管柱等),利用小修设备现有工艺技术条件下无法有效处理,经建设方、作业公司有关技术部门讨论确认方可转大修处理。

三、小修转大修程序

第一条　由作业施工方工程技术部门会同建设方作业主管部门共同研究同意后确定。

第二条　由作业施工方工程技术部门按规定格式认真填写《(油水)井大修呈报表》(参见附录 A),数据齐全、准确,同时上交油管记录。

第三条　《(油水)井大修呈报表》由作业施工方工程技术部门负责人审核、签字。

第四条　《(油水)井大修呈报表》由建设方作业主管部门负责人审批、存档。

第二十三章 相关规章制度

一、中华人民共和国安全生产法

(2002年6月29日第九届全国人民代表大会常务委员会第二十八次会议通过)

第一章 总 则

第一条 为了加强安全生产监督管理,防止和减少生产安全事故,保障人民群众生命和财产安全,促进经济发展,制定本法。

第二条 在中华人民共和国领域内从事生产经营活动的单位(以下统称生产经营单位)的安全生产,适用本法;有关法律、行政法规对消防安全和道路交通安全、铁路交通安全、水上交通安全、民用航空安全另有规定的,适用其规定。

第三条 安全生产管理,坚持安全第一、预防为主的方针。

第四条 生产经营单位必须遵守本法和其他有关安全生产的法律、法规,加强安全生产管理,建立、健全安全生产责任制度,完善安全生产条件,确保安全生产。

第五条 生产经营单位的主要负责人对本单位的安全生产工作全面负责。

第六条 生产经营单位的从业人员有依法获得安全生产保障的权利,并应当依法履行安全生产方面的义务。

第七条 工会依法组织职工参加本单位安全生产工作的民主管理和民主监督,维护职工在安全生产方面的合法权益。

第八条 国务院和地方各级人民政府应当加强对安全生产工作的领导,支持、督促各有关部门依法履行安全生产监督管理职责。县级以上人民政府对安全生产监督管理中存在的重大问题应当及时予以协调、解决。

第九条 国务院负责安全生产监督管理的部门依照本法,对全国安全生产工作实施综合监督管理;县级以上地方各级人民政府负责安全生产监督管理的部门依照本法,对本行政区域内安全生产工作实施综合监督管理。

国务院有关部门依照本法和其他有关法律、行政法规的规定,在各自的职责范围内对有关的安全生产工作实施监督管理;县级以上地方各级人民政府有关部门依照本法和其他有关法律、法规的规定,在各自的职责范围内对有关的安全生产工作实施监督管理。

第十条 国务院有关部门应当按照保障安全生产的要求,依法及时制定有关的国家标准或者行业标准,并根据科技进步和经济发展适时修订。

生产经营单位必须执行依法制定的保障安全生产的国家标准或者行业标准。

第十一条 各级人民政府及其有关部门应当采取多种形式,加强对有关安全生产的法律、法规和安全生产知识的宣传,提高职工的安全生产意识。

第十二条 依法设立的为安全生产提供技术服务的中介机构,依照法律、行政法规和执业准则,接受生产经营单位的委托为其安全生产工作提供技术服务。

第十三条 国家实行生产安全事故责任追究制度,依照本法和有关法律、法规的规定,追究生产安全事故责任人员的法律责任。

第十四条 国家鼓励和支持安全生产科学技术研究和安全生产先进技术的推广应用，提高安全生产水平。

第十五条 国家对在改善安全生产条件、防止生产安全事故、参加抢险救护等方面取得显著成绩的单位和个人，给予奖励。

第二章 生产经营单位的安全生产保障

第十六条 生产经营单位应当具备本法和有关法律、行政法规和国家标准或者行业标准规定的安全生产条件；不具备安全生产条件的，不得从事生产经营活动。

第十七条 生产经营单位的主要负责人对本单位安全生产工作负有下列职责：

(一) 建立、健全本单位安全生产责任制；

(二) 组织制定本单位安全生产规章制度和操作规程；

(三) 保证本单位安全生产投入的有效实施；

(四) 督促、检查本单位的安全生产工作，及时消除生产安全事故隐患；

(五) 组织制定并实施本单位的生产安全事故应急救援预案；

(六) 及时、如实报告生产安全事故。

第十八条 生产经营单位应当具备的安全生产条件所必需的资金投入，由生产经营单位的决策机构、主要负责人或者个人经营的投资人予以保证，并对由于安全生产所必需的资金投入不足导致的后果承担责任。

第十九条 矿山、建筑施工单位和危险物品的生产、经营、储存单位，应当设置安全生产管理机构或者配备专职安全生产管理人员。

前款规定以外的其他生产经营单位，从业人员超过三百人的，应当设置安全生产管理机构或者配备专职安全生产管理人员；从业人员在三百人以下的，应当配备专职或者兼职的安全生产管理人员，或者委托具有国家规定的相关专业技术资格的工程技术人员提供安全生产管理服务。

生产经营单位依照前款规定委托工程技术人员提供安全生产管理服务的，保证安全生产的责任仍由本单位负责。

第二十条 生产经营单位的主要负责人和安全生产管理人员必须具备与本单位所从事的生产经营活动相应的安全生产知识和管理能力。

危险物品的生产、经营、储存单位以及矿山、建筑施工单位的主要负责人和安全生产管理人员，应当由有关主管部门对其安全生产知识和管理能力考核合格后方可任职。考核不得收费。

第二十一条 生产经营单位应当对从业人员进行安全生产教育和培训，保证从业人员具备必要的安全生产知识，熟悉有关的安全生产规章制度和安全操作规程，掌握本岗位的安全操作技能。未经安全生产教育和培训合格的从业人员，不得上岗作业。

第二十二条 生产经营单位采用新工艺、新技术、新材料或者使用新设备，必须了解、掌握其安全技术特性，采取有效的安全防护措施，并对从业人员进行专门的安全生产教育和培训。

第二十三条 生产经营单位的特种作业人员必须按照国家有关规定经专门的安全作业培训，取得特种作业操作资格证书，方可上岗作业。特种作业人员的范围由国务院负责安全生产监督管理的部门会同国务院有关部门确定。

第二十四条 生产经营单位新建、改建、扩建工程项目(以下统称建设项目)的安全设施,必须与主体工程同时设计、同时施工、同时投入生产和使用。安全设施投资应当纳入建设项目概算。

第二十五条 矿山建设项目和用于生产、储存危险物品的建设项目,应当分别按照国家有关规定进行安全条件论证和安全评价。

第二十六条 建设项目安全设施的设计人、设计单位应当对安全设施设计负责。

矿山建设项目和用于生产、储存危险物品的建设项目的安全设施设计应当按照国家有关规定报经有关部门审查,审查部门及其负责审查的人员对审查结果负责。

第二十七条 矿山建设项目和用于生产、储存危险物品的建设项目的施工单位必须按照批准的安全设施设计施工,并对安全设施的工程质量负责。

矿山建设项目和用于生产、储存危险物品的建设项目竣工投入生产或者使用前,必须依照有关法律、行政法规的规定对安全设施进行验收;验收合格后,方可投入生产和使用。验收部门及其验收人员对验收结果负责。

第二十八条 生产经营单位应当在有较大危险因素的生产经营场所和有关设施、设备上,设置明显的安全警示标志。

第二十九条 安全设备的设计、制造、安装、使用、检测、维修、改造和报废,应当符合国家标准或者行业标准。

生产经营单位必须对安全设备进行经常性维护、保养,并定期检测,保证正常运转。维护、保养、检测应当作好记录,并由有关人员签字。

第三十条 生产经营单位使用的涉及生命安全、危险性较大的特种设备,以及危险物品的容器、运输工具,必须按照国家有关规定,由专业生产单位生产,并经取得专业资质的检测、检验机构检测、检验合格,取得安全使用证或者安全标志,方可投入使用。检测、检验机构对检测、检验结果负责。

涉及生命安全、危险性较大的特种设备的目录由国务院负责特种设备安全监督管理的部门制定,报国务院批准后执行。

第三十一条 国家对严重危及生产安全的工艺、设备实行淘汰制度。

生产经营单位不得使用国家明令淘汰、禁止使用的危及生产安全的工艺、设备。

第三十二条 生产、经营、运输、储存、使用危险物品或者处置废弃危险物品的,由有关主管部门依照有关法律、法规的规定和国家标准或者行业标准审批并实施监督管理。

生产经营单位生产、经营、运输、储存、使用危险物品或者处置废弃危险物品,必须执行有关法律、法规和国家标准或者行业标准,建立专门的安全管理制度,采取可靠的安全措施,接受有关主管部门依法实施的监督管理。

第三十三条 生产经营单位对重大危险源应当登记建档,进行定期检测、评估、监控,并制定应急预案,告知从业人员和相关人员在紧急情况下应当采取的应急措施。

生产经营单位应当按照国家有关规定将本单位重大危险源及有关安全措施、应急措施报有关地方人民政府负责安全生产监督管理的部门和有关部门备案。

第三十四条 生产、经营、储存、使用危险物品的车间、商店、仓库不得与员工宿舍在同一座建筑物内,并应当与员工宿舍保持安全距离。

生产经营场所和员工宿舍应当设有符合紧急疏散要求、标志明显、保持畅通的出口。

禁止封闭、堵塞生产经营场所或者员工宿舍的出口。

第三十五条 生产经营单位进行爆破、吊装等危险作业，应当安排专门人员进行现场安全管理，确保操作规程的遵守和安全措施的落实。

第三十六条 生产经营单位应当教育和督促从业人员严格执行本单位的安全生产规章制度和安全操作规程；并向从业人员如实告知作业场所和工作岗位存在的危险因素、防范措施以及事故应急措施。

第三十七条 生产经营单位必须为从业人员提供符合国家标准或者行业标准的劳动防护用品，并监督、教育从业人员按照使用规则佩戴、使用。

第三十八条 生产经营单位的安全生产管理人员应当根据本单位的生产经营特点，对安全生产状况进行经常性检查；对检查中发现的安全问题，应当立即处理；不能处理的，应当及时报告本单位有关负责人。检查及处理情况应当记录在案。

第三十九条 生产经营单位应当安排用于配备劳动防护用品、进行安全生产培训的经费。

第四十条 两个以上生产经营单位在同一作业区域内进行生产经营活动，可能危及对方生产安全的，应当签订安全生产管理协议，明确各自的安全生产管理职责和应当采取的安全措施，并指定专职安全生产管理人员进行安全检查与协调。

第四十一条 生产经营单位不得将生产经营项目、场所、设备发包或者出租给不具备安全生产条件或者相应资质的单位或者个人。

生产经营项目、场所有多个承包单位、承租单位的，生产经营单位应当与承包单位、承租单位签订专门的安全生产管理协议，或者在承包合同、租赁合同中约定各自的安全生产管理职责；生产经营单位对承包单位、承租单位的安全生产工作统一协调、管理。

第四十二条 生产经营单位发生重大生产安全事故时，单位的主要负责人应当立即组织抢救，并不得在事故调查处理期间擅离职守。

第四十三条 生产经营单位必须依法参加工伤社会保险，为从业人员缴纳保险费。

第三章 从业人员的权利和义务

第四十四条 生产经营单位与从业人员订立的劳动合同，应当载明有关保障从业人员劳动安全、防止职业危害的事项，以及依法为从业人员办理工伤社会保险的事项。

生产经营单位不得以任何形式与从业人员订立协议，免除或者减轻其对从业人员因生产安全事故伤亡依法应承担的责任。

第四十五条 生产经营单位的从业人员有权了解其作业场所和工作岗位存在的危险因素、防范措施及事故应急措施，有权对本单位的安全生产工作提出建议。

第四十六条 从业人员有权对本单位安全生产工作中存在的问题提出批评、检举、控告；有权拒绝违章指挥和强令冒险作业。

生产经营单位不得因从业人员对本单位安全生产工作提出批评、检举、控告或者拒绝违章指挥、强令冒险作业而降低其工资、福利等待遇或者解除与其订立的劳动合同。

第四十七条 从业人员发现直接危及人身安全的紧急情况时，有权停止作业或者在采取可能的应急措施后撤离作业场所。

生产经营单位不得因从业人员在前款紧急情况下停止作业或者采取紧急撤离措施而降低其工资、福利等待遇或者解除与其订立的劳动合同。

第四十八条 因生产安全事故受到损害的从业人员，除依法享有工伤社会保险外，依照有关民事法律尚有获得赔偿的权利的,有权向本单位提出赔偿要求。

第四十九条 从业人员在作业过程中,应当严格遵守本单位的安全生产规章制度和操作规程,服从管理,正确佩戴和使用劳动防护用品。

第五十条 从业人员应当接受安全生产教育和培训,掌握本职工作所需的安全生产知识,提高安全生产技能,增强事故预防和应急处理能力。

第五十一条 从业人员发现事故隐患或者其他不安全因素,应当立即向现场安全生产管理人员或者本单位负责人报告;接到报告的人员应当及时予以处理。

第五十二条 工会有权对建设项目的安全设施与主体工程同时设计、同时施工、同时投入生产和使用进行监督,提出意见。

工会对生产经营单位违反安全生产法律、法规,侵犯从业人员合法权益的行为,有权要求纠正;发现生产经营单位违章指挥、强令冒险作业或者发现事故隐患时,有权提出解决的建议,生产经营单位应当及时研究答复;发现危及从业人员生命安全的情况时,有权向生产经营单位建议组织从业人员撤离危险场所,生产经营单位必须立即作出处理。

工会有权依法参加事故调查,向有关部门提出处理意见,并要求追究有关人员的责任。

第四章 安全生产的监督管理

第五十三条 县级以上地方各级人民政府应当根据本行政区域内的安全生产状况,组织有关部门按照职责分工,对本行政区域内容易发生重大生产安全事故的生产经营单位进行严格检查;发现事故隐患,应当及时处理。

第五十四条 依照本法第九条规定对安全生产负有监督管理职责的部门(以下统称负有安全生产监督管理职责的部门)依照有关法律、法规的规定,对涉及安全生产的事项需要审查批准(包括批准、核准、许可、注册、认证、颁发证照等,下同)或者验收的,必须严格依照有关法律、法规和国家标准或者行业标准规定的安全生产条件和程序进行审查;不符合有关法律、法规和国家标准或者行业标准规定的安全生产条件的,不得批准或者验收通过。对未依法取得批准或者验收合格的单位擅自从事有关活动的,负责行政审批的部门发现或者接到举报后应当立即予以取缔,并依法予以处理。对已经依法取得批准的单位,负责行政审批的部门发现其不再具备安全生产条件的,应当撤销原批准。

第五十五条 负有安全生产监督管理职责的部门对涉及安全生产的事项进行审查、验收,不得收取费用;不得要求接受审查、验收的单位购买其指定品牌或者指定生产、销售单位的安全设备、器材或者其他产品。

第五十六条 负有安全生产监督管理职责的部门依法对生产经营单位执行有关安全生产的法律、法规和国家标准或者行业标准的情况进行监督检查,行使以下职权:

(一)进入生产经营单位进行检查,调阅有关资料,向有关单位和人员了解情况。

(二)对检查中发现的安全生产违法行为,当场予以纠正或者要求限期改正;对依法应当给予行政处罚的行为,依照本法和其他有关法律、行政法规的规定作出行政处罚决定。

(三)对检查中发现的事故隐患,应当责令立即排除;重大事故隐患排除前或者排除过程中无法保证安全的,应当责令从危险区域内撤出作业人员,责令暂时停产停业或者停止使用;重大事故隐患排除后,经审查同意,方可恢复生产经营和使用。

(四)对有根据认为不符合保障安全生产的国家标准或者行业标准的设施、设备、器材予以查封或者扣押,并应当在十五日内依法作出处理决定。

监督检查不得影响被检查单位的正常生产经营活动。

第五十七条 生产经营单位对负有安全生产监督管理职责的部门的监督检查人员(以下统称安全生产监督检查人员)依法履行监督检查职责,应当予以配合,不得拒绝、阻挠。

第五十八条 安全生产监督检查人员应当忠于职守,坚持原则,秉公执法。

安全生产监督检查人员执行监督检查任务时,必须出示有效的监督执法证件;对涉及被检查单位的技术秘密和业务秘密,应当为其保密。

第五十九条 安全生产监督检查人员应当将检查的时间、地点、内容、发现的问题及其处理情况,作出书面记录,并由检查人员和被检查单位的负责人签字;被检查单位的负责人拒绝签字的,检查人员应当将情况记录在案,并向负有安全生产监督管理职责的部门报告。

第六十条 负有安全生产监督管理职责的部门在监督检查中,应当互相配合,实行联合检查;确需分别进行检查的,应当互通情况,发现存在的安全问题应当由其他有关部门进行处理的,应当及时移送其他有关部门并形成记录备查,接受移送的部门应当及时进行处理。

第六十一条 监察机关依照行政监察法的规定,对负有安全生产监督管理职责的部门及其工作人员履行安全生产监督管理职责实施监察。

第六十二条 承担安全评价、认证、检测、检验的机构应当具备国家规定的资质条件,并对其作出的安全评价、认证、检测、检验的结果负责。

第六十三条 负有安全生产监督管理职责的部门应当建立举报制度,公开举报电话、信箱或者电子邮件地址,受理有关安全生产的举报;受理的举报事项经调查核实后,应当形成书面材料;需要落实整改措施的,报经有关负责人签字并督促落实。

第六十四条 任何单位或者个人对事故隐患或者安全生产违法行为,均有权向负有安全生产监督管理职责的部门报告或者举报。

第六十五条 居民委员会、村民委员会发现其所在区域内的生产经营单位存在事故隐患或者安全生产违法行为时,应当向当地人民政府或者有关部门报告。

第六十六条 县级以上各级人民政府及其有关部门对报告重大事故隐患或者举报安全生产违法行为的有功人员,给予奖励。具体奖励办法由国务院负责安全生产监督管理的部门会同国务院财政部门制定。

第六十七条 新闻、出版、广播、电影、电视等单位有进行安全生产宣传教育的义务,有对违反安全生产法律、法规的行为进行舆论监督的权利。

第五章 生产安全事故的应急救援与调查处理

第六十八条 县级以上地方各级人民政府应当组织有关部门制定本行政区域内特大生产安全事故应急救援预案,建立应急救援体系。

第六十九条 危险物品的生产、经营、储存单位以及矿山、建筑施工单位应当建立应急救援组织;生产经营规模较小,可以不建立应急救援组织的,应当指定兼职的应急救援人员。

危险物品的生产、经营、储存单位以及矿山、建筑施工单位应当配备必要的应急救援器材、设备,并进行经常性维护、保养,保证正常运转。

第七十条 生产经营单位发生生产安全事故后,事故现场有关人员应当立即报告本单位负责人。

单位负责人接到事故报告后，应当迅速采取有效措施，组织抢救，防止事故扩大，减少人员伤亡和财产损失，并按照国家有关规定立即如实报告当地负有安全生产监督管理职责的部门，不得隐瞒不报、谎报或者拖延不报，不得故意破坏事故现场、毁灭有关证据。

第七十一条 负有安全生产监督管理职责的部门接到事故报告后，应当立即按照国家有关规定上报事故情况。负有安全生产监督管理职责的部门和有关地方人民政府对事故情况不得隐瞒不报、谎报或者拖延不报。

第七十二条 有关地方人民政府和负有安全生产监督管理职责的部门的负责人接到重大生产安全事故报告后，应当立即赶到事故现场，组织事故抢救。任何单位和个人都应当支持、配合事故抢救，并提供一切便利条件。

第七十三条 事故调查处理应当按照实事求是、尊重科学的原则，及时、准确地查清事故原因，查明事故性质和责任，总结事故教训，提出整改措施，并对事故责任者提出处理意见。事故调查和处理的具体办法由国务院制定。

第七十四条 生产经营单位发生生产安全事故，经调查确定为责任事故的，除了应当查明事故单位的责任并依法予以追究外，还应当查明对安全生产的有关事项负有审查批准和监督职责的行政部门的责任，对有失职、渎职行为的，依照本法第七十七条的规定追究法律责任。

第七十五条 任何单位和个人不得阻挠和干涉对事故的依法调查处理。

第七十六条 县级以上地方各级人民政府负责安全生产监督管理的部门应当定期统计分析本行政区域内发生生产安全事故的情况，并定期向社会公布。

第六章 法 律 责 任

第七十七条 负有安全生产监督管理职责的部门的工作人员，有下列行为之一的，给予降级或者撤职的行政处分；构成犯罪的，依照刑法有关规定追究刑事责任：

（一）对不符合法定安全生产条件的涉及安全生产的事项予以批准或者验收通过的；

（二）发现未依法取得批准、验收的单位擅自从事有关活动或者接到举报后不予取缔或者不依法予以处理的；

（三）对已经依法取得批准的单位不履行监督管理职责，发现其不再具备安全生产条件而不撤销原批准或者发现安全生产违法行为不予查处的。

第七十八条 负有安全生产监督管理职责的部门，要求被审查、验收的单位购买其指定的安全设备、器材或者其他产品的，在对安全生产事项的审查、验收中收取费用的，由其上级机关或者监察机关责令改正，责令退还收取的费用；情节严重的，对直接负责的主管人员和其他直接责任人员依法给予行政处分。

第七十九条 承担安全评价、认证、检测、检验工作的机构，出具虚假证明，构成犯罪的，依照刑法有关规定追究刑事责任；尚不够刑事处罚的，没收违法所得，违法所得在五千元以上的，并处违法所得二倍以上五倍以下的罚款，没有违法所得或者违法所得不足五千元的，单处或者并处五千元以上二万元以下的罚款，对其直接负责的主管人员和其他直接责任人员处五千元以上五万元以下的罚款；给他人造成损害的，与生产经营单位承担连带赔偿责任。

对有前款违法行为的机构，撤销其相应资格。

第八十条 生产经营单位的决策机构、主要负责人、个人经营的投资人不依照本法规定保证安全生产所必需的资金投入，致使生产经营单位不具备安全生产条件的，责令限期改正，提供必需的资金；逾期未改正的，责令生产经营单位停产停业整顿。

有前款违法行为，导致发生生产安全事故，构成犯罪的，依照刑法有关规定追究刑事责任；尚不够刑事处罚的，对生产经营单位的主要负责人给予撤职处分，对个人经营的投资人处二万元以上二十万元以下的罚款。

第八十一条 生产经营单位的主要负责人未履行本法规定的安全生产管理职责的，责令限期改正；逾期未改正的，责令生产经营单位停产停业整顿。

生产经营单位的主要负责人有前款违法行为，导致发生生产安全事故，构成犯罪的，依照刑法有关规定追究刑事责任；尚不够刑事处罚的，给予撤职处分或者处二万元以上二十万元以下的罚款。

生产经营单位的主要负责人依照前款规定受刑事处罚或者撤职处分的，自刑罚执行完毕或者受处分之日起，五年内不得担任任何生产经营单位的主要负责人。

第八十二条 生产经营单位有下列行为之一的，责令限期改正；逾期未改正的，责令停产停业整顿，可以并处二万元以下的罚款：

（一）未按照规定设立安全生产管理机构或者配备安全生产管理人员的；

（二）危险物品的生产、经营、储存单位以及矿山、建筑施工单位的主要负责人和安全生产管理人员未按照规定经考核合格的；

（三）未按照本法第二十一条、第二十二条的规定对从业人员进行安全生产教育和培训，或者未按照本法第三十六条的规定如实告知从业人员有关的安全生产事项的；

（四）特种作业人员未按照规定经专门的安全作业培训并取得特种作业操作资格证书，上岗作业的。

第八十三条 生产经营单位有下列行为之一的，责令限期改正；逾期未改正的，责令停止建设或者停产停业整顿，可以并处五万元以下的罚款；造成严重后果，构成犯罪的，依照刑法有关规定追究刑事责任：

（一）矿山建设项目或者用于生产、储存危险物品的建设项目没有安全设施设计或者安全设施设计未按照规定报经有关部门审查同意的；

（二）矿山建设项目或者用于生产、储存危险物品的建设项目的施工单位未按照批准的安全设施设计施工的；

（三）矿山建设项目或者用于生产、储存危险物品的建设项目竣工投入生产或者使用前，安全设施未经验收合格的；

（四）未在有较大危险因素的生产经营场所和有关设施、设备上设置明显的安全警示标志的；

（五）安全设备的安装、使用、检测、改造和报废不符合国家标准或者行业标准的；

（六）未对安全设备进行经常性维护、保养和定期检测的；

（七）未为从业人员提供符合国家标准或者行业标准的劳动防护用品的；

（八）特种设备以及危险物品的容器、运输工具未经取得专业资质的机构检测、检验合格，取得安全使用证或者安全标志，投入使用的；

（九）使用国家明令淘汰、禁止使用的危及生产安全的工艺、设备的。

第八十四条 未经依法批准，擅自生产、经营、储存危险物品的，责令停止违法行为或者予以关闭，没收违法所得，违法所得十万元以上的，并处违法所得一倍以上五倍以下的罚款，没有违法所得或者违法所得不足十万元的，单处或者并处二万元以上十万元以下的罚款；造成严重后果，构成犯罪的，依照刑法有关规定追究刑事责任。

第八十五条 生产经营单位有下列行为之一的，责令限期改正；逾期未改正的，责令停产停业整顿，可以并处二万元以上十万元以下的罚款；造成严重后果，构成犯罪的，依照刑法有关规定追究刑事责任：

（一）生产、经营、储存、使用危险物品，未建立专门安全管理制度、未采取可靠的安全措施或者不接受有关主管部门依法实施的监督管理的；

（二）对重大危险源未登记建档，或者未进行评估、监控，或者未制定应急预案的；

（三）进行爆破、吊装等危险作业，未安排专门管理人员进行现场安全管理的。

第八十六条 生产经营单位将生产经营项目、场所、设备发包或者出租给不具备安全生产条件或者相应资质的单位或者个人的，责令限期改正，没收违法所得；违法所得五万元以上的，并处违法所得一倍以上五倍以下的罚款；没有违法所得或者违法所得不足五万元的，单处或者并处一万元以上五万元以下的罚款；导致发生生产安全事故给他人造成损害的，与承包方、承租方承担连带赔偿责任。

生产经营单位未与承包单位、承租单位签订专门的安全生产管理协议或者未在承包合同、租赁合同中明确各自的安全生产管理职责，或者未对承包单位、承租单位的安全生产统一协调、管理的，责令限期改正；逾期未改正的，责令停产停业整顿。

第八十七条 两个以上生产经营单位在同一作业区域内进行可能危及对方安全生产的生产经营活动，未签订安全生产管理协议或者未指定专职安全生产管理人员进行安全检查与协调的，责令限期改正；逾期未改正的，责令停产停业。

第八十八条 生产经营单位有下列行为之一的，责令限期改正；逾期未改正的，责令停产停业整顿；造成严重后果，构成犯罪的，依照刑法有关规定追究刑事责任：

（一）生产、经营、储存、使用危险物品的车间、商店、仓库与员工宿舍在同一座建筑内，或者与员工宿舍的距离不符合安全要求的；

（二）生产经营场所和员工宿舍未设有符合紧急疏散需要、标志明显、保持畅通的出口，或者封闭、堵塞生产经营场所或者员工宿舍出口的。

第八十九条 生产经营单位与从业人员订立协议，免除或者减轻其对从业人员因生产安全事故伤亡依法应承担的责任的，该协议无效；对生产经营单位的主要负责人、个人经营的投资人处二万元以上十万元以下的罚款。

第九十条 生产经营单位的从业人员不服从管理，违反安全生产规章制度或者操作规程的，由生产经营单位给予批评教育，依照有关规章制度给予处分；造成重大事故，构成犯罪的，依照刑法有关规定追究刑事责任。

第九十一条 生产经营单位主要负责人在本单位发生重大生产安全事故时，不立即组织抢救或者在事故调查处理期间擅离职守或者逃匿的，给予降职、撤职的处分，对逃匿的处十五日以下拘留；构成犯罪的，依照刑法有关规定追究刑事责任。

生产经营单位主要负责人对生产安全事故隐瞒不报、谎报或者拖延不报的，依照前款规定处罚。

第九十二条 有关地方人民政府、负有安全生产监督管理职责的部门，对生产安全事故隐瞒不报、谎报或者拖延不报的，对直接负责的主管人员和其他直接责任人员依法给予行政处分；构成犯罪的，依照刑法有关规定追究刑事责任。

第九十三条 生产经营单位不具备本法和其他有关法律、行政法规和国家标准或者行业标准规定的安全生产条件，经停产停业整顿仍不具备安全生产条件的，予以关闭；有关部门应当依法吊销其有关证照。

第九十四条 本法规定的行政处罚，由负责安全生产监督管理的部门决定；予以关闭的行政处罚由负责安全生产监督管理的部门报请县级以上人民政府按照国务院规定的权限决定；给予拘留的行政处罚由公安机关依照治安管理处罚条例的规定决定。有关法律、行政法规对行政处罚的决定机关另有规定的，依照其规定。

第九十五条 生产经营单位发生生产安全事故造成人员伤亡、他人财产损失的，应当依法承担赔偿责任；拒不承担或者其负责人逃匿的，由人民法院依法强制执行。

生产安全事故的责任人未依法承担赔偿责任，经人民法院依法采取执行措施后，仍不能对受害人给予足额赔偿的，应当继续履行赔偿义务；受害人发现责任人有其他财产的，可以随时请求人民法院执行。

第七章 附 则

第九十六条 本法下列用语的含义：

危险物品，是指易燃易爆物品、危险化学品、放射性物品等能够危及人身安全和财产安全的物品。

重大危险源，是指长期地或者临时地生产、搬运、使用或者储存危险物品，且危险物品的数量等于或者超过临界量的单元(包括场所和设施)。

第九十七条 本法自 2002 年 11 月 1 日起施行。

二、中华人民共和国环境保护法

第一章 总 则

第一条 为保护和改善生活环境与生态环境，防治污染和其他公害，保障人体健康，促进社会主义现代化建设的发展，制定本法。

第二条 本法所称环境，是指影响人类社会生存和发展的各种天然的和经过人工改造的自然因素总体，包括大气、水、海洋、土地、矿藏、森林、草原、野生动物、自然古迹、人文遗迹、自然保护区、风景名胜区、城市和乡村等。

第三条 本法适用于中华人民共和国领域和中华人民共和国管辖的其他海域。

第四条 国家制定的环境保护规划必须纳入国民经济和社会发展计划，国家采取有利于环境保护的经济、技术政策和措施，促进环境保护工作同经济建设和社会发展相协调。

第五条 国家鼓励环境保护科学教育事业的发展，加强环境保护科学技术的研究和开发，提高保护科学技术水平，普及环境保护的科学知识。

第六条 一切单位和个人都有保护环境的义务，并有权对污染和破坏环境单位和个人进行检举和控告。

县级以上地方人民政府环境保护行政主管部门，对本辖区的环境保护工作实施统一管理。

国家海洋行政主管部门港务监督、渔政渔港监督、军队环境保护部门和各级公安、交通、铁道、民航管理部门，依照有关法律的规定对环境污染防治实施监督管理。

县级以上人民政府的土地、矿产、林业、水利行政主管部门，依照有关法律的规定对资源的保护实施监督管理。

第七条 对保护和改善环境有显著成绩的单位和个人由人民政府给予奖励。

第二章 环境监督管理

第八条 国务院环境保护行政主管部门制定国家环境质量标准。

省、自治区、直辖市人民政府对国家环境质量标准中未作规定的项目，可以制定地方环境标准，并报国务院环境保护行政主管部门备案。

第九条 国务院环境保护行政主管部门根据国家环境质量标准和国家经济、技术条件。制定国家污染物排放标准。

省、自治区、直辖市人民政府对国家污染物排放标准中未作规定的项目，可以制定地方污染物排放标准；对国家污染物排放标准中已作规定的项目，可以制定严于国家污染物排放标准。地方污染物排放标准须报国务院环境保护行政主管部门备案。

凡是向已有地方污染物排放标准的区域排放污染物的，应当执行地方污染物排放标准。

第十条 国务院环境保护行政主管部门建立监测制度，制定监测规范，会同有关部门组织监测网络，加强对环境监测的管理。

国务院和省、自治区、直辖市人民政府的环境保护行政主管部门，应当定期发布环境公报。

第十一条 县级以上人民政府的环境保护行政主管部门，应当会同有关部门对管辖范围内的环境状况进行调查和评价，拟订环境保护计划，经计划部门综合平衡后，报同级人民政府批准实施。

第十二条 建设污染环境项目，必须遵守国家有关建设项目环境保护管理的规定。

建设项目的环境影响报告书，必须对建设项目产生的污染和对环境的影响作出评价，规定防治措施，经项目主管部门预审并依照规定的程序报环境保护行政主管部门批准。环境影响报告书经批准后，计划部门方可批准建设项目设计书。

第十三条 县级以上人民政府环境保护行政主管部门或者其他依照法律规定行使环境监督管理权的部门，有权对管辖范围内的排污单位进行现场检查。被检查的单位应当如实反映情况，提供必要的资料。检查机关应为被检查机关保守技术秘密和业务秘密。

第十四条 跨行政区的环境污染和环境破坏的防治工作，由有关地方人民政府协商解决，或者由上级人民政府协调解决，作出决定。

第三章 保护和改善环境

第十五条 地方各级人民政府，应当对本辖区的环境质量负责，采取措施改善环境质量。

第十六条 各级人民政府对具有代表性的各种类型的自然生态系统区域，珍稀、濒危的野生动物自然分布区域，重要的水源涵养区域，具有重大科学文化价值的地质构造、著名的溶洞和化石分布区、冰川、火山、温泉等自然遗迹，以及人文遗迹、古树名木，应当采取措施加以保护，严禁破坏。

第十七条 在国务院、国务院有关部门和省、自治区、直辖市人民政府规定的风景名胜区、自然保护区和其他需要特别保护的区域内，不得建设污染环境的工业生产设施；建设其他设施，其污染物排放不得超过规定的排放标准。已经建成的设施，其污染物排放超过规定排放标准的，限期治理。

第十八条 开发利用自然资源，必须采取措施保护生态环境。

第十九条 各级人民政府应当加强对农业环境的保护，防治土壤污染、土地沙化、盐渍化、贫瘠化、沼泽化、地面沉降和防治植被破坏、水土流失、水源枯竭、种源灭绝以及其他生态失调现象的发生和发展，推广植物病虫害的综合防治，合理利用化肥、农药及植物生长激素。

第二十条 国务院和沿海地方人民政府应当加强对海洋环境的保护。向海洋排放污染物、倾倒废弃物，进行海岸工程建设和海洋石油勘探开发，必须依照法律的规定，防止对海洋环境的污染损害。

第二十一条 制定城市规划，应当确定保护和改善环境的目标和任务。

第二十二条 城乡建设应当结合当地自然环境的特点，保护植被、水域和自然景观，加强城市园林、绿地和风景名胜区的建设。

第四章 防治环境污染和其他公害

第二十三条 产生环境污染和其他公害的单位，必须把环境保护工作纳入计划，建立环境保护责任制度；采取有效措施，防治在生产建设或者其他活动中产生的废气、废水、废渣、粉尘、恶臭气体、放射性物质以及噪声振动、电磁波辐射等对环境的污染和危害。

第二十四条 新建工业企业和现有工业企业的技术改造，应当采用资源利用率高、污染物排放量少的设备和工艺，采用经济合理的废弃物综合利用技术和污染物处理技术。

第二十五条 建设项目中防治污染的措施，必须与主体工程同时设计、同时施工、同时投产使用。防治污染的设施必须经原审批环境影响报告书的环境保护行政主管部门验收合格后，该建设项目方可投入生产或者使用。

防治污染的设施不得擅自拆除或者闲置，确有必要拆除或者闲置的，必须征得所在地的环境保护行政主管部门的同意。

第二十六条 排放污染物的企业事业单位，必须依照国务院环境保护行政主管部门的规定申报登记。

第二十七条 排放污染物超过国家或者地方规定的污染物排放标准的企业事业单位，依照国家规定缴纳超标准排污费，并负责治理。水污染防治法另有规定的，依照水污染防治法的规定执行。

征收的超标准排污费必须用于污染的防治，不得挪作他用，具体使用办法由国务院规定。

第二十八条 对造成环境严重污染的企业事业单位，限期治理。

中央或省、自治区、直辖市人民政府直接管辖的企业事业单位的限期治理，由省、自治区、直辖市人民政府决定。市、县或者市、县以下人民政府管辖的企业事业单位的限期治理，由市、县人民政府决定。被限期治理的企业事业单位必须如期完成治理任务。

第二十九条 禁止引进不符合我国环境保护规定要求的技术和设备。

第三十条 因发生事故或者其他突然性事件，造成或者可能造成污染事故的单位，必须立即采取措施处理，及时通报可能受到污染危害的单位和居民，并向当地环境保护行政主管部门和有关部门报告，接受调查处理。

可能发生重大污染事故的企业事业单位,应当采取措施,加强防范。

第三十一条 县级以上人民政府环境保护的主管部门,在环境受到严重污染威胁居民购买力和生命财产安全时,必须立即向当地人民政府报告,由人民政府采取有效措施,解除或者减轻危害。

第三十二条 生产、储存、运输、销售、使用有毒化学物品和含有放射性物质的物品,必须遵守国家有关规定,防止污染环境。

第三十三条 任何单位不得将产生严重污染的生产设备转移给没有污染防治能力的单位使用。

第五章 法 律 责 任

第三十四条 违反本法规定,有下列行为之一的,环境保护行政主管部门或者其他依照法律规定行使环境监督管理权的部门可以根据不同情节,给予警告或者处以罚款。

(一) 拒绝环境保护行政主管部门或者其他依照法律规定行使环境监督管理权的部门现场检查或者在被检查时弄虚作假的。

(二) 拒报或者谎报国务院环境保护行政主管部门规定的有关污染物排放申报事项的。

(三) 不按国家规定缴纳超标准排污费的。

(四) 引进不符合我国环境保护规定要求的技术和设备的。

(五) 将产生严重污染的生产设备转移给没有污染防治能力的单位使用的。

第三十五条 建设项目的防止污染设施没有建成或者没有达到国家规定的要求,投入生产或者使用的,由批准该建设项目的环境影响报告书的环境保护行政主管部门责令停止生产或者使用,可以并处罚款。

第三十六条 未经环境保护行政主管部门同意,擅自拆除或者闲置防治污染的设施,污染物排放超过规定的排放标准的,由环境保护行政主管部门责令重新安装使用,并处罚款。

第三十七条 对违反本法规定,造成环境污染事故的企业事业单位,由环境保护行政主管部门或者其他依照法律规定行使环境监督管理权的部门根据所造成的危害后果处以罚款;情节严重的,对有关责任人员由其所在单位或者政府主管机关给予行政处分。

第三十八条 对经限期治理逾期未完成治理任务的企业事业单位,除依照国家规定加收超标准排污费外,可以根据所造成的危害后果处以罚款,或者责令停业、关闭。

前款规定的罚款由环境保护行政主管部门决定。责令停业、关闭,由作出限期治理决定的人民政府决定;责令中央直接管辖的企业事业单位停业、关闭,须报国务院批准。

第三十九条 当事人对行政处罚不服的,可以在接到处罚通知之日起 15 日内,向作出处罚决定的机关的上一级机关申请复议;对复议决定不服的,可以在接到复议通知之日起 15 日内,向人民法院起诉。当事人也可以在接到处罚通知之日起 15 日内,直接向人民法院起诉。当事人逾期不申请复议、也不向人民法院起诉、又不履行处罚决定的,由作出处罚决定的机关申请人民法院强制执行。

第四十条 造成环境污染危害的,有责任排除危害,并对直接受到损害的单位或者个人赔偿损失。

赔偿责任和赔偿金额的纠纷,可以根据当事人的请求,由环境保护行政主管部门或者其他依照法律规定行使环境监督管理权的部门处理，当事人对处理决定不服的，可以向人民法院起诉。当事人也可以直接向人民法院起诉。

完全由于不可抗拒的自然灾害，并经及时采取合理措施，仍然不能避免造成环境污染损害的，免于承担责任。

第四十一条 因环境污染损害赔偿提起诉讼的时效期间为3年，从当事人知道或者应当知道受到污染损害起时计算。

第四十二条 违反本法规定，造成重大环境污染事故，导致公私财产重大损失或者人身伤亡的严重后果的，对直接责任人员依法追究刑事责任。

第四十三条 违反本法规定，造成土地、森林、草原、水、矿产、渔业、野生动物等资源的破坏的，依照有关法律的规定承担法律责任。

第四十四条 环境保护监督管理人员滥用职权、玩忽职守、徇私舞弊的，由其所在单位或者上级主管机关给予行政处分；构成犯罪的，依法追究刑事责任。

第六章 附 则

第四十五条 中华人民共和国缔结或者参加的与环境保护有关的国际公约，同中华人民共和国的法律有不同规定的，适用国际公约的规定，但中华人民共和国声明保留的条款除外。

第四十六条 本法自发布之日起施行。《中华人民共和国环境保护法(试行)》同时废止。

三、中国石油化工股份有限公司勘探开发工程监督(监理)人员培训、选拔管理办法

第一章 总 则

第一条 为适应中国石油化工股份有限公司(以下简称“股份公司”)新的管理体制和石油天然气勘探开发工程施工作业的需要，提高勘探开发项目管理水平，加强工程质量监督管理，确保工程质量，缩短工程周期，提高投资效益，特制定本办法。

第二条 勘探开发工程监督(以下简称“监督”)是油田公司(以下简称“甲方”)驻乙方承包的勘探、开发工程项目现场监督与管理的全权代表，是熟练掌握质量、工艺技术和相关专业知识的综合型现场生产管理人员，是工程施工作业全过程的监督者。监督对工程的质量、工期、安全、环保、成本等方面进行监督、管理，为甲方单位负责。

第三条 监督资格是执业资格。监督是岗位职务，分一、二、三级。为了区分不同专业的监督，在监督名称前面可以冠以本专业的名称，如一级钻井监督、二级钻井监督、三级钻井监督等。

第四条 监督实行聘任制。甲方单位根据工作需要，可从中石化股份公司各油田公司工程监督中心或社会上择优聘任具有相应专业监督资格人员。在聘期内行使合同赋予的权利。

第五条 本办法在中国石油化工股份公司范围内实行。

第二章 监督(监理)的主要职责

第六条 监督是甲方派驻现场的代表。根据聘用合同,依照国家有关法律法规、政策和有关技术规定、规范、标准、施工设计等对工程实施进行全过程监督,或对其中一个阶段(设计阶段、招标阶段、勘探开发施工阶段)进行监督。

第七条 参与审查工程项目的工程设计方案。

第八条 参与甲方组织的工程招标、评标工作。

第九条 按合同和工程设计要求,对乙方队伍、装备、材料、工具、器材等进行检查验收,有权拒绝不符合质量要求的材料和设备投入使用,对不符合质量要求或原始记录不全的工程,有权要求乙方单位复查返工。

第十条 在施工过程中,负责执行设计和合同、协调承包单位的工作、对安全及质量等负责。协调好甲方负责的工作和各施工作业单位的关系。

第十一条 负责工程验收、提交工程施工总结等技术资料。

第十二条 工程监督按合同的内容对整体施工过程具有监督权、处罚权、签字认可权。

第三章 监督资格的条件

第十三条 取得监督资格的人员必须具备以下基本素质:

(1) 具有较丰富的有关法律法规知识和工程施工经验,遵纪守法、廉洁奉公、公道正派、协调能力强;

(2) 具有较强的事业心和责任感,忠于职守,钻研业务、勇于负责和开拓创新,具有科学的工作态度和艰苦奋斗精神;

(3) 身体健康,能适应野外现场工作;

(4) 有本专业规定的学历和专业技术职称并取得监督资格证书;

(5) 掌握本专业基础理论、专业技术知识、技术标准及规范,掌握有关的新技术、新工艺和经营管理方法,了解相关专业技术知识;

(6) 具有一定的现场生产、技术实践经验,能及时解决生产作业中的工艺技术问题。

井下作业监督具体业务条件要求见附件一《勘探与生产工程各专业监督任职业务条件》。

第十四条 担任三级监督职务,应具备下列业务条件:

(1) 具备《附件一》中本专业规定的具体业务条件;

(2) 具有三级监督资格证书,年龄一般在45岁以下。

第十五条 担任二级监督职务,应具备下列业务条件:

(1) 具有3年以上的三级监督资格,累计担任三级监督职务不低于24个月;

(2) 取得本专业二级监督资格培训合格证书并经面试考核合格。

第十六条 担任一级监督职务,应具备下列业务条件:

(1) 具有3年以上的二级监督资格,累计担任二级监督职务不低于24个月;

(2) 取得本专业一级监督资格培训合格证书并经面试考核合格。

第十七条 对在外资、中外合资和国外贷款的勘探开发工程项目中担任各级监督的人员,必须熟练地掌握相应的外语。

第四章　考评组织

第十八条　股份公司油田勘探开发事业部在股份公司的领导下，负责工程监督的全面管理工作，其主要职责是：

(1) 认真贯彻执行国家有关工程监督(监理)的法律、政策、制定发布工程监督人员管理的规章制度，并监督执行；

(2) 制定年度监督培训计划及实施；

(3) 组织制定考试内容与考试试题，组织编写培训教材；

(4) 负责股份公司的监督选拔、培训、考评、教师的聘用以及一、二、三级监督人员的发证等工作。

(5) 负责监督业务培训网络的建立，对各油田公司工程监督管理机构的业务工作进行检查指导；

(6) 负责监督及师资人才库的建立。

第十九条　各油田公司监督管理部门，负责本油田公司各专业监督的选拔、注册登记、业务培训、业绩考核及动态管理。负责向本油田公司范围内的各工程项目选派监督。

第五章　考评程序和培训

第二十条　油田勘探开发事业部负责组织对工程监督资格的考核与评审。

第二十一条　各油田公司的监督管理机构负责本油田监督任职资格和培训资格初审工作，并将初审合格的申报材料报送油田勘探开发事业部。

第二十二条　各工程技术服务单位申报的监督培训人员，其培训资格可按照相关要求由上一级主管部门初审，初审合格后，将申报材料交本地区的油田公司的工程监督管理机构备案后，报送油田勘探开发事业部。

第二十三条　油田勘探开发事业部复核合格者参加工程监督培训，培训合格者，由油田勘探开发事业部组织评委评审，并对通过者颁发监督资格证书。

第二十四条　为了确保监督人员的素质，实行考核、考试、评审相结合的考评办法。一般工作程序为个人申报、单位推荐、各油田公司的工程监督管理机构初审和油田勘探开发事业部审批等步骤。

第二十五条　监督培训的主要内容：

(1) 监督岗位的职责、任务与生产组织管理；

(2) 监督业务知识：专业理论、生产技术标准、规范、法规、合同管理、结算、验收、定额管理等；

(3) 本专业新工艺、新技术及相关专业技术知识、ISO9000 标准、ISO14000 标准、ISO18000 标准、HSE 及外语等；

(4) 监督技能操作模拟演练。

第六章　监督的聘任

第二十六条　甲方单位根据工程项目的实际需要，对各专业、各级工程监督从各油田公司工程监督中心或社会上择优聘任具有相应专业监督资格人员。

第二十七条　甲方单位根据承包项目的实际需要，可设置一名总监督和若干名副总监督职务,正副监督原则上应从具有一级或二级监督资格中择优选拔聘任。总监督是代表甲方履行合同的全权负责人,行使合同赋予的权利,并领导监督工作。副监督协助总监督工作。

第二十八条 各专业监督的聘用,原则上从油田公司工程监督中心聘用或从受聘单位聘用,不对个人受理聘用业务。聘任监督单位与受聘监督及其所在单位要签订《监督聘任合同书》,合同内容包括聘期、岗位、任务、酬金、权限、义务、违约责任和争议的解决方式等。

第二十九条 聘任单位的基本权利、责任:

(1) 对受聘监督人员进行领导和管理,对其执行聘任合同的情况进行检查和评价;

(2) 支持受聘的监督人员履行合同规定的工作任务,并提供必要的工作条件和进行业务指导;

(3) 在履行聘任合同过程中,聘任单位要对监督人员的工作业绩、专业技术水平、业务能力、思想现实表现等做出全面考核,并将考核结果转交工程监督人员所在单位记入本人业绩考核档案。

第三十条 受聘监督人员的基本权利和责任:

(1) 监督人员必须接受聘任单位的领导和监督,并对其负责;

(2) 监督人员必须对所担负的工程项目实施及时有效、公正的监督,按期完成聘任合同规定的工作任务;

(3) 遵守国家法令及聘任单位的规章制度,遵守职业道德;维护甲乙双方的技术和商业机密;

(4) 在工作中发生的过失和重大责任,要视不同情况,承担民事、行政直至刑事责任;

(5) 因健康等原因难以履行合同规定的工作任务时,或聘任单位不履行合同时,可向聘任单位提出解除聘任合同申请。

第三十一条 在执行聘任合同过程中,监督人员与聘任单位之间发生争执,由聘任单位和受聘单位协商解决。单方终止聘任合同的监督人员,受聘单位要承担给对方造成的经济损失。

第三十二条 甲方所聘任的监督人员,不得在监督人员原单位承包的工程项目中担任工程监督。

第三十三条 为了确保监督资格的严肃性,凡是丧失或违背监督人员的职业道德、营私舞弊、严重侵犯甲乙方技术、经济利益或由于渎职给甲乙方造成严重损失者,取消其监督资格,并交有关部门处理。

第三十四条 监督资格实行登记注册制度。资格有效期为三年。有效期满,持证者应按规定提交有关材料,由油田公司统一到油田勘探开发事业部办理注册登记。凡是连续脱离监督岗位2年以上(含2年)者,原取得的监督资格失效,须重新参加相应资格的考评。

第七章 监督费用

第三十五条 监督工作是有偿的技术服务活动。甲方项目管理部门应根据工程项目的类型、规模、工作量、难易程度、技术含量、效益情况及工作环境等因素确定监督费用,监督费用含监督工作中直接、间接成本开支、交纳税金和合理利润。监督费用主要用于监督项目,含监督的工资、奖金、津贴、各种补贴、劳动保护、保险、差旅费、原单位聘用费、管理费等。工程项目的监督费用进入生产成本。对做出突出贡献的监督人员,甲方单位应给予奖励。

第三十六条 监督个人的薪酬标准由所在单位根据具体情况及有关规定与监督个人协商确定。在确定薪酬标准时,要充分考虑工作条件、自然环境、工程难易程度及监督本人的资历、技术素质等因素。

第三十七条 甲乙方签订工程施工项目合同的同时,要签订工程监督合同。

第八章 附 则

第三十八条 本办法由股份公司油田勘探开发事业部负责解释。

附件一:《勘探与生产工程监督任职业务条件》

井下作业监督任职业务条件:

(1) 具有高中以上学历和井下作业初级或技师以上专业技术职称。

(2) 近期现场从事井下作业年限:高中毕业者 10 年以上,中专毕业者 7 年以上,大专及本科以上毕业者 5 年以上,并且组织实施过 200 口以上油气水井作业全过程。

(3) 熟练掌握下泵、检泵、增产措施、油水井大修各类井下作业基础理论知识及施工工艺技术。

(4) 掌握井下作业设备、工具、器材的性能和使用维护知识。

(5) 基本了解开发地质、生产测井、完井、射孔、保护油层、环保、油田化学、消防、合同条法等方面相关知识。

(6)具有分析判断和处理井下复杂情况的能力。

(7) 有一定的生产组织、协调和经营管理能力。

(8) 身体健康,能够适应野外现场工作。

四、中国石化股份有限公司采油采气井井控

安全技术管理规定(试行)

第一章 总 则

第一条 为加强油气生产过程中的井控技术管理,防止井喷失控、硫化氢等有毒有害气体泄漏的发生,保障公众生命财产安全,保护环境,根据《中国石油化工集团公司石油与天然气井井控管理规定(试行)》,特制定本规定。

第二条 本规定适用于在中国石化依法登记区域内,采油采气井(注入井)日常生产、维护过程中的安全控制及长停井、废弃井的井控技术管理。

第三条 油田企业应成立相应的采油采气井井控技术管理领导小组,明确井控技术管理部门和职责,完善各级管理制度。

第四条 采油采气井井控技术管理涉及方案设计、井控设备、生产组织、现场施工等工作,各级技术和管理部门要分头把关,相互配合,共同做好井控工作。

第二章 井控装置要求

第五条 采油采气井井控装置主要包括井口装置及采油(气)树、封井器、防喷盒、内防喷装置、防喷管、放喷管线、相匹配的闸门,以及海上、高压气井用安全阀、井下管串、井口

监控装置、地面控制盘等。

第六条 选用的井控装置应选择中国石化一级网络供应商或油田二级网络供应商采购，并由油田企业验收合格。

第七条 井控装置的选择

（一）井口装置、采油（气）树，防喷器压力等级的选择，应依地层压力或注入压力为主，同时考虑流体性质、环境温度及作业措施最高井口压力。

（二）注蒸汽井井口装置的设计选择，应符合 SY/T 5328-1996 的技术要求；其他生产井的井口装置及采油（气）树的安装、操作，应符合 SY/T 5127-2002 中第 4、10 章的规定。

（三）海上井口装置及采油（气）树的选择应与油气藏压力相适应，并高一个压力等级。井口装置应具有井下安全控制系统的液控结构。地面控制盘的功能要求及安装、使用，按照 SY/6432-1999《浅海石油作业井控要求》执行。

第八条 井控装置应定期进行腐蚀状况、配件完整性及灵活性，密封性等方面的专项检查和维修保养，并做好记录。

（一）采油井、长停井至少半年检查 1 次。

（二）注入井至少 3 个月检查 1 次。

（三）采气井至少 2 个月检查 1 次。

（四）高压气井、含有毒有害物质生产井至少 1 个月检查 1 次。

（五）废弃井至少 1 年检查 1 次。

第九条 钻井完井交井、作业完井交井、探井转开发井的井控装置，应依据本规定编制的井控设计要求进行交接井。

第三章　采油井井控要求

第十条 采油井的开井、关井、日常管理及一般性维护措施要严格执行井口及其他井控装置的操作规程，确保其井控性能。

第十一条 油井生产过程中和油井关井后，必须按规定检查井口设备和油井压力变化情况，有压力超升现象时要及时向上级报告。

第十二条 油井清蜡、洗井、气举诱喷、生产测试、更换光杆及密封器等进行拆卸（打开）井口采油树的施工前，应对可能发生的压力变化进行预测，并编制下达相应的施工设计书或施工通知单，其内容应包含井控安全要求及预防井喷措施。

第四章　采气井井控要求

第十三条 气井投产前应根据气井的有关资料编写投产工程设计方案，方案中必须有井控内容，按程序审批并组织实施。如需使用防冻剂，应提前向井口装置注入。

第十四条 高温高压、高产及含硫化氢井的生产，应安装由液压控制的井下安全阀、地面安全阀、井口监测装置。高压气井各级套管环空管应安装压力表，监测压力变化。

第十五条 采气井的开井、关井、日常管理及一般性维护措施要严格执行气井井口及其他井控装置的操作规程，确保其井控性能。

第十六条 在生产过程中要严格执行气井巡回检查制度，发现异常情况及时向上级报告。

第十七条 气井试井进行测压、清蜡、排液等施工前，应对可能发生的压力变化进行预测，并编制下达相应的设计或施工通知单，其内容主要包含井控安全要求及预防井喷措施。

第十八条 发现气井出砂应采取防、控砂措施，确保气流不含砂。出砂气井在生产过程中应定期检查有关生产参数。有出砂史的气井，在提高产量时，必须严格按设计调整参数。

第五章 注入井井控要求

第十九条 注入井是指注水、注聚合物，注蒸汽、注二氧化碳、注氮、注天然气等生产井。

第二十条 注水、注聚合物井。

（一）注水，注聚合物井的井口注入压力不得超过井口额定工作压力。

（二）高压注水井放压时，先停注关井，压力扩散后，再采取正吐、控制流量的方式放压。放压方式、时间、返出量等资料必须录取准确。

（三）注水井分层测试时，应安装防喷管。井口防喷管装置高度超过2.5m时，应加绷绳固定。在测试过程中，严禁洗井或放溢流。

第二十一条 注蒸汽、注二氧化碳井。

（一）注入工艺应严格按设计施工，发现异常情况立即报告，并随时做好应急准备。

（二）实施蒸汽吞吐、蒸汽驱措施的井，额定压力为21MPa的井口，最高工作压力不应超过14MPa，最高工作温度不超过337℃；额定压力为35MPa的井口，最高工作压力不超过21MPa，最高工作温度不超过370℃。

（三）注蒸汽前，用注汽管线额定工作压力的90%试压，稳压5min，不渗漏为合格。如发现热采井口漏失，先放余压，待温度降低后再进行整改。

（四）注二氧化碳井的井口及附件应采取相应防护、监测措施，腐蚀速率控制在0.076mm/a以内。

第二十二条 注天然气井系统启动前必须对井控装置及注入系统进行安全评估，通过后方可注气，但注入压力不得超过井口额定工作压力。

第二十三条 对于其他注入井的井控技术、井控装置选择，油田企业应依据实际情况规范设计及编制操作规程，并上报股份公司油田勘探开发事业部备案。

第六章 长停井、废弃井井控要求

第二十四条 长停井是指生产或修井作业已经结束，但还没有采取永久性弃井作业的井。长停井分为关停井和暂闭井。关停井状态从停产或修井作业后3个月算起，暂闭井从完井井段被隔离之日算起。废弃井是指进行永久性弃置处理的井。

第二十五条 油井长停井。

（一）关停井应安装完整的井口装置及采油树，其性能参数应满足控制流体在油管、套管和环空中出现的异常高压，并按时进行巡井、录取压力资料。

（二）暂闭井可根据实际情况采用下桥塞（包括丢手封隔器）、打水泥塞的方法隔离完井井段，安装简易井口，安装压力表，修建井口房。

第二十六条 气井长停井必须按暂闭井管理。处理时先压井，在气层以上50m打一个长度为50~100m的水泥塞。井口安装井口帽，并用水泥封盖且加注标记。

第二十七条 陆上废弃井。

（一）油、气、水井的弃置处理用油井水泥挤堵全部油（气）层，并在油层上部和井口以下油层套管内留（打）一定长度的水泥塞。具体施工步骤和技术要求按《废弃井及长停井处置做法》的有关标准执行。

（二）对于深井和特殊井的废弃处理应增打水泥塞或进行特殊处理。

（三）完成封堵的废弃井井口留下套管头，套管头法兰面上应用5mm以上的圆形钢板从边缘焊死，钢板面上应用焊痕标注井号和封堵日期，并盖井口房。

第二十八条 海上废弃井

（一）海上弃井作业应拆除井口装置，在泥线4.0m以下割断并取出套管，具体措施按《海洋石油弃井作业管理规则》执行。

（二）弃井作业应完全封堵不同压力体系的地层，且能够防止地层内的流体流出海底泥面以外。

（三）需要保留井口的井，应按有关规定安装海上助航标志。

第二十九条 待废弃井应安装完整的井口装置及采油树，并按正常生产井管理。所有长停井、废弃井处理应有实施设计方案。高温高压、高含有毒有害气体井、重点探井及特殊井身结构井的弃置处理设计应上报股份公司主管部门审批，其余井的弃置处理上报油田主管部门审批。

第三十条 废弃井应建立档案。档案应包括记录井位、处理日期、应用工艺和封堵作业（方案设计、施工总结、管柱记录）等资料。

第七章　海上生产井特别规定

第三十一条 海上有自喷、自溢能力的油气生产井、注入井均应安装井下封隔器，以封闭油管和套管环空；在海床下30m或更深的位置安装井下安全阀。

第三十二条 采油树应安装地面安全阀，并配备适用的井口测压防喷盒。地面安全阀应与采油树手动闸阀具有相同的压力等级、通径、连接形式等性能参数。

第三十三条 安全阀及封隔器。

（一）地面、井下安全阀由地面控制盘控制。井下安全阀的安装应避开结蜡点位置，其耐压等级应与地层压力匹配，但不低于35MPa。

（二）装有排气阀的环空封隔器，验封时应关闭排气阀。环空封隔器上的电缆密封器及排气阀工作压差不应低于17.5MPa。

第三十四条 开井前，应检查安全控制系统液控压力，使其保持在安全操作压力范围内。每次巡井时应检查一次液控系统压力。

第三十五条 按规定对地面控制盘、地面安全阀、井下安全阀、环空封隔器排气阀等井控装置进行检查与试验。地面控制盘每半年进行1次功能检测；地面、井下安全阀每半年进行1次开关试验。

第八章　含有毒、有害物质生产井特别规定

第三十六条 设备及仪器仪表。

（一）含有毒、有害物质生产井的井口及采油（气）树、井口附件、井下管串应选择具有抗硫化氢、抗二氧化碳腐蚀的材料。

（二）井口装置及采油（气）树、配套设备及附件应避免焊接，并采取相应措施对井口及配套附件实施监测、保护。

（三）对含硫化氢井所配置的仪器仪表、人身防护设备的管理、使用、检测、校验及人员培训，按照SY/T 6277-2005中的有关要求执行。

第三十七条 含有毒、有害物质井应安装可燃气体检测仪、硫化氢检测仪，并实施连续检测；在高压区、油气取样区、排污放空区、油水罐等易泄漏区域应设置醒目的标志和固定探头。

第三十八条 含有毒、有害物质气井不能作暂停井处理，应按照暂时性弃井或永久性弃井处理。

第三十九条 油田企业要制定含有毒、有害物质井生产维护的操作规程，并编写含有毒、有害物质井维护作业施工方案。

第九章 应急工作规定

第四十条 油田企业应分级、分类制定采油采气井、注入井在日常生产、生产维护过程中，以及长停井、废弃井的井喷失控应急预案。

第四十一条 制定应急预案应遵循以人为本、预防为主，统一领导、分级负责，依法规范、依靠科技，整合资源、协同应对，单位自救和社会救援相结合的原则。

第四十二条 制定预案应建立在科学分析和充分论证的基础上。预案必须严密、统一、完整，具有科学性。预案涉及的内容应符合国家有关法律、法规。预案应包括但不限于以下内容，即组织指挥、人员安全、防止污染、恢复控制的措施。

第四十三条 应急预案制定完成后，必须进行演练，根据演练中发现的问题，对预案进行修订完善。预案制定修订后，应经本级安全生产第一责任人审批，并报上一级部门批准实施。

第十章 附　　则

第四十四条 本规定自印发之日起试行。

第四十五条 油田企业应以本规定为依据，结合本地区油、气、水井的特点，制定相应的实施细则。

第四十六条 本规定由中国石化股份有限公司油田勘探开发事业部负责解释。

五、中国石油化工股份有限公司井下作业类别划分规定

（试行）

第一章 总　　则

第一条 为加强中国石油化工股份有限公司(以下简称“股份公司”)井下作业工程的市场化运作及标准化管理，特制定本规定。

第二条 本规定包括股份公司所属油(气、水)井的井下作业内容，以其施工目的、复杂程度和施工规模为依据，进行统一的归类划分。

第三条 本规定适用于股份公司范围内井下作业的类别划分。

第二章 油(气、水)井作业分类内容

第四条 井下作业内容共划分为维护作业、常规措施作业、重大措施作业三大类。

(1) 维护作业包括：改换井口、换光杆、检泵、冲检换封(滤)、管柱冲换、稠油掺稀、改观察井、封井等；

(2) 常规措施作业包括：补孔改层、下大泵、加深泵挂、改换举升方式、测井、转抽、气

井作业、水井试注、转注、水井分注、解堵增注、防砂、水井调剖、热采、找(堵)水、稠油掺稀、大修、常规工艺试验、其他措施作业；

(3) 重大措施作业包括：特殊作业、重大工艺试验等。

第五条 对于新井投产作业、勘探井试油及投产作业的内容参照以上三种作业类型的相关内容进行划分归类。

第三章 油(气、水)井作业分类标准

第六条 维护作业分类标准。

1. 改换井口

动用作业设备进行的井口整改，包括更换井口、套管短节、闸门、焊接、堵漏等作业。

2. 换光杆

动用作业设备更换光杆作业。

3. 检泵

(1) 检各种型号管式泵、杆式泵、电泵、螺杆泵、水力泵、分抽泵、电热杆(泵上掺水)、气举阀等作业；

(2) 大修、注汽等措施后下泵作业。

4. 冲检换封(滤)

(1) 油(气、水)井冲换(刮削)更换封隔器(滤砂管)及管柱的作业；

(2) 分注井因封隔器漏失、管柱、出砂、调配等问题的更换封隔器、配注工具的作业。

5. 管柱冲换

(1) 光油管合注井的管柱冲换作业；

(2) 注聚井、蒸汽驱合注井的管柱冲换作业。

6. 稠油掺稀

动管柱的稠油掺稀油作业。

7. 改观察井

经有关部门审批后由正常油(气、水)井改观察井作业。

8. 封井

经有关部门审批后的工程报废、地质报废井采用注灰、替重泥浆等方式封井的作业。

第七条 常规措施作业分类标准

1. 补孔、改层

(1) 油(气、水)井补孔后的单采(注)、合采(注)、改层等作业；

(2) 通过打水泥塞、打桥塞、钻塞、填砂、封堵等措施内容的改层作业。

2. 下大泵

由小泵径管(杆)式泵改为 φ70mm 泵径以上的管(杆)式泵的换泵作业。

3. 加深泵挂

在原泵挂深度的基础上加深 200m 以上的作业。

4. 改换举升方式

由目前举升方式改换为其他不同举升方式的作业。

5. 测井

需要作业施工配合的各类测井。

6. 转抽

由自喷井、水井、气井等转抽油井的作业。

7. 气井作业

(1) 油（水）井转气井作业；

(2) 气井采用气举、机械、化学等方式进行的排液采气作业。

8. 水井试注、转注

(1) 新层试注的作业；

(2) 按地质要求对油(气)井进行转注的作业。

9. 水井分注

利用各种类型的封隔器、配水器对水井进行的两层、两层以上的分注作业。

10. 解堵、增注

(1) 采用盐酸、土酸、复合酸等化学方法进行的解堵、增注的作业；

(2) 采用水力震荡、高压水射流、超声波、水力喷砂射孔等物理方法的解堵、增注的作业；

(3) 利用稀酸对炮眼、井筒进行的酸洗、增注的作业；

(4) 其他解堵、增注措施的作业。

11. 防砂

(1) 采用敷膜砂防砂、化学树脂防砂、化学防膨抑砂等化学防砂作业；

(2) 采用低压循环充填、高压充填防砂、悬挂各种类型滤砂管等的机械防砂作业；

(3) 采用化学和物理法相结合的复合防砂作业。

12. 水井调剖

(1) 不动管柱直接进行调剖施工,动管柱探冲后进行调剖的作业；

(2) 采用移动式、固定式堵水设备进行的调剖的作业。

13. 热采

包括利用固定式锅炉、移动式锅炉对油井进行注蒸汽的作业。

14. 找(堵)水

找水、堵水施工作业。

15. 单井吞吐

配合 CO_2、液氮等单井注入、吞吐的作业施工。

16. 高能气体压裂

17. 大修

除特殊大修以外的解卡、打捞、修套、钻磨铣等修井作业。

18. 常规工艺实验

油(气、水)井常规新工艺、新技术的实验作业。

19. 其他措施作业

第八条 重大措施作业分类标准

1. 特殊作业

(1) 水力压裂、压裂防砂、酸化压裂等大型施工作业；

(2) 完善开发层系,对原井眼进行加深目的层的作业施工；

(3) 在原井筒内，打开油层套管进行侧钻作业施工；

(4) 在原井眼基础上下衬管和尾管的作业;

(5) 含有毒、有害气体井的作业施工;

(6) 技术套管以下的取换套、套管错断的修复等特殊大修作业;

(7) 利用海洋作业平台进行的海洋修井作业。

2. 重大工艺实验

由总部、各油田开发技术主管部门牵头组织的油(气、水)井重大新工艺、新技术的实验作业。

第四章　附　　则

第九条　其他规定如与本规定有抵触之处,按本规定执行。

第十条　本规定由股份公司油田勘探开发事业部负责解释。

第十一条　本规定自印发之日起执行。

六、中国石油化工股份有限公司井下作业市场管理规定

(试 行)

第一章　总　　则

第一条　为加强中国石油化工股份有限公司(以下简称"股份公司")井下作业市场的管理,规范井下作业市场行为,根据《中国石油化工股份有限公司油田勘探开发工程技术服务市场管理办法》,特制定本规定。

第二条　井下作业市场管理的范围是:维护作业井、常规措施作业井、重大措施作业井的施工和技术服务。

第三条　井下作业市场管理的主要内容包括:队伍准入管理、市场运作与招投标管理、合同管理、施工队伍管理、物资管理、纠纷的调解与处理等。

第四条　井下作业市场的管理本着公平、公开、公正和集团(股份)公司内部队伍同等优先的原则,建立公平竞争、优胜劣汰、统一开放的市场体系。

第五条　股份公司油田勘探开发事业部负责井下作业市场运作的宏观决策、监督、指导和协调管理,股份公司所属各油田分公司按照井下作业市场管理办法,负责组织各区域井下作业市场的运作管理。

第二章　队伍准入管理

第六条　所有在股份公司范围内从事井下作业施工的队伍必须取得股份公司颁发的市场准入证。在此基础上各油田分公司对准入队伍进行选择使用和管理。

第七条　申请准入股份公司井下作业市场的施工作业队伍必须具备以下基本条件:

(1) 具备法人资格(或委托法人)的专业化井下作业施工单位;

(2) 具有规范的企业管理体系和质量保证体系;

(3) 具有相应完备的 HSE 管理体系;

(4) 相应的技术装备能力和资质证明文件;

(5) 近三年内的业绩证明;

(6) 施工小队要达到最低资质的基本要求(见附件 1-1~1-7)。

第八条　股份公司负责井下作业队伍准入证的审批、发放和复审工作。各油田分公司负责对本油田申请准入队伍进行初审、推荐工作。队伍准入证的发放以基层队为单元。

第九条　股份公司发放的井下作业队伍准入证，包括准入队伍名称、队伍资质、准入证编号、准入范围、准入地区、发证日期等基本内容，并加盖中石化股份公司队伍准入专用章有效。

第十条　井下作业市场准入证有效期为二年，准入证期满后由发证单位负责办理复审业务。准入证复审时申请复审单位须提供准入证原件以及所在油田分公司市场管理部门对该队伍的复审意见、队伍资质证明材料、主要设备、人员的变化情况等。跨油区作业或中石化系统外队伍复审时还需提供所在油区作业单位的评价意见。

第三章　市场运作与招投标管理

第十一条　股份公司所属范围内的井下作业项目，在不同的油田分公司采取不同的市场运作模式。东部老油田逐步实现以招投标为主的运作模式，西部油田必须采取以招投标为主的市场运作模式。

第十二条　井下作业项目的市场运作与招投标活动必须符合《中华人民共和国招标投标法》和《中国石油化工股份有限公司油田勘探开发工程技术服务项目招投标实施细则》中规定的程序和原则。参与队伍须取得股份公司市场准入证。

第十三条　股份公司井下作业市场运作与招标的范围是：井下作业工程项目中的施工等。

第十四条　各油田分（子）公司为股份公司授权的合法招标人，各油田分公司市场管理部门是井下作业项目招投标组织管理部门。

第十五条　招标的前期准备工作应包括以下内容：

（1）招标单位成立招标领导小组，拟订招标申请书报油田分公司主管部门批准。

（2）编制招标文件并参照工程定额价格确定标底。

（3）发出招标公告或招标邀请书。

（4）审查投标单位的资格，并将审查结果及时通知各投标单位。

（5）向有资格的投标单位发售招标文件及资料包，售价由甲方视具体情况确定。

（6）招标单位按招标通知规定的日期组织投标单位及有关部门踏看现场和招标答疑。

第十六条　招标文件及资料包应包括以下主要内容：

（1）招标项目名称；

（2）工区位置；

（3）地质和工艺设计书；

（4）质量标准及油气层保护等要求；

（5）安全环保要求；

（6）工期要求；

（7）工程价款的支付方式；

（8）投标、开标日期及地点；

（9）作业合同标准文本或主要条款；

（10）投标书的编制要求及评标原则。

第十七条　参加投标的单位应在递交投标文件时缴纳一定数额的投标保证金。招标单位应在招标完成后10日内返还未中标单位的投标保证金。中标单位的投标保证金将自动转为合同签约保证金。有下列情形之一的,招标单位将不返还其保证金:

(1) 投标单位在投标有效期撤回其投标的;

(2) 投标过程中有违规行为的;

(3) 中标方在规定的期限内无正当理由不签订服务合同的。

第十八条 投标单位应按招标文件的要求,认真编写标书,内容主要包括:

(1) 综合说明书;

(2) 工程报价及构成分析;

(3) 工期安排及保证措施;

(4) 施工方法、技术措施、安全生产及环境保护措施和公共关系协调能力等;

(5) 对合同主要条款的确认。

第十九条 各油田分公司招标领导小组组织评标、定标。

第二十条 各油田分公司要建立井下作业市场评标的专家库,评标人员的组成要根据招标井的要求分类抽取。经济管理和技术管理及其他有关人员要分别占一定比例。

第二十一条 招投标的全过程要有有关部门的人员进行监督。

第二十二条 各油田分公司市场管理部门按季度对招标项目进行统计,并报股份公司油田勘探开发事业部。

第四章 施工作业队伍管理

第二十三条 跨油区使用作业队伍原则上以招标方式引入。引入的队伍须经油田分公司市场管理部门审查备案后才能使用。

第二十四条 各油田分公司负责井下作业队伍的日常管理工作。主要内容包括:队伍资质的审查、队伍业绩的考核、施工作业质量、安全生产、环境保护及各种违规行为的监督等。

第二十五条 各油田分公司对在所辖油区内施工的井下作业队伍建立业绩考核档案。内容包括:井下作业工作量、井下作业质量、服务质量、安全生产情况、违纪和违规记录及资质符合情况等。

第二十六条 井下作业施工队伍在各油田分公司承揽到工作量后应将该队伍市场准入证原件留存,待施工作业项目竣工并验收合格后方可交还施工队伍。

第二十七条 任何单位不得使用无股份公司井下作业市场准入资格的队伍。

第二十八条 井下作业施工队伍应遵守股份公司和所在油田分公司的有关管理规定,违反下列情况之一者,所属油田分公司必须将情况及时向股份公司汇报,提出取消其队伍市场准入资格的建议,由股份公司收回其市场准入证。

(1) 凡在工程质量、服务质量或健康、安全、环保等方面出现重大事故并造成重大经济损失(直接经济损失50万元以上)的;

(2) 允许其他单位和个人挂靠、转借其准入证等违规现象的;

(3) 弄虚作假、冒名顶替中标队伍进行施工的;

(4) 进行不正当竞争和涉案中石化系统内部经济案件的。

第五章　合同管理

第二十九条　井下作业工程项目合同的签订、审批、履行要在各油田分公司关联交易协定和《中石化股份公司油田勘探开发工程技术服务市场招投标管理办法》的总体框架下进行。

第三十条　各油田分公司负责井下作业项目施工合同的签订，不得与未取得股份公司市场准入证的单位签订作业合同。

第三十一条　各油田分公司签订的常规井下作业合同应采用股份公司统一制订的合同范本。各类风险承包作业项目应针对不同的情况签订相应的承包合同。

第六章　物资管理

第三十二条　各油田分公司负责井下作业物资的管理。

第三十三条　井下作业市场物资管理的主要内容是指管、杆、泵及各种完井井下工具和入井液的采购、使用与管理。

第三十四条　单井作业用料按施工设计要求执行。使用新管、杆、泵的作业井由各油田分公司供货；使用修复管、杆、泵的作业井由井下作业公司提供其修复的、并经检验合格后的产品。

第三十五条　管、杆、泵的修理，各油田分公司要与井下作业公司签订修理协议，明确修理范围、劳务价格和验收质量标准等有关内容。

第三十六条　井下施工作业中其他材料的采购、使用和管理各油田分公司根据自身特点指定相应的管理办法。

第七章　纠纷的调解与处理

第三十七条　各油田分公司成立井下作业市场纠纷调解与处理工作小组，成员由生产经营各相关部门组成，负责本油区内井下作业市场各类纠纷的调解与处理工作。

第三十八条　各油田分公司要针对施工质量、材料质量（管材、工具、化工产品等）、工程事故和工具质量等纠纷分别建立起纠纷处理的程序，明确纠纷处理的牵头部门，及时有效地化解矛盾。

第三十九条　井下作业施工过程中发生纠纷后，首先由油田分公司和井下作业公司协商解决，协商解决不了的由中石化内部调解委员会调解处理。

第八章　附　　则

第四十条　以上未尽事宜按照股份公司有关规定执行。

第四十一条　本规定由股份公司油田勘探开发事业部负责解释。

第四十二条　本规定自印发之日起执行。

附：井下作业队准入基本条件

附件 1-1：

井下作业市场准入基本条件——大修队

评价内容	基本条件
一、主要岗位人员素质	（1）队长、副队长须具有相当于大专及以上学历，3 年以上本行业经验。技术员必须具有中专以上学历，助理工程师以上任职资格，3 年以上本行业工作经验 （2）队长、副队长、技术员、司钻、副司钻、司机长必须持有 HSE 培训证、井控培训证、岗位上岗证 （3）所有施工人员必须持有 HSE 培训证、岗位操作证
二、主要装备与设施配套	（1）提升吨位达到 80t 以上的修井设备及相应的井控设施 （2）配套设备满足施工生产需要
三、主要施工业绩	（1）大修成功率大于 85% （2）大修全优率大于 80%
四、主要质量安全指标	（1）质量管理执行行业标准或企业标准及操作规程 （2）具有相应的质量保证体系认证和相应的 HSE 管理控制体系 （3）近 3 年无重大伤亡事故 （4）近 3 年无井喷失控、着火事故

附件 1-2：

井下作业市场准入基本条件——作业队

评价内容	基本条件
一、主要岗位人员素质	（1）队长、副队长须具有中专及以上学历，3 年以上本行业经验。技术员必须具有中专以上学历，助理工程师以上任职资格，3 年以上本行业工作经验 （2）队长、副队长、技术员、司钻、副司钻必须持有 HSE 培训证、井控培训证、上岗证 （3）所有施工人员必须持有 HSE 培训证、岗位操作证
二、主要装备与设施配套	（1）提升吨位达到 40t 以上的修井设备及相应的井控设施 （2）配套设备满足施工生产需要
三、主要施工业绩	施工工序一次成功率大于 95%
四、主要质量安全指标	（1）质量管理执行行业标准或企业标准及操作规程 （2）具有相应的质量保证体系认证和相应的 HSE 管理控制体系 （3）近 3 年无重大伤亡事故 （4）近 3 年无井喷失控、着火事故

附件 1-3：

井下作业市场准入基本条件——侧钻队

评价内容	基本条件
一、主要岗位人员素质	（1）队长、副队长须具有大专及以上学历，助理工程师以上任职资格，3 年以上本行业经验。技术员必须具有中专以上学历，助理工程师以上任职资格，3 年以上本行业工作经验 （2）队长、副队长、技术员、司钻、副司钻、司机长必须持有 HSE 培训证、井控培训证、上岗证 （3）所有施工人员必须持有 HSE 培训证、岗位操作证
二、主要装备与设施配套	（1）提升吨位达到 100t 以上的修井设备及相应的井控设施 （2）配套设备满足施工生产需要
三、主要施工业绩	施工成功率大于 95%
四、主要质量安全指标	（1）质量管理执行行业标准或企业标准及操作规程 （2）具有相应的质量保证体系认证和相应的 HSE 管理控制体系 （3）近 3 年无重大伤亡事故 （4）近 3 年无井喷失控、着火事故

附件 1-4：

井下作业市场准入基本条件——酸化压裂队

评价内容	基本条件
一、主要岗位人员素质	（1）队长、副队长须具有中专及以上学历，3 年以上本行业经验。技术员必须具有中专以上学历，助理工程师以上任职资格，3 年以上本行业工作经验 （2）队长、副队长、技术员必须持有 HSE 培训证、岗位操作证 （3）所有施工人员必须持有 HSE 培训证、岗位操作证
二、主要装备与设施配套	（1）配备一套千型压裂车组（4 台以上压裂泵车、1 台仪表车、1 台混砂车） （2）配套设备满足施工生产需要
三、主要施工业绩	（1）工艺成功率大于 95% （2）施工全优率大于 80%
四、主要质量安全指标	（1）质量管理执行行业标准或企业标准及操作规程 （2）具有相应的质量保证体系认证和相应的 HSE 管理控制体系 （3）近 3 年无重大伤亡事故 （4）近 3 年无井喷失控、着火事故

附件 1-5：

井下作业市场准入基本条件——试油(气)队

评价内容	基本条件
一、主要岗位人员素质	(1) 队长、副队长须具有中专及以上学历,3 年以上本行业经验。技术员必须具有中专以上学历,助理工程师以上任职资格,3 年以上本行业工作经验 (2) 队长、副队长、技术员必须持有 HSE 培训证、岗位操作证 (3) 所有施工人员必须持有 HSE 培训证、岗位操作证
二、主要装备与设施配套	(1) 配备 2 台以上提升设备及相应的井控装置 (2) 配套设备满足施工生产需要
三、主要施工业绩	(1) 施工工序一次成功率大于 90% (2) 施工质量全优率大于 90%
四、主要质量安全指标	(1) 质量管理执行行业标准或企业标准及操作规程 (2) 具有相应的质量保证体系认证和相应的 HSE 管理控制体系 (3) 近 3 年无重大伤亡事故 (4) 近 3 年无井喷失控、着火事故

附件 1-6：

井下作业市场准入基本条件——测试队

评价内容	基本条件
一、主要岗位人员素质	(1) 队长、副队长须具有中专及以上学历,3 年以上本行业经验。技术员必须具有中专以上学历,助理工程师以上任职资格,3 年以上本行业工作经验 (2) 队长、副队长、技术员必须持有 HSE 培训证、岗位操作证
二、主要装备与设施配套	(1) 配备不同规格的压力计、地层测试器及配套的地面控制、计量装置 (2) 配套设备满足施工生产需要
三、主要施工业绩	测试工艺成功率大于 85%
四、主要质量安全指标	(1) 质量管理执行行业标准或企业标准及操作规程 (2) 具有相应的质量保证体系认证和相应的 HSE 管理控制体系 (3) 近 3 年无重大伤亡事故 (4) 近 3 年无井喷失控、着火事故

附件 1－7：

井下作业市场准入基本条件——稠油试采队

评价内容	基本条件
一、主要岗位人员素质	（1）队长、副队长须具有中专及以上学历，3 年以上本行业经验。技术员必须具有中专以上学历，助理工程师以上任职资格，3 年以上本行业工作经验 （2）队长、副队长、技术员必须持有 HSE 培训证、岗位操作证 （3）所有施工人员必须持有 HSE 培训证、岗位操作证
二、主要装备与设施配套	（1）蒸气发生器及配套的生产设施 （2）相应的提升设备
三、主要施工业绩	注气干度（地面）大于 70%
四、主要质量安全指标	（1）质量管理执行行业标准或企业标准及操作规程 （2）具有相应的质量保证体系认证和相应的 HSE 管理控制体系 （3）近 3 年无重大伤亡事故 （4）近 3 年无井喷失控、着火事故

七、中国石油化工股份有限公司井下作业工程监督管理实施办法

（试 行）

第一章 总 则

第一条 为加强中国石油化工股份有限公司(以下简称"股份公司")井下作业工程管理,在股份公司所属各油田分公司全面实行井下作业监督制度,对井下作业施工实行监督管理,确保施工质量,提高作业效率,特制定本办法。

第二条 井下作业工程监督(以下简称监督)实行执业资格制,分一级监督、二级监督、三级监督三个级别。

第三条 监督是由甲方派驻施工作业现场的全权代表,对乙方施工的项目进行监督。

第四条 本办法适用于股份公司井下作业工程监督管理工作。

第二章 井下作业监督机构设置

第五条 监督管理由股份公司油田勘探开发事业部全面负责,各油田分(子)公司要有相应的部门负责本单位的监督管理。

第六条 监督管理机构设置。

各油田分公司根据实际情况可设立一级或二、三级监督管理机构,一级监督管理机构(监督总站)设1名总监督、1~2名区块副总监督,二级监督机构(监督分站)设1名区块总监、1名副总监督,三级监督机构(监督组)设组长1名,具体人员组成根据实际监督工作量配置。

第七条 股份公司油田勘探开发事业部职责。

(1) 按照国家工程监督的法律法规、政策,制定股份公司监督的规章制度。

(2) 负责高级别监督人员的培训和所有监督人员的审核、发证管理工作。

(3) 对油田分公司监督管理机构的业务工作进行检查指导。

(4) 制定年度监督工作计划,审议各油田分公司的年度报告及研究确定监督重大事宜。

第八条 各油田分公司监督管理部门职责。

(1) 贯彻执行股份公司的有关规定,制定发布本公司的监督规章制度,并监督执行。

(2) 负责本公司监督管理网络的建立,检查指导下属单位的监督业务工作,组织交流和推广先进监督管理经验,定期向股份公司油田勘探开发事业部进行汇报。

(3) 负责本公司监督后备人员的选拔、培训、初审、上报、取证工作。

(4) 负责监督人员的注册、业绩考核与动态管理,并建立相应监督档案。

(5) 负责分公司重大工程项目的监督工作。

第九条 基层监督管理部门职责。

(1) 贯彻执行上级有关规定、管理办法及井下作业质量标准、技术标准、技术规定等,并组织实施。

(2) 负责建立本单位监督管理网络,定期向上级部门进行业务汇报。

(3) 负责本单位监督的推行、登记、业绩考核及动态管理。协助本单位生产管理部门抓好井下作业生产运行管理工作。

第十条 监督的主要职责。

严格按设计、合同、标准等对乙方施工质量进行监督，确保作业成本、作业工期均达到设计要求，并对施工队伍进行业绩评价。

第三章 监督方式及内容

第十一条 根据作业类别可采用驻井、巡井、重点工序监督等方式。

第十二条 监督的内容。

1. 施工前的监督

(1) 核查施工队伍获得股份公司颁发的市场准入证以及现场施工人员的数量、资质。

(2) 检查施工队伍主要设备的能力。

(3) 检查施工队伍 HSE 管理体系的健全情况。

2. 施工过程的监督

(1) 监督管理部门根据工程设计制定监督要点。

(2) 监督乙方严格执行设计和有关技术标准。

(3) 检查各种下井工具、材料产品质量合格证、产品质量监督检验报告。

(4) 检查施工工序的质量。

(5) 监督乙方按有关标准录取资料。

(6) 施工过程中需变更设计和增加作业内容的，及时向主管部门上报。

(7) 出现重大紧急情况时，立即启动应急预案，并及时向主管部门上报。

(8) 作业井完工后提交作业监督总结(作业井监督卡)等技术资料。

第四章 监督的管理

第十三条 取得监督资格的条件。

1. 基本条件

(1) 具有较丰富的法律法规知识和井下作业现场施工经验，遵纪守法、廉洁奉公、公道正派、协调能力强。

(2) 具有较强的事业心和责任感，忠于职守，钻研业务，勇于负责和开拓创新，具有科学的工作态度和艰苦奋斗精神。

(3) 身体健康，能适应野外现场工作。

(4) 经股份公司认可的培训机构业务培训，并取得合格证书。

2. 业务条件

(1) 三级监督的业务条件：

① 具有本专业员级以上专业技术职称或本专业高级工(含高级工)职业技能。

② 掌握本专业基础理论和技术知识，了解有关新工艺、新技术知识。

③ 熟练掌握本专业的技术标准、规范和操作规程。

④ 熟练掌握检泵、防砂、增产措施、油水井大修等各类井下作业工序及工艺流程。

⑤ 掌握井下作业设备、工具、器材的使用和性能。

⑥ 基本了解开发地质、生产测井、完井、射孔、油层保护、环保、油田化学、消防、合同法等方面相关知识。

⑦ 有分析判断和处理井下事故和情况的能力。

(2) 二级监督的业务条件:

除具有三级监督的条件外,还应具备以下条件。

① 具有本专业中级专业技术职称,5 年以上(含 5 年)井下作业现场生产、技术实践经验。

② 系统掌握本专业基础理论和技术知识,了解本专业国内外技术现状和发展趋势,综合知识较为广博。

③ 具有组织、协调现场作业施工的能力,有独立组织大规模生产施工和管理的工作经历,具备解决大型施工作业中发生的各种技术问题和组织管理问题的能力。

④ 有分析判断和处理井下复杂事故和情况的能力。

第十四条 监督的培训和取证。

严格执行股份公司勘探开发工程监督管理办法。

(1) 监督的培训采取个人申报、基层单位推荐、油田分公司审核、油田分公司或股份公司培训的程序。

(2) 监督的取证采取个人申报、油田分公司审核报股份公司油田勘探开发事业部审批发证。

第十五条 监督培训的基本内容。

(1) 监督岗位的职责、任务与生产组织管理。

(2) 监督的业务知识,包括生产技术、规范、法规、合同管理、定额管理等。

(3) 监督培训结业时要进行监督技能操作考核或模拟演练,其成绩作为监督考核的主要依据。

第十六条 监督的聘任。

(1) 油田分公司根据监督工作量的需要,从具有相应级别监督资格人员中择优聘任。

(2) 油田分公司的总监和副总监督必须从监督中择优聘任。

(3) 监督的聘任单位要与受聘人员签订《井下作业监督聘任合同书》。

第十七条 监督聘任单位的基本权利和责任。

(1) 对受聘监督人员进行领导和管理,对其执行聘任合同的情况进行检查和评价。

(2) 支持受聘的监督人员履行合同规定的工作任务,并提供必要的工作条件和进行业务指导。

(3) 在履行聘任合同过程中,聘任单位要对监督人员的工作业绩、专业技术水平、业务能力等做出考核和奖惩。

第十八条 受聘监督人员的基本权利和责任。

(1) 监督人员必须接受聘任单位的领导和监督,对所属单位负责。

(2) 监督人员必须对所承担的工程项目实施及时、有效、公正的监督,按期完成聘任合同规定的工作任务。

(3) 遵守国家法令及聘任单位的规章制度,遵守职业道德,维护甲乙双方的技术和商业机密。

(4) 在工作中发生的过失和失职,要承担相应责任。

(5) 因健康等原因难以履行合同规定的工作任务时,可向聘任单位提出解除聘任合同申请。

第十九条 对于出现重大问题的监督人员,由油田分公司进行处理,并上报股份公司油田勘探开发事业部取消其监督资格。

第二十条 监督资格实行登记注册制度,监督证有效期为三年。有效期满,持证者应按规定提交有关资料,由油田分公司统一上报股份公司油田勘探开发事业部复审。凡是连续脱离监督岗位两年以上(含两年)者,原取得的监督资格失效。

第五章 附 则

第二十一条 各油田分公司可根据本办法,结合具体情况,制定实施细则。

第二十二条 本办法由股份公司油田勘探开发事业部负责解释。

第二十三条 本规定自印发之日起执行。

八、中国石油化工股份有限公司 井下作业工程质量验收办法

（试行）

第一章 总 则

第一条 为加强井下作业工程质量管理,提高井下作业工程质量与效益，特制定本办法。

第二条 井下作业工程质量验收结果是井下作业结算的主要依据。本办法规定了井下作业工程的质量验收标准和验收程序。

第三条 井下作业工程质量实行质量保证制度,鼓励采用多种提高作业施工质量、延长质保期的工程承包办法。

第四条 本办法适用于中国石油化工股份有限公司井下作业工程质量的验收。

第二章 工程质量标准

第五条 施工现场。

油（气、水）井作业施工现场达到“三标”要求（标准化岗位、标准化班组、标准化操作）,严格按设计要求组织施工，原始资料录取及时、齐全、准确,自觉接受甲方监督,安全、环保设施齐全、措施到位。

第六条 工序质量。

施工工序质量达到有关标准、规定和设计要求。

第七条 资料。

按照有关资料录取标准及时取全取准原始资料,按照开发数据库录入标准及时将运行进度、作业班报、作业日报、管柱记录、施工总结等数据资料录入、共享。手工资料在完工后7天内送交油气生产单位（采油厂）,上网资料实时提交油气生产单位（采油厂）。

第三章 工程质量验收

第八条 有下列情况之一的为作业工程质量不合格，由作业施工单位整改，整改后达不到要求的承担相应经济损失。

（1）无设计施工或不按设计施工。

（2）施工现场未达到“三标”要求。

（3）不执行工序质量标准，不按操作规程组织施工。

(4) 安装井口装置、管柱和井下工具存在质量问题。

(5) 施工责任造成井下落物。

(6) 资料录取不全不准，交接不及时。

(7) 出现重大安全、环保、健康事故。

第九条 达到下列标准之一的井为合格井。

(1) 维护作业后能正常生产 30d 以上，日产液量（日产气量、日注量）的平均值达到作业前正常生产值的 80%以上，稠油注汽后下泵井的日产液量达到上一生产周期平均值的 80% 以上。

(2) 措施作业按设计施工、工序合格率 100%，作业后能正常生产 30d 以上。

(3) 工艺措施完成后，在 30d 内又实施其他工艺措施的，前次措施视为有效。

(4) 不运行生产效果对比，作业后达到设计要求。

第十条 对质保期内返修作业的油（气、水）井，实行现场鉴定会签制。由油气生产单位（采油厂）管理人员、作业监督人员会同乙方的技术人员到现场进行分析鉴定，并对结果进行会签。

第十一条 在 30d 内因作业施工质量问题造成的无效井，由施工单位无偿返修，在质保期内因作业施工质量问题造成的无效井，由施工单位承担相应责任。

第四章　验收程序

第十二条 井下作业工程质量验收按月度进行，对上月的作业井进行质量验收。质量验收会由油气生产单位（采油厂）组织作业监督部门、经营管理部门、乙方主管部门邀有关人员参加。

第十三条 质量验收会根据油气水井作业地质设计、工艺设计、施工设计、施工原始记录、作业监督记录、生产效果记录，做出质量评定和责任界定。

第十四条 甲乙双方协商解决不了的问题，由上级有关部门协调处理。

第十五条 井下作业结算依据作业质量验收及调解结果办理。

第五章　附　　则

第十六条 其他有关规定如与本办法有抵触，按本办法执行。

第十七条 本办法由股份公司油田勘探开发事业部负责解释。

第十八条 本办法自印发之日起执行。

九、中国石油化工股份有限公司井下作业工程设计管理规定

（试行）

第一章　总　　则

第一条 为了规范中国石油化工股份有限公司（以下简称“股份公司”）井下作业工程设计（以下简称“工程设计”）管理工作，不断提高设计水平，保证井下作业工程质量，提高经济效益，依据《中国石油化工股份有限公司油气勘探开发工程设计管理办法》，特制订本规定。

第二条 工程设计包括地质设计、工艺设计、施工设计，实行分级设计、分级审批、分级

管理制。

第三条 工程设计是工程承包合同、工程施工、质量监控与考核、工程预算与结算的依据。

第四条 本规定适用于股份公司井下作业工程设计的管理。

第二章 甲方设计或甲方委托设计的原则

第五条 工程设计实行资质管理制度，只有获得股份公司颁发的相应等级工程设计许可证书的单位，才有资格从事股份公司范围内相应的工程设计工作。

第六条 设计资质按由高到低的顺序分为一级、二级、三级等三个等级。高等级资质的设计单位可承担本等级及以下级别的设计，低等级资质的设计单位不得承担本等级以上级别的设计。

第七条 工程设计中的地质设计、工艺设计由各油田分公司的设计单位负责编制，也可以委托具有相应设计资质的第三方编制，委托设计必须经上级主管部门批准；施工设计由甲方编制或甲方委托乙方或具有相应设计资质的第三方编制。凡列入股份公司的重点或特殊工程，应通过招标方式确定工程设计单位，优选设计方案。

第八条 工程设计应根据国家的法律、法规及有关行业标准、股份公司和各油田分公司发布的企业标准和作业规范进行编写。

第九条 工程设计应具有科学性、先进性、经济性、符合 HSE 规范，满足油田开发的总体要求。

第十条 设计前必须进行资料分析、现场调研和前期研究，重点工程项目设计必须进行可行性论证。

第十一条 工程设计中的工期和成本预算，参照股份公司颁布的石油工程定额标准，要体现工期及成本与施工难度及质量相适应的原则。

第十二条 工程设计优先采用新工艺、新技术，对于新的科研成果坚持先实验后推广的原则，以提高井下作业工程质量和经济效益。

第三章 设计审批

第十三条 地质设计、工艺设计、施工设计实行分级审批制度。

第十四条 作业施工中因井下不可预见的因素需对设计进行变更的，由原设计单位按照编审程序对相应设计进行修改、变更，并出具设计变更单。

第四章 设计格式

第十五条 各油田分公司参照附表，并结合本油田实际情况确定工程设计内容和格式，特殊工程设计的格式另行规定。

第五章 工程设计效果评价

第十六条 工程设计由各油田分公司作业管理部门负责评价。

第十七条 作业施工后，对油(气、水)井增产、增注效果，井下工具和设备匹配、油水井测试数据、生产周期等指标进行跟踪，对施工设计效果进行总体评价。

第十八条 评价内容和标准。

（1）设计中各项资料数据齐全、准确。
（2）设计中有油（气、水）井生产历史及目前现状描述。
（3）管柱图清楚明了，管柱图符号及标注符合行业标准。
（4）对油（气、水）井存在问题及原因分析准确、合理。
（5）设计工艺参数和采用的技术措施恰当。
（6）施工目的、施工步骤、技术要求明确、具体、完整。
（7）设计中的工期和成本预算科学、合理。
（8）HSE 注意事项、油层保护措施及套管保护措施完善。
（9）设计优化程度高，作业效果、产量预测符合率高。

第六章　附　　则

第十九条　本规定与其他有关规定有抵触之处，按本规定执行。
第二十条　各油田分公司可根据实际情况在本规定框架内制定实施细则。
第二十一条　本规定由股份公司油田勘探开发事业部负责解释。
第二十二条　本规定自印发之日起执行。

附件：1. 井下作业工程设计委托书
2. 油（气）井________地质设计
3. 油（气）井________工艺设计
4. ________井________施工设计
5.________注水井地质设计
6. ________注水井工艺设计
7. 射孔通知单

附件 1：

井下作业工程设计委托书

委托单位(甲方)	
设计单位(乙方)	
油　田	
区　块	
井　号	
类　别	
施工目的	
设计要求	
设计期限	
设计费用	
备　注	
甲方负责人	签名： 年　　月　　日
乙方负责人	签名： 年　　月　　日

附件 2：

________油(气)井________地质设计

主要工序：________________________________

设计单位：________________ 设计人：________ ________年________月________日

审核人：________________ 批准人：________ ________年________月________日

（一）油井基本数据

完钻井深	m	套管尺寸及深度	φ mm m	油补距	m
原人工井底	m	特殊套管位置	m	投产日期	
水泥塞深度	m	最大井斜	m	其他	
套管壁厚	mm	拐点位置	m		
套管接箍			m		

（二）油层数据

层　位	井段/m	砂层厚度/m	渗透率/μm²	实射井段/m	实射厚度/m	备　注

（三）油井生产数据

生产状况	选值日期	层位	泵径(型)/mm	工作参数/m×次/min	日产液/t	日产油/t	含水/%
正常							
目前							

泵效/%	油层压力/MPa		液面/m		原油密度(g/cm³)	黏度/mPa·s	水总矿化度/(mg/L)
	静压	流压	静	动			

（四）对应水井目前注水状况

井号	层位	泵压/MPa	套压/MPa	油压/MPa	实注水量/(m³/d)

编号：

<table>
<tr><td colspan="4">（五）目前存在问题原因分析或措施上产潜力分析（产能、含水、能量等分析）：</td><td colspan="3">贴示功图</td></tr>
<tr><td rowspan="2" colspan="4">（六）地层状况分析（卡封层产能、压力、渗透率、高压气层、与水井连通状况等分析）：</td><td colspan="3">目前井下管柱示意图</td></tr>
<tr><td>层位
井段/m</td><td>管柱</td><td>工具名称
下入深度/m</td></tr>
<tr><td colspan="4">（七）流体性质提示（油稠、结蜡、含砂量、沉砂速度、水腐蚀程度等）：</td><td rowspan="3"></td><td rowspan="3"></td><td rowspan="3">人工井底</td></tr>
<tr><td colspan="4">（八）井况情况（套变、落物、窜漏、历次通井问题、坐封易难程度等）：</td></tr>
<tr><td colspan="4">（九）作业目的及要求：</td></tr>
<tr><td colspan="7">（十）作业效果预测</td></tr>
<tr><td>日 产 液 t</td><td>日产油 t</td><td>含水 %</td><td colspan="4">动液面 m</td></tr>
</table>

附件 3：

________油(气)井________工艺设计

主要工序：____

设计单位：________________设计人：________ ________年______月______日

审核人：________________批准人：________ ________年______月______日

(一)目前工艺数据			
机　型		电　机	kW　V
(负荷正常/目前)	大/　kN　小/　kN	冲程/冲次	m　n/min
(电流正常/目前)	大/　A　小/　A	泵型/泵径/泵深	/φ　/　m
抽 油 杆 组 合	φ　mm×　m+φ　mm×　m+φ　mm×　m		
油 管 组 合	φ　mm×　m+φ　mm×　m		
抽油杆级别年限		光　杆	φ　mm×　m
示 功 图 分 析		免修期	

(二)上次作业问题描述及采取的措施			
作业时间		年　月　日	年　月　日
基本情况	作业原因		
	层位		
	生产参数		
	液量/含水		
	动液面		
杆	年限/级别		
	组合		
	杆柱描述		
	更换长度/位置		
管	年限/类型		
	组合		
	油管描述		
	更换长度/位置		

编号：

泵	柱塞描述		
	固定凡尔		
	游动凡尔		
封隔器	类型/级数		
	胶皮筒描述		
	管柱类型		
砂	生产周期		
	砂柱高度		
	清砂描述		
采取的措施			

（三）问题的综合分析及本次作业对策措施

（四）设计工艺数据

泵	泵型/泵径	泵间隙等级/最大冲程		泵深		沉没度
	/ϕ mm	/ m		m		m
机电	机型	电机		冲程		冲次
		kW V		m		n/min
杆柱	抽油杆组合	ϕ mm× m+ϕ mm× m+ϕ mm× m				
	光杆	ϕ mm× m	防冲距	m	脱接器	
管柱	油管组合	ϕ mm× m+ϕ mm× m				
	释放接头	ϕ mm	悬挂器		ϕ mm	

（五）设计计算结果

最大负荷	最小负荷	最大扭矩	应力范围值	电机功率	日产液	泵效
kN	kN	kN·m	%	kW	t	%

（六）油层保护措施

（八）施工工序及技术要求

（七）设计井下管柱示意图

层位井段/m	管柱	名称及深度/m
		人工井底

编号：

(九)施工注意事项
(十)作业监控要点
(十一)下步管理措施
(十二)施工费用预算
(十三)备　注

附件 4

________井________施工设计

设计单位：____________ 设 计 人：________ 设计日期：____________

审 核 人：____________ 批 准 人：________ 批准日期：____________

一、基础数据

人工井底	m	套管尺寸	ϕ mm	最大井斜	
水泥塞深度	m	套管深度	m	拐点位置	
油补距	m	套管壁厚	mm	特殊套管位置	
井段	m	套管接箍位置		其他	

二、井况情况

三、上修原因分析及重点注意事项

四、生产准备

井口设备		入井液	
油　　管		抽油杆	
下井工具			
其他用料			

五、油层保护措施及套管保护措施

六、HSE 注意事项

七、施工步骤及标准			
	八、完井管柱示意图		
	层位井段	· ·	名称深度
备注			

附件 5：

________注水井地质设计

设计单位__________ 设计人__________ 设计日期__________

审核人__________ 批准人__________ 批准日期__________

一、施工目的

二、基础数据

油田(区块)		人工井底	m
完 钻 井 深	m	水泥塞面	m
套管尺寸及深度	φ mm m	联顶节方入	m
油层套管壁厚	mm	油 补 距	m
射 开 层 位		投(转)注日期	

三、注水现状

日 期		层 位	水嘴/mm	配 注/(m^3/d)	性 质	实 注/(m^3/d)
注水方式						
泵压/MPa						
套压/MPa						
油压/MPa						

四、近期洗井情况描述

五、出砂情况(砂柱高)、套管损坏及落物反映

六、近期增注情况简述(包括层位、配方、用量、日增水、有效期等)

编号：

七、目前存在问题及井内情况说明	附:测试成果				目前井下管柱		
	层位	压力/MPa	水量/(m^3/d)	水嘴/mm	层位井段	管柱	名称及深度/m
八、施工要求							
	测试日期：						

九、油层数据及配注						十、卡封井段套管接箍位置/m
层位	射孔井段/m	厚度/m	渗透率/μm^2	配注/(m^3/d)	性质	

附件 6：

______注水井工艺设计

设计单位：__________ 设计人：__________ 设计日期__________

审核人：__________ 批准人：__________ 批准日期__________

一、施工目的			
二、目前工艺数据			
套管尺寸	φ mm× m	上次作业日期	
油管类型		更换日期	
封隔器类型		级　数	
配水器类型		型　号	
采油树类型		更换日期	
三、问题分析			
四、上次作业情况描述			
五、工艺设计			
更换采油树类型或部件			
油管类型		尺寸及长度	φ mm× m
封隔器类型		级　数	
配水器类型		级　数	
磁性定位		挤素方式	
其　他			

	井下管柱示意图		
六、设计依据	层位	管柱	名称及深度/m
七、施工工序及技术要求			
八、资金费用预测			
九、油层保护措施			

附件 7：

射孔通知单

井号________

类别

油层类型		目前油层压力	MPa	井深	m	填表日期	
套管下深	m	人工井底	m	水泥返高	m	填表人	
套管外径	φ mm	套管壁厚	mm	油补距	m	审　核	
联　　入	m	补心高度	m	射孔日期		批　准	

射孔液	水　源		枪　型		输送方式	
	密　度	g/cm^3	弹　型		填表日期	
	悬浮固体	mg/L	孔　密	孔/m	填表人	
	矿化度	mg/L	总孔数		审　核	
	颗粒直径	μm	射孔压差	MPa	批　准	

序号	层　　位	射孔井段/m	厚　　度/m	渗透率/$10^{-3}\mu m^2$	备注

注：斜井、水平井应在备注栏内填写最大井斜角及其位置________

参考文献

1. 游亨淮.石油工人技术等级培训教材:井下作业工.北京:石油工业出版社,1996
2. 孙景玉,范积田.石油工人职业技能鉴定试题库:井下作业工.北京:石油工业出版社,2000
3. 刘志明.石油工人技术等级培训教材:井下作业工具工.北京:石油工业出版社,1998
4.《井下作业技术数据手册》编写组.井下作业技术数据手册.北京:石油工业出版社,2000
5. 吴奇.井下作业工程师手册.北京:石油工业出版社,2002
6. 万仁溥,罗英俊.采油技术手册(修订本) 第五分册:修井工具与技术.北京:石油工业出版社,1989
7. 车仕华.井下工程.北京:石油工业出版社,1997
8. 韩振华,曾久长.井下作业技术数据手册.东营:石油大学出版社,2000
9. 万仁溥.采油工程手册.东营:石油大学出版社,2001
10. 吴奇.井下作业监督.北京:石油工业出版社,2003
11. 杨树栋.采油工程.东营:石油大学出版社,2000
12. 张景利,赵继斌.井下作业工.北京:石油工业出版社,2004
13. 张琪,万仁溥.采油工程方案设计.北京:石油工业出版社,2002
14. 赵昌祥.井下作业.北京:石油工业出版社,1991
15. 周全兴.钻采工具手册(下册).北京:科学出版社,2000
16. 聂海光,王新河.油气田井下作业修井工程.北京:石油工业出版社,2002
17. 胡博仲.油水井大修工艺技术.北京:石油工业出版社,1998
18. 沈琛.井下作业工程监督.北京:石油工业出版社,2005
19 苏俊.井下作业技术数据手册.北京:石油工业出版社,2001
20. 陈生瑄.水平井完井与测试技术.北京:科学技术文献出版社,1991
21. 万仁溥等.采油技术手册.北京:石油工业出版社,1994
22. 刘万赋等.井下作业监督.北京:石油工业出版社,1997
23. 吴锡令.生产测井原埋.北京:石油工业出版社,1997
24. 万仁溥,罗英俊.采油技术手册.北京:石油工业出版社,1994
25. 叶庆全,袁敏.油气田开发常用名词解释.北京:石油工业出版社,2002